動物
生理學

黃慶洲、黎德斌、伍莉 主編
姚剛、張霞、程美玲、王鮮忠 副主編

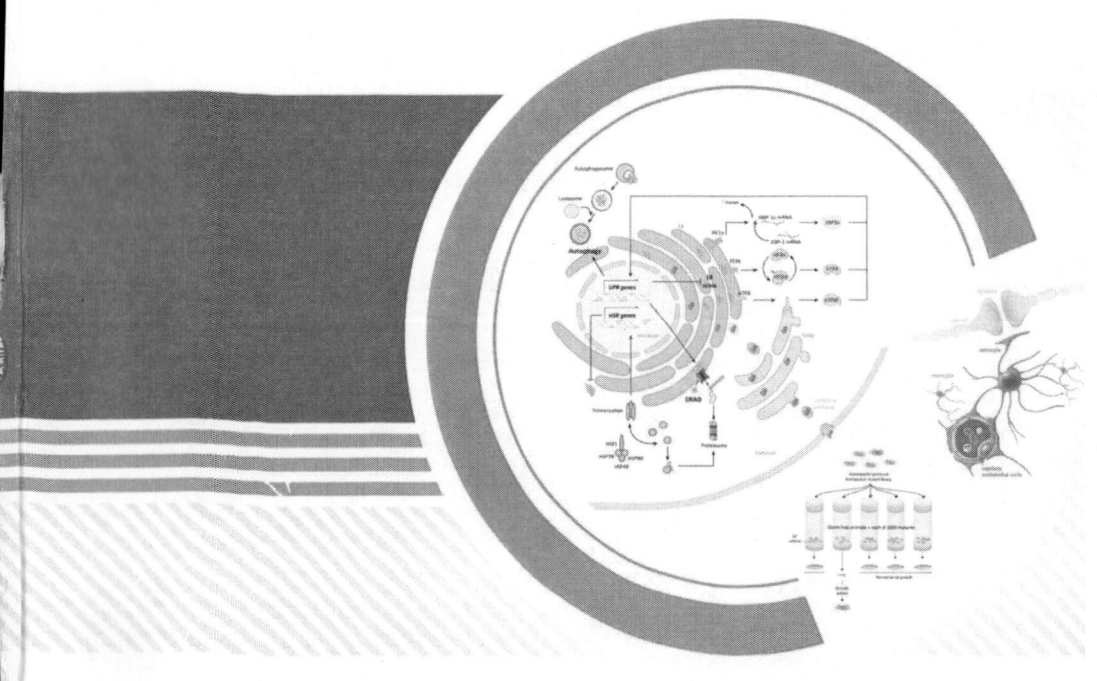

崧燁文化

前言

　　動物生理學作為養殖類專業的一門核心專業基礎理論課程,讓學生全面系統學習掌握該門課程的基本概念和基本理論的同時,又要讓學習者體會到理論學習的最終目的是指導或解決養殖生產實踐。

　　本書以家畜、家禽為主要描述對象,闡述動物的基本生命活動及其規律。相比於目前國內相應教材,本書在注重《動物生理學》"三基"教育的基礎上,堅持教材的系統性、科學性、先進性的同時,更加突出以下特色:一是引入案例,針對每章中的重點內容,適時引入養殖中的具體案例或最新研究成果,結合知識點提出相關問題,並力求用所學理論予以分析。動物生理學教材中引入案例,可使生理學知識得以適度外延,加強了基礎學科與臨床學科的聯繫,更重要的是讓學生感受到學習動物生理學理論的生產價值,避免紙上談兵似的枯燥乏味,以激發學生的學習興趣,培養學生的綜合分析能力和應用能力;二是增加每章思考題的類型,包括名詞解釋、選擇題、簡答題、論述題四種類型,力求每章要求掌握的知識點在思考題中得以體現,幫助學生課前及課後學習,方便學生總結提高;三是一些複雜的生理過程或理論儘量用圖表示意,以增加學習的條理性和可讀性,全書文字簡潔,層次清楚,重點突出,易讀易懂;四是突出學科的新進展,特別是在一些案例的選擇上,力求反映生理學的新進展。

　　由於水準和時間的限制,書中難免有疏漏和不足之處,懇請讀者在使用過程中提出寶貴意見,以便再版時修改。

目錄

第1章 緒 論
　第一節 動物生理學的研究內容和方法 1
　第二節 生命活動的基本規律 5

第2章 細胞的基本功能
　第一節 細胞膜的基本結構和物質轉運功能 13
　第二節 細胞的跨膜信號轉導功能 20
　第三節 細胞的興奮性和生物電現象 23

第3章 血 液
　第一節 概 述 34
　第二節 血細胞生理 40
　第三節 血液凝固 53
　第四節 血 型 60

第4章 血液迴圈
　第一節 心臟生理 67
　第二節 血管生理 82
　第三節 心血管活動的調節 96

第5章 呼吸系統
　第一節 肺通氣 108
　第二節 肺換氣與組織換氣 115
　第三節 氣體在血液中的運輸 117
　第四節 呼吸運動的調節 122

第6章 消化與吸收
　第一節 概 述 131

第二節　口腔消化 ………………………………………………… 137

　　第三節　胃內消化 ………………………………………………… 142

　　第四節　小腸內消化 ……………………………………………… 154

　　第五節　大腸內消化 ……………………………………………… 161

　　第六節　吸　　收 ………………………………………………… 163

第7章　能量代謝與體溫調節

　　第一節　能量代謝 ………………………………………………… 170

　　第二節　體溫及其調節 …………………………………………… 178

第8章　泌　尿

　　第一節　概　　述 ………………………………………………… 189

　　第二節　尿的生成 ………………………………………………… 193

　　第三節　尿的濃縮與稀釋 ………………………………………… 202

　　第四節　腎臟泌尿功能的調節 …………………………………… 206

　　第五節　尿的排出 ………………………………………………… 212

第9章　骨骼肌的收縮功能

　　第一節　骨骼肌的功能結構 ……………………………………… 216

　　第二節　骨骼肌的生理特性 ……………………………………… 219

　　第三節　骨骼肌的收縮過程和機制 ……………………………… 221

第10章　神經系統

　　第一節　神經元與神經膠質細胞的一般功能 …………………… 228

　　第二節　神經元間的資訊傳遞 …………………………………… 235

　　第三節　反射活動的一般規律 …………………………………… 242

　　第四節　神經系統的感覺功能 …………………………………… 247

　　第五節　神經系統對軀體運動的調節 …………………………… 255

　　第六節　神經系統對內臟活動的調節 …………………………… 264

　　第七節　腦的高級功能 …………………………………………… 269

第11章　內分泌

　　第一節　概　　述 ………………………………………………… 276

　　第二節　下丘腦與垂體的分泌 …………………………………… 281

　　第三節　甲狀腺的分泌 …………………………………………… 287

第四節　腎上腺的分泌 ………………………………………………………… 291

　　第五節　胰島的內分泌 ………………………………………………………… 295

　　第六節　調節鈣磷代謝的激素 ………………………………………………… 298

　　第七節　其他內分泌腺和激素 ………………………………………………… 300

第12章　生　殖

　　第一節　概　　述 ……………………………………………………………… 304

　　第二節　雄性生殖生理 ………………………………………………………… 307

　　第三節　雌性生殖生理 ………………………………………………………… 312

　　第四節　哺乳動物的生殖過程 ………………………………………………… 318

第13章　禽類主要器官系統生理特點

　　第一節　禽類呼吸生理特點 …………………………………………………… 330

　　第二節　禽類消化生理特點 …………………………………………………… 333

　　第三節　禽類生殖生理特點 …………………………………………………… 341

本章導讀

　　動物生理學是動物生命科學的基礎,它是探索動物生命活動規律的科學。動物生理學的任何一項理論突破,都將極大地指導人類醫學及畜牧生產實踐。諾貝爾在100多年前,專門設立諾貝爾生理學獎這一全世界最高獎項,突顯了生理學在生命科學中的重要地位。全面系統地掌握動物生理學的基本知識及理論是整個專業課程學習的核心之一。緒論是本門課程的縮影,將引領我們瞭解動物生理學的研究內容及方法、生命活動的基本規律、生理學的形成及發展歷史等,是我們走入動物生理學科學殿堂的大門。

第一節　動物生理學的研究內容和方法

一、動物生理學的研究內容

　　生理學(Physiology)是生物科學的一個重要分支,是一門研究生物機體生命活動及其規律的科學。生理學的研究物件是活的健康生物體,按研究物件的不同,生理學可分為人體生理學、動物生理學、植物生理學、微生物生理學等,其中動物生理學(Animal physiology)又可根據其研究的動物門類不同分為家畜(包括豬、牛、羊、馬等)生理學、家禽(包括雞、鴨、鵝等)生理學、魚類生理學、昆蟲生理學等。本書以家畜生理學為介紹重點,從比較生理學的角度,適當介紹家禽生理學。

　　動物生理學是研究動物生命活動及其規律的科學。動物機體是一個結構及功能極其複雜的整體,在研究其機能活動及其規律時,既要研究動物各系統、器官和不同細胞的正常生命活動規律,又要研究整體水準上各系統、器官、細胞之間的相互聯繫及功能活動的協調統一,而任何細胞的功能又是由細胞內物質組成及生化反應所決定的,因此動物生理學的研究內容主要體現在三個層次或水準上。

(一)器官和系統水準的研究

　　動物生理學的研究首先是在器官和系統水準上進行的,即觀察和研究各個器官、系統的功能,它們在機體生命過程中所起的作用,它們的功能活動的內在機制,以及各種因素對其功能活動的影響。如心臟如何射血、血液在心血管系統中流動的規律、各種神經及體液因素對心臟和血管活動的調節等。

(二)細胞和分子水準的研究

細胞是機體各器官、系統的基本結構單位和功能單位,各器官、系統的功能都是由細胞及其內部的分子組成所決定的,因此要闡明器官、系統的功能,必須從微觀角度,即細胞和分子水準去揭示生命活動的本質。細胞和分子水準的研究是器官、系統水準研究的進一步深入,即從分子水準上揭示生命活動現象和分子生物學機制,這不僅對於理解生命現象和各種生理功能的規律是十分重要的,而且對於一些先進飼養管理技術的提出和臨床疾病的治療有著非常重要的意義,也是目前生理學最活躍的研究領域。

(三)整體水準的研究

整體水準的研究是以完整的機體為研究物件,觀察和分析在各種環境條件和生理情況下不同器官系統之間的相互聯繫、相互協調,以及完整機體對環境變化發生各種反應的規律。整體水準的研究是從宏觀角度認識生命活動的規律,可以說是生理學研究的歸宿和未來生理學研究的重要方向,比細胞水準、器官和系統水準上的研究更加複雜。如動物從安靜狀態進入運動狀態時,各種器官和系統的功能都會發生改變,機體通過神經系統指揮肌肉進行不同的運動,肌肉的代謝活動明顯加強,呼吸系統和循環系統的活動發生相應變化,以保證肌肉活動的正常進行,同時其他內臟的活動也發生相應的變化,使機體各部分之間的活動能相互配合、相互協調,從而保證運動的正常進行。在機體所處的環境條件發生改變時,如高溫、嚴寒、失重等,體內各個器官和系統的功能都會發生相應的改變,使機體能適應環境條件的改變。

二 動物生理學的研究方法

動物生理學是一門實驗科學,每一項生理功能的發現及其機理的揭示,都是通過實驗獲得的。所謂實驗,就是人為地創造一定的條件,使平時不能觀察到的某種隱蔽或細微的生理變化能夠被觀察,或某種生理變化的因果關係能夠被認識。根據實驗進程,動物生理學所用實驗方法通常分為急性實驗法和慢性實驗法兩大類。

(一)急性實驗法

急性實驗法(Acute experiment)實驗週期比較短,根據實驗設計又分為在體實驗(In vivo experiment)和離體實驗(In vitro experiment)兩種。

1. 在體實驗。在體實驗是指動物在失去知覺(麻醉或毀壞大腦)的條件下,通過手術觀察某一器官或幾個器官的功能活動,又稱為活體解剖法。例如家兔麻醉後,手術暴露其迷走神經和心臟,然後電刺激迷走神經,觀察心臟收縮頻率和收縮強度的變化。

2. 離體實驗。離體實驗是將動物的某一器官、組織或細胞游離出來,置於適宜的人工環境條件下,使其在短時間內保持生理功能,以便進行研究。例如將蟾蜍的中樞神經破壞後,手術摘除心臟並置入心臟營養液中,觀察離體心臟搏動的頻率及自動跳動維持的時間。

這兩種方法通常都不能持久,一般實驗後動物都會死亡,所以通稱為急性實驗法。急性實驗法的優點在於實驗條件易於控制,可排除其他因素的影響,對研究物件可進行直接的觀察和細緻的分析,並可快速得出實驗結果。它的不足之處是實驗結果不能完全代表正常生理條件下的研究器官或細胞的功能狀態,實質上它屬於分析性研究,所獲結果不能簡單等同於或類推到體內的真實情況。

(二)慢性實驗

慢性實驗(Chronic experiment)是在無菌條件下對健康動物進行手術,在不損害動物機體完整性的基礎上暴露要研究的器官(如消化道的造口手術)、摘除、破壞某一器官(如切除腺垂體)或移植(如卵巢移植)等,然後在盡可能接近正常的生理條件下觀察它們的功能或功能紊亂等。由於動物可以在較長時間內用於實驗,故此方法稱為慢性實驗法。例如,俄國生理學家巴甫洛夫建立的巴氏小胃,用於研究神經系統對胃液分泌的調節機制,就是這一方法的典型實例。

慢性實驗的優點是保存了各器官的自然聯繫和相互作用,便於觀察某一器官在正常情況下的生理功能及其與整體的關係,可以在動物清醒條件下長期觀察某一活動,所獲得的結果更接近正常生理狀態。缺點是實驗條件要求較高,且整體條件下影響因素較多,實驗結果不易分析。

上述兩種研究方法各有利弊,在實際工作中,必須根據需要,有機地將這兩種研究方法結合起來應用,才能更正確地認識器官和系統生理功能的確切規律。

三、學習動物生理學的目的和方法

動物生理學是動物科學、動物醫學、動物藥學等相關專業的一門十分重要的專業基礎課,其已有的基本知識在動物生產和動物醫學實踐中得到了廣泛的應用,為動物的科學飼養和管理、臨床疾病的分析及治療方案的制訂提供了理論依據。如利用動物生殖內分泌學原理,人們發明了動物人工授精、精液低溫長期保存、人工同期發情、超數排卵和胚胎移植等一系列新技術,極大地推動了現代畜牧業的快速發展。隨著人們對動物免疫原理的深入認識,在臨床醫學實踐中,已可利用基因工程技術或分子克隆技術分離出病原的保護性抗原基因,製成基因工程疫苗,以增強動物的抗病性,提高畜禽的生產性能。

無數事例說明,學習動物生理學的目的不僅在於認識、瞭解動物機體的生命活動規律,解釋各種生理現象;更重要的是在於掌握、運用這些規律,更有效地改善動物的生產性能、預防和治療動物疾病、保障動物健康和保護動物資源,以促進畜牧業的健康快速發展,建立起「人類、動物、環境」三者和諧的生態關係。

動物生理學是動物生命科學基礎學科和臨床醫學、養殖學科之間的橋樑,因此,系統、全面、深入地把握生理學已有的基本原理和知識,不僅是專業學習的需要,也是培養我們嚴密、科學的邏輯思維能力和創新能力的必然要求。

對動物生理學的學習,首先要注重在深入理解的基礎上進行記憶。在學習過程中要經常反問自己:該器官或系統有什麼功能?這些功能活動具體過程是怎樣進行的?發生機制是什麼?影響其功能正常發揮的因素有哪些?在完整機體內,其與其他器官、系統是如何配合、協調的(功能調節)?對任何生命現象,不僅要知其然,還要知其所以然。

其次，動物解剖及組織學知識的儲備，是學好動物生理學的基礎。在學習過程中，我們要複習器官、系統的形態結構，動物生理學主要研究這些器官、系統的形態結構及功能，如果學習者對某一器官或系統的結構不清楚，對其功能及活動規律的理解就會更加抽象和難以把握。

第三，要十分重視動物生理學實驗課的學習。任何生理理論的揭示，都是通過無數的實驗而建立起來的，通過實驗，可以加深對已有理論知識的理解，更重要的是可以培養自己獲得生理學知識的方法和觀察分析問題的能力。

第四，要學會應用。這是最重要的，要用所學的生理學知識去分析解釋動物或自身體內正在發生的生命活動，或用所掌握的生理學知識去探索過去未知的一些生命現象，如學習了心血管活動的調節(第4章)就要思考人長時間下蹲突然起立後，為什麼會感到頭暈眼花，但很快又恢復了正常，學習了植物性神經的功能特點(第10章)就能解釋一個坐車暈車的人開車時為什麼往往不會暈車等現象。

第五，要有整體觀念。這有兩個方面的內容值得注意，一是學習時往往是以某一器官、系統或細胞為單位進行的，而不同器官、系統功能活動是高度有機的整體，體內某一器官的功能變化，與其他器官功能的相關性及其內在生理學機制絕不能忽視，因為這往往是我們分析問題的關鍵；二是隨著細胞生物學和分子生物學的迅速發展，生理功能的研究已深入到微觀水準，通過觀察細胞、分子及其基因的變化，使人們對生命活動的奧秘有了更為深入的認識，但一定要警惕對整體觀念的忽視，微觀水準研究的最終目的是將整體研究與細胞、分子生物學研究有機結合，用分子生物學現象解釋機體在整體功能調節中的作用，同時探討整體調節機制在細胞、分子水準的變化，使人們對各種生理功能有更全面、深入、完整的認識，這就是整合生理學(Integrative physiology)的基本概念。

四、生理學的發展簡史

動物生理學是生理學的一個分支，生理學因人類醫學實踐的需要而產生和發展，人們在長期與疾病鬥爭的過程中，逐漸積累起關於機體生理功能的知識，並加以總結概括。這些生理學知識又對當時的醫療實踐起著重要的指導作用，若以 1628 年 Harvey 發現血液迴圈並把生理學確定為一門實驗性科學算起，生理學僅經歷了 300 多年的歷史，與生命的歷史長河相比，生理學還是一門十分年輕和需要人類為之奮鬥的科學，無數生命的奧妙尚有待闡明。下面就近代生理學發展中的一些歷史大事件加以簡介，以提高學習生理學的興趣，並熱愛上生理學這門充滿無限生命力的科學。

1. 近代解剖學之父比利時科學家 Vesalius(1514~1564)通過對大量動物活體解剖和人屍體解剖的觀察，對人體的生理功能有了一定的認識，於1543年發表了人體解剖學的奠基之作——《人體構造》一書。

2. 英國生理學家 Harvey(1578~1657) 在 Vesalius 工作的基礎之上，通過對多種動物進行活體解剖和生理實驗，結合在人體內的觀察和分析，得出了「心臟、動脈、靜脈構成了迴圈運輸血液的功能系統，心臟是循環系統的中心並將血液壓入動脈，血液通過靜脈回流入心」的科學結論，於 1628 年出版《心與血的運動》一書，標誌著生理學真正成為了一門實驗性科學。

3. 法國生理學家 Bernard(1813～1878)在分析和概括人體內複雜的生化反應時，提出了內環境的概念，指出各部分功能活動是相互聯繫和彼此制約的整體作用過程；美國生理學家 Cannon(1871～1945)在 Bernard 工作的基礎上，提出了內穩態的概念；在 Bernard 和 Cannon 工作的基礎上，Wiener(1894～1964)於 1947 年創立了控制論，將回饋自動控制理論用於闡述機體功能活動的調節及內穩態維持機制。

4. 俄國生理學家巴甫洛夫(1849～1936)創立了保持機體完整性的慢性實驗方法，為動態、綜合地研究動物整體功能活動開闢了新的途徑，他對消化、迴圈和腦的高級神經活動進行了研究，提出了條件反射和大腦皮質兩個信號系統的學說，表明大腦皮質是神經調節的最高級中樞。

5. 1902 年，英國兩位生理學家 Bayliss 和 Starling 發現促胰液素。促胰液素是人類歷史上第一個被發現的激素，由此產生了「激素調節」的新概念，開創了「內分泌學」新領域。

6. 德國生理學家 Ludwig 在 1847 年設計製造的記紋鼓，使一些生理活動及變化得以記錄和保存；Ling 在 1948 年研製出尖端直徑小於 1μm 的玻璃微電極；Hodgkin 等用此技術記錄並發現神經纖維的靜息電位和動作電位，同時提出膜電位的鈉離子學說；Neher 等在 1976 年建立了測定單通道離子流的膜片鉗技術，為細胞膜上離子通道的研究提供了條件。

7. 英國生理學家，「試管嬰兒之父」羅伯特·愛德華茲(Robert G. Edwards)發現了人類體外受精的原理，1978 年世界上第一個試管嬰兒路易絲·布朗誕生，他的傑出貢獻是現代醫學發展的一個里程碑。

8. 1990 年，美國進入「腦的十年」，各國科學家把對腦的研究作為生理科學研究的重心。

9. 2000 年，歷時 10 年的人類基因組測序工作完成，生命科學進入了後基因組時代，使人們能從 DNA 鏈及其變化中去探索生命活動發生的資訊和疾病的產生機制。

10. 20 世紀末，一些資深的生理學家認為，對生命活動進行微觀分析研究的同時，必須重視對整體功能活動的發生及其調節機制的研究，提出現代生理學應走整合生理學研究的道路，為生理學的發展指明了方向。

第二節 生命活動的基本規律

動物生理學是研究動物生命活動及其規律的科學，與非生命比較，生命有哪些基本特徵？生命活動的一個顯著特徵就是相對穩定。機體實現穩定的方式及內在機制等，都屬於生命活動的基本規律，是生命現象的共有基礎。

一、生命活動的基本特徵

自然界中，動物種類繁多，各自的生理功能也不盡相同，但長期以來，人們通過對各種動物生命活動的觀察研究發現，任何生命現象都包括四種基本特徵：新陳代謝(Metabolism)、興奮性(Excitability)、適應性(Adaptability)和生殖(Reproduction)。

(一) 新陳代謝

新陳代謝是指生物體與環境之間不斷進行物質和能量的交換，以實現自我更新的過程。新陳代謝包括同化作用(Assimilation)和異化作用(Dissimilation)兩個方面。同化作用是機體從外界環境攝取各種營養物質和氧氣，形成機體自身的組成成分和能量儲存的過程；異化作用是機體將自身的物質進行分解，同時釋放能量，以供機體生命活動的需要，同時把分解的終產物排出體外的過程。新陳代謝是生命活動的最基本特徵，是其他一切生命活動的基礎，新陳代謝一旦停止，生命也就終止了。

(二) 興奮性

動物機體生活在一定的環境中，在新陳代謝的基礎上，當環境發生變化時，機體會主動對環境的變化做出相應的變化。例如，當動物受到強烈的陽光照射時，瞳孔會立即縮小；可口的食物進入口腔時，會立即產生味覺和唾液大量分泌等。機體組織、器官對內、外環境變化所產生的相應變化稱為反應(Response)，而將能引起機體反應的內外環境變化稱為刺激(Stimulus)，如光線由暗變亮，聲音由弱到強等，都稱為刺激。機體組織器官對刺激產生相應反應的能力或特徵稱為興奮性，如視網膜細胞能對光線的變化產生視覺能力，聽覺細胞對聲音的變化可以產生聽覺能力等。在現代生理學中，從細胞電生理學角度定義興奮性的概念：興奮性是指可興奮細胞對刺激產生膜電位(或動作電位)變化的能力或特徵，可興奮細胞是指興奮性較高，對刺激能迅速產生特定反應的細胞，包括神經細胞、肌細胞和腺細胞。

機體可興奮組織或細胞的興奮性有兩種表現形式：一種是由相對靜止的或活動較弱的狀態，轉變為活動的或活動增強的狀態，稱為興奮(Excitation)，如心跳由慢到快，肌肉由舒張到收縮；另一種是由活動狀態或活動較強的狀態轉變為靜止或活動減弱的狀態，稱為抑制(Inhibition)，如唾液腺分泌唾液由多到少或停止分泌的過程。興奮和抑制是機體生命活動的一對矛盾，相互聯繫，相互制約，如一個組織或細胞對刺激發生了反應，要麼興奮，要麼抑制，沒有第三者。

(三) 適應性

動物機體所處的環境包括大氣、溫度、濕度和氣壓等一直都在變化。當動物或人體長期生活在某一特定環境中，在環境因素影響下，本身可以逐漸形成一種特殊的、適合自身生存的反應方式。機體按環境變化調整自身生理功能的過程稱為適應(Adaptation)。機體根據外環境變化而調整體內各部分的功能活動，以適應外環境變化的能力或特性稱為適應性。適應可分為生理性適應和行為性適應兩種。如長期生活在高原地區的動物，其血液中紅血球數和血紅蛋白含量比生活在平原地區的動物要高，以適應高原缺氧的生存需要，屬於生理性適應；而寒冷時人們通過取暖來抵抗寒冷，屬於行為性適應。

適應性是生物進化過程中逐漸發展和完善起來的，高等動物由於神經系統和內分泌系統的高度進化，適應性明顯增強，機體的適應性調節反應既迅速，又廣泛持久，使機體在遇到各種突然而強烈的環境變化時，產生大量適應性代償反應，以保護機體免受損害，但機體的適應性有一定的限度，超過此限度，機體就會產生適應不全，甚至導致病理損害。

(四)生殖

生物體生長發育到一定的年齡階段後，能產生與自身相似的子代個體，這種功能稱為生殖。如單細胞生物通過簡單的直接分裂產生兩個子代細胞；高等動物已分化為雌雄兩性，需由兩性生殖細胞結合以形成新的子代個體。生殖是一切生物繁殖後代、延續種系的一種特征性活動，從生物種群的普遍規律看，生殖也是生命活動的基本特徵之一。

二、機體內環境穩態和生物節律

(一)內環境穩態

成年動物身體重量的約60%是由液體構成的。動物體內所含的液體總稱為體液(Body fluid)，按其分布分為兩類，約2/3的體液(約占體重的40％)分布在細胞內，稱為細胞內液(Intracellular fluid)；約1/3的體液(約占體重的20％)分布在細胞外，稱為細胞外液(Extracellular fluid)。細胞外液的1/4(約占體重的5％)分布在心血管系統的管腔內，即血漿(Blood plas-ma)，其餘3/4(約占體重的15％)分布在全身的組織間隙中，稱為組織液(Tissue fluid)，除此之外，還包括淋巴液(Lymph fluid)和腦脊液(Cerebrospinal fluid)。機體的絕大多數細胞並不直接與外界環境發生接觸，而是浸浴在細胞外液之中，因此細胞外液是細胞直接接觸的環境。法國生理學家 Claude Bernard 首先提出了一個重要的概念，即細胞外液是細胞在體內直接賴以生存的環境，稱為內環境(Internal environment)，以區別於整個機體所處的外環境。

生理學中另一個十分重要的概念是內環境穩態，簡稱穩態(Homeostasis)。這一概念由美國生理學家 Walter Cannon 最早提出。所謂穩態是指內環境的各種物質組成和理化特性始終保持相對穩定的狀態。這裡所說的保持相對穩定，是指在正常生理情況下內環境的各種理化性質及物質組成只在很小的範圍內發生變動，如哺乳動物體溫維持在37℃左右，血漿pH維持在7.35～7.45等。內環境穩態是細胞維持正常生理功能的必要條件，也是機體維持正常生命活動的必要條件，是生命活動的一個重要的基本規律。

內環境穩態，並不是說內環境的理化性質是靜止不變的，相反，由於細胞新陳代謝的不斷進行，細胞不斷地與細胞外液發生物質交換，因此也就會不斷地擾亂內環境的穩態。但在生理過程中，內環境穩態始終可以客觀存在，這依賴於體內各器官、系統的共同參與。例如，呼吸活動可從外界環境攝取細胞代謝所需的 O_2，排出代謝產生的 CO_2，維持細胞外液中 O_2 和 CO_2 分壓的穩態；消化活動可補充細胞代謝所消耗的各種營養物質；腎臟的排泄功能可將代謝終產物排出體外；血液迴圈則能保證體內各種營養物質和代謝產物的運輸等。總之，機體各器官系統在神經及體液調節的高度協調統一下，通過各自正常功能活動的整合，使內環境的各種理化性質及物質組成維持相對穩定，反過來，內環境穩態又為各器官系統的正常生理活動提供必要條件，二者相輔相成。

目前，關於穩態的概念已被大大拓展，它不僅局限於內環境理化特性的相對平衡，也可泛指體內從細胞到器官、系統以至整體各個水準上的生理活動，在神經、體液等因素調節下保持相對穩定和相互協調的狀態，即凡是保持相對穩定、相互協調的各種生理活動均可稱為穩態。

案例

一泰迪犬，2歲，體重2.6 kg，頭天吃了煮熟的豬肝約100～150 g，第二天出現精神萎靡不振，食欲廢絕，臥地不願行走，上午已腹瀉5～8次，排出水樣酸臭味大便，肛門周圍毛髮潮濕，臨診可見病犬弓背、呻吟、有腹痛表現，聽診腸鳴音增強，體溫38.2℃，抽血做生化檢查，血清鈉123 mmol/L（生理值144～160 mmol/L），血清鉀2.1 mmol/L（生理值3.5～5.8 mmol/L），碳酸氫鹽16.4 mmol/L（生理值24 mmol/L）。診斷：根據病史、臨床症狀和血清生化指標檢測，診斷為食物消化不良引起的急性胃腸炎。

問題與思考

1. 消化系統在維持內環境穩態中的作用？
2. 腹瀉引起機體內環境理化性質發生了哪些改變？

提示性分析

1. 血漿是內環境之一，在生理過程中，血漿中糖、脂肪酸、氨基酸、Na^+、K^+濃度，pH、滲透壓等理化特性保持相對穩定，由於機體新陳代謝的不斷進行，血液中的營養成分不斷被細胞利用，並產生代謝終產物，代謝終產物及Na^+、K^+等不斷經腎隨尿排出體外，因而血漿穩態不斷被打破，消化系統通過食物的消化和吸收，及時協調補充細胞代謝所消耗的各種物質，使血漿穩態得以維持。

2. 長期腹瀉導致內環境理化性質的改變包括：①食入的食物和消化液大量喪失，導致機體脫水，細胞外液減少；②消化液中鉀離子含量較血漿高，腹瀉導致低血鉀；③胰液、膽汁、小腸液均為鹼性液體，大量腹瀉導致喪失，血漿pH降低，發生腹瀉性酸中毒；④體內水、電解質和酸鹼紊亂等因素，致腹瀉犬全身組織細胞興奮性降低，發生精神萎靡，不願行走等現象。

（二）生物節律

體內的功能活動常按一定的時間順序，周而復始地發生變化，由於這種變化具有節律性，故稱為生物節律（Biorhythm）。動物的生物節律，按頻率高低分為高頻、中頻、低頻三類：節律週期低於一天的屬於高頻節律，如呼吸頻率、心動週期等；馬屬動物的季節性繁殖，候鳥的棲息以年週期為特徵，屬於低頻節律；中頻節律是指日週期，是體內最重要的生物節律，幾乎每種生理功能都有日週期，即一天一個波動週期，如睡眠與覺醒、體溫波動等。

生物節律發生的確切機制還有待深入研究，目前認為與松果體、下丘腦視交叉上核有關。生物節律重要的生理意義在於可使機體對環境變化做出前瞻性主動適應。此外，臨床上也可利用生物節律變化來提高藥物的治療效果。

三、機體功能的調節

動物機體由各種不同的細胞、組織和器官組成，分別執行著各不相同的功能，但是其功能活動並不彼此孤立、互不相關，而是相互聯繫、協調配合，作為一個統一的整體而存在和活動。如動物劇烈運動時，在神經系統的參與下，除骨骼肌收縮加強外，還會發生心跳加快、血液迴圈加速、呼吸運動加強，但消化和泌尿功能會減弱的現象。這種機體處於不同的生理情況時，通過機體內在的控制機制，使各種功能活動相對穩定進行的過程，稱為調節（Regulation）機體功能的調節是動物在長期的進化過程中逐漸形成的複雜而精准的生理機制。動物體內的調節方式主要有三種：神經調節（Nervous regulation）、體液調節（Humoral regulation）、各組織器官系統的自身調節（Autoregulation）其中神經調節占主導地位，對於高等哺乳動物而言，自身調節在其進化過程中已逐漸退化。

（一）神經調節

神經調節是指通過神經系統的活動對機體各器官、系統生理功能所發揮的調節作用，神經調節的基本方式是反射（Reflex）。所謂反射是指在中樞神經系統的參與下，機體對內外環境變化產生的規律性應答反應。反射的結構基礎是反射弧（Reflex arc），反射弧包括感受器、傳入神經、神經中樞、傳出神經和效應器五個基本環節（如圖 1-1）。感受器感受體內外環境的刺激，並將刺激轉變成神經信號（或神經衝動），通過傳入神經傳導至神經中樞，神經中樞對傳入信號進行分析，通過傳出神經發出神經信號，改變效應器的活動（如肌肉收縮、腺體分泌增多等）。

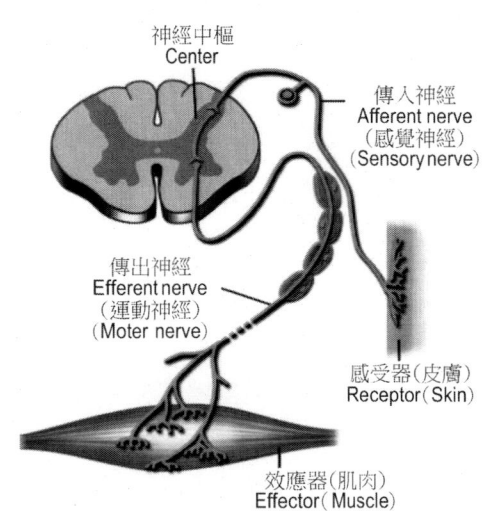

圖 1-1　反射弧的結構模式圖

反射弧的各個組成部分缺一不可，任何一部分被破壞，反射活動將消失。反射性調節是機體最主要的調節方式，神經系統功能不健全時，調節將發生紊亂。

巴甫洛夫將動物的反射分為非條件反射（Unconditioned reflex）和條件反射（Conditioned reflex）兩類：非條件反射是先天遺傳的同類動物都具有的反射活動，是一種初級的神經活動，如防禦反射、吮乳反射、性反射等；條件反射是在非條件反射的基礎上，通過後天的學習而獲得的，是大腦皮層的高級神經活動，如記憶、語言功能等的形成。

一般來說，神經調節的特點是：反應迅速、準確，但作用部位局限，作用時間短暫，主要是對一些短暫、快速變化的生理過程進行協調穩定性調節。

（二）體液調節

體液調節是指動物機體細胞產生和分泌的某些特殊化學物質（主要指內分泌系統分泌的激素）通過血液或體液運輸到相應的靶細胞或靶組織，調節其生理功能的過程。例如，胰島B細胞分泌的胰島素，是一種調節全身組織細胞糖代謝的激素，能促進細胞對葡萄糖的攝取和利用，在維持血漿葡萄糖濃度的穩定中起重要作用。根據調節範圍的大小，體液調節可分為全身性和局部性體液調節兩類。

1. 全身性體液調節　全身性體液調節是指內分泌腺或內分泌細胞分泌的激素，通過血液迴圈或其他體液循環途徑運送到相應的靶細胞或靶組織，對其功能活動進行調節。由於大多數內分泌腺本身直接或間接受中樞神經系統控制，在這種情況下，體液調節是神經調節的一個傳出環節，是反射傳出途徑的延伸，常稱之為神經-體液調節(Neurohumoral regulation)。例如，當交感神經興奮時，它所支配的腎上腺髓質分泌腎上腺素，經血液運輸，調節相應器官的功能活動。

2. 局部性體液調節

局部性體液調節是指某些散在的內分泌細胞分泌的激素或其他生物活性物質，經組織液擴散到相鄰細胞，對自身或相鄰細胞功能活動的調節。例如，胃幽門腺G細胞分泌的促胃液素對局部腺細胞分泌胃液的促進作用。此外，組織細胞的酸性代謝產物增加時，可通過擴散引起局部的血管舒張，血流量增加，從而使蓄積的代謝產物能較快地被消除，被視為局部性體液調節。

一般來說，體液調節的特點是：反應發生較緩慢，作用範圍較廣泛，效應持續時間較長，主要是對一些持續，緩慢變化的生理過程進行協調穩定性調節。

(三) 自身調節

自身調節是指不依賴於神經，體液調節，機體組織，細胞自身對刺激所發生的適應性反應。例如，當小動脈的血壓升高時，對血管壁的牽張刺激增強，小動脈的血管平滑肌收縮增強，使小動脈的口徑縮小，因此在沒有神經，體液調節參與的情況下，當小動脈血壓升高時，其血流量不致增大。這種自身調節在維持局部組織血流量的穩定中起一定的作用；腎臟小動脈有明顯的自身調節能力，當腎動脈血壓在一定範圍內變動時，腎血流量能保持相對穩定；又如，在血漿中碘的濃度發生改變時，甲狀腺有自身調節對碘的攝取以及合成和釋放甲狀腺激素的能力。

一般來說，自身調節的特點是：在一定的範圍內，反應迅速，準確，但調節幅度較小，僅對維持某些局部組織器官功能活動的穩定有一定的意義。

綜上所述，三種調節方式既有各自的特點，又密切聯繫，相互配合，共同調節，維持內環境的穩態，保證機體生理功能活動的正常協調穩定進行。

四、機體功能的控制系統

1950年代以來，應用工程學中控制論原理的廣泛應用，推動了動物生理功能調控機制的研究，人們也用這些原理和方法來分析，研究機體內許多功能的調節過程，發現機體功能，調節過程和工程控制有許多共同的規律和特點，在動物功能活動的調節中，存在著各種各樣的程式化控制系統，使機體的適應性反應迅速而準確。任何控制系統都由控制部分和受控部分組成。從控制論的觀念來分析，控制系統可分為非自動控制系統(Non-automatic system)、回饋控制系統(Feedback control system)和前饋控制系統(Feedforward control system)三大類，但動物功能活動受非自動控制調節很少見，故以下主要介紹回饋控制系統和前饋控制系統。

(一) 回饋控制系統

回饋控制系統是一個閉環系統，即控制部分不斷對受控部分發出控制資訊，令其活動，而受控部分則能不斷地將其活動狀況作為回饋資訊回送給控制部分，使控制部分根據回饋資訊來改變或調整自己的活動。這一活動不斷地進行，從而對受控部分的活動實現自動控制(圖1-2)。根據控制論的原理，將受控部分發出回饋資訊對控制部分的活動加以糾正和調整的過程稱為回饋性調節(Feedback regulation)，根據回饋資訊對控制部分的作用效果，可將回饋分為負反饋(Negative feedback)和正回饋(Positive feedback)兩種類型。

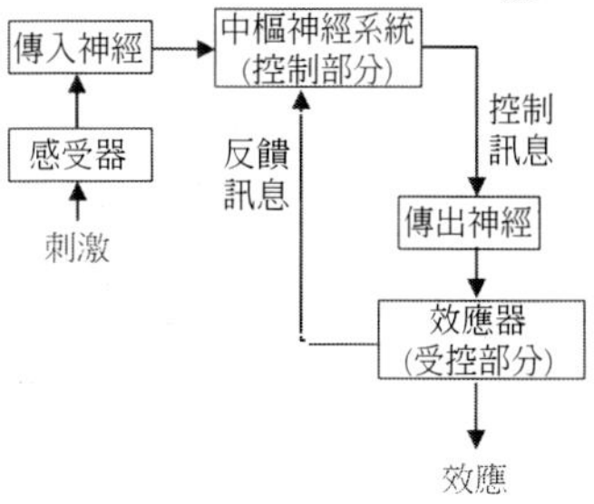

圖1-2 回饋控制系統模式圖
（以神經反射調節為例）

1. 負反饋

負反饋是指從受控部分發出的回饋資訊抑制或減弱控制部分的活動，即回饋資訊與控制資訊的作用相反的回饋稱為負反饋。也就是說，當某種生理活動過強時，通過回饋調控作用，可使該生理活動減弱；而當某種生理活動過弱時，又可反過來增強該生理活動。負反饋調節的功能是維持某一功能活動的穩態，即保持動態平衡，因而是可逆的。動物體內存在著大量的負反饋，例如，動脈血壓相對穩定的維持是通過"降壓反射"實現的，當動脈血壓升高時，降壓反射活動增強，使血壓降低；相反，當動脈血壓降低時，降壓反射活動減弱，最終使動脈血壓維持穩態。負反饋調節在機體各種生理功能調節中最為常見，在維持機體各種生理功能活動的相對穩定中具有重要意義。

2. 正回饋

正回饋是指從受控部分發出的回饋資訊，促進或加強控制部分的活動，即回饋資訊與控制資訊的作用相同。正回饋一旦發動，某一生理活動過程就會逐步加強、加速、直至完成，具有不可逆的特點。典型的正回饋有動物分娩、排尿反射、排便反射、射精、血液凝固和神經細胞動作電位上升支形成的 Na^+ 內流等。例如，在正常分娩過程中，子宮收縮導致胎兒頭部下降並擴張子宮頸，子宮頸受擴張刺激時可進一步加強子宮收縮，再使胎兒頭部進一步擴張子宮頸，子宮頸擴張再加強子宮收縮，如此反覆，直至整個胎兒娩出。正回饋調節在體內生理功能調節過程中比較少見，其生理作用是使某一生理活動快速完成。

(二)前饋控制系統

前饋控制是指控制部分發出控制資訊使受控部分進行某一活動，同時又通過另一快捷途徑向受控部分發出前饋信號(即干擾信號)，受控部分在接受控制部分的資訊進行活動時及時受到前饋信號的調控，因此活動可以更加準確。這種前饋信號(干擾信號)對控制部分的直接作用稱為前饋。條件反射屬於典型的前饋。例如，冬泳時，在機體未接觸冷水前，通過視覺、環境等刺激，通過條件反射已提前發動了體溫調節機制，使機體產熱增加和散熱減少。動物進食時，在食物還沒有進入口腔前，通過視覺、聽覺等刺激，通過條件反射提前使胃腸運動增強、唾液、胃液分泌增多，提前為消化做好準備，使食物真正進入消化系統後，能更好地被消化和吸收。

前饋控制系統可以使機體的反應具有一定的前瞻性和預見性。但前饋控制引起的反應有時也可能產生失誤，例如，動物見到食物後並沒有吃到食物，而唾液分泌增多就是一種失誤。與前饋機制相比較，負反饋屬於後饋，因為只有效應產生後才能實施調節，當控制部分在接到受控部分活動的回饋資訊後，才發出糾正受控部分活動的資訊，常需要較長的時間反饋調節才發生作用，存在滯後、緩慢等不足。

思考題

一、名詞概念
1. 興奮性　　2. 興奮　　3. 抑制　　4. 刺激　　5. 內環境穩態
6. 反射　二、7. 回饋　　8. 負反饋　　9. 正回饋

單項選擇題
1. 下列不屬於基本生命特徵的是（　）
   A.新陳代謝　　B.興奮性　　C.呼吸運動　　D.生殖
2. 機體內環境是指（　）
   A.血液　　B.細胞內液　　C.組織間液　　D.細胞外液
3. 神經調節的基本方式是（　）
   A.反射　　B.反應　　C.適應　　D.負反饋調節
4. 下列哪項實驗屬於整體水準的研究（　）
   A.在體蛙心搏曲線的描記　　B.腦電圖描記
   C.動物高原低氧實驗　　D.活體家兔血壓描記
5. 在自動控制系統中，從受控部分到達控制部分的資訊稱為（　）
   A.參考資訊　　B.偏差資訊　　C.回饋資訊　　D.控制資訊
6. 下列屬於負反饋調節為主的生理過程是（　）
   A.分娩過程　　B.血液凝固過程
   C.血壓升高後降低的過程　　D.排尿過程
7. 動物見到食物唾液分泌增加，屬於（　）
   A.非條件反射　　B.正回饋　　C.負反饋　　D.前饋控制

三、簡述題
1. 動物生理學研究的內容及水準是什麼？
2. 機體機能調節的主要方式、特點及意義是什麼？
3. 回饋調節的分類及作用。

四、論述題
舉例說明，機體某器官或系統在內環境穩態中的作用。

第 2 章　細胞的基本功能

本章導讀

　　細胞是構成動物及其他生物體的基本結構單位和功能單位。動物機體的各種功能活動都是體內各個細胞功能活動有機整合的結果。體內所有的生理和生化過程都是在細胞及其產物的基礎上進行的。研究表明，儘管生命現象在不同種屬生物體或同一生物體的不同組織、器官或系統中表現得千差萬別，但在細胞和分子水準上實現的基本生命過程及其原理，卻有很大的共性，這是我們學習器官、系統和整體生理學的基礎。本章主要介紹細胞的基本功能，包括細胞膜的物質轉運功能、細胞膜的信號轉導功能、細胞的興奮性和生物電現象。

第一節　細胞膜的基本結構和物質轉運功能

　　一切動物的細胞都由一層細胞膜（Cell membrane）或質膜（Plasma membrane）包裹著，它將細胞的內容物和周圍環境（主要指細胞外液）分隔開來，構成一種屏障，保持細胞相對獨立和穩定的內環境。細胞膜在細胞的生命活動中起著非常重要的作用，概括起來，細胞膜大概有以下幾種基本功能：①屏障功能：細胞膜類似於半透膜，它允許某些物質選擇性通過，但又能限制或阻止其他一些物質的進出，這樣就使細胞在進行正常的新陳代謝時，既能保持細胞內各種物質成分的穩定，又能保持許多物質在細胞內、外一定的濃度差。②物質轉運功能：細胞在新陳代謝過程中需要從外界攝取氧和營養物質，並排出細胞的代謝產物，而這些物質的進入和排出，都要經過細胞膜轉運。③信號轉導功能：細胞膜的某些結構（如受體）具有識別和接受細胞周圍環境中信號刺激的能力，進而調整細胞的功能活動，以適應環境的變化。這種細胞膜接受胞外信號並將信號通過一定的途徑轉導到細胞內，對細胞功能活動進行調控的過程，稱為細胞跨膜信號傳導。上述細胞膜的功能與細胞膜的特殊結構密切相關。

　　此外，細胞內部的各種細胞器（Organelle）也存在著類似細胞膜的膜性結構，如線粒體（Mitochondria）、內質網（Endoplasmic reticulum）、高爾基體（Golgi's apparatus）和核膜（Nuclear membrane）等。細胞器膜與核膜形成了細胞質與細胞器或細胞核之間的屏障，負責細胞質與細胞器或細胞核之間的物質、能量和資訊交換。所有生物的細胞膜、細胞器膜、細胞核膜結構類似，統稱為生物膜（Biomembrane）。

一 細胞膜的基本結構

從低等生物到高等哺乳動物的細胞膜都有類似的結構，在電子顯微鏡下可分為3層：膜的內外兩側，即靠細胞質側和細胞外液側是緻密層，中間夾有透明層。細胞膜的化學分析結果表明，細胞膜主要由脂質分子(Lipid molecule)和蛋白質分子(Protein molecule)組成，此外還有少量糖類物質。有關膜的分子結構，曾有多種假說，其中被較多實驗事實所支持、目前仍被大多數學者所接受的是1972年由Singer和Nicholson提出的液態鑲嵌模型(Fluid mosaic model)學說。該學說認為：膜是以液態的脂質雙分子層(Lipid bilayer)為基架，其中鑲嵌著許多具有不同分子結構和功能的球形蛋白質(圖2-1)。

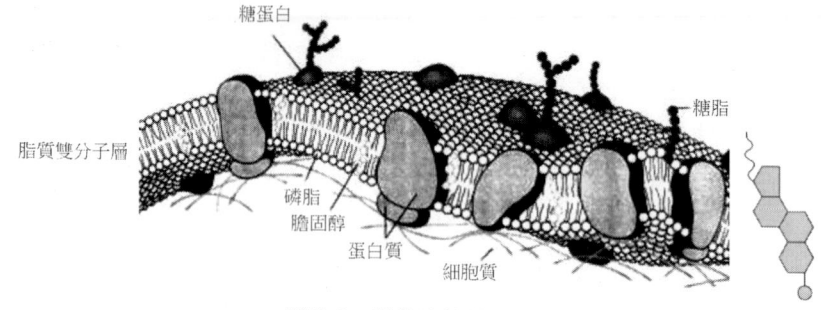

圖2-1　膜的液態鑲嵌模型

(一)脂質雙分子層

液態脂質雙分子層是細胞膜的基架，由磷脂(占脂質總量的70％以上)、膽固醇(低於30％)，以及少量糖脂組成。磷脂的基本結構是：一分子甘油的兩個羥基同兩分子脂肪酸相結合，另一個羥基則同一分子磷酸結合，後者再同一個堿基結合。根據堿基的不同，動物細胞膜中的磷脂主要有四種(圖2-2)：磷脂醯膽鹼、磷脂醯乙醇胺、磷脂醯絲氨酸和磷脂醯肌醇。膽固醇結構比較特殊，它含有一個甾體結構(環戊烷多氫菲)和一個8碳支鏈，其在膜中的含量與膜的流動性相關，在一定程度上呈反變關係。糖脂為含一個或幾個糖基的脂類，大約占細胞膜外層脂類的5％，主要的糖脂有腦苷脂(髓鞘的重要組成成分)、神經節苷脂(神經細胞膜的重要組成成分)。

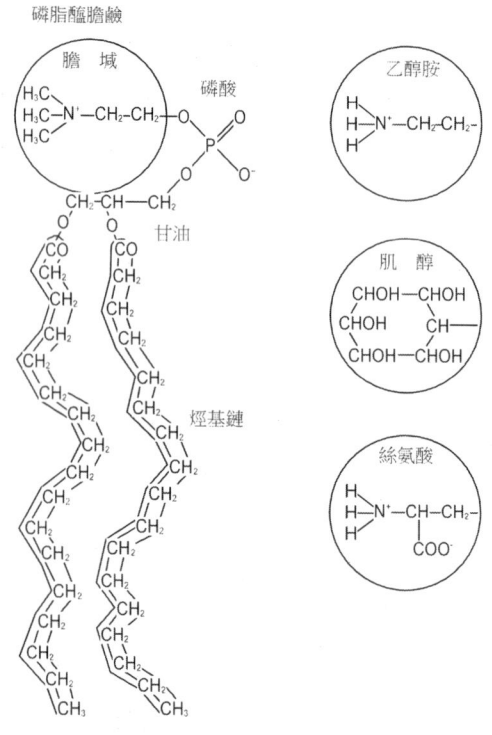

圖2-2　脂分子的組成

所有的脂質分子都是雙性分子(Amphiphilic molecule)：磷脂分子的磷酸和堿基以及膽固醇分子中的羥基是極性親水性基團，而分子中的酯醯基烴鏈形成非極性疏水性基團。在細胞膜中，由於細胞膜內外均是極性水相，因而疏水性基團兩兩相對，形成膜內部的疏水區，而親水性基團朝向膜的內表面或外表面。

(二)膜蛋白

膜蛋白約占細胞膜品質的 55％,它們具有不同的分子結構和功能,細胞膜所具有的各種功能,在很大程度上取決於膜蛋白。根據膜蛋白鑲嵌在脂質雙分子層中的方式與牢固程度,可分為內在蛋白(Intrinsic or integral protein)和表面蛋白(Surface or extrinsic protein)兩類(圖2-1)。內在蛋白(又稱整合蛋白)是跨膜蛋白,與膜結合緊密很難分離,其分子的疏水部分埋植於脂質雙分子層內,親水部分突出於細胞膜的內、外表面。表面蛋白分佈在脂質雙分子層的內、外兩側面,好像被吸附在膜的表面,通過離子鍵和氫鍵與膜脂質分子的親水性頭部相結合。它們與膜的結合較為疏鬆,容易與膜分離。膜蛋白的功能包括:①參與物質的跨膜轉運,如載體蛋白(Carrier protein)、通道蛋白(Channel protein)和膜泵(Membrane pump)等;②參與資訊跨膜傳遞,如受體蛋白(Receptor protein)、G-蛋白等;③具有酶的特性,參與能量轉化,如 ATP 酶、腺苷酸環化酶等。

(三)細胞膜糖類

細胞膜中糖類的含量在2％～10％,一般不含單糖,主要是一些寡糖和多糖鏈以共價鍵形式與膜蛋白或膜脂質結合,以糖蛋白(Glycoprotein)或糖脂的形式存在。膜上的糖鏈僅存在於細胞膜的外側(圖 2-1),有細胞「天線」之稱,參與細胞的多種生命活動,如作為細胞的特異性標誌,參與細胞識別、黏附、吞噬、自身免疫等。

(四)細胞膜結構特性

根據細胞膜的分子組成情況,脂質的熔點比較低,在生理狀態下(37℃),細胞膜既不是固態,亦不是液態,而是介於液、固態之間的液晶態。因此,細胞膜就具有兩個明顯的特性,即流動性和不對稱性。

1.細胞膜的流動性

是指膜脂和膜蛋白處於不斷運動的狀態。脂質雙分子層在熱力學上的穩定性和流動性,能夠說明細胞為什麼能夠承受相當大的張力和外形改變而不破裂,而且當膜結構發生較小斷裂時,可以自動修復,仍保持雙分子層的形式。膜的流動性一般只允許脂質分子在同一單層內做橫向擴散運動。此外,脂質分子還可沿自身長軸做旋轉運動。膜蛋白的運動形式主要有:①在膜平面上的側向擴散運動;②沿膜平面垂直軸的旋轉運動;③「插入」和「內化」運動,所有膜蛋白都是在胞質中合成後,運送到靠近膜的部位並「插入」到膜內,才成為膜蛋白,有些膜蛋白可離開細胞膜進入細胞質,這種運動形式稱為「內化」。膜蛋白的運動往往局限於某一特定區域,實現特殊的生理功能,例如,在小腸上皮細胞的頂部、基底部和側面,膜上分佈的酶和轉運蛋白不同,這決定了小腸上皮細胞靠腸腔側細胞膜以吸收功能為主,而基底部和側面細胞膜以轉運及連接功能為主。

膜的流動性具有十分重要的生理意義。如物質轉運、能量轉換、細胞識別、免疫、藥物對細胞的作用等都與膜的流動性密切相關,可以說一切膜的基本活動均在細胞膜的流動狀態下進行。

2. 細胞膜的不對稱性

細胞膜內外兩層的結構和功能有很大差異，此現象稱為細胞膜的不對稱性。首先，脂質分佈不對稱。一般來說，含膽鹼的磷脂大部分位於外側層，糖脂全部分佈於外側層，而含氨基的磷脂多分佈於內側層。其次，膜蛋白的分佈也不對稱。如紅血球膜的冰凍蝕刻標本顯示，靠胞質斷裂面的顆粒數為2800個/μm^2，靠外表面斷裂面的顆粒數只有1400個/μm^2；跨膜蛋白突出膜內外表面的部分不僅長度不等，且氨基酸的排列順序亦差異很大；具有酶活性的特異性膜蛋白，如 5´-核苷酸酶、磷酸二酯酶等多為外側層表面膜攜帶酶，而膜內側層表面，多含有腺苷酸環化酶等。糖類分佈的不對稱性是最明顯的，它們只見於細胞膜的外側面。生物膜結構的不對稱性決定了膜內、外表面功能的不對稱性，有的功能只發生在膜的外層，有的則僅發生在內層。

二、細胞膜的物質轉運功能

細胞膜主要由脂質雙分子層構成，理論上只有脂溶性的物質才能通過細胞膜。但細胞在新陳代謝過程中，需要不斷地從周圍環境攝取氧和各種營養物質，並排出代謝產物。實現這些過程都必須跨過細胞膜這一屏障，即物質的跨膜轉運。不同理化性質的物質轉運方式各異，除了脂溶性物質可自由進出細胞外，大多數水溶性溶質分子或離子的跨膜轉運都需借助於膜蛋白來實現，大分子物質和顆粒則通過入胞和出胞方式才能完成。總的來說物質跨膜轉運有以下幾種形式（圖 2-3）。

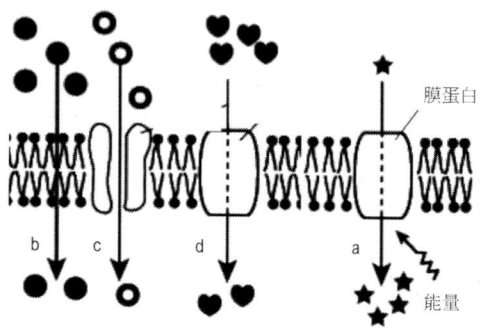

圖2-3 物質跨膜轉運的主要途徑和機制
（a.主轉轉運 b.單純擴散 c、d.易化擴散）

(一)單純擴散

單純擴散(Simple diffusion)是最簡單的物質跨膜轉運方式，是指脂溶性物質由膜的高濃度側向低濃度側自由擴散的現象。單純擴散是一種單純的物理過程，並沒有生物學機制參與。但由於細胞膜脂質屏障的存在，某物質的單純擴散速率除了主要決定於膜兩側該物質濃度差以外，還與細胞膜對該物質的通透性有關。所謂通透性是指該物質通過膜的難易程度或阻力，通透性的高低主要取決於該物質的脂溶性程度，另外還與分子的大小及構型有關。機體內脂溶性的物質不多，因而靠單純擴散通過細胞膜的物質甚少，主要有 O_2、CO_2、N_2 等脂溶性小分子，水、乙醇、尿素和甘油等極性水溶性分子，因分子小且不帶電荷，也可以單純擴散方式跨膜移動。單純擴散的特點是物質順濃度梯度轉運，不需要細胞代謝提供能量，沒有膜蛋白的參與。

(二)易化擴散

易化擴散(Facilitated diffusion)是指非脂溶性物質或脂溶性小的物質，在特殊膜蛋白的幫助下，由高濃度一側通過細胞膜向低濃度一側擴散的現象。易化擴散的特點是：①物質移動的動力來自勢能(濃度差或電位差)，不需要細胞代謝供能，順濃度梯度或電位梯度移動；需要特殊膜蛋白的參與。

根據參與膜蛋白的不同，易化擴散可分為兩類。

1. 載體轉運

通過細胞膜載體蛋白構型變化，將物質從高濃度側向低濃度側轉運的過程稱為載體轉運(Carrier transport)。載體蛋白是一些貫穿脂質雙分子層的整合蛋白，其與被轉運物質結合，引發構象變化，使物質從高濃度一側轉運到低濃度一側，然後與被轉運物質解離，載體蛋白又恢復原來的構型，周而復始，這種轉運類似於渡船的擺渡，但載體轉運機制的細節至今仍不完全清楚。葡萄糖、氨基酸等小分子物質從高濃度側跨膜轉運到低濃度側就是以這種方式進行的(圖2-4)。

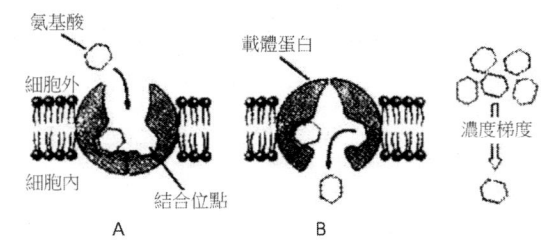

圖2-4　小分子物質經載體轉運示意圖
A 載體蛋白與被轉運物質結合　B 載體蛋白與被轉運物質分離

載體轉運的特點：

(1)高度的結構特異性。即一種載體只能選擇性地轉運某種具有特定化學結構的物質。不同的載體轉運不同的物質，即使是同分異構體，也存在著不同的載體。如葡萄糖載體對右旋葡萄糖轉運能力較強，而對左旋葡萄糖幾乎不轉運。

(2)飽和現象。載體蛋白的數量和每一載體分子上能與被轉運物質結合的位點數量都是有限的，由於載體和載體上結合位點的數量有限，當全部載體與被轉運物質結合後，該物質的轉運量不再隨膜兩側物質的濃度差增加而增大，即出現飽和現象。

(3)競爭性抑制。如果A和B兩種結構相似的物質能被同一載體蛋白轉運，那麼，增加A物質的濃度，將會使該載體對B物質的轉運量減少，這是因為一定數量的載體蛋白結合位點被A物質競爭性地佔據所致。

2. 通道轉運

物質借助於細胞膜上通道蛋白的幫助，由高濃度一側向低濃度一側轉運的過程稱為通道轉運(Channel transport)。通道蛋白是一類貫穿脂質雙分子層、中央帶有親水性孔道的膜蛋白，由於經通道轉運的溶質幾乎都是離子，因而也稱為離子通道(Ion channel)(圖2-5)。

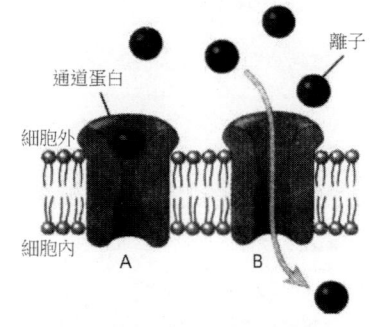

圖2-5　通道轉運示意圖
A：通道關閉　B：通道開放

通道轉運的特點：

(1)離子通道有一定的選擇性。一般每種通道只對一種或幾種離子有較高通透能力，而對其他離子通透性很小或不通透。如 Na^+ 通道、K^+ 通道、Ca^{2+} 通道等分別轉運相應的離子。

(2)離子通道具有門控性。在通道蛋白中有一些"閘門樣"結構控制著通道的開放和關閉。閘門的開放與關閉，受某些化學物質如激素、遞質或膜電位的控制。根據通道的門控機制不同，常見的通道有：

化學門控性通道（Chemically-gated channel）：由某些化學物質控制其開或關的通道。如細胞外液中某種遞質、激素或 Ca^{2+} 濃度改變等，這種通道主要分佈在神經細胞的突觸後膜和骨骼肌細胞運動終板膜上。

電位門控性通道（Voltage-gated channel）：由膜兩側電位差控制其開或關的通道。當膜兩側電位差變化到某一臨界值時，通道蛋白構型變化，閘門開放，物質即可順濃度差移動。如 Na^+ 通道、K^+ 通道等。該類通道主要分佈在神經纖維和肌細胞膜中，是可興奮細胞產生生物電的基礎。

機械門控通道（Mechanically-gated channel）：由機械刺激控制其開或關的通道。如皮膚觸壓覺感受器和內耳的毛細胞感受器等都存在這類通道。

除上述門控離子通道外，有少數幾種通道是持續開放的，它不受任何外界因素的影響，只要有濃度差存在，離子即可擴散，稱為反閘控通道。如細胞膜上的反閘控 K^+ 通道，其對維持靜息電位特別重要。

單純擴散與易化擴散，物質都是順濃度差（或電位差）跨膜移動的，不需要細胞代謝提供能量，因而統稱為被動轉運（Passive transport）。被動轉運所需的動力來自膜兩側濃度差（或電位差）所含的勢能，就好像山上的水向下流一樣，靠水的勢能自動下流，不需另外供能。

（三）主動轉運

主動轉運（Active transport）是指在細胞膜蛋白的參與下，細胞通過本身的耗能過程，將某些物質的分子或離子由膜的低濃度（或低電位）側跨膜向高濃度（或高電位）側轉運的過程。主動轉運的特點是，物質轉運過程中，細胞本身要消耗能量，能量來自細胞代謝形成的 ATP；呈逆濃度或逆電位梯度進行物質轉運，需要特殊膜蛋白的參與。

由於主動轉運猶如"水泵"引水上山需要耗能一樣，因此提出了"泵"的概念來解釋主動轉運過程。泵的含義說明它是一種耗能而做功的系統，它的作用是在消耗代謝能的情況下，逆濃度梯度轉運物質。介導這一過程的膜蛋白稱為離子泵（Ionic pump）。離子泵具有ATP酶活性，能將細胞內 ATP水解為 ADP，並利用高能磷酸鍵儲存的能量完成離子的跨膜轉運。體內有許多不同類型的主動轉運系統，如鈉-鉀泵（Na^+-K^+泵，Sodium-potassium pump）、鈣泵、質子泵等，目前研究最充分而且對細胞生存和活動最重要的是Na^+-K^+泵，簡稱鈉泵。

鈉泵的主要作用是"排鈉攝鉀"。實驗證明，所有活細胞的細胞內液和細胞外液中的 Na^+ 和 K^+ 濃度有很大的不同。如神經細胞正常時膜內K^+濃度約為膜外的30倍，膜外的Na^+濃度約為膜內的12倍。這種明顯的離子濃度差的形成和維持，是靠普遍存在於各種細胞膜中的膜蛋白Na^+-K^+泵來完成的。Na^+-K^+泵的作用是逆濃度梯度將Na^+由細胞內液移向細胞外液，同時將細胞外液中的K^+移向細胞內液，形成並維持細胞內、外Na^+、K^+濃度梯度。鈉泵之所以能對Na^+、K^+進行主動轉運，是由於它本身具有 ATP 酶活性，當細胞內 Na^+濃度增高或細胞外 K^+濃度增加時可被啟動，被啟動的鈉泵可分解 ATP，同時釋放出能量，用於 Na^+、K^+的主動轉動過程（圖2-6）。因此，Na^+-K^+泵亦稱為Na^+-K^+依賴式ATP酶。鈉泵活動時，泵出Na^+和泵入K^+這兩個過程是同時進行的，稱為"偶聯"。一般情況下，每分解1分子ATP，可移出3個Na^+，並換回2

個K^+，但鈉泵轉運機制的細節目前並不完全清楚。鈉泵的主要生理意義在於：①維持細胞內外Na^+、K^+濃度梯度。這是細胞許多代謝正常進行、細胞跨膜電位形成以及細胞產生興奮的基礎；②維持細胞正常形態和功能。鈉泵活動造成的細胞內低Na^+環境降低了細胞內的滲透壓，避免了細胞外水分的大量進入，以維持細胞的正常體積和功能；③

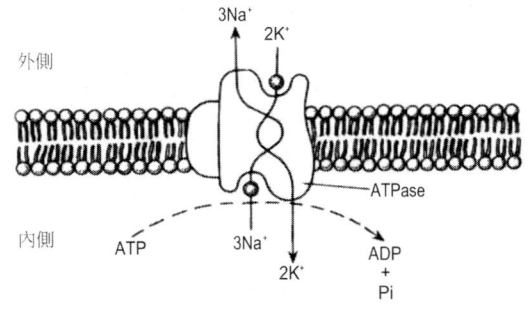

圖2-6　鈉泵的作用機理

最重要的是儲備勢能，為細胞的其他耗能過程間接提供能量，如繼發性主動轉運(後述)。

除鈉泵外，目前瞭解較多的還有Ca^{2+}泵、H^+泵、Cl^-泵、I^-泵等，它們分別與Ca^{2+}、H^+、Cl^-和I^-的主動轉運有關。

根據提供能量的方式不同，主動轉運可分為原發性主動轉運(Primary active transport)和繼發性主動轉運(Secondary active transport)兩大類。前者是直接利用ATP水解產生的能量進行離子的跨膜轉運，如Na^+-K^+泵對Na^+、K^+的主動轉運，屬於原發性主動轉運，後者所需的能量，不是直接來自ATP的水解，而是間接來自鈉泵活動形成的膜外高Na^+勢能，如葡萄糖、氨基酸通過主動轉運進入細胞內，就需要胞外Na^+的高勢能參與(圖2-7)。當鈉泵分解化學能ATP時，此能量用於使Na^+、K^+離子逆濃度梯度跨膜移動，於是能量發生了轉換，泵出膜外的Na^+由於其高濃度而有再進入膜內的趨勢，膜內高濃度的K^+則有再移出膜外的趨勢，化學能ATP變成了一種Na^+、K^+離子在細胞膜兩側的勢能儲備，這種離子勢能儲備，特別是Na^+勢能儲備，可用於細胞的其他耗能過程，當葡萄糖、氨基酸在小腸黏膜上皮細胞和腎小管上皮細胞逆濃度梯度跨膜轉運時，所需能量就是由鈉泵活動所形成的膜外高Na^+勢能所提供的。因此葡萄糖主動轉運所需要的能量間接由ATP提供，屬於繼發性主動轉運。

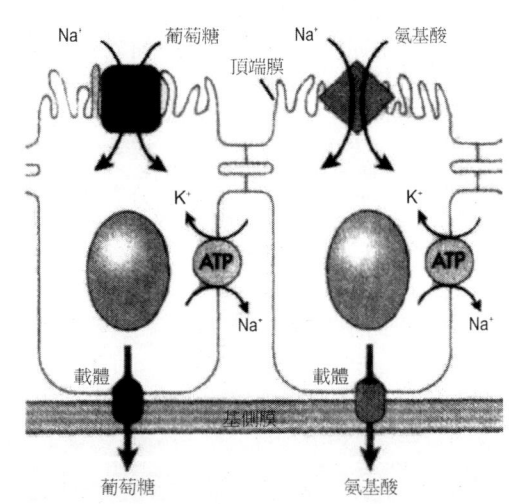

圖2-7　葡萄糖、氨基酸的繼發性主動轉運示意圖
(鈉泵的活動，造成細胞外Na^+的高濃度，轉運體將Na^+順濃度梯度轉入細胞，同時利用釋放的能量將葡萄糖或氨基酸逆濃度梯度轉入細胞內)

(四)入胞和出胞

上述三種形式的物質跨膜轉運，主要涉及小分子的物質分子或離子。細胞對於一些大分子物質或團塊物質(固態或液態的)，還能通過更高級的耗能過程，動員膜的更複雜的結構及功能變化，使之通過細胞膜，分別稱之為出胞(Exocytosis)和入胞(Endocytosis)兩種過程。

1. 入胞(或內吞)

是指細胞外的大分子物質或團塊進入細胞內的過程(圖2-8)。這些物質主要是侵入體內的細菌、病毒、異物或細胞崩解碎片。細胞膜首先"識別"並與其接觸，然後細胞膜內陷，把這些物質包圍成小泡，隨後包裹的細胞膜融合、斷裂，使物質連同包裹它的細胞膜一同進入細胞，形成吞噬小泡，然後吞噬小泡與胞漿溶酶體融合，內容物被溶酶體中的各種酶消化分解。根據吞入物質的性狀不同，入胞作用可分為吞噬和吞飲兩類：如進入的物質是固體，謂為吞噬（Phagocytosis）形成的小泡叫吞噬體；如進入的物質是液體，則稱為吞飲（Pinocytosis）形成的小泡叫吞飲泡。吞噬的主要作用是消滅異物，典型的吞噬細胞有巨噬細胞、單核細胞等，它們存在於組織和血液中，共同防禦微生物的入侵，消除衰老和死亡的細胞等。

2. 出胞（或胞吐）

指細胞把大分子或團塊物質由細胞內向細胞外排出的過程。機體內各種細胞的分泌活動都是通過出胞來實現的。如外分泌腺細胞分泌黏液和酶原顆粒，內分泌腺細胞分泌激素、神經纖維末梢釋放遞質等。如具有蛋白性分泌功能的細胞，其分泌物先是在粗面內質網合成，然後轉運至高爾基體並被一層膜性結構所包被，形成分泌囊泡；後者再逐漸移向細胞膜內側的特定部位暫時貯存；當細胞分泌時，囊泡逐漸向細胞膜內側移動，最後囊泡膜和細胞膜在某點接觸並相互融合，然後在融合處出現裂口，將囊泡內容物一次性全部排空，而囊泡的膜也就變成了細胞膜的組成部分（圖 2-8）。出胞機制目前尚未完全闡明。

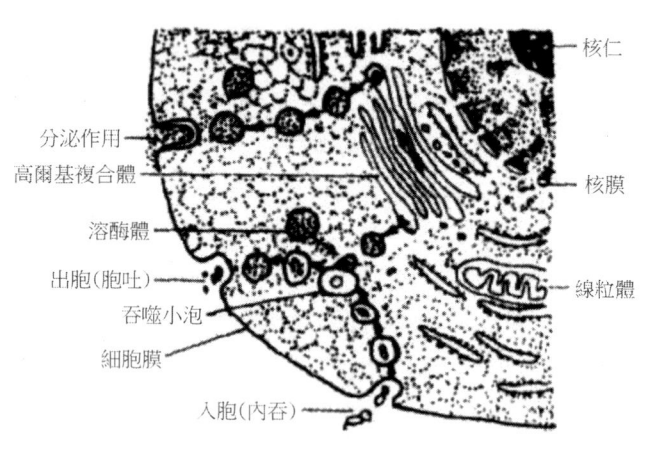

圖2-8　入胞和出胞示意圖

第二節　細胞的跨膜信號轉導功能

動物機體是由無數細胞構成的，要實現不同細胞功能活動的協調統一，並與內、外環境相適應，細胞之間必須有完善的資訊交流功能，即細胞間具有信號轉導功能。在生理學研究中，人們首先關心的問題是：細胞是如何感受外環境的刺激信號並對刺激信號做出反應的，即細胞的跨膜信號傳導。所謂細胞跨膜信號傳導（Transmembrane signal transduction）是指細胞外信號經細胞膜傳遞到細胞內引起靶細胞相應生物效應的過程。細胞跨膜信號傳導是一個十分複雜的生理過程，與細胞中一類特殊蛋白質——"受體（Receptor）"的功能密切相關。本節主要討論細胞受體的基本特徵及三種細胞跨膜信號轉導方式的基本過程。

一、受體的基本概況

(一)受體的概念

受體是指細胞擁有的能夠特異性識別和選擇性結合胞外的化學資訊物質，並啟動細胞內一系列過程，最終引發細胞特定的生物學效應的大分子蛋白質。受體的基本功能是介導資訊的跨膜傳遞。實現細胞間傳遞資訊的信號分子，稱為配體(Ligand)，如各種激素和神經遞質等。根據受體分佈的部位，受體分為細胞膜受體、胞漿受體、核受體三種；根據受體結構及跨膜信號轉導方式，通常將受體分為3種基本類型：離子通道型受體、G-蛋白偶聯受體、酶偶聯受體。

(二)受體的特徵

1. 特異性

特定的受體只能與特定的信號分子結合，產生特定的效應。如心交感神經末梢釋放的神經遞質去甲腎上腺素僅與心肌細胞膜上的β受體結合，使心跳加快、心肌收縮力增強。

2. 高親和力

信號分子與受體之間是靠分子與分子之間的立體空間構象互補而結合起來的，表現為高度的親和力。雖然信號分子在體液中的濃度極低（通常在 10^{-9} mol/L 或更低），但仍能與受體特異性結合並發揮巨大的生物學效應。

3. 飽和性

每一個細胞上的受體的數量是有限的，與信號分子的結合表現為有一定的限度。

4. 可逆性

受體與信號分子是以非共價鍵的方式相結合的，因此在某種情況下受體與信號分子可以解離，然後還可再次與此類信號分子結合，其解離的難易程度，因受體而異。

二、主要的跨膜信號轉導方式

就目前所知，主要的跨膜信號轉導方式有三種：①由離子通道型受體介導的跨膜信號轉導；②由G-蛋白質偶聯受體介導的跨膜信號轉導；③由酶偶聯受體介導的跨膜信號轉導。隨著研究的深入，另一些新的跨膜信號轉導方式不斷被人們所揭示。

(一)由離子通道型受體介導的跨膜信號轉導

離子通道型受體(Ion channel receptor)是一種兼具受體和離子通道功能的蛋白質分子，目前已確定細胞膜上至少有3種類型的離子通道型受體來感受不同的外來刺激，通過這些離子通道的開放或關閉，不僅決定離子本身的跨膜轉運，而且還能實現信號的跨膜轉導。根據控制離子通道開關的條件不同，可將它分為化學門控通道、電壓門控通道和機械門控通道。

化學門控通道主要分佈在肌細胞終板膜和神經細胞突觸後膜，所接受的化學信號主要是神經遞質。當受體與信號分子結合後，引起通道的快速開放和離子的跨膜流動，實現化學信號的跨膜轉導。如神經-肌肉接頭的信號傳遞即是離子通道型受體介導的信號轉導的典型例子，骨骼肌終板膜上的 N_2 型乙醯膽鹼(Acetylcholine, ACh)受體為離子通道型受體，它與運動神經末梢釋放的 ACh 結合後，引起 Na^+ 的內流產生終板膜電位變化，最終引發肌細胞興奮和收縮。

電壓門控通道和機械門控通道是接受電信號和機械信號刺激的受體，通過通道的開放與關閉，引起離子跨膜流動發生相應的變化，最終把信號轉導到細胞內。如動物內耳的毛細胞頂部的纖毛受到聲波刺激彎曲時，毛細胞會出現暫時的感受器電位。這是由於纖毛受力，使其根部的膜變形（牽拉）直接啟動了其附近膜中的機械門控通道而出現離子跨膜移動造成的，最終實現聲波信號的跨膜轉導（圖 2-9）。

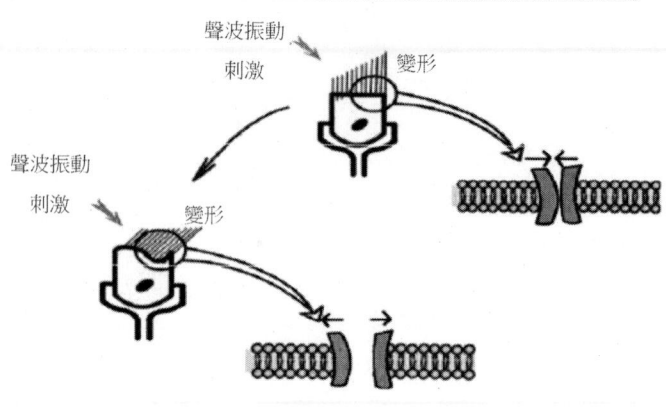

圖2-9　毛細胞上的機械門控通道

(二) 由 G-蛋白偶聯受體介導的跨膜信號轉導

G-蛋白偶聯受體介導的信號轉導是由細胞膜、細胞漿和細胞核中的一系列信號蛋白質分子，以級聯式相互作用來實現跨膜信號轉導的。其涉及的信號蛋白質包括 G-蛋白偶聯受體（G protein-linked receptor）、G-蛋白（鳥氨酸結合蛋白 Guanine nucleotide-binding protein）、G-蛋白效應器酶、第二信使和蛋白激酶等。

G-蛋白偶聯受體是存在於細胞膜上的受體蛋白質，因該受體的功能要通過位於細胞膜內側的 G-蛋白才能發揮，故而得名。當激素、遞質、細胞因數等信號分子作用於細胞膜時，被 G-蛋白偶聯受體識別並與之結合，啟動 G-蛋白，進而啟動 G-蛋白效應器酶（G protein effecter enzyme），如腺苷酸環化酶（Adenylate cyclase），G-蛋白效應器酶再催化某些物質（如 ATP 等）產生第二信使（Second messenger）（如環磷酸腺苷 cAMP 等），第二信使通過蛋白激酶（Protein kinase）（如 cAMP 依賴蛋白激酶）或離子通道來發揮信號轉導作用。體內有多種 G-蛋白效應器酶和第二信使，可分多種不同途徑來實現信號跨膜轉導（圖 2-10）。含氮類激素大多是通過 G-蛋白偶聯受體介導實現信號跨膜轉導的。

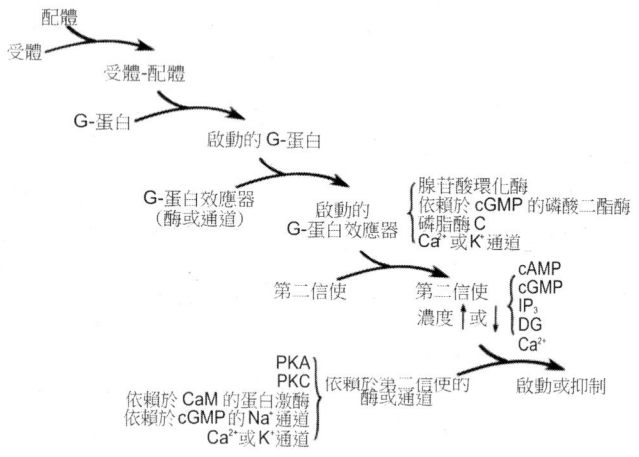

圖2-10　G-蛋白偶聯受體介導的信號轉導過程的主要步驟

(三) 由酶偶聯受體介導的跨膜信號轉導

近年來研究發現，一些肽類激素（如胰島素）和細胞因數（如神經生長因數、白血球介素等）在作用於靶細胞時，其相應的跨膜信號轉導方式與前述兩類方式不同，既沒有 G-蛋白、第二信使和胞質內蛋白激酶的啟動，受體本身也沒有通道結構，而是通過細胞中一類具有酶活性的受體介導，實現跨膜信號的轉導。這類受體是一種特殊的跨膜蛋白，既具有與胞外信號分子結合的位元點，起受體作用，同時具有酶活性或能啟動相應酶的雙重作用，故稱為酶偶聯受體。酶偶聯受體有多種類型,其中較重要的有酪氨酸激酶受體、結合酪氨酸激酶的受體、鳥苷酸環化酶受體等。

案例

　　2012年12月10日,一6歲騾子突然發病,主述:前幾天採食、運動均正常,10日上午氣候很低,僅4~5℃,見其飲了大量冷水,1個多小時後,見騾子急起急臥、回頭顧腹、時而後肢蹴腹、聽診腸鳴如雷、呼吸急促、體溫正常。獸醫迅速給騾子分別肌肉注射阿托品50 mg、山莨菪鹼100 mg,臨床症狀很快得到緩解。初步診斷為:騾急性腸痙攣。

問題與思考
　　1. 騾急性腸痙攣時,腸鳴如雷的原因?
　　2. 應用阿托品治療的依據是什麼?

提示性分析
　　1.因冷刺激,引起副交感神經過度興奮,其末梢釋放大量神經遞質乙醯膽鹼,與胃腸平滑肌上M受體特異結合,導致胃腸平滑肌強烈收縮,小腸內各種消化液分泌增多,故出現腸鳴如雷的特殊聲音。
　　2.阿托品可特異性阻斷乙醯膽鹼與M受體的特異性結合,阻斷了乙醯膽鹼信號在胃腸平滑肌細胞的跨膜信號傳導,使胃腸平滑肌運動減弱、消化液分泌減少,從而緩解腸痙攣。

第三節　細胞的興奮性和生物電現象

　　生物電是一切活的生物體在生命過程中所表現出的各種電現象的總稱,是生物體普遍而又十分重要的生命活動,它與生物組織的興奮性密切相關。在臨床醫學實踐中,通過特殊儀器檢測動物的心電圖、腦電圖、肌電圖、胃腸電圖等,已經成為診斷動物疾病及瞭解器官功能狀態的特殊手段。任何器官或組織電現象的產生,均是以細胞水準生物電現象為基礎的,細胞水準的生物電發生在細胞膜的兩側,故也稱為跨膜電位(Transmembrane potential)簡稱膜電位(Membrane potential)。細胞的跨膜電位主要有兩種表現形式,即靜息電位和動作電位。在生理學的發展歷史上,生物電現象的研究是同生物組織或細胞的興奮性研究相伴而開展的。

一　細胞的興奮性和興奮

(一)興奮性和可興奮組織

早期的生理學將活的組織、細胞對刺激產生相應反應的能力或特徵,稱為興奮性,把組織、細胞對刺激發生反應的過程，稱為興奮。隨著電生理技術的發展和應用，發現神經細胞、肌細胞、腺細胞等對刺激而發生興奮時，雖有不同的功能表現形式，如肌細胞產生機械收縮、腺細胞產生分泌活動，但這些細胞在發生具體的功能變化之前，細胞膜都會先出現一次被稱之為"動作電位(Action potential)"的電位變化，而細胞的具體功能都是由該動作電位引起或觸發的。動作電位是絕大多數細胞在受到刺激產生興奮時所共有的特徵性表現。所以，現代生理學將細胞興奮性更準確地定義為，細胞受刺激時產生動作電位的能力或特徵。興奮則是細胞產生動作電位的過程或是動作電位的同義語，而那些在受到刺激時能產生動作電位的組織或細胞才被稱為可興奮組織或可興奮細胞，如神經細胞、肌細胞、腺細胞等。

(二)刺激引起興奮的條件

可興奮組織和細胞，並不是對任何性質或強度的刺激都能表現興奮。如，光線的變化，並不能引起內耳柯蒂氏器的毛細胞產生興奮，聲波頻率的變化亦不能使視網膜上的視覺細胞產生視覺興奮，這與刺激性質是否適宜有關。在自然情況下，能引起某種細胞發生反應的刺激，稱為這種細胞的適宜刺激(Adequate stimulus)，反之，則稱之為不適宜刺激。生理過程中，細胞只對適宜刺激做出正常的反應。

任何適宜刺激，要引起組織或細胞興奮，必須在刺激強度、刺激作用時間、刺激強度-時間變化率三個方面達到某一最小值，稱為刺激的三要素。在刺激強度-時間變化率一定時，用能夠引起某一組織或細胞興奮的最小刺激強度和相應的最短刺激作用時間作為座標參數描繪在座標紙上，可繪製出某一組織或細胞的刺激強度-時間曲線(圖2-11)。

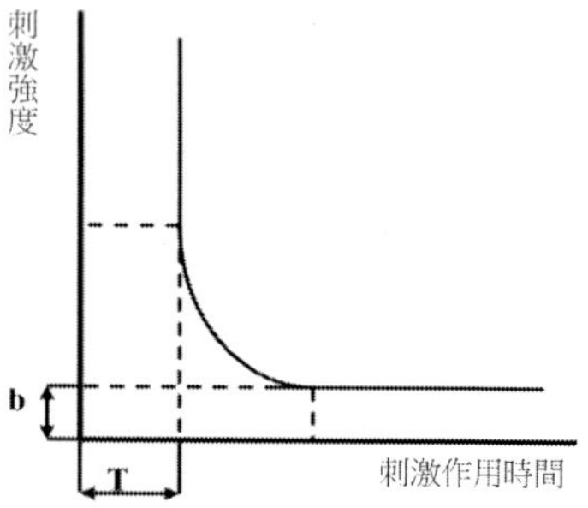

曲線上任何一點代表一個具有一定強度和一定時間的能引起組織發生興奮反應的最小刺激量，即閾刺激(Threshold stimulus)或閾值(Threshold value)。曲線還表明，在刺激作用不受時間限制的條件下，能引起組織興奮的最小刺激強度，稱為基強度，刺激強度低於基強度時，無論刺激作用時間多長，也不能引起組織興奮；同樣，刺激作用持續時間如短於某一值時，即使再增加刺激強度，也不能引起組織興奮。在一定範圍內，刺激作用時間一定時，引起組織發生興奮的最小刺激強度，稱閾強度(Threshold intensi-ty)，刺激強度小於閾強度的刺激，稱為閾下刺激(Subthreshold stimulus)，反之，稱為閾上刺激(Supraliminal stimulus)；在一定範圍內，刺激強度一定時，引起組織發生興奮的最短作用時間，稱為時間閾值。一般所稱的閾值是指強度閾值。

圖2-11 刺激強度-時間曲線
T：最短時間閾值 b：基強度

閾值的大小，可作為衡量組織或細胞興奮性高低的客觀指標之一。引起某組織或細胞所需的閾值越小，說明該組織的興奮性越高，反之，說明興奮性越低。其實，強度-時間曲線更能全面反映組織或細胞興奮性水準，當強度-時間曲線與坐標軸靠得越近時，組織或細胞興奮性越高，反之，越低。但當興奮性發生迅速變化時，要測得某一細胞的強度-時間曲線，實際上是有困難的。因此，在生理學研究中，常用閾值的倒數作為興奮性高低的指數，二者呈正相關。

除上述之外，刺激強度-時間變化率對引起組織興奮也有較大影響。用一個強度隨時間遞增的電流刺激組織，則強度-時間變化率越大，引起組織興奮所需的作用時間就越短；而當刺激強度是以較慢的速率增長時，這樣的刺激必須作用較長時間，組織才能產生興奮；如果刺激強度增加的速率過慢，這樣的刺激無論作用多久，可能也難以引起興奮。

(三)細胞興奮時的興奮性變化

活組織或細胞的興奮性不是固定不變的，體內不同組織具有不同的興奮性，且同一組織在不同的生理條件下，興奮性常會發生改變。例如，血液中的酸鹼度和 Na⁺、K⁺、Ca²⁺濃度的變化，可引起組織興奮性發生改變。不僅如此，可興奮組織或細胞在受刺激興奮後的短暫時間內，組織或細胞的興奮性也將經歷一次有序的規律性變化，然後才能恢復正常。以神經細胞為例，當其受到一次刺激興奮後，首先出現一個非常短暫的絕對不應期（Absolute refractory period），在此期內無論第二次刺激強度多大，都不能使它再次產生興奮，細胞的興奮性由正常水準（100 %）暫時下降為零，故又稱為乏興奮期（Lack of excitement period）。繼絕對不應期之後，細胞的興奮性逐漸恢復，但低於正常興奮性水準，稱為相對不應期（Relative refractory period），在此期內，第二個刺激可能引起新的興奮，但刺激強度必須超過閾強度才可以。繼相對不應期後，細胞的興奮性繼續上升，並超過正常水準，閾下刺激就可引起細胞產生第二次興奮，這個時期稱為超常期（Supranormal period）。繼超常期之後，細胞的興奮性又低於正常水準，稱為低常期（Subnormal period），這一時期持續時間較長，此後細胞的興奮性才完全恢復到正常水準（圖2-12）。當再次受刺激興奮後，細胞的興奮性水準再次發生如此規律性變化過程。這種變化細胞的生物電發生機制密切相關。

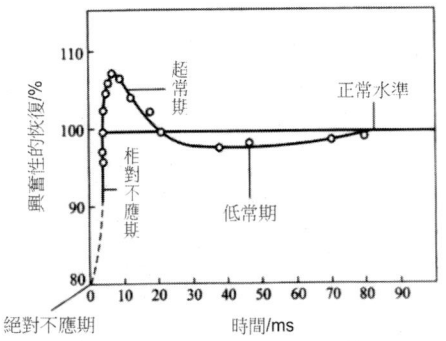

圖2-12　貓隱神經受刺激後興奮性的變化

上述各期持續時間的長短，在不同組織、細胞中有很大的差別。一般說來，絕對不應期較短，相當於或略短於前一刺激引起的動作電位的主要部分的持續時間，如神經纖維和骨骼肌只有 0.5～2.0 ms，心肌細胞則可達到 200～400 ms；其他各期的長短變化很大，而且易受代謝和溫度等因素的影響。由於絕對不應期的特性，導致細胞產生興奮的頻率不會超過某一最大值，理論上，這個最大值不可能超過該組織或細胞的絕對不應期所占時間的倒數，如蛙的有髓神經纖維的絕對不應期持續時間約為 2 ms，那麼，每秒鐘內其所能產生和傳導的興奮（或動作電位）的次數理論上就不可能超過500次。實際上，神經纖維在體內所產生和傳導的動作電位的頻率遠遠低於這個最大值。

二、靜息電位及其產生機制

(一)靜息電位及相關概念

靜息電位是指細胞在靜息狀態未受刺激時，存在於細胞膜內外兩側的電位差，又稱跨膜靜息電位（Transmembrane resting potential），簡稱靜息電位（Resting potential，RP）。靜息電位可用微電極放大器進行觀察測定（圖2-13），將兩個微電極A和B放置於神經細胞外表面任意兩點或均插入細胞內，顯示幕上的光點沒有上下移動，這說明細胞外表面和細胞內任意兩點間電位相等而無電位差（圖2-13 A、B）。若將微電極A置於細胞膜外表面，將尖端極細的微電極B刺入膜內，屏上的光點立即向下移動，並停留在一個較穩定的水準（圖2-13 C），這說明細胞安靜時膜外電位較膜內電位高，細胞膜兩側存在電位差，即靜息電位。在測量膜電位時通常將置於細胞外的電極接地，作為生理上的零點，則記錄的膜電位是膜內電位，一般為負值，用"-"表示，表明細胞安靜時膜外為正電位，膜內為負電位。

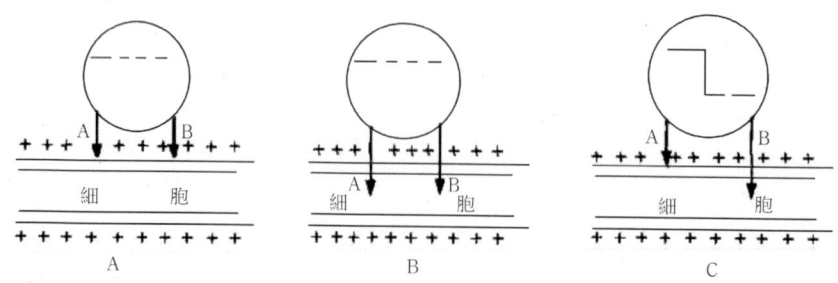

圖2-13 靜息電位測定示意圖
(A：電極A與B均置於細胞外表面；B：電極A與B均置於細胞內；C：電極A置於細胞外，電極B插入細胞內)

不同類型細胞的靜息電位數值存在差異，介於-100～-10 mV之間。如骨骼肌細胞的靜息電位約為-90 mV，神經細胞約為-70 mV，平滑肌細胞約為-55 mV，紅血球約為-10 mV。除一些具有自律性的心肌和平滑肌細胞外，其餘細胞的靜息電位是一平穩的直流電位。只要細胞未受刺激且保持正常的新陳代謝，靜息電位就會穩定於某一數值。

生理學中，膜內電位的負值減少視為靜息電位減小，反之，則稱為靜息電位增大。細胞靜息時，膜兩側的電位呈膜外為正，膜內為負的電性狀態稱為極化狀態，簡稱極化(Polarization)；與靜息電位水準相比，靜息電位增大的過程稱為超極化(Hyperpolarization)，靜息電位減小的過程稱為除極化(Depolarization，或去極化)，去極化至零電位後膜內電位如進一步變為正值（膜內為正電位，膜外為負電位）則稱為反極化(Contrapolarization)，膜電位元高於零電位的部分稱為超射(Overshoot)；細胞膜去極化後再向靜息電位方向恢復的過程稱為複極化(Repolarization)（圖 2-14）。

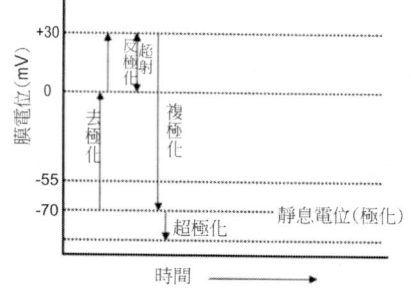

圖2-14 膜電位的去極化、反極化、複極化、超極化
(以神經細胞靜息電位為-70 mV為例)

關於靜息電位的產生機制，一般用1902年Bernstein提出的離子流學說來解釋。該學說認為，任何生物電的產生必須具備兩個條件：細胞膜內外離子分佈不均，即存在濃度差或電位差；不同狀態下，細胞膜對離子的選擇性通透。

如表2-1所示，細胞內的離子主要是K^+和有機負離子(A^-)，細胞外的離子主要是Na^+和Cl^-。如果細胞膜對這些離子都通透的話，將順濃度差產生K^+和A^-的外流及Na^+和Cl^-的內流。但細胞膜在靜息狀態下對K^+的通透性最大，對Na^+和Cl^-僅少量通透，對A^-（多為蛋白質離子）幾乎不通透。這樣K^+在濃度差的驅動下由膜內向膜外易化擴散，K^+的外流造成了膜外正電荷增多，而膜內的A^-不能通過細胞膜而留在細胞內，於是產生膜外為正而膜內為負的極化狀態。K^+的外流並不會無限制地進行，隨著K^+的外流，膜內外的K^+濃度差逐漸減小，同時K^+外流造成的外正內負的電位差形成了阻止K^+繼續外流的電場力，且隨著K^+外流增加，這種阻力也增大。當濃度差(K⁺外流的化學驅動力)與電場力(K⁺外流的電學阻力)達到動態平衡時，K⁺的淨移動為零，此時，細胞膜兩側就形成了一個相對穩定的電位差，即靜息電位。可以說靜息電位產生的根本原因是K⁺外流形成的電-化學平衡電位，靜息電位的形成是細胞具有興奮性的基礎。

表2-1 哺乳動物神經細胞膜內、外主要離子的濃度和流動趨勢

離子	細胞內(mmol/L)	細胞外(mmol/L)	細胞內外濃度比	離子流動趨勢
K⁺	140	3	47:1	外流
Na⁺	18	145	1:8	內流
Cl⁻	7	120	1:17	內流
有機負離子(A⁻)	155	—	—	外流

假定細胞膜是一種只對K⁺通透的半透膜，應用奈恩斯特(Nernst)公式，根據細胞內外K⁺的濃度，可以精確地計算出K⁺平衡電位(E_K)。但實際測得的靜息電位較理論計算值略大，如哺乳動物骨骼肌細胞，實測靜息電位為-90 mV，但奈恩斯特公式計算出的K⁺平衡電位為-95 mV。這是由於膜在靜息時除了對K⁺通透外，對Na⁺也有極小的通透性所致(僅為K⁺通透性的1%～2%)，因此可以說靜息電位形成的根本原因是K⁺的電-化學平衡電位。

$$E_K(mV, 27\ ℃) = 59.5 \log \frac{[K^+]_o}{[K^+]_i}$$

式中E_K為K⁺平衡電位，$[K^+]_o$、$[K^+]_i$分別代表膜外和膜內K⁺濃度。

靜息電位的大小受多種因素的影響，主要有以下3個因素：

(1)細胞膜對K⁺的通透性：通透性越大，靜息電位越大。

(2)細胞膜內外K⁺的濃度差：濃度差增大，K⁺擴散外流的動力增強，K⁺外流增多，導致膜內外的電位差增大，即靜息電位增大；反之，濃度差減小，靜息電位減小。

(3)鈉泵的活動狀態也會影響靜息電位：當細胞代謝障礙(如缺血、缺氧或酸中毒等)時，鈉泵的功能受到抑制，K⁺不能順利泵回細胞內，導致細胞內外K⁺濃度差逐漸減小，靜息電位將逐漸減小甚至消失。實際上，由於細胞膜上鈉泵的活動，在細胞靜息狀態下能將細胞內多餘的Na⁺泵出，將K⁺吸入，對於維持細胞靜息時膜內、外離子的分佈特徵，維持跨膜靜息電位，維持細胞的正常興奮性有著重要意義。

三、動作電位及其產生機制

(一)動作電位的概念及變化過程

可興奮細胞接受刺激而興奮時，細胞膜在靜息電位的基礎上會發生一次迅速而短暫的、可向周圍擴布的電位波動，稱為動作電位。動作電位是細胞興奮的代表或觸發因素。

以神經纖維為例，其動作電位發生過程如圖2-15所示，當細胞在安靜狀態下受到一次有效刺激時，膜內電位迅速升高，由-70 mV升高到+30 mV，變化幅度達100 mV，構成動作電位的上升支。其中，從-70 mV升高到0 mV是典型的去極化，從0 mV升高到+30 mV稱為超射，

此時膜內帶正電，膜外帶負電即為反極化。可見，上升支是細胞由極化狀態經過去極化到反極化狀態的過程，也是膜內電位由負到零再到正的變化過程。

　　動作電位的上升支達頂點(+30mV)後立即快速下降，膜內電位由正變負，迅速恢復至接近靜息電位水準，這一過程稱為複極化，構成動作電位的下降支。動作電位的上升支和下降支共同形成尖峰樣的電位變化，稱為鋒電位(Spike potential)。鋒電位是動作電位的主要組成部分，具有動作電位的主要特徵，持續時間 1～2 ms。在鋒電位後出現的一個緩慢而低幅的波動，稱為後電位(After potential)，包括負後電位(Negative after potential)和正後電位(Positive after potential)。負後電位是指膜電位複極化到靜息電位水準前維持的一段較長時間的去極化電位，正後電位是指超過靜息電位水準的一段超極化電位。後電位之後，膜電位才恢復到靜息電位水準。

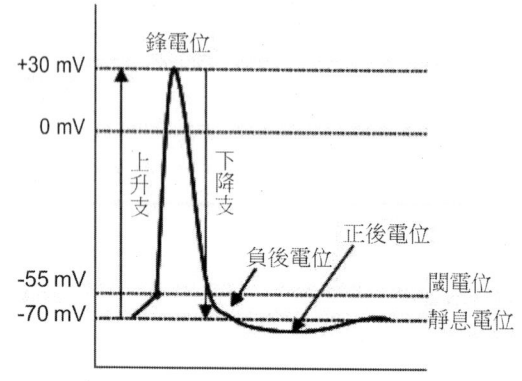

圖2-15　神經纖維動作電位模式

(二)動作電位的產生機制

1.動作電位上升支（去極相）的形成

　　動作電位的產生機制也用離子流學說來解釋。如前所述，細胞外 Na⁺濃度比細胞內高很多(見表2-1)，它有內流擴散的趨勢，但能否進入細胞決定於膜對Na⁺的通透性。仍以神經纖維為例，當細胞受到刺激興奮時，首先是膜上少量 Na⁺通道開放，少量Na⁺順濃度差進入膜內，使靜息電位減小；當靜息電位減小到某一臨界值時，會使膜上電壓門控式Na⁺通道大量地開放，膜對 Na⁺的通透性突然增大，Na⁺在 Na⁺濃度差化學推力和膜內負電場力（膜內負電荷對Na⁺的吸引）的作用下，大量內流，產生快速去極化；快速的去極化又會使更多 Na⁺通道開放，從而促進更多的 Na⁺內流，形成正回饋過程，使膜內正電荷迅速增加，膜內負電位迅速消失，繼而使膜內出現正電位水準，形成膜的去極化和反極化，即鋒電位陡峭的上升支。同時，內流的 Na⁺造成的膜內正電位對 Na⁺內流有阻礙作用，而且隨著 Na⁺內流增加，阻力不斷增大，而促使 Na⁺內流的濃度差逐漸減小，當這兩種力量達到平衡時，Na⁺淨移動為零，膜電位達到一個新的平衡點，即Na⁺的電-化學平衡電位。因此，動作電位上升支是由Na⁺內流引起的。

2. 動作電位的下降支（複極相）的形成

　　細胞去極化過程中 Na⁺通道開放時間很短，迅速失活關閉，導致 Na⁺內流停止，而 K⁺通道隨之被啟動而開放，膜對K⁺通透性增大，K⁺快速外流（K⁺外流的動力來源於膜內的高K⁺勢能，以及超射時的膜內正電位對K⁺所產生的排斥力），使膜迅速複極化，膜內電位由正變負，直到又恢復為原來的極化狀態，形成鋒電位的下降支。動作電位下降支是由K⁺外流引起的。

3.動作電位產生後膜內外離子的恢復

　　複極化後膜電位雖然已恢復到靜息電位水準，但膜內、外離子分佈尚未恢復。與細胞靜息水準相比，此時細胞內Na⁺濃度高於靜息水準，細胞外K⁺濃度也高於靜息水準，正是這種 Na⁺、K⁺濃度的變化啟動了細胞膜上的 Na⁺泵，Na⁺泵通過分解 ATP 消耗能量，以主動轉運方式逆濃度梯度將動作電位去極相過程中內流的 Na⁺泵出，同時將複極相過程中逸出細胞外的 K⁺

泵回，使膜內、外 Na⁺、K⁺的濃度亦完全恢復到靜息狀態水準，並形成後電位時相。

實驗表明，動作電位有三個重要特點：

①"全或無"現象。對任何一個可興奮細胞來說，刺激強度低於閾強度時，不能引起動作電位，一旦刺激達到閾強度，就可產生一次動作電位，並且動作電位的去極相幅度不會隨刺激強度的增大而改變。②不衰減性擴布。動作電位在細胞膜上某一點爆發後，不會停留在興奮的局部，而是可沿細胞膜傳播至整個細胞，且動作電位的波形及傳播速度不會因為傳播距離的延長而發生變化，是一種不衰減性擴布。③"脈衝式"。由於絕對不應期的存在，動作電位是不會融合的，無論刺激頻率多大，動作電位總有一定間隔而形成脈衝樣圖形。

將動作電位的發生過程與細胞興奮後興奮性的週期性變化相對比可看到，鋒電位的主要時間相當於細胞興奮後的絕對不應期，負後電位時期細胞大約處於相對不應期和超常期，而正後電位時期則相當於低常期(圖2-16)。其原因是在鋒電位的主要時間內，由於Na⁺通道已經處於啟動狀態(對新的刺激處於失活狀態)，細胞的興奮性為零，不論多強的刺激都不能使膜再次產生動作電位，處於興奮後的絕對不應期；在負後電位的前半期，Na⁺通道部分從失活中恢復，閾刺激不能引起動作電位，而閾上刺激則可以，興奮性低於正常，處於興奮後的相對不應期；在負後電位的後半期，Na⁺通道雖未完全恢復，但膜電位距離閾電位較近，閾下刺激也能引起動作電位，興奮性高於正常，處於興奮後的超常期；超常期後，雖 Na⁺通道已全部恢復到正常水準，但膜電位距離閾電位較遠，閾上刺激才能引起動作電位，細胞的興奮性低於正常，處於興奮後的低常期，時間上相當於正後電位。

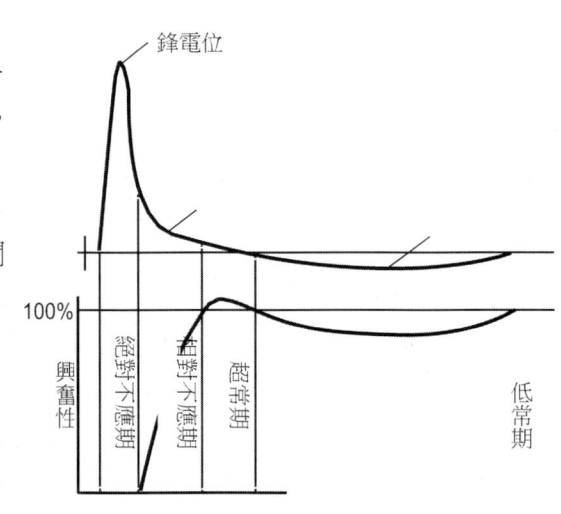

圖2-16 動作電位與興奮性變化的時間關係
（下線為興奮性變化曲線）

(三)動作電位的引起和傳導

1. 閾電位和動作電位的引起

引起動作電位的實驗裝置如圖 2-17 所示。將一對刺激電極同一個直流電源相連，將刺入神經細胞軸突膜內的一個電極同電源負極相連，不同強度的電刺激只能引起膜內原有負電位即靜息電位不同程度的加大，即引起膜不同程度的超極化，如圖2-17 B 中橫軸下方的各條曲線所示，這時即使用很強的刺激也不會引發動作電位；相反，當膜內的刺激電極同電源正極相連時，不同強度的刺激將在膜內引起去極化，當刺激加強使膜內去極化達到某一臨界值時，就可在已經出現的去極化的基礎上出現一次動作電位，如圖2-17 B 中橫軸上方的各條曲線所示。這個剛能引發動作電位的去極化臨界膜電位，稱為閾電位(Threshold membrane potential)。閾電位是所有可興奮細胞的一項重要功能指標，與細胞興奮性水準密切相關，當細胞的靜息電位和閾電位差值愈大，細胞的興奮性愈低，差值愈小，細胞的興奮性愈高。閾電位一般比正常靜息電位高10～20 mV，例如巨大神經軸突的靜息電位為-70 mV，閾電位約相當於-55 mV。

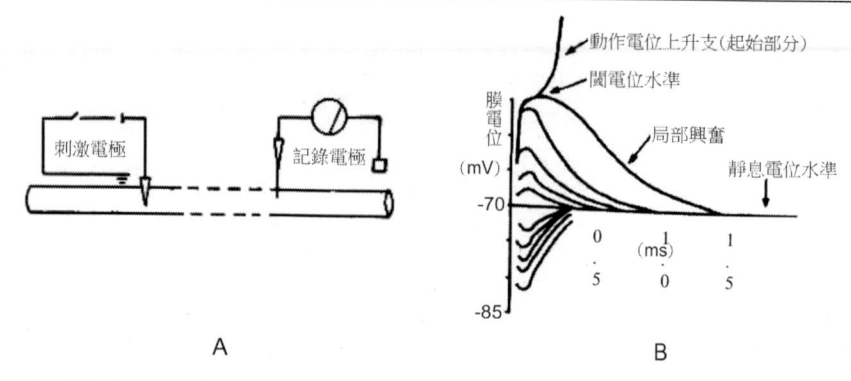

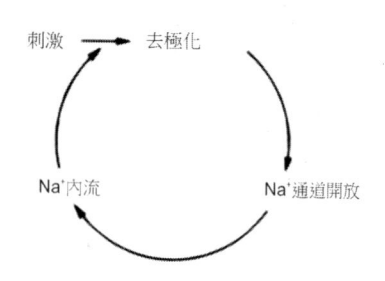

图2-17 研究神经细胞动作电位的实验装置(A)和实验结果(B)

进一步研究发现，形成阈电位的去极化会引起一定数量的 Na⁺通道开放，由此引起 Na⁺内流，Na⁺内流会造成膜的进一步去极化，结果又引起更多 Na⁺通道开放和 Na⁺更大量的内流，如此反复，就会出现一个"正回馈"，称为再生性去极化迴圈(图2-18)，其结果是不再依赖于原刺激而使膜内 Na⁺通道迅速地大量地开放，使膜外 Na⁺快速内流，直至 Na⁺的电-化学平衡时才停止，形成动作电位的上升支。

图2-18 再生性去极化迴圈

阈电位是一个很重要的概念。从兴奋性的角度来看，阈刺激是引起去极化达到阈电位水平的刺激。只要是阈上刺激，不论刺激强度多大，都能引起 Na⁺内流与去极化的正回馈关系，膜去极化都会接近或达到 Na⁺的平衡电位(E_{Na})，所以动作电位的去极相幅度只与 Na⁺的平衡电位和静息电位之差有关，而与原来的刺激强度无关；而阈下刺激使膜的去极化达不到阈电位水准，不能形成 Na⁺的再生性迴圈，因而不能形成动作电位，这就是动作电位"全或无"的特性。

2. 动作电位的传导

(1)传导机制——局部电流学说(Local current theory)。动作电位一旦在细胞膜的某一点产生，就会迅速沿着细胞膜进行传播，直至整个细胞。动作电位在同一个细胞上的传播称为传导。在神经纤维上传导的动作电位称为神经衝动(Nerve impulse)。动作电位的传导机制用局部电流学说来解释，以无髓神经纤维为例进行说明(如图2-19)。

当细胞膜上的某一点受刺激兴奋而产生动作电位时，兴奋点出现膜两侧电位的暂时性倒转，由静息时的内负外正状态变为内正外负状态，而邻近未兴奋点仍处于静息时内负外正的极化状态；由于膜两侧的溶液是导电的，于是在已兴奋点与相邻未兴奋点的细胞内液或细胞外液之间，因存在电位差而发生电荷移动，其方向是

图2-19 神经纤维动作电位传导机制模式图
(弯箭头表示膜内外局部电流的流动方向，下方直箭头表示衝动传导方向。A 静息时 B :发生兴奋后 C :传导过程中)

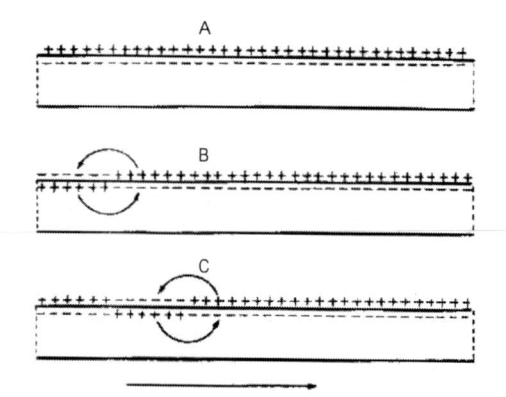

膜外的正電荷由未興奮點移向已興奮點，而膜內的正電荷則由已興奮點移向未興奮點，出現所謂的"局部電流"；局部電流造成未興奮點膜內電位升高，而膜外電位降低，即引起鄰近未興奮點膜去極化；當膜去極化達到閾電位水準時，即可引起鄰近未興奮點產生動作電位，成為新的興奮點。在該興奮點與鄰近的未興奮點之間又可產生局部電流，引發新的動作電位，如此反復連續進行，直到整個細胞膜都依次發生動作電位，實現動作電位在整條神經纖維上的傳導。

由於鋒電位產生期間電位變化的幅度和陡峭度相當大，就一個細胞來說，局部電流所引起的刺激強度超過了鄰近膜興奮所需閾強度數倍以上，因而以"局部電流"為基礎的傳導過程，可以相當"安全"而無"阻滯"地繼續下去，最終導致整個細胞產生動作電位。

(2)跳躍式傳導(Saltatory conduction)。上述動作電位傳導機制，在其他可興奮細胞也基本相同。但對有髓神經纖維而言，因髓鞘的脂質不導電或不允許帶電離子通過的特性，只有郎飛氏結(軸突膜與細胞外液相接觸)處離子才可能跨膜移動，靜息時，才形成內負外正的極化狀態。當有髓神經纖維受到刺激興奮時，局部電流只能出現在兩個相鄰的郎飛氏結之間，並對相鄰的郎飛氏結起到刺激作用，使其產生動作電位而興奮(圖2-20)。然後又以同樣的方式，使下一個郎飛氏結興奮，興奮就以跳躍的方式從一個郎飛氏結傳到另一個郎飛氏結，而不斷向前傳導，此傳導方式稱為跳躍式傳導。

圖2-20　動作電位在有髓神經纖維上的跳躍式傳導模式圖

跳躍式傳導使興奮傳導的速率大為提高，其原因是：與無髓神經纖維相比，在單位距離內，興奮傳導所涉及的跨膜離子數要少得多，將它們主動轉運返回時所消耗的能量也大大減少，因此它是一種"更節能的高效低耗"的傳導方式；而且還由於電壓依賴式 Na^+ 通道都群集在結節處，更容易引起大量 Na^+ 內流，產生動作電位。

(四)局部興奮與局部電位

單個閾下刺激不能引起膜去極化達到閾電位水準，但可引起少量 Na^+ 通道開放，有少量 Na^+ 內流，使受刺激的局部發生微小的去極化，但因達不到閾電位水準，不能觸發動作電位。這種細胞在受刺激的局部發生的微小的去極化，稱為局部反應或局部興奮(Local excitation)，這種微小的去極化電位稱為局部去極化電位(簡稱局部電位 Local potential)。

和動作電位相比，局部電位有以下特點：①局部電位只有在外加刺激作用時才發生，刺激撤離後，去極化很快消失(圖2-21 A)；②局部電位只局限在受刺激的局部，不能在膜上做遠距離傳播。但由於膜本身的電學特性以及膜內外溶液都是電解質，所以發生在膜上某一點的局部興奮可按物理的電學特性引起鄰近膜產生類似的去極化，但隨著距離的增加而迅速減小或消失，在膜上所波及的範圍一般很小，這種現象稱為電緊張性擴布(Electrotonic propagation)(圖2-21 C)；③局部電位不具有"全或無"的特性。在閾下刺激範圍內，去極化的幅度隨刺激強度增強而增大(圖2-21 B)；④局部電位可以總和(或疊加)(圖2-21 D)。如果在距離很近的兩個部位,同時給予兩個閾下刺激,它們引起的去極化可以疊加在一起以致有可能達到閾電位水準而引發一次動作電位,稱為空間總和(Spatial summation),如果某一部位相繼接受數個閾下刺激,只要前一個刺激引起的去極化尚未消失,就可以與後面刺激引起的去極化發生疊加,稱為時間總和(Temporal summation)。總和現象在神經元胞體和樹突的功能活動中十分重要和常見。由此可見,動作電位既可由單次閾刺激或閾上刺激引起,亦可由多個閾下刺激產生的局部電位總和而引發。

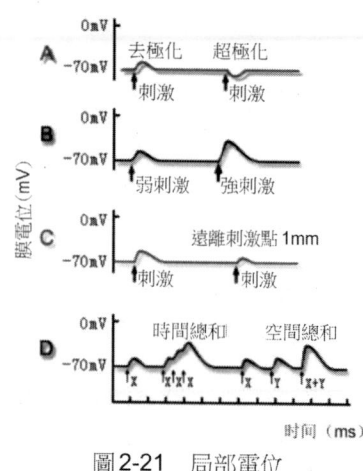

圖2-21 局部電位
(圖中 A、B、C、D 的說明見正文)

案例

一德國牧羊犬,4歲,體重25 kg,主訴病犬 5 天前發生腹瀉、嘔吐、不吃東西。臨床症狀:精神倦怠、反應遲鈍、食欲廢絕、嗜睡、四肢無力、聽診腸蠕動減弱、心音減弱、心律失常、體溫37℃,前肢采血生化檢測,血K^+ 2.34 mmol/L(正常值為4.37〜5.37 mmol/L)。採取靜脈補K^+治療,2d後病情好轉。初步診斷:因犬腹瀉、嘔吐所致低血K^+症。

問題與思考

犬低血K^+症時,為什麼會出現精神倦怠、反應遲鈍?

提示性分析

因病犬腹瀉、嘔吐導致消化液大量丟失,而消化液中K^+含量比血漿高,結果引起血K^+降低,形成低血K^+症。低血K^+症使機體細胞外液中K^+濃度隨之降低,細胞內外的K^+濃度差增大,導致靜息電位形成時,K^+外流增多,靜息電位增大,使靜息電位與閾電位之間的距離增加,引起細胞興奮所需閾刺激增大,細胞興奮性降低,結果導致犬四肢無力、腸蠕動、心音減弱等症狀。

思考題

一、名詞概念

1.閾刺激　　2.通道　　3.主動轉運　　4.Na^+-K^+泵　　5.受體
6.靜息電位　7.極化狀態　8.動作電位　9.閾電位

二、單項選擇題

1.葡萄糖或氨基酸逆濃度梯度跨膜轉運的方式是(　)
　　A.經載體易化擴散　　　　　B.經通道易化擴散
　　C.原發性主動轉運　　　　　D.繼發性主動轉運

2. 細胞內外Na⁺、K⁺分佈不均的主要原因是（　）
   A.細胞靜息時，膜對K⁺的通透性大　　B.細胞興奮時，膜對Na⁺的通透性大
   C.Na⁺、K⁺跨膜易化擴散的結果　　　　D.膜上Na⁺泵活動的結果
3. 組織興奮後處於絕對不應期,興奮性為（　）
   A.零　　　　B.無限大　　　　C.大於正常　　　　D.小於正常
4. 單純擴散、易化擴散、主動轉運的共同特點是（　）
   A.要消耗能量　　　　　B.順濃度梯度
   C.需膜蛋白幫助　　　　D.被轉運物都是小分子或帶電離子
5. 可興奮細胞興奮時，共有的特徵是產生（　）
   A.肌肉收縮　　B.腺體分泌　　C.動作電位　　D.收縮增強
6. 神經細胞在一次興奮後，再次引起興奮的刺激閾值最低的時期是（　）
   A.絕對不應期　　B.相對不應期　　C.超常期　　D.低常期
7. 靜息電位的形成主要是由於（　）
   A. K⁺內流　　B. Na⁺內流　　C. K⁺外流　　D. Na⁺外流
8. 刺激引起興奮的基本條件是使跨膜電位達到（　）
   A.鋒電位　　B.閾電位　　C.負後電位　　D.正後電位
9. 神經細胞動作電位發生過程中，由K⁺平衡電位轉為Na⁺平衡電位，形成（　）
   A.靜息電位　　　　B.動作電位去極相
   C.動作電位複極相　D.跨膜電位
10. 神經細胞膜對Na⁺通透性增加時，靜息電位將（　）
    A.增大　　　B.減小　　　C.不變　　　D.先增大後減小
11. 神經細胞在興奮過程中,Na⁺內流和K⁺外流的量決定於（　）
    A.各自的平衡電位　　B.細胞的閾電位
    C.Na⁺泵的活動程度　　D.絕對不應期的長短

三、簡述題

1. 細胞膜轉運物質的方式有幾種？各有何特點？
2. Na⁺泵的化學本質和功能是什麼？其活動的生理意義是什麼？
3. 細胞跨膜信號轉導的方式有哪些？舉例說明。
4. 簡述靜息電位的形成機制。
5. 簡述動作電位的發生機制。
6. 簡述動作電位的基本特徵及在單一細胞上的傳導機制。

四、論述題

以神經細胞為例，分析細胞的興奮性變化與動作電位發生過程的相互關係及主要原因。

第 3 章 血液

本章導讀

本章主要介紹血液的組成及其理化特性、紅血球的生理特性、生成和破壞過程；中性粒細胞（吞噬作用）、嗜鹼性粒細胞（參與過敏反應）、嗜酸性粒細胞（抗寄生蟲和過敏反應）、單核細胞（進入組織形成巨噬細胞）和淋巴細胞（參與特異性免疫反應）的不同生理功能；血小板在生理性止血過程中的作用。為什麼正常動物血管內的血液不發生凝固？為什麼血液凝固僅局限於受損的局部？血凝與纖溶的機制、促凝、抗凝的一般措施、血型與輸血的關係等等，通過本章的學習都可以得到解答。

血液（Blood）在心臟推動下沿全身血管系統迴圈流動，具有運輸物質、溝通各部分組織液和維持內環境相對穩定等功能，這對於保證機體新陳代謝和各部分生理功能活動的順利進行，以及維繫生命等方面都具有極其重要的作用。

第一節　概　述

一、血液的組成和功能

（一）血液的組成

血液由血漿（Blood plasma）和懸浮於其中的血細胞（Blood cells）組成。血細胞分為紅細胞、白血球和血小板三類，其中紅血球所占比例最多，白血球和血小板所占比例較少。如將血液抽出體外放置一定時間，血液將發生凝固，血凝塊逐漸緊縮，析出透明的淡黃色血清（Serum），凝固部分為血細胞、血小板（Thrombocyte）及纖維蛋白（Fibrin）。若將一定量的血液與抗凝劑混勻後，置於有刻度的比容管中，以 3000 r/min 的速度離心 30 min 後，可以觀察到管內的血液分為 3 層：上層淡黃色液體為血漿，底層為暗紅色的紅血球，紅血球層與血漿交界之間有灰白色薄層為白血球和血小板（圖 3-1）。血清與血漿的不同之處在於血清中沒有纖維蛋白原和某些凝血因數，但增添了凝血過程中血小板釋放的物質。

被壓緊的血細胞占全血的容積百分比，稱為血細胞比容（Hematocrit）。在血細胞中由於白血球和血小板所占容積僅占全血容積的 1%，故在計算容積時常可忽略不計。因而通常把血細胞比容稱為紅血球比容，或稱紅血球壓積（Packed cell volume，PCV）。不同動物的紅血球比容不同，大多數家畜的紅血球比容在 34 %～45 %，且變動範圍極小。血細胞比容可反映血漿容積、紅血球數量或體積的變化。因此，在臨床中測定紅血球比容有助於瞭解血液濃縮和稀釋的情況，也有助於診斷脫水、貧血和紅血球增多等症狀。

1. 血漿

血漿是一種含有多種溶質的水溶液，其中水分占 90 %～92 %，其餘10 %左右的成分包括分子大小與結構都不相同的蛋白質、電解質、營養成分、代謝產物及氣體等。

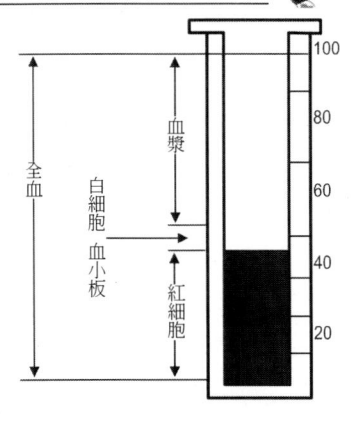

圖3-1　血液的組成示意圖

血漿各種成分的含量常在一定範圍內變動，但在患病時，某些化學成分的含量則可高於或低於此範圍。因此，臨床上常通過測定血漿的質和量，來幫助某些疾病的診斷。血漿中含有的多種蛋白質總稱為血漿蛋白，其相對分子品質大，不能通過毛細血管壁。用鹽析法可將血漿蛋白分為白蛋白、球蛋白與纖維蛋白原三類；用電泳法又可將球蛋白分為 $α_1$、$α_2$、$α_3$、$β$ 和 $γ$ 球蛋白。

各種血漿蛋白所占的比例，在不同種動物中有較大差別，但在同種動物中的比例則相對穩定。例如，人、羊、兔、狗、貓、豚鼠、大白鼠的白蛋白多於球蛋白；而豬、馬、牛、雞的白蛋白只占血漿蛋白總量的35 %～50 %。纖維蛋白原的含量通常不超過血漿蛋白總量的10 %。在動物生長、妊娠、泌乳、肌肉運動等生理狀態下或各種疾病狀態時，血漿蛋白含量經常發生明顯的變化。

血漿蛋白的主要功能有：①形成血漿膠體滲透壓；②與甲狀腺激素、腎上腺皮質激素、性激素等結合，使其不易經腎臟排出；③作為載體運輸脂質、維生素等物質；④參與血液凝固、抗凝和纖溶等生理過程；⑤抵禦病原微生物的入侵；⑥營養功能。

血漿中的無機鹽絕大部分以離子狀態存在。陽離子以 Na^+為主，還有少量 K^+、Ca^{2+}、Mg^{2+}等；陰離子主要是Cl^-及少量的HCO_3^-、HPO_4^{2-}等。這些離子的主要功能是：形成血漿晶體滲透壓、維持酸鹼平衡和神經肌肉的正常興奮性等。

2. 血細胞

血細胞起源於造血幹細胞，包括紅血球、白血球及血小板（非哺乳動物為血栓細胞）。成熟的各類血細胞在血液中存在的時間只有幾小時（例如中性粒細胞）到幾個月（例如紅細胞）。骨髓造血幹細胞以自我更新和增殖的方式，每小時生成 10^{10} 個紅血球和 10^8～10^9 個白細胞，從而保障了對血細胞的補充，以保持血液中各有形成分的動態平衡。

（二）血量

動物體內血液的總量稱為血量（Blood volume），是血漿量和血細胞量的總和。動物的血量用體重的百分比來表示。哺乳動物的血量占體重的5 %～10 %，但可因畜種、年齡、性別、營養狀況、生理狀態和所處的外界環境不同而有差異。例如，馬的血量為體重的8 %～9 %；牛、羊和貓的為6 %～7 %，豬和狗的為5 %～6 %；人的血量為7 %～8 %。幼年動物的血量所占體重比例較成年動物的多，可達體重的10 %以上。

血液總量的絕大部分在心血管系統中不斷地迴圈流動，這部分血量稱為迴圈血量；另一部分血液常滯留在肝、脾、肺、腹腔靜脈以及皮下靜脈叢等處，流動很慢，這部分血液是作儲備之用的，稱為儲備血量。因此，肝、脾、肺等器官也起著儲血庫的作用。

　　血量的相對穩定是維持機體正常生命活動的必要條件。血量不足就不能保證各組織細胞在單位時間內對氧和營養物質的需求，代謝產物也不能及時排出。然而，血量過多，則有可能增加心臟負荷，甚至導致心力衰竭。

　　失血是引起血量減少的主要原因。失血對機體的危害程度，通常與失血量和失血速度有關。快速失血對機體危害較大，緩慢失血危害較小。一次失血不超過血量的10％一般不會影響健康，因為這種失血所損失的是水分和無機鹽，在1～2h內就可從組織液中得到補充；所損失的血漿蛋白，可由肝臟加速合成而在1～2d內得到恢復；所損失的血細胞可由儲備血液補充，並由造血器官生成血細胞來逐漸恢復。若一次急性失血達血量的20％，生命活動將受到明顯影響；若一次急性失血超過血量的30％，將危及生命。

(三)血液的主要功能

1. 運輸功能

　　運輸是血液的基本功能。在機體內，只有血液是在全身迴圈流動的，而且各種小分子物質又可通過毛細血管壁進出血液。因此，血液能起到聯繫機體內外和全身各組織的作用。血液不但有大量的水分作為溶劑，還有紅血球、血漿蛋白等運輸工具，因此血液本身具有極好的運輸條件和強大的運輸功能：①將O_2從肺部帶到組織細胞，同時將組織內的CO_2帶到肺部排出體外；②將消化道消化吸收的各種營養物質轉運到全身各組織細胞，同時將組織器官的代謝產物轉運到排泄器官排出體外；③激素、維生素和酶等各種生物活性物質，也是由血液運輸到各靶細胞；④鈣離子和鐵離子等與血漿蛋白結合，避免了運輸途中從腎臟大量流失的可能；一些難溶於水的脂質類物質與血漿蛋白結合後，成為可溶於水的複合物，便於在血漿中運輸。

2. 維持內環境穩定

　　血液對內環境變化有一定的緩衝作用。例如，血液(血漿和紅血球)中含有高效能的緩沖對，其中$NaHCO_3/H_2CO_3$是最重要的緩衝對，可緩衝酸性和鹼性代謝產物，參與維持血液pH的相對穩定。血液中的水比熱較大，能吸收代謝過程中過剩的熱量，並且水的蒸發熱也較大，可散發大量的體熱，參與維持體溫的相對穩定。

3. 營養功能

　　血漿中的蛋白質起著營養儲備的作用。機體內的某些細胞，特別是單核巨噬細胞，能吞飲完整的血漿蛋白，並由細胞內的酶將其分解為氨基酸。生成的氨基酸再經擴散進入血液，隨時供給其他細胞合成新的蛋白質。

4. 參與體液調節

　　內分泌腺或內分泌細胞分泌的激素由血液運送到全身並作用於相應的靶細胞而發揮作用。

5. 免疫、保護功能

　　血漿中含有多種免疫物質，能抵禦病原微生物的侵襲。各類白血球具有防禦功能，特別是中性粒細胞、巨噬細胞對侵入機體的病原微生物有吞噬作用;淋巴細胞具有特異性免疫功能;血小板和血漿中的凝血因數有止血和凝血作用,可以防止機體出血,對機體起到保護作用。

> 案例
>
> 　　目前,社會呼籲人們無償捐血,對於一個健康的成年人一次捐血 200～400 mL,不僅對自身健康沒有任何影響,而且可援救他人的生命,這是一種高尚的社會公德。而且研究發現,適量捐血會使人更加健康、長壽。堅持長期適量捐血的人,由於骨髓造血系統不斷受到激發,新鮮的血細胞的比例明顯高於未獻過血的人;適量獻血對心腦血管系統疾病有一定的保健作用,因為捐血可降低血液黏稠度,增加血管彈性等,從而降低發病風險。
>
> 問題與思考
>
> 無償捐血的生理學依據?
>
> 提示性分析
>
> 　　健康人體內血液總量為體重的7%～8%,且一部分血液在一般情況下不參與迴圈,而是儲存在肝臟、脾、肺、腹腔靜脈等處,加之機體的造血機能十分強大,少量失血,在很短的時間內可以迅速得到補充。因此健康成年人一次捐血 200～400 mL 是不會影響自身健康的。

二、血液的理化特性

(一)顏色與氣味

血液為不透明的紅色液體,其紅色與紅血球內血紅蛋白的含氧量有關。動脈血中,血紅蛋白氧結合量高,呈鮮紅色;靜脈血中,血紅蛋白氧結合量低,呈暗紅色。血液中由於存在揮發性脂肪酸,故帶有特殊的血腥味;又由於含有氯化鈉而稍帶鹹味。

(二)血液的比重

畜禽全血的比重一般在 1.040～1.075 範圍內變動,其大小主要取決於紅血球和血漿容積之比,比值高,全血比重就大;反之,全血比重就小。紅血球的比重一般為 1.070～1.090,其大小取決於紅血球中所含的血紅蛋白的濃度,血紅蛋白濃度越高,相對比重就越大。血漿的比重為 1.024～1.031,其大小主要取決於血漿蛋白的濃度。

(三)血液的黏度

液體流動時,由於內部分子間摩擦而產生阻力,以致流動緩慢並表現出黏滯性。全血的黏滯性比水高4～5倍,血漿的黏滯性比水高1.5～2.5倍。血液黏滯性的高低,主要取決於紅細胞數目的多少和血漿蛋白質的濃度。紅血球數目越多,血漿蛋白質濃度越高,血液黏滯性就越高。病理情況下，紅血球數量增多或變形能力下降，都可引起血液黏滯性增加。同時血液黏滯性也受血流速度的影響，特別是在血液流速緩慢時，紅血球容易疊連或聚集成團，使黏滯性增大。

(四)血漿滲透壓

1. 滲透壓的概念

滲透壓(Osmotic pressure)是溶液中電解質與非電解質類溶質顆粒通過半透膜對水的吸引力。若半透膜兩側為不同濃度的溶液，水將從溶質顆粒數少的低滲透壓一側向溶質顆粒數多的高滲透壓一側轉移，此現象稱為滲透(Osmosis)。滲透壓的高低與溶液中所含溶質的顆粒(分子或離子)數目呈正比，而與溶質的種類和顆粒的大小無關。溶質顆粒數多，滲透壓高，對水的吸引力大；反之，則對水的吸引力小。滲透壓值一般用壓強單位 kPa 或 mmHg 來表示。

2. 血漿滲透壓的組成與正常值

正常血漿滲透壓約為 770 kPa 或 5 775 mmHg，其中血漿蛋白質(以白蛋白為主)形成的膠體滲透壓約為 28 mmHg，僅占血漿總滲透壓的 0.5%，由無機鹽和其他晶體物質(80% 來自 Na^+ 和 Cl^-)形成的晶體滲透壓占血漿總滲透壓的 99.5%。

3. 血漿滲透壓的作用

(1)血漿晶體滲透壓。正常情況下，水和晶體物質可自由通過毛細血管管壁，因而血漿晶體滲透壓與組織液晶體滲透壓基本相等；但血漿中的晶體物質絕大部分不易透過細胞膜，因此在紅血球外形成相對穩定的晶體滲透壓。當血漿晶體滲透壓降低時，血漿中的水被吸引進入紅血球，紅血球逐漸膨脹，甚至破裂溶血；反之，當血漿晶體滲透壓升高時，水從紅細胞內滲出，導致細胞皺縮變形。因此，血漿晶體滲透壓的相對恒定對維持細胞內外水平衡和細胞的正常形態及功能極為重要。

(2)血漿膠體滲透壓。由於血漿蛋白的分子量較大，一般不能通過毛細血管管壁，同時組織液中蛋白質含量低於血漿，因而血漿的膠體滲透壓高於組織液，於是血漿把組織液中的水分子吸引到血管內以維持血容量。當血漿蛋白含量減少時，如肝臟疾病(血漿蛋白質合成減少)、慢性腎炎(血漿蛋白質丟失過多)，均可使血漿膠體滲透壓降低，導致組織液回流減少，形成組織水腫。因此，血漿膠體滲透壓在調節毛細血管內外水平衡和維持正常的血漿容量上起重要作用。

由於血漿滲透壓在體內起著重要的作用，因而滲透壓的改變對機體有很大的影響。臨床上給患畜輸液時要特別注意液體的滲透壓。以血漿滲透壓為標準，與血漿滲透壓相等的溶液稱為等滲溶液，如0.9% NaCl注射液(生理鹽水)和5%葡萄糖注射液等。高於血漿滲透壓的溶液稱為高滲溶液，低於血漿滲透壓的溶液稱為低滲溶液。臨床上給患畜大量輸液時，一般應輸入等滲溶液，以免影響細胞的形態和功能。需要注意的是，並非所有的等滲溶液均能使懸浮於其中的紅血球保持其正常形態和大小。如1.9%的尿素溶液是等滲溶液，但將紅細胞置於其中很快就會發生破裂溶血，這是因為尿素分子能自由通過紅血球膜，不能在溶液中保持與紅血球內相等的張力，故1.9%的尿素溶液是等滲溶液但不是等張溶液。臨床上將能使懸浮於其中的紅血球保持正常形態和大小的溶液稱為等張溶液。0.9％NaCl注射液、5％葡萄糖注射液既是等滲溶液也是等張溶液。可見，等張溶液一定是等滲溶液，而等滲溶液不一定是等張溶液。

(五)血漿酸鹼度

血液呈弱鹼性，血液pH保持相對恒定是維持組織細胞進行正常生命活動的重要條件。正常畜禽的血液pH穩定於7.35～7.45，其變化幅度一般不超過平均pH±0.05，如果超過這個限度，將會引起機體酸中毒或鹼中毒。機體生命活動所能耐受的血液pH最大範圍為6.9～7.8，超過此極限將會影響機體的正常生命活動(損害細胞的興奮性和酶的活性等)，嚴重者會導致死亡。

正常情況下，機體在代謝過程中總是不斷地有一些酸性物質和鹼性物質進入血液，但血液pH卻始終保持相對恒定，除了通過肺和腎排出過多的酸性或鹼性物質外，主要依賴於血液中的緩衝對。其中血漿緩衝對包括：$NaHCO_3/H_2CO_3$、蛋白質鈉鹽/蛋白質、Na_2HPO_4/NaH_2PO_4等，紅血球內緩衝對包括：KHb/HHb、$KHbO_2/HHbO_2$等。$NaHCO_3/H_2CO_3$是最主要的緩衝對，正常情況下$NaHCO_3/H_2CO_3$的濃度比值約為20:1，若此值不變，血液pH則恒定。生理學中常把血漿中$NaHCO_3$的含量稱為血液的鹼儲(Blood alkali reserve)，即中和酸的鹼儲備。

案例

2013年7月，大足一3歲公馬，早上外出時一切正常，去幫他人托運玉米800多千克，13:00後返回，發現四肢無力，不願走動，精神沉鬱，不吃草料，1個多小時後患馬臥地不起，張口喘氣，伸頸頭後仰。臨床檢查：可視黏膜發紺，心搏極快，呼吸頻率120次/分以上，體溫41℃。當天氣溫34℃，患馬曾過度運動，根據臨床檢查，診斷為中暑。獸醫進行搶救性治療：5%$NaHCO_3$ 1000 mL靜脈輸液；肌注安乃近30 mL；10%葡萄糖生理鹽水1500 mL加維生素B和C靜脈輸液；葡萄糖酸鈣注射液300 mL靜脈輸液。此治療方案每天1次，連續三天，最後治癒。

問題與思考

1. 治療方案中為什麼要用大劑量5%$NaHCO_3$靜脈輸液？

2. 機體pH維持穩定的主要原因有哪些？

提示性分析

1. 馬屬動物中暑時，多伴發嚴重的酸中毒，使用大劑量5%$NaHCO_3$的目的是中和酸，使血液pH恢復至7.35～7.45。

2. 機體pH的穩定主要受血液中多種緩衝物質的調節作用，其中最主要的緩衝物質是機體的鹼儲$NaHCO_3$；另外腎臟泌尿過程及呼吸活動也參與pH的調節。

第二節　血細胞生理

血液的有形成分包括紅血球、白血球和血小板3種。

一、造血過程和造血微環境

(一)造血過程

造血(Hemopoiesis)是指各類血細胞發育成熟的過程。在胚胎發育早期，最初是在卵黃囊造血，以後由肝、脾造血。胚胎發育到5個月以後，肝、脾造血活動逐漸減少，骨髓開始造血，並且造血活動逐漸增強。到出生時，幾乎完全依靠骨髓造血。但如果幼齡動物急速生長發育，對造血的需要量過多時，肝、脾可再次參與造血以進行代償。成年動物完全依靠骨髓造血而不再需要骨髓外代償性造血。

各類血細胞均起源於造血幹細胞，根據造血細胞的形態與功能特徵，一般把造血過程分為造血幹細胞(Hemopoietic stem cell)、定向祖細胞(Committed progenitor)和前體細胞(Progen-itor)三個階段。

1. 造血幹細胞

造血幹細胞數量少，只占骨髓有核細胞總數的0.5%，具有下列特點：

(1)自我更新。造血幹細胞具有高度的自我更新能力，並且只進行不對稱性有絲分裂。一個造血幹細胞進行分裂產生的兩個子細胞中，只有其中的一個當即分化為早期定向祖細胞，而另一個則保持造血幹細胞的全部特徵不變，這意味著，造血幹細胞本身並不擴增，卻不斷產生祖細胞。造血幹細胞能通過自我更新(Self renewal)以保持自身數量的穩定，能夠在體內長期或永久性重建造血。

(2)多向分化。造血幹細胞具有多向分化的能力，能形成各系定向祖細胞，是所有血細胞的共同來源。

(3)增殖潛能。在正常生理情況下，90%～99.5%的造血幹細胞處於細胞週期之外，即處於不進行細胞分裂的相對靜止狀態(G_0期)。一旦機體需要，可以有更多的造血幹細胞從G_0期進入細胞週期。因此，造血幹細胞具有很強的增殖潛能。另一方面，處於靜止狀態的幹細胞有利於對有絲分裂中發生輕微點突變的基因進行修復，以避免發展為不可逆的多基因突變。

2. 定向祖細胞

定向祖細胞只能定向分化為一種血細胞。從造血幹細胞發育到定向祖細胞的階段時，就限定了進一步分化的方向。將各系列的定向祖細胞在體外培養時，可形成相應血細胞的集落，即集落形成單位(Colony forming unit, CFU)。形成紅血球集落的定向祖細胞稱為紅系定向祖細胞(CFU-E)；另外還有粒-單核系祖細胞(CFU-UM)、巨核系祖細胞(CFU-MK)和淋巴系祖細胞(CFU-L)。由於造血幹細胞不能增殖，所以在體內造血過程中細胞的大量擴增主要依賴於祖細胞數目的擴增。

3. 前體細胞

到前體細胞階段，血細胞已經發育成為形態上可以辨認的各系幼稚細胞。前體細胞進一步發育成熟，即成為具有特殊功能的各類終末血細胞，然後有規律地釋放進入血液迴圈。

由前體細胞發育為成熟的血細胞是一個連續而又分階段的過程，例如紅系定向祖細胞依次要經歷原紅血球→早幼紅血球→中幼紅血球→晚幼紅血球→網織紅血球的發育過程才能發育為成熟紅血球（圖3-2）。在骨髓中，紅系造血細胞約占25%，其餘主要是產生白血球的造血細胞，而外周血中紅血球的數目是白血球的500倍，這是因為紅血球的壽命比白血球長。

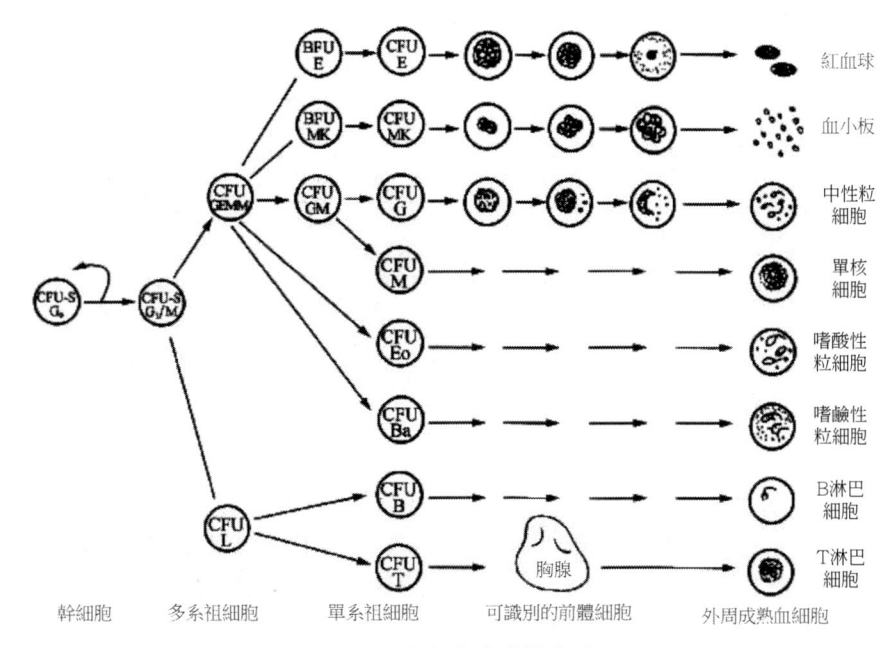

圖3-2　血細胞生成模式圖

CFU-S：脾集落形成單位；CFU-GEMM：粒紅巨核巨噬系集落形成單位；BFU-E：紅系爆式集落形成單位；CFU-E：紅系集落形成單位；BFU-MK：巨核系爆式集落形成單位；CFU-MK：巨核系集落形成單位；CFU-GM：粒單系集落形成單位；CFU-G：粒系集落形成單位；CFU-M：巨噬系集落形成單位；CFU-Eo：嗜酸系集落形成單位；CFU-Ba：嗜鹼系集落形成單位；CFU-L：淋巴系集落形成單位；CFU-B：B淋巴細胞集落形成單位；CFU-T：T淋巴細胞集落形成單位；G0：G0期；G1/M：G1期/M期

　　造血幹細胞具有的自我更新和多向分化這兩個最基本的特性，是機體維持正常造血的主要原因。祖細胞進行對稱性有絲分裂，在增殖過程中不斷分化，其壽命有限，不能長期生存。體內祖細胞的數量主要取決於造血幹細胞的分化。造血幹細胞是生成血細胞的原始細胞，在維持一生的造血活動中起著重要的作用，任何原因引起的造血幹細胞的變異，將給健康帶來嚴重的危害。研究造血幹細胞的增生、分化與調控，有助於闡明血細胞的生成機制，並為血液疾病的診斷和治療提供科學的理論依據。

　　(二)造血微環境

　　在正常情況下，骨髓可釋放少量造血幹細胞進入外周血液中，但造血幹細胞的定居、增殖、分化僅局限於造血組織內。在骨髓移植時，所輸入的含較高濃度的造血幹細胞/祖細胞也只定居於造血組織。造血器官受到損傷後，造血功能的恢復只發生在基質成分重建之後。這表明造血細胞的自我更新和分化過程必須維持在緊鄰的非造血基質細胞的基礎上，即造血需要一個特殊的局部微環境來支援。實際上，在個體發育過程中造血中心的遷移也依賴於各造血組織中造血微環境的形成。造血微環境（Hemopoietic microenvironment）是指造血幹細胞定居、存活、增殖、分化和成熟的場所（T淋巴細胞在胸腺中成熟），包括造血器官中的基質細胞、基質細胞分泌的細胞外基質和各種造血調節因數、以及進入造血器官的神經和血管。造血微環境在血細胞生成的全過程中起調控、誘導和支持作用，是支持和調節血細胞生長發育的局部環境，其改變會導致機體造血功能的異常。

骨髓中的造血基質細胞包括成纖維細胞(也稱網狀細胞)、內皮細胞、外膜細胞、單核細胞、吞噬細胞、成骨細胞和破骨細胞等；基質細胞和細胞外基質所構成的基質微環境不僅為造血細胞提供物理支撐，基質細胞還可分泌多種造血生長因數(Hematopoietic growth factor，HGF)和細胞外基質如糖蛋白(包括纖維連接蛋白、層粘連蛋白及造血連接蛋白等)和蛋白多糖(如硫酸軟骨素、硫酸肝素、透明質酸及硫酸皮膚素)等。造血細胞必須黏附於基質細胞上才能存活，而基質細胞分泌的膠原、纖維連接蛋白、層粘連蛋白、造血連接蛋白及蛋白多糖等，都與造血細胞的黏附有關。因此，造血幹細胞在造血微環境中才能定居、存活、增殖、分化與成熟，進而維持外周各類血細胞的相對恆定。

二、紅血球生理

(一)紅血球的形態和數量

紅血球是血液中數量最多的一種血細胞，以 10^{12} 個/L 血液為單位。不同種類的動物紅細胞數量不同，同種動物的紅血球數量常隨品種、年齡、性別、生活條件等的不同而有差異(表3-1)。哺乳動物的紅血球無核，呈雙凹圓盤形(駱駝和鹿的為卵圓形)，這種形態可使紅血球表面積與體積的比值增大，並具有很強的變形性和可塑性，較易通過直徑比它小的毛細血管、血竇間隙。此外，這種形態使細胞膜到細胞內的距離縮短，有利於氧和二氧化碳的擴散和運輸。紅血球的大小隨動物種類不同而不同，與動物體積的大小無關，直徑為 5～10μm。紅血球因含血紅蛋白而呈淡紅色。

表3-1 不同動物血液部分參考值

動物	比容 /(mL·100 mL⁻¹血)	紅血球直徑 /μm	紅血球數 /(10^{12}個·L⁻¹)	血紅蛋白 /(g·L⁻¹)	白血球數 /(10^9個·L⁻¹)
哺乳類					
黑猩猩	41.6(24～51)	7.4	5.1(3.4～6.0)	123(65～151)	12.5～16.6
綿羊	32.9(24～50)	4.5(3.2～6.0)	12.0(8.0～16.0)	120(80～160)	8(4～12)
山羊	33.0(29～37)	3.2(2.5～3.9)	13.0(8.0～18.0)	110(80～140)	9(4.1～13)
豬	43.2(34～44)		6.5(5.0～8.0)	130(100～160)	14.66
兔	41.7(35～45)		6.9(5.1～7.9)	123(98～174)	
貓	40.5(37～44)		7.5(5.0～10.0)	120(80～150)	12.5(5.5～19.5)
狗	45.5(38～53)	6.0(5.0～7.0)	8.0(6.5～9.5)	112(70～155)	11.5(6～17.5)
牛	40(38～47)	5.9	8.1(6.1～10.7)	115(87～145)	6.50～9.58
駱駝	30.0～43.3		3.80～12.6	106～203	12.9～27.2
馬	33.4(28～42)		6.00～11.0	111(80～140)	5.00～11.9
豚鼠	42(37～47)	9.3(8.2～10.4)	7.4(7.0～7.5)	144(110～165)	5.50～17.5
金絲猴	30.0～50.0		4.88(4.3～5.5)	125(107～141)	6.4(4.2～10.1)
華南虎	31.0～37.0		6.76(4.6～10)	131(97～204)	11.8(6.9～28)
銀狐	53.0～64.0		7.40～8.50	139～161	4.20～15.8
貂	44.7～68.6		6.90～11.1	164～242	8.4～14.8
大熊貓			6.33	131	8.0
斑馬			5.44(4.3～5.5)	164(112～200)	11.6(5.8～26)

續表

動物	比容/(mL·100 mL⁻¹血)	紅血球直徑/μm	紅血球數/(10^{12}個·L⁻¹)	血紅蛋白/(g·L⁻¹)	白血球數/(10^9個·L⁻¹)
鳥類					
雞	19.8			80~120	19.8
鵝	45		3.4	127~157	
火雞	30.4~45.6		1.74~3.70	88.0~134	160~255
企鵝	30.0~45.1		4.0~5.2	107~143	12.5~24.6
鴨	14.8(9~21)	12.8×6.6	2.5(1.8~3.3)	148(90~210)	13.4~33.2
鴕鳥		12.8×6.6			
歇馬雞		6.84~14.5	3.04(2.5~3.3)	97.6(75~110)	26.1(18~32)

(二) 紅血球的生理特性和功能

1. 紅血球的生理特性

(1) 紅血球膜的選擇性通透

紅血球膜和其他細胞膜一樣，也是以脂質雙分子層為基架的半透膜，對進出細胞膜的物質有嚴格的選擇性。水、氧氣、二氧化碳及尿素可自由通過，葡萄糖、氨基酸、負離子(Cl^-、HCO_3^-)較易通過，而正離子(Ca^{2+})卻很難通過。細胞內 K^+ 濃度高於細胞外，細胞內的 Na^+ 濃度遠低於細胞外，這種膜內外的 Na^+、K^+ 濃度差是依靠 Na^+-K^+ 泵來維持的。低溫貯存較久的血液，血漿 K^+ 濃度升高，就是由於低溫下代謝減慢甚至停止，Na^+-K^+ 泵活性降低的結果。紅細胞攝取的葡萄糖，通過無氧酵解和磷酸戊糖通旁路產生的能量，主要用於供應 Na^+-K^+ 泵的活動，也用於維持細胞膜的完整和形狀。

(2) 紅血球的可塑變形性

紅血球在血管中運動時，經常需要通過口徑比它小的毛細血管和血竇間隙，此時紅血球將發生捲曲變形，通過後又恢復原狀，紅血球的這一特性稱為可塑變形性(Plastic deforma-tion)。紅血球可塑變形性與紅血球膜的彈性、流動性、表面積呈正相關，但與紅血球黏度增加呈負相關。當紅血球內的黏度增大或紅血球膜的彈性降低時，會使紅血球的變形能力降低。如血紅蛋白發生變性或細胞內血紅蛋白濃度過高時，可因紅血球內黏度增高而降低紅細胞的變形能力，使紅血球無法通過微循環，導致小血管淤滯栓塞。

(3) 滲透脆性與溶血

正常情況下，紅血球內的滲透壓與血漿的滲透壓相等，這是保持紅血球形態正常的必要條件之一。0.9%的NaCl溶液之所以被稱為生理鹽水，就是因為它是紅血球的等滲溶液，能保持紅血球膜的原有張力和紅血球的形態。當生理鹽水中NaCl濃度降低時，水將過多地滲入紅血球中，引起膨脹，使紅血球由圓盤形變為球形；當 NaCl 濃度降低到 0.45%左右時，有一部分紅血球開始破裂，血紅蛋白被釋放到血漿中，這種現象稱為溶血(Hemolysis)；當 NaCl 濃度降低到 0.30%~0.35%時，紅血球將全部破裂。這些現象說明紅血球對低滲透溶液具有一定的抵抗能力。這種紅血球在低滲溶液中抵抗破裂和溶血的特性稱為紅血球滲透脆性(Erythrocyte osmotic fragility)簡稱脆性。脆性越大表示紅血球膜對低滲溶液的抵抗力越小。

同一個體的紅血球對低滲溶液的抵抗力不同，在生理活動中，衰老的紅血球比初成熟的紅血球的脆性大；某些疾病如遺傳性球性紅血球增多症，紅血球的脆性特別大，容易發生溶血;而巨幼性球性紅血球增多症 紅血球的脆性特別小。因此,測量紅血球的脆性有助於一些疾病的臨床診斷。臨床測定時,將引起紅血球開始溶血時的NaCl濃度稱為最小抵抗,引起紅血球完全溶血時的NaCl濃度稱為最大抵抗。

(4)懸浮穩定性與沉降率

紅血球能均勻地懸浮於血漿中不易下沉的特性,稱為紅血球的懸浮穩定性。通常以紅細胞在第1 h末下沉的距離來表示紅血球沉降的速度,即紅血球沉降率,簡稱血沉(Erythrocyte sedimentation rate, ESR)。紅血球懸浮穩定性與血沉呈反變關係,即血沉愈大則表示其懸浮穩定性愈小。動物種別不同血沉也不同(表3-2)。

表3-2 不同動物紅血球沉降率

動物	血沉(mm/h)
牛	0.58
馬	55
豬	30
綿羊	0.8
山羊	0.5
狗	2.5
兔	1.5
產蛋雞	18.5

紅血球在血漿中能保持懸浮穩定狀態除與血液在血管內不斷流動有關外,一般認為還與紅血球雙凹圓盤形的形狀有關。雙凹圓盤形的紅血球具有較大的表面積與體積之比,導致紅血球與血漿之間的摩擦阻力較大;此外,紅血球表面帶負電荷使紅血球之間相互排斥。如果紅血球彼此之間以凹面相貼重疊在一起,稱為紅血球疊連(Rouleaux formation)。紅血球疊連之後,其表面積與總體積的比值減少,與血漿的摩擦力也減少,於是血沉加快。根據目前的實驗觀察發現,血沉的快慢取決於血漿的性質,而與紅血球本身無關。通常血漿中白蛋白和卵磷脂含量增多時可提高紅血球的懸浮穩定性,使血沉減慢;球蛋白、纖維蛋白原及膽固醇含量增多時可降低紅血球的懸浮穩定性,使血沉加快。發生某些疾病時(如急性感染、風濕、結核等),多個紅血球彼此能較快地以凹面相貼,形成紅血球疊連,使血沉加快。故測定血沉可作為診斷某些疾病的參考依據。

2. 紅血球的生理功能

(1)運輸 O_2 和 CO_2。紅血球的主要功能是運輸 O_2 和 CO_2,這項功能是由紅血球中的血紅蛋白來完成的。紅血球含有大量血紅蛋白(Hemoglobin, Hb),占紅血球成分的 30 %～35 %。血紅蛋白的相對分子品質約為 64 460,是由珠蛋白與亞鐵血紅素組成的結合蛋白。在氧分壓高時,血紅蛋白容易與氧疏鬆結合成氧合血紅蛋白;在氧分壓低時,氧又容易解離而釋放出來。血紅蛋白也能與二氧化碳結合成氨基甲酸血紅蛋白(又稱碳酸血紅蛋白);在氧分壓高的環境中 CO_2 又解離釋放出來。各種動物血液中血紅蛋白含量不同,健康動物血紅蛋白含量可因年齡、性別、營養狀況等的不同而有變動。在正常情況下,單位容積內紅血球數目與血紅蛋白含量的高低基本一致。如果紅血球數目和血紅蛋白含量都減少,或其中之一明顯減少,都可視為貧血。血紅蛋白含量以g/L血液表示,在正常情況下,每克血紅蛋白最多能結合 1.34 mL 的 O_2。若以每升血液中含血紅蛋白 150 g 計算,即每升血液約可攜帶 200 mL 的 O_2。血紅蛋白在亞硝酸鹽、磺胺、乙醯苯胺等以及各種氧化劑作用下,其亞鐵血紅蛋白被氧化成三價的高鐵血紅蛋白而失去攜帶氧的功能。血紅蛋白與 CO 的親和力比對 O_2 的親和力大200餘倍,並結合成穩定的一氧化碳血紅蛋白。這些變性血紅蛋白的產生超過一定限度,將引起機體嚴重缺氧,乃至死亡。

(2)緩衝機體內的酸鹼物質。紅血球內有碳酸酐酶和多種緩衝對,對血液pH變化起緩衝作用(見本章第一節概述中血液的理化特性)。去氧血紅蛋白和氧合血紅蛋白的等電點分別為 6.80 和 6.70,而血液的 pH 約為 7.35～7.45,因此 HHb 和 HbO_2 均為弱酸性物質,一部分以酸分子形式存在,一部分與紅血球內的鉀離子構成血紅蛋白鉀鹽,因而組成了兩個緩衝對,即 KHb/HHb 和 $KHbO_2/HHbO_2$,共同參與血液酸鹼平衡的調節。

(3)免疫功能。紅血球免疫是機體的一種防禦機制,紅血球有許多與免疫相關的物質,並與其他免疫活性細胞如T淋巴細胞、B淋巴細胞、NK細胞(自然殺傷細胞)及吞噬細胞等有著密切的聯繫。紅血球表面有補體受體(CR1)蛋白質,能黏附免疫複合物,是體內攜帶、運輸及清除迴圈免疫複合物(CIC)的主要承擔者。紅血球通過細胞表面補體受體的蛋白質黏附免疫複合物,將其帶到肝、脾,免疫複合物被巨噬細胞所吞噬,使機體血管內的"垃圾"——病理性迴圈免疫複合物被清除。紅血球通過細胞表面補體受體的蛋白質還能黏附病毒、細菌,使病毒、細菌懸浮於血液迴圈中,更容易被吞噬細胞消滅,從而提高了機體的免疫能力。

(三)紅血球的生成和破壞

1.紅血球的生成過程

全血細胞的生成均起源於造血幹細胞,在個體發育過程中,造血器官有一個變遷的過程:即由胚胎初期的卵黃囊造血,繼而由肝、脾造血,進而由骨髓造血。出生後,骨髓成為機體的主要造血器官。成年後,雖然只有扁骨、短骨及長骨近端骨髓等處的紅骨髓才有造血功能,但造血組織的總量已很充裕。故成年以後如果仍出現骨髓外造血現象,已無代償意義,而是造血功能紊亂的表現。

紅血球生成經歷著造血幹細胞→多系定向祖細胞→紅系祖細胞→原紅血球→早幼紅細胞→中幼紅血球→晚幼紅血球→網織紅血球→成熟的紅血球的整個過程。成熟的紅血球有規律地向血液釋放,有時也會有少量的網織紅血球釋放入血,但是不應超過0.5%～1.5%。如果外周血液中網織紅血球出現太多,則提示造血功能旺盛。當機體受到放射物質照射或應用某些藥物(如氯黴素、化療藥等)時,會抑制骨髓造血功能,使紅血球生成減少,稱為再生障礙性貧血(Aplastic anemia)。

2. 紅血球的造血原料

蛋白質和鐵是合成紅血球內血紅蛋白的基本原料。此外,還需要維生素 B_6、B_{12}、C、E 和微量元素 Cu、Mn、Co、Zn 等。體內鐵的來源有內源性鐵和外源性鐵兩部分。外源性鐵來自於食物,而內源性鐵是衰老的紅血球破壞後釋放出來的。食物中的鐵多為 Fe^{3+},必須在胃酸作

用下轉變為 Fe^{2+} 才能被吸收和利用，胃酸缺乏時可影響鐵的吸收。內源性鐵均來自體內鐵的再利用，衰老的紅血球被巨噬細胞吞噬後，釋放出的鐵與鐵蛋白(Ferritin)結合，聚集成鐵黃素顆粒貯存於巨噬細胞內。各種原因所導致的體內鐵缺乏，均可導致血紅蛋白合成不足，進而使紅血球體積較小，產生缺鐵性貧血(Iron deficiency anemia)。

3. 影響紅血球成熟的因素

(1)維生素B_{12}。紅血球在發育成熟過程中，細胞核中的DNA對血紅蛋白合成有重要作用，而合成DNA必須有維生素B_{12}和葉酸參與。維生素B_{12}對紅血球成熟的促進作用是通過增加葉酸在體內的利用率來實現的。

維生素B_{12}的吸收需要有胃腺壁細胞分泌的內因數存在。內因數有兩個特異結合部位：一個與維生素B_{12}結合形成內因數－維生素B_{12}複合物，以防止被小腸內蛋白酶水解破壞；另一個部位則與回腸上皮細胞膜上的特異受體結合，促進維生素B_{12}吸收入血。被吸收的維生素B_{12}部分存儲在肝臟內，一部分與運輸維生素B_{12}的轉鈷蛋白結合經血液運到造血組織，參與造血過程。機體每天消耗的維生素B_{12}很少，因此除非食物中長期缺乏維生素B_{12}，否則不易出現維生素B_{12}缺乏症。無論何種原因造成維生素B_{12}缺乏，都可導致巨幼紅血球性貧血。

(2)葉酸。機體每天所需葉酸(Folic acid)均需要從天然的動物性和植物性食物中攝取。葉酸在四氫葉酸還原酶的催化下轉化成四氫葉酸後，成為合成胸腺嘧啶去氧核苷酸必需的輔酶。因此葉酸缺乏時，DNA合成受阻，使紅血球核發育停滯，而細胞質的成熟卻不受顯著影響，細胞核和細胞質發育不平衡導致細胞體積異常增大，也可引起巨幼紅血球性貧血。在葉酸的活化過程中需要維生素B_{12}的參與，故維生素B_{12}缺乏時葉酸的利用率下降，也可以引起葉酸的相對不足。

維生素B_{12}和葉酸除能促進紅血球成熟外，同樣能促進其他血細胞在骨髓中的發育，因此缺乏葉酸和維生素B_{12}也可使血液中白血球和血小板數量減少。

(3)銅離子。銅離子是合成血紅蛋白的激動劑。

4. 紅血球生成的調節 目前已證明主要有兩種造血調節因數分別調節兩個不同發育階段紅系祖細胞的生長。

(1)爆式促進活性因數。爆式促進活性因數(Burst promoting activity factor, BPA)是由白細胞產生的糖蛋白(分子量為 25 000～40 000)。體外實驗證明 BPA 主要以早期紅系祖細胞BFu-E為靶細胞，可能促進BFu-E從細胞週期的靜息期(G_0期)進入DNA合成期(S期)，以加強早期紅系祖細胞的增殖活動。

(2)促紅血球生成素。促紅血球生成素(Erythropoietin, EPO)是由腎皮質管周細胞產生的一種糖蛋白(分子量約為 34 000)，肝臟中也有少量合成，正常時在血漿中維持一定濃度，使紅血球數量相對穩定。EPO 主要作用是促進晚期紅系祖細胞的增殖、分化，以及幼紅血球的成熟，加速網織紅血球的釋放以及提高紅血球膜抗氧化酶的活性等。

促紅血球生成素如何發揮作用呢？

低氧是刺激 EPO 生成的主要因素。①當動脈血 O_2 含量下降時，缺氧刺激腎臟紅血球生成酶細胞產生紅血球生成酶，致使肝臟生成的促紅血球生成素原轉變為促紅血球生成素，加速骨髓的造血功能，使紅血球數增加以解除缺氧狀況。②當促紅血球生成素增加到一定濃度時，又產生兩個負反饋：一是抑制促紅血球生成素原的產生和釋放，二是因缺O_2狀態的解除，對紅血球生成酶合成細胞的刺激也隨之解除，酶的生成量恢復正常。這樣，促紅血球生成素的濃度保持相對穩定，紅血球數也相對穩定(圖3-3)。

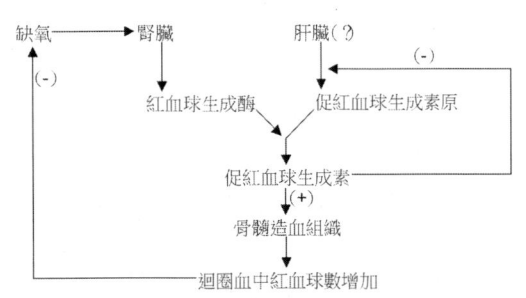

圖3-3　促紅血球生成素的形成過程及其負反饋作用
(＋)：促進(－)抑制

(3)雄激素。雄激素可以直接刺激骨髓造血組織，促使紅血球和血紅蛋白的生成，也可作用於腎臟或腎外組織產生 EPO 從而間接促進紅血球增生。這也可能是雄性動物的紅細胞和血紅蛋白量高於雌性動物的原因之一。

此外，其他一些激素，包括促腎上腺皮質激素、糖皮質激素、前列腺素、促甲狀腺激素和甲狀腺素等也有一定促進骨髓造血的作用。例如當腎臟缺氧時，可導致前列腺素的釋放，促使 cAMP 增加，而 cAMP 能刺激促紅血球生成素的生成以加速骨髓造血。

(四)紅血球的破壞

不同動物，其紅血球壽命也不同，且紅血球的平均壽命與體重有一定的關係，一般體重小的動物其紅血球壽命比體重大的短。應用^{15}N同位素結合到血紅蛋白的卟啉基團中作標記，測得紅血球的生存期限約為40～200d，平均120d，即每天有0.8%～1%紅血球被破壞。例如，馬和牛的紅血球平均壽命約為150d，人的紅血球平均壽命為120d，豬平均為85d，兔為57d，小鼠的只有40d。紅血球的壽命受機體營養狀況的影響，食物蛋白缺乏時，紅血球生存的期限縮短。

紅血球的破壞分血管內破壞和血管外破壞，約有 10%的衰老紅血球，由於脆性增加，在血流的衝擊下破裂，在血管內發生溶血，稱為血管內破壞。然而 90%的衰老紅血球由於可塑性變形能力減退，難以通過毛細血管和血竇等處的微小孔隙，而停滯在肝、脾和骨髓中，最終被巨噬細胞吞噬而降解，稱為血管外破壞。實驗證明，切除脾後衰老的球形紅血球增多，說明脾臟是識別和清除衰老紅血球的主要部位。衰老紅血球滯留在脾後，由於局部的葡萄糖濃度、氧分壓和pH降低，其脆性增加，更易被吞噬。比較而言，肝對紅血球輕微改變的識別能力較差，僅對有明顯畸變的紅血球有識別和清除作用。紅血球在血管內破裂後釋放出的血紅蛋白，一部分與血漿中的觸珠蛋白結合，被肝攝取後脫鐵變為膽色素，其中鐵以鐵黃素的形式沉積於肝細胞，以備再利用，而膽色素以及未與觸珠蛋白結合的血紅蛋白經腸道或腎排出體外。紅血球在血管外被巨噬細胞吞噬和消化後，血紅蛋白被分解為珠蛋白和血紅素，其中珠蛋白被降解為多肽而被再利用；血紅素則進一步分解為鐵離子和膽紅素，鐵離子和鐵蛋白結合後沉積於巨噬細胞內以備再利用，膽紅素隨腸道排出體外。

案例

　　某豬場 15～25 日齡仔豬出現不明原因死亡,要求獸醫現場診治。臨床觀察發現:仔豬外觀消瘦、食慾不振、便秘、下痢交替、被毛粗亂、體溫不高、可視黏膜蒼白,暗處光照耳殼呈灰白色,幾乎看不到明顯的血管;稍加運動,呼吸、脈搏均增加,心悸亢進、喘息,飼養員反映講個別仔豬在奔跑中突然死亡。剖檢病死仔豬:皮膚及可視黏膜蒼白,心室內血液稀薄如水、肝臟腫大,出現土黃雜色斑、脾稍腫大、質地較硬,腎實質變性。根據臨床及解剖症狀診斷為仔豬貧血。

問題與思考

　　1. 何為貧血?從生理學角度分析仔豬貧血的可能原因?
　　2. 目前生產中,仔豬易發生哪種貧血?如何預防?

提示性分析

　　1. 貧血是指動物單位體積血液中血紅蛋白的含量或紅血球的數量,或兩者同時低於正常值的綜合征。從生理學角度講,貧血發生的可能原因有:營養不良性貧血、缺鐵性貧血、再生障礙性貧血、腎性貧血、紅血球巨幼性貧血等。

　　2. 目前生產中仔豬易發缺鐵性貧血。有效預防本病的辦法:妊娠或者是哺乳期的母豬,餵養富含鐵、銅等微量元素的全價飼料;直接給母豬補鐵,在母豬分娩前 7 d 左右時間開始在母豬餵養飼料中添加氨基酸螯合鐵;仔豬直接補鐵,一般是產後 1～2 d 和 10 日齡左右肌注右旋糖酐鐵和維生素 B_{12},在仔豬生活場所投放紅土對仔豬鐵元素的補充非常有效。

三、白血球生理

(一)白血球的分類和數量

　　白血球為無色有核的血細胞,其體積比紅血球大,但密度和數量卻比紅血球小和少。根據其細胞質中有無特殊的嗜色顆粒,將其分成粒細胞和無粒細胞。粒細胞又依據所含顆粒對染色劑的反應特性,被區分為嗜中性粒細胞、嗜酸性粒細胞和嗜鹼性粒細胞;無粒細胞可分成單核細胞和淋巴細胞。

　　白血球以 10^9 個/L 血液為計數單位,其數量隨動物生理狀態而發生較大變化,如運動、寒冷、消化、妊娠及分娩時白血球增加,但各類白血球所占的比例相對恆定(表 3-3)。此外,在機體失血、劇痛、急性炎症、慢性炎症等病理狀態下,白血球也會增多。

表 3-3　不同動物的白血球分類計數

動物種類	每升白血球總數/10^9	嗜中性粒細胞/%	嗜酸性粒細胞/%	嗜鹼性粒細胞/%	淋巴細胞/%	單核細胞/%
牛	7.62	36.5	4.0	0.5	57.0	2.0
馬	8.77	58.5	4.5	0.5	34.5	2.5
豬	14.66	35.7	3.0	0.2	58.5	2.6
綿羊	8.25	34.7	3.0		60.3	2.0

續表

動物種類	每升白血球總數/10⁹	嗜中性粒細胞/%	嗜酸性粒細胞/%	嗜鹼性粒細胞/%	淋巴細胞/%	單核細胞/%
山羊	9.70	38.4	4.2	0.2	55.1	2.1
梅花鹿	3.0	47.0	10.0		33.0	10.0
駱駝	24.00	54.5	8.0	0.5	35.0	2.0
狗	11.50	68.0	5.1	0.7	21.0	5.2
貓	12.50	59.5	5.4	0.1	31.0	4.0
兔	7.60	46.0	2.0	5.0	39.0	8.0
雞(♂)	16	25.8	1.4	2.4	64.0	6.4
雞(♀)	29	13.3	2.5	2.4	76.1	5.7
鵝	18.20	34.3	3.4	1.5	57.4	8.4
鴿	13.00	23.0	2.2	2.6	65.6	6.6

(二)白血球的生理特性和功能

除淋巴細胞外，所有白血球都能伸出偽足做變形運動，憑藉這種運動白血球得以穿過血管壁，這一過程稱為白血球滲出(Diapedesis)。白血球具有向某些化學物質遊走的特性，稱為趨化性(Chemotaxis)。體內具有趨化作用的物質包括機體細胞的降解產物、抗原-抗體複合物、細菌毒素和細菌等。白血球可循著這些物質的濃度梯度遊走到這些物質的周圍，把異物包圍起來併吞入胞漿內，此過程稱為吞噬作用(Phagocytosis)。在全部白血球中，有一半以上存在於血管外的細胞間隙內，有30%以上儲存在骨髓內，其餘的在血管中流動。這些白血球依賴血液的運輸，從它們生成的器官，即骨髓和淋巴組織，到達發揮作用的部位。

白血球還可分泌多種細胞因數如白血球介素(IL)、干擾素(IFN)、腫瘤壞死因數(TNF)、集落刺激因數(Colony stimulating factor, CSF)等，通過自分泌、旁分泌作用(見第11章內分泌)，參與炎症和免疫反應的調控。

1.中性粒細胞

中性粒細胞具有活躍的變形能力、高度的趨化性和很強的吞噬及消化細菌的能力，是吞噬外來微生物和異物的主要細胞。當局部受損組織發生炎症反應並釋放化學物質時，中性粒細胞能被趨化物質所吸引，向細菌所在處集中，並將其吞噬，靠細胞內的溶酶體將細菌和組織碎片分解。這樣，入侵的細菌被包圍在一個局部區域，可防止病原微生物在體內擴散。當中性粒細胞吞噬了數十個細菌後，本身也隨之分解死亡，釋放出的溶酶體能溶解周圍組織而形成膿汁。因此，中性粒細胞在血液的非特異性細胞免疫系統中起著十分重要的作用，它處於機體抵禦微生物病原體，尤其是化膿性細菌入侵的第一線。此外，中性粒細胞也參與淋巴細胞特異性免疫反應的初期階段。

2.嗜酸性粒細胞

嗜酸性粒細胞的胞質中含有較大的、橢圓形的嗜酸性顆粒，其中含有過氧化物酶和鹼性蛋白質，但缺乏溶菌酶，基本上沒有殺菌能力。其主要作用是：①限制嗜鹼性粒細胞和肥大細胞在速發性過敏反應中的作用，減弱過敏反應的程度。嗜酸性粒細胞能抑制嗜鹼性粒細胞生物活性物質的合成與釋放；吞噬嗜鹼性粒細胞排出的顆粒，使其中所含的生物活性物質失活；釋放組胺酶等酶類，破壞嗜鹼性粒細胞所釋放的組胺等活性物質。②參與對蠕蟲的免疫反應。在已經對某種蠕蟲產生了特異性的免疫球蛋白 Ig E 的機體，蠕蟲經過特異性免疫球蛋白 Ig E 和 C_3 調理後，嗜酸性粒細胞可借助於細胞表面的 Fc 受體和 C_3 受體黏著於蠕蟲上，釋放顆粒內所含的鹼性蛋白和過氧化物酶等酶類損傷蠕蟲體。所以，在有寄生蟲感染、過敏反應等情況時，常伴有嗜酸性粒細胞增多。

3. 嗜鹼性粒細胞

血液中嗜鹼性粒細胞含量較少，其胞質中含有肝素、組胺、過敏性慢反應物質、過敏性趨化因數等多種生物活性物質，主要作用是參與過敏反應。在致敏物質作用下，嗜鹼性粒細胞釋放其生物活性物質引起過敏反應，如哮喘、蕁麻疹等。組胺能使局部毛細血管擴張，通透性增加，但作用時間短暫；過敏性慢反應物質作用時間緩慢持久，能增加毛細血管通透性，加強消化道平滑肌和呼吸道平滑肌收縮；肝素有抗凝血作用；過敏性趨化因數有吸引嗜酸性粒細胞聚集到過敏區的作用。

4. 單核細胞

血液中的單核細胞是未成熟的細胞，其胞體較大，在血流中存在 2～3 d 後，離開血管進入周圍組織，繼續發育成體積更大、具有比中性粒細胞更強吞噬能力的巨噬細胞，它主要存在於淋巴結、肝和脾等器官。外周血液中的單核細胞和組織器官中的巨噬細胞統稱為單核-巨噬細胞系統，在體內發揮防禦作用。其主要功能有：①吞噬並殺傷病毒、瘧原蟲和分枝杆菌等病原體或衰老損傷的組織細胞；②分泌細胞因數或其他炎性介質，包括腫瘤壞死因數（TNF-α）、白介素（IL-1、IL-2、IL-3）、前列腺素 E 等；③參與啟動淋巴細胞的特異性免疫功能；④具有抗腫瘤作用。活化的巨噬細胞內的溶酶體數目和蛋白水解酶濃度均顯著提高，分泌功能增強，能有效殺傷腫瘤細胞。

在免疫反應的初期階段，單核細胞能把它所帶的抗原物質的一部分呈遞給淋巴細胞從而使淋巴細胞在免疫中發揮作用。

5. 淋巴細胞

淋巴細胞主要參與機體的特異性免疫反應。根據淋巴細胞的發生和功能等特點，可分為 T 淋巴細胞、B 淋巴細胞和自然殺傷細胞（Natural killer cell，NK）3 種。T 淋巴細胞在胸腺內分化成熟，主要參與機體的細胞免疫，它與含有某種特異抗原性的物質或細胞相互接觸時，發揮免疫功能，以對抗病毒、細菌和癌細胞的侵入，而且與器官移植後發生的排斥反應有關。B 淋巴細胞在骨髓內分化成熟，主要參與機體的體液免疫，當受到抗原刺激時，B 淋巴細胞轉化為漿細胞，後者產生和分泌多種特異抗體——免疫球蛋白（Ig G、Ig M、Ig A、Ig D 和 Ig E）釋放入血，阻止細胞外液相應抗原、異物侵害。自然殺傷細胞是不同於 T 和 B 淋巴細胞的一個特殊淋巴系，可以直接殺傷腫瘤細胞、病毒或被細菌感染的細胞等，發揮抗腫瘤、抗感染和免疫調節等功能。

（三）白血球生成的調節

白血球的增殖和分化受多種血細胞生成素或造血生長因數的調節。其中一些造血生長因子在體外能刺激造血細胞形成集落，又稱為集落刺激因子，如粒細胞集落刺激因子（G-CSF）、巨噬細胞集落刺激因數（M-CSF）、粒-巨噬細胞集落刺激因數（GM-CSF），它們能刺激中性粒細胞、單核細胞的生成。GM-CSF 還能刺激造血幹細胞和祖細胞的增殖和分化。另外，白血球介素(Interleukin)能夠調節淋巴細胞的生長和成熟，轉化生長因數-β和乳鐵蛋白等可以抑制白血球的生成。

(四)白血球的破壞

白血球壽命相差很大，較難準確判斷。成熟白血球一部分儲存於造血器官，一部分不斷進入血液，在血液中停留時間很短，進入組織後壽命變長。一般來說，中性粒細胞在血液中停留8h左右就進入組織，4～5d後衰老死亡；單核細胞在迴圈血液中停留2～3d後進入組織，並發育成巨噬細胞，在組織中可生存約3個月。

白血球可因衰老死亡和執行防禦功能被消耗。遭破壞的白血球，有的與被破壞的組織殘片和細菌一起形成膿液，有的被單核-巨噬細胞系統吞噬，有的則通過消化、呼吸、泌尿道排出體外。其死亡方式有凋亡、壞死崩解、自我溶解。

四、血小板生理

(一)血小板的形態和數量

哺乳動物的血小板很小，呈雙凸圓盤形或卵圓形，無細胞核，其體積僅相當於紅血球的1/4～1/3。血小板是從骨髓中成熟的巨核細胞胞漿裂解脫落下來的細胞質塊。非哺乳動物的血栓細胞相當於血小板，都具有凝血作用。血栓細胞有紡錘形核，鳥類血栓細胞充滿細胞核。血小板在運動與進食後增多。不同動物血小板的數量不一樣。

(二)血小板的生理特性和功能

1. 生理特性

(1)黏附與聚集。黏附是指血小板易於附著在異物表面。當血管內皮損傷，暴露出內皮下的膠原纖維時，血小板被啟動並黏附其上。聚集是指血小板間相互黏著在一起，聚集成團的現象。聚集分為兩個時相，第一時相可逆，發生迅速，容易解聚，主要由損傷組織釋放二磷酸腺苷(ADP)引起。第二時相發生緩慢，不可逆，不能解聚，主要由血小板本身釋放內源性ADP引起。可見 ADP 是使血小板聚集的重要物質，但必須在一定濃度的 Ca^{2+}和纖維蛋白原存在的情況下才能實現。黏附、聚集的血小板形成止血栓封閉創口，有利於止血。血小板黏附功能受損，機體可發生出血傾向。

聚集作用只發生於黏附之後，流動的血小板不聚集。

(2)吸附與釋放。血小板質膜表面能吸附血漿中的凝血因數，使局部凝血因數的濃度增高，促進凝血反應。血小板還能從血漿中主動吸收 5-羥色胺(5-HT)、兒茶酚胺等，貯存於致密顆粒中。血小板受到刺激後，可將貯存於顆粒或緻密體內的ADP、5-HT和兒茶酚胺等活性物質釋放出來。引起血小板聚集的因素大多能刺激血小板的釋放。血小板釋放是消耗能量的主動過程，一般發生在第一聚集時相以後，所釋放的物質可導致血小板第二聚集時相的發生。血小板所釋放的物質具有促進血管收縮、血小板聚集和參與血液凝固等多種複雜的生理功能。其中，ADP、5-HT等對血小板的聚集和釋放起正回饋作用，5-HT可使血管收縮，纖維蛋白原和一些凝血因數可參與血液凝固等，這些都有利於生理止血過程。

(3)收縮。血小板中存在著類似肌肉的收縮蛋白系統,包括肌動蛋白、肌凝蛋白、微管及各種相關蛋白。血小板活化後,胞質內 Ca^{2+} 濃度增高,可引起血小板產生收縮反應,促使凝血塊緊縮、止血栓硬化,加強止血效果。

2. 生理功能

血小板的主要生理功能為參與止血、促進凝血和保持毛細血管內皮細胞的完整性。

(1)生理性止血。當小血管的管壁受損傷,血液流出血管時,在幾分鐘內會自然停止,這一過程稱為生理性止血。由於血小板具有黏附、聚集、釋放、吸附和收縮血凝塊等生理特性,因此血小板參與了生理性止血的全過程(圖3-4)。

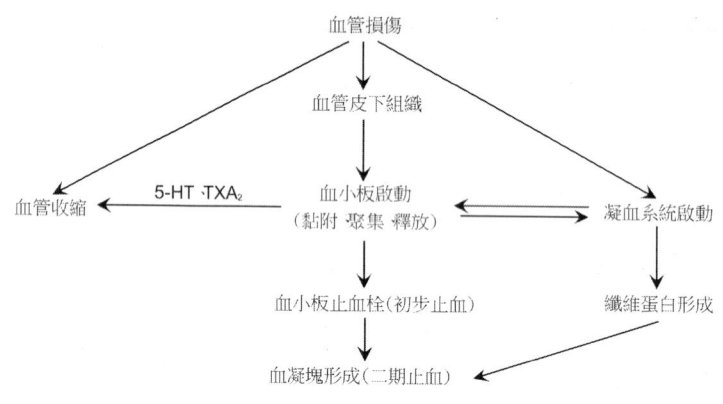

```
                    血管損傷
                       ↓
                    血管皮下組織
        ↓              ↓              ↓
    血管收縮 ← 5-HT、TXA₂  血小板啟動 ↔ 凝血系統啟動
                    (黏附 聚集 釋放)
                       ↓              ↓
                  血小板止血栓(初步止血)  纖維蛋白形成
                       ↓
                  血凝塊形成(二期止血)
```

圖3-4 生理性止血過程示意圖

生理性止血過程主要包括血管收縮、血小板止血栓形成和血液凝固3個時相。

①血管收縮:當血管損傷、膠原纖維暴露時,在發生黏附、聚集的同時,血小板迅速釋放出縮血管物質,如 5-HT、腎上腺素等,使受損傷的血管發生收縮,血管口徑變小,有助於止血。

②血小板止血栓形成:由於黏附和聚集作用,在膠原纖維上的血小板迅速被啟動。已激活的血小板吸引更多的血小板相互聚集,在傷口處形成較鬆軟的栓子,黏著並堵塞傷口,起到暫時止血作用。

③血液凝固:啟動的血小板為凝血因數反應提供磷脂表面,吸附大量凝血因數,並相繼啟動,極大地提高凝血酶原轉變成凝血酶的速度,加速凝血過程。據估計凝血因數Xa與血小板結合後,凝血酶原轉變成凝血酶的速度可提高30萬倍,使損傷血管局部快速形成血凝塊,以加固止血栓,起到有效止血作用。

(2)促進血液凝固。血小板促進血液凝固的作用表現在多方面,如吸附多種凝血因數,為凝血因數反應提供磷脂表面,血小板α-顆粒釋放纖維蛋白原啟動因數,增加纖維蛋白的形成等。

(3)保持血管內皮細胞的完整性。血小板對毛細血管壁具有營養和支持作用。血小板可以融合進入血管內皮細胞,隨時沉著於血管壁,以填補內皮細胞脫落留下的空隙。因此,血小板對於毛細血管內皮細胞的修復具有重要作用。

(三)血小板生成的調節

血小板的生成受血漿中巨核系細胞集落刺激因數(Meg-XSF)和血小板生成素的調節。前者促進巨核系細胞發育、分化,使成熟的巨核細胞增多;後者主要保持血小板數目恆定。

當血小板減少時,可刺激巨核細胞的DNA合成,增加血小板的生成。

(四)血小板的破壞

血小板平均壽命為7～14d,但只有進入血液的最初2～3d具有生理功能。血小板可因衰老而被脾、肝、肺組織的巨噬細胞吞噬;也可融入血管內皮細胞,或在發生聚集、釋放反應時被破壞。

案例

一貴賓公犬,2歲,疫苗免疫全,體重2.9 kg。2012年10月來寵物醫院就診。主訴:犬一周前開始發病,腹部皮膚有少量出血斑,美容剪毛後發現更嚴重,大、小便正常,食欲正常,犬經常抓癢。臨床檢查,腹部有大量出血性紫斑,整個腹部皮膚呈暗黑色,背部有少量出血斑,體溫39.0℃,齒齦、前眼房和眼底見出血小點;犬敏測試++,血細胞計數檢查,血小板64×10^9/L(正常值200×10^9/L～900×10^9/L)。確診為犬血小板減少性紫癜。

問題與思考

1. 本病的發病原因?
2. 血小板在生理性止血中的作用?

提示性分析

1. 患病犬為過敏體質,可能是因為某些原因導致過敏反應與自身免疫機能亢進,使血小板數量減少,血小板的生理性止血功能減弱,結果導致皮下、可視黏膜甚至內臟出血。
2. 血小板通過使破損小血管收縮,促進血栓形成和參與血液凝固實現生理性止血。

第三節　血液凝固

血液凝固(Blood coagulation)是指血液在一系列凝血因數參與下,由溶膠狀態轉變為凝膠狀態的過程,簡稱血凝。血凝實質上是一系列複雜的酶促反應,有許多因素參與。血凝的根本原因是血漿中可溶性的纖維蛋白原轉變為不溶解的纖維蛋白,纖維蛋白交織成網,將血細胞網羅其中,成為膠凍樣血凝塊。動物因受傷出血,血液凝固可避免機體失血過多,因此血凝是機體的一種保護功能。血液凝固後1～2h,血塊發生回縮,同時析出淡黃色血清。血清和血漿的區別是:血清中不含纖維蛋白原和少量參與凝血的血漿蛋白,但增加了血小板釋放的物質。

一、凝血因數

血漿與組織中直接參與血凝的物質，統稱為凝血因數（Blood clotting factor）。由國際凝血因數命名委員會根據發現的先後順序，以羅馬數字（I～ ）表示。後來發現Ⅵ是血清中活化的Ⅴ，故被删除。此外，前激肽釋放酶（PK）、高分子激肽原（HK），以及來自血小板的磷脂（PF_3）也參與凝血的過程（表3-4）。

凝血因數的特點包括：①除Ca^{2+}（因數Ⅳ）與磷脂外，其餘的凝血因數均為蛋白質。②凝血因數Ⅱ、Ⅶ、Ⅸ、Ⅹ、Ⅺ、Ⅻ、及前激肽釋放酶均為絲氨酸蛋白酶（內切酶），只能對特定的肽鏈進行有限的水解。③血液中具有酶特性的凝血因數都以無活性的酶原形式存在，必須通過其他酶的有限水解，暴露或形成活性中心後，才具有酶的活性，這一過程稱為凝血因數的啟動。習慣上在被啟動了的凝血因數代號的右下角加"a"（指 activated），如凝血酶原（Ⅱ）被啟動為凝血酶（Ⅱa），Ⅹ被啟動為Ⅹa。④除凝血因數（可簡稱F）Ⅲ（FⅢ，又稱組織因數）存在於組織中外，其他凝血因數均存在於血漿中。⑤多數凝血因數由肝臟合成，其中Ⅱ、Ⅶ、Ⅸ、Ⅹ的合成必須有維生素K的存在，故在肝臟功能異常或維生素K缺乏時血凝機能出現異常。

表3-4　按照國際命名法編號的凝血因數

因數	同義名	合成部位	合成時是否需要維生素K	化學本質	凝血過程中的作用	血清中是否存在
Ⅰ	纖維蛋白質	肝	不	糖蛋白	變為纖維蛋白	無
Ⅱ	凝血酶原	肝	需	糖蛋白	變為凝血酶	幾乎沒有
Ⅲ	組織因子	組織細胞	不	糖蛋白	啟動外源性凝血	—
Ⅳ	鈣離子	-	—	無機鹽	參與凝血的多步過程	存在
Ⅴ	前加速素	肝	不	糖蛋白	調節蛋白	無
Ⅶ	前轉變素	肝	需	糖蛋白	參與外源性凝血	存在
Ⅷ	抗血友病因子	肝為主	不	糖蛋白	調節蛋白	無
Ⅸ	血漿凝血激酶	肝	需	糖蛋白	變為有活性的Ⅸa	存在
Ⅹ	Stuart-Prower因子	肝	需	糖蛋白	變為有活性的Ⅹa	存在
Ⅺ	血漿凝血激酶前質	肝	不	糖蛋白	變為有活性的Ⅺa	存在
Ⅻ	接觸因子	不明	不	糖蛋白	參與內源性凝血	存在
ⅩⅢ	纖維蛋白穩定因子	血小板	不	糖蛋白	不溶性纖維蛋白的形成	幾乎沒有

二、血液凝固的過程

1964年，麥克法蘭（MacFarlane）、大衛斯（Davies）和拉特諾夫（Ratnoff）分別提出並逐步完善了凝血過程的瀑布學說。經典的瀑布學說認為，凝血過程是一系列凝血因數相繼被酶解啟動，反應逐步放大，最終形成凝血酶和纖維蛋白凝塊的過程。凝血過程大致經歷三個階段（圖3-5）。第Ⅰ階段是凝血因數Ⅹ啟動成Ⅹa並形成凝血酶原啟動物，第Ⅱ階段是凝血酶原（Ⅱ）啟動成為凝血酶（Ⅱa），第Ⅲ

凝血酶原啟動物（Ⅹa、PF_3、Ⅴ、Ca^{2+}）
↓
凝血酶原 ──→ 凝血酶
　　　　　　　　↓
纖維蛋白原 ──────→ 纖維蛋白

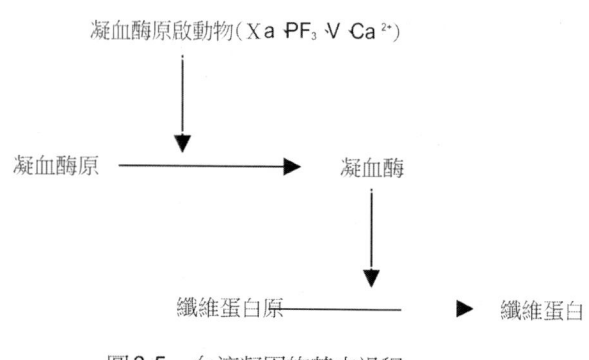

圖3-5　血液凝固的基本過程

階段是纖維蛋白原（Ⅰ）轉變成纖維蛋白（Ⅰa）。凝血酶原啟動物的形成有內源性和外源性兩條途徑，二者的主要區別在於啟動方式和參與的凝血因數不同。由於兩條途徑最終都能啟動因數Ⅹ生成因數Ⅹa，而後進入生成因數Ⅱa和纖維蛋白凝塊的共同途徑。所以，內、外源性凝血的主要區別在於因數Ⅹ被啟動的途徑不同。

(一)內源性凝血途徑

內源性凝血途徑是完全依靠血漿內的凝血因數逐步使因數Ⅹ啟動的途徑，由因數ⅩⅡ被啟動而啟動，可分為以下3個階段：

1. 凝血酶原啟動物的形成

當血液與帶負電荷的異物表面(如白陶土、玻璃、血管內皮受損時暴露的膠原纖維等)接觸時，首先是 FⅫ結合到異物表面上，並立即被啟動為 FⅫa，FⅫa 可裂解前激肽釋放酶(PK)，使之成為激肽釋放酶(KK)，該酶又反過來啟動 FⅫ 形成更多的 FⅫa。在 FⅫa 的作用下，FⅪ轉變為 FⅪa。從 FⅫ結合於異物表面到 FⅪa 形成的全過程叫表面啟動。在 Ca^{2+}存在的條件下，表面啟動生成的 FⅪa 可再使 FⅨ啟動成為 FⅨa。生成的 FⅨa 與 FⅧa、Ca^{2+}在血小板磷脂膜上結合成為複合物，並啟動 FⅩ 為 FⅩa。只有當 FⅨa 和 FⅩ 分別通過 Ca^{2+}而同時連接在磷脂膜的表面，FⅨa 才可啟動 FⅩ，故這一過程十分緩慢。FⅧ本身不是蛋白酶，不能啟動 FⅩ，但只要它存在，可使上述反應速度提高 20 倍，因此 FⅧ是一種重要的輔助因數。FⅩa 形成後，在血小板磷脂膜(PF_3)提供的磷脂表面與 FⅤa 和 Ca^{2+}形成凝血酶原啟動物（Ⅹa、PF_3、Ⅴa、Ca^{2+}）。

2. 凝血酶的形成

在凝血酶原啟動物的作用下，血漿中的凝血酶原(FⅡ)被迅速啟動成凝血酶(FⅡa)，其中，因數Ⅴ作為一種輔助因數，它本身不是蛋白酶，不能催化凝血酶原的有限水解，但可使FⅩa激活凝血酶原的速度提高10 000倍。凝血酶是一個多功能的凝血因數，主要作用是水解纖維蛋白原。

3. 纖維蛋白的形成

凝血酶能迅速催化纖維蛋白原分解，使之成為纖維蛋白單體。在 Ca^{2+}的作用下，凝血酶還能啟動FⅩⅢ成為FⅩⅢa，後者使纖維蛋白單體變為牢固的不溶性的纖維蛋白多聚體，即不溶於水的絲狀纖維蛋白，後者交織成網，把血細胞網羅其中形成血凝塊。

(二)外源性凝血途徑

外源性凝血途徑是由血液外的組織因數(FⅢ)暴露於血液而啟功的凝血過程。FⅢ為磷脂蛋白質，廣泛存在於血管外組織中，尤其在腦、肺和胎盤組織中特別豐富。當組織損傷時，釋放出 FⅢ 與血漿中的 Ca^{2+}、FⅦa 形成複合物，啟動 FⅩ為 FⅩa，其後的凝血過程與內源性凝血過程相同。此外，該複合物還可啟動FⅨ，使內源性凝血途徑與外源性凝血途徑聯繫起來，共同完成凝固過程。

上述凝血過程可綜合為圖3-6。通常情況下，生理性止血過程中既有內源性凝血途徑的啟動，也有外源性凝血途徑的啟動，兩者相互促進，同時進行。近年來研究表明，先天性缺乏內源性凝血途徑的啟動因數FⅫ和前激肽釋放酶或高分子量激肽原者，幾乎不會發生臨床出血病理症狀；而缺乏外源性凝血途徑的FⅦ，則產生明顯的出血症狀。故目前認為，外源性凝血途徑在體內生理性凝血反應的啟動中起關鍵性的作用，而內源性凝血途徑則在凝血反應開始後的維持和鞏固中起重要作用。組織因數(FⅢ)被認為是生理性凝血反應的啟動因數。兩種凝血途徑的異同見表3-5。

應當強調的是：①凝血過程是一個正回饋過程，一旦啟動就會連續不斷地進行下去，並迅速完成；②Ca^{2+}在凝血過程的多個環節上起促進凝血作用，由於它易於處理，因此在臨床上可通過增加Ca^{2+}促進凝血或除去Ca^{2+}（加入草酸鹽、檸檬酸鹽、EDTA等）對抗凝血；③凝血過程本質上是一種酶促連鎖反應，每一步驟之間密切聯繫，任一環節受阻則整個凝血過程就會停止。

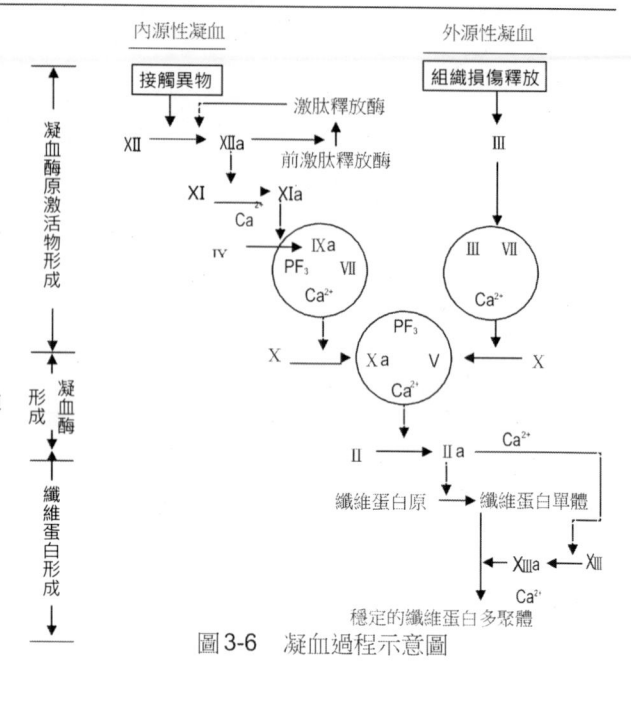

圖 3-6 凝血過程示意圖

表 3-5 兩種凝血途徑的比較

項　目	內源性凝血途徑	外源性凝血途徑
啟動方式與因數	血管內膜下膠原纖維或異物啟動因數FXⅡ	受損傷組織釋放出凝血因數FⅢ
參與的凝血因數	多	少
參與反應的步驟	多	少
發生凝血的速度	較慢(約數分鐘)	較快(約十幾秒)
兩者的相互關係	1. 外源性凝血途徑在體內生理性凝血反應中起關鍵性作用，組織因數是凝血的啟動者，它"錨定"在細胞膜上使凝血限於局部，使外源性凝血途徑生成的凝血酶可以啟動多種凝血因數，促進凝血，使組織因數與FⅧa複合物能直接啟動FⅨ，加強內源性凝血途徑。 2. FXa 生成後的凝血過程，是內源性和外源性兩條途徑的共同通路。	

三 抗凝系統與纖維蛋白溶解

血液在心血管系統內迴圈，因為血管內壁光滑無異物，凝血因數不會被表面啟動而發生凝血反應，血小板也不會發生黏附和聚集。即使血漿中少量凝血因數被啟動，也會被血流稀釋，由肝臟清除或被吞噬細胞吞噬，因此凝血反應不會繼續發生。正常時血液能保持液態，除上述原因外，更重要的是由於體內存在著抗凝和纖維蛋白溶解機制。

(一)生理性抗凝物質

1. 絲氨酸蛋白酶抑制物

血液中含有多種這類抑制物，如抗凝血酶Ⅲ、$α_1$抗胰蛋白酶、$α_2$巨球蛋白等，其中最重要的是抗凝血酶Ⅲ。抗凝血酶Ⅲ是一種脂蛋白，由肝細胞和血管內皮細胞分泌，它能通過與Ⅶa、Ⅸa、Xa、XIa、XⅡa和凝血酶的活性中心——絲氨酸殘基結合，封閉這些酶的活性位點而使凝血因數失活，達到抗凝作用，是一種抗絲氨酸蛋白酶。在正常情況下，抗凝血酶Ⅲ的直接抗凝作用緩慢而微弱,不能有效地抑制凝血,但與肝素結合後抗凝活性增加約2000倍。正常情況下,迴圈血液中幾乎無肝素存在,抗凝血酶Ⅲ主要通過與內皮細胞表面的硫酸肝素結合而增強血管內皮的抗凝功能。

2. 蛋白質C系統

包括蛋白質C、凝血酶調節蛋白、蛋白質S和蛋白質C抑制物等。蛋白質C(Protein C, PC)是由肝臟合成的維生素K依賴因數,以酶原形式存在於血漿中,由凝血酶啟動。啟動後,蛋白質C可通過以下途徑實現抗凝作用:①在磷脂和Ca^{2+}存在時,滅活因數FVa和因數FⅧa;②阻礙因數FVa和PF_3的結合,以削弱因數FXa對凝血酶原的啟動作用;③刺激纖溶酶原啟動物的釋放,增強纖溶酶活性,從而促進纖維蛋白的溶解。

血漿中蛋白質S可啟動並大大增強蛋白質C的作用。

3. 組織因數途徑抑制物

組織因數途徑抑制物(TFPI)是一種相對穩定的糖蛋白,主要來自小血管內皮細胞,但在一定條件下,巨核細胞、血小板、單核細胞、腎間質細胞也有少量合成。TFPI的抗凝機制可分為兩個過程:①與因數FXa結合,直接抑制因數FXa的活性;②在Ca^{2+}存在的前提下,TFPI-FXa複合物與TF-Ⅶa複合物結合,從而滅活TF-FⅦa,發揮負反饋性抑制血凝作用。目前認為TFPI是體內主要的生理性抗凝物質。

4. 肝素

肝素是血漿中的一種酸性黏多糖,主要由肥大細胞和嗜鹼性粒細胞產生,存在於大多數組織中。肝素抗凝作用主要表現在:①與抗凝血酶Ⅲ結合,可使抗凝血酶Ⅲ與凝血酶的親和力增強約2000倍,對FXⅡa、FXIa、FIXa、FXa的抑制作用大大加強;②和肝素輔助因數Ⅱ結合後,滅活凝血酶的速度加快1000倍;③肝素可刺激血管內皮細胞大量釋放組織因數途徑抑制物,抑制凝血過程;④抑制血小板黏附、聚集和釋放反應;⑤肝素是脂蛋白酶的輔基,有利於血漿乳糜微粒的清除和防止與血脂有關的血栓形成。⑥肝素還能提高蛋白質C的活性,刺激血管內皮細胞釋放纖溶酶原啟動物,增強對纖維蛋白的溶解,因而是一種廣泛抗凝藥物。

(二)纖維蛋白溶解

血液凝固過程中形成的纖維蛋白被分解、液化、發生溶解的過程,稱為纖維蛋白溶解,簡稱纖溶(Fibrinolysis)。參與纖溶的物質有:纖溶酶原、纖溶酶、纖溶酶原啟動物和纖溶酶原抑制物,總稱纖維蛋白溶解系統,簡稱纖溶系統。纖溶的基本過程可分兩個階段,即纖溶酶原的啟動與纖維蛋白及纖維蛋白原的降解(圖3-7)。

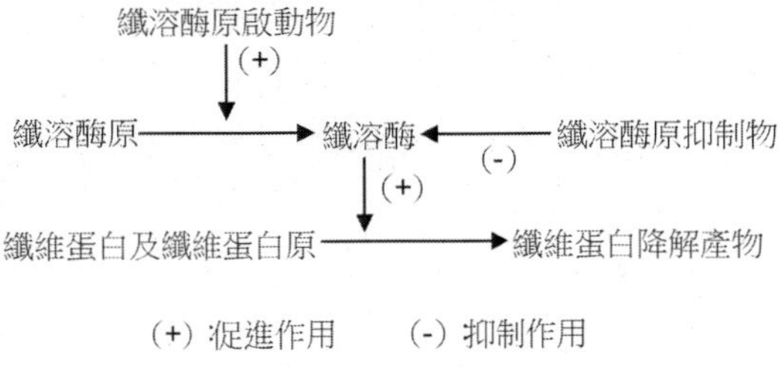

圖3-7 纖維蛋白溶解基本過程

1. 纖溶酶原的啟動

纖溶酶原主要在肝臟、骨髓、腎臟和嗜酸性粒細胞等處合成。在啟動物的作用下,纖溶酶原脫下一段肽鏈,成為纖溶酶。纖溶酶原的啟動通常有兩條途徑:

(1)內源性啟動途徑，是指通過內源性凝血系統的有關凝血因數(如因數 FXIIa、因數 FXIa、PK 等)使纖溶酶原轉化為纖溶酶。

(2)外源性啟動途徑，是指由血管啟動物和組織啟動物對纖溶酶原的啟動。

①血管啟動物。由小血管的內皮細胞合成和釋放。當血管內出現血凝塊時，可刺激內皮細胞釋放大量啟動物，所釋放的啟動物大部分吸附於血凝塊上，促進血凝塊的溶解。

②組織啟動物。存在於很多組織中，以子宮、卵巢、腎上腺、甲狀腺、前列腺等處的組織中含量最高，主要是在組織修復、傷口癒合等情況下，在血管外促進纖維蛋白溶解。子宮、甲狀腺、前列腺等手術後易發生滲血，可能與這些組織啟動物含量豐富有關。

2.纖維蛋白與纖維蛋白原的降解 纖溶酶是血漿中活性最強的蛋白酶，但特異性較小，除能水解纖維蛋白原或纖維蛋白外，還能水解凝血酶、FV、FVIII，啟動FXIIa，促使血小板聚集和釋放5-HT、ADP等，啟動血漿中的補體系統。纖溶酶和凝血酶對纖維蛋白原的作用不同，凝血酶只是使纖維蛋白原從兩對肽鏈的N端各脫下一個小肽，使纖維蛋白原轉變為纖維蛋白。纖溶酶水解肽鏈上的賴氨酸-精氨酸肽鍵，使整個纖維蛋白原或纖維蛋白分割成很多可溶的小肽，總稱為纖維蛋白降解產物。纖維蛋白降解產物一般不能再發生凝固，相反，其中一部分還有抗凝血的作用。

正常情況下，血管表面經常有低水準的纖溶活動和凝血過程，凝血與纖溶是對立統一的兩個系統，當它們之間的平衡遭到破壞時，將會導致纖維蛋白形成過多或不足，而引起血栓形成或出血性疾病。

3.纖溶抑制物

體內存在許多能夠抑制纖溶系統活性的物質。主要的纖溶抑制物有纖溶酶原啟動物的抑制劑-1、補體CI抑制物、α₂抗纖溶酶、α₂巨球蛋白和抗凝血酶III等，它們通過抑制纖溶酶原啟動物、纖溶酶、尿激酶等來抑制纖溶。有的抑制物，如α₂巨球蛋白，既可通過抑制纖溶酶的作用抑制纖溶，又能通過抑制凝血酶、激肽釋放酶的作用抑制凝血，對於凝血和纖溶只發生於創傷局部起著重要的作用。 在正常生理情況下，血液在體內迴圈流動，機體既無出血現象，又無血栓形成，而這正是由於凝血、抗凝血和纖溶處於動態平衡的結果，這也是正常的生命活動所必需的。

四、抗凝、促凝的意義與措施

(一)抗凝與促凝的意義

正常情況下，血液在血管內通過以下幾個方面的共同作用而保持流動狀態：①血管內的抗凝血物質的作用佔優勢；②血管內膜光滑，不具備發生凝血的條件；③血流速度快，如果局部有少量凝血因數被啟動，很快被血液沖走並稀釋而不足以發揮凝血作用；④一旦有凝血酶原啟動物和纖維蛋白單體形成，可被網狀內皮系統吞噬清除；⑤即使在生理性止血中形成了凝血塊，也會被血漿纖溶系統迅速清除。所以，抗凝血系統和纖溶系統防止了血管內血栓的形成，保證了血流的暢通，後者還參與組織損傷後的修復和癒合過程。

當組織損傷出血時，凝血系統的作用佔優勢，局部發生凝血過程，形成纖維蛋白和血凝塊，達到有效止血的目的。同時，FXIIa可啟動纖溶酶原，FIIa能啟動蛋白質C系統，進而使FVa、FVIIIa滅活，這樣就限制了凝血過程，使之只能在受損的局部血管發生。在凝血發生後的，傷口癒合過程中，纖溶酶原的啟動和纖溶酶的作用居主要地位，纖維蛋白的降解將有利於受損組織的修復。

　　由此可見，體內存在凝血與抗凝和纖溶兩個既對立又統一的功能系統，兩個系統相互依存，共同作用，維持動態平衡，從而保持血液的正常狀態，使機體既不發生出血，又無血栓形成。當這種動態平衡被破壞時，可能導致血栓形成，纖維蛋白沉積過多或出血傾向等。

(二)抗凝與促凝的措施

　　在臨床和實驗室工作中，經常需要防止或促進血液凝固，常用的抗凝與促凝的措施如下：

1. 溫度

　　在一定範圍內，溫度升高可加速血液凝固；相反，溫度降低血凝速度減慢。因為許多凝血因數均為酶類，當溫度在一定範圍內升高時，酶的活性增強，反應加快；反之，酶活性降低，反應減慢。

2. 粗糙面

　　當血小板與粗糙面接觸時，血小板發生黏附、聚集、釋放反應，也能啟動FXII，從而加速血凝。外科手術中採用溫熱生理鹽水紗布壓迫止血，溫熱生理鹽水提高凝血酶活性，紗布提供粗糙面加速血凝。相反，將血液置於塗有液狀石蠟的容器內，由於光滑的表面可以減弱對凝血因數的觸發，因此可以延緩血凝。所以輸血時所用的管子，都是內面光滑的矽膠管。

3. Ca^{2+}

　　在凝血反應中，有多個環節需要Ca^{2+}參與，如設法除去血漿中游離的Ca^{2+}，血液將不能凝固。草酸鹽可與Ca^{2+}反應生成不易溶解的草酸鈣，可防止血凝。由於草酸鈣為不溶性沉澱物，因此草酸鹽不能用於體內抗凝，只能用於體外抗凝。枸櫞酸鈉可與血漿中Ca^{2+}結合形成不易電離的可溶性絡合物，也可防止血凝。枸櫞酸鈉與Ca^{2+}結合形成的絡合物對機體無害，故可以用於輸血。

4. 其他因素

　　肝素和雙香豆素都能抑制凝血酶的活性而延緩血液凝固，是臨床上有效的抗凝劑。雙香豆素具有競爭性抑制維生素K的作用，阻礙了凝血因數FII、FV、FIX、FX在肝內的合成，使血液凝固減慢或發生凝血障礙。

　　應用基因工程的方法合成的組織纖溶酶原啟動物(TPA)已經作為抗凝劑在臨床中使用。維生素K參與凝血因數FII、FV、FIX、FX在肝臟中的合成，具有加速凝血和止血的間接作用。

案例

　　3歲雌性貴賓犬，2006年10月24日晚來院就診。主訴：近幾天該犬排尿時尿中帶血，特別是24日晚病犬排出鮮紅的血尿，做血常規檢查血象未發現異常，給病犬注射止血消炎針後，要求第2天複診。25日複診病犬食欲減退，同時出現嘔吐症狀，嘔吐物中帶血，排黑便。臨床檢查：可視黏膜有出血點，尿道口發現有隨尿排出的小血凝塊；口腔檢查：齒齦出血；尿檢：尿蛋白質含量增多，有潛血；血常規檢查：RBC、HB、紅血球比容均降低；生化檢測：丙氨酸氨基轉移酶、天門冬氨酸氨基轉移酶含量升高。診斷為犬肝功能不全導致機體凝血功能障礙引起血尿及消化道出血症。

問題與思考

　　犬肝功能不全時為什麼會導致凝血功能障礙？

提示性分析

　　肝為機體新陳代謝最旺盛的器官，是機體蛋白質代謝的主要場所，目前研究發現，12種凝血因數中，除凝血因數Ⅳ（Ca^{2+}）外，其餘都是在肝臟中合成的，犬肝功能不全時，這些凝血因數合成減少，導致血液中含量降低；同時肝功能不全時凝血因子消耗增多，抗凝物質增多，血小板功能異常等，均導致凝血功能障礙而發生出血現象。

第四節　血　型

一　紅血球的凝集現象

　　在正常情況下紅血球是均勻分佈在血漿中的。如果將不同類型的血液輸入體內，紅細胞可能彼此聚集在一起，成為一簇簇不規則的細胞團，這種現象稱為紅血球凝集（Red cell ag-glutination）。紅血球凝集是一種不可逆反應，凝集的紅血球會破裂，在補體的作用下，大量血紅蛋白會逸出（溶血），並將損害腎小管的功能，同時常伴發過敏反應，其結果可危及生命，臨床上稱之為輸血反應。凝集反應的本質是紅血球膜的抗原（凝集原）與血漿相應的抗體（凝集素）相遇時出現的抗原-抗體反應，其與血液凝固和血細胞聚集的區別如表3-6所示。

表3-6　血液的凝固、凝集與聚集的比較

	血液凝固	血細胞凝集	血細胞聚集
發生機制	凝血因數參與的酶促化學反應	抗原、抗體參與的免疫反應	紅血球相互重疊的物理現象
參與的物質	血細胞和各種凝血因數	紅血球、相應的凝集素和補體	紅血球
紅血球能否再分離	不能	不能	可能

二、血型

血型(Blood group)通常是指紅血球膜表面特異性抗原的類型,所以血型一般是指紅血球的血型。隨著對血型本質的研究不斷深入,對血型的定義,有狹義和廣義之分。

狹義的血型定義,以細胞膜抗原結構的差異為依據進行分類的血細胞抗原型。如人的A型、B型、O型、AB型、MN型和Rh型,牛的A、B、C系,豬的A、B、C系等血型。此種血型可用抗體進行檢測。

廣義的血型定義,以蛋白質化學結構的微小差異即蛋白質多態性和同工酶為依據進行分類。如採用凝膠電泳法,可按血清或血漿中所含蛋白質劃分為Pr型、Alb型、Tf型和Cp型等血型;又可按所含各種酶的同工酶電泳圖譜進行血型分類。

(一)人類的血型

自1901年Landsteiner發現第一個人類血型系統——ABO血型系統以來,至今已發現了25個不同的紅血球血型系統,例如,ABO、Rh、P、MNSs等血型系統。在臨床實踐中有重要意義的是ABO和Rh兩種血型系統,它存在於絕大多數人群中。

1. ABO血型系統

在ABO血型系統中,根據紅血球膜上的抗原和血清中抗體的分佈不同,可將血液分為四型:凡是紅血球膜上只含凝集原A的為A型;只含凝集原B的為B型;兩種凝集原都有的為AB型;兩種凝集原都沒有的為O型。在同一個體的血清中不含有同它本身紅血球抗原相對應的抗體——凝集素。其中,A型血中只有B凝集素;B型血中只有A凝集素;AB型血中沒有任何凝集素;O型血中A、B兩種凝集素均有(表3-7)。

表3-7　ABO 血型系統凝集原、凝集素以及凝集反應

血 型	紅血球膜上的 凝集原(抗原)	血清中的 凝集素(抗體)	凝集試驗 A型血清(含抗B)	B型血清(含抗A)
A: A₁亞型 A₂亞型	A+A₁ A	抗B 抗B、10%有抗A₁	— 	+
B	B	抗A	+	—
AB: A₁B亞型 A₂B亞型	A+A₁+B A+B	無抗A、無抗A₁、無抗B 無抗A、無抗B、25%有抗A₁	+ 	+
O	A+A₁+B 均無	抗A、抗A₁、抗B		

正確測定血型是保證輸血安全的基礎。測定ABO血型的方法是在玻片上分別滴一滴抗B,一滴抗A和一滴抗A-抗B血清,然後在每種血清中加一滴待測紅血球懸液,輕輕混勻,觀察有無凝集現象(圖3-8)。

2. Rh血型系統

20世紀30~40年代Landsteiner和Wiener共同研究發現了Rh血型系統。他們將恒河猴的紅血球重複注入家兔體內,使家兔產生抗恒河猴紅血球抗體(凝集素),然後用含有這種抗體的血清與人的紅血球混合,發現85%

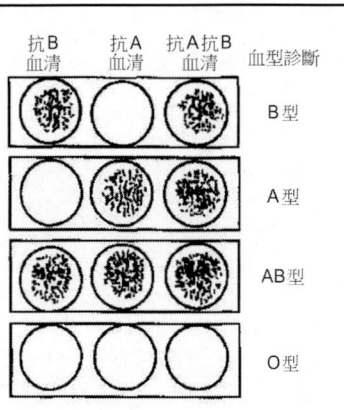

圖3-8　ABO血型的測定

的美洲白種人紅血球可被這種血清凝集。說明大部分人的紅血球中含有一種與恒河猴的紅細胞凝集原相同的抗原，這種血型稱為Rh血型，其抗原多達40餘種，但與臨床關係密切的是D、E、C、c、e 5種，D抗原的抗原性最強。

在ABO血型系統中，從出生幾個月後開始，人血清中一直存在著ABO系統的凝集素，即天然抗體，但在人的血清中不存在Rh的天然抗體，只有當Rh陰性的人在接受Rh陽性的血液後，通過體液免疫才產生出抗Rh抗體來。

在臨床上Rh血型具有重要意義。Rh陰性的受血者第一次接受Rh陽性血液後一般不產生明顯的反應，但如果第二次或多次輸入Rh陽性血液，將會發生抗原-抗體反應，使輸入的Rh陽性紅血球凝集。如果Rh陰性的母親懷有Rh陽性的胎兒，而Rh陽性胎兒的紅血球或D抗原通過胎盤進入母親血液，則誘發母體產生抗D抗體。母體內的抗D抗體可以透過胎盤進入胎兒的血液，使胎兒的紅血球發生凝集和溶血，造成新生兒溶血性貧血，嚴重時可導致胎兒死亡。

在我國各民族中，99％以上的漢族人為Rh陽性，Rh陰性者不足1％，但個別少數民族Rh陰性者較多，如苗族為12.3％，塔塔爾族為15.8％。白種人中約85％為Rh陽性，15％為Rh陰性。

（二）家畜的血型

家畜的血型十分複雜。紅血球血型主要採用同種免疫血清的溶血反應進行分型，其血清蛋白質型多採用電泳法分類。

1. 家畜的紅血球血型

家畜主要採用同種免疫血清的溶血反應，來檢查紅血球抗原。馬、牛、豬、綿羊、山羊、犬等動物紅血球的抗原型都已有大量研究，並被國際公認。家畜的正常血清中，紅血球血型抗體免疫效價很低，很少發生像人類ABO血型系統的紅血球凝集反應。但當再次輸血時，必須做交叉配血實驗。

2. 家畜的蛋白質型和酶型

蛋白質型指同種不同個體中，具有相同功能的蛋白質所存在的多態性。酶蛋白的多態性稱為同工酶。這樣的多態性，不僅存在於血液蛋白中，在乳汁、精液等分泌物中以及臟器中也存在。蛋白質中分子結構與分子大小不同的成分，用電泳的方法可將其分離開來，顯現出受遺傳控制的一些區帶，以此來劃分蛋白質類型。

目前已報導的家畜蛋白質型和酶型血型有：白蛋白型（Alb型）、前白蛋白型（Pr型）、後白蛋白型（Pa型）、運鐵蛋白型（Tf型）、血漿銅藍蛋白型（Cp型）、血液結合素型（HP型）、血漿脂蛋白型（Lpp型）、血紅蛋白型（Hb型）、碳酸酐酶型（CA型）、澱粉酶型（Am型）、鹼性磷酸酶型（AKP型）、脂酶型（ES型）、6-磷酸葡萄糖脫氫酶型（6-PGD型）、乳酸脫氫酶型（LDH型）等。

3. 家畜血型的應用

血型在畜牧獸醫生產實踐中應用廣泛，具有一定的應用價值。

（1）進行動物血型登記和親子鑒定。通過血型登記，記載能穩定遺傳給後代的血型，建立準確的系譜資料，確定親子關係（子代所具有的血型必定與雙親或雙親一方一致），以防止血統混亂，保證育種工作的可靠性。

(2)組織相容性與血型。異體器官或組織能夠相處，並發揮正常功能，稱為相容性。但由於免疫反應，機體往往對異體器官表現排斥反應。白血球，特別是淋巴細胞血型所表現的相容性，能在一定程度上反映組織器官移植時的相容性，已經成為動物特別是家畜組織器官移植和防止排斥反應的重要環節。因此，通常把受體與供體的淋巴細胞混合進行組織培養，並根據細胞分裂的狀態判斷兩者之間的不相容程度。

(3)經濟性狀與血型的關係。控制血型和某種經濟性狀的基因之間可能存在著直接或間接的聯繫，因此可將血型作為優良個體選育和品種改良的依據。目前已有紅血球血型與奶牛產奶率、轉鐵蛋白型血型與乳脂率及繁殖率之間的關係研究。

(4)血清學在動物分類中的應用。血清蛋白中的不同抗體已被用作鑒別的輔助特徵。用一種動物的免疫血清檢測不同動物的紅血球凝集反應，反應越強烈，說明動物的親緣關係越近；反之，越遠。另外，利用蛋白質多態性也可推測種群間的親緣關係。根據某種或多種蛋白質各變異體的電泳圖，推算出基因頻率，基因頻率越近，親緣關係越近。

(5)診斷異性孿生不育。母體懷有異性雙胎時，在發生血管吻合的情況下，一方面雄性胎兒性腺產生的雄激素，可作用於尚未分化的雌性胎兒性腺，影響雌性胎兒性腺的分化，使產出的雌性胎兒日後缺乏生殖力；另一方面，紅血球進入對方體內，使胎兒具有兩種紅血球，發生紅血球嵌合現象。對具有紅血球嵌合的個體進行血型實驗時，常發生溶血反應。因此可以通過血型實驗結果判斷是否發生血管吻合，由此推斷異性雙胎中的雌性胎兒長大後是否具有生育能力。

(6)血型和新生仔畜溶血。母子血型不合，胎兒的血型抗原物質進入母體後，引起母畜產生血型抗體，這種抗體不能通過胎盤，但分娩後可經乳汁進入仔畜，造成仔畜的紅血球迅速被破壞而溶血，呈急性溶血和黃疸症狀，且能致死。因此，通過檢驗初乳與仔畜紅血球的凝集反應，可決定是否餵養母乳，從而避免新生仔畜溶血。

三、輸血原則

輸血是搶救和治療某些病畜的重要手段。遵守輸血的原則，注意輸血的安全、有效，是保證輸血安全、高效的重要前提。為了安全起見，在輸血之前必須做血型鑒定，只允許輸同型血。但在情況緊急下，初次輸血時可允許輸給家畜少量血型未明的同種血液。在實際工作中，常用交叉配血試驗確定能否輸血。把供血者的紅血球與受血者的血清進行配血試驗，稱為交叉配血主側；把受血者的紅血球與供血者的血清做配血試驗，稱為交叉配血次側（圖3-9）。如果交叉配血試驗的兩側都沒有凝集反應，則為配血相合，可以進行輸血；如果主側有凝集反應，則為配血不合，不能輸血；如果主側不發生凝集反應，而次側有凝集反應，則只能在緊急情況下輸血，但輸血時速度要慢，輸血量也不能太多。輸血時要密切觀察，一旦發生輸血反應，應該立即停止輸血。如果兩側反應均為陽性反應時，絕對不能輸血。

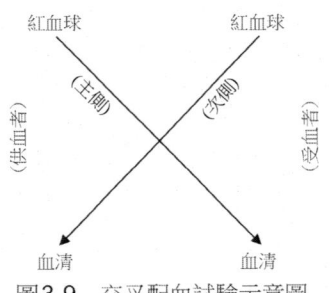

圖3-9 交叉配血試驗示意圖

案例

　　某種豬場一母豬產仔12頭，產後當天1頭仔豬吃乳6h後突然死亡，3h內死亡6頭。臨床觀察，未死亡仔豬精神委頓、畏寒、肌肉顫抖、眼結膜、口腔、皮膚黃染；剖檢死亡仔豬，可見皮膚、皮下組織、腸系膜、大小腸表面呈黃色、肝腫脹黃染、膀胱內積聚暗紅色尿液。診斷為新生仔豬溶血病。

問題與思考
1. 何為新生仔豬溶血病，其發病原因是什麼？
2. 如何預防新生仔豬溶血病的發生？提示性分析

1. 本病是指新生仔豬吃初乳後引起的紅血球溶解的一種急性、血管內溶血性疾病。患病仔豬以貧血、黃疸、血紅蛋白尿為主要特徵，死亡率100%。發病實質是母仔血型不合。由於胎兒體內有種公豬遺傳而來的特定紅血球抗原，胎兒時期有少量紅血球抗原經胎盤進入母體，刺激母體產生特異性抗體，產後在初乳中含量很高，而新生仔豬小腸可直接吸收初乳中的特異性抗紅血球抗體，引發仔豬血管內紅細胞凝集反應，引起仔豬大量紅血球溶血，導致仔豬迅速死亡。

2. 預防本病，一是通過觀察初乳與仔豬紅血球是否發生凝集反應，如發生，應避免仔豬吃初乳，將仔豬寄養在其他仔豬群內，3～5天後可再讓母豬哺乳；二是該母豬下次配種時需更換公豬。

思考題

一、名詞概念

1.紅血球脆性　2.血液凝固　3.凝血因數　4.等滲溶液　5.血漿滲透壓　6.城儲

二、單項選擇題

1. 調節紅血球生成的主要體液因素是（　）
　　A.雄激素　　　　B.雌激素　　　　C.甲狀腺激素　　D.促紅血球生成素
2. 血漿晶體滲透壓明顯降低會引起（　）
　　A.組織液增多　　　　B.組織液減小
　　C.紅血球膨脹破裂　　D.紅血球變小萎縮
3. 血細胞比容是指血細胞（　）
　　A.與血漿容積之比　　B.與血管容積之比
　　C.與白血球容積之比　D.占血液的容積百分比
4. 與紅血球的許多生理特徵有密切關係的是（　）
　　A.紅血球的數量　　　B.血紅蛋白的含量
　　C.紅血球的形態特點　D.紅血球的成熟

5. 枸櫞酸鈉抗凝血的機制是(　)
  A.去掉血漿中纖維蛋白原　B.與血漿中 Ca^{2+} 形成可溶性絡合物
  C.加強抗凝血酶Ⅲ的作用　D.抑制凝血酶原啟動

6. 下列哪種情況不能延緩和防止凝血(　)
  A.血液中加入枸櫞酸鈉　B.血液置於矽膠管中
  C.血液中加入肝素　D.血液中加入維生素K

7. 正常情況下，一次失血超過血量的(　)將危及生命。
  A.5％　　B.10％　　C. 20％　　D. 30%

8. 血液中與體液免疫功能密切相關的細胞是(　)
  A.紅血球　　B.血小板　　C.嗜中性粒細胞　D.B淋巴細胞

9. 血清與血漿的主要區別是(　)
  A.血清中含有纖維蛋白，而血漿中無　B.血漿中含有纖維蛋白原，而血清中無
  C.鈣離子的有無　　D.血清中清蛋白的含量比血漿更多

10. 將血沉快的動物的紅血球放入血沉正常的動物的血漿中，與正常情況相比，紅血球的沉降率將(　)
  A.加快　　B.減慢　　C.在正常範圍　D.先不變後加快

三 簡述題

1. 簡述血液的主要生理功能。
2. 簡述血漿主要成分及其生理功能。
3. 簡述三類血細胞的主要生理特性及功能。
4. 簡述血液凝固的基本生理過程。
5. 簡述紅血球的數量是如何維持相對穩定的。

四 論述題 分析正常機體血管內血液不凝固的原因。

第 4 章 血液迴圈

本章導讀

血液迴圈的發現

古代人們對於血液運動的認識極為模糊，血液迴圈的規律，是在經歷了漫長的歲月，經過許多科學家的努力，最終才得到闡明的。古希臘的醫生雖然知道心臟與血管的聯繫，但是他們認為動脈內充滿了由肺進入的空氣。這是因為他們解剖的屍體的動脈中的血液都已流到靜脈。古羅馬醫生蓋侖解剖活動物，將一段動脈的上下兩端結紮，然後剖開這段動脈，發現其中充滿了血液，從而糾正了古希臘流傳下來的錯誤看法。蓋侖創立了一種血液運動理論：血液如同漲潮和退潮一樣在血管內往復運動，沿著血管湧向身體各部分，使各部分執行生命機能，然後又退回心臟。儘管蓋侖的血液運動理論是錯誤的，但是該學說在一千多年中被信奉為"聖經"，不可逾越。

英國醫生哈威(1578～1657)早年致力於古典醫學著作的研究，發現先輩的著作中對於心臟及血液運動沒有一個明晰的概念。他經過十二年的努力，採用八十餘種動物進行了活體心臟解剖、結紮、灌注等實驗，同時還做了大量人的屍體解剖，積累了很多觀察和實驗記錄的材料，最後於 1628 年發表了《動物心血運動的解剖研究》，系統地總結了血液迴圈運動的規律及其實驗依據：血液從左心室流出，經過主動脈流經全身各處，然後由腔靜脈流入右心室，經肺循環再回到左心室；人體內的血液是迴圈不息地流動著的，這就是心臟搏動所產生的作用。

恩格斯對哈威的發現給予了高度評價："哈威由於發現了血液迴圈而把生理學確立為科學。"

心臟和血管組成機體的循環系統。血液在其中按一定方向往復地流動，構成血液迴圈(Blood circulation)(圖 4-1)。血液迴圈的主要功能是完成體內的物質運輸，運輸代謝原料和代謝產物，使機體新陳代謝能不斷地進行；體內各內分泌腺分泌的激素，或其他體液性因數，通過血液的運輸，作用於相應的靶細胞，實現對機體的體液調節；機體內環境理化特性相對穩定的維持和血液防衛機能的實現，也都有賴於血液的不斷迴圈流動。一旦心臟活動停止，血流中斷，生命機能就不能正常進行。因此，血液迴圈是高等動物機體生存的最主要條件之一。

第一節 心臟生理

心臟是一個由心肌組織構成並具有瓣膜結構的空腔器官,是血液迴圈的動力器官。泵血是心臟最重要的生理功能。在整個生命過程中,心臟通過週期性的收縮和舒張,將壓力很低的靜脈中的血液吸進來,並將其射到壓力較高的動脈內,由此而引起瓣膜的規律性啟閉活動推動血液向一定方向流動;由心室射入動脈,由靜脈回到心房。心臟的泵血功能是在心肌的生物電活動、機械收縮和瓣膜啟閉活動的密切配合下實現的。

一、心臟的泵血功能

(一)心臟的泵血機制

1. 心動週期與心率

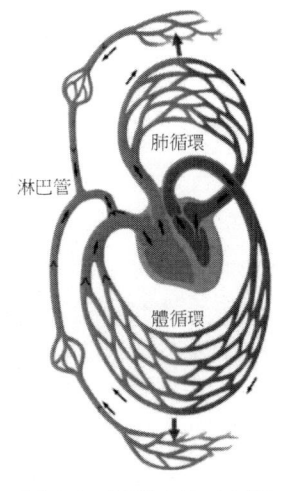

圖4-1 循環系統示意圖

心臟每收縮和舒張一次,稱為一個心動週期(Cardiac cycle)。每分鐘心動週期的次數稱為心跳頻率,簡稱心率(Heart rate)。所以心動週期的持續時間與心率有關。以健康成年豬的心臟活動為例,如果每分鐘平均搏動75次,即每分鐘平均有75個心動週期,則每個心動周期持續時間為0.8s。由於心臟是由心房和心室兩個合胞體構成的,因此一個心動週期包括心房收縮和舒張以及心室收縮和舒張四個過程。在一個心動週期中,首先是兩個心房同時收縮,接著心房舒張。心房開始舒張時,兩個心室幾乎同時收縮。兩個心室收縮的持續時間要長於心房。繼而,心室開始舒張,此時心房仍處於收縮後的舒張狀態,即心房和心室共同處於舒張狀態。至此一個心動週期完成,接著心房又開始收縮進入下一個心動週期(圖4-2)。心房收縮期短,平均僅占0.1 s,心房舒張期0.7 s,心室收縮期占0.3 s,心室舒張期0.5 s。如果心率加快,心動週期就縮短,收縮期和舒張期都相應縮短,但舒張期縮短更明顯。由於在心動週期中心室收縮期長,收縮力大,它的收縮與舒張是推動血液迴圈的主要因素,因此,習慣上所說的心縮期與心舒期,即就心室的收縮期和舒張期而言的。

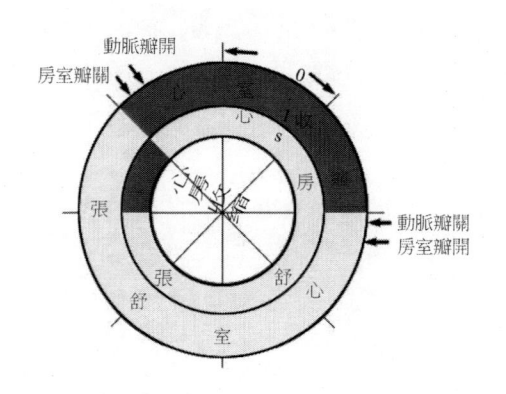

圖4-2 心動週期中心房心室活動的順序和時間關係

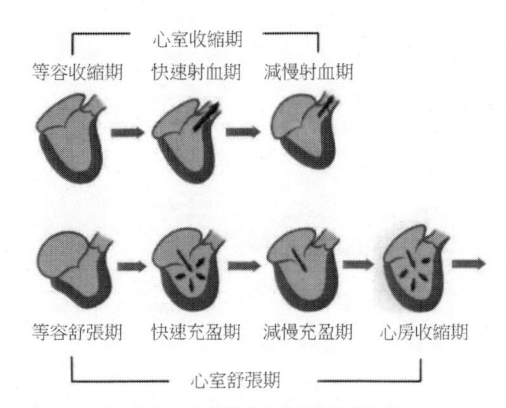

圖4-3 心臟泵血過程示意圖

2. 心臟的射血過程及心內壓力和容積變化

心動週期中，心房和心室的依次收縮和舒張活動，形成心腔內壓力變化，壓力變化又推動心瓣膜的啟閉活動，從而引導血液定向流動（圖 4-3）。

(1) 心室收縮期

① 等容收縮期

心房舒張後心室開始收縮，室內壓力突然增加，並超過心房內壓，往心房方向衝擊的血流將房室瓣關閉，血液不會逆流入心房。這時心室剛收縮不久，心室內壓力還小於外周動脈血壓，半月瓣處於關閉狀態。這段時間心室內血量沒有變化，即心室容積或心室肌纖維長度不變，所以稱等容收縮期。此期心肌纖維雖無縮短，但肌張力及室內壓增高極快。

② 快速射血期

心室繼續收縮，壓力急劇上升，當心室內壓超過外周動脈血壓時，高壓血流衝開半月瓣，急速射入主動脈，在此期間心室射出的血量約占整個收縮期射血量的 70%，心室容積迅速縮小。假設心率為 75 次/min，則快速射血期約為 0.11 s，相當於整個收縮期的 1/3 左右。

③ 減慢射血期

快速射血期之後，心室收縮力量和室內壓開始減小，射血速度減慢，稱減慢射血期。此時室內壓雖已略低於大動脈壓，但因心室射出的血液具有較大動能，在慣性作用下逆著壓力梯度繼續流入主動脈內，心室容積繼續縮小，其射出的血量約占整個心室射血期射出血量的 30%，但所需時間則占整個收縮期的 2/3 左右。由於外周血管的阻力作用，血液的動能在主動脈內轉變為壓強能，使動脈血壓略高於心室內壓力。

(2) 心室舒張期

① 等容舒張期

心室收縮完畢，開始舒張時，心室內壓急劇下降，高壓的主動脈血流衝撞半月瓣將其關閉，阻斷血液倒流入心。此時因心室開始舒張不久，心室內壓仍高於心房內壓，房室瓣還處於關閉狀態。由於此時半月瓣和房室瓣均處於關閉狀態，心室容積也無變化，故稱為等容舒張期。在該期內，由於心肌舒張，室內壓急劇下降。

② 快速充盈期

等容舒張期後，心室繼續舒張，當心室內壓下降到低於心房壓時，心房內血液順著房-室壓梯度衝開房室瓣，被快速"抽吸"流入心室，心室容量迅速增大，稱為快速充盈期。此期因處於全心舒張期，心室內壓接近於零，低於靜脈壓，大靜脈內的血液也直接經心房流入心室參與快速充盈，該期進入心室的血量約占充盈量的70%～80%，是心室充盈期的主要階段。

③ 減慢充盈期

隨著心室內血液的充盈，心室與心房、大靜脈之間的壓力差減小，血液流入心室的速度減慢，這段時期稱為減慢充盈期。在減慢充盈期的前半段時間內，僅有少量血液流入心室，此時，大靜脈內的血液經心房直接流入心室；但在心室舒張期的後1/3期間，由於下一心動週期心房的收縮，又注入額外的血液到心室，進入一個新的心動週期。

(3) 心房的初級泵血功能

心房和心室都舒張時，血液持續不斷地從大靜脈流入心房。回流入心室的血液，大約

75％是由大靜脈經心房直接流入心室的。心房開始收縮，作為一個心動週期的開始，心房內壓力升高，此時房室瓣處於開放狀態，心房將其內的血液進一步擠入心室，因而心房容積縮小。心房收縮期間泵入心室的血量約占每個心動週期中心室總回流量的25％。心房收縮結束後即舒張，房內壓回降，同時心室開始收縮。

總的來說，在一個心動週期中，隨著心房、心室的收縮與舒張，出現了一系列心房內和心室內壓力的變化以及心臟瓣膜的開放與關閉。心瓣膜的開放與關閉，限定了血流方向，保證血液按一定方向流動。而瓣膜的開閉是由瓣膜兩側壓力差所決定的，這主要取決於心室的舒縮活動。

(二)心臟泵血功能的評價

評定心臟泵血功能是否正常，是增強還是減弱，是實踐及實驗研究工作中經常遇到的問題。以下是一些常用的評定心泵血功能的指標。

1. 每搏輸出量和射血分數

一側心室每次收縮射出的血量，稱為每搏輸出量(Stroke volume)，簡稱搏出量。正常情況下，兩側心室的射血量是相等的。心室舒張末期血液充盈量最大，此時的心室容積稱為舒張末期容積(End-diastolic volume，EDV)。心室收縮期末，容積最小，此時的心室容積稱為收縮末期容積(End-systolic volume，ESV)。舒張末期容積與收縮末期容積之差即為搏出量，是衡量心臟泵血功能的最基本指標。

每搏輸出量占心舒末期容積的百分比稱為射血分數(Ejection fraction)。心臟在正常範圍內活動時，搏出量始終與心舒末期容積相適應。當心舒末期容積增加時，搏出量也相應增加，射血分數基本不變，在安靜狀態下動物的射血分數，一般為60％左右。當心肌收縮力增強時，射血分數可達85％以上。

2. 每分輸出量和心指數

每分鐘由一側心室射出的血液總量稱為每分輸出量，或稱心輸出量(Cardiac output)。心輸出量等於每搏輸出量乘以心率。如果心率為75次/min，每搏輸出量60～80 mL，則每分輸出量約為5～6 L/min。每分輸出量隨著機體活動和代謝情況的變化而變化，在肌肉運動、情緒激動、懷孕等情況下，心輸出量增高，機體靜息時，代謝率低，心輸出量少。

心輸出量是以個體為單位計算的，但由於個體差異的存在，不同個體的新陳代謝水準並不相等，個體間直接進行心輸出量絕對值的比較是不全面的。群體調查資料表明，與基礎代謝率一樣，動物靜息時的心輸出量是與體表面積呈正比的。在靜息、空腹情況下，動物單位體表面積的心輸出量稱為心指數(Cardiac index，CI)。心指數可以進行不同品種與個體間心臟泵血功能的比較。

3. 心力儲備

健康動物的心輸出量能在機體代謝需要時成倍地增加，表明心臟泵血功能有一定的儲備能力。這種心輸出量隨機體代謝需要而增大的能力，稱為心力儲備(Cardiac reserve)。心力儲備包括心率儲備和每搏輸出量儲備。其中通過提高心率途徑實現的，稱心率儲備；而通過增加每搏輸出量途徑實現的，稱為每搏輸出量儲備。

在正常生理情況下，動物心率最快可增加到安靜狀態時的兩倍多，因此動用心率儲備可使心輸出量增加2~2.5倍。每搏輸出量的提高，可通過增加心舒末期容積和減少心縮末期容積，即提高射血分數來實現。由於心肌的伸展性較小，而收縮的能力較強，因此每搏輸出量儲備主要表現在收縮力量的提高上。充分利用心率和每搏輸出量的儲備能力，可使心輸出量提高5~6倍。由此可見，心力儲備的大小可反映心臟泵血功能對代謝需要的適應能力，動物通過調教和訓練可以提高心力儲備，這對騎乘馬和役用家畜來說尤其明顯。心力儲備是反映心臟健康程度的最好指標。

(三)影響心輸出量的因素

在機體內，心臟的泵血功能是隨不同生理情況的需要而改變的。這種變化是在複雜的神經和體液調節下實現的。心輸出量的大小取決於心率和每搏輸出量，顯然，機體主要是通過對心率和搏出量這兩方面的調節來改變心輸出量。

1.搏出量的調節

心臟的搏出量取決於以下三個因素，即前負荷、心肌收縮力和後負荷。

(1)前負荷對搏出量的調節。前負荷是指肌肉收縮以前遇到的阻力或負荷。心室的前負荷是指心舒末期心腔中充盈的血量，它相當於心室舒張末期容量，與靜脈回心血量呈正比。靜脈回心血量愈多，心室舒張末期容量愈大，這時構成心壁的肌纖維被拉得也愈長。Starling在一百多年前就發現，心臟能自動地調節並平衡心搏出量和回心血量之間的關係；回心血量愈多，心臟在舒張期充盈就愈多，心肌受牽拉也就愈大，心肌收縮的初長度越長，負荷越大，則心室的收縮力量也愈強，搏出到主動脈的血量也愈多，他稱此現象為"心的定律"，這種通過心肌細胞本身初長度的改變而引起心肌收縮強度的改變，是一種不需要神經、體液參與的自身調節體制，故稱為異長自身調節（Heterometric autoregulation）。異長自身調節的生理意義在於保持靜脈回心血量與搏出量之間的動態平衡。

(2)後負荷對搏出量的調節。後負荷是指肌肉收縮以後遇到的阻力或負荷，心室的後負荷是指心室收縮過程中遇到的阻力，即為動脈血壓。在心肌收縮能力和前負荷都不變的條件下，動脈血壓升高時，後負荷增大，動脈瓣將推遲開放，致使等容收縮期延長，射血期縮短；同時心室肌縮短的程度和速度均減少，射血速度減慢，以致每搏輸出量暫時減少（圖4-4）。另一方面，由於搏出量減少造成心室內剩餘血量增加，充盈度增加，心肌收縮初長度增加，通過自身調節機制可使搏出量恢復正常。

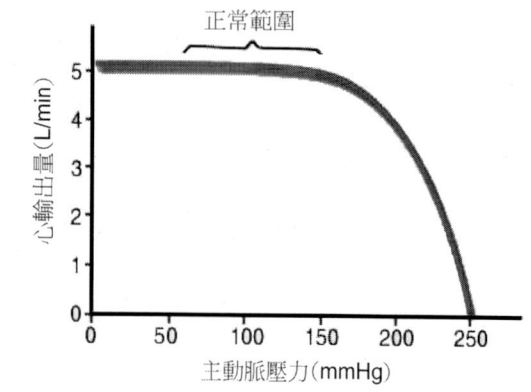

圖4-4 後負荷變化（主動脈壓力）與心輸出量的關係圖

如果動脈血壓長期持續升高，機體將通過增加心肌收縮力，使其在動脈血壓升高的情況下，能夠維持適當的心輸出量。但這種心輸出量的維持是以增加心肌收縮力為代價的，久而久之，心臟將出現逐漸肥厚的病理改變，最終導致泵血功能的減退。當大動脈血壓降低時，若其他條件不變，則每搏輸出量將增加。根據此理論，臨床上用舒血管藥物降低動脈血壓（後負荷）以改善心臟泵血功能。

(3)心肌收縮能力對搏出量的調節。動物處在運動或使役狀態時，搏出量可成倍增加，而此時心臟舒張期容量或動脈血壓並不明顯增大，即此時心臟收縮強度和速度的變化並不主要依賴於前、後負荷的改變，而主要依靠心肌收縮能力的改變。心肌收縮能力是指決定心肌收縮力量的心肌細胞本身所處的功能狀態，受興奮-收縮偶聯過程中各個環節的影響。例如，興奮時胞漿內 Ca^{2+} 的濃度、橫橋迴圈中各步驟的速率、肌凝蛋白橫橋與肌纖蛋白聯結體的數量、ATP酶的活性等。這種通過改變心肌收縮能力調節心臟泵血功能的機制，稱為等長自身調節(Homeometric autoregulation)。

2. 心率對心泵功能的影響

心輸出量是每搏輸出量和心率的乘積。在一定範圍內，心率的增加可使每分心輸出量相應增加。但當心率增加到某一臨界值時，由於心臟過度消耗供能物質，會使心肌收縮力降低。其次，心率加快時，舒張期縮短，心室缺乏足夠的充盈時間，導致心輸出量反而下降。心率過低時，心舒期過長，心室充盈早已接近最大限度，不能再繼續增加充盈量和搏出量，故每分心輸出量下降。可見心率最適宜時，心輸出量最大，過快或過慢，心輸出量都會減少。

心率受自主神經的控制，交感神經活動增強時，心率增快；迷走神經活動增強時，心率減慢。影響心率的體液因素主要有迴圈血液中的腎上腺素、去甲腎上腺素等。此外，心率還受體溫的影響，體溫升高 1℃，心率增快 10～18 次。

(四)心音

在一個心動週期中，由於心肌的舒縮、瓣膜的啟閉、血流的加速與減速對心血管壁的加壓和減壓作用以及形成的渦流等因素引起的機械振動，可通過周圍組織傳到胸壁，用聽診器在胸壁的某些部位，可聽到該聲音，稱心音(Heart sounds)。在一個心動週期中，一般可聽到兩個心音，分別稱為第一心音和第二心音。有時還可聽到第三和第四心音。

1. 第一心音

第一心音發生在心室收縮期，又稱心縮音(Systolic sound)，是由房室瓣關閉、心室收縮時血流衝擊房室瓣引起心室振動及心室射出的血液撞擊動脈壁引起的振動而產生的，其音調較低，持續時間較長。心室收縮力量愈強，第一心音也愈強。通常第一心音可作為心室收縮期開始的標誌。

2. 第二心音

第二心音發生在心室舒張期，又稱心舒音(Diastolic tone)，是由於主動脈瓣和肺動脈瓣迅速關閉，血流衝擊大動脈根部及心室內壁振動而形成的。第二心音的音調較高，持續時間短，其強弱可反映主動脈和肺動脈壓力的高低。第二心音可作為心室舒張期開始的標誌。

3. 第三心音

第三心音發生在快速充盈期末，為一種低頻低振幅的心音。是因為在快速充盈期末，血流速度突然發生變化產生的渦流振動心室壁和瓣膜造成的。

4. 第四心音

第四心音很弱，僅能於心音圖上見到，是心房收縮推動血液擠進心室衝擊心室壁引起振動造成的，故又稱心房音。在心房壓升高、心室強烈收縮或者心室肥大等情況下可以聽到。

聽取心音對於臨床診查瓣膜功能有重要的意義。第一心音可反映房室瓣的功能，第二心音可反映半月瓣的功能。瓣膜關閉不全或狹窄時，均可使血液產生湍流而發出雜音，從雜音產生的時間及雜音的性質和強度可判斷瓣膜功能損傷的情況和程度。聽取心音還可判斷心率和心律是否正常。

> 案例
> 　　一5周齡沙皮犬來院就診。主述：病犬精神沉鬱、不食，兩天后發生嘔吐、腹瀉、腹瀉物腥臭難聞、帶血、呼吸急促、喘氣、咳嗽。臨床檢查：牙齦、可視黏膜等蒼白，聽診心音雜亂，心區擴大。實驗室診斷：Hb、RBC、WBC降低，便潛血陽性，肌酸激酶活性增高，韓國產犬細小病毒病(CPV)試紙檢測CPV陽性。住院治療，兩天后死亡。剖檢發現：胃腸黏膜出血，肝有瘀血、腫大，心臟擴張，心肌柔軟，顏色變淡，心內膜及心肌上有點狀出血。確診為犬心肌炎型細小病毒病。
> 問題與思考
> 　　犬病毒性心肌炎對心臟功能的影響？提示性分析
> 　　犬病毒性心肌炎對心肌產生病理性損傷，導致其收縮力減弱，心臟泵血力量減小，每搏輸出量減少，心輸出量減少，整個迴圈功能下降，致外周可視黏膜蒼白、肺充血或出血等。犬心肌炎型細小病毒病多以死亡告終。

二、心臟的生物電活動與電生理特性

心動週期中心房、心室有次序地舒縮是通過興奮-收縮偶聯產生的。而興奮和興奮傳導是以心肌細胞的生物電現象為基礎的。依據結構和功能的不同心肌細胞可分為兩類：一類是普通心肌細胞，又稱工作細胞(Working cardiac cell)，包括心房肌細胞和心室肌細胞。他們具有接受外來刺激，產生興奮並傳導興奮的能力，但不能自主地產生興奮，因此屬於非自律細胞。另一類是特殊分化的心肌細胞，主要是P細胞和浦肯野細胞，此類細胞能自主地、節律地產生興奮，故屬於自律細胞(Rhythmic cell)。自律細胞的特點是具有興奮性、自律性和傳導性，但基本喪失了收縮性。

它們分佈在竇房結、心房傳導組織、房室結、房室束及其分支和心室的傳導組織中，構成了心臟的特殊傳導系統(圖4-5)。P細胞主要存在於竇房結中，而浦肯野細胞則廣泛存在於竇房結和房室結以外的左右心臟傳導系統中。

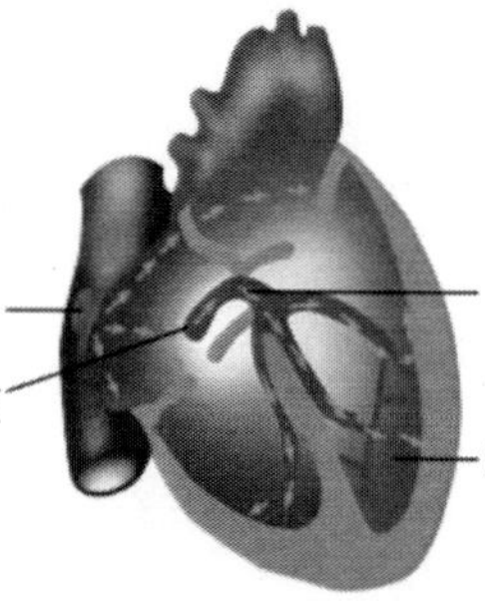

圖4-5　心臟的特殊傳導系統

(一)心臟的生物電活動

與神經和骨骼肌細胞相比，心肌細胞的跨膜電位在波形上和形成機制上要複雜得多；不但如此，上述不同類型的心肌細胞的跨膜電位(圖4-6)，不僅幅度和持續時間各不相同，而且波形和形成的離子基礎也有一定的差別；各類心肌細胞電活動的不一致性，是心臟興奮的產生以及興奮向整個心臟傳播過程中表現出特殊規律的原因。

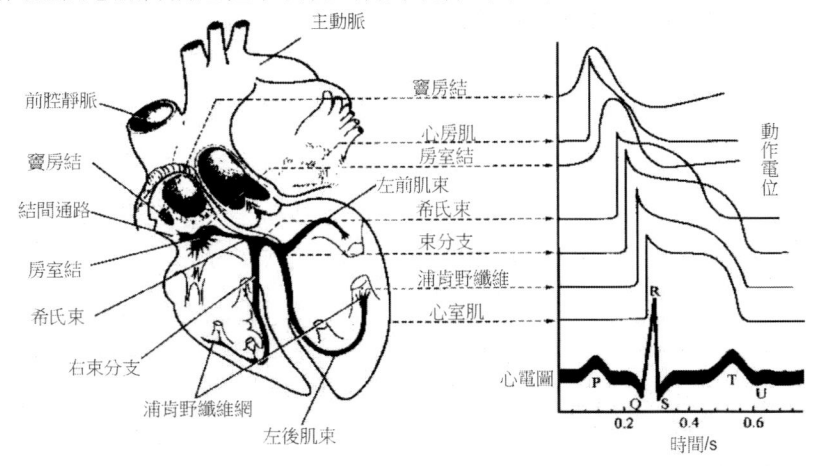

圖4-6　心臟各部分心肌細胞的跨膜電位

1. 普通心肌細胞的跨膜電位及其形成機制

以下以心室肌細胞為例，說明普通心肌細胞生物電現象的規律。

(1)靜息電位。正常心室肌細胞的靜息電位約為-90 mV，即膜內電位較膜外低90 mV，此種狀態稱為極化。與骨骼肌和神經細胞靜息電位形成的機制相同，心室肌細胞在靜息時，膜對K^+的通透性較高，K^+順濃度梯度由膜內向膜外擴散所達到的平衡電位，即為心肌細胞的靜息電位。由於在安靜時細胞膜對Na^+也有很小的通透性，少量帶正電荷的Na^+內流，導致靜息電位的絕對值較按Nernst公式計算的值小。

(2)動作電位。心室肌細胞受到刺激興奮後產生的動作電位，也由去極和複極兩部分組成，但與骨骼肌相比，其形式比較複雜，時程也長得多（圖4-7）。心室肌細胞整個動作電位可分為0、1、2、3、4五個時期，其中0期為去極化過程，1、2、3、4期則為複極化過程。

心室肌細胞動作電位反映了細胞在興奮過程中膜內外電位差的變化過程，實質上這種電位差的變化是由膜內外各種離子跨膜流動所造成的。在電生理學中，電流的方向是以正離子在膜兩側的流動方向來命名的，正離子外流或負離子內流都可使膜內的正電荷減少，都稱外向電流。相反，正離子內流或負離子外流都可使膜內正電荷增加，都稱內向電流。在靜息細胞中，一切使內向電流增加的機制，均可導致去極化；一切使外向電流增加的機制，均可導致超極化。心室肌細胞動作電位涉及的主要離子為Na^+、Ca^{2+}與K^+（圖4-7），動作電位的圖形就是這些離子流的綜合反映，現按分期敘述於下：

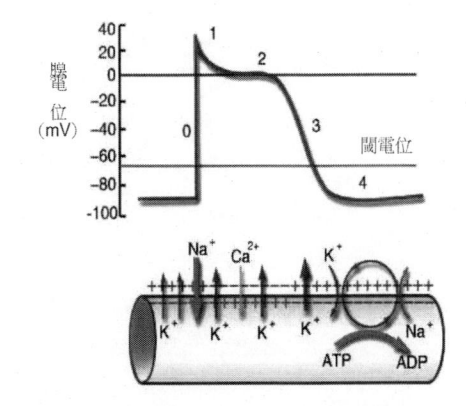

圖4-7　心室肌細胞動作電位和主要離子流示意圖

①去極過程。去極又稱0期去極，表現為膜內電位由-90 mV迅速上升到+20~+30 mV，構成了動作電位的上升支。哺乳動物心室肌細胞的0期去極過程幅度大，速度快，僅1~2ms就

可完成，去極速度達到200~400 V/s。0期去極的機制是：在動作電位形成的過程中，局部電流刺激使周圍未興奮區細胞膜上的部分Na⁺通道啟動開放，有少量Na⁺內流造成膜的局部去極化，當去極化達到Na⁺通道的閾電位水準(約為-70mV)時，膜上電壓依從性Na⁺通道開放的概率和數量明顯增加，膜外Na⁺順電-化學梯度快速進入膜內，而進一步去極化。進一步去極化，又使膜上有更多的Na⁺通道開放，造成Na⁺更多、更快地內流。在膜內電位達到0電位時，膜外Na⁺仍可隨膜內外濃度梯度繼續內流，直至接近Na⁺平衡電位。因為Na⁺通道啟動快，失活也快，開放時間很短，因此稱為快通道。心房肌、心室肌和浦肯野細胞都屬快反應細胞，它們所形成的電位，稱快反應電位。Na⁺通道可被河豚毒素選擇性地阻斷。

②複極過程。包括 1、2、3、4 四個時期，與神經、骨骼肌相比心肌細胞的複極過程要複雜得多，時程要長得多，可持續200~300 ms。

1期複極(快速複極初期)，即膜電位由+20 mV快速下降到0電位水準的時期，歷時約10ms。0期去極和1期複極共同構成了動作電位的鋒電位。1期複極開始時，膜上快鈉通道已經關閉，但在去極過程中有暫態性的外向K⁺通道啟動，因此有K⁺的快速外流，而使膜電位快速下降，構成1期複極。

2期複極(緩慢複極或平臺期)。此期形成的機制主要是在2期複極中既有Ca²⁺(伴有少量Na⁺)的內流，又有K⁺的外流，當內向離子電流和外向離子電流達到動態平衡時形成平臺。平臺期電位穩定於0 mV可達100~150 ms之久。2期複極初期以Ca²⁺內流為主，而後隨時間推移，K⁺外流逐漸增強，導致膜電位逐漸變負。平臺期Ca²⁺主要通過L型Ca²⁺通道內流。L型Ca²⁺通道因其啟動、失活和復活均緩慢而被稱為慢通道。Ca²⁺通道阻斷劑(如Mn²⁺、異搏定等)可使平臺期提前結束。

平臺期是心室肌細胞動作電位區別於神經纖維和骨骼肌動作電位的主要特徵，也是心肌細胞動作電位持續時間長，繼而有效不應期特別長的主要原因。

3期複極(快速複極末期)。2期複極末，Ca²⁺通道已經失活，內向離子流消失，而膜對K⁺的通透性恢復並升高，使K⁺外流，膜內電位向負的方向轉化，造成膜的複極，直到複極完成。

4期複極(靜息期)。4期時膜電位已恢復至靜息電位水準。因心室肌細胞在興奮過程中有多種離子發生了順濃度梯度的跨膜轉運(包括Na⁺、Ca²⁺內流，K⁺外流)，膜內外正常的離子濃度梯度發生了變化，這需要通過膜的主動轉運，將Na⁺、Ca²⁺轉運到細胞外，K⁺轉運入胞內，使正常的濃度梯度得以恢復，為此後的再次興奮做準備。在4期複極過程中，Na⁺的外運和K⁺的內運是通過Na⁺-K⁺泵進行的，Na⁺-K⁺泵每次轉運活動，可以泵出3個Na⁺，泵入2個K⁺。而細胞內Ca²⁺的泵出是通過Ca²⁺-Na⁺泵交換進行的，轉運Ca²⁺的能力來源於Na⁺的內向性濃度梯度，而Na⁺內向性濃度梯度的維持還是依靠Na⁺-K⁺泵的活動，因此，Ca²⁺的泵出屬於繼發性主動轉運。心室肌細胞動作電位及主要離子活動見圖4-7。

2. 自律細胞的跨膜電位及形成機制

(1)浦肯野細胞的跨膜電位及特徵。浦肯野細胞動作電位的 0、1、2、3 期的波形、幅度和形成機制與心室肌細胞的相似，只是持續時間較長，但4期複極(靜息期)則不同(圖4-8)。浦肯野細胞4期複極時的膜電位，並不穩定於靜息電位水準，而是出現緩慢的自動去極現象。因此，浦肯野細胞4期複極(靜息期)膜電位就不叫靜息電位，而稱為舒張期最大電位或最大複極電位。浦肯野細胞的最大複極電位約為-90 mV。隨著緩慢的自動去極化，當膜電位達到浦肯野細胞的閾電位(-70 mV)時，快鈉通道被啟動、開放，即可自動觸發一次動作電位。由於浦肯野細胞主要是通過快鈉通道的啟動而興奮的，故稱為快反應自律細胞。浦肯野細胞4期自動去極的離子基礎是由隨時間而逐漸增強的內向 Na⁺電流和逐漸衰減的外向 K⁺電流引起的。

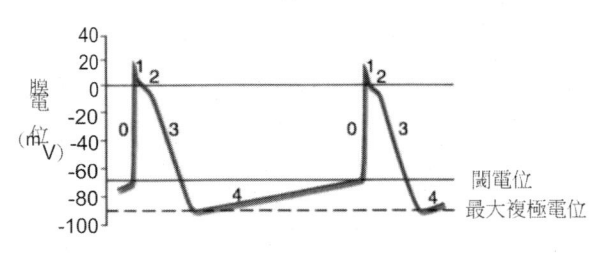

圖4-8　浦肯野細胞的動作電位

(2)竇房結P細胞的跨膜電位及特徵。與心室肌細胞動作電位相比(圖4-9)，P細胞的動作電位由0、3和4期組成，而無1、2期，4期複極與浦肯野細胞相似，也出現緩慢的自動去極現象，動作電位的幅值也小，約70 mV，最大複極電位為-65～-60 mV，所以超射也小。其形成機制為：0 期去極是 Ca²⁺經 L 型鈣通道內流所致的，0 期去極後，Ca²⁺通道逐漸失活，Ca²⁺內流逐漸減少。同時，啟動的K⁺通道造成K⁺遞增性外流，使膜內淨負電荷逐漸增加，膜便逐漸複極。4期自動去極機制較為複雜，P細胞4期自動去極是隨時間而增長的淨內向電流所引起的。這個淨內向電流由三部分組成：①時間依賴性的K⁺外流逐漸衰減(相當於內向電流的逐步增加)；②進行性增強的內向離子流，主要是Na⁺流；③T型鈣通道啟動和鈣內流。T型鈣通道的閾電位為-60～-50 mV，離P細胞最大複極電位很近。竇房結P細胞動作電位及主要離子活動見(圖4-10)。因竇房結P細胞動作電位0期去極較慢，歷時約10 ms，故將竇房結P細胞稱為慢反應自律細胞。

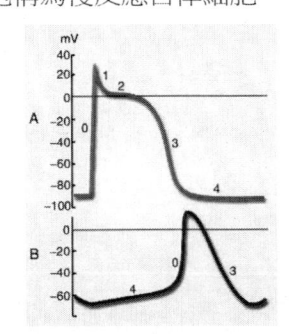

圖4-9　心室肌(A)與竇房結P細胞(B)跨膜電位比較

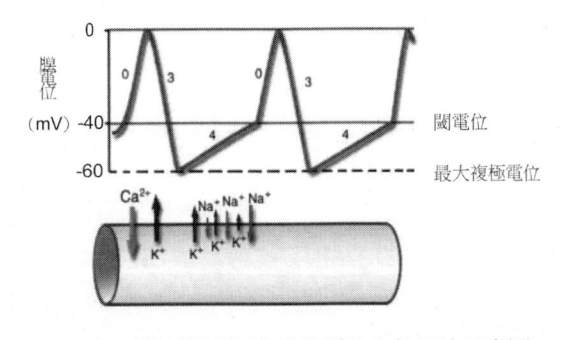

圖4-10　竇房結P細胞動作電位和離子流示意圖

(二)心肌的生理特性

心肌組織具有興奮性、自律性、傳導性和收縮性4種生理特性。前3種都是以肌膜的生物電活動為基礎的，故又稱為電生理特性，而收縮性是心肌的一種機械特性。普通工作細胞(心房、心室肌細胞)有興奮性、傳導性和收縮性，無自律性。特殊傳導系統自律細胞(浦肯野細胞、P 細胞)有興奮性、自律性和傳導性，無收縮性。

1.興奮性

心肌細胞受到刺激時產生興奮(動作電位)的能力，稱為心肌的興奮性。衡量心肌興奮性高低的指標是閾值，兩者關係互為倒數，即閾值高，則興奮性低，反之亦然。

(1)心肌興奮性的週期性變化

心肌細胞在一次興奮過程中其興奮性不是固定不變的，而是隨著其膜電位的變化而發生有規律的變化。其興奮性變化可以分為以下幾個時期(圖4-11)。

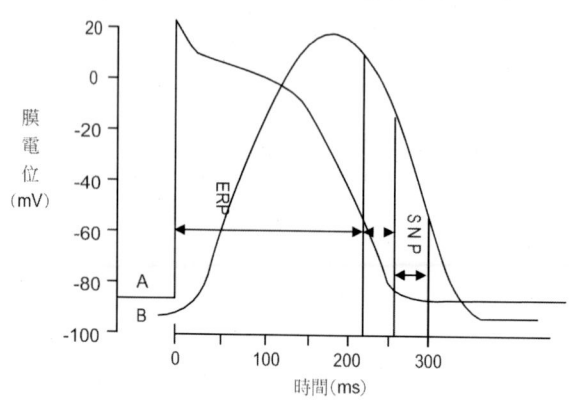

圖4-11　心肌細胞興奮性的週期性變化及其與機械收縮的關係
A代表心肌細胞動作電位　B代表其收縮曲線
ERP 有效不應期 ;RRP 相對不應期 ;SNP 超常期

①有效不應期。從0期去極到複極-55 mV這一期間，無論給予心肌多強的刺激都不會產生動作電位，興奮性等於零，稱為絕對不應期。從-55 mV繼續複極到-60 mV這段時間內，給予強刺激可使肌膜發生局部的部分去極，也不能產生動作電位，稱為局部反應期。因此，從0期去極開始到複極達-60 mV這段時間，給予任何強度刺激都不能產生動作電位，這段時間稱為有效不應期。

②相對不應期。從有效不應期剛結束的-60 mV繼續複極到-80 mV這段時期，用大於正常閾值的強刺激才能產生動作電位，故稱為相對不應期。此時的Na^+通道已逐漸復活，心肌細胞的興奮性仍低於正常，引起興奮的刺激強度要比閾值大，產生的動作電位的幅度和速度都較正常小，興奮的傳導也慢。

③超常期。從複極-80 mV繼續複極到-90 mV這段時間，用閾下刺激就可以產生動作電位，興奮性高於正常，故稱為超常期。此期 Na^+通道基本恢復到正常備用狀態，但開放能力還沒有完全恢復正常，故產生的動作電位的0期去極的幅度、速度、興奮傳導速度等仍低於正常。超常期後，膜電位回到靜息電位水準，興奮性也恢復至正常。

與神經細胞和骨骼肌細胞不同，心肌細胞興奮時的有效不應期較長(250ms 以上)，相當於一次心跳的整個收縮期和舒張早期的總和。在此期內無論用多強的刺激都不會使心臟產生動作電位和收縮，因而一次心跳後，只有在心臟舒張一定時期後才可能產生下一次心跳，從而保證了心臟收縮和舒張交替的節律活動，以實現其泵血功能。

正常心臟是按竇房結自動產生的興奮進行節律性的活動。如果在心室肌有效不應期之後(相對不應期和超常期之內)，時間上相當於心室舒張的中晚期，心室肌受到一次額外的人工刺激或竇房結以外的病理性刺激時，則心室肌可以產生一次興奮和一次收縮。此興奮發生在下次竇房結的正常興奮到達之前，故稱為期前興奮，隨後伴隨的心臟收縮稱為期前收縮(Premature systole)，又叫早搏(Premature beat)(圖4-12)。期前興奮也有它自己的有效不應期，當緊接在期前收縮後的一次竇房結的興奮傳到心室時，常常正好落在期前興奮的有效不應期內，因而不能引起心室興奮和收縮，形成一次"脫失"，必須等到下一次竇房結的興奮傳到心室時才能引起收縮。因此，在一次期前收縮之後往往出現一段較長的心室舒張期，稱為代償間歇（Compensatory pause）（圖4-12）。

(2) 影響興奮性的因素

①靜息電位的大小。靜息電位絕對值增大，距閾電位的差距就加大，引起興奮所需的刺激閾值增高，表示興奮性降低。例如，一定程度的血鉀濃度降低時，細胞內電位負值增大，心肌興奮性下降。反之，靜息電位絕對值減小時，興奮性增高。

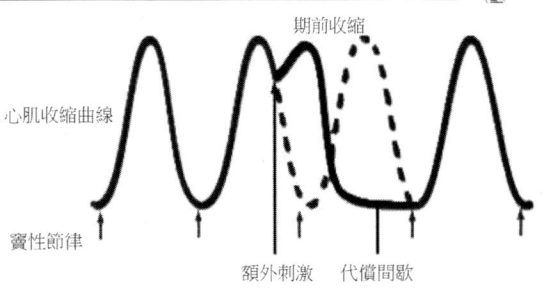

圖4-12　期前收縮與代償間歇

②閾電位的水準。閾電位上移，和靜息電位之間的差距增大，興奮性降低，閾電位下移，興奮性增高。一般情況下，閾電位很少變化。當血鈣升高時，心室肌細胞閾電位可上移，導致興奮性下降。

③Na^+通道的性狀。Na^+通道有備用、啟動和失活三種狀態。這三種狀態的變化取決於膜電位和通道狀態變化的時間過程。當膜電位處於正常靜息水準時，Na^+通道雖然關閉，但處於可被啟動的備用狀態。在外來刺激或傳導而來的局部電流影響下，造成膜兩側電位改變並發生去極時，Na^+通道被啟動開放，引起Na^+快速內流和膜的進一步去極，緊接著Na^+通道很快失活關閉，使Na^+內流終止。此時Na^+通道不能立即被再次啟動開放，只有恢復到備用狀態後，才能再次被啟動。Na^+通道的啟動、失活和復活到備用狀態既是電壓依賴性的，又是時間依賴性的，即這些狀態的變化過程均需要一定的時間，特別是復活過程所需的時間較長。細胞膜上大部分Na^+通道是否處於備用狀態，是該心肌細胞是否具有興奮性的前提。

2. 自律性

心肌在沒有外來刺激的條件下，能自發地產生節律性興奮的特性，稱自動節律性（Autorhythmicity），簡稱自律性。單位時間內自動發生興奮的次數，即興奮頻率，是衡量自律性高低的指標。

(1) 正常心肌的自律性

心臟特殊傳導系統，包括竇房結、房室交界（結區除外）、房室束、浦肯野纖維等。它們都具有自律性，但各部位的自律性高低不一。以豬為例，竇房結 P 細胞的自律性最高，70 次/min 左右，房室交界及其束支次之，40~60 次/min，浦肯野纖維最低，20 次/min 左右。正常情況下，由於竇房結的自律性最高，其衝動按一定順序傳播，依次激發心房肌、房室交界、房室束、心室內傳導組織和心室肌興奮，產生與竇房結一致的節律性活動。因此，竇房結是主導整個心髒興奮和跳動的正常部位，故稱之為正常起搏點（Normal pacemaker）。竇房結引起的正常心跳節律稱為竇性節律（Sinus rhythm）。其他部位的自律組織受竇房結的控制，在正常情況下，並不表現出它們自身的自動節律性，而只起傳導興奮的作用。只有在某種異常情況下，如它們的自律性增高，或竇房結的興奮性因傳導阻滯不能控制某些自律組織時，才可能自動發出興奮，因此稱為潛在起搏點（Latent pacemaker）。竇房結以外的某個自律組織引起的心跳節律，稱為異位節律（Ectopic rhythm）。

竇房結對潛在起搏點的控制可以通過兩種方式進行：

搶先佔領（Preoccupation）。因竇房結 P 細胞的自律性高於其他潛在起搏點，當潛在起搏點的4期自動去極尚未達到閾電位水準時，已經被由竇房結先期傳來的興奮所激發而產生動作電位，其自身的自律性無法表現出來，此稱為搶先佔領。

超速驅動壓抑（Overdrive suppression）。在自律性很高的竇房結興奮驅動下，潛在起搏點以遠遠超過它們自身自動興奮的頻率"被動"興奮，稱為超速驅動。潛在起搏點長期受竇房結超速驅動，其自身固有的自律性被抑制而無法表現出來，稱為超速驅動壓抑。一旦竇房結的驅動中斷，潛在起搏點則需要經過一定的時間才能從被壓抑狀態中恢復其自律性，也可引導心臟的自動跳動，只是其頻率較竇性心率慢。

(2)影響自律性的因素

①4期自動去極的速度。去極速度快，到達閾電位的時間就縮短，單位時間內爆發興奮的次數增加，自律性就增高；反之，去極速度慢，到達閾電位的時間就延長，自律性降低。心交感神經興奮時，其遞質可加快4期自動去極的速度，使心率加快（圖4-13）。

②最大舒張電位水準。最大舒張電位的絕對值變小，與閾電位的差距就減小，到達閾電位的時間就縮短，自律性增高；反之，最大舒張電位的絕對值變大，則自律性降低（圖4-13）。心迷走神經興奮時，其遞質可增加細胞膜對K⁺的通透性，使最大舒張電位更負，是導致心率減慢的原因之一。

③閾電位水準。閾電位下移，由最大舒張電位到達閾電位的距離縮小，自律性增高；反之，閾電位上移，則自律性降低（圖4-13）。

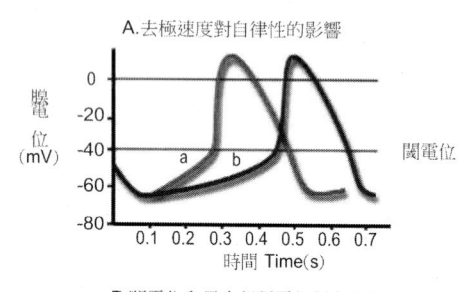

圖4-13 影響自律性的因素

3. 心肌的傳導性和興奮在心臟內的傳導

心肌一處發生興奮後，由於興奮部位和鄰近安靜部位的膜之間存在電位差，產生局部電流，從而刺激安靜部位的膜發生興奮。此外，心肌細胞之間的"閏盤"為低電阻的縫隙連接，局部電流很易通過，引起相鄰細胞的興奮，導致興奮在心臟的同種細胞和心臟內不同組織間的傳導。

(1)心臟內興奮傳導途徑和特點

竇房結是心臟的起搏點，由P細胞和過渡細胞組成。P細胞是自律細胞，具有起搏作用，過渡細胞位於竇房結的周邊，作用是將P細胞的興奮傳播到相鄰的心房肌細胞。心房內興奮的傳播除了由心房肌直接傳播外，還可通過心房肌內混雜的浦肯野樣細胞的"優勢傳導通路"進行，從而保證竇房結的興奮可快速傳到左右心房。同時，竇房結的興奮沿著"優勢傳導通路"迅速傳到房室交界，經房室束（希氏束）傳到左右束支，最後經浦肯野纖維到達心室肌（圖4-14）。心房和心室間由結締組織的纖維環隔開，心房肌和心室肌之間也無直接的電聯系，心房和心室間唯一傳遞興奮的通道是房室結。

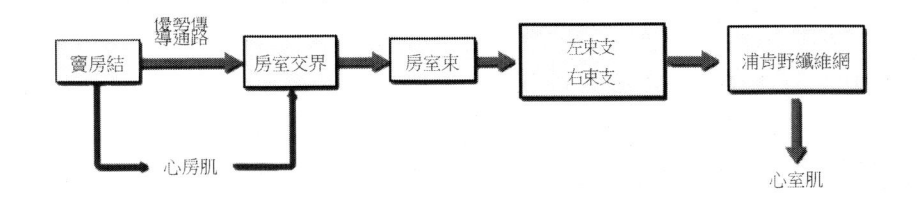

圖4-14　心內興奮傳佈途徑示意圖

興奮在心臟不同部位的傳導速度不同，從竇房結到心室的傳導有快-慢-快的特點。

心房肌的傳導速度約0.4 m/s，"優勢傳導通路"為1.0～1.2 m/s，傳導速度較快，竇房結的興奮幾乎同時傳播到左右心房，使兩側心房幾乎同時興奮收縮，形成一個功能合胞體(Functional syncytium)。

房室交界處的細胞體積小，細胞間縫隙連接少，興奮在房室交界處的傳導速度很慢，僅為0.02～0.05 m/s，使房室交界處傳導約需0.1 s。這種竇房結的興奮在傳向心室的過程中，在房室交界處延緩一段時間的現象，稱為房-室延擱(Atrio-ventricular delay)。房室交界處是在生理情況下，興奮由心房進入心室的唯一通道，房室交界處的緩慢傳導保證了心房先收縮，將血液進一步擠入心室後心室再開始收縮，即心房心室依次收縮，從而避免房室收縮重疊，有利於心臟的充盈和射血。

興奮經過房室交界處後，到達房室束，房室束是由浦肯野細胞組成的浦肯野系統，進入室間隔分成左、右束支，並進一步分成分支分佈到心室側壁，最終分支為浦肯野纖維並交織成網，與心室肌細胞相連。浦肯野細胞體積大，有的甚至可超過心室肌細胞，縫隙連接也豐富，其傳導速度可達2～4 m/s，所以興奮在浦肯野系統中的傳導速度很快，僅耗時0.03 s，因此可幾乎同時到達心室各部位，從而保證左右心室的同時興奮收縮。

(2)影響傳導性的因素

①結構因素。心肌細胞興奮傳導的速度與細胞的直徑有關。直徑大，橫截面積較大，則對電流的阻力較小，局部電流傳播的距離較遠，興奮傳導較快。反之，細胞直徑較小，則興奮傳導慢。例如，羊的浦肯野纖維直徑為70 μm，傳導速度為4 m/s，而房室交界細胞直徑只有3～4 μm，傳導速度為0.05 m/s。另外，細胞間縫隙連接的數量也是重要因素。在竇房結或房室交界處，細胞間縫隙連接數量少，傳導速度慢。

②動作電位0期去極速度和幅度。動作電位去極速度和幅度愈大，其形成的局部電流也愈大，達到閾電位的速度也愈快，使傳導速度加快。快反應細胞和慢反應細胞傳導速度的差異就是一個例證。

③鄰近未興奮部位的興奮性。興奮的傳導是相鄰細胞膜依次興奮的過程。因此，鄰近未興奮部位心肌細胞的靜息電位與閾電位的差距必然會影響興奮的傳導。當二者的差距擴大時，膜去極化達閾電位水準所需的時間延長，興奮性降低，傳導速度減慢。此外，只有鄰近未興奮部位細胞膜的興奮性正常，興奮才能正常傳導。若鄰近細胞膜已接受了一個刺激產生期前興奮，且正處於有效不應期內，其興奮性為零，便不可能再接受刺激產生興奮，導致傳導阻滯，若傳導來的興奮落在期前興奮的相對不應期或超常期內，則傳導減慢。

4. 心肌的收縮性

心肌具有收縮性，即心房、心室工作細胞接受閾刺激或閾上刺激後，具有產生收縮反應的能力。心肌通過收縮為血液迴圈提供動力。心肌細胞收縮的機制與骨骼肌相同。在正常情況下心肌細胞僅接受來自竇房結的節律性興奮的刺激而收縮，其收縮時表現為以下特點：

(1)依賴細胞外Ca^{2+}的內流。心肌細胞和骨骼肌細胞都以Ca^{2+}作為興奮-收縮偶聯的媒介。心肌細胞的肌漿網不發達，Ca^{2+}儲存量少，興奮－收縮偶聯所需的Ca^{2+}一部分由細胞外轉運進細胞內。因此，在一定範圍內細胞外液中Ca^{2+}的濃度升高，心肌興奮時Ca^{2+}內流增多，心肌收縮力增強；反之則減弱。當細胞外液中Ca^{2+}的濃度降低到一定程度時，心肌雖仍然能興奮，但不能發生收縮，稱為興奮-收縮脫偶聯。

(2)不發生強直收縮。與骨骼肌細胞相比，心肌細胞興奮性變化的特點是有效不應期特別長，相當於心肌收縮時的縮短期和舒張早期之和。在此期間將不會接受任何新的刺激，產生新的興奮，即心肌細胞收縮後，只有進入舒張中後期後才能接受新的刺激，產生下一次新的收縮。因此不會出現複合收縮的現象，也不會發生強直收縮，只能是一次次收縮、舒張交替進行的單收縮。

(3)"全或無"式收縮。即心臟的收縮一旦引起，它的收縮強度就是近於相等的，而與刺激的強度無關。這是因為心肌細胞之間的閏盤區電阻很低，興奮易於通過；另外心臟內還有特殊傳導系統可加速興奮的傳導，故當某一處心肌細胞興奮時，可引起組成心房或心室的所有心肌細胞都進行同步收縮，稱為"全或無"式收縮。這種方式的收縮力量大，有利於提高心臟的泵血效率。因此，可將心房或心室看成是功能上的"合胞體"。

三、心電圖

每個心動週期中，由竇房結產生的興奮，依次傳向心房和心室。在興奮傳導過程中，由於已興奮的膜與暫未興奮的膜之間，或已複極的膜與尚處於興奮狀態的膜之間存在電位差，因此心臟內興奮的傳導表現為有一定方向、大小和時程的電位變化。這種電位變化可通過周圍組織傳導到全身，使身體各部位在每一心動週期中都發生有規律的電變化，並可用儀器在體表進行記錄。將引導電極置於肢體或軀體一定部位記錄到的心電變化曲線，稱為心電圖(Electrocardiogram, ECG)。它反映的是心臟興奮的產生、傳導和恢復過程中的生物電變化，而與心臟的機械收縮活動無直接關係。因此，心電圖是整個心臟在心動週期中各細胞電活動的綜合向量變化。

從體表引導出心電的連接方式稱為導聯。不同導聯描記的心電圖，具有各自的波形特徵。但基本上都包括一個P波，一個QRS波群和一個T波(圖4-15)。有時在T波之後還可出現一個小的U波。

1. P波

P波代表兩心房的去極化過程。雖然竇房結去極化發生在心房之前，但由於竇房結太小，所產生的電位差不能從體表記錄到。P波形小而圓鈍，其寬度反映去極化在整個心房傳播所需的時間。

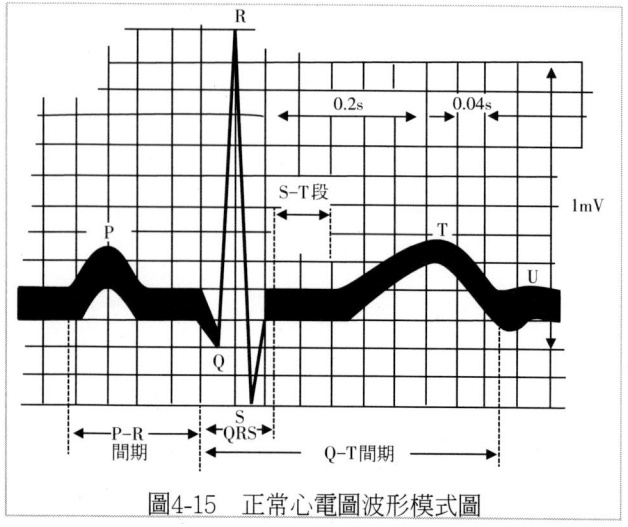

圖4-15　正常心電圖波形模式圖

2. PR間期

PR間期是指從P波的起點到QRS波起點之間的時程。P波和QRS波之間的間期反映去極化從竇房結產生經過房室交界、房室束、束支和浦肯野纖維網到達心室肌所需要的時間。

3. QRS綜合波

當去極化在心室肌內傳導時，體表上出現的電位變化為QRS綜合波，包括三個緊密相連的電位波動，第一個是向下的Q波，隨後是高而尖峭的向上的R波，最後是向下的S波。QRS綜合波幅度遠較P波大，這是因為心室組織的體積大於心房；QRS綜合波的時間比P波短，這是因為去極化通過浦肯野纖維和心室肌的傳播速度很快。Q、R、S各波的波幅在不同的導聯中變化較大。

4. S-T段

在QRS綜合波之後，電位回到基線或接近基線，直到T波開始。這個短暫的等電位相S-T段，是心室各部分都處於去極化狀態的一個時期，故各引導電極之間不存在電位差。S-T段也反映心室肌細胞動作電位平臺期的長短。

5. T波

心室的複極化產生T波，它相當於動作電位的2期末和3期。T波的時程明顯長於QRS波。狹窄的QRS綜合波是由快速傳導的去極化通過心室肌所產生的，而寬的T波則反映心室各細胞不同步的複極化。

6. U波

心電圖中有時在T波之後可見一個小的偏轉，稱為U波。其發生機制不詳。一般推測U波與浦肯野纖維網的複極化有關，因為它們的動作電位時程比心室肌長，複極更遲。

7. Q-T間期

從QRS綜合波的開始到T波結束，稱為Q-T間期，代表心室開始去極至心室完全複極所經歷的時間。Q-T間期的時程與心率呈反變關係，心率愈快，Q-T間期愈短。

案例

近日接診一病犬，精神倦怠、反應遲鈍、嗜睡、四肢無力。聽診：腸蠕動減弱，心音減弱，心律失常。主訴：病犬5天前出現腹瀉、嘔吐且症狀非常嚴重。經當地獸醫輸液治療，第3天腹瀉、嘔吐症狀基本消失，但是病犬仍不食，出現昏睡症狀。通過眼觀與病史瞭解，懷疑為低血鉀造成的。血清學檢測血清鉀濃度為2.3 mmol/L（正常值為4.37～5.37 mmol/L）。確診為犬低血鉀症。採取了靜脈補鉀治療2天後病情好轉。

問題與思考

低血鉀對犬心肌特性的影響？

提示性分析

低血鉀時，心肌細胞膜對K^+的通透性降低，因而靜息電位增大，與閾電位距離縮短，心肌細胞興奮性升高；因0期去極幅度減小，心肌細胞傳導性降低；靜息時心肌細胞膜對K^+的通透性降低，Na^+內流相對加快，故快反應細胞的自律性升高；因平臺期複極鉀外流減慢，Ca^{2+}內流減少，故心肌收縮性減弱。但對犬心肌特性的影響與K^+降低的程度相關。

第二節　　血管生理

一、血管的種類和功能

血管系統由動脈、毛細血管和靜脈3類血管組成。血液從心臟的搏出是間斷的，但在血管中的流動是持續的。血液經過毛細血管時與組織細胞進行物質交換，再經靜脈流回心臟。所以，血管的功能不僅是運輸血液，而且在維持血壓、調節血流以及實現與組織細胞的物質交換等方面都有重要的作用。各類血管因管壁結構和所在的位置不同，其功能也各有特點。按組織學結構，可分為大動脈、中動脈、小動脈、微動脈、毛細血管、微靜脈、小靜脈、中靜脈和大靜脈等(圖4-16)。按生理功能可將血管分為以下幾類：

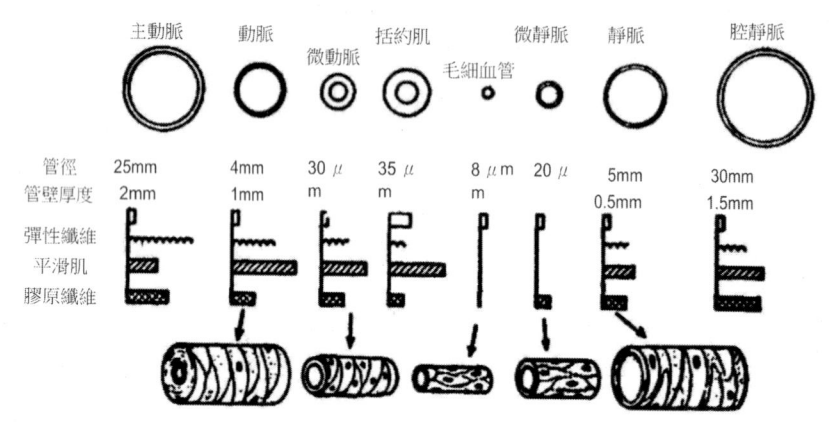

圖4-16　各類血管的管徑、管壁厚度和幾種組織的比例示意圖

(一)彈性貯器血管

彈性貯器血管(Windkessel vessel)是指主動脈、動脈主幹及其發出的大分支血管。這些血管管壁厚，富含彈性纖維，有明顯的可擴張性和彈性。左心室收縮射血時，主動脈壓升高，從心室射出的血液一部分向前流動進入外周，另一部分則儲存在大動脈中，使大動脈管壁擴張，同時也將心臟收縮所產生的部分能量以血管壁彈性勢能的形式儲存起來。當心臟進入舒張期時，主動脈瓣關閉，大動脈管壁的彈性回縮又將這些彈性勢能轉變為動脈血向前流動的動能。大動脈的這種彈性貯器作用使心室的間斷射血得以轉化為血液在血管中的連續流動，並減小在心動週期中動脈血壓的波動幅度(見後)。

(二)分配血管

分配血管(Distribution vessel)是指中動脈，即從彈性貯器血管以後到分支為小動脈前的動脈管道，其中膜的平滑肌較多，故管壁收縮性較強，其功能是將血液輸送至各器官、組織。

(三)毛細血管前阻力血管

小動脈和微動脈的管徑較小，對血流的阻力較大，稱為毛細血管前阻力血管(Precapillary resistance vessel)。微動脈是最小的動脈分支，其直徑一般為幾十微米。微動脈管壁含有豐富的血管平滑肌，在平時保持一定的緊張性收縮，它們的舒縮活動可引起血管口徑的明顯變化，從而改變所在器官、組織的血流阻力和血流量，對於維持一定的動脈血壓也起到重要的作用。

(四)毛細血管前括約肌

在真毛細血管的起始部常有平滑肌環繞，稱為毛細血管前括約肌（Precapillary sphinc- ter）。實際上，毛細血管前括約肌是末梢微動脈管壁末端的一些平滑肌，屬於阻力血管的一部分，它的舒縮活動可以控制毛細血管的開放或關閉，因此可控制毛細血管開放的數量和進入毛細血管的血流量。

(五)交換血管

交換血管（Exchange vessel）是指真毛細血管。其管壁僅由單層扁平內皮細胞構成，其外只有一薄層基膜包被。毛細血管壁的通透性很高，多種物質都能通過毛細血管轉運，是血液和組織液之間進行物質交換的主要場所。

(六)毛細血管後阻力血管

毛細血管後阻力血管（Postcapillary resistance vessel）是指微靜脈。微靜脈的管徑較小，可對血流產生一定的阻力，但其產生的阻力在血管系統總阻力中只占很小比例。然而，微靜脈的舒縮活動可影響毛細血管前阻力和毛細血管後阻力的比值，繼而改變毛細血管的血壓及血容量以及濾過作用，影響體液在血管內和組織間隙內的分配情況。

(七)容量血管

容量血管（Capacity vessel）是指靜脈血管。與同級的動脈相比較，靜脈的數量較多、口徑較粗、管壁較薄、可擴張性及容量較大。在安靜狀態下，60%～70%的迴圈血量容納在靜脈系統中，因此，靜脈血管在血管系統中可以發揮血液貯存庫的作用，稱為容量血管。

(八)短路血管

在血管床中還存在小動脈和小靜脈之間的直接吻合，稱為短路血管（Shunt vessel）或動-靜脈短路（Arteriovenous shunt），主要分佈於末梢等處的皮膚中，在功能上與體溫調節有關。在短路血管開放時，小動脈內的血液不經過毛細血管而直接流入小靜脈。當環境溫度升高時，短路血管開放增多，皮膚血流量增加，因此皮膚溫度升高，散熱量增加。相反，當環境溫度降低時，短路血管關閉，減少皮膚的散熱量。

二、血流量、血流阻力與血壓

血流動力學（Hemodynamics）是流體力學的一個分支，指血液在心血管系統中流動的力學，主要研究血流量、血流阻力、血壓以及它們之間的相互關係。由於血管系統是比較複雜的彈性管道系統，血液是含有血細胞與膠體物質等多種成分的液體而不是理想液體，因此血流動力學既具有一般流體力學的共性，又有其自身的特點。

(一)血流量與血流速度

單位時間內流過血管某一橫斷面的血量，叫作血流量（Blood flow）或容積速度（Volume velocity），常以 mL/min 或 L/min 表示。血流量（Q）大小主要取決於血管系統兩端的壓力差（ΔP）和血管對血流的阻力（R）。三者的關係是：Q=ΔP/R。在體循環系統中，Q 相當於心輸出量。按照流體力學規律，在封閉的管道系統內，各個橫斷面的流量都是相等的，因此，在整個循環系統中，動脈、毛細血管和靜脈系統各段血管總橫斷面血流量也都基本相等，即大致等於心輸出量。

血液中一個質點在血管內移動的速度稱為血流速度(Blood flow rate)。血液在血管內流動時，其血流速度與血流量呈正比，與血管的截面積呈反比。在整個血管系統中，主動脈的截面積最小，而毛細血管的截面積最大。因此，血流速度在主動脈中最快，可達 40~50 cm/s；在毛細血管中最慢，僅達 0.05~0.08 cm/s。

(二)血流阻力

血液在血管內流動時所遇到的阻力稱為血流阻力(Blood flow resistance)。血流阻力產生於血液流動時所發生的血液與血管壁以及血液內部之間的相互摩擦。這種摩擦必然消耗能量，一般表現為熱能散失。因此，血液在血管內流動時壓力逐漸降低。血流阻力一般不能直接測量，而是通過測量血流量和血管兩端的壓力差計算得出的：

根據泊肅葉定律 $Q=\triangle P\pi r^4/8\eta l$，又根據歐姆定律 $Q=\triangle P/R$，則可計算出血流阻力的方程式，即：

$$R=8\eta l / \pi r^4$$

式中 η 為血液黏滯度，l 為血管長度，r 為血管半徑。由此可見，血流阻力與血管的長度和血液的黏滯度呈正比，與血管半徑的4次方呈反比。由於血管的長度在生理情況下變化很小，因此血流阻力主要由血管半徑和血液黏滯度決定。對於某一個器官來說，若血液黏滯度不變，則該器官血流量的多少主要取決於它的阻力血管口徑的大小。阻力血管口徑擴大時，血流阻力降低，器官血流量增加；反之，當阻力血管口徑縮小時，血流阻力升高，器官血流量減少。因此，機體可以通過控制各器官阻力血管的口徑而改變血流阻力，從而有效地調節各器官的血流量。

循環系統總的阻力等於動脈、毛細血管和靜脈系統阻力的總和。就單根血管而言，毛細血管的半徑最小，其單位長度的阻力最大，但是從循環系統各段血管(指大動脈、小動脈、毛細血管、小靜脈、大靜脈)的總截面來看，由於毛細血管的數量巨大，其總的截面積極大，故毛細血管總的阻力在整個迴圈阻力中是最低的。單根微動脈的半徑雖然大於毛細血管，但全身微動脈的總截面積遠小於毛細血管的總截面積，因此在完整機體中微動脈的阻力遠高於毛細血管。更為重要的是，交感縮血管神經纖維末梢在小動脈和微動脈上分佈的密度最高，對這些血管舒縮(即口徑)的影響尤為明顯，可使小動脈和微動脈的阻力發生很大的變化。因此，小動脈和微動脈是迴圈阻力產生的主要部位，在外周阻力的調節中起決定性的作用，故稱為阻力血管。

血液黏滯性是決定血流阻力的另一因素，它與血細胞比容、血脂含量、血管半徑和溫度等因素有關。

(三)血壓

1. 血壓的概念及其測定

血壓(Blood pressure)是指血管內的血液對單位面積血管壁的側壓力，實際上為壓強。按照國際標準計算單位規定，壓強單位為帕(Pa)或千帕(kPa)，但通常習慣用毫米汞柱(mmHg) 來表示，並以大氣壓為生理零值，1 mmHg=0.133kPa。

血壓測定方法有直接和間接測定兩種。在生理急性實驗中多用直接測量法,即將導管一端插入實驗動物動脈血管,另一端與帶有U管的水銀檢壓記相連,通過觀察U管兩側水銀柱高度差值,便可直接讀出血壓數值。但此法僅能測出平均血壓的近似值,不能精確反映心動週期中血壓的瞬間變動值。臨床上常用聽診法間接測定人肱動脈的收縮壓和舒張壓。動物血壓的間接測定也常用聽診法,或採用壓力感測器將壓力的變化轉換為可直接讀取的數值。

2. 血壓的形成

(1)血液充盈心血管系統是形成血壓的基礎。血液充盈的程度決定於血量與血管系統容量之間的相互關係,血量增多,血管容量減少,則充盈程度升高;反之,則充盈程度下降。在狗的實驗中,在心跳暫停、血液不流動的條件下,循環系統平均的充盈壓約為7mmHg。

(2)心臟收縮射血是形成血壓的原動力。心室收縮所釋放的能量,可分解為兩個部分:一部分以動能形式推動血液流動;另一部分以勢能形式作用於動脈管壁,使其擴張。當心動週期進入舒張期,心臟停止射血時,動脈管壁彈性回縮,將儲存於管壁的勢能釋放出來,轉變為動能,繼續推動血液向外周流動(圖4-17)。由於心臟射血是間斷性的,因此在心動週期中,動脈血壓出現週期性變化。

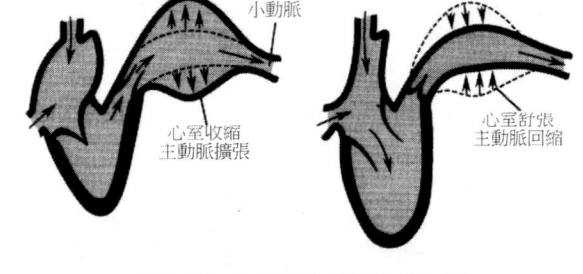

圖4-17 主動脈的彈性貯器作用

(3)外周阻力是形成血壓的重要因素。如果僅有心室收縮做功,而不存在外周阻力,那麼心室收縮的能量將全部表現為動能,射出的血液毫無阻礙地流向外周,對血管壁就不會形成側壓力。可見,血壓的形成是在血液充盈心血管系統的基礎之上,通過心室收縮射血和外周阻力相互作用的結果。

由於血液從大動脈流向外周並最後回流心房,沿途不斷克服阻力而大量消耗能量,所以從大動脈、小動脈至毛細血管、靜脈,血壓遞降,直至能量耗盡,以至當血液返回接近右心房的大靜脈時,血壓可降至零,甚至還可能是負值,即低於大氣壓(圖4-18)。

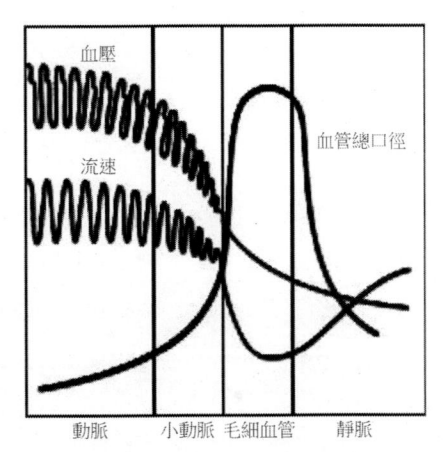

圖4-18 血管各段血壓、流速和血管總口徑的關係示意圖

三、動脈血壓與動脈脈搏

(一)動脈血壓及其正常值

動脈血壓(Arterial blood pressure)是動脈內的血液對動脈管壁單位面積的側壓力。通常所說的血壓,就是指動脈血壓。每一心動週期中,心臟收縮時,動脈血壓升高所達到的最高值,稱為收縮壓(Systolic pressure),心臟舒張時,動脈血壓下降到的最低值,稱為舒張壓(Dia- stolic pressure)。收縮壓與舒張壓之差,稱為脈搏壓(Pulse pressure)或脈壓,它可反映動脈血壓波動的幅度。在整個心動週期中,動脈血壓的平均值稱為平均動脈壓(Mean pressure，MABP)，即一個心動周期中每一瞬間動脈血壓的平均值。因心舒期持續時間較心縮期長，故平均動脈壓較接近舒張壓，大致等於舒張壓+1/3脈壓（圖4-19）。動物血壓通常用收縮壓和舒張壓來表示。例如，馬的動脈血壓可寫為 17.29/12.64 kPa（130/95 mmHg）。

不同種屬動物的動脈血壓各不相同，血壓正常值（表4-1）受到動物種類、性別、年齡以及生理狀態的影響。夜間會降低，雌性低於雄性。從出生經青壯年到衰老，動脈收縮壓遞增。

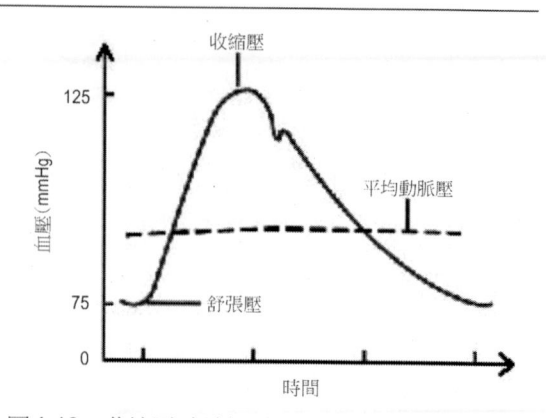

圖4-19 收縮壓、舒張壓和平均動脈壓的關係示意圖

表4-1 各種成年動物典型的動脈血壓

動物種類	收縮壓	舒張壓	平均動脈壓
長頸鹿	34.58 kPa(260 mmHg)	21.28 kPa(160 mmHg)	29.13 kPa(219 mmHg)
馬	17.29 kPa(130 mmHg)	12.61 kPa(95 mmHg)	15.30 kPa(115 mmHg)
牛	18.62 kPa(140 mmHg)	12.64 kPa(95 mmHg)	15.96 kPa(120 mmHg)
豬	18.62 kPa(140 mmHg)	10.64 kPa(80 mmHg)	14.63 kPa(110 mmHg)
綿羊	18.62 kPa(140 mmHg)	11.97 kPa(90 mmHg)	15.16 kPa(114 mmHg)
人	15.96 kPa(120 mmHg)	9.31 kPa(70 mmHg)	13.30 kPa(100 mmHg)
狗	15.96 kPa(120 mmHg)	9.31 kPa(70 mmHg)	13.30 kPa(100 mmHg)
山羊	18.62 kPa(140 mmHg)	11.97 kPa(90 mmHg)	14.63 kPa(110 mmHg)
家兔	15.96 kPa(120 mmHg)	10.64 kPa(80 mmHg)	13.30 kPa(100 mmHg)
豚鼠	13.30 kPa(100 mmHg)	7.98 kPa(60 mmHg)	10.64 kPa(80 mmHg)
大鼠	14.63 kPa(110 mmHg)	9.31 kPa(70 mmHg)	11.97 kPa(90 mmHg)
小鼠	14.76 kPa(111 mmHg)	10.64 kPa(80 mmHg)	13.30 kPa(100 mmHg)
火雞	33.25 kPa(250 mmHg)	22.51 kPa(170 mmHg)	25.27 kPa(190 mmHg)
雞	23.28 kPa(175 mmHg)	19.29 kPa(145 mmHg)	21.28 kPa(160 mmHg)
金絲雀	29.26 kPa(220 mmHg)	19.95 kPa(150 mmHg)	24.61 kPa(185 mmHg)

資料來源：Swenson M J. Dukes Physiology of Domestic Animals, 1984

(二)影響動脈血壓的因素

1. 每搏輸出量

在其他因素一定的情況下，每搏輸出量增加可使射入動脈內的血量增多，主動脈管壁所受到的側壓力增大，收縮壓升高。由於收縮壓升高，血流速度加快，則在心室舒張期，大動脈

內容納的血量增加相對不多，導致舒張壓升高不明顯。因此，當心臟每搏輸出量增加時，動脈血壓的升高主要表現為收縮壓的升高，故脈壓增大。反之，當心臟每搏輸出量減少時，則主要使收縮壓降低，脈壓減小。因此，在一般情況下，收縮壓的高低主要反映每搏輸出量的多少，二者呈正相關。分析血壓變化，主要看當時留在血管中的血量相應是增加還是減少。

2. 心率

每搏輸出量和外周阻力不變的情況下，心率增快，心舒期縮短，舒張期間流向外周的血量減少，致使心舒末期主動脈記憶體留的血量增多，舒張壓明顯升高。由於動脈血壓升高，可使血流速度加快，因此，在心縮期內仍有較多的血液從主動脈流向外周。所以，儘管收縮壓也升高，但不如舒張壓升高明顯，表現為脈壓減小。反之，心率減慢時，舒張壓比收縮壓降低的幅度更大，脈壓增大。故心率的變化主要影響舒張壓的大小，二者呈正相關。

3. 外周阻力

如果心輸出量不變而外周阻力增大時，即小動脈和微動脈口徑縮小，阻止動脈血液流向外周，使心舒期末主動脈和大動脈內的血量增多，舒張壓明顯升高。在心室收縮期內，由於動脈血壓升高使血流速度加快，留在主動脈的血量增加相對不多，故收縮壓的升高不明顯，因而脈壓也就相應減小。反之，當外周阻力減小時，舒張壓比收縮壓的降低幅度更大，故脈壓增大。因此，在一般情況下，舒張壓的高低主要反映外周阻力的大小，二者呈正相關。

血液黏滯度也是構成外周阻力的因素。血液黏滯度增加（如動物脫水、大量出汗時），血液密度加大，與血管壁之間以及血液成分之間的相互摩擦阻力也加大，這些因素都使血流的外周阻力增大，將明顯影響舒張壓的變化。

4. 主動脈和大動脈的彈性

大動脈管壁彈性擴張主要是起緩衝血壓的作用，使收縮壓降低，舒張壓升高，脈搏壓減少。反之，當大動脈硬化，彈性降低，緩衝能力減弱時，則收縮壓升高而舒張壓降低，使脈搏壓加大。

5. 迴圈血量與血管系統容量的比例

正常機體循環血量與血管容積是相適宜的，使血管內血液保持一定程度的充盈，以顯示一定的壓力。如在大失血時，迴圈血量迅速減小，而血管容量未能相應減少，可導致動脈血壓急劇下降，危及生命。若血管容量增大而血量不變時，如細菌毒素的作用，使全身小血管擴張，血管內血液充盈度降低，血壓急劇下降。

在分析各種因素對血壓影響時，都是在假定其他因素不變的情況下，某單個因素變化時對血壓變化可能產生的影響。在整體情況下，只要有一個因素發生變化就會影響其他因素的變化，因此，血壓的變化是各個因素相互作用的結果，分析時需要綜合考慮。在各種因素中，循環血量、動脈管壁彈性以及血液黏滯度等，在正常情況下基本無變化，對血壓變化不起經常性的作用，而每搏輸出量和外周阻力由於受心縮力和外周血管口徑的直接影響，經常處於變化狀態。因此，這兩項因素是影響血壓變化最經常、最主要的因素。動物有機體主要通過神經和體液途徑，調節心縮力量和血管的舒縮反應，使血壓的變化適應有機體在不同狀況下的需要。

案例

據報導，腦猝中、心臟意外等心血管疾病導致的死亡已占全球人口死亡的30%，其中62%的猝中病例和49%的心肌梗死病例都是由高血壓引起的。第21屆國際高血壓學會公佈，全世界高血壓患者約有9億7220萬，相當於成人的26.4%。我國成人高血壓患病率為18.8%，全國有高血壓患者約1.6億。高血壓的特點是"三高三低"，患病率高、增長趨勢高、危害性高，同時知曉率低、治療率低、控制率低。2005年《高血壓防治指南》指出降壓達標是減少心血管事件發生的關鍵，收縮壓降低2mmHg，可降低缺血性心臟病死亡率7%，降低猝中死亡率10%。

問題與思考

高血壓發病可能的原因是什麼？

提示性分析

高血壓發病的原因至今未明，高血壓發病的生理學基礎有二：一是神經元學說，因精神緊張、焦慮、煩躁等情緒變化，導致中樞腎上腺素神經元活動過強，進而興奮縮血管神經，導致小血管收縮，血流阻力增加，血壓升高；二是腎素-血管緊張素-醛固酮系統平衡失調學說，導致血液中血管緊張素釋放增加，血管收縮，醛固酮促進腎小管對Na^+水重吸收，血容量增加，血壓升高。

(三) 動脈脈搏

在每個心動週期中，伴隨心臟的收縮和舒張，動脈內的壓力和容積發生週期性變化，引起動脈管壁的起伏搏動，稱為動脈脈搏(Arterial pulse)，簡稱脈搏。這種搏動以彈性壓力波的形式沿動脈管壁向末梢血管傳播出去，就形成脈搏波(Pulse wave)。

1. 動脈脈搏的波形

用脈搏描記儀記錄的淺表動脈脈搏的波形圖稱為脈搏圖。因描記方法和部位不同，動脈脈搏的波形有差異，一般包括上升支與下降支兩部分(圖4-20)。上升支是由於心室快速射血，動脈壓力迅速上升，管壁突然擴張而形成的，它在時間上相當於第一心音。心輸出量少，射血速度慢，阻力大，則上升速度慢(斜率小)，波幅小；反之，則上升速度快(斜率大)，波幅大。下降支是由於射血後期射血速度減慢，輸出量減小，進入動脈的血量減小，故動脈壓力降低，動脈彈性回縮，形成下降支前段。隨著心室舒張，主動脈壓力迅速下降。在主動脈瓣關閉的一瞬間(在時間上相當於第二心音)，血液向心室方向倒流，管壁回縮使下降支急促下降，形成一個小切跡，稱為降中峽(Dicrotic notch)。但由於此時動脈瓣已關閉，倒流的血液，被主動脈瓣彈回，動脈壓再次稍有上升，又形成一個短暫的小波，稱為降中波(Dicrotic wave)。隨後在心室舒張期，管壁繼續回縮，動脈血液繼續流向外周，脈搏波形繼續下降，形成下降支後段。下降支的形狀大體反映外周阻力的高低，如果外周阻力高，則降支前段下降速度較慢，切跡位置較高；如果外周阻力低，則降支前段下降速度較快，切

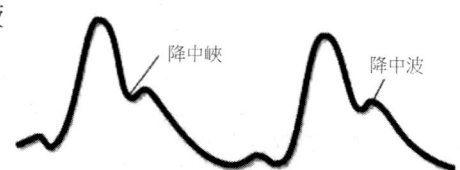

圖4-20 頸總動脈脈搏波形示意圖

跡位置較低。降中波以後的降支後段坡度小,較平坦。

某些心血管系統疾病會導致動脈脈搏波形的異常。如主動脈粥樣硬化時,主動脈順應性減小,彈性貯器作用減弱,動脈血壓的波動幅度增大,脈搏波上升支的斜率和幅度也加大。而主動脈狹窄時,射血阻力大,上升支的斜率和幅度均較小;主動脈瓣關閉不全時,由於心舒期主動脈內血液反流入心室,主動脈血壓急劇降低,降支不出現降中峽(圖4-21)。

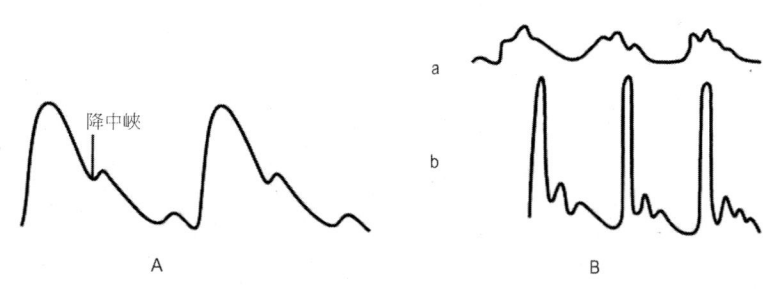

圖4-21 正常和病理情況下的動脈脈搏圖
A.正常頸總動脈脈搏波形 B.病理情況下的橈動脈脈搏波形
(a.主動脈瓣狹窄 b.主動脈瓣閉合不全)

2. 動脈脈搏波傳播速度

脈搏是以波浪形式沿動脈管壁向末梢血管傳播出去的,其傳播速度遠比血流速度快,動脈管壁可擴張性愈大,其傳播速度愈慢。由於主動脈的可擴張性最大,故脈搏波在主動脈的傳播速度最慢,約為3~5 m/s,大動脈的傳播速度為7~10 m/s,小動脈為15~35 m/s。由於小動脈和微動脈阻力大,到毛細血管後,脈搏基本消失。老年人因動脈硬化,動脈順應性降低,脈搏傳播速度可增高到10 m/s。由於動脈脈搏與心輸出量、動脈血管彈性以及外周阻力等因素密切相關,因此在某些情況下脈搏可以反映心血管系統的情況。

四、靜脈血壓與靜脈回流

(一)靜脈血壓

靜脈血壓(Venous pressure)是指靜脈內血液對單位面積血管壁產生的側壓力。當迴圈血液流過毛細血管之後,其能量已大部分用於克服外周阻力而被消耗,因此到達微靜脈部位的血流對管壁產生的側壓力已經很小,血壓下降至 2.00~2.67 kPa。由於靜脈管壁薄,易擴張,容量大,較小的壓力變化就能引起較大的容量改變,所以與動脈相比,在整個靜脈系統中血壓變化的梯度也很小。右心房作為體循環的終點,血壓最低,接近於零。

通常把右心房或胸腔內大靜脈的血壓稱為中心靜脈壓(Central venous pressure),而把各器官靜脈的血壓稱為外周靜脈壓(Peripheral venous pressure)。中心靜脈壓的高低取決於心臟射血能力和靜脈回心血量之間的相互關係。如果心臟機能良好,能及時將回心的血液射入動脈,則中心靜脈壓較低;反之,心臟射血機能減弱時,回流的血液淤積於右心房和腔靜脈中,致使中心靜脈壓升高。另一方面,如果回心血量增加或靜脈回流速度加快,會使胸腔大靜脈和右心房血液充盈量增加,中心靜脈壓升高。因此,在血量增加、全身靜脈收縮,或因微動脈舒張而使外周靜脈壓升高等情況下,中心靜脈壓都可能升高。可見,中心靜脈壓是反映心血管功能的又一指標。測量中心靜脈壓,分析其變化,有重要的臨床意義。中心靜脈壓過低,常表示血量不足或靜脈回流受阻。在治療休克時,可通過觀察中心靜脈壓的變化來指導輸液。如果中心靜脈壓低於正常值下限或有下降趨勢時，提示迴圈血量不足，可增加輸液量；如果中心靜脈壓高於正常值上限或有上升趨勢時，提示輸液過快或心臟射血功能不全，應減慢輸液速度和適當使用增強心臟收縮力的藥物。

(二)靜脈回心血量及其影響因素

單位時間內靜脈回心血量的多少取決於外周靜脈壓與中心靜脈壓之差，以及靜脈對血流的阻力。因此，凡能影響外周靜脈壓、中心靜脈壓以及靜脈血流阻力的因素，都可影響靜脈回心血量。在靜脈系統中，血液從微靜脈到右心房的壓力落差僅約 15 mmHg，可見靜脈對血流的阻力很小。除此之外，影響靜脈回心血量的主要因素有以下幾個方面。

1. 心肌收縮力。心肌收縮力是血液在心血管系統內流動的原動力。心臟收縮時將血液射入動脈，舒張時從靜脈抽吸血液。如果心肌收縮力越強，則射血時心室排空越完全，心室舒張末期心室內壓越低，對心房和大靜脈內血液的抽吸力增大，促進靜脈回流。當右心衰竭時，右心室收縮力量顯著減弱，右心室射出的血液減少，則心舒期右心室內壓力升高，右心房流至右心室的血液減少，導致在右心房和大靜脈內血液淤積，中心靜脈壓升高，回心血量減少，動物易出現頸外靜脈怒張、肝充血腫大、下肢水腫等體征；當左心衰竭時，左心房壓和肺靜脈壓升高，引起肺淤血和肺水腫。

2. 骨骼肌的擠壓作用。當骨骼肌收縮時，可對肌肉內和肌肉間的靜脈發生擠壓，推動其中的血液推開靜脈管內壁上的靜脈瓣，促使血液朝心臟方向流動，使靜脈回心血流速度加快。由於靜脈瓣游離端只朝心臟方向開放，因此，當肌肉舒張時，靜脈血不至於倒流(圖4-22)。

3. 胸腔負壓的抽吸作用。呼吸運動時胸膜腔內壓產生的負壓變化，是促進靜脈回流的重要因素。胸膜腔內的壓力始終是負壓(低於大氣壓)，始終對胸腔內大靜脈及心房產生擴張作用。吸氣時，胸腔容積增大，胸膜腔的負壓值進一步增大，對胸腔內的大靜脈和右心房擴張作用更強，其內的壓力進一步降低，對靜脈回流抽吸作用增強，靜脈回心血量增加；反之，呼氣時，胸膜腔的負壓值減小，對靜脈回流抽吸作用相應減弱，靜脈回心血量相應減少。

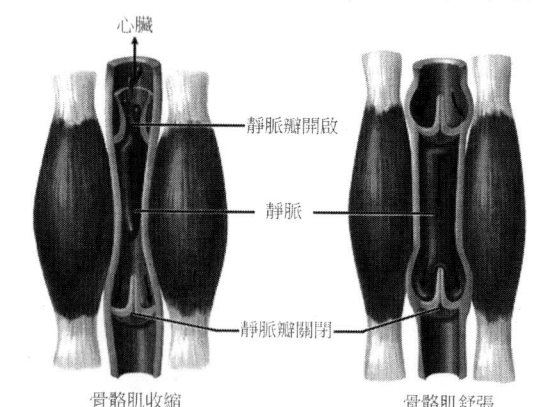

圖4-22 骨骼肌收縮對靜脈回心血量的影響

4. 體位改變。動物從平臥位變為直立位時，心臟水準以下的靜脈擴張，容納的血量增多，靜脈回心血量減少；反之，靜脈回心血量增多。如人長期平臥或下蹲，突然站立，可因大量血液積滯在心臟水準以下的靜脈，導致靜脈回心血量過少而發生"頭暈眼花"現象。

五、微循環

微循環(Microcirculation)是指微動脈和微靜脈之間的血液迴圈，其基本功能是實現血液和組織之間的物質交換。

(一)微循環的組成

一個典型的微循環(如腸系膜的微循環)是由微動脈、後微動脈、毛細血管前括約肌、真毛細血管、通血毛細血管、動靜脈吻合支和微靜脈7個部分組成(圖4-23)。①微動脈是小動脈的末梢分支，管壁有完整的平滑肌層，其舒縮可影響微循環的血液灌注量，起著控制微循環血流量的"總閘門"作用；②後微動脈是微動脈的分支，管壁只有一層平滑肌細胞，每根後微動脈供血給一根至數根真毛細血管；③真毛細血管由後微動脈以垂直方向分出，是物質交換的主要場所；④毛細血管前括約肌位於真毛細血管起始端，由1~2個平滑肌細胞形成一個環，其舒縮決定著進入每根真毛細血管的血量，在微循環中起"分閘門"的作用；⑤通血毛細血管是後微動脈的直接延伸，其管壁平滑肌很少。通血毛細血管經常處於開放狀態，血流速度較快，其主要功能是使血液能快速進入靜脈；⑥動靜脈吻合支管壁結構與微動脈相似；⑦微靜脈為微迴圈後阻力血管，其舒縮影響微循環的血液輸出量，在微循環中起"後閘門"的作用。

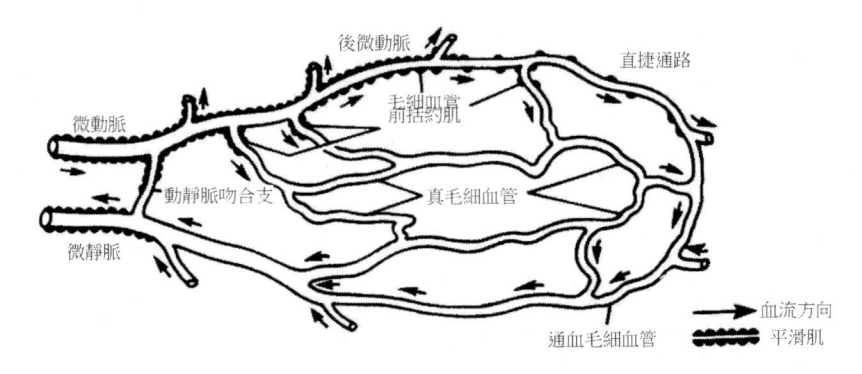

圖4-23 微循環模式圖

微循環的血液可通過3條途徑由微動脈流向微靜脈。

1. 動-靜脈短路

血液由微動脈經動靜脈吻合支直接流回微靜脈，沒有物質交換功能，又稱為非營養通路。動-靜脈短路(Arteriovenous shunt)主要分佈於末梢等處的皮膚中，在一般情況下，動-靜脈短路處於關閉狀態，它的開閉活動主要與體溫調節有關。當環境溫度升高時，吻合支開放，深部組織代謝產生的熱量隨血流被帶到體表，有利於散發熱量；環境溫度降低，吻合支關閉，有利於保存體內的熱量。在多種疾病導致的休克中，動-靜脈短路和直捷通路大量開放，患者雖處於休克狀態，但皮膚仍較溫暖，此即所謂的"暖休克"。此時，由於大量微動脈血液通過吻合支進入微靜脈，未與組織細胞進行物質交換，故會加重組織缺氧，使病情惡化。

2. 直捷通路

直捷通路(Thoroughfare channel)是指血液經微動脈、後微動脈和通血毛細血管進入微靜脈的通路。直捷通路常見於骨骼肌微循環中，其路徑比較短而直，血流阻力較小，流速較快，與組織液進行物質交換較少，且經常處於開放狀態。直捷通路的主要功能是使一部分血液經此通路快速流入靜脈，以免血液過多地滯留於毛細血管網中，影響回心血量。

3. 營養通路

營養通路(Nutritional channel)是指血液從微動脈經後微動脈、毛細血管前括約肌進入真毛細血管網，再匯入微靜脈的通路。真毛細血管網管壁薄，路徑迂迴曲折(又稱迂迴通路)，穿行於各組織細胞間隙，血流緩慢，與組織接觸面廣，是完成血液與組織液間物質交換的主要場所。

真毛細血管是輪流交替開放的，一般每分鐘交替5~10次，安靜時，肌肉中大約只有20%的真毛細血管處於開放狀態。其開放與否受毛細血管前括約肌控制，而毛細血管前括約肌的舒縮活動則主要受局部代謝產物的影響。當一處的真毛細血管關閉一段時間後，該處將聚積起較多的代謝產物，這些代謝產物將引起局部毛細血管前括約肌舒張，使相應的真毛細血管開放。與此同時，剛才處於開放狀態的真毛細血管，則由於代謝產物被清除，毛細血管前括約肌收縮而進入關閉狀態。如此繼續下去，就造成了不同部分的毛細血管網的交替開放現象。當組織代謝水準增高時，局部代謝產物增多，開放的真毛細血管數量增加，流經微循環的血液量也增加，以與當時的組織代謝水準相適應。

(二)血液與組織液之間的物質交換

組織細胞之間的空間稱為組織間隙，其中充滿組織液，是組織細胞直接存在的環境。組織細胞與血液之間以組織液為媒介不斷進行物質交換，物質交換的方式主要有：

1. 擴散

擴散是指液體中溶質分子經毛細血管壁順濃度梯度進行轉運的不耗能過程，是血液與組織液之間進行物質交換的最主要形式。毛細血管內外液體中的分子只要直徑小於毛細血管壁的孔隙，就能通過管壁進出毛細血管。溶質分子在單位時間擴散的速率與該物質在管壁兩側濃度差、管壁對該物質的通透性及管壁有效交換面積等因素呈正比，與管壁厚度呈反比。由於物質分子擴散的速度遠高於毛細血管血流速度，雖然血液流經毛細血管的時間短暫，但血漿和組織液中的各種物質分子仍有足夠的時間進行交換。

2. 濾過和重吸收

由於毛細血管壁兩側液體的靜水壓和滲透壓差異，液體中的水分和溶質可從靜水壓或滲透壓高的一側通過毛細血管壁向滲透壓低的一側發生移動。水分和溶質由毛細血管內向組織液的移動，稱為濾過(Filtration)，而向相反方向的移動則稱為重吸收(Reabsorption)。如果組織液靜水壓高於血漿，水分子就會通過毛細血管壁以重吸收的方式移入血漿，水中的溶質分子如果直徑小於毛細血管壁的孔隙，也可以隨同水分子一起移入血漿。血液和組織液之間通過濾過和重吸收方式進行的物質交換，雖然僅占總的物質交換的很少一部分，但在組織液的生成和回流過程中起重要的作用。

3. 吞飲

吞飲(Pinocytosis)是指在毛細血管內皮細胞一側的液體被毛細血管壁內皮細胞膜包圍並攝入細胞內，形成小的吞飲泡。吞飲泡被運送至毛細血管壁內皮細胞的另一側，並以出胞的方式被排到細胞外。這也是血液和組織液之間通過毛細血管壁進行物質交換的一種方式。一般認為，較大的分子如血漿蛋白等，可以通過這種方式進行交換。

六 組織液的生成

組織液是存在於組織細胞間隙內的一種液體，絕大部分呈膠凍狀，不能自由流動，因而不會因重力作用而流到身體的低垂部分。但鄰近毛細血管的小部分組織液呈溶膠液體狀態，可自由流動。組織液中各種離子成分與血漿相同，但其中的蛋白質濃度明顯低於血漿。組織液膠凍基質主要由膠原纖維及透明質酸細絲構成，這些成分不影響水及溶質在其中的自由擴散運動。

(一)組織液的生成與回流

在毛細血管中，血漿中的水和營養物質透過毛細血管壁進入組織間隙的過程稱為組織

液的生成 組織液中的水和代謝產物回到毛細血管內的過程稱為組織液的回流。組織液是血漿濾過毛細血管壁而形成的。

1.決定組織液生成與回流的組織結構基礎是毛細血管的通透性

在電鏡下可看到,毛細血管壁由單層內皮細胞構成,外面由一層基膜包圍,總厚度約0.5μm,內皮細胞之間相互連接處存在著細微的裂隙,裂隙寬度為6～7μm,被粘多糖類物質(主要是透明質酸)所填充,成為溝通毛細血管內外的許多小孔(圖4-24)。毛細血管壁的這一特殊結構,決定了血漿中除血細胞及大分子的血漿蛋白外,血漿中的其他成分均可自由在壁處進出,成為決定組織液生成與回流的結構基礎。

2.決定組織液生成與回流的動力是有效濾過壓

液體通過毛細血管壁的濾過和重吸收取決於四個因素:即毛細血管血壓、組織液靜水壓、血漿膠體滲透壓和組織液膠體滲透壓(圖4-25)。其中毛細血管血壓和組織液膠體滲透壓是促使液體由毛細血管內向血管外濾過的力量,而組織液靜水壓和血漿膠體滲透壓是將液體從毛細血管外重吸收入血管內的力量。濾過的力量和重吸收的力量之差,稱為有效濾過壓(Effective filtration pressure)。即:

有效濾過壓=(毛細血管壓+組織液膠體滲透壓)-(血漿膠體滲透壓+組織液靜水壓)

圖4-24 毛細血管壁顯微結構示意圖

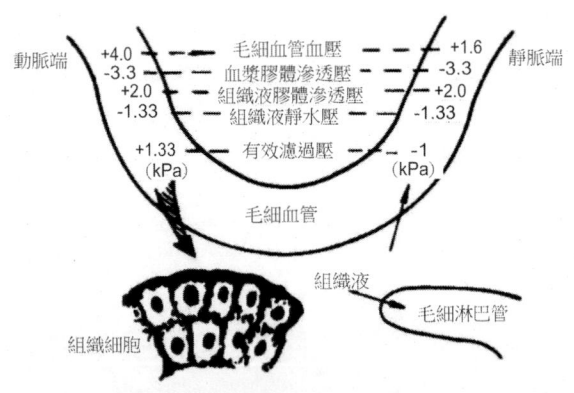

圖4-25 組織液生成與回流示意圖
+表示使液體濾出毛細血管的力量;-表示使液體重吸收到毛細血管的力量(1 mmHg=0.133 kPa)

由上式可以算出,在毛細血管的動脈端,有效濾過壓為正值,約+1.33 kPa(10 mmHg),在毛細血管的靜脈端,有效濾過壓為負值,約-1kPa(8mmHg)。由此可以推斷,組織液的生成主要發生在毛細血管的動脈端,從動脈端到靜脈端的移行過程中,組織液的生成量逐漸減少,在毛細血管的靜脈端組織液又不斷地被重吸收,重吸收量占組織液生成量的90%,另外10%組織液通過淋巴系統回流入血液(圖4-25)。

(二)影響組織液生成的因素

正常情況下,組織液生成和重吸收,保持著動態平衡,使血容量和組織液量能維持相對穩定。一旦與有效濾過壓有關的因素發生改變和毛細血管通透性發生變化,將直接影響組織液的生成。

1. 毛細血管血壓

　　毛細血管血壓升高，則有效濾過壓升高，組織液生成增多；反之，毛細血管血壓降低，則有效濾過壓降低，組織液生成減少。例如，右心衰竭或長時間靜坐時，靜脈回流受阻，毛細血管血壓逆行性升高，有效濾過壓增大，使組織液生成過多，出現組織水腫。

2. 血漿膠體滲透壓

　　當血漿蛋白生成減少（如慢性消耗疾病、肝病等）或蛋白質排出增加（如腎病）時，均可導致血漿蛋白減少，血漿膠體滲透壓下降，有效濾過壓增大，從而使組織液生成增多，甚至發生水腫。如營養不良性水腫、肝病後期大量腹水等。

3. 毛細血管壁的通透性

　　如燒傷、過敏反應等，可使毛細血管通透性增大，血漿蛋白可能漏出，使血漿膠體滲透壓降低，組織膠體滲透壓上升，則有效濾過壓增大，促使毛細血管內的液體更多地進入組織間隙，組織液生成增多。此時，如果淋巴回流不足以將積聚的組織液帶走，就會出現水腫。

4. 淋巴回流

　　在正常情況下，淋巴管中的淋巴回流暢通，不僅能把組織液中的少量蛋白質輸送回血液迴圈，而且在組織液生成增多時還能代償地增加回流，把增多的組織液帶走，防止組織液在組織間隙中過多積聚（見後），故可把它看成一種重要的抗水腫因素。如淋巴回流受阻（絲蟲病、腫瘤壓迫等），可因部分組織液無法順利回流而致局部水腫。

七、淋巴液的生成與回流

　　淋巴系統是循環系統的一個組成部分，由淋巴管、淋巴結、脾等組成，是組織液回流入血的一條重要的旁路，在正常情況下，約10%的組織液經此旁路回血。近年來有人認為，毛細淋巴管是廣義微循環的一個組成部分。毛細淋巴管的盲端起始於組織間隙，相互吻合成網，並逐漸匯合成大的淋巴管。淋巴管收集全身的淋巴液，最後由右淋巴導管和胸導管導入靜脈。

（一）淋巴液的生成

　　組織液進入淋巴管，即成為淋巴液。毛細淋巴管的盲端始於組織間隙，相互吻合成網，其管壁由單層內皮細胞組成，管壁外無基膜，故通透性極高。相鄰的內皮細胞邊緣呈疊瓦狀互相覆蓋，形成只向管內開放的單向活瓣（圖4-26）。在組織液多時，組織的膠原纖維和毛細淋巴管之間的膠原細絲可將互相

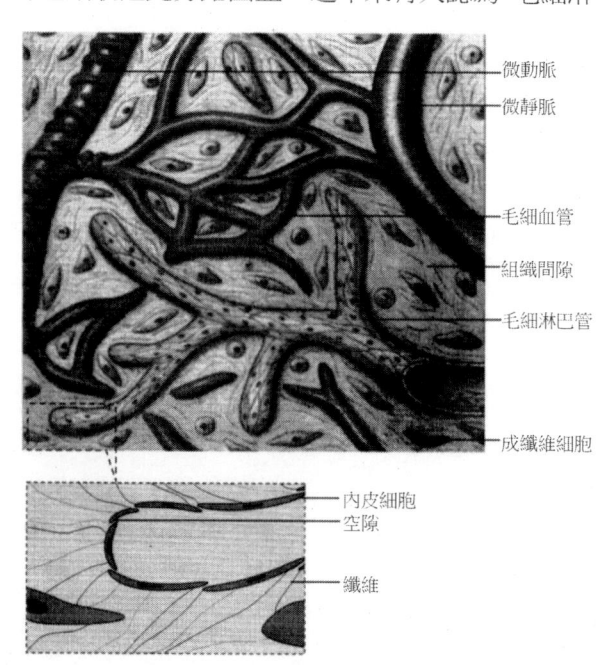

圖4-26　毛細淋巴管起始端結構

重疊的內皮細胞邊緣拉開，使內皮細胞之間出現較大的縫隙，通透性增大，使組織液(包括其中的血漿蛋白質分子)自由進入毛細淋巴管。毛細淋巴管匯合成集合淋巴管。集合淋巴管壁平滑肌的收縮活動和淋巴管腔內的瓣膜共同作用構成淋巴管泵，能促進淋巴回流。

(二)影響淋巴液生成和回流的因素

組織液進入毛細淋巴管的動力是組織液與毛細淋巴管內淋巴液之間的壓力差。任何能增加組織液壓力或降低毛細淋巴管內壓力的因素均可增加淋巴液的生成，其中，組織液壓力變化是最重要的影響因素。

1. 毛細血管血壓升高

毛細血管前、後阻力的比值決定毛細血管血壓的高低。在炎症、肌肉運動等情況下，這一比值減小，毛細血管血壓升高，組織液生成增多，組織液壓力增加，從而使組織液與毛細淋巴管內淋巴液之間的壓力差增大，淋巴液生成增加。

2. 血漿膠體滲透壓降低

在發生肝臟疾病、某些腎臟疾病或營養不良時，由於血漿蛋白生成減少或大量丟失，使血漿膠體滲透壓降低，有效濾過壓增大，組織液生成增多，組織液壓力增高，從而導致淋巴液生成增多。

3. 毛細血管壁通透性和組織液膠體滲透壓增高

在發生凍傷、化學傷、過敏反應時，因局部組織釋放大量組織胺、激肽類等炎症介質，使毛細血管壁的通透性增大，部分血漿蛋白滲出，使組織液膠體滲透壓增高，有效濾過壓增大，組織液生成增多，從而導致組織液壓力增高，淋巴液生成增加。由於淋巴液來源於組織液，而組織液是從毛細血管滲出的液體，因此決定淋巴液成分的重要因素是毛細血管壁的通透性。毛細血管壁通透性增高時，由於一部分血漿蛋白進入組織，使淋巴液中的蛋白質含量增多。

4. 肌肉收縮、動脈搏動、外部物體對組織的壓迫等可促進淋巴液回流

淋巴管的結構中有平滑肌和瓣膜，因此淋巴管平滑肌收縮和瓣膜的單向開放可共同起"淋巴管泵"的作用。當淋巴管內充滿淋巴液而使管壁擴張時，淋巴管平滑肌就收縮，產生壓力，推動淋巴液的流動。由於淋巴管壁薄，管內壓力低，所以任何來自外部對淋巴管的壓力都能推動淋巴液的流動，如淋巴管周圍骨骼肌的節律性收縮，相鄰動脈的搏動以及外部物體對組織的壓迫等，都可成為推動淋巴液回流的動力。反之，淋巴管和淋巴結的急、慢性炎症，肉芽腫形成、絲蟲蟲體等，均可引起淋巴系統阻塞，使局部淋巴液回流發生障礙，大量的淋巴液滯留在組織間隙內，產生淋巴水腫。

(三)淋巴液回流的生理意義

1. 回收組織液中的蛋白質

淋巴液回流是組織液中蛋白質回血的唯一途徑，從毛細血管動脈端濾出的少量血漿蛋白分子，組織細胞分泌的蛋白質分子，只能經淋巴管運回入血，以維持血漿蛋白的正常水準，並使組織液中蛋白濃度保持較低水準。如果這一途徑被阻斷，勢必使這些蛋白質聚積在組織間隙中，使組織液的膠體滲透壓上升，引起水腫。

2. 運輸脂肪及其他營養物質

食物被消化後，營養物質經小腸黏膜吸收入血液，脂肪消化產物約 80%～90%是由小腸

絨毛的毛細淋巴管吸收並運輸到血液的。因此，小腸的淋巴液呈乳糜狀。少量的膽固醇和磷脂也經淋巴管吸收並運輸進入血液迴圈。

3. 調節血漿和組織液之間的液體平衡

儘管淋巴液回流的速度緩慢，總量少，但每天仍有2 000～4 000 mL組織液以淋巴液的形式回流入血。因此，淋巴液回流在組織液與血量的平衡中發揮著重要作用。如淋巴液回流受阻，大量淋巴液積滯於局部，可導致組織液增多，迴圈血量減少。

4. 防禦和免疫功能

在淋巴液回流過程中，淋巴結內的大量具有吞噬作用的巨噬細胞，能清除淋巴液中不被毛細血管重吸收的紅血球和細菌等異物。同時，淋巴液中的淋巴細胞和漿細胞還參與機體的免疫反應和防禦功能。

案例

某養殖戶從外地購入50頭6周齡的仔豬，飼養天後，有6頭發病，已死亡1頭。臨床症狀：發病仔豬眼瞼、結膜、頸、胸、腹部皮下水腫，臥地不起，四肢劃動如游泳狀，叫聲嘶啞，最後全身抽搐而死。剖檢發現胃大彎水腫、腸系膜水腫和肝、脾、肺等組織高度水腫，水腫部觸壓有波動感，心包、胸腔、腹腔有積液，腦硬膜下充血、水腫。根據臨床及解剖症狀診斷為仔豬水腫病。

問題與思考

從生理學角度解釋仔豬水腫病發病的可能原因。

提示性分析

無論何種水腫，均是組織液生成增多造成的。仔豬水腫病發生機制可能原因有：毛細血管血壓升高，或毛細血管壁通透性增加，或血漿膠體滲透壓降低，或淋巴液回流受阻等。其具體發病機制有待研究，但目前人們認為其可能與腸道內β-溶血性埃希氏大腸桿菌及其分泌的毒素關係密切。

第三節　心血管活動的調節

心血管活動調節的基本生理意義是維持動脈血壓相對穩定，保證各組織器官的血液供應。動物在不同的生理狀態下，各組織器官的代謝水準不同，對血流量的需要也不同。心血管的活動不但要滿足各組織器官新陳代謝活動的需要，而且還要隨著機體活動的變化，對各組織器官之間的血液供應進行調配，以維持內環境的相對穩定和使機體適應內外環境的各種變化。心血管活動的調節包括神經調節、體液調節和自身調節。

一、心血管活動的神經調節

心臟和血管平滑肌接受植物性神經支配。機體對心血管活動的神經調節是通過各種心血管反射實現的。

(一)心血管的神經支配

1. 支配心臟的傳出神經

心臟接受心交感神經和心迷走神經(副交感神經)的雙重支配。前者使心臟活動增強,後者使心臟活動受到抑制。兩側心交感神經和迷走神經對心臟的支配有所側重,右側心交感神經和迷走神經對竇房結的影響佔優勢,左側心交感神經和迷走神經對房室交界區的作用較明顯。

(1)心交感神經及其作用。心交感神經節前神經元胞體位於脊髓胸段第1~5節灰質中間外側柱內,其軸突(節前纖維)在星狀神經節或頸交感神經節內與節後神經元發生突觸聯系,節後神經元發出的節後纖維組成心臟神經叢,進入心臟,支配竇房結、房室交界區、房室束、心房肌和心室肌等心肌細胞。

心交感神經節前神經元軸突末梢釋放遞質乙醯膽鹼(ACh)與心交感神經節後神經元膜上的 N_1 型膽鹼受體結合引起其興奮,心交感神經節後纖維釋放遞質去甲腎上腺素(Norepi- nephrine,NA)與心肌細胞膜上相應的腎上腺素能受體($β_1$ 受體)結合,啟動腺苷酸環化酶,使細胞內 cAMP 的濃度升高,使心肌細胞膜對 Ca^{2+} 的通透性增高而對 K^+ 的通透性降低,最終結果是:心肌細胞興奮性升高(正性變興奮作用)、心率加快(正性變時作用)、房室傳導時間縮短(正性變傳導作用)、心肌收縮力增強(正性變力作用)。心交感神經對心肌的興奮作用,可被 β 受體阻滯劑(如心得甯、心得安等藥物)所阻滯。

(2)心迷走神經及其作用。心迷走神經節前神經元胞體位於延髓迷走神經背核和疑核,胞體發出的節前纖維行走於迷走神經幹中,到達心臟後與心內神經節神經胞體換元,發出節後纖維支配竇房結、心房肌、房室交界處、房室束及其分支,心室肌也有少量心迷走神經分布,但纖維數量比心房肌少得多。

心迷走神經節前纖維末梢釋放 ACh 與節後神經元膜上的 N_1 型膽鹼受體結合,引起節後神經元興奮,節後纖維末梢同樣釋放 ACh,ACh 與心肌細胞膜上的 M 型膽鹼能受體結合後,使心肌細胞膜對 K^+ 的通透性升高(促進 K^+ 外流),對 Ca^{2+} 的通透性降低(抑制 Ca^{2+} 的內流)。其結果是:心肌細胞的興奮性降低(負性變興奮作用)、心率變慢(負性變時作用)、心收縮力減弱(負性變力作用)、傳導速度減慢(負性變傳導作用)。心迷走神經對心臟的抑制效應,可被 M 型受體阻斷劑(如阿托品等)所阻滯。

綜上所述,心交感神經和心迷走神經對心臟活動的支配效應是相互拮抗的。動物實驗表明,如僅切除兩側的心交感神經,心跳活動將減弱,如僅切除兩側的心迷走神經,心跳活動會加強。由此說明,生理情況下,心交感神經和心迷走神經均會持續發放一定頻率的衝動到心臟,控制其活動,這種現象分別稱為心交感緊張(Cardiac sympathetic tone)和心迷走緊張(Cardiac vagul tone)。心交感緊張和心迷走緊張常可隨著機體生理狀態的不同而改變,如動物在相對安靜狀態下,心迷走緊張佔優勢,心臟活動處於較弱的水準,當軀體運動加強時,心交感緊張占主導地位,心臟活動加強,但在多數情況下,心迷走緊張作用比心交感緊張作用占較大優勢。

(3)支配心臟的肽能神經元。研究表明,心臟中存在有多種肽類神經纖維,它們釋放的遞質有神經肽Y、血管活性腸肽、阿片肽等。一些肽類遞質可與其他遞質,如單胺和乙醯膽鹼,共存於同一神經元內,並共同釋放。這些肽類遞質可能參與心肌和冠狀血管活動的調節,如血管活性腸肽有增加心肌收縮力和舒張冠狀血管的作用,但其具體生理功能目前還不完全清楚。

2.支配血管的神經

除真毛細血管外,血管壁都有平滑肌分佈。平滑肌纖維的收縮、舒張可使血管的管徑發生變化,一方面可以影響血壓,另一方面又可以調節外周器官中的血流量。血管平滑肌受植物性神經支配,能引起血管平滑肌收縮和舒張的神經纖維,分別稱為縮血管神經纖維和舒血管神經纖維。

(1)縮血管神經纖維。縮血管神經纖維都是交感神經纖維,故一般稱為交感縮血管神經纖維。其節前神經元位於脊髓胸段和前腰段(1~3腰段)灰質外側柱內,節前纖維在椎旁神經節和椎前神經節內與節後神經元發生突觸聯繫。椎旁神經節發出的節後纖維支配軀幹和四肢的血管;椎前神經節發出的節後纖維支配內臟器官的血管。節前纖維興奮時,末梢釋放乙醯膽鹼,與節後神經元膜上的N_1型膽鹼受體結合,引起節後神經元興奮,節後纖維末梢釋放去甲腎上腺素,作用於血管平滑肌上的α腎上腺素能受體和$β_2$腎上腺素能受體。去甲腎上腺素與α受體結合,引起血管平滑肌收縮,與$β_2$受體結合導致血管平滑肌舒張。由於去甲腎上腺素與α受體的結合能力比與$β_2$受體的結合能力強,故交感縮血管神經纖維興奮時,主要引起縮血管效應,提高外周阻力而升高血壓。在安靜狀態下,交感縮血管神經也有一定程度的緊張性活動,稱為交感縮血管緊張,使血管平滑肌維持相應的收縮,有利於保持一定的外周阻力。

體內幾乎所有的血管都有交感縮血管神經纖維分佈,但不同部位的血管中交感縮血管纖維分佈的密度不同。以皮膚血管中交感縮血管神經纖維分佈的密度最大,骨骼肌和內臟的血管次之,冠狀血管和腦血管中分佈最少。在同一器官中,動脈中縮血管纖維的密度高於靜脈,微動脈中密度最高,但毛細血管前括約肌中神經纖維分佈很少。機體內多數血管只受交感縮血管神經纖維的單一支配,當交感縮血管緊張增強時,血管平滑肌進一步收縮;當交感縮血管緊張減弱時,血管平滑肌收縮程度降低,血管舒張。

(2)舒血管神經纖維。體內有一部分血管除受交感縮血管神經纖維支配外,還受舒血管神經纖維的支配。舒血管神經纖維主要有交感舒血管神經纖維、副交感舒血管神經纖維、脊髓背根舒血管神經纖維以及血管活性腸肽神經元。

①交感舒血管神經纖維 有些動物如犬、貓、山羊和綿羊等,支配骨骼肌微動脈的交感神經中除有縮血管神經纖維外,還有舒血管神經纖維。交感舒血管神經纖維末梢釋放的遞質為乙醯膽鹼。交感舒血管神經纖維在平時並無緊張性活動,故對外周阻力影響不大。只有在動物處於情緒激動狀態和發生防禦反應時才發放衝動,引起骨骼肌血管舒張,加之此時內臟等處血管收縮,結果使骨骼肌的血液供應量顯著增加。

②副交感舒血管神經纖維：副交感舒血管神經纖維只支配腦膜、消化腺和外生殖器等少數器官血管平滑肌。它行走於相應的腦神經和盆神經中，興奮時釋放的遞質是 ACh，ACh 與血管平滑肌上相應的 M 型膽鹼能受體結合，引起血管舒張。副交感舒血管神經纖維的活動，主要對所支配的組織器官的局部血流起調節作用，對循環系統總外周阻力的影響很小。

③脊髓背根舒血管神經纖維：其是皮膚傷害性感覺傳入纖維在外周末梢的分支。當皮膚受到傷害性刺激時，感覺衝動一方面沿傳入纖維向中樞傳導，另一方面可在末梢分叉處沿分支到達受刺激部位鄰近的微動脈，使微動脈舒張，局部皮膚出現紅暈。這種僅通過軸突外周部位完成的反射，稱為軸突反射(Axon reflex)（圖 4-27）。這種神經纖維也稱背根舒血管神經纖維，其釋放的遞質還不是很清楚，有人認為是 P 物質，也有人認為是組胺或 ATP。軸突反射的作用，主要有助於局部受損傷組織的防禦和修補。

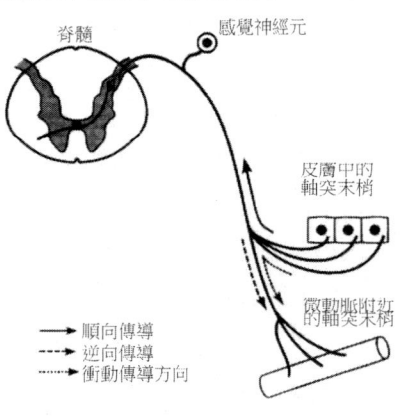

圖 4-27　軸突反射

④血管活性腸肽神經元有些自主神經元內有血管活性腸肽(Vasoactive intestinal polypeptide，VIP)和乙醯膽鹼共存，例如，支配汗腺的交感神經元和支配頜下腺的副交感神經元等。這些神經元興奮時，其末梢一方面釋放乙醯膽鹼，引起腺細胞分泌；另一方面釋放血管活性腸肽，引起舒血管效應，使局部組織血流增加，在機能上起著協同作用。

(二)心血管中樞

神經系統對心血管活動的調節是通過各種神經反射來實現的。在生理學中，將與心血管活動有關的神經元集中的部位稱為心血管中樞。心血管中樞分佈在中樞神經系統自脊髓到大腦皮層的各個水準上，但最基本的心血管中樞位於延髓。它們各具不同的功能，又相互密切聯繫，使心血管活動協調一致，並與整個機體的活動相適應。

1. 延髓心血管中樞

通過動物實驗觀察到，在延髓上緣橫斷腦幹後，動脈血壓無明顯的變化，如果在延髓和脊髓交界處橫斷脊髓，則動脈血壓下降非常明顯，證實心血管活動最基本的中樞在延髓。進一步研究證明，延髓心血管中樞至少包括四個部分的神經元（圖 4-28）：

(1)縮血管區。位於延髓頭端的腹外側部，其軸突下行至脊髓的中間外側柱，能引起心交感神經和交感縮血管神經纖維的緊張性活動。

(2)舒血管區。位於延髓尾端腹外側部。它們興奮後可抑制縮血管區神經元活動，導致交感縮血管緊張性降低，血管舒張。

(3)傳入神經接替站(延髓孤束核)。延髓孤束核的神經元接受頸動脈竇、主動脈弓和心臟感受器經舌咽神經和迷走神經傳入的資訊，並發出衝動至延髓和中樞神經系統的其他部位元，以影響心血管活動。刺激動物的延髓孤束核引起血

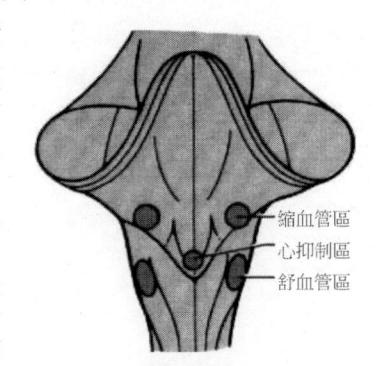

圖 4-28　延髓心血管中樞示意圖
（延髓孤束核未標記）

低，毀損延髓孤束核則導致血壓升高。

(4)心抑制區。位於延髓的背核和疑核，這是迷走神經胞體所在地。刺激心抑制區心率變慢，血壓降低；損毀心抑制區，切斷兩側迷走神經或用M受體阻滯劑阿托品後，心率明顯增快。

2.延髓以上的心血管中樞 在延髓以上的腦幹部分以及大腦和小腦中，都存在與心血管活動有關的神經元。

它們的調節功能更高級，表現為對心血管活動與機體其他複雜功能之間的整合作用。

(1)下丘腦。下丘腦是一個很重要的整合部位，在體溫調節、攝食、水平衡以及發怒、恐懼等情緒反應的整合中，均起重要作用。其中包含著相應的心血管活動的變化。

(2)大腦。大腦的一些部位，特別是邊緣系統的結構，如顳極、額葉的眶回、扣帶回的前部、杏仁核、隔、海馬等，能影響下丘腦和腦幹其他部位的心血管神經元的活動，並和機體各種行為的改變相協調。

(3)小腦。刺激小腦的一些部位也可以引起心血管活動的反應。這種效應可能與姿勢和體位改變時伴隨的心血管活動變化有關。

(三)心血管反射

中樞對心血管活動的調節是通過反射來實現的，當機體處於不同的生理狀態，或機體內、外環境發生變化時，可引起各種心血管反射，調節動脈血壓、心輸出量和各器官血流量，以適應當時機體所處的狀態或環境的變化。在各種心血管反射中，頸動脈竇和主動脈弓壓力感受性反射被認為是最重要的一種反射。

1. 頸動脈竇和主動脈弓壓力感受性反射

(1)反射弧的組成。壓力感受性反射的感受器位於頸動脈竇和主動脈弓血管外膜下的感覺神經末梢，能感受動脈血壓對血管壁的牽張刺激，稱為動脈壓力感受器。頸動脈竇的傳入神經為竇神經，隨舌咽神經進入延髓。主動脈弓的傳入神經隨迷走神經進入延髓(圖4-28)，兔的主動脈弓傳入神經在頸部自成一束，稱為主動脈神經或減壓神經，在顱底併入迷走神經幹。當動脈血壓升高時，血管壁擴張，刺激頸動脈竇和主動脈弓壓力感受器，使其發放衝動的頻率增加，經竇神經和主動脈神經進入延髓，在孤束核交換神經元。孤束核神經元興奮，其軸突一方面投射到迷走疑核或背核，興奮心迷走中樞；另一方面投射到延髓腹外側部，抑制心交感中樞和交感縮血管中樞。近年來，通過實驗證實，竇神經和孤束核還可以將動脈管壁擴張的衝動上傳到下丘腦前背側部，該部有抑制交感和興奮迷走神經的作用。

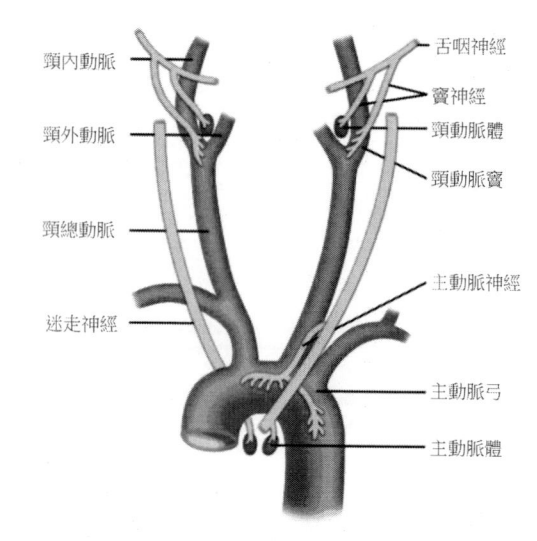

圖4-28 動脈竇區和主動脈弓區的壓力感受器與化學感受器及其傳入神經示意圖

(2) 反射效應。頸動脈竇和主動脈弓壓力感受性反射的神經連接見圖4-29。當動脈血壓突然升高時,頸動脈竇和主動脈弓受到的牽張刺激增強,發放傳入衝動增多,通過上述中樞聯繫機制,使心抑制區和舒血管區緊張加強,縮血管區的緊張減弱,結果使心迷走神經活動增強,而心交感神經和縮血管神經緊張活動減弱,導致心率減慢,心輸出量減少,小動脈舒張和外周阻力降低,故動脈血壓下降,稱為降壓反射(Depressor reflex),又稱減壓反射;反之,當動脈血壓突然降低時,壓力感受器傳入衝動減少,使迷走緊張減弱,交感緊張加強,故血壓升高,稱為降壓反射減弱(Depressor reflex weakened)。一般在安靜情況下,動物的動脈血壓值高於壓力感受器的感受閾值,所以,頸動脈竇和主動脈弓壓力感受器會經常不斷地向中樞發放衝動,降壓反射也經常進行著。這也是迷走神經經常處於緊張性活動狀態的原因。

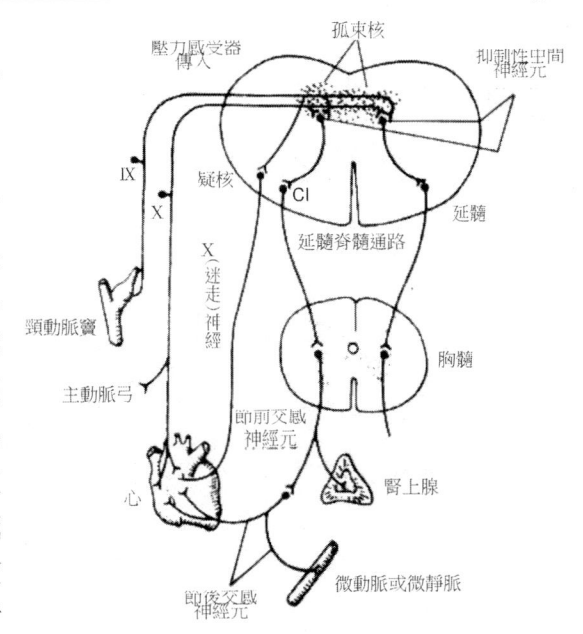

圖4-29 頸動脈竇和主動脈弓壓力感受性反射的神經連接示意圖

(3) 反射的特點和生理意義。頸動脈竇和主動脈弓壓力感受性反射屬於典型的負反饋機制,對動脈血壓具有雙向調節能力,主要對急驟變化的血壓起緩衝作用,尤其在低血壓時的緩衝作用更為重要,對緩慢的血壓變化不敏感。其生理意義主要在於調節短時間內發生的動脈血壓的急劇波動,維持血壓的相對穩定。

2. 頸動脈體和主動脈體化學感受性反射

在頸總動脈分叉處和主動脈弓區域,存在一些特殊的感受裝置,可感受動脈血中氧分壓下降(缺氧)、CO_2 分壓上升和 H^+ 濃度過高等化學成分的變化,稱為頸動脈體和主動脈體化學感受器。這些化學感受器受到刺激後,其感覺信號分別由竇神經和主動脈神經傳入延髓孤束核,然後使延髓內呼吸神經元和心血管活動神經元的活動發生改變,引起縮血管區緊張性升高,也可引起血管收縮,外周阻力增加,心率加快,動脈血壓升高。

在正常情況下,化學感受性反射的主要生理意義是調節呼吸運動,對心血管活動並不起明顯的調節作用。只有在嚴重缺氧、窒息、動脈血壓過低和酸中毒等情況下才引起血壓升高。

3. 心肺感受器引起的心血管反射

心肺感受器主要存在於心房、心室和肺循環大血管壁,引起心肺感受器興奮的適宜刺激有兩類:一類是血管壁的機械牽張刺激,例如,當心房、心室或肺循環大血管中壓力升高或血容量增多使之受到牽張時,感受器發生興奮。另一類是化學物質刺激,如心鈉素、前列腺素、激肽等。當心肌缺血、缺氧或負荷增加時,均可引起心鈉素、前列腺素或激肽的釋放,從而刺激心肺感受器。

大多數心肺感受器興奮經迷走神經傳入,引起的效應是迷走緊張增強,交感緊張降低,最終使心率減慢,心輸出量減少。

二、心血管活動的體液調節

心血管活動的體液調節是指血液和組織液中的某些化學物質,對心血管活動所產生的調節作用。在這些體液因素中,有些是由內分泌腺分泌的,通過血液迴圈廣泛作用於心血管系統,有些則在組織中形成,主要作用於局部的血管,對局部組織的血流起調節作用。

(一)腎素-血管緊張素-醛固酮系統

腎素是由腎近球細胞合成和分泌的一種酸性蛋白酶。當迴圈血量減少,動脈血壓降低導致腎血流量減少時,引起腎近球細胞分泌腎素入血液,腎素將血管緊張素原(由肝臟合成和釋放入血)水解成10肽的血管緊張素Ⅰ(Angiotensin I, ANG I);血管緊張素Ⅰ在肺循環中被血管緊張素轉化酶水解成8肽的血管緊張素Ⅱ;血管緊張素Ⅱ受到血漿或組織中血管緊張素酶A的作用,失去一個氨基酸成為7肽,即血管緊張素Ⅲ。

血管緊張素Ⅰ的生理活性低,但血管緊張素Ⅱ有極強的縮血管作用,約為去甲腎上腺素的40倍,其主要生理作用是升高血壓,具體表現在:①縮血管作用。血管緊張素Ⅱ可直接使全身微動脈收縮,外周阻力增大,血壓升高,也能使靜脈收縮,增加回心血量;②可刺激交感縮血管神經末梢釋放遞質;③增強交感縮血管中樞的緊張性,參與中樞對壓力感受性反射的調節;④與血管緊張素Ⅲ一起刺激腎上腺皮質分泌醛固酮,醛固酮可促進腎小管對小管液中鈉和水的重吸收,增加迴圈血量,也會使血壓升高。

總之,腎素-血管緊張素-醛固酮系統是調節動脈血壓和迴圈血量穩態的一個重要調節系統。在正常生理情況下,迴圈血液中存在低濃度的血管緊張素Ⅱ,可能對維持交感縮血管神經緊張性活動具有一定意義。但在大量失血、失水等情況下,血壓迅速下降,腎血流量減少,刺激腎近球細胞分泌大量腎素,增加血液中血管緊張素Ⅱ和Ⅲ的含量,最終促使血壓回升和血量增加。

(二)腎上腺素和去甲腎上腺素

迴圈血液中的腎上腺素和去甲腎上腺素主要來自腎上腺髓質的分泌。腎上腺素能神經末梢釋放的遞質去甲腎上腺素也有一小部分進入血液迴圈。兩者在化學結構上都屬於兒茶酚胺。腎上腺髓質釋放的兒茶酚胺中,腎上腺素約占80%,去甲腎上腺素約占20%。二者對心血管活動的作用並不完全相同,這是因為它們和靶細胞上不同的腎上腺素能受體的結合能力不同所致。

腎上腺素對兩類腎上腺素能受體均有較強的結合能力。在心臟,腎上腺素與β₁受體結合,使心率加快,傳導速度加快和心縮力增強,導致心輸出量增多。在血管,腎上腺素的作用取決於血管平滑肌上α和β腎上腺素能受體分佈的情況。例如,腎、胃、腸等內臟的血管平滑肌中α受體佔優勢,腎上腺素引起縮血管效應;而骨骼肌、肝、冠狀血管則以β₂受體佔優勢,腎上腺素引起舒血管效應,所以對外周阻力影響不大。只有在大劑量時,對血管的收縮效應增大,外周阻力才有所增加。由此可見,腎上腺素主要表現為對心臟的興奮作用,在臨床上常用作強心藥。

去甲腎上腺素與血管平滑肌α受體的結合能力最強，與心肌β₁受體結合能力次之，與血管平滑肌β₂受體結合能力最弱。因此，靜脈注射去甲腎上腺素可使全身血管廣泛收縮，動脈血壓升高。去甲腎上腺素也可與心肌細胞的β₁受體結合，使心臟活動加強加快，但因血壓的迅速升高又使降壓反射活動增強，從而掩蓋了去甲腎上腺素對心臟的直接興奮效應。在臨床上，去甲腎上腺素常用作升壓藥。

(三)血管升壓素

血管升壓素是由下丘腦視上核和室旁核神經元合成，沿軸漿運輸到垂體後葉貯存並釋放入血的。血管升壓素可促進腎單位遠曲小管和集合管對水的重吸收，故又稱為抗利尿激素(Antidiuretic hormone, ADH)。血管升壓素作用於血管平滑肌的相應受體，引起血管平滑肌收縮，是已知的最強的縮血管物質之一。但一般情況下血管升壓素並不參與血壓調節，其在血漿中濃度升高時，主要表現為抗利尿效應；只有當其血漿濃度明顯高出正常值時，才引起動脈血壓升高，如動物在禁水、失水、失血等情況時，心房和肺血管的容量感受器傳入衝動減少，血管升壓素釋放增加，對維持細胞外液量、血漿滲透壓和血壓的穩定起著重要的調節作用。

(四)血管內皮細胞釋放的活性物質

1. 舒血管物質

(1)一氧化氮(NO)。又稱內皮舒張因數(Endothelium-derived relaxing factor, EDRF)，是在一氧化氮合成酶催化下由精氨酸生成的。在動脈血壓突然升高時，血流對血管的切應力增大，導致血管內皮細胞釋放 NO，其使血管擴張，動脈血壓回降。

(2)前列環素(環前列腺素)(Prostacyclin)。是血管內皮細胞膜上的花生四烯酸的代謝產物，其半衰期很短(僅為幾秒)，是一種強烈的血管平滑肌舒張劑，產生鬆弛血管平滑肌效應。

2. 縮血管物質

血管內皮細胞還能合成和釋放多種縮血管物質，總稱為內皮縮血管因數(Endothelium-derived contracting factor，EDCF)，其中最主要的是內皮素(Endothelin，ET)，ET 是已知的最強的縮血管物質之一，其縮血管效應是去甲腎上腺素的 100 倍。在組織和血管損傷時，內皮素的釋放量明顯增加，產生持久的縮血管效應。

(五)激肽釋放酶－激肽系統

激肽釋放酶-激肽系統包括激肽釋放酶、激肽原、激肽、激肽受體和激肽酶。激肽釋放酶是一組具有激肽原酶活性的血清蛋白酶。它分為兩大類，一類存在於血漿中，稱為血漿激肽釋放酶。它作用於血漿中的高分子激肽原，使之水解為緩激肽。另一類存在於腎、唾液、胰腺等組織中，稱為組織激肽釋放酶，它作用於血漿中的低分子量激肽原，生成賴氨醯緩激肽，又稱血管舒張素，後者經氨基肽酶作用失去賴氨酸成為緩激肽。緩激肽經酶水解後失活。

緩激肽和血管舒張素是已知的最強的舒血管物質，可使血管平滑肌舒張，致使器官的局部血管舒張，血流量增加。

(六)心房鈉尿肽

心房鈉尿肽(Atrial natriuretic peptide，ANP)又稱心鈉素，是由心房肌細胞合成和釋放的

28個氨基酸組成的多肽。有強烈的利尿、排鈉作用，並使血管平滑肌舒張而起到降壓作用。心鈉素還具有對抗腎素-血管緊張素-醛固酮系統和抑制加壓素生成和釋放的作用。血容量增加時，心鈉素增多，通過利尿、排鈉途徑，調節水鹽平衡，減少血容量。

(七)組胺

由組氨酸在脫羧酶的作用下產生。許多組織、特別是皮膚、肺和腸黏膜組織的肥大細胞中，含有大量的組胺。當組織受到損傷或發生炎症以及過敏反應時，均可釋放組胺。組胺有較強的舒張血管的作用，並能使局部毛細血管和微靜脈管壁的內皮細胞收縮，彼此分開，使內皮細胞間的裂隙擴大，血管壁的通透性明顯增加，導致局部組織水腫。

(八)前列腺素

前列腺素(Prostaglandin, PG)是一種二十碳不飽和脂肪酸，其前體是花生四烯酸或其他二十碳不飽和脂肪酸，全身各部的組織細胞幾乎都含有生成PG的前體和酶，因此都能產生PG。由於分子結構的差異，PG 分為多種類型。各種 PG 對血管平滑肌的作用是不相同的。例如，PGF_{2a} 可使靜脈收縮；PGE_2 和 PGI_2 有強烈的舒血管作用，是機體內重要的降血壓物質，它們和激肽一起，與體內的血管緊張素 II 和兒茶酚胺等升血壓物質的作用相對抗，對維持血壓的相對穩定起著重要作用。

三、自身調節

在沒有外來神經和體液因素的調節作用時，各組織器官的血流量仍能通過局部血管的舒縮活動而得到相應的調節。這種調節機制存在於組織器官或血管自身之中，所以稱為自身調節。心泵功能的自身調節已在前面敘述。血管方面的自身調節，有兩種不同的學說，簡介於下。

(一)代謝性自身調節學說

該學說認為，器官血流量的自身調節主要取決於局部代謝產物的濃度。當代謝產物腺苷、二氧化碳、H^+、乳酸和K^+等在組織中的濃度升高時，使局部血管舒張，器官血流量增多，代謝產物可充分被血流帶走。於是局部代謝產物濃度下降，導致血管收縮，血流量恢復原有水平，使血流量與代謝活動水準保持相互適應。

(二)肌源性自身調節學說

該學說認為，血管平滑肌經常保持一定程度的緊張性收縮活動，是一種肌源性活動。器官的灌注壓突然升高時，血管平滑肌受到牽張刺激，肌源性活動加強，器官血流阻力加大，不因灌注壓升高而增加血流量。反之，當器官灌注壓突然降低時，肌源性活動減弱，血管平滑肌舒張，器官血流阻力減小，器官血流量不因灌注壓下降而減少。

案例

　　在生活中，即使是一個健康的成年人，如果長期下蹲後突然起立，也會馬上產生眼花、眩暈等特殊感覺，在一般情況下，短時間後會很快恢復正常。但如果是一位元心血管系統有疾病的人，如高血壓患者，就會出現嚴重的後果，甚至引起突然死亡，你知道其中的原因嗎？

問題與思考

　　從心血管活動調節方面，分析上述現象發生的原因。

提示性分析

　　心血管活動的快速協調穩定，主要受壓力感受性反射的調節，其包括降壓反射和加壓反射兩個方面，降壓反射起主要調節作用。人長期下蹲後突然起立，由於地心引力的作用，回心血量突然減少，心輸出量突然減少，動脈血壓突然降低，頭部的血液供應突然減少，引起眩暈等特殊感覺。但對一個健康的人而言，加壓反射可以迅速啟動，使血壓迅速升高，迅速恢復頭部供血而恢復正常。如是高血壓或動脈硬化等患者，則可能導致腦溢血、心肌梗死等嚴重後果。

思考題

一、名詞概念

1. 心輸出量　2. 射血分數　3. 心力儲備　4. 心肌自律性　5. 房室延擱
6. 代償間隙　7. 收縮壓　8. 舒張壓　9. 正常起搏點　10. 降壓反射

二、單項選擇題

1. 心室肌細胞動作電位平臺期是下列哪些離子跨膜流動的綜合結果（　　）
　　A. Na^+內流、Cl^-外流　　　　B. Na^+內流、K^+外流
　　C. Ca^{2+}內流、K^+外流　　　D. K^+內流、Ca^{2+}外流

2. 正常心動週期中下列哪項正確（　　）
　　A. 心房收縮期處在心室舒張期內　B. 心房舒張期處在心室收縮期內
　　C. 心室收縮期處在心房收縮期內　D. 心室舒張期處在心房收縮期內

3. 造成營養不良性水腫的因素是（　　）
　　A. 毛細血管血壓升高　　　　　　B. 血漿膠體滲透壓降低
　　C. 組織靜水壓降低　　　　　　　D. 毛細血管的通透性升高

4. 心肌不會產生強直收縮,原因是（　　）
　　A. 心肌是機能合胞體　　　　　　B. 心肌興奮後有效不應期特別長
　　C. 心肌有自律性　　　　　　　　D. 心肌呈「全或無」收縮

5. 心室肌細胞與浦肯野細胞動作電位的主要區別是（　　）
　　A. 0 期去極化速率和幅度　　　　B. 4 期自動去極化的有無
　　C. 平臺期複極化機制　　　　　　D. 1 期複極化的速率

6. 期前收縮的發生是由於刺激落在興奮性變化的（　　）

A.絕對不應期內　B.有效不應期內　C.超極化期內　D.相對不應期內
7. 下列有關影響心輸出量的因素，敘述錯誤的是（　）
　　A.與回心血量呈正相關　　　　　B.與心肌收縮力呈正相關
　　C.與血流阻力呈正相關　　　　　D.一定範圍內，與心率呈正相關
8. 在正常生理情況下，影響收縮壓的主要原因是（　）
　　A.心率的變化　　　　　　　　　B.外周阻力的變化
　　C.迴圈血量的變化　　　　　　　D.每搏輸出量的變化
9. 心迷走神經興奮時，下列敘述正確的是（　）
　　A.心率加快　　　　　　　　　　B.心率減慢
　　C.心肌收縮力增強　　　　　　　D.心輸出量增加
10. 心動週期中，心室血液充盈主要是由於（　）
　　A.心房收縮的擠壓作用　　　　　B.胸膜腔負壓的抽吸
　　C.心室舒張的抽吸　　　　　　　D.骨骼肌的擠壓

三 簡述題
1. 心肌有哪些生理特性，各有何特點？
2. 影響心輸出量的因素有哪些？
3. 組織液的生成及其影響因素有哪些？
4. 動脈血壓的形成及影響因素有哪些？
5. 比較腎上腺素和去甲腎上腺素對心血管作用的異同。

四 論述題
1. 在每一心動週期中，心臟的壓力、容積、瓣膜開關如何變化？
2. 試述腎素-血管緊張素-醛固酮系統對心血管功能的調節作用。
3. 試述頸動脈竇與主動脈弓壓力感受性反射對血壓的調節作用。

第 5 章 呼吸系統

本章導讀

　　呼吸是生命的基本活動之一，動物從出生的這一時刻開始，無論在清醒狀態下，還是在睡眠狀態下，呼吸總是不停地進行著，一旦呼吸停止3～5 min，生命也將結束。呼吸是通過呼吸運動來實現的，包括吸氣和呼氣兩個過程，一般情況下，前者是主動的，後者是被動的，其原因何在？為什麼人或動物在霧霾的天氣，呼吸就會感到困難，出現呼吸不暢、咳嗽不止等症狀？霧霾天氣對肺部的傷害有多大？霧霾天怎麼呼吸才能最低限度地減少對呼吸道及肺的損害？什麼是PM2.5，在當今社會它為什麼會引起人們如此高的關注？呼吸功能障礙時，為什麼動物和人的嘴唇及可視黏膜會發乾？為什麼冬天燃燒煤炭或天然氣取暖時，容易發生CO中毒，其中毒機制是什麼？如何有效防止這類事故的發生？通過對本章的學習，可以獲得一些答案。

　　機體與外界環境之間的氣體交換過程，稱為呼吸（Respiration），是維持生命活動的基本生理過程之一。通過呼吸，生物機體從外界環境攝取新陳代謝所需要的O_2，並排出機體所產生的CO_2。一旦呼吸停止，生命也將結束。

　　單細胞生物及某些簡單的多細胞生物通過細胞膜或體表擴散即可實現與環境的氣體交換。較為高等的生物則進化出了專門的呼吸器官，如魚類的鰓。哺乳動物的呼吸器官高度發達，具有功能完善的肺以及與之配套的呼吸道、呼吸肌等輔助結構。哺乳動物的整個呼吸過程由四個相互銜接的環節組成：(1)肺通氣，即肺與大氣間的氣體交換。(2)肺換氣，即肺泡與血液間的氣體交換。肺通氣與肺換氣合稱為外呼吸（External respiration）。(3)氣體在血液中的運輸，通過血液迴圈將呼吸器官攝取的O_2運送到組織細胞，同時把組織細胞產生的CO_2運送到肺。(4)組織換氣，即組織細胞與血液間的氣體交換，組織換氣又稱內呼吸（Internal respiration）（圖5-1）。

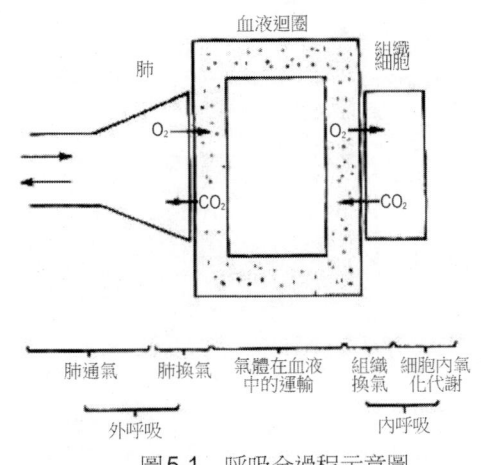

圖5-1　呼吸全過程示意圖

第一節 肺通氣

肺通氣(Pulmonary ventilation)是指肺與外界之間的氣體交換過程。實現肺通氣的主要結構基礎包括呼吸道、肺泡、胸廓、呼吸肌等。呼吸道是氣體進出肺的通道，同時還具有加溫、加濕、過濾和清潔吸入氣體以及引起防禦反射等保護功能。肺泡是肺換氣的主要場所，呼吸肌的收縮、舒張引起胸廓節律性的擴張和回縮，為肺通氣提供動力。

一、肺通氣的原理

氣體之所以能進出肺，是由於肺泡和大氣壓之間存在壓力差，這種壓力差是由肺的擴大和縮小引起的。肺擴張時，肺容積增大，肺泡內壓降低，當低於大氣壓時，外界氣體經呼吸道進入肺，稱為吸氣；肺縮小時，肺容積減小，肺泡內壓升高，當高於大氣壓時，肺內氣體經呼吸道排出體外，稱為呼氣。

氣體進出肺除了取決於肺通氣的動力以外，還取決於肺通氣的阻力。只有肺通氣的動力克服了阻力，才能實現肺通氣。

(一)肺通氣動力

肺通氣的直接動力是肺內壓與大氣壓之差。因大氣壓一般不變，故差值取決於肺內壓的變化。肺容積的週期性變化可影響肺內壓的大小。肺本身不具有主動舒縮的能力，其容積的變化是由胸廓的擴大和縮小引起的。由此可見，肺內壓與外界環境之間的壓力差是肺通氣的直接動力，而呼吸運動(Respiratory movement)即呼吸肌收縮和舒張引起的胸廓有節律的擴大和縮小，則是肺通氣的原動力。

1. 呼吸運動

呼吸運動包括吸氣運動(Inspiratory movement)和呼氣運動(Expiratory movement)。

(1)吸氣運動。吸氣運動由吸氣肌的主動收縮引起，吸氣肌主要有膈肌和肋間外肌。當膈肌收縮時，可增大動物胸腔的前後徑(圖 5-2)，當肋間外肌收縮時，胸廓的左右徑和背腹徑加大(圖 5-3)，二者均使胸腔容積增大，肺隨之擴張，肺內壓下降，當肺內壓低於大氣壓時，氣體進入肺內，引起吸氣。

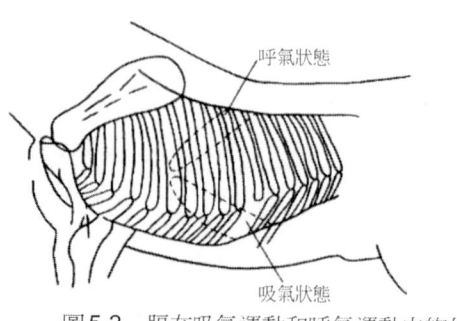

圖5-2 膈在吸氣運動和呼氣運動中的位置

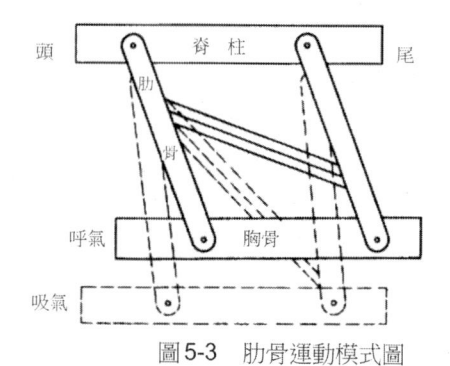

圖5-3 肋骨運動模式圖

(2)呼氣運動。平靜呼氣時，呼氣運動不是由呼氣肌(肋間內肌和腹壁肌)收縮引起的，而是因膈肌和肋間外肌的舒張，使胸廓回位，恢復其吸氣開始以前的位置，結果胸腔前後、左右及背腹徑都縮小,肺也隨之回縮,肺內壓上升高於大氣壓,肺內氣體經呼吸道排出體外,引起呼氣。因此,在平靜呼氣時,呼氣是被動的。只有在用力呼吸時,呼氣肌才參與收縮,使胸腔進一步縮小,呼氣才成為主動活動。

(3)呼吸類型和呼吸頻率。根據參與呼吸運動的主要肌群的主次、活動狀況以及胸腹部起伏變化的程度,可將呼吸類型分為三類:以膈肌舒縮為主,腹壁起伏明顯的呼吸運動稱為腹式呼吸(Abdominal respiration);以肋間外肌舒縮為主,胸部起伏明顯的呼吸運動稱為胸式呼吸(Thoracic breathing);膈肌和肋間外肌均參與呼吸運動,胸腹部起伏均很明顯的呼吸運動稱為胸腹式呼吸(Thoracic and abdominal breathing),又稱混合式呼吸,正常情況下,健康家畜的呼吸多屬於這一類型。

動物每分鐘的呼吸次數稱為呼吸頻率(Breathing rate)。呼吸頻率可因年齡、外界溫度、海拔高度、種別、疾病、新陳代謝以及個體大小等因素的影響而發生變化。部分動物正常呼吸頻率見表 5-1。

表 5-1　部分動物正常的呼吸頻率

動物類別	頻率(次/min)	動物類別	頻率(次/min)
馬	8~16	山羊	10~20
駱駝	5~12	豬	15~24
牛	10~30	犬	10~30
水牛	9~18	兔	50~60
耗牛	25~34	雞	22~25
鹿	8~16	鴨	16~28
綿羊	12~24	鴿	50~70

2. 肺內壓

肺內壓(Intrapulmonic pressure)是指肺泡內的氣壓。動物在呼吸運動過程中,肺內壓呈週期性波動。吸氣時,由於肺容積的增大,肺內壓下降並低於大氣壓,外界氣體被吸入肺泡,隨著肺內氣體的增加,肺內壓也逐漸升高,至吸氣末,肺內壓升高到與大氣壓相等,氣流也就停止。相反,在呼氣時,肺容積減小,肺內壓升高並超過大氣壓,肺內氣體流出肺,隨著肺內氣體的減少,肺內壓也逐漸降低,至呼氣末,肺內壓又降低到與大氣壓相等,氣流亦隨之停止(圖 5-4)。在呼吸過程中,肺內壓變化的程度與呼吸運動的緩急、深淺和呼吸道是否通暢等因素有關。平靜呼吸時,肺內壓波動較小;用力呼吸或呼吸道不夠通暢時,肺內壓的波動幅度將顯著增大。

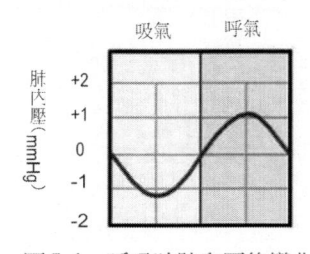

圖 5-4　呼吸時肺內壓的變化

3. 胸膜腔和胸內壓

(1)胸膜腔(Pleural cavity)。胸膜腔是由緊貼於肺表面的胸膜臟層和緊貼於胸廓內壁的胸膜壁層形成的一個密閉潛在的空隙。胸膜腔並不是一個空腔,內有少量漿液。這一薄層漿液一方面在兩層胸膜之間起潤滑作用,減小呼吸運動中兩層胸膜互相滑動的摩擦阻力;另一方面，漿液分子之間的內聚力可使兩層胸膜緊貼在一起，不易分開；當胸廓擴張時，肺就可以隨胸廓的運動而運動。因此，胸膜腔的密閉性和兩層胸膜間漿液部分的內聚力有重要的生理意義。

(2) 胸內壓 (Intrathoracic pressure)。胸內壓是指胸膜腔內的壓力，又稱為胸膜腔內壓。由於胸膜腔的壁層外面受到胸廓的保護，不會再受到大氣壓的作用。而胸膜腔臟層受到了兩種方向相反的作用力（圖5-5）：一是肺內壓，使肺泡擴張，並通過肺泡壁的傳遞作用於胸膜臟層；二是肺的回縮力，使肺泡縮小。因此，胸膜腔的壓力實際上是兩種相反的力的代數和，即：

胸內壓＝肺內壓-肺回縮力

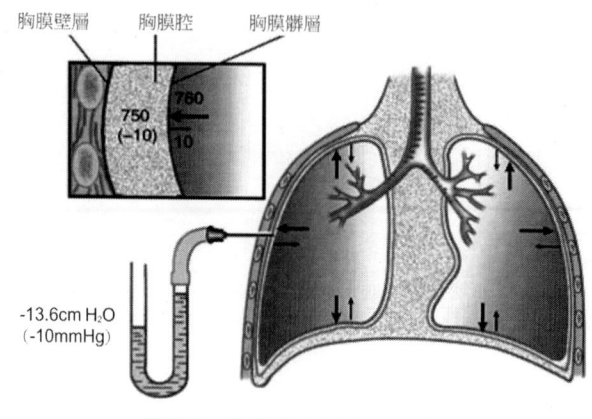

圖5-5　胸膜腔負壓產生示意圖

在吸氣末或呼氣末，呼吸道內氣流停止，並且呼吸道與外界環境相通，因此肺內壓等於大氣壓，此時胸膜腔內壓＝大氣壓-肺回縮力；在正常吸氣或呼氣過程中，肺內壓的變化較小，基本上約等於大氣壓，因此，胸內壓公式可寫成：

胸內壓≈大氣壓-肺回縮力

若以大氣壓作為生理上的「0」線，則胸內壓≈-肺回縮力。由於動物從出生開始，肺回縮力始終是客觀存在的，且肺回縮力的大小與肺的擴張程度呈正比。可見，胸內壓始終低於大氣壓，故將胸內壓又稱為胸內負壓。吸氣時，肺擴張，肺回縮力增大，胸內壓減小（或胸內負壓增大）；呼氣時，肺縮小，肺回縮力減小，胸內壓增大（或胸內負壓減小）。

胸內負壓的生理意義

一是使肺和小氣道維持擴張狀態，從而維持肺的通氣；

二是作用於腔靜脈淋巴管、心臟，使心臟趨於擴張，可降低中心靜脈壓，促進靜脈血和淋巴回流及右心充盈，尤其是在做深吸氣時，胸內壓更低，進一步吸引血液回心；

三是作用於食管，有利於嘔吐反射。在牛、羊等反芻動物中，對瘤胃內食團逆嘔入口腔進行再咀嚼也有促進作用。

如果發生胸壁貫通傷，造成空氣進入胸膜腔，或發生肺穿孔，造成肺泡氣進入胸膜腔，都會形成氣胸，胸內負壓消失，兩層胸膜彼此分開，肺將因其本身的回縮力而塌陷，呼吸功能被破壞。此時，儘管呼吸運動仍在進行，肺卻失去了隨胸廓運動而運動的能力，其程度視氣胸的程度和類型而異。氣胸時肺的通氣功能受到妨害，胸腔大靜脈和淋巴回流也將降低，甚至因呼吸、迴圈功能出現嚴重障礙而危及生命。

案例

獵犬，3歲，雄性，體重15kg，隨其主人出獵被野豬咬傷胸部，主人立即用衣服按壓住創口後送往醫院。經檢查，體溫38.8℃，脈搏130次/min，呼吸62次/min。在胸壁發現三處皮膚傷口，一處為劃傷，另兩處為不規則皮膚透創。提起不規則皮膚透創，發現倒數第1、第2肋骨骨折，皮下胸腹部被撕咬開約15cm的創口，透過創口可看見肺組織，肺組織未受損傷。傷犬臥地不起，呼吸嚴重困難，呈腹式呼吸。診斷為胸壁透創併發開放性氣胸和肋骨骨折。

問題與思考

1. 何為氣胸？氣胸對呼吸和迴圈有何危害？
2. 胸內壓的特點及主要作用？

提示性分析

1. 胸膜腔封閉性被破壞，氣體進入胸膜腔，這種狀態稱為氣胸。外傷導致胸壁破損，胸膜腔與大氣直接相通，稱為開放性氣胸。肺將因其自身的內向回縮力的作用而塌陷，不再隨胸廓的運動而節律性擴張和縮小。同時血液和淋巴液回流發生障礙。如不及時治療則會導致呼吸迴圈功能衰竭而危及生命。血液及炎症滲出液大量進入胸膜腔也會導致肺擴張受阻，嚴重時影響肺通氣功能。

2. 在正常生理情況下，胸內壓始終低於大氣壓，故稱為胸內負壓。其生理作用主要表現在：擴張肺，保證肺隨胸廓的正常舒縮；促進靜脈和淋巴回流，促進血液循環；擴張食道，有利於嘔吐和反芻動物反芻。

(二)肺通氣的阻力

肺通氣的動力需要克服肺通氣的阻力才能實現肺通氣。肺通氣的阻力有兩種：一是彈性阻力，包括肺的彈性阻力和胸廓的彈性阻力，是平靜呼吸時的主要阻力，約占平靜呼吸時總阻力的70%；二是非彈性阻力，包括氣道阻力、慣性阻力、組織黏滯阻力，約占總阻力的30%。

1. 彈性阻力與順應性

彈性阻力是指彈性組織在外力作用下變形時，具有的對抗變形和回位的力量。肺彈性阻力的大小用順應性表示。順應性是指在外力作用下彈性組織的可擴張性。肺順應性大，說明肺的回縮力小，肺易於擴張；肺順應性小，說明肺的回縮力大，肺不易擴張。可見順應性(C)與彈性阻力(R)呈反比關係，即：

$$C=1/R$$

C的大小用單位壓力變化($\triangle P$)所引起的容積變化($\triangle V$)來衡量，即：

$$C=\triangle V/\triangle P$$

因肺和胸廓都是彈性組織，所以彈性阻力包括肺的彈性阻力和胸廓的彈性阻力。

(1)肺的彈性阻力。其來自肺組織本身的彈性回縮力和肺泡液-氣介面的表面張力，兩者均使肺具有回縮的傾向，因此成為肺擴張的彈性阻力。肺泡壁、小氣道的管壁等組織富含彈力纖維和膠原纖維。當肺擴張時，這些纖維因被拉長而傾向於回縮。肺擴張程度越大，回縮力也越大。在肺泡內側存在液-氣介面，由於液體分子間的相互吸引，在液-氣介面產生表面張力，作用於肺泡壁，驅使肺泡回縮。肺的彈性回縮力僅占肺總彈性阻力的1/3，而肺泡表面張力所形成的回縮力占肺總彈性阻力的2/3。

根據拉普拉斯定律，液泡內由表面張力所形成的回縮力(P)與表面張力(T)呈正比，與液泡半徑(R)呈反比，即：

$$P=2T/R$$

如果大小肺泡的表面張力相等，肺泡內壓力與肺泡半徑呈反比。小肺泡內的壓力就會超過大肺泡。如果這些肺泡彼此連通，小肺泡內的氣流將流入大肺泡，小肺泡最後塌陷(圖5-6)，而大肺泡越來越大，肺泡失去穩定性。但在正常機體內並不存在這種現象，這是因為肺泡表面存在著表面活性物質的緣故。肺泡表面活性物質主要由肺泡Ⅱ型細胞合成並分泌，為複雜的脂蛋白混合物，其主要成分是二棕櫚醯卵磷脂（Dipalmitoyl phosphatidyl choline，DPPC 或 Dipalmitoyl lecithin，DPL）。DPPC 分子的一端是非極性的脂肪酸，不溶於水；另一端是極性的，易溶於水。因此，DPPC 分子垂直排列於肺泡液-氣介面，極性端插入液體層，非極性端朝向肺泡腔，形成單分子層分佈在肺泡液-氣介面上改變了液-氣介面的結構，從而大大降低肺泡的表面張力。DPPC 密度隨肺泡的擴張和縮小而改變，在較小的肺泡中，表面活性物質的密度大，其降低表面張力的作用強，使小肺泡內壓力不致過高，防止小肺泡塌陷；在大肺泡中，表面活性物質密度減小，肺泡表面張力增加，可防止肺泡過度膨脹，從而保持肺泡容積的相對穩定(圖5-7)。

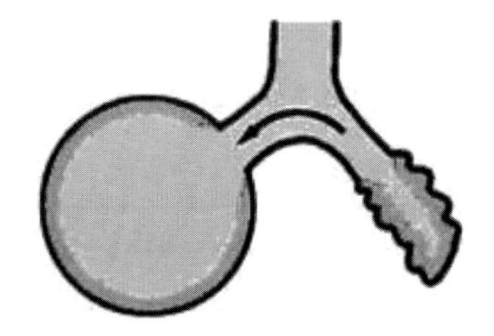

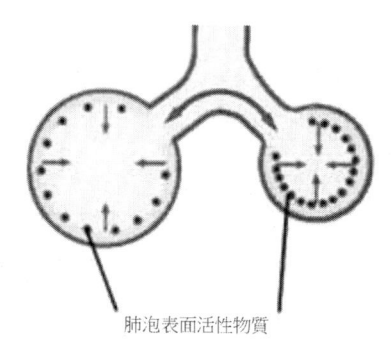

圖5-6　相連通的大小不同肺泡內的氣流方向　　圖5-7　肺泡表面活性物質維持肺泡容積的相對穩定

肺泡表面活性物質這種作用的生理意義在於消除上述表面張力對肺通氣的不利影響。首先，有助於維持肺泡的穩定性。其次，降低吸氣阻力，保持肺的順應性，減少吸氣做功。第三，肺泡表面活性物質還能防止組織液滲入肺泡，避免肺水腫發生。肺泡表面張力的合力指向肺泡腔內，可對肺泡間質產生「抽吸」作用，使肺泡間質靜水壓降低，組織液生成增加，因而可能導致肺水腫。肺泡表面活性物質可降低肺泡表面張力，減小肺泡回縮力，減弱對肺泡間質的「抽吸」作用，從而能防止肺水腫的發生。

(2)胸廓的彈性阻力。其來自胸廓的彈性回縮力。胸廓的彈性阻力並不是一直存在的，當胸廓處於自然位置時，胸廓幾乎不存在彈性回縮力，也就幾乎不具有彈性阻力。當吸氣時，胸廓被吸氣肌牽引向外擴大，胸廓的彈性回縮力向內，它是吸氣的彈性阻力，呼氣的動力；當呼氣時，胸廓被呼氣肌牽引向內縮小，其彈性回縮力向外，成為吸氣的動力，呼氣的彈性阻力。所以胸廓的彈性回縮力既可能是吸氣的彈性阻力，也可能是吸氣的動力，依胸廓的位置而定。這與肺的彈性回縮力不同，肺的彈性回縮力始終是吸氣的彈性阻力。

2. 非彈性阻力

非彈性阻力包括氣道阻力、慣性阻力和黏滯阻力。氣道阻力來自氣體流經呼吸道時氣體分子之間和氣體分子與氣道壁之間的摩擦，是非彈性阻力的主要組成部分，占80％～90％。氣道阻力受氣流速度、氣流形式和管徑大小的影響。慣性阻力是氣流在發動、變速、換向時因氣流和組織的慣性所產生的阻止肺通氣的力。黏滯阻力來自呼吸時組織相對位移所發生的摩擦。平靜呼吸時，呼吸頻率較低，氣流速度較慢，慣性阻力和黏滯阻力都很小。

阻塞性通氣障礙：由於動物氣道阻塞或受壓迫所致，當氣管、大支氣管被異物阻塞、受腫瘤壓迫時，或小支氣管、細支氣管被炎性滲出物阻塞時，或慢性炎症黏膜增厚時，均可增大氣道阻力，導致肺通氣障礙，從而出現呼吸困難等症狀。

二、肺通氣功能的評價

(一)肺容積和肺容量

肺容積(Pulmonary volume)是指不同狀態下肺內容納的氣體量，通常肺容積可分為潮氣量、補吸氣量、補呼氣量和餘氣量四種基本肺容積，其互不重疊，它們全部相加後等於肺總量(圖 5-8)；肺容量(Pulmonary capacity)是指基本肺容積中兩項或兩項以上的聯合氣量，肺容量之間可有重疊，可作為評價肺通氣功能的指標。

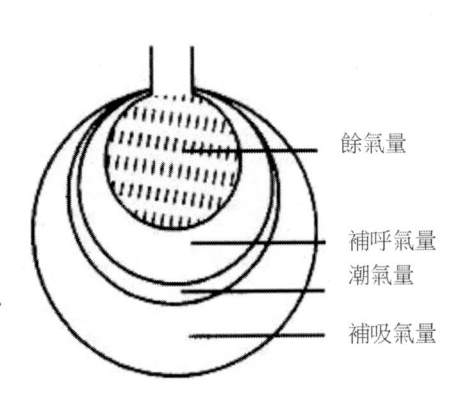

圖5-8　肺的基本容積示意圖

1. 潮氣量

潮氣量(Tidal volume，TV)是指平靜呼吸時每次吸入或呼出的氣體量。各種家畜的潮氣量約為：馬6000 mL；奶牛躺臥時3100 mL，站立時3800 mL；山羊310 mL；綿羊260 mL；豬300～500 mL。勞役、運動時，潮氣量各有所增大。

2. 補吸氣量

平靜吸氣末，再盡力吸氣所能吸入的氣體量稱為補吸氣量(Inspiratory reserve volume，IRV)。馬的補吸氣量約為 12 L。補吸氣量反映吸氣的儲備量。

3. 補呼氣量

平靜呼氣末，再盡力呼氣所能呼出的氣體量稱為補呼氣量(Expiratory reserve volume，ERV)。馬約為 12 L。補呼氣量反映呼氣的儲備量。

4. 餘氣量

最大呼氣末，殘留於肺內不能呼出的氣體量稱為餘氣量(Residual volume)或殘氣量。餘氣量無論如何用力也無法將其呼出，只能用間接方法測定。馬的餘氣量約為12 L。

5. 機能餘氣量

平靜呼吸末，肺記憶體留的氣體量稱為機能餘氣量（Functional residual capacity，FRC），為餘氣量和補呼氣量之和。機能餘氣量的值較大（馬的達 24 L），但在平靜呼吸時，肺內氣體更新率僅為 20% 左右，從而可緩衝呼吸過程中肺泡氣中的氧氣和二氧化碳分壓（PO_2 和 PCO_2）的過度變化，使肺泡氣和動脈血液中的 PO_2 和 PCO_2 不會隨呼吸而發生大幅度的波動，有利於肺換氣的正常進行。

6. 肺活量

最大吸氣後，盡力呼氣所能呼出的最大氣量稱為肺活量（Vital capacity，VC），是潮氣量、補呼氣量和補吸氣量之和，或肺總量減去餘氣量。肺活量反映了一次通氣的最大能力，在一定程度上可作為肺通氣功能的指標。肺活量有較大的個體差異，與軀體的大小、性別、年齡、體徵、呼吸肌強弱等因素有關。馬的肺活量約為 30 L。

（二）肺通氣量

肺通氣量包括每分通氣量（Minute ventilation volume）和肺泡通氣量（Alveolar ventilation）。

1. 每分通氣量

每分通氣量指每分鐘吸入肺內或從肺呼出的氣體總量，它等於潮氣量和呼吸頻率的乘積。每分通氣量與呼吸的速度和深度有關。動物活動增強時，呼吸頻率和呼吸深度都增加，每分通氣量相應增大。如馬每分通氣量為 35～45 L，負重時為 150～200 L。盡力做深快呼吸時，每分鐘肺能吸入或呼出的最大氣體量為肺最大通氣量。它反映單位時間內充分發揮全部通氣能力所能達到的通氣量，是瞭解肺通氣機能的良好指標。健康動物的肺最大通氣量可比平靜呼吸時每分通氣量大 10 倍。

比較每分最大通氣量與每分通氣量，可以瞭解通氣功能的儲備能力，後者通常用通氣儲備量百分比表示，即：

$$通氣儲備量百分比 = \frac{每分最大通氣量 - 每分平靜通氣量}{每分最大通氣量} \times 100\%$$

2. 肺泡通氣量

肺泡通氣量指每分鐘吸入肺泡的新鮮空氣量或每分鐘與血液進行氣體交換的量，又稱有效通氣量。與每分通氣量比較，肺泡通氣量比每分通氣量小，其差值為無效腔量乘以呼吸頻率。因每次吸入的新鮮空氣並不全部進入肺泡，其中一部分停留在從鼻至終末細支氣管這一段呼吸道內，因而不能與血液進行氣體交換。故把這一段呼吸道稱為解剖無效腔或死腔。進入肺泡的氣體，也可因血流在肺內分布不均而不能都與血液進行氣體交換，未能發生交換的這一部分肺泡容量稱為肺泡無效腔。肺泡無效腔與解剖無效腔一起合稱為生理無效腔。健康動物的肺泡無效腔接近於 0，因此每分肺泡通氣量可粗略地按下式計算：

每分肺泡通氣量 =（潮氣量 - 解剖無效腔容量）× 呼吸頻率

由於無效腔的客觀存在，導致潮氣量和呼吸頻率發生變化時，對每分通氣量和肺泡通氣量的影響出現較大差異（表 5-2）。在潮氣量減半和呼吸頻率加倍（淺而快的呼吸）或潮氣量加倍而呼吸頻率減半（深而慢的呼吸）時，雖肺每分通氣量保持不變，但是肺泡通氣量卻發生明顯的變化。所以，在一定範圍內，深而慢的呼吸可使肺泡通氣量增大，肺泡氣體更新率加大,有利於肺的氣體交換,淺而快的呼吸不利於肺的氣體交換。

表5-2 每分通氣量與肺泡通氣量的比較

呼吸特點	呼吸頻率 (次/min)	潮氣量 (mL)	肺通氣量 (mL/min)	肺泡通氣量 (mL/min)
平靜呼吸	16	500	8000	5600
深慢呼吸	8	1000	8000	6800
淺快呼吸	32	250	8000	3200

案例

　　動物和人在因特殊原因導致呼吸突然停止時,如麻醉、溺水、中毒、觸電等,可採用人工呼吸,保證動物或人獲得一定量的氧氣,而不至於迅速死亡,為病人贏得寶貴的搶救時間。

問題與思考

　　人工呼吸原理及分類是什麼?

提示性分析

　　肺內壓的週期性交替升降是引起肺通氣的直接動力。根據這一原理,在非自然呼吸停止時,可通過人工呼吸的方法建立肺內壓與大氣壓之間的壓力差,使呼吸暫停者獲得被動式呼吸,以維持肺通氣。人工呼吸是用於自主呼吸停止時的一種急救方法,通過徒手或機械裝置使空氣有節律地進入肺內,然後利用胸廓和肺組織的彈性回縮力使進入肺內的氣體呼出,如此周而復始以代替自主呼吸。人工呼吸方法很多,有口對口吹氣法、俯臥壓背法、仰臥壓胸法,但以口對口吹氣式人工呼吸法最為方便和有效。

第二節　肺換氣與組織換氣

一、氣體交換的原理

　　混合氣體中每種氣體分子運動所產生的壓力稱為分壓。當溫度相對恒定時,氣體分壓的大小只決定於其本身的濃度。當不同區域存在分壓差時,氣體分子將從分壓高處向分壓低處擴散,直到達到動態平衡,這一過程稱為氣體的擴散。因此,存在於生物膜兩側的各種氣體的分壓差是氣體交換的動力。分壓差越大,單位時間內氣體分子的擴散量就越多。

(一)氣體交換過程

1. 氣體在肺內的交換

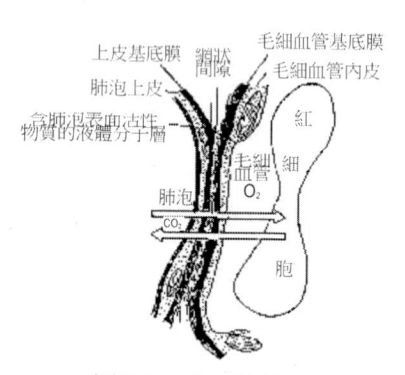

肺泡內氣體與肺泡壁毛細血管血液之間，構成呼吸膜（Respiratory membrane），共有 6 層結構（圖 5-9），包括：①肺泡內表面的液體層及其表面的活性物質；②肺泡上皮；③上皮基底膜；④彈力纖維和膠原纖維構成的網狀間隙；⑤毛細血管基底膜；⑥毛細血管內皮。但其總厚度不及 1 μm，允許氣體分子自由通過。當呼吸膜兩側氣體出現分壓差時，氣體就會由高分壓的一側擴散至低分壓一側（圖 5-10）。當混合靜脈血流經肺毛細血管時，血液 P_{O_2} 為 40 mmHg，比肺泡氣的 104 mmHg 低，O_2 就在分壓差的作用下由肺泡氣向血液擴散，使血液 P_{O_2} 逐漸上升，最後接近肺泡氣的 P_{O_2}；混合靜脈血 P_{CO_2} 為 46 mmHg，肺泡氣 P_{CO_2} 為 40 mmHg，所以 CO_2 便從血液向肺泡擴散。O_2 和 CO_2 在血液和肺泡之間的擴散都極為迅速，僅需 0.3 s 即可達到平衡。在通常情況下，血液流經肺毛細血管的時間約為 0.7 s，所以當血液流經肺毛細血管約全長 1/3 時，肺換氣過程已基本完成。可見，肺換氣有很大的儲備能力。經過氣體交換後，肺毛細血管中的靜脈血變成了動脈血。

圖5-9 呼吸膜結構示意圖

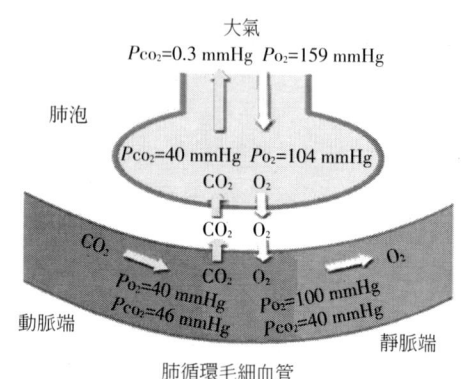

圖5-10 肺換氣示意圖

2. 組織中的氣體交換

組織細胞在代謝過程中不斷消耗 O_2 並產生 CO_2，使組織中的 P_{O_2} 總是低於動脈血，而 P_{CO_2} 則高於動脈血。當動脈血液流經全身組織毛細血管時，動脈血中的 O_2 即向組織細胞中擴散，而 CO_2 則由組織細胞擴散入血液。經過氣體交換後，毛細血管中的動脈血變成了靜脈血。

(二)影響肺換氣的因素

1. 氣體的分壓差、溶解度和相對分子量

分壓差是影響肺換氣的最主要因素，分壓差越大，氣體擴散速度越快。在同樣條件下，氣體分子的擴散速率還與相對分子品質的平方根呈反比。如果擴散發生在氣相與液相之間，則擴散速率還與氣體在溶液中的溶解度呈正比。溶解度與相對分子品質的平方根之比為擴散係數，它取決於氣體分子本身的特性。以 CO_2 和 O_2 為例，在相同的分壓下，CO_2 的擴散速率要比 O_2 快得多，約為 O_2 的 20 倍。而肺泡與血液間 P_{O_2} 為 P_{CO_2} 的 10 倍，如果將氣體的分壓差、溶解度和分子量綜合考慮，CO_2 的擴散率比 O_2 快約 2 倍。所以肺換氣不足時，通常缺 O_2 顯著，而 CO_2 瀦留不明顯。

2. 呼吸膜的面積和厚度

氣體的擴散量和擴散面積呈正相關。正常情況下，呼吸膜的擴散面積大，氣體能迅速進行交換。而肺不張、肺實變、肺氣腫、肺毛細血管堵塞使呼吸膜面積減少，氣體交換量減少。

呼吸膜的厚度不僅影響氣體擴散的距離，也影響膜的通透性。氣體擴散速率與呼吸膜的厚度呈負相關，呼吸膜愈厚，擴散速率就愈慢。在正常情況下，呼吸膜很薄(<1 μm)，通透性大，而且紅血球與呼吸膜的距離很近，有利於氣體交換。在病理情況下，如肺纖維化、肺水腫等，使呼吸膜增厚，將直接影響換氣功能。

3.通氣／血流比值

通氣／血流比值指每分鐘肺泡通氣量(VA)和每分鐘肺血流量(Q)間的比值(VA/Q)。氣體交換是在肺泡和流經肺泡毛細血管的血液之間進行的，因此只有在適宜的VA/Q情況下才能進行正常的氣體交換。如果VA/Q比值增大，就意味著通氣過剩，血流相對不足，部分肺泡氣體未能與血液氣體充分交換，致使肺泡無效腔增大。反之，VA/Q比值下降，則意味著通氣不足，血流相對過多，部分血液流經通氣不良的肺泡，混合靜脈血中的氣體不能得到充分更新，猶如發生了功能性動-靜脈短路。可見，無論VA/Q比值增大或減小，都會妨礙肺換氣，導致機體缺氧和CO_2潴留，尤其是缺氧。高等哺乳動物VA/Q的生理值約為4.2/5=0.84。

案例

豬場35日齡仔豬發病，病豬體溫41～42℃，不食、腹瀉、被毛粗亂、共濟失調、雙耳發涼、耳尖青紫、呼吸困難、腹式呼吸明顯。個別病豬腹側及外陰皮膚出現藍紫色斑塊。病死豬肺組織切片鏡檢，見肺泡壁增厚，呈間質性肺炎變化和實質變性病理變化。根據臨床和組織學檢查診斷為仔豬繁殖與呼吸綜合征(又名藍耳病)。

問題與思考

仔豬藍耳病對肺換氣功能有何影響？

提示性分析

影響肺換氣的生理因素包括呼吸膜的厚度、參與換氣的肺泡面積、通氣／血流比值等，仔豬發生藍耳病時，通過肺組織病理觀察發現肺泡壁增厚，呈間質性肺炎變化和實質變性病理變化，說明呼吸膜的厚度增加、參與換氣的肺泡面積減少，將導致肺換氣效率降低，引起機體缺氧，最終引起耳尖青紫、部分皮膚出現藍紫色斑塊等特殊臨床症狀。

第三節　氣體在血液中的運輸

經肺換氣攝取的O_2通過血液迴圈被運輸到機體各器官組織供細胞利用；由細胞代謝產生的CO_2經組織換氣進入血液後，也經血液迴圈被運輸到肺部排出體外。因此，O_2和CO_2的運輸是以血液為媒介的。O_2和CO_2都以物理溶解和化學結合兩種形式存在於血液中。雖然血液中以物理溶解形式存在的O_2和CO_2很少，但很重要，因為必須先有物理溶解才能發生化學結合。在肺換氣或組織換氣時，進入血液的O_2和CO_2都是先溶解在血漿中，提高各自的分壓，再

出現化學結合的 O_2 和 CO_2 從血液釋放時，也是溶解的先逸出，使各自的分壓下降，然後化學結合的 O_2 和 CO_2 再分離出來，溶解到血漿中。物理溶解量與其分壓和溶解度呈正比，與溫度呈反比，物理溶解和化學結合兩者之間處於動態平衡。

一、氧氣的運輸

血液中以物理溶解形式存在的 O_2 量僅占血液總 O_2 含量的 1.5％左右，化學結合的約占 98.5％。

(一) Hb 的分子結構

血紅蛋白（Hemoglobin, Hb）分子由 1 個珠蛋白和 4 個血紅素（又稱亞鐵原卟啉）組成（圖 5-11）。每個血紅素又由 4 個吡咯基組成一個環，中心為一個 Fe^{2+}。每個珠蛋白有 4 條多肽鏈，每條多肽鏈與 1 個血紅素相連接，構成 Hb 單體或亞單位。Hb 是由 4 個單體構成的四聚體。血紅素基團中心的 Fe^{2+} 可與氧分子結合而使 Hb 成為氧合血紅蛋白（Oxyhemoglobin，HbO_2），其反應如下：

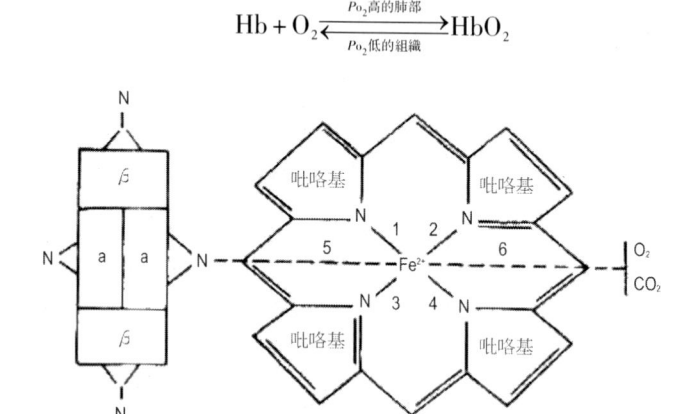

$$Hb + O_2 \underset{P_{O_2}\text{低的組織}}{\overset{P_{O_2}\text{高的肺部}}{\rightleftharpoons}} HbO_2$$

圖 5-11　血紅蛋白組成示意圖

(二) 氧與血紅蛋白結合的特徵

1. 反應快、可逆、不需要酶的催化、受 P_{O_2} 的影響

Hb 與 O_2 的結合反應快、可逆、不需酶的催化，但可受 P_{O_2} 的影響。當血液流經 P_{O_2} 高的肺部時，Hb 與 O_2 結合，形成 HbO_2；當血液流經 P_{O_2} 低的組織時，HbO_2 迅速解離，釋放出 O_2，成為去氧血紅蛋白（Deoxyhemoglobin）。

2. Hb 與 O_2 的結合稱為氧合反應

1 個 Hb 分子含有 4 個血紅素，每個血紅素含有一個 Fe^{2+}，Fe^{2+} 與 O_2 結合後仍保留亞鐵形式，所以將該反應稱為氧合反應，而不是氧化反應。

3. 1 分子 Hb 可以和 4 分子 O_2 結合

前已述及，1 分子 Hb 由 1 個珠蛋白和 4 個血紅素組成，每 1 個血紅素分子結合 1 分子 O_2，所以 1 分子 Hb 可以結合 4 分子 O_2，1 g Hb 可結合約 1.34～1.39 mL O_2。在 100 mL 血液中，Hb 所能結合的最大 O_2 量稱為 Hb 氧容量（Oxygen capacity）；而 100 mL 血液中 Hb 實際結合的 O_2 量稱為 Hb 氧含量（Oxygen content），其值可受 P_{O_2} 的影響；為表示 Hb 與 O_2 的結合度，常把氧含量占氧容量的百分比稱為血紅蛋白氧飽和度(Hemoglobin saturation with oxygen)簡稱氧飽和度(Oxygen saturation)或血氧飽和度(Blood oxygen saturation)。

(三)氧解離曲線

氧解離曲線(Oxygen dissociation curve)也叫氧離曲線，是表示P_{O_2}與血氧飽和度之間關係的曲線(圖5-12)。該曲線表示不同P_{O_2}時，O_2與Hb的結合和解離情況。在一定範圍內，血氧飽和度與氧分壓呈正相關，但並非是完全的線性關係，而是呈近似「S」形的曲線。

氧解離曲線呈「S」形的原因與Hb變構效應密切相關。目前認為Hb有兩種構型：Hb為緊密型（T型），HbO_2為疏鬆型（R型）。

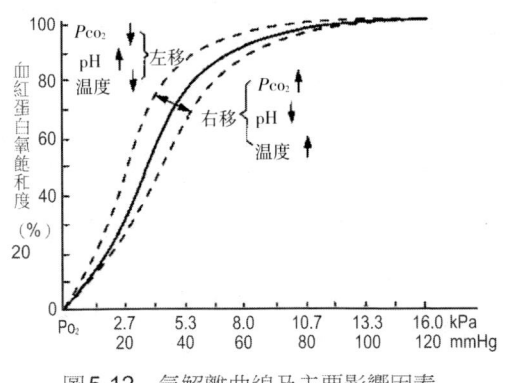

圖5-12 氧解離曲線及主要影響因素

當O_2與Hb的Fe^{2+}結合後，鹽鍵逐步斷裂，Hb分子逐漸由T型變為R型，對O_2的親和力逐漸增加，R型Hb對O_2的親和力為T型的500倍。也就是說，Hb的4個亞單位在結合O_2或釋放O_2時，彼此之間有協同效應，即1個亞單位與O_2結合後，由於變構效應，使其他亞單位更易與O_2結合；反之，當HbO_2的1個亞單位釋放O_2後，其他亞單位更易釋放O_2。

氧解離曲線呈「S」形具有重要生理意義，根據其變化趨勢和功能，可將曲線分為三段。

1. 氧解離曲線的上段

相當於P_{O_2}在60~100 mmHg時的血氧飽和度，反映的是Hb與O_2結合的部分。這段曲線的特點是比較平坦，表明在這個範圍內，P_{O_2}的變化對血氧飽和度或血液氧含量影響不大。例如，P_{O_2}為100 mmHg時，血氧飽和度為97.4％，100 mL血液的氧含量約為19.4 mL。如果將吸入氣的P_{O_2}提高到150 mmHg，血氧飽和度為100％，只增加了2.6％，這就解釋了為何通氣/血流比值(VA/Q)不匹配時，肺泡通氣量的增加幾乎無助於O_2的攝取。反之，當P_{O_2}從100 mmHg下降到70 mmHg，血氧飽和度為94％，也僅降低了3.4％。因此，在高原、高空或發生某些呼吸系統疾病時，即使吸入氣或肺泡氣P_{O_2}有所下降，但只要不低於60 mmHg，血氧飽和度仍能維持在90％以上，血液仍可攜帶足夠量的O_2，不致引起明顯的低氧血症。

2. 氧解離曲線的中段

相當於P_{O_2}在40~60 mmHg時的血氧飽和度，該段曲線較陡，反映的是安靜狀態時HbO_2釋放O_2的部分。表明在此範圍內P_{O_2}稍有下降，血氧飽和度就明顯降低，較多的O_2將從HbO_2中解離出來。如P_{O_2}為40 mmHg時，此時Hb氧飽和度約為75％，血氧含量約為14.4 mL，即每100 mL血液流經組織時釋放5 mL O_2，能夠滿足安靜狀態下組織的氧需要。

3. 氧解離曲線的下段

相當於P_{O_2}在15~40 mmHg時的血氧飽和度，是曲線坡度最陡的一段，反映的是劇烈活動時HbO_2釋放O_2的部分，即P_{O_2}稍有下降，HbO_2就可大大下降。在組織劇烈活動時，組織耗氧量增加，P_{O_2}可降至15 mmHg，HbO_2進一步解離，血氧飽和度降至更低的水準，血氧含量僅約為4.4％，這樣每100 mL血液能供給組織15 mL O_2，O_2的利用係數是安靜時的3倍。可見該段曲線也可反映血液中O_2的儲備。

(四)影響氧解離曲線的因素

Hb與O_2的結合和解離主要決定於P_{O_2}的高低,除此之外,血液pH、P_{CO_2}、溫度和有機磷化合物等因素也影響Hb和O_2的親和力,從而影響Hb與O_2的結合和解離,直觀表現為氧解離曲線的位置偏移(左移或右移)(圖5-12)。如某種因素使Hb對O_2的親和力降低,在相同的P_{O_2}條件下,血氧飽和度降低,曲線右移;反之,則左移。

1. P_{CO_2}和pH的影響

血液中P_{CO_2}升高或pH降低均可使Hb和O_2的親和力降低,氧解離曲線右移;反之,P_{CO_2}降低或pH升高則導致Hb和O_2的親和力增高,氧解離曲線左移。pH和P_{CO_2}對Hb氧親和力的這種影響稱為波爾效應(Bohr effect)。波爾效應的發生主要與pH改變時Hb的構象發生變化有關。酸度升高時,H^+與Hb多肽鏈某些氨基酸殘基結合,促進鹽鍵形成,使Hb分子構型變為T型,從而降低了Hb對O_2的親和力;酸度降低時,則促使鹽鍵斷裂放出H^+,Hb為R型,對O_2的親和力增加,曲線左移。波爾效應具有重要的生理意義。在肺部,CO_2從血液擴散進入肺泡,血液中P_{CO_2}降低,氧解離曲線左移,這有利於Hb與O_2的結合。在外周組織中,組織細胞代謝產生的CO_2擴散入血液,P_{CO_2}分壓升高,氧解離曲線右移,有利於Hb與O_2的解離。

2. 溫度的影響

溫度升高,可引起O_2的解離增多,氧解離曲線右移;反之溫度降低時,促進Hb與氧的結合,曲線左移,不利於O_2的釋放。溫度對氧解離曲線的影響,可能與溫度變化會影響H^+的活度有關。溫度升高時,H^+的活度增加,可降低Hb對O_2的親和力;反之,可增加其親和力。當血液流經劇烈活動的組織時,由於局部組織溫度升高,CO_2和酸性代謝產物增加,有利於HbO_2解離,因此組織可獲得更多O_2,以適應代謝增加的需要;當靜脈血液流經肺泡時,因肺泡內的溫度相對較低,可增加Hb對O_2的親和力,加快HbO_2的形成,有利於血液從肺泡攝取O_2。

3. 2,3-二磷酸甘油酸(2,3-DPG)

2,3-DPG是紅血球無氧糖酵解的產物。當紅血球內2,3-DPG增加時,能降低Hb與O_2的親和力,使氧解離曲線右移;當2,3-DPG濃度降低時,能增加Hb與O_2的親和力,使氧解離曲線左移。其機制可能是由於2,3-DPG與Hb的β鏈形成鹽鍵,促使Hb向T型轉變的緣故。此外,紅血球膜對2,3-DPG的通透性較低,當紅血球內2,3-DPG生成增多時,還可提高細胞內H^+的濃度,進而通過波爾效應降低Hb對O_2的親和力。在慢性缺氧、貧血、高山低氧等情況下,紅血球無氧糖酵解加強,紅血球內2,3-DPG增加,氧解離曲線右移,有利於釋放較多的O_2,改善組織的缺氧狀態。

4. Hb自身性質的影響

Hb本身的性質也影響其與O_2的親和力。血液中Hb的數量和品質也直接影響運輸O_2的能力。如Hb分子中的Fe^{2+}氧化成Fe^{3+},Hb便失去運輸O_2的能力。又如一氧化碳(CO)與Hb結合,佔據了O_2的結合位點,HbO_2含量下降。CO與Hb的親和力遠高於O_2,為O_2的250倍。這意味著在極低的P_{CO}下,CO即可從HbO_2中取代O_2。此外,當CO與Hb分子中一個血紅素結合後,將增加其餘3個血紅素對O_2的親和力,使氧解離曲線左移,妨礙O_2的解離。因此,CO中毒既可妨礙Hb對O_2的結合,又能妨礙Hb對O_2的解離,危害極大。

案例

一母牧犬，3歲，體重10 kg，突然發病死亡。主述：早晨用長時間燜在鍋內的燙菜水調製碎饃餵犬，約10～20 min後母犬吠叫，行走搖晃，最後倒地，四肢呈游泳樣劃動，呼吸困難，最後死亡。剖檢：皮膚及可視黏膜發紺，血液呈巧克力色且不凝固，肺輕度水腫和氣腫，腎輕度腫脹，呈烏紫色。診斷為亞硝酸鹽中毒。

問題與思考

1. 亞硝酸鹽中毒機制是什麼？
2. 如何治療亞硝酸鹽中毒？

提示性分析

1. 該病主要是因為燙菜水長時間燜在鍋內，在慢慢冷卻的過程中，硝酸鹽迅速轉化為亞硝酸鹽。亞硝酸鹽是一種強氧化劑，當其過多進入血液後，能使血紅蛋白中的Fe^{2+}被氧化成Fe^{3+}，從而使血紅蛋白變為高鐵血紅蛋白，喪失運載O_2的能力，引起全身組織缺氧，導致窒息死亡。

2. 該病的治療要發現迅速，一旦發現症狀，立即停用可疑食物，迅速肌肉注射1％～2％美藍注射液（可將Fe^{3+}還原為Fe^{2+}）每kg體重肌肉注射0.1～0.2 mL。對呼吸衰弱病犬，可用25％尼可剎米肌肉注射1～3 mL，興奮呼吸中樞。

二、二氧化碳的運輸

(一)運輸形式

血液中的CO_2也以物理溶解和化學結合兩種形式運輸。物理溶解的CO_2約占總運輸量的5％，化學結合的CO_2約占95％。化學結合的CO_2主要是碳酸氫鹽和氨基甲酸血紅蛋白。前者約占CO_2總運輸量的88％，而後者約占7％。

1. 碳酸氫鹽

從組織擴散入血液的CO_2，只有少量在血漿中與水形成H_2CO_3，絕大部分進入紅血球，在紅血球內與水反應生成H_2CO_3，H_2CO_3又進一步解離成HCO_3^-和H^+，該反應極為迅速（圖5-13）。這是因為紅血球內含有較高濃度的碳酸酐酶，在其催化下，CO_2與H_2O結合生成H_2CO_3的反應極為迅速，其反應速率可增加5000倍，不到1s即達平衡。在該反應過程中，紅血球內HCO_3^-的濃度不斷增加，一部分HCO_3^-便順濃度梯度通過紅血球膜擴散進入血漿，紅血球內負離子因此而減少。紅血球內負離子的減少應伴有等量的正離子外擴散，才能維持電平衡。但紅血球膜不允許正離子自由通過，

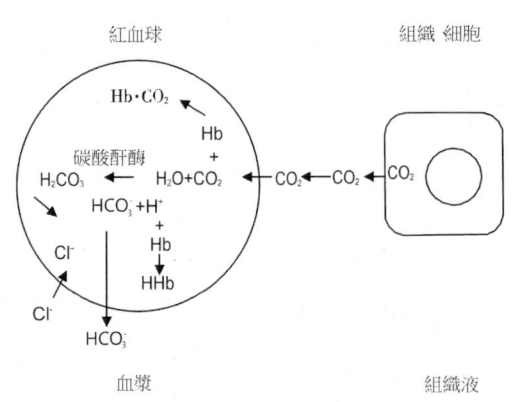

圖5-13 CO_2在血液中的運輸示意圖

小的負離子可以通過 Cl⁻便由血漿擴散進入紅血球，這一現象稱為 Cl⁻轉移。在紅血球膜上有特異的 HCO_3^--Cl⁻轉運體，轉運這兩種離子進行跨膜交換。這樣 HCO_3^-便不會在紅血球內堆積，有利於上述反應的進行和 CO_2 的運輸。在紅血球內 HCO_3^-主要與 K⁺結合，以 $KHCO_3$ 的形式運輸 CO_2，而在血漿中 HCO_3^-則主要與 Na⁺結合，以 $NaHCO_3$ 的形式運輸 CO_2。上述反應中產生的 H⁺大部分和 Hb 結合，Hb 是強有力的緩衝劑。

上述反應是可逆的，在肺部，反應向相反的方向進行。因為肺泡氣 P_{CO_2} 比靜脈血低，血漿中溶解的 CO_2 首先擴散入肺泡，紅血球內的 HCO_3^-與 H⁺生成 H_2CO_3，碳酸酐酶又加速 H_2CO_3 分解成 CO_2 和 H_2O，CO_2 從紅血球擴散入血漿，而血漿中的 HCO_3^-便進入紅血球以補充被消耗的 HCO_3^-，Cl⁻則擴散出紅血球。這樣，以 HCO_3^- 形式運輸的 CO_2 便在肺部被釋放出來。

2. 氨基甲酸血紅蛋白

由組織進入血液並進一步進入紅血球的 CO_2 一部分與 Hb 的氨基結合，生成氨基甲酸血紅蛋白，這一反應無需酶的催化，而且迅速，可逆，如下式所示：

$$HbNH_2O_2 + H^+ + CO_2 \rightleftharpoons H\text{-}HbNHCOOH + O_2$$

CO_2 與 Hb 的結合較為鬆散。在外周組織中 CO_2 分壓較高，反應向右側進行；在肺泡中，CO_2 分壓較低，反應向左側進行，於是 CO_2 從 $HbCO_2$ 釋放出來，經肺呼出體外。雖以氨基甲酸血紅蛋白形式運輸的 CO_2 僅占 CO_2 總運輸量的 7%左右，而在肺部排出的 CO_2 中卻有 17.5%是從氨基甲酸血紅蛋白釋放的，可見該運輸形式對 CO_2 排出具有重要意義。

(二) CO_2 解離曲線

CO_2 解離曲線是表示血液中 CO_2 含量與 CO_2 分壓之間關係的曲線（圖 5-14）。從圖中可以看出，①血液中 CO_2 的含量隨 CO_2 分壓的上升而上升，幾乎呈線性關係。②血 O_2 分壓升高時 CO_2 解離曲線下移，這是由於 O_2 與 Hb 的結合促使了 CO_2 的釋放，這一效應稱作何爾登效應（Haldane effect）。在外周組織中，由於 Hb 與 O_2 解離，經何爾登效應促使血液攝取並結合 CO_2；在肺泡中，由於 Hb 與 O_2 結合，何爾登效應促使血液釋放 CO_2。可見，O_2 和 CO_2 的運輸不是孤立進行的，而是相互影響的。CO_2 通過波爾效應影響 O_2 與 Hb 的結合和釋放，O_2 又通過何爾登效應影響 CO_2 與 Hb 的結合和釋放。

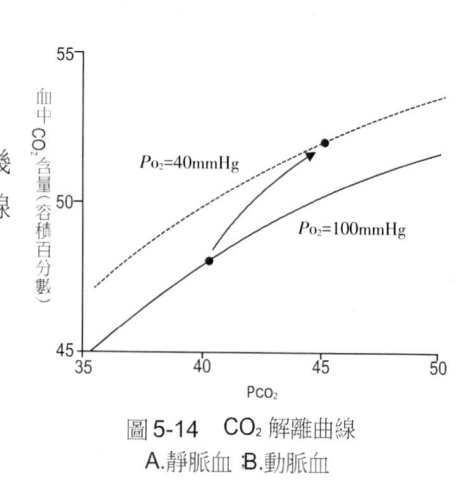

圖 5-14 CO_2 解離曲線
A.靜脈血 B.動脈血

第四節　呼吸運動的調節

呼吸運動是一種節律性活動，其深度和頻率能隨機體代謝水準變化而改變。節律性呼吸運動的產生，呼吸的深度和頻率隨機體內、外環境改變而發生的改變等，都是通過神經系統的調節和控制來實現的。

一 呼吸中樞與呼吸節律的形成

(一)呼吸中樞

呼吸中樞是指中樞神經系統內產生和調節呼吸運動的神經細胞群所在的部位。呼吸中樞分佈在大腦皮層、間腦、腦橋、延髓和脊髓等部位，它們在呼吸節律產生和調節中所起作用不同，正常呼吸運動是在各級呼吸中樞的相互配合下進行的。

1. 脊髓

脊髓中支配呼吸肌的運動神經元位於第3～5頸段(支配膈肌)和胸段(支配肋間肌和腹肌等)前角。在動物實驗中，在延髓和脊髓間做一橫斷，便會導致呼吸運動停止。因此認為節律性呼吸運動不是在脊髓產生的，脊髓只是聯繫高位腦和呼吸肌的中繼站和整合某些呼吸反射的初級中樞。

2. 低位腦幹

低位腦幹指腦橋和延髓。橫斷動物腦幹的實驗結果表明，呼吸節律產生於低位腦幹，呼吸運動的變化因腦幹橫斷的平面不同而異。在動物中腦和腦橋之間(圖5-15，A平面)橫斷腦幹，呼吸節律無明顯變化。在延髓和脊髓之間橫斷(圖5-15，D平面)，則呼吸運動停止。上述結果表明呼吸節律產生於低位元腦幹，而高位腦對節律性呼吸運動的產生不是必需的。如果在腦橋上、中部之間橫斷腦幹(圖5-15，B平面)，呼吸將變慢變深，如再切斷雙側迷走神經，吸氣便大大延長，僅偶爾被短暫的呼氣所中斷，這種形式的呼吸稱為長吸式呼吸。這一實驗結果表明，腦橋上部有抑制吸氣的中樞結構，稱為呼吸調整中樞。當延髓失去來自這兩方面的抑制作用後，吸氣活動不能及時中斷，便出現長吸式呼吸。再在腦橋和延髓之間橫斷腦幹(圖5-15，C平面)，不論迷走神經是否完整，長吸式呼吸都消失，而呈喘息樣呼吸，表現為不規則的節律性呼吸運動。這些實驗結果表明，在腦橋中下部有興奮吸氣的長吸中樞；單獨的延髓即可產生節律呼吸。孤立延髓的實驗進一步證明延髓可獨立地產生節律呼吸。於是在20世紀20到50年代期間，形成了三級呼吸中樞理論，即腦橋上部有呼吸調整中樞，中下部有長吸中樞，延髓有呼吸節律基本中樞。進一步的研究肯定了關於延髓有呼吸節律基本中樞和腦橋上部有呼吸調整中樞的結論，但未能證實腦橋中下部存在著有特定結構的長吸中樞。

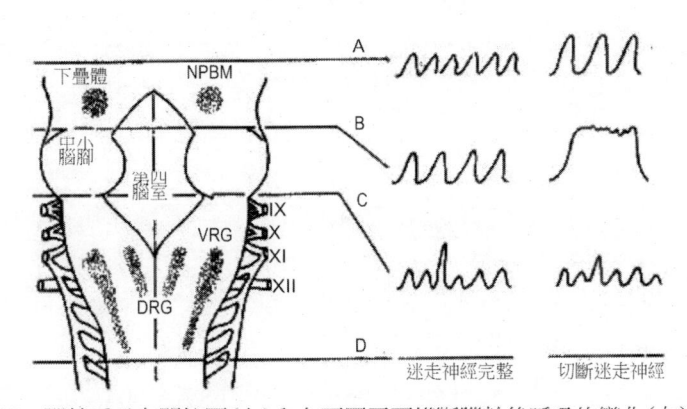

圖5-15　腦幹呼吸有關核團(左)和在不同平面橫斷腦幹後呼吸的變化(右)示意圖

案例

一沙漠耶母犬產出仔犬3隻，發現仔犬呼吸微弱不勻，張口吸氣，且吸氣時間較長，脈搏快而弱，可視黏膜青紫，口鼻中有黏液。迅速用紗布擦淨口鼻黏液，人工有節律按壓胸廓，誘導呼吸，同時每隻犬皮下分別注射腎上腺素0.1mg，尼可剎米0.2mg。1h後仔犬呼吸，脈搏正常，開始吃乳。根據臨床症狀及搶救效果，診斷為新生仔犬假死或窒息症。

問題與思考

1. 新生仔犬假死的發生原因？
2. 注射腎上腺素、尼可剎米搶救的理論依據？

提示性分析

1. 因多種原因導致母犬分娩難產，致使產程延長，或臍帶纏繞胎兒，子宮收縮，最終導致胎盤血液迴圈障礙，導致胎兒供血不足，引起仔犬缺氧，CO_2蓄積，導致仔犬假死或窒息，還有剖腹產時，麻醉母犬時，麻醉藥經胎盤進入胎兒體內引起仔犬麻醉也可引起假死。

2. 腎上腺素、尼可剎米可分別興奮心臟和呼吸中樞，從而發揮搶救作用。

3. 高位腦

呼吸運動還受腦橋以上中樞部位的調節，如大腦皮層、邊緣系統、下丘腦等。低位元腦幹的呼吸調節系統是不隨意的自主呼吸調節系統，而高位腦的調控是隨意的，大腦皮層可以隨意控制呼吸，在一定限度內可以隨意屏氣或加強加快呼吸等，使呼吸精確而靈敏地適應環境的變化。大腦皮層可通過皮層脊髓束和皮層腦幹束控制呼吸運動神經元的活動，以保證呼吸相關的其他功能活動正常進行。下丘腦參與了狗在高溫環境中伸舌喘息增加散熱的過程，動物激動時，呼吸往往會增強，邊緣系統則在該過程中起重要作用。

(二)呼吸節律的形成

關於正常呼吸節律的形成，目前主要有兩種解釋，一是起搏細胞學說，二是神經元網路學說。

起搏細胞學說認為，節律性呼吸猶如竇房結起搏細胞的節律性興奮引起整個心臟產生節律性收縮一樣，是由延髓內具有起搏樣活動的神經元的節律性興奮引起的。對新生動物離體腦片製備的研究結果表明，前包欽格複合體中就存在著類似的電壓依賴性起搏神經元，但這樣的神經元是否存在於成年動物中，目前由於方法學的限制尚難以得到證實。

神經元網路學說認為，呼吸節律的產生依賴於延髓內呼吸神經元之間複雜的相互聯繫和相互作用。有學者在總結大量實驗研究資料基礎上提出了多種模型，其中最有影響的是20世紀70年代提出的中樞吸氣活動發生器(Central inspiratory activity generator)和吸氣切斷機制(Inspiratory off-switch mechanism)模型(圖5-16)。該模型的核心，就是認為在延髓記憶體，在著一些起著中樞吸氣活動發生器和吸氣切斷機制作用的神經元，前者的活動引起吸氣神經元呈漸增性放電，產生吸氣；後者的活動增強達到一定閾值時，使吸氣活動終止，氣,吸氣切斷機制的活動減弱時,吸氣活動便再次發生,如此周而復始。腦橋 PBKF 核群的活動和迷走神經肺牽張感受器的傳入活動,可促進吸氣切斷機制的活動,從而促進吸氣轉為呼氣。因此,損毀 PBKF 核群或切斷迷走神經,動物均出現長吸式呼吸。

上述兩種學說中,哪一種是正確的或者哪一種起主導作用,至今尚無定論。但是,即使存在起搏細胞,神經元網路對於正常節律性呼吸活動的樣式和頻率的維持也是必不可少的。實際上,隨著動物生長發育成熟,神經元網路的作用愈加重要。

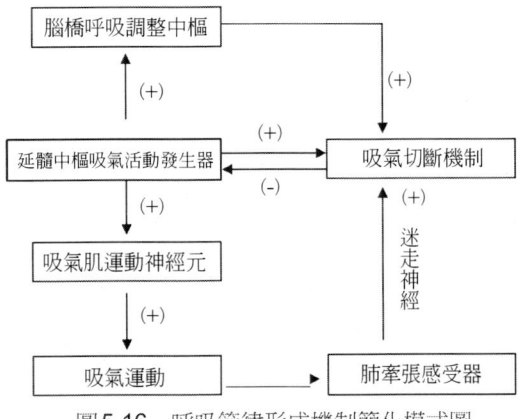

圖 5-16　呼吸節律形成機制簡化模式圖
+:表示興奮　;-:表示抑制

二、呼吸的反射性調節

呼吸運動的節律雖然產生於腦,但可受呼吸器官本身以及血液迴圈等其他器官系統感受器傳入衝動的反射性調節。

(一)肺牽張反射

1868 年 Breuer 和 Hering 發現,麻醉動物肺充氣或肺擴張,則抑制吸氣,肺放氣或肺縮小,則引起吸氣。切斷迷走神經,上述反應消失,說明這是由迷走神經參與的反射性活動。這種由肺擴張或肺縮小引起的吸氣抑制或興奮的反射稱為黑-伯反射(Hering-Breuer reflex)或肺牽張反射,包括肺擴張反射和肺縮小反射兩種類型。

1.肺擴張反射

肺擴張反射是肺擴張時抑制吸氣的反射。感受器位於從氣管到細支氣管的平滑肌中,是牽張感受器,其閾值低,適應慢。當肺擴張牽拉呼吸道時,感受器興奮,衝動經迷走神經傳入延髓。在延髓內通過一定的神經聯繫使吸氣切斷機制興奮,切斷吸氣,轉為呼氣。肺擴張反射的生理意義在於阻止吸氣過長過深,加快吸氣向呼氣轉換,使呼吸頻率增加,與腦橋呼吸調整中樞共同調節呼吸頻率與深度。所以,切斷動物迷走神經後,吸氣延長,加深,呼吸變得深而慢。有人比較了 8 種動物的肺擴張反射,發現肺擴張反射有種屬差異,其中家兔的最強,人的最弱。

2.肺縮小反射

肺縮小反射是肺縮小到一定程度時反射性地使呼氣停止,引起吸氣的反射。感受器同樣位於氣道平滑肌內,其閾值較高,一般在較大程度的肺縮小時才出現,所以它在平靜呼吸調節中意義不大,但對阻止呼氣過深和肺不擴張等具有一定作用。

(二)呼吸肌本體感受性反射

呼吸肌是骨骼肌,其本體感受器是肌梭。當肌梭受到牽張刺激而興奮時,衝動經背根傳入脊髓中樞,反射性地引起受牽拉的肌肉收縮,呼吸運動增強,稱為呼吸肌本體感受性反射。該反射在維持正常呼吸運動中起一定作用,尤其在運動狀態或氣道阻力加大時,可反射性地加強呼吸肌的收縮力,克服氣道阻力,以維持正常肺通氣功能。

(三)防禦性呼吸反射

由呼吸道黏膜受刺激引起，以清除刺激物為目的的保護性呼吸反射，稱為防禦性呼吸反射。其感受器分佈在整個呼吸道黏膜，受到機械或化學刺激時，引起防禦性呼吸反射，以清除異物，避免其進入肺泡。

1. 咳嗽反射

咳嗽反射(Cough reflex)是常見的重要防禦性呼吸反射，其感受器位於喉、氣管和支氣管的黏膜。大支氣管以上部位的感受器對機械刺激敏感，二級支氣管以下部位對化學刺激敏感。傳入衝動經迷走神經傳入延髓，觸發咳嗽反射。

咳嗽時，先是短促或深吸氣，接著聲門緊閉，呼氣肌強烈收縮，肺內壓和胸膜腔內壓急劇上升，然後聲門突然打開，由於氣壓差極大，氣體便以極高的速率從肺內衝出，將呼吸道內異物或分泌物排出。劇烈咳嗽時，因胸膜腔內壓顯著升高，可阻礙靜脈回流，使靜脈壓和腦脊液壓升高。

2. 噴嚏反射

噴嚏反射(Sneeze reflex)類似於咳嗽反射。但是，其感受器位於鼻黏膜，傳入神經是三叉神經，反射效應是齶垂下降，舌壓向軟齶，而不是聲門關閉，爆發性呼出的氣體主要從鼻腔噴出，以清除鼻腔中的刺激物。

(四)化學感受性呼吸反射

化學感受性呼吸反射是指動脈血或腦脊液中的 Po_2、Pco_2 和 H^+ 濃度的變化通過化學感受器反射性調節呼吸運動，從而維持機體內環境中這些化學因素的相對穩定和機體代謝活動的正常進行。

1. 化學感受器

化學感受器是指其適宜刺激是化學物質的感受器。參與呼吸調節的化學感受器，對血液中 Po_2、Pco_2 和 H^+ 的濃度變化十分敏感。根據其所在部位不同，可將其分為外周化學感受器和中樞化學感受器。

(1)外周化學感受器(Peripheral chemoreceptor)。其位於頸動脈體和主動脈體，是機體最重要的外周化學感受器(圖5-17)。它們能感受動脈血中 Po_2、Pco_2 和 H^+ 濃度的變化，當動脈血中 Po_2 降低、Pco_2 或 H^+ 濃度升高時，頸動脈體和主動脈體受到刺激產生興奮，衝動分別經竇神經和迷走神經傳入延髓，反射性地引起呼吸加深加快。外周化學感受器對外周血液中 Po_2 的變化十分敏感，對 Pco_2 和 H^+ 濃度變化的敏感性較差。在呼吸調節中頸動脈體的作用大於主動脈體。

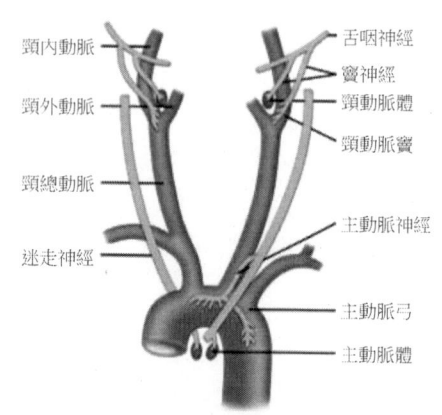

圖5-17　頸動脈竇和主動脈弓的壓力感受器及化學感受器

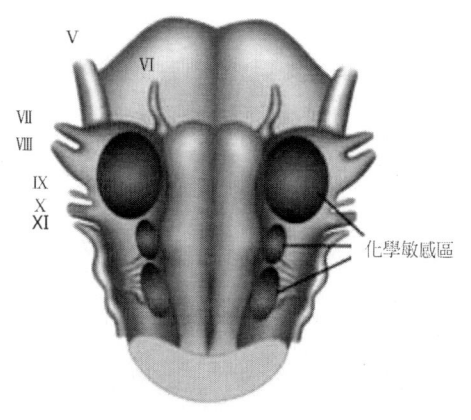

圖5-18　延髓腹外側的三個化學敏感區

(2)中樞化學感受器(Central chemoreceptor)位於延髓腹外側淺表部位,左右對稱,可分為頭、中、尾三個區(圖 5-18)。頭區和尾區有化學感受性;中間區不具有化學感受性,但局部阻滯或損傷中間區,可以使動物通氣量降低,並使頭、尾區受刺激時的通氣反應消失,這表明中間區可能是頭區和尾區的傳入衝動向腦幹呼吸中樞投射的中繼站。中樞化學感受器的生理刺激是腦脊液和局部細胞外液中的 H^+。血液中的 CO_2 能迅速通過血-腦屏障,使中樞化學感受器周圍液體中的 H^+ 濃度升高,從而刺激中樞化學感受器,再引起呼吸中樞興奮。由於腦脊液中碳酸酐酶含量很少,CO_2 與水的水合反應很慢,所以對 CO_2 的反應有一定的滯後現象。血液中的 H^+ 不易直接通過血-腦屏障,故血液 pH 的變化對中樞化學感受器的作用較緩慢,也較弱。

中樞化學感受器與外周化學感受器不同,它不感受缺氧的刺激,但對 CO_2 的敏感性比外圍化學感受器高,且反應潛伏期較長。中樞化學感受器的作用可能是調節腦脊液中 H^+ 的濃度,使中樞神經系統有一個穩定的 pH 環境;而外周化學感受器的作用主要是在機體缺氧時,維持對呼吸運動的驅動。

2. CO_2、H^+ 和低 O_2 對呼吸運動的調節

(1)CO_2 對呼吸的調節。CO_2 是調節呼吸運動最重要的生理性化學因素,對呼吸調節發揮經常性作用。實驗證明,血液中保持一定濃度的 CO_2 是維持呼吸中樞正常興奮性的必要條件。如過度通氣,可出現呼吸暫停。適當地增加吸入氣體中 CO_2 的濃度,肺泡氣中 P_{CO_2} 隨之升高,動脈血中 P_{CO_2} 也升高,引起呼吸加深、加快,肺通氣量增加,CO_2 排出增加,肺泡氣和動脈血中的 P_{CO_2} 又恢復到正常水準(圖 5-19)。但當吸入氣體中 CO_2 含量超過一定水準時,肺通氣量不再相應增加,致使血液中 P_{CO_2} 顯著升高,導致中樞神經系統的活動受到抑制,引起頭痛、頭昏、呼吸困難、甚至昏迷,出現 CO_2 麻醉。

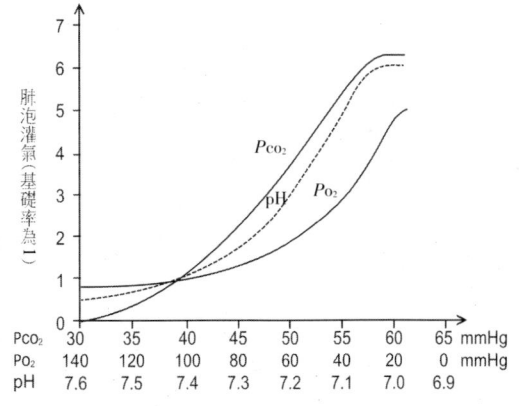

圖 5-19 改變動脈血液 P_{CO_2}、P_{O_2}、pH 三因素之一而維持另外兩個因素正常時的肺泡通氣反應

CO_2 對呼吸運動的調節是通過兩條途徑實現的:一是通過刺激中樞化學感受器後,再興奮呼吸中樞;二是刺激外周化學感受器,衝動經竇神經和迷走神經傳入延髓呼吸有關核團,反射性地使呼吸加深加快,增加肺通氣。兩條途徑中主要通過中樞化學感受器而起作用。因為去掉外周化學感受器的作用之後,CO_2 的通氣反應僅下降 20%。動脈血中 P_{CO_2} 只需升高 2 mmHg 時就可刺激中樞化學感受器,出現通氣加強反應;如果刺激外周化學感受器,則需要升高 10 mmHg。當動脈血 P_{CO_2} 突然大幅度增加時,外周化學感受器在引起快速呼吸反應中可起重要作用,因為中樞化學感受器有可能因 P_{CO_2} 突然大幅度升高而受到抑制,對 CO_2 的敏感性降低,因此外周化學感受器的作用更為重要。

(2)H^+ 對呼吸的影響。動脈血中 H^+ 濃度升高導致呼吸加深加快,降低則導致呼吸抑制。H^+ 也可通過刺激外周化學感受器和中樞化學感受器而興奮呼吸中樞。儘管中樞化學感受器對 H^+ 的敏感性遠高於外周化學感受器,約為外周化學感受器的25倍。但血液中的 H^+ 難以通過血-腦屏障,限制了血液中 H^+ 對中樞化學感受器的作用,因此外周化學感受器在 H^+ 濃度升

高導致的呼吸反應中起主要作用。但因外周化學感受器對 H^+ 的敏感性較低，所以臨床上即使是酸中毒時，呼吸運動的變化也不是十分明顯。

(3)低 O_2 對呼吸的影響。吸入氣體中 P_{O_2} 降低時，肺泡氣、動脈血的 P_{O_2} 都隨之降低，呼吸運動加深加快，肺通氣增加。這一效應完全是通過刺激外周化學感受器所致的。切除外周化學感受器後低 O_2 對呼吸的興奮效應幾乎完全消失。低 O_2 對呼吸中樞的直接作用是抑制，這種抑制作用隨低 O_2 程度的加重而增強。但在輕度或中度缺氧時，低 O_2 可以通過對外周化學感受器的刺激而興奮呼吸中樞，對抗低 O_2 對中樞的直接抑制作用，使呼吸加強。不過在嚴重低 O_2 時，外周化學感受器反射已不足以克服低 O_2 對中樞的抑制作用，將導致呼吸障礙。

動脈血 P_{O_2} 的輕度下降對呼吸的影響較弱，只有在 P_{O_2} 低於 80 mmHg 之後通氣量才逐漸增大。可見動脈血 P_{O_2} 對正常呼吸的調節作用不大，僅在特殊情況下低 O_2 刺激才有重要意義。如患有嚴重的肺氣腫、肺心病，因肺換氣障礙，可導致低 O_2 和 CO_2 潴留。長時間 CO_2 潴留使中樞化學感受器對 CO_2 的刺激作用發生適應，而外周化學感受器對低氧刺激適應慢，這時低氧對外周化學感受器的刺激成為驅動呼吸的主要刺激。

(4) CO_2、H^+ 和低 O_2 在影響呼吸中的相互作用

圖 5-19 顯示 CO_2、H^+ 和 O_2 三個因素中，只改變一個因素而保持其他兩個因素不變時的單因素通氣效應。由該圖可見，三者引起的肺通氣反應的程度比較接近。但實際情況不可能是單因素的改變而其他因素不變。往往是一種因素的改變會引起其餘一兩種因素相繼改變或幾種因素的同時改變，三者間相互影響、相互作用，既可發生總和而增強，也可相互抵消而減弱。圖 5-20 為其中一種因素改變，另兩種因素不加控制時的變化情況。由此可以看出 CO_2 的作用最強，而且比單因素作用時還要強些；H^+ 的作用次之；O_2 的作用最弱。血中 CO_2 分壓升高時，H^+ 濃度也隨之升高，兩者的作用發生總和，使肺通氣反應比單獨 CO_2 分壓升高時大。H^+ 濃度增加時，因肺通氣增大使 CO_2 排出增加，所以 CO_2 分壓下降，H^+ 濃度也有所降低，兩者可部分抵消 H^+ 的刺激作用，使肺通氣的增加比單獨 H^+ 濃度升高時小。血中氧分壓下降時，也因肺通氣量增加，呼出較多的 CO_2，使 CO_2 分壓和 H^+ 濃度下降，從而減弱低氧的刺激作用。

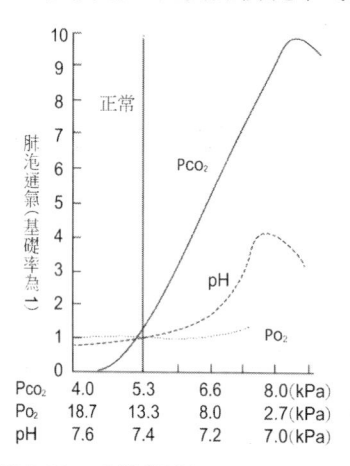

圖 5-20　改變動脈血液 P_{CO_2}、P_{O_2}、pH 三因素之一而不控制另外兩個因素時的肺泡通氣反應（1 mmHg=0.133 kPa）

知識點

兩種特殊呼吸形式「潮式呼吸」和「比奧呼吸」的簡介。

潮式呼吸是指呼吸由淺慢逐漸加快加深，達高潮後，又逐漸變淺變慢，暫停數秒之後，又出現上述狀態的呼吸，如此周而復始，呼吸呈潮水漲落樣。潮式呼吸周期可長達 30 s～2 min，暫停期可持續 5～30 s，需要較長時間才可觀察到這種週期性呼吸。

目前認為潮式呼吸產生的基本機制是因為某種原因使呼吸受到刺激，肺通氣量增加，呼出過多的 CO_2，肺泡氣 P_{CO_2} 下降，肺部血液 P_{CO_2} 也下降，片刻之後，這種低 P_{CO_2} 血液到達腦部，呼吸因缺少 CO_2 的刺激而開始受到抑制，變慢變淺甚至停止。呼吸的抑制又使肺部血液 P_{CO_2} 升高，P_{CO_2} 升高的血液隨後到達腦，又開始刺激呼吸，呼吸又變快變深，再次使 P_{CO_2} 下降，呼吸再受抑制。如此周而復始，週期性進行。多見於中樞神經疾病、腦迴圈障礙和中毒等患者，是一種危急症狀。

比奧呼吸又稱間停呼吸，表現為一次或多次強呼吸後，繼以長時間呼吸停止，之後又再次出現數次強呼吸，週期持續時間為 10～60 s。多數發生於中樞神經系統疾病，為臨終前危急性徵象。其原因尚不十分清楚，可能是疾病侵及延髓，損害了呼吸中樞造成的。

思考題

一、名詞概念

1. 呼吸運動　　　2. 肺活量　　　3. 機能餘氣量
4. 肺泡通氣量　　5. 通氣／血流比值　6. 肺牽張反射

二、單項選擇題

1. 切斷家兔雙側迷走神經後呼吸運動的改變是（　）
   A. 呼吸頻率加快　　　　B. 呼吸幅度減小
   C. 吸氣時間延長　　　　D. 呼氣時間縮短

2. 肺泡表面活性物質（　）
   A. 能增加肺泡表面張力　B. 使肺的順應性減小
   C. 由肺泡Ⅱ型細胞分泌　D. 主要成分是二硬脂醯卵磷脂

3. 氧解離曲線是表示哪兩項之間關係的曲線（　）
   A. Hb 含量與氧解離量　　B. 血氧飽和度和氧含量
   C. 血氧飽和度與血氧分壓　D. 血氧含量與血氧容量

4. 肺總容量等於（　）
   A. 潮氣量+肺活量　　　B. 潮氣量+機能餘氣量
   C. 餘氣量+肺活量　　　D. 餘氣量+補吸氣量

5. 下列哪種情況會造成氧離曲線右移（　）
   A. pH↑、P_{CO_2}↑、T↑　　B. pH↓、P_{CO_2}↑、T↑
   C. pH↓、P_{CO_2}↓、T↑　　D. pH↓、P_{CO_2}↓、T↓

6. 下列有關胸內壓生理意義的敘述，錯誤的是（　）
   A. 牽張肺　　　　　　　B. 有利於動物嘔吐
   C. 促進血液回流心臟　　D. 防止肺水腫

7. 在下列哪一時相中，肺內壓等於大氣壓（　）
    A.吸氣初和呼氣初　　　　B.吸氣末和呼氣初
    C.呼氣初和呼氣末　　　　D.呼氣末和吸氣末
8. 呼吸的基本節律產生於（　）
    A.延髓　　B.腦橋　　C.中橋　　D.丘腦
9. 肺牽張反射的傳入神經位於（　）
    A.交感神經　　B.迷走神經　　C.膈神經　　D.肋間神經
10. 血液中P_{CO_2}變化對呼吸的調節主要是通過（　）
    A.肺牽張反射　　　　　　B.直接刺激呼吸中樞
    C.刺激腦橋調整中樞　　　D.刺激延髓化學感受器

三　簡述題

1. 肺泡表面活性物質的生理作用是什麼？
2. 胸內壓的形成機制及生理作用是什麼？
3. 影響肺換氣的因素有哪些？
4. 簡述肺牽張反射和呼吸肌本體感受性反射的過程及生理意義。
5. 在一定呼吸頻率範圍內，深而慢的呼吸與淺而快的呼吸相比，哪種通氣效率高，為什麼？

四　論述題

    血中 O_2、CO_2、H^+的變化對呼吸運動的調節機制及特點是什麼？

第 6 章　消化與吸收

本章導讀

　　魯迅先生曾說過一句名言：「牛吃的是草，擠出來的是奶」。你知道其背後的生理學依據嗎？牛為什麼會反芻和噯氣，而人卻不會如此？為什麼草食動物能消化和利用纖維素，而人卻不能？牛在飼養過程中，為什麼可用低廉的人工合成尿素替代日糧蛋白質？為什麼在動物飼料中添加人工提取的植酸酶，就可降低動物糞便對環境的污染？為什麼人長期緊張、壓抑或性格暴躁，就容易患胃病和十二指腸潰瘍？要回答這些問題，請在本章的學習過程中去尋找答案。

　　動物在生長發育過程中，需要不斷從外界環境中攝取營養物質供機體利用。機體所需的營養物質除水外，還包括蛋白質、糖類、脂類、無機鹽和維生素等。其中蛋白質、糖類和脂類，都是結構複雜的大分子有機物，不能直接被機體利用，必須在消化道內分解為結構簡單的小分子物質，才能透過消化道上皮進入血液迴圈或淋巴迴圈，供組織細胞利用。食物中的營養物質在消化道內被分解為可吸收的小分子物質的過程，稱為消化（Digestion）。消化道各段，如口腔、胃、小腸、大腸等部位都具有消化功能。消化後的產物透過消化道黏膜上皮，進入血液和淋巴迴圈的過程，稱為吸收（Absorption）。消化和吸收是兩個緊密聯繫的過程。不能被消化和吸收的食物殘渣，與消化道的脫落上皮及黏膜分泌物等形成糞便，經肛門排出體外。

　　消化系統除具有消化吸收功能外，還具有內分泌功能。如胃黏膜細胞可以分泌促胃液素，小腸黏膜細胞可以分泌胰泌素、膽囊收縮素等，胰腺的內分泌細胞可以分泌胰島素、胰高血糖素等。這些胃腸道激素不僅能夠在胃腸道局部發揮調節作用，而且對動物的採食、生長及物質代謝也具有重要的調節作用。

第一節　概　述

一　消化的方式

　　食物進入口腔後，消化活動隨即開始。食物在消化道內通過以下三種方式被消化：機械性消化、化學性消化和微生物消化。

(一)機械性消化

機械性消化(Mechanical digestion)也稱物理性消化(Physical digestion)，是指通過咀嚼和胃腸平滑肌的舒縮活動來完成的消化活動，其主要作用是將食物磨碎，並使之與消化液充分混合，為化學性消化創造條件；同時使消化道的內容物不斷地向消化道後段移送。機械性消化主要包括口腔內的咀嚼、吞咽、胃的運動、腸的運動等。

(二)化學性消化

化學性消化(Chemical digestion)是指在消化液中各種消化酶的作用下，將食物中大分子物質分解為可吸收的小分子物質的過程。如糖類分解為單糖，蛋白質分解為氨基酸，脂類分解為甘油及脂肪酸。

有些植物性食物本身也含有一些酶，能參與化學性消化過程。此外，在養殖業中還廣泛採用添加外源性酶製劑的方法，即將一些從微生物中提取的蛋白酶、非澱粉多糖酶等製劑添加到飼料中，以補充動物內源酶的不足，從而提高營養物質在消化道內的消化效率。對一些幼齡動物，在其胃腸道發育和消化能力尚未成熟時，在飼料中添加外源性酶製劑更有助於食物的消化。

(三)微生物消化

微生物消化(Microbial digestion)指由棲居在動物消化道內的微生物對食物進行發酵的過程。在動物的微生物消化過程中，反芻動物瘤胃在微生物消化中佔有十分重要的地位。反芻動物瘤胃中寄居著數量巨大的細菌和纖毛蟲，這些微生物能分泌澱粉酶、蔗糖酶、蛋白酶、纖維素酶、半纖維素酶等，這些酶可將飼料中的糖類、蛋白質等物質進行分解，最終產生揮發性脂肪酸、CO_2、CH_4 等，一些終產物通過噯氣排出體外。瘤胃中的微生物能直接利用飼料蛋白質分解的氨基酸合成菌體蛋白，還可以利用NH_3合成菌體蛋白，也可以合成必需氨基酸、必需脂肪酸和部分B族維生素等供宿主利用。非反芻草食動物如馬和兔的盲腸和結腸是進行微生物消化的場所，豬大腸、家禽的嗉囊也能進行少量的微生物消化。

機械性消化、化學性消化和微生物消化是相互依存、相互配合、同時進行的。機械性消化為化學性消化和微生物消化創造條件；化學性消化和微生物消化又在一定程度上影響機械性消化。不同部位的消化道因其結構的不同，消化方式各有側重。口腔內以機械性消化為主；小腸內以化學性消化為主；而單胃動物(豬、馬屬動物等)與禽類的大腸、反芻動物(牛、羊、駱駝、鹿等)的瘤胃，則以微生物消化為主。

二、消化道平滑肌的特性

(一)一般生理特性

在整個消化道中，除口腔、咽、食管大部分(如馬的前2/3，牛和豬幾乎全部)和肛門外括約肌是骨骼肌外，其餘部分都是由平滑肌組成。消化道平滑肌的舒縮活動既是完成機械性消化的動力，又可促進食物的化學性消化和營養物質的吸收。

消化道平滑肌具有肌肉組織所共有的生理特性，如興奮性、自律性、傳導性和收縮性，但這些特性的表現還具有自身的特點。

1. 興奮性較低、收縮緩慢

消化道平滑肌的興奮性比骨骼肌和心肌低。由於其肌質網不發達、細胞內儲備的 Ca^{2+} 不多，從細胞外攝取 Ca^{2+} 的能力弱，因此，消化道平滑肌收縮的潛伏期、收縮期和舒張期比骨骼肌所占時間長，收縮較緩慢，而且變異很大。

2. 較大的展長性

消化道平滑肌在微細結構上無Z線、M線和肌小節之分，故能做較大的伸展，而不發生張力變化，這也是胃、大腸、反芻動物的瘤胃等器官可以容納比本身體積大好幾倍的食物，而對胃腸內壓力和運動不產生明顯影響的原因。

3. 持續的緊張性

消化道平滑肌經常保持一種微弱的持續收縮狀態，即具有一定的緊張性。緊張性收縮一方面可使消化道黏膜與食糜緊密接觸，利於消化吸收的進行；另一方面還使消化道各部分保持一定的形態和位置。此外，平滑肌的各種收縮活動也都是在緊張性的基礎上發生的。

4. 自動節律性

離體的胃腸道平滑肌，在適宜的環境中，仍能進行良好的節律性運動，但其收縮很緩慢，節律性也遠不如心肌規則。胃腸道平滑肌的節律性起源於平滑肌本身，在離體條件下也受內在神經系統的調節。

5. 對化學、溫度和機械牽張刺激較敏感

消化道平滑肌對電刺激不敏感，但對牽張、溫度和化學刺激特別敏感，輕微的刺激常可引起強烈的收縮。在化學刺激中，尤其對乙醯膽鹼、腎上腺素敏感。消化道對酸、鹼、鈣鹽和鉀鹽等各種化學刺激也較敏感。其他因素，如溫度的突然變化和輕度的突然牽拉，都能引起平滑肌強烈收縮。

(二) 消化道平滑肌的生物電特性

消化道平滑肌電活動的形式要比骨骼肌複雜得多，其電變化大致可分為三種，即靜息電位、慢波電位和動作電位。

1. 靜息電位

將微電極插入胃腸平滑肌細胞內可記錄到消化道平滑肌的靜息電位，其實測值為-60～-50 mV。胃腸平滑肌細胞靜息電位主要由 K^+ 的平衡電位形成，Na^+、Cl^-、Ca^{2+} 以及生電性鈉泵活動也參與了靜息電位的產生。消化道平滑肌的靜息電位很不穩定，波動性較大。

2. 慢波電位

消化道平滑肌在靜息電位的基礎上自發產生的一種緩慢的、大小不等的去極化和複極化節律性電位波動稱為慢波電位 (Slow wave potential) (圖 6-1)，也稱為基本電節律 (Basal electric rhythm, BER)。慢波電位不引起肌肉的收縮，但可以使靜息電位接近閾電位，決定平滑肌的收縮節律，因此，被稱為平滑肌起搏電位。

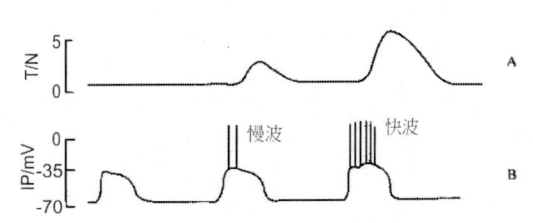

圖6-1 消化道平滑肌的收縮與細胞電活動的關係
A 消化道平滑肌的收縮 B 細胞電活動；
T 肌肉收縮張力 IP 細胞內電位

關於慢波產生的離子機制尚不完全清楚。目前認為，其機理可能與胃腸道平滑肌細胞膜上鈉泵活動的週期性變化有關。當鈉泵活動暫時受抑制時，從細胞內泵出的 Na^+ 減少，細胞內的 Na^+ 增多，膜出現去極化；當鈉泵活動恢復時，膜的極化加強，膜電位又回到原來的水平。新近的資料則顯示，慢波的產生主要與 Ca^{2+} 有關。慢波的起步點可能是存在於縱形肌和環形肌之間的 Cajal 細胞。Cajal 細胞是一種兼有成纖維細胞和平滑肌細胞特性的間質細胞，它與兩層平滑肌細胞均形成緊密的縫隙連接，可將慢波電位傳給平滑肌細胞。

3. 動作電位

也稱為快波電位，當慢波電位自動去極化達到閾電位時，會在慢波電位基礎上產生一個乃至數個持續時間較短的尖鋒形電位變化，也稱鋒電位。快波電位的產生機制與平滑肌細胞膜上的慢鈣通道開放有關，當慢波電位自動去極化達到閾電位時，慢鈣通道開放，Ca^{2+} 內流，形成動作電位去極相（上升支），複極相（下降支）因慢鈣通道關閉，由 K^+ 外流來實現。由於平滑肌動作電位是 Ca^{2+} 內流引起的，而 Ca^{2+} 內流可引起平滑肌收縮，因此，快波電位與平滑肌收縮之間存在很好的相關關係，每個慢波上所出現的鋒電位的數目越多，平滑肌收縮就越強（圖6-1）。

綜上所述，平滑肌的收縮是由動作電位引發的，而動作電位是在慢波的基礎上產生的。雖然慢波電位本身不能引起平滑肌收縮，但被認為是平滑肌的起步電位，是平滑肌收縮節律的控制波，它決定胃腸蠕動的方向，節律和速度。

三、消化腺的分泌功能

消化腺主要包括唾液腺，胃腺，腸腺，肝臟和胰腺等。消化腺屬於外分泌腺，其分泌物通過導管排入消化道內。消化腺從血液中攝取原料，在細胞內合成分泌物。分泌物從腺細胞內排出主要通過三種方式：①頂漿分泌。即分泌物形成後逐漸在細胞的管腔端積聚，最後把細胞的頂部及其中的分泌物一起排入消化道，如貓頷下腺的某些分泌細胞。②全漿分泌。整個細胞及其中的分泌物全部排入消化道，如小腸腺分泌物的排出，就是通過小腸上皮細胞的脫落而完成的。③局部分泌。細胞通過出胞方式排出分泌物，細胞自身保持完整狀態，如胰腺，肝臟和其他大多數消化腺的細胞。腺細胞膜上存在多種受體，當不同的神經遞質或激素與之結合後，通過不同的信號轉導機制，影響腺細胞的分泌活動。

消化腺的分泌物是消化液，主要由水，無機鹽和有機物組成。除膽汁中的有機物主要是膽酸和膽鹽外，其他消化液中的有機物主要是消化酶。消化液的主要功能是：①改變消化道內的pH，以適應消化酶活性的需要。②將複雜的食物成分分解為簡單的，可被吸收的小分子物質。③稀釋食物或消化產物，調節消化道內容物的滲透壓，便於黏膜上皮細胞吸收。④通過分泌黏液，抗體和大量液體來保護消化道黏膜。

四、消化道的神經支配

支配消化道的神經來自兩方面：一方面是消化道管壁內分布的內在神經叢，稱為內在神經系統；

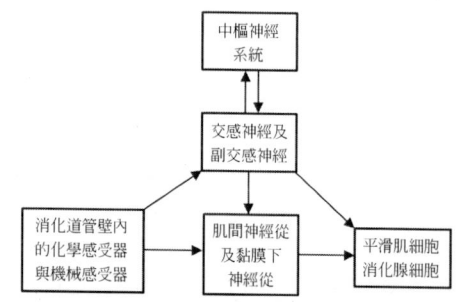

圖6-2 消化道功能的神經調節示意圖

另一方面是機體植物性神經系統的交感神經和副交感神經，稱為外來神經系統，兩者相互協調，共同調節消化道功能（圖6-2）。

(一)內在神經叢(腸神經系統)

支配胃腸道的內在神經叢也稱壁內神經叢，分布在從食管中段到肛門的絕大部分消化管壁內，是由大量的神經元和神經纖維交織而成的複雜網路（圖6-3）。其中感覺神經元感受胃腸道內機械、化學和溫度等刺激；運動神經元支配胃腸道平滑肌、腺體和血管的活動；還存在大量的中間神經元。內在神經叢的運動神經元分佈在胃腸壁的平滑肌細胞和腺體上，其軸突末梢的曲張體含有多種神經調節物質，這些物質可影響周圍肌肉和腺體的活動。

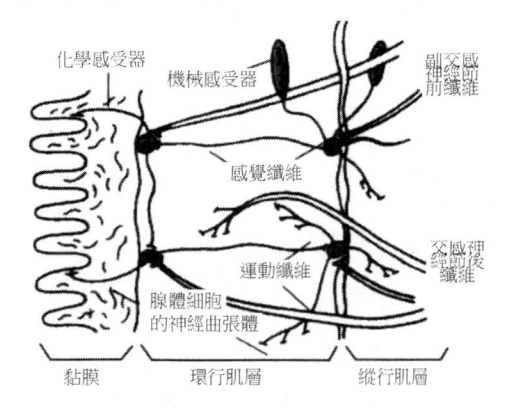

圖6-3　胃腸道內在神經叢的感受器與神經纖維分佈

內在神經叢主要由兩組神經纖維網交織而成，即肌間神經叢與黏膜下神經叢。肌間神經叢位於縱形肌和環形肌之間，又稱為歐氏神經叢(Auerbach's plexus)，主要支配平滑肌細胞的收縮。其中有以乙醯膽鹼和P物質為遞質的興奮性神經元，也有以血管活性腸肽(Vasoactive intestinal peptide，VIP)和一氧化氮為遞質的抑制性神經元。黏膜下神經叢分佈在消化道黏膜下，又稱為麥氏神經叢(Meissner's plexus)，其運動神經末梢釋放乙醯膽鹼和VIP，主要調節腺細胞和上皮細胞功能，以及黏膜下的血管運動。

內在神經叢將消化道內各種感受器、效應細胞、外來神經和壁內神經元緊密聯繫在一起，其主要功能為調節胃腸運動、腺體分泌和血流。如果切除外來神經，食物對胃腸道的刺激仍能引起胃腸運動及腺體分泌，這主要是通過內在神經叢的局部反射來完成的。但在完整的機體內，內在神經受外來神經的調節。

(二)外來神經系統

支配胃腸道的外來神經系統包括副交感神經和交感神經（圖6-4）。除口腔、食管上段和肛門外括約肌外，幾乎整個消化道都受副交感神經和交感神經雙重支配，其中以副交感神經的作用為主。

圖6-4　交感神經與副交感神經在胃腸道的分佈
（A：交感神經分佈；B：副交感神經分佈）
CG.腹腔神經節；X.迷走神經；SMG.腸系膜前神經；
PN.盆神經；IMG.腸系膜後神經；PG.椎前神經節

1. 副交感神經

來自迷走神經和盆神經，其節前纖維進入消化道內，與內在神經叢形成突觸，發出節後纖維分佈至腺細胞、上皮細胞和平滑肌細胞。大多數副交感神經的節後纖維為膽鹼能纖維，當其興奮時釋放的遞質是ACh，ACh作用於M型膽鹼受體，通常引起胃腸道運動加強，腺體分泌增加。這一作用可被阿托品阻斷。近年發現，少數副交感神經節後纖維是非膽鹼能、非腎上腺素能纖維，其末梢釋放的遞質可能為肽類物質，如血管活性腸肽、生長抑素、腦啡肽、P物質等，其作用可能與平滑肌、血管等的舒張活動有關。

2. 交感神經

支配胃腸道的交感神經起源於脊髓胸腰段側角，經腹腔神經、腸系膜神經節或腹下神經節換元，其節後纖維為腎上腺素能纖維，主要分佈在內在神經元上，抑制其興奮性，或直接支配胃腸平滑肌、血管平滑肌及胃腸道腺細胞。交感神經節後纖維末梢釋放的遞質是去甲腎上腺素，主要引起胃腸道運動減弱、腺體分泌減少。

胃腸交感神經中約有50%的纖維為傳入纖維，迷走神經中約有70%的纖維為傳入纖維，因此可及時將胃腸感受器信號傳入高位中樞，引起反射調節，如"迷走-迷走"反射。

五、消化道的內分泌功能

胃腸道具有多種類型的內分泌細胞，散在分佈於胃腸黏膜上皮細胞之間，分泌多種激素和激素類物質，統稱為胃腸激素（Gastrointestinal hormone）。這些激素在化學結構上都是由氨基酸殘基組成的肽類激素，分子量大約在5000以內。

（一）胃腸激素的生理作用

胃腸激素的生理功能主要包括3個方面：①調節消化道的運動和消化腺的分泌。例如，胃泌素促進胃的運動和胃液分泌，抑胃肽則抑制胃的運動和胃液分泌，縮膽囊素（也稱膽囊收縮素）引起膽囊收縮、增加胰酶分泌等。②調節其他激素的釋放。例如，小腸釋放的抑胃肽具有很強的刺激胰島素分泌作用，其生理意義是防止葡萄糖被吸收後血糖升高過快。此外，生長抑素與VIP對胃泌素的釋放起抑制作用，胃黏膜細胞分泌的腦腸肽（Ghrelin）具有刺激生長激素釋放的作用。③營養作用。一些胃腸激素具有促進消化道組織代謝和生長的作用。例如，胃泌素能促進胃和十二指腸黏膜的蛋白質合成，從而促進黏膜生長，縮膽囊素能促進胰腺外分泌組織的生長等。現已確認的主要胃腸激素有胃泌素、胰泌素、縮膽囊素、抑胃肽等（表6-1）。

表6-1 四種主要胃腸激素的分泌部位、作用及引起釋放的因素

激素名稱	分泌部位	主要生理作用	釋放因素
胃泌素（又名促胃液素）	胃幽門腺及十二指腸G細胞	促進胃酸分泌、促進胃運動和胃黏膜生長	胃中蛋白質消化產物；胃中高pH；迷走神經興奮
胰泌素（又名促胰液素）	十二指腸S細胞	促進胰腺分泌碳酸氫鹽，抑制胃泌素釋放和胃的分泌	十二指腸中的酸性分泌物
縮膽囊素	十二指腸到回腸，主要是十二指腸I型細胞	促進胰腺分泌胰酶、促進膽囊收縮、抑制胃排空	小腸中的蛋白質和脂肪及其消化產物
腸抑胃肽	十二指腸到空腸上段K細胞		食糜進入十二指腸和空腸

（二）胃腸激素的分泌方式

主要有5種：①內分泌方式。激素通過血液迴圈到達靶細胞起作用，如胃泌素、縮膽囊素、促胰液素等。②旁分泌方式。激素在細胞外液經過彌散作用，作用於鄰近細胞。③胃腸激素作為神經遞質發揮作用。④自分泌方式。胃腸激素分泌後再反過來作用於分泌細胞本身；⑤腔分泌方式。激素分泌到消化管腔起調節作用，如胃的D細胞將生長抑素分泌入胃腔，調節胃酸和胃泌素的分泌。

(三) 腦-腸肽的概念

近年來的研究證實，一些產生於胃腸道的肽，不僅存在於胃腸道，也存在於中樞神經系統內。而原來認為只存在於中樞神經系統的神經肽，也在消化道中被發現。這種雙重分佈的肽統稱為腦-腸肽（Brain-gut peptide）。已知的腦-腸肽有胃泌素、膽囊收縮素、P物質、生長抑素、神經降壓素等20餘種。這些肽的雙重分佈具有很重要的生理意義。如膽囊收縮素在外周對胰酶分泌和膽汁排放具有調節作用，在中樞對攝餐具有抑制作用，表明腦內及胃腸內的膽囊收縮素在消化和吸收過程中具有協調作用。

案例

劉潔珠等（2011）報導，給育肥豬主動接種0.5 mg/mL和1.5 mg/mL縮膽囊素（CCK）融合蛋白疫苗，試驗期（45 d）肉豬平均日增重較空白對照組分別提高5.8l％和7.36％，採食量分別提高4.04％和2.53％。試驗證明主動接種CCK融合蛋白疫苗對肉豬生長具有一定促進作用。

問題與思考

1. CCK的一般生理作用是什麼？
2. CCK融合蛋白疫苗促進動物生長的可能原因是什麼？

提示性分析

縮膽囊素是1928年由Ivy和Oldbery發現並命名的一種能引起膽囊收縮的胃腸道激素。後來的研究發現CCK還廣泛存在於中樞和外周神經系統中，是一種典型的腦-腸肽，除具有促進膽囊收縮和胰酶分泌等基本生理功能以外，還具有抑制攝食行為、影響激素分泌等效應。1973年Gibbs等發現向體內引入CCK可抑制小鼠的採食，從此CCK引起了營養學家們的極大關注。人們設想通過人工手段降低動物體內CCK含量，以提高動物的採食量，實現促生長的作用。在國內外高度重視畜禽健康養殖和禁止使用激素和抗生素作為動物生長促進劑的今天，在保障畜禽產品安全的前提下，探索通過免疫調控來充分挖掘畜禽生產潛能的方法具有非常重要的意義。

第二節　口腔消化

消化從口腔開始，包括採食、咀嚼、吞咽和唾液分泌。口腔內食物停留時間短暫，在此通過咀嚼磨碎食物，混合唾液便於吞咽。雜食動物還可在口腔內開始分解食物中的澱粉。

一　採食和飲水

採食是動物最基本的本能，也是動物消化吸收過程中的第一個環節。哺乳動物主要依靠嗅覺和視覺覓食。食物進入口腔後，又依靠味覺、嗅覺和口腔觸覺的綜合活動來評定食物，並把其中不適合的物質吐出。積極採食是動物健康狀況的重要表現，食慾減退常常是疾病的症狀之一。

(一)採食方式

家畜用唇、齒和舌等器官將食物攝入口腔的過程稱為採食(Prehension)。不同的動物其採食方式不同。貓和狗通常用前肢按住食物，用門齒和犬齒咬斷食物，依靠頭、頸的運動把食物送入口中；牛的主要採食器官是舌，舌很長，舌面粗糙、靈活而有力，能伸出口外卷草入口，送至下頜齒和上頜齒齦間挫斷，借頭部的運動扯斷飼草。牛由於缺乏上門齒，放牧時不能啃食短草。綿羊和山羊則靠舌和切齒採食，綿羊的上唇有裂隙，便於啃很短的牧草；豬用吻突掘地尋找食物，並靠尖形的下唇和舌將食物送入口內，人工飼餵時則靠齒、舌和頭部的特殊運動採食。馬的唇靈活、敏感，是採食的主要器官，放牧時，馬依靠上唇將草送至門齒間切斷，並依靠頭部的牽引動作，把不能咬斷的草莖扯斷。

飲水時，貓和狗把舌頭浸入水中，卷成匙狀，將水送入口。其他家畜一般先把上下唇合攏，中間留一小縫，伸入水中，然後下頜下降，舌向咽部後移，使口內形成負壓，把水吸入口腔。仔畜吮乳也是靠口腔壁肌肉和舌肌收縮，使口腔形成負壓來完成的。

(二)採食調節

動物採食存在短期調節和長期調節兩種方式。短期調節是指進食後數小時內，從飢餓產生到第二次進食的調節；長期調節是指動物在一定的時期內，每天的採食量變化不大，通常不超過10%，從而較長時間維持體重和身體組成相對穩定，使機體始終維持能量平衡的調節過程。

1. 採食中樞

動物的下丘腦存在調控採食的神經中樞，由攝食中樞(Feeding center)和飽中樞(Satiety center)兩部分組成。攝食中樞位於下丘腦的腹外側區，呈瀰散性，與腦的其他部位有神經聯繫；飽中樞位於下丘腦的腹內側區(圖6-5)。刺激攝食中樞可促進動物採食；刺激飽中樞可使動物停止採食，若破壞飽中樞動物則出現暴食。通常攝食中樞呈持續興奮狀態。

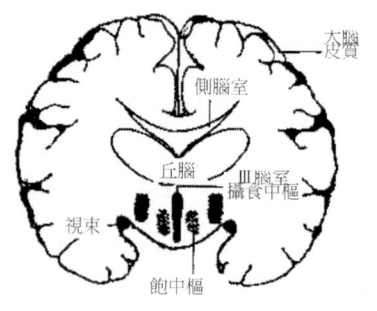

圖6-5　下丘腦攝食中樞和飽中樞的腦切面示意圖

採食、消化和代謝等活動可刺激飽中樞，使攝食中樞受到抑制，動物逐漸停止採食。下丘腦是控制採食的初級整合系統，對採食調節發揮關鍵作用，腦的其他部分也參與採食信號的整合。

2. 採食活動的反射性調節

(1)短期調節。短期採食調節包括：第一，外界信號經視覺、嗅覺、味覺等傳入途徑興奮或抑制採食中樞；第二，食糜刺激胃腸道內的機械、容積、化學、溫度、滲透壓等感受器，通過迷走神經傳入或胃腸激素的作用影響攝食中樞的活動，如縮膽囊素是最重要的傳遞因數之一，經血液迴圈直接到達中樞，抑制攝食；第三，消化分解產物，如葡萄糖和揮發性脂肪酸

(Volatile fatty acid,VFA)吸收入血後,刺激血管壁,肝臟的感受器,通過神經傳入影響攝食中樞的活動,血糖通過血腦屏障直接作用於飽中樞,血糖濃度升高或降低,使單胃動物採食減少或增加,血糖水準成為單胃動物採食短期調節的主要因素。反芻動物對血糖濃度不敏感,VFA是其反射性調節的主要因素,血中VFA水準降低或升高,採食量增加或減少。

(2)長期調節。攝食的長期調節直接與能量的消耗和攝食之間的平衡有關,這種相關性主要由體脂水準決定,有人認為攝食的長期調節可能是由某些脂肪代謝產物控制的,提出了攝食長期調節的"脂肪恒定"學說,認為游離脂肪酸或其他脂肪代謝產物可能對攝食起長期負反饋調節作用,從而調節動物一定時期內攝食量的相對穩定。參與脂肪代謝的激素種類較多,包括胰島素、瘦素、生長激素、甲狀腺激素、縮膽囊素等,其中胰島素和瘦素是兩個最重要的長期攝食調節激素。

胰島素是由胰腺B細胞分泌的體內唯一能降低血糖的激素,能促進脂肪合成,增加體脂沉積,瘦素是一種主要由白色脂肪組織分泌的蛋白類激素,其基本作用是調節脂肪代謝,降低機體內脂肪的沉積。瘦素和胰島素是反映體內脂肪儲存量的信號分子,二者關係十分密切,胰島素可作用於脂肪組織促進瘦素分泌,而瘦素又可抑制胰腺分泌胰島素。瘦素和胰島素通過血腦屏障,作用於中樞神經系統,調節攝食量,而攝食量的多少又反過來影響體內脂肪的儲存量,從而構成了脂肪細胞與下丘腦攝食中樞之間的回饋聯繫。當體重增加時,瘦素的分泌增加,並導致攝食減少。相反,當機體處於饑餓或消瘦狀態時,瘦素分泌減少,使下丘腦中神經肽Y增加,引起攝食增加。

二、唾液分泌

唾液是三對大唾液腺和口腔黏膜表面分佈的許多小頰腺的混合分泌物。腮腺由漿液細胞組成,分泌不含黏蛋白的稀薄如水的唾液;頜下腺和舌下腺由漿液細胞和黏液細胞組成,分泌含有黏蛋白的水樣唾液;口腔黏膜中的小頰腺由黏液細胞組成,分泌含有黏蛋白的黏稠唾液。

(一)唾液的性質和成分

唾液為無色透明的黏稠液體,呈弱鹼性,不同動物唾液的pH差別較大,例如,豬為7.32,狗和馬為7.56,反芻動物為8.1。唾液分泌量較多,在一晝夜內,豬為15～18L,羊約10L,馬約40L,牛達100～180L。

唾液由水(98.92 %),少量無機物和有機物組成。有機物主要為黏蛋白、球蛋白、氨基酸、尿素、尿酸、唾液澱粉酶和溶菌酶等;無機物有鈉、鉀、鈣、硫氰酸鹽、氯、氨等,唾液中還有一定量的氣體,如氧氣、氮氣和二氧化碳。肉食動物和牛、羊、馬的唾液中一般不含澱粉酶,但哺乳期的幼畜(如犢牛)唾液中含有脂肪分解酶,在狗、貓等動物的唾液中還含有微量的溶菌酶。此外,唾液中還含有多種激素如性激素等,而且其含量隨生理狀態不同而變化。反芻動物分泌的唾液都含有較多的碳酸氫鹽和磷酸鹽,呈等滲狀態,且具有較強的緩衝能力,但隨著分泌速度的加快,碳酸氫鹽的含量增加而磷酸鹽的含量相對減少,非反芻動物(如狗)的腮腺和頜下腺在基礎分泌時產生的唾液含有機質較少,一般都是低滲的,當分泌增加時,Na^+、Cl^-、HCO_3^-的濃度顯著上升,最高可接近等滲狀態。

(二)唾液的生成

唾液的生成包括唾液腺的腺細胞分泌原液和原液的無機鹽離子在細導管內進行交換兩個過程。原液中主要含有唾液澱粉酶或(和)黏蛋白，其離子組成和離子濃度與一般細胞外液相似。當原液通過細導管流向排泄管時，這些離子與細導管周圍毛細血管內血液進行交換，同時管壁細胞分泌碳酸氫鹽。其中Na^+被主動重吸收，並在離子交換過程中，主動分泌K^+，因此，唾液中Na^+濃度大大降低，而K^+濃度則增高；由於Na^+的重吸收量一般要超過K^+的分泌量，於是在唾液導管內外形成了約-70 mV的電位差，這導致Cl^-的被動吸收，所以唾液中Cl^-的水準很低。

(三)唾液的作用

唾液的生理功能主要包括以下幾方面：①濕潤口腔和食物，便於咀嚼和吞嚥；②溶解食物中的某些物質，產生味覺和引起各種反射活動；③唾液澱粉酶可水解澱粉為麥芽糖；④反芻動物唾液中高濃度的碳酸氫鹽和磷酸鹽具有強大的緩衝能力，能中和瘤胃內微生物發酵所產生的有機酸，藉以維持瘤胃內適宜的酸鹼度，保證微生物正常活動；⑤反芻動物可隨唾液分泌大量的尿素進入瘤胃，參與機體的尿素再迴圈，減少氮的損失；⑥哺乳期幼畜唾液含有脂肪分解酶(舌脂酶)能水解乳脂形成游離脂肪酸；⑦清潔和保護作用，唾液分泌可經常沖洗口腔中的食物殘渣和異物，潔淨口腔，其中的溶菌酶有殺菌作用；⑧某些動物(如水牛、狗、貓汗腺不發達)在高溫季節可分泌大量稀薄唾液，其中水分的蒸發有助於散熱。

(四)反芻動物的唾液分泌

1. 反芻動物唾液分泌的特點

反芻動物唾液分泌具有分泌量大和腮腺分泌呈連續性的特點。例如，牛一晝夜分泌量可達100～200 L，綿羊唾液總量可達8～13 L。反芻動物的腮腺在休息、採食和反芻時都會分泌唾液，而頜下腺與舌下腺只有採食時分泌。例如，牛單側腮腺的分泌量在休息時約為12 mL/min，採食時為30～50 mL/min，反芻時為28～48 mL/min。

2. 反芻動物唾液的主要成分與功能

反芻動物唾液含有大量碳酸氫鹽和磷酸鹽，pH可達8.1，鹼性唾液進入瘤胃可以中和微生物發酵產生的酸，維持瘤胃pH穩定。反芻動物唾液中含有一定數量的尿素氮，如牛混合唾液總氮中尿素氮占77%。但是，反芻動物唾液中缺少消化酶。

2. 影響反芻動物唾液分泌的因素

影響反芻動物唾液分泌的因素很多，如採食、反芻、熱應激時，唾液分泌增多。食物組成對唾液分泌影響最大，如食物中精、粗料比例不同唾液分泌量則不同。

(五)唾液分泌的調節

唾液的分泌完全受神經反射性調節，包括非條件反射和條件反射。唾液腺的分泌分為平時分泌和進食時的分泌。在動物安靜情況下，唾液腺分泌少量唾液滋潤口腔稱為基礎分泌。進食時唾液腺在神經反射調節下分泌大量唾液，條件反射和非條件反射都參與了這個調節過程。進食前，通過聽覺、嗅覺、視覺、味覺和觸覺感受到食物以及與進食有關的資訊後引起的唾液分泌為條件反射。進食時，食物對口腔黏膜機械性、化學性和溫熱性刺激引起唾液分泌為非條件反射。

非條件反射調節機理如下：進食時口腔內的感受器興奮，資訊沿第Ⅴ、Ⅶ、Ⅸ、Ⅹ腦神經傳入到達唾液分泌的基本中樞延髓，再通過Ⅶ、Ⅸ等腦神經中的副交感纖維和交感傳出纖維到達唾液腺。在條件反射時，與進食有關的外界刺激，如聲音、色、香、味和形狀通過聽覺、視覺、嗅覺、味覺和觸覺神經傳入延髓唾液分泌中樞，以及下丘腦和大腦皮層，同樣再通過Ⅶ、Ⅸ等腦神經中的副交感纖維和交感傳出纖維到達唾液腺。

　　非條件反射和條件反射都表現為副交感神經和交感神經興奮，其中副交感神經作用是主要的，其末梢釋放乙醯膽鹼（ACh）與唾液腺細胞膜上的M受體結合，使腺體血管擴張，血流量增加，腺細胞分泌活動增強；交感神經節後纖維興奮釋放去甲腎上腺素與唾液腺細胞膜上的β受體結合，使唾液腺分泌黏稠的唾液，但比副交感神經的作用弱。藥物阿托品因可阻斷ACh與M受體的結合，使唾液分泌量顯著減少。

　　唾液的分泌還受消化道其他部位的反射性調節，如反芻動物瘤胃內的壓力和化學感受器受到刺激，可引起腮腺不斷分泌。唾液分泌的質和量可隨食物的性質和進食習慣而發生適應性改變。如馬吃乾草時，唾液的分泌量約為乾草重量的4倍，而吃青草時唾液的分泌量僅為青草重量的一半。

三、咀嚼

　　咀嚼（Mastication）是在頜部、頰部肌肉和舌肌的配合運動下，用上下臼齒將食物機械磨碎，並混合唾液的過程。不同動物對食物咀嚼的程度不同。馬在飼料被咽下前咀嚼充分；反芻動物採食時咀嚼不充分，待反芻時再咀嚼；肉食動物咀嚼不完全，一般隨採隨咽。

　　咀嚼的作用包括：①咀嚼動作將食物磨碎，增加與消化液的接觸面積；②使磨碎後的食物與唾液充分混合，濕潤和潤滑食物，形成食團利於吞咽；③咀嚼動作還可以刺激口腔內的各種感受器，反射性引起消化腺的分泌，胃腸運動增強，為下一步的消化準備有利條件。

　　咀嚼的次數和時間與飼料的性質有關。一般濕的飼料比干的飼料咀嚼次數少，咀嚼時間也比較短。由於咀嚼時，咀嚼肌活動增強，消耗大量能量，因此，有必要對食物進行預先加工，以提高食物利用率。

四、吞咽

　　吞咽（Deglutition）是由口腔、舌、咽和食管肌肉共同參與的一系列複雜的反射性協調活動，是食團從口腔經咽、食道進入胃的過程。

（一）吞咽動作

　　食物經咀嚼形成食團後，在來自大腦皮層的衝動影響下，由舌壓迫食團向後移送。食團到達咽部時，刺激該部的感受器，引起一系列肌肉的反射性收縮。此時，軟齶上舉並關閉鼻咽孔，阻斷口腔與鼻腔的通路；同時會厭軟骨翻轉，蓋住喉口，呼吸暫停；食管口舒張和前移，並向咽部接近，咽肌收縮，將食團迅速擠入食管。在此過程中，食團刺激了軟齶、咽部和食管等處的感受器，發出傳入衝動，抵達延髓中樞，中樞的傳出衝動引起反射性食管蠕動，推送食團向後移行；食團到達食管末端時，可刺激管壁上的機械感受器，反射性引起食管-胃括約肌舒張，使食物進入胃內。

(二)吞嚥的神經調節

吞嚥是一種複雜的反射活動。吞嚥由咽部周圍（主要是軟齶部，此外包括咽和食道）的感受器感受刺激而激發，興奮主要經由三叉神經、舌咽神經和迷走神經傳到吞嚥的基本中樞——延髓。支配舌、喉、咽部動作的傳出神經在三叉神經、舌咽神經和舌下神經中，支配食管的傳出神經是迷走神經。

案例

鄧目華等（2012）報道，在 30 日齡斷奶仔豬飼料中添加脂溶性氨基酸衍生物350 mg/kg，在30 d試驗期內，試驗組平均日採食量、平均日增重量與不添加對照組相比，分別提高18.96％、13.61％。試驗證明，高劑量添加生理性誘食劑，能提高斷奶仔豬的食欲和採食量，並提高斷奶仔豬的生長潛能。

問題與思考

何為仔豬誘食劑，其生產價值如何？

提示性分析

仔豬誘食劑又稱飼料香味劑，是根據仔豬的生理特徵和採食習慣，為改善飼料適口性、誘食性及飼料轉化率，提高飼料品質而添加到飼料中的一種添加劑。在養豬生產中，仔豬早期斷奶是影響生長的重要環節，早期斷奶時因環境、營養和心理應激等因素，使仔豬在一段時間內採食較少，免疫力下降，消化不良，造成仔豬腹瀉、生長遲緩等「斷奶綜合症」。因此，設法提高斷奶仔豬採食量，降低早期斷奶對仔豬消化等功能的危害具有十分重要的意義。

第三節　胃內消化

一、單胃內的消化

胃是消化道中最膨大的部分。胃的消化功能主要體現在兩方面：一是通過分泌胃液來實現化學性消化，另一方面是通過胃的運動進行機械性消化。此外，食物進入胃後，通過刺激胃壁和黏膜上的機械和化學感受器，可反射性地引起腸道和消化腺的活動，為下一步消化做準備。胃不僅具有重要的消化功能，而且兼有暫時儲存食物的作用。

(一)胃的功能結構

單胃動物的胃一般分為四個區：賁門區、幽門區、胃體區和胃底區（圖 6-6）。按生理功能，胃黏膜一般可分為賁門腺區、胃底腺區和幽門腺區，賁門腺區分佈在胃與食管連接處，腺細胞分泌鹼性的黏液。胃底腺區分佈在占全胃黏膜2/3的胃底和胃體部，是胃的主要消化區，由主細胞、壁細胞和黏液細胞組成，三種細胞分別分泌胃蛋白酶原、鹽酸和黏液。此外，壁細胞還分泌內因數(Intrinsic factor)。幽門腺區分佈在幽門部，腺細胞分泌鹼性黏液。胃液(Gastric juice)是由這三種腺體和胃黏膜上皮細胞的分泌物構成的。

在胃黏膜上，還散在分布著一些內分泌細胞，如位於幽門腺區分泌胃泌素的G細胞、分泌生長抑素的D細胞、分泌胰多肽的PP細胞等。

(二)胃液的性質、成分及作用

圖6-6 胃的功能結構

胃液是胃黏膜各腺體所分泌的混合液，純淨的胃液是無色、透明，pH為0.9～1.5的強酸性液體，主要成分包括鹽酸、胃蛋白酶原、黏蛋白、內因數、電解質和水等。

1. 鹽酸

也稱胃酸，由胃底腺區的壁細胞分泌。鹽酸在胃液中大部分以游離方式存在，稱為游離酸；小部分與蛋白質結合，稱結合酸，二者合稱總酸。鹽酸的主要生理作用是：①啟動胃蛋白酶原，使之變成有活性的胃蛋白酶。②為胃蛋白酶提供適宜的酸性環境，同時使蛋白質變性而易於消化。③具有一定的殺菌作用，可殺死隨食物進入胃內的微生物。④鹽酸進入小腸後，能促進胰液、小腸液和膽汁的分泌，並刺激小腸運動。⑤鹽酸進入十二指腸前段所形成的酸性環境有助於Fe^{2+}和Ca^{2+}的吸收。

壁細胞分泌鹽酸的基本過程是H^+和Cl^-由壁細胞分別通過不同的細胞機制分泌到胃腔內而形成。其轉運過程如圖6-7所示，壁細胞胞漿內的H_2O解離生成H^+，H^+被位於頂端膜上的質子泵(H^+-K^+-ATP酶)泵出至分泌小管腔內，同時驅動一個K^+從分泌小管腔進入胞漿；在碳酸酐酶的催化下，細胞內的H_2O迅速與CO_2結合，形成H_2CO_3，隨即又分解為H^+和HCO_3^-。生成的HCO_3^-在細胞底側與Cl^-進行交換而進入血液，Cl^-進入胞漿，通過細胞頂膜上特異的Cl^-通道進入分泌小管腔，與H^+形成HCl。分泌小管內K^+的存在是質子泵分泌的前

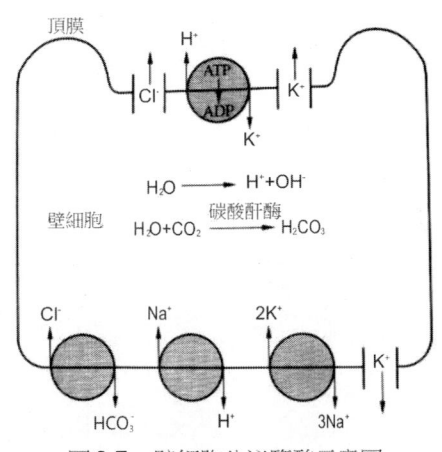

圖6-7 壁細胞分泌鹽酸示意圖

提。K^+是在壁細胞受刺激時，經細胞頂膜上的K^+通道由胞漿進入分泌小管的，而細胞底側上的Na^+-K^+泵可使細胞外的K^+通過與細胞內的Na^+進行交換而進入細胞內，以補充由頂膜丟失的部分K^+。由於質子泵已被證實是各種因素引起胃酸分泌的最後通路，因此，選擇性抑制質子泵的藥物(如奧美拉唑)已被臨床用於抑制胃酸分泌。

2. 胃蛋白酶

原胃蛋白酶原(Pepsinogen)主要由主細胞分泌，以胃蛋白酶原的形式分泌入胃腔內，在胃酸作用下轉變為具有活性的胃蛋白酶。已啟動的胃蛋白酶對胃蛋白酶原也有啟動的作用，稱為自身啟動作用。胃蛋白酶是胃液中最重要的消化酶，在較強的酸性條件下，能使蛋白質

分解為腖和腺及少量的氨基酸。哺乳動物的胃蛋白酶最適pH為2，隨著pH的升高，其活性逐漸降低，pH上升到6以上時，酶便失去活性。此外，胃蛋白酶對乳汁中的酪蛋白有凝固作用，這對哺乳期的幼畜較為重要，因為乳汁凝固成塊後在胃中停留時間延長，有利於充分消化。

胃液中的消化酶除胃蛋白酶外，還存在其他一些數量較少的酶，如胃脂肪酶、胃澱粉酶、凝乳酶等，但作用較弱。

3. 黏液和碳酸氫鹽

黏液是由胃黏膜表面上皮細胞、胃底腺的黏液細胞、賁門腺和幽門腺細胞共同分泌的，其主要成分為糖蛋白。黏液有不溶性黏液與可溶性黏液之分。可溶性黏液較稀薄，由胃腺分泌，胃運動時，可溶性黏液與胃內容物混合，起潤滑食物及保護黏膜免受食物機械損傷的作用。不溶性黏液由表面上皮細胞持續自發地分泌，具有較高的黏滯性和形成凝膠的特徵，內襯於胃腔表面成為厚約1mm的黏液層。不溶性黏液除具有與可溶性黏液相似的作用外，還與胃黏膜上皮細胞分泌的 HCO_3^- 一起構成黏液-碳酸氫鹽屏障(Mucus-bicarbonate barrier)。該屏障的主要作用在於：當胃腔中的 H^+ 向胃壁擴散時，與胃黏膜上皮細胞分泌的 HCO_3^- 在黏膜中相遇，發生表面中和作用，使黏液層內出現由內向外的pH梯度，腔側面pH低，胃壁黏膜則處於中性或偏鹼性狀態，有效防止了胃酸和胃蛋白酶對胃黏膜的侵蝕。

4. 內因數

內因數(Intrinsic factor)為壁細胞分泌的一種糖蛋白，能與維生素 B_{12} 結合成複合物，使維生素 B_{12} 在運送到回腸途中不被消化液中的水解酶所破壞，到達回腸後，內因數與回腸黏膜特殊受體結合，促進維生素 B_{12} 吸收入血。維生素 B_{12} 是生成紅血球的必需原料。如果患萎縮性胃炎，由於內因數缺乏可繼發巨幼紅血球性貧血症。

(三)胃液分泌的調節

胃液的分泌包括基礎分泌和消化期分泌兩種類型。空腹12～24h後的胃液分泌為基礎分泌，基礎分泌呈晝夜節律，清晨分泌量最低，夜間分泌量高，分泌物中酶很少，幾乎沒有鹽酸，主要是黏液。消化期分泌一般按食物刺激感受器的部位和先後可以人為地將其分為3個時期，即，頭期、胃期、腸期。

1. 頭期

用「假飼實驗」證明。事先將動物的食管切斷，並在胃部安裝瘻管，食物從口腔進入食道後，隨即從食管切口處流出體外，未進入胃內，故稱「假飼」(圖6-8)。當假飼動物進行咀嚼或吞咽後5～10min胃液開始分泌，並可持續分泌2～4h。若切斷支配胃的迷走神經，假飼時就不出現胃液分泌。由此可見，在進食過程中，僅在食物刺激頭部(口腔)感受器時就能夠反射性地引起胃液分泌，故稱頭期。頭期分泌包括條件反射性分泌和非條件反射性分泌兩種機制。這兩種反射的傳入途徑與進食引起唾液分泌的傳入途徑相同，反射中樞在延髓、下丘腦、邊緣葉和大腦皮質，迷走神經是這些反射的傳出神經。

實驗證明，迷走神經興奮除了直接刺激胃液分泌外，還使幽門部G細胞釋放胃泌素，通過胃泌素間接促進胃液分泌。進一步研究表明，支配G細胞的迷走神經末梢釋放的遞質不是乙醯膽鹼，而是一種肽類物質——蛙皮素(Bombesin)，也稱為胃泌素釋放肽(Gastrin re-leasing peptide, GRP)。

頭期胃液分泌的特點是：潛伏期長，分泌持續時間長，分泌量大，酸度高，消化力強（富含胃蛋白酶）。

2.胃期

食物進入胃後，可通過以下途徑引起胃液分泌：①食物刺激胃底與胃體部的機械感受器，通過迷走-迷走神經長反射（Vago-vagal reflex）和壁內神經叢的局部反射引起胃液分泌。②食物刺激幽門部的機械感受器，通過壁內神經叢或食物中的化學成分直接作用該部的化學感受器，均可使G細胞釋放胃泌素，使胃液分泌增多。此外，進食後由於食物的緩衝作用，提高了胃內pH（達4.5左右），解除了胃酸對G細胞分泌的抑制作用，從而有利於胃泌素的釋放。

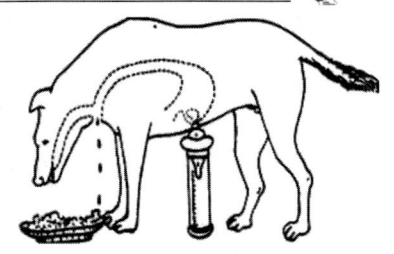

圖6-8　假飼試驗

胃期胃液分泌的特點是：酸度較高，分泌量多，但含酶量較頭期少，消化力較頭期弱。

3.腸期

腸期是指食糜進入十二指腸後，能繼續刺激胃液分泌。實驗表明，將食物由瘺管直接灌注到十二指腸內，也可引起胃液分泌的少量增加。切斷支配胃的外來神經後，食物對小腸的作用仍可引起胃液分泌，表明腸期的胃液分泌主要是通過體液調節機制而實現的。在十二指腸黏膜內有少量G細胞，受食糜刺激後可分泌少量胃泌素，從而促進胃液分泌。在食糜的作用下，小腸黏膜還可能釋放一種「腸泌酸素」（Entero-oxyntin）刺激胃酸分泌。

腸期胃液分泌的特點是：作用時間短，酸度低，分泌量少，消化力弱。實際上，胃液分泌的三個時期在時間上是互相重疊、緊密聯繫的一個整體，都受神經和體液因素的雙重調節，但頭期以神經調節為主，胃期受神經及體液調節的協同作用，腸期以體液調節為主。

(四)胃的運動及排空

1. 胃運動的主要形式

胃運動的主要形式為容受性舒張、緊張性收縮和蠕動。

(1)容受性舒張。當咀嚼和吞咽時，食物刺激咽和食管等處的感受器，通過迷走神經反射性地引起胃壁平滑肌緊張性降低和舒張，稱為胃的容受性舒張（Receptive relaxation）。

容受性舒張可使胃的容積達到空腹時的30倍，適合大量食物的湧入，而胃內壓變化不大，使胃能更好地完成容納和儲存食物的功能。胃的容受性舒張是通過迷走神經的傳入和傳出通路而實現的反射性調節（迷走-迷走反射），切斷動物的雙側迷走神經，容受性舒張即不再出現。此反射中，迷走神經傳出纖維末梢釋放的遞質可能是血管活性腸肽（VIP）或一氧化氮（NO）。

(2)緊張性收縮。是以胃壁平滑肌長時間收縮為特徵的運動，稱為緊張性收縮（Tonic contraction）。這種收縮緩慢而有力，可使胃內壓升高，壓迫食糜向幽門部移動，並可使食糜緊貼胃壁，促進胃液滲進食物。另外，緊張性收縮有維持胃腔內壓，保持胃的正常形態和位置的作用。

(3)蠕動。蠕動（Peristalsis）是指胃壁肌肉呈波浪形，有節律地向幽門推進的舒縮運動。蠕動波始於胃體中部，深度和速度較小，在向幽門傳播的過程中，波的速度和深度均逐漸增加,在胃竇部蠕動變得極為有力,推動一些小顆粒食糜(直徑小於 2 mm)進入十二指腸。胃的反復蠕動有利於食糜與消化液的充分混合,並可增強胃對食糜的機械磨碎作用。

2. 胃運動的調節

(1)神經調節。胃受交感神經和迷走神經的雙重支配。迷走神經興奮時,末梢釋放 ACh,使胃蠕動加強加快;交感神經興奮時末梢釋放去甲腎上腺素,胃蠕動減弱。在正常情況下,以迷走神經對胃運動的調節作用為主。食物對胃壁的機械、化學刺激可通過壁內神經叢局部引起平滑肌緊張性加強,蠕動波傳播速度加快。

胃運動的反射性調節不僅有非條件反射,也有條件反射。如動物看到食物的外形或嗅到食物的氣味,均會引起胃運動加強。

(2)體液調節。許多胃腸道激素參與了胃運動的調節。胃泌素、胃動素等都能促進胃運動;促胰液素、膽囊收縮素、抑胃肽等都能抑制胃運動。

3. 胃的排空

食糜由胃排入十二指腸的過程稱為胃的排空(Gastric emptying)。胃排空的速度必須與小腸消化和吸收的速率相適應。草食動物胃的排空比肉食動物慢,反芻動物的胃幾乎終生都未排空。胃排空的速度取決於食物的性質和動物的狀況。一般來說,稀的或流體食物比稠的或固體食物排空快,粗硬的食物在胃內滯留的時間較長,動物驚恐不安、疲勞時,胃的排空就會被抑制;在三大主要的營養成分中,糖類較蛋白質排空快,蛋白質又比脂肪類排空快。胃排空主要取決於胃與十二指腸之間的壓力差,壓力差的大小又主要取決於胃內壓的變化。胃的運動是胃排空的原動力。胃排空受到來自胃和十二指腸兩方面因素的影響。

(1)胃內促進胃排空的因素。胃的內容物導致胃擴張,對胃壁產生機械性刺激,通過壁內神經反射或迷走-迷走反射,加強胃的運動,促進胃排空。食物的擴張刺激以及食物的某些成分(主要是蛋白質消化產物),可引起胃幽門腺G細胞釋放胃泌素,後者能促進胃的運動,因而能促進胃排空。

(2)十二指腸內抑制胃排空的因素。在十二指腸壁上存在著多種感受器,酸、脂肪、高滲溶液及機械擴張均可以刺激這些感受器,反射性地抑制胃運動,引起胃排空減慢,此反射稱為腸-胃反射(Entero-gastric reflex)。食糜中的胃酸、脂肪等消化產物進入十二指腸後,還可刺激小腸黏膜釋放多種激素如胰泌素、腸抑胃肽等,抑制胃運動和胃排空。

案例

　　福建一豬場,存欄母豬150頭,育成豬872頭。2013年1~3月期間,陸續死亡育成豬48頭、母豬7頭。獸醫現場發現,發病期間經常下雨,堆放飼料的房屋漏雨,飼料發生輕微黴變,畜主覺得可惜,將其與其他飼料摻拌使用。臨床檢查:病豬表現為精神沉鬱,食慾不振乃至廢絕,口渴喜飲水,呼吸急促,可視黏膜黃染或蒼白,糞便呈黑色糊狀,個別有嘔吐現象。剖檢病死母豬發現胃黏膜有大量潰瘍灶,表面覆蓋黃褐色壞死組織,胃底穿孔,腹腔內有大量呈醬油色積液,黃麴黴毒素測試呈陽性。確診為黴變飼料引起豬胃潰瘍。

問題與思考

本病例豬胃潰瘍的發病機理是什麼？

提示性分析

因黴變飼料中含有大量的黃麴黴毒素能引起胃黏膜充血、損傷，甚至糜爛，導致胃黏膜釋放出大量組織胺，使胃壁毛細血管擴張，同時刺激胃泌素分泌及迷走神經大量釋放乙醯膽鹼，均刺激胃酸大量分泌；與此相反，保護性黏液卻極度減少或缺乏，結果胃蛋白酶自身消化增強，從而導致潰瘍加重，甚至胃穿孔，一旦穿孔引起急性彌漫性腹膜炎，則無法治癒，多以死亡告終。

二、複胃內的消化

複胃消化（Digestion in complex ach）是反芻動物重要的生理特點。複胃由瘤胃、網胃、瓣胃和皺胃四個部分構成（圖6-9）。前三個胃的黏膜無腺體，不分泌胃液，合稱前胃；其中瘤胃和網胃關係極為密切，故合稱為網瘤胃。只有皺胃襯有腺上皮，是真正有胃腺的胃，故又稱為真胃。前胃具有獨特的反芻、噯氣及微生物發酵等特點。

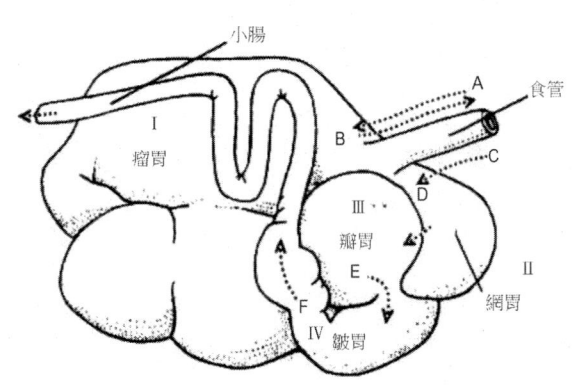

圖6-9　反芻動物複胃示意圖（虛線示食物經過途徑）

(一)前胃的消化

瘤胃、網胃、瓣胃在反芻動物的整個消化過程中佔有特別重要的地位。飼料內可消化的幹物質有70％～85％在此消化，其中起主要作用的是瘤胃內的微生物。

1. 瘤胃內容物的性狀

一般情況下，瘤胃內容物有明顯的分層現象，比較穩定。攝入的精料大部分沉入底部；粗料分佈在瘤胃背囊。瘤胃水分含量高，平均含量為85％～90％，乾物質的含量低，平均為10％～15％。在消化過程中瘤胃內容物會連續不斷地離開瘤胃，每小時流出瘤胃的食物與瘤胃總容積之比，稱為瘤胃稀釋率（Dilution rate），它與微生物生長呈正相關，而且影響瘤胃揮發性脂肪酸各成分比例。

2. 瘤胃內環境的基本特點

瘤胃通過多種調節途徑為微生物活動提供優越的環境，瘤胃可看作是一個供嫌氣性微生物高效率繁殖的活體發酵罐。

(1)營養。日糧攝入、貯存和發酵為瘤胃微生物繁殖提供了充足的營養，而瘤胃穩定的消化代謝為微生物營養的動態平衡提供了環境條件。

(2)水代謝。瘤胃穩定的含水量源自外界攝入和唾液,其滲透壓和血液水準接近,水和瘤胃保持穩定的雙向擴散。因此瘤胃可作為機體的「蓄水池」。

(3)瘤胃的pH。瘤胃中的pH比較穩定,一般為5.5~7.5。pH對瘤胃微生物影響比較大,不同微生物適應不同的pH環境。若pH低於6.5,纖維素細菌的活動明顯降低,pH低於6.0時,乳酸菌增加,進而引起乳酸堆積。瘤胃纖毛蟲的活動也取決於pH,當pH下降至5.5時,數量顯著減少,降至5時則完全消失。pH通過唾液來調節,間接受日糧中的精粗料比例的影響。

(4)瘤胃的溫度。瘤胃溫度一般高於體溫,一般維持在38.5~41℃之間。

(5)瘤胃的厭氧環境。瘤胃內充滿了CO_2,高度缺乏O_2。這對維持瘤胃厭氧微生物區系的穩定和功能具有重要意義。

3.瘤胃內微生物的種類及作用

瘤胃內的微生物主要是厭氧的細菌、纖毛蟲和真菌,其種類非常複雜,數量巨大,微生物總體積占瘤胃液的3.6%左右。據測定,1 g 瘤胃內容物中,含細菌約為10^{10}~10^{11}個,纖毛蟲約10^5~10^6個。儘管纖毛蟲的數量比細菌少得多,但由於其個體大,因此在瘤胃內所占的容積,大致與細菌相當。真菌占瘤胃微生物總數的8%,其在消化植物細胞壁的過程中起著重要作用。瘤胃微生物種類及數量隨食物性質、飼餵制度和動物年齡的不同,發生較大變化。

在比較穩定的環境條件下,瘤胃內各種微生物和宿主之間保持動態平衡,構成瘤胃微生物的生態體系。瘤胃微生物區系的相對穩定在保證機體正常的生理功能的同時,也可限制外來微生物入侵。

(1)細菌。細菌是瘤胃微生物中數量最多、作用最重要的部分,主要有乳酸菌、纖維素菌、蛋白質分解菌、蛋白質合成菌和維生素合成菌等。這些細菌隨著食物性質、採食時間和宿主狀態變化而變化。

大多數細菌能發酵食物中的一種或幾種糖類,作為生長的能源。可溶性糖類如六碳糖、二糖和果聚糖等發酵最快,澱粉和糊精較慢,纖維素和半纖維素發酵最慢,特別是食物中含較多木質素時,發酵率不足15%。不能發酵糖類的細菌,常利用糖類分解後的產物作為能源。

細菌還能利用瘤胃內的有機物作為碳源和氮源,轉化為它們自身的成分,然後在皺胃和小腸中其被消化,供宿主利用。有些細菌還能利用非蛋白含氮物,如醯胺和尿素等,轉化為它們自身的蛋白質。微生物蛋白質的營養價值較高,其中富含多種必需氨基酸。因此,在反芻動物食物中適當添加尿素、銨鹽等,可增加微生物蛋白質的合成。但是,尿素在瘤胃脲酶的作用下,分解迅速,產生氨的速度約為微生物利用速度的4倍,因此,添加尿素的量不宜過多,以免瘤胃內氨儲積過多,發生氨中毒。成年牛一晝夜進入皺胃的微生物蛋白質約100g,約占牛日糧中蛋白質最低需要量的30%。

(2)纖毛蟲。瘤胃內纖毛蟲種類很多,包括均毛蟲屬、前毛蟲屬、雙毛蟲屬、密毛蟲屬、內毛蟲屬和頭毛蟲屬等。瘤胃中的纖毛蟲含有多種酶,有分解糖類的酶、蛋白分解酶以及纖維素分解酶。它們能發酵糖、果膠、纖維素和半纖維素,產生乙酸、丙酸、乳酸、CO_2和氫等,也能降解蛋白質,水解脂類,氫化不飽和脂肪酸或使飽和脂肪酸脫氫。

瘤胃纖毛蟲不產生囊胞,若長期暴露於空氣中或處於不良條件下,就不能生存。因此,幼畜瘤胃中的纖毛蟲主要通過與親畜接觸或與其他反芻動物直接接觸獲得天然的接種來源。通常犢牛生長到3～4個月，瘤胃中才出現各種纖毛蟲。瘤胃內纖毛蟲的種類和數量隨食物不同而發生顯著變化。餵飼富含澱粉的日糧時內毛蟲屬增多，日糧中含纖維多時，雙毛蟲屬增多。其次，瘤胃內pH變化也影響纖毛蟲的數量。當pH降至5或更低時，纖毛蟲的活力降低，數量減少或完全消失。此外飼餵次數也對纖毛蟲的數量有影響，飼餵次數多，數量亦增多。

反芻動物在瘤胃缺少纖毛蟲的情況下，通常也能良好生長。但在營養水準較低時纖毛蟲對宿主是十分有益的。纖毛蟲進入皺胃和小腸後，首先蟲體本身所含的蛋白質、糖原被宿主消化利用。纖毛蟲體蛋白含有豐富的賴氨酸等必需氨基酸，其品質超過菌體蛋白。其次，纖毛蟲喜好捕食食物中的澱粉和蛋白質顆粒，並儲存於體內，進入小腸後，隨著纖毛蟲的解體，澱粉和蛋白質顆粒再被宿主消化吸收，從而提高了飼料的消化和利用率。纖毛蟲體蛋白的生物價(91％)比細菌(74％)高，所以，纖毛蟲是宿主所需營養的來源之一，約可為宿主提供動物性蛋白需要量的20％。

(3)真菌。瘤胃真菌含豐富的纖維素酶、木聚糖酶、糖苷酶、半乳糖醛酸酶和蛋白酶等，對纖維素有強大的分解能力。真菌還可以利用食物中的碳、氮源合成膽鹼和蛋白質等，進入消化道後段被利用。

實際上，宿主與瘤胃微生物之間、微生物與微生物之間存在共生關係。宿主為微生物生長提供理想的場所和營養來源，同時微生物幫助宿主消化食物中的某些營養物質，尤其是宿主自身不能消化的纖維素、半纖維素等，為宿主提供消化產物及微生物蛋白。纖毛蟲能吞噬和消化細菌，利用細菌作為營養源，還利用菌體酶來消化營養物質。在個別情況下，瘤胃內纖毛蟲完全消失時，細菌數量會顯著增加，使瘤胃內消化代謝過程仍能維持原有水準。反芻動物與瘤胃微生物之間、微生物與微生物之間的共生關係是動物在長期進化過程中形成的。

4.瘤胃中營養物質的消化代謝過程

食物進入瘤胃後，在微生物作用下，發生一系列複雜的消化和代謝過程，產生揮發性脂肪酸(VFA)、合成微生物蛋白、糖原和維生素等，供機體利用。

(1)糖的消化與代謝。反芻動物食物中的纖維素、果聚糖、戊聚糖、澱粉、果膠物質、蔗糖、葡萄糖等糖類物質，均能被微生物發酵。但可溶性糖發酵速度最快，澱粉次之，纖維素和半纖維素較緩慢。纖維素是反芻動物飼料中的主要糖類，含量約為40％～45％，在瘤胃內經細菌和纖毛蟲的協同作用，分解生成纖維二糖，繼而分解成葡萄糖，然後經乳酸和丙酮酸生成VFA、甲烷和二氧化碳。VFA主要是乙酸、丙酸和丁酸。

一般情況下，乙酸、丙酸和丁酸的比例大體為7:2:1。瘤胃內VFA的含量約為60～120 mmol/L。三種酸的比例隨食物種類的不同而發生顯著變化。當日糧中粗飼料較多，營養價值較低時，乙酸、丙酸的比例升高，丁酸比例降低，VFA的含量降至57.8 mmol/L；日糧中的蛋白食物增多時，乙酸比例下降，丁酸比例上升，甲烷產量減少，VFA的含量可超過100 mmol/L。VFA產生後，可被瘤胃壁吸收進入血液迴圈，部分VFA在瘤胃上皮細胞內被氧化利用。瘤胃微生物在發酵糖類的同時，還能夠把分解出來的單糖和雙糖轉化成自身的糖原。待瘤胃微生物隨食糜進入皺胃和小腸時，微生物被皺胃內鹽酸殺死，所含的糖原經酶水解為單糖,再被動物吸收利用,成為反芻動物機體的葡萄糖來源之一。

(2)含氮物的消化代謝。反芻動物瘤胃內含氮物質的消化非常複雜,一般分為含氮物的降解和氨的形成、微生物蛋白的合成、尿素再迴圈三個過程。

①含氮物的降解和氨的形成。反芻動物食物中的含氮物質包括蛋白氮和非蛋白氮(銨鹽、尿素、醯胺等)兩類。食物蛋白進入瘤胃後,約有50%～70%被細菌和纖毛蟲的蛋白酶水解為肽類和氨基酸,大部分氨基酸在微生物脫氨基酶作用下,生成 NH_3、CO_2、短鏈脂肪酸和其他酸類,非蛋白氮物質也能被微生物釋放的脲酶分解生成NH_3及其他物質,而且分解速度十分快。

②微生物蛋白的合成。瘤胃微生物能直接利用含氮物的降解產生氨作為氮源,糖類發酵提供的碳源(VFA)合成微生物生長所必需的氨基酸,再生成微生物蛋白質;微生物也可直接利用食物蛋白降解形成的少量肽和氨基酸合成微生物蛋白質,但氨是合成微生物蛋白質的主要氮源。

瘤胃微生物利用氨合成氨基酸時需要能量和碳鏈,除VFA是主要的碳鏈來源外,二氧化碳和糖也是碳鏈的來源。糖同時還是能量的主要供給者。由此可見,瘤胃微生物在合成蛋白質的過程中與氮代謝和糖代謝是密切相關的。

③尿素再迴圈。瘤胃中的氨除了被微生物合成菌體蛋白外,其餘的則被瘤胃壁吸收,經門脈迴圈進入肝臟,經鳥氨酸迴圈生成尿素;尿素一部分經血液迴圈被運送到唾液腺,隨唾液分泌重新進入瘤胃,還有一部分通過瘤胃壁又彌散進入瘤胃內,剩餘的則隨尿排出,進入瘤胃的尿素被微生物重新分解為氨和其他物質,可被微生物再利用,通常將這一迴圈過程稱為尿素再迴圈(Urea recirculation)。這種內源性的尿素再迴圈,對於提高飼料中含氮物質的利用率具有重要意義,尤其在低蛋白日糧的條件下,反芻動物依靠尿素再迴圈可以節約氮的消耗,保證瘤胃內氨的濃度,有利於瘤胃微生物蛋白的合成,同時使尿中尿素的排出量降到最低水準。

(3)脂肪的消化和代謝。食物中的脂肪大部分被瘤胃微生物徹底水解,生成甘油和脂肪酸等物質。甘油發酵生成丙酸,少量被轉化成琥珀酸和乳酸;不飽和脂肪酸經加水氫化,轉變成飽和脂肪酸。因此反芻動物的體脂和乳脂所含的飽和脂肪酸比單胃動物要高得多,如單胃動物體脂中飽和脂肪酸占36%,而在反芻動物中則高達55%～62%。瘤胃微生物可利用VFA合成脂肪酸,特別是少量特殊的長鏈、短鏈的奇數碳脂肪酸和偶數碳支鏈脂肪酸。脂肪酸的合成受食物成分的制約,當食物中脂肪含量少時,合成作用增強;反之,當食物中脂肪含量高時,會減少脂肪酸的合成。

(4)維生素的合成。瘤胃微生物能合成多種B族維生素,其中硫胺素絕大部分存在於瘤胃液中,40%以上的生物素、泛酸和吡哆醇也存在於瘤胃液中,能被瘤胃吸收。葉酸、核黃素、尼克酸和維生素B_{12}等大都存在於微生物體內。此外瘤胃微生物還能合成維生素K。幼年反芻動物,由於瘤胃發育不完善,微生物區系不健全,有可能患B族維生素缺乏症;對於成年反芻動物而言,當日糧中鈷缺乏時,瘤胃微生物不能合成足夠的維生素B_{12},易出現食欲抑制、幼畜生長不良等症狀。

(5)氣體的產生。在瘤胃微生物的強烈發酵過程中,不斷產生大量氣體。牛一晝夜產生氣體

600～1300 L,主要是 CO_2 和 CH_4,還含有少量的 N_2 及微量的 H_2、O_2 和 H_2S,其中 CO_2 占 50 %～70 %,CH_4 占 30 %～40 %。氣體的產量和組成隨食物種類和飼餵時間不同而有顯著的差異。犢牛出生後幾個月內,瘤胃內的氣體以甲烷為最多;隨著日糧中纖維素含量的增加,CO_2 的量也增加。到六月齡時,達到成年牛的水準。正常動物瘤胃內,CO_2 的量比 CH_4 多,但饑餓或脹氣時,CH_4 的量大大超過 CO_2 的量。

5. 前胃運動及其調節

成年反芻動物的前胃能自發地產生週期性運動,其各部分的運動,在神經和體液因素的調控下,密切聯繫、相互配合、協調運動。

(1)網胃的雙向收縮。前胃的運動從網胃兩相收縮開始。第一相收縮力量較弱,只收縮一半,然後舒張或不完全舒張,此收縮作用將漂浮在網胃上部的粗糙食物壓向瘤胃。第二相收縮十分強烈,其內腔幾乎消失,主要作用是將細軟的食糜壓入瓣胃。如果網胃內有鐵釘等異物存在,易造成創傷性網胃炎和心包炎。動物反芻時,在兩相收縮之前再出現一次額外的附加收縮。

(2)瘤胃的雙向收縮。在網胃第二相收縮尚未終止時,瘤胃即發生收縮。瘤胃收縮先從瘤胃前部開始,收縮波沿前背囊依次向後背囊傳播,然後轉入後腹囊,接著又由腹囊由後向前傳播,最後止於瘤胃前部。這種收縮,叫瘤胃的第一次收縮或稱 A 波,它使食物在瘤胃內按著由前向後,再由後向前的順序和方向移動並混合。有時在 A 波之後,瘤胃還發生第二次收縮或稱 B 波。B 波運動方向與 A 波相反,通常起始於後腹盲瘤胃,向上經後背盲囊、前背盲囊,最後到達主腹囊,B 波收縮的作用是協助噯氣,其頻率在採食時為 A 波的 2/3,而在靜息時約為 A 波的 1/2。

通常可在左側臁部通過聽診或觸診來檢查瘤胃運動的頻率和運動強度。一般情況下,瘤胃運動頻率為:休息時平均為 1.8 次/min,進食時增加,平均可達 2.8 次/min,反芻時約為 2.3 次/min,每次收縮 15～25 s。

(3)瓣胃運動。瓣胃運動是與網瘤胃的運動互相協調的。網胃收縮時,網瓣口開放,一部分食糜快速流入瓣胃。網胃收縮之後,瓣胃溝首先收縮,網瓣口關閉,迫使新進來的食糜進入瓣胃葉片之間。瓣胃溝收縮通常與瘤胃背囊收縮同步,恰好在網胃兩相收縮時的間歇期,瓣胃體和葉片也在此時發生 1～2 次間歇性收縮,迫使瓣胃體的食糜進入瓣胃溝,繼而通過開放的瓣皺口進入皺胃。瓣胃內食糜離開瓣胃的速度,受網瘤胃和皺胃內容物容積的影響,當網瘤胃內容物多或皺胃內容物少時,瓣胃內食糜轉移速度加快。食糜的物理性狀,也明顯影響食糜離開瓣胃的速度。食糜中較稀薄的成分經瓣胃溝很快送進皺胃,而較濃稠的成分則留在瓣葉間,瓣胃和葉片的收縮起研磨作用。由於瓣胃的「濾過」作用,其內容物比網瘤胃的乾燥得多(含水 50 %～60 %),因此不適於微生物消化,如瓣胃運動機能減弱時,極易發生瓣胃阻塞。

瓣胃內具有許多葉片,黏膜表面積大,有強大的吸收功能。但此功能的意義尚待深入研究。在食糜送進皺胃之前,殘存的 VFA 和碳酸氫鹽已被吸收,避免了對皺胃的不良影響,維持著皺胃良好的消化功能。

(4)前胃運動的調節。反芻動物前胃運動具有自動節律性。這種節律性運動受神經和體液的調節。前胃運動的基本中樞位於延髓，高級中樞位於大腦皮層，傳出衝動經迷走神經和交感神經傳到前胃，支配其節律性活動。切斷兩側迷走神經後，食糜不能由瘤胃和網胃進入瓣胃和皺胃，前胃各部出現彼此沒有任何連貫性和協調性的收縮。如再刺激迷走神經的外周端，可引起前胃各部的有力收縮；刺激交感神經的外周端，可抑制前胃各部的收縮。

食物刺激口腔感受器（如咀嚼）或前胃的張力和化學感受器，能反射性地引起前胃運動加速並增強。刺激網胃的感受器還可以引起逆嘔和反芻。消化管各部的狀態對前胃運動也有影響。例如，當皺胃充滿時，瓣胃運動減弱減慢；當瓣胃充滿時，瘤胃和網胃運動減弱；刺激十二指腸感受器常引起前胃運動的抑制。

前胃運動也受大腦皮層的控制。當某些外來的刺激如雜訊、生人出現時，會通過聽、視等感覺通路反射性地引起瘤胃運動的減弱和反芻停止。而不受干擾、處於安靜狀態的反芻動物，其副交感神經較為活躍，胃的運動也更強。

胃腸道激素如促胰液素、縮膽囊素等對瘤胃運動有抑制性作用，胃泌素對瘤胃運動有興奮作用。當日糧中精料過多而粗料不足時，皺胃內容物中 VFA 含量過高，導致皺胃運動抑制。

6. 噯氣、反芻和食管溝反射

噯氣、反芻和食管溝反射是反芻動物在前胃運動過程中，所伴隨發生的反芻動物所特有的消化活動，具有各自特殊的生理意義。

(1)噯氣。瘤胃中的氣體通過食管向外排出的過程，叫噯氣(Eructation)。瘤胃發酵產生的氣體，約 1/4 通過瘤胃壁吸收入血後經肺排出，一部分氣體被瘤胃內微生物所利用，但大部分氣體是靠噯氣排出的。牛每小時約噯氣 17～20 次。噯氣的次數取決於氣體產生的速度，正常情況下，瘤胃內所產生的氣體和通過噯氣等排出的氣體之間維持相對平衡。如產生的氣體多，不能及時排出，可形成瘤胃急性鼓氣。如牛在過量採食鮮嫩青綠食物後，易產生瘤胃鼓氣。

噯氣是一種反射活動。由於瘤胃內氣體增多，瘤胃背囊壁所受壓力增大，刺激了瘤胃背囊和賁門括約肌處的牽張感受器，經迷走神經傳到延髓噯氣中樞。中樞資訊經迷走神經傳出引起背囊收縮，由後向前推進，壓迫氣體進入瘤胃前庭，同時前肉柱與瘤胃肉褶收縮，阻擋液體狀食糜前湧，賁門區液面下降，賁門口舒張，氣體向前和向腹面流動而進入食管。然後，賁門口關閉，食管肌幾乎同時收縮，迫使食管內氣體進入咽部。這時因鼻咽括約肌閉鎖，迫使大部分氣體經口腔逸出，也有一小部分氣體通過開放的聲門進入氣管和肺，並經過肺毛細血管吸收入血。

(2)反芻。反芻(Rumination)是指反芻動物將沒有充分咀嚼而咽入瘤胃內的食物經浸泡軟化和一定時間的發酵後，在休息時返回口腔仔細咀嚼的特殊消化活動。反芻分為四個階段：逆嘔、再咀嚼、再混入唾液和再吞咽。反芻是動物在進化中逐漸發展起來的一種生物學適應，其生理意義在於動物可以在短時間內儘快地攝取大量食物，貯存於瘤胃中，然後在安全的地方，休息時將食物逆嘔回口腔，充分咀嚼，藉以避免在採食時受到各種肉食動物的侵襲。其功能是將食物嚼細並混入大量唾液，以便更好地消化。

反芻動物在發育過程中，反芻的出現與攝取粗飼料有關。犢牛大約從出生後的 20～30 週開始選食飼草,瘤胃也開始具備發酵的條件,這時動物開始出現反芻。成年動物反芻一般發生在休息的時候。反芻多在採食後0.5～1h開始,每個食團的再咀嚼時間為40～50s。一次反芻通常可持續40～50 min,然後間隔一段時間再開始下一次反芻。成年牛一晝夜大約進行6～8次反芻,幼畜次數更多。反芻時間也與食物的種類有關,採食穀物類食物反芻時間最短,採食秸稈類食物時每天反芻時間可長達10 h。反芻易受環境因素和健康因素的影響,驚恐、疼痛等因素干擾反芻,使反芻受到抑制,動物處在發情期時,反芻減少;因疾病導致消化異常時,反芻減少甚至停止。因此,反芻是反芻動物健康的重要標誌之一。

反芻的關鍵是逆嘔,它是在網胃兩次收縮之前發生的一次附加收縮,使一部分胃內容物上升到賁門口,然後賁門擴張,動物關閉聲門吸氣,胸內負壓加大,食管內壓下降,胃內容物被驅入食管,由食管的逆蠕動將食物以大約1m/s的速度返回口腔,這一過程叫逆嘔。

逆嘔是一個複雜的反射活動,由於粗糙食物刺激了網胃、瘤胃前庭和網胃溝(食管溝)黏膜感受器,經迷走神經傳到延髓的逆嘔中樞,中樞的興奮經迷走神經、膈神經、肋間神經等傳到網胃壁、網胃溝、食管、呼吸肌,引起逆嘔動作,進而開始反芻。當網胃和瘤胃中的食糜經過反芻和發酵變成細碎顆粒時,一方面對瘤胃前庭和網胃等的刺激減弱,另一方面細碎的小顆粒食糜轉入瓣胃和皺胃,刺激其感受器,反射性抑制網胃收縮,逆嘔停止,進入反芻的間歇期。在間歇期內,瓣胃和皺胃的食糜相繼進入小腸,解除了食糜對瓣胃和皺胃的刺激,使其對網胃收縮的抑制作用漸漸解除。當網胃、瘤胃前庭和網胃溝黏膜感受器再次受到食物刺激時,逆嘔重新開始,進行新一輪的反芻。

(3)食管溝反射。從食管末端到瓣胃入口有一條食管溝。幼畜在吃奶時,吸吮動作反射性地使食管溝的兩側閉合成管狀,使乳汁直接從食管進入瓣胃,再經瓣胃溝流進皺胃,這種反射稱為食管溝反射。食管溝反射與吞咽動作是同時發生的,感受器分佈在唇、舌、口腔和咽部的黏膜上,傳入神經為舌咽神經、舌下神經和三叉神經咽支,中樞位於延髓,與吸吮中樞緊密相關。傳出神經為迷走神經。食管溝閉合的程度與吸吮方式有密切關係。犢牛用人工哺乳器慢慢地吸吮時,食管溝閉合嚴密;但從桶中飲乳時,由於缺乏吸吮刺激,食管溝反射降低,部分乳汁會漏入瘤胃。由於幼畜的網瘤胃發育不完善,不能排出漏入的乳汁,乳汁長時間存留在這些部位易發生酸敗,引起幼畜腹瀉。

在哺乳期,反芻動物的食管溝有極其重要的作用。斷奶後伴隨著年齡增長,食管溝反射逐漸減弱。但在成年反芻動物中其仍具有某些生理作用。如動物在脫水或血漿滲透壓增高時,垂體分泌大量抗利尿激素(ADH)可刺激食管溝反射,保證動物的飲水快速到達小腸,以減少其在網瘤胃滯留,及時補充體液,飲服某些液體成分可較好地誘發食管溝反射,如10% $NaHCO_3$ 可引起牛、0.5% $CuSO_4$ 溶液可引起綿羊食管溝反射。根據上述原理,在獸醫實踐中,先給上述溶液,再投藥,能使藥物直接經食管溝進入皺胃發揮作用。

(二)皺胃消化

皺胃黏膜上具有能分泌胃液的腺體,其功能與單胃動物相類似。皺胃胃液中含有胃蛋白酶、凝乳酶(幼畜)、鹽酸和少量黏液,酶的含量和鹽酸濃度隨年齡而有所變化。尤其是幼畜凝乳酶的含量比成年家畜高得多。胃蛋白酶的含量隨幼畜的生長逐漸增多,酸度也逐漸升高。綿羊的皺胃液pH變動於1.0～1.3;牛胃液的pH為2.0～4.1,相當於總酸度的0.2%～

0.5％，與單胃動物的胃液相比酸度明顯較低。

皺胃的胃液分泌是持續進行的。這與食糜不斷從瓣胃流入皺胃有關。皺胃分泌的胃液量和酸度，取決於從瓣胃進入皺胃內容物的容量和其中揮發性脂肪酸的濃度，而與食物的性質關係不大。這是因為進入皺胃的食物經過瘤胃內發酵，已經失去原有的特性。

皺胃胃液分泌的神經體液調節與單胃相似。副交感神經興奮時，胃液分泌增多。皺胃黏膜含有豐富的胃泌素，可促進胃液分泌。胃泌素的分泌同樣受迷走神經和皺胃內食糜酸度的影響。迷走神經興奮或酸度降低，均使胃泌素釋放增加；相反，則胃泌素分泌減少。十二指腸產生的促胰液素和膽囊收縮素能減弱皺胃的運動與分泌。

案例

一本地黃牛，早上外出放牧時，偷吃了大量玉米與紅薯，中午該牛煩躁不安，噯氣次數增多，頻頻努責並排出少量稀軟糞便，迅速發展為張口呼吸，腹部特別是左上腹部迅速膨大，左側䐃部突起。瘤胃叩診呈鼓音，腹壁緊張，壓診瘤胃有彈性，壓後不留痕，聽診瘤胃蠕動音增強。診斷為原發性急性瘤胃鼓氣。

問題與思考

1. 簡述反芻動物瘤胃內糖的消化過程。
2. 簡述急性瘤胃鼓氣的發病原因及一般治療原則。

提示性分析

1. 反芻動物瘤胃內發生著強烈的微生物消化反應，纖維素或其他可溶性糖，可被瘤胃微生物發酵分解為葡萄糖、丙酮酸和乳酸，最後徹底發酵分解為揮發性脂肪酸（乙酸、丙酸、丁酸）、CH_4和CO_2等。

2. 急性瘤胃鼓氣多因牛採食大量易發酵產氣的青綠食物，造成在瘤胃細菌的參與下過度發酵，迅速產生大量氣體，致使瘤胃急劇增大，從而壓迫胃壁血管，使其吸收氣體能力減弱，噯氣反射受到抑制，胃壁急性擴張，出現反芻、噯氣及排泄機能障礙。一般治療原則：排氣減壓，緩瀉止酵，急則治標，緩則治本，對症治療，標本兼治。治標就是通過瘤胃穿刺術或瘤胃部切開術和應用制酵劑等藥物使氣體排出和減少氣體的產生。

第四節　小腸內消化

小腸內消化是整個消化過程中最重要的環節，是胃內消化的延續。胃內酸性食糜到達小腸後，經過胰液、膽汁、小腸液的化學性消化和小腸運動的機械性消化後，大分子營養物質分解為可被吸收的小分子物質，消化過程基本完成，並被小腸吸收。食物在小腸中的停留時間一般為3～8h，隨食物的性質不同而有所變化。

一 胰液

胰液由胰腺的外分泌部所分泌,胰腺附著在十二指腸外側,屬壁外腺,兼有外分泌和內分泌的功能。外分泌部由腺泡細胞和小導管細胞所組成,分泌的胰液從胰腺導管排入十二指腸,具有很強的消化能力,是機體內最重要的消化液。

(一)胰液的性質

純淨的胰液是無色透明的鹼性液體 pH 為 7.8～8.4,滲透壓與血漿相等。家畜(肉食動物除外)的胰液是連續分泌的,如馬一晝夜的分泌量約為7L,牛為6～7L,豬為8L,狗為0.2～0.3L。

(二)胰液的主要成分及作用

胰液的主要成分包括水、無機物和有機物。無機物中以碳酸氫鹽含量最高,由胰腺小導管細胞所分泌,有機物主要是消化三種營養物質的消化酶,由腺泡細胞所分泌,包括胰澱粉酶、胰脂肪酶、胰蛋白分解酶、胰去氧核糖核酸酶等。

1. 碳酸氫鹽

主要作用是中和隨食糜進入十二指腸的胃酸,使腸黏膜免受胃酸侵蝕,同時也為小腸內各種消化酶提供適宜的弱鹼性環境。

2. 胰蛋白分解酶

胰液中的蛋白分解酶包括兩大類:

(1)肽鏈內切酶。它們能水解蛋白質分子內部的肽鏈,主要有胰蛋白酶(Trypsin)、糜蛋白酶(Chymotrypsin)及少量彈性蛋白酶(Elastase)等。這些酶最初分泌出來時均以無活性的酶原形式存在。胰蛋白酶原分泌到十二指腸後迅速被小腸腺分泌的腸激酶(又名腸致活酶)(Enterokinase)啟動,變為有活性的胰蛋白酶。胰蛋白酶被啟動後,它能迅速將糜蛋白酶原及彈性蛋白酶原等啟動。胰蛋白酶也有較弱的自身啟動作用。胰蛋白酶和糜蛋白酶的作用很相似,都能水解蛋白質為胨和腖。當兩者共同作用時,可進一步將胨和腖分解為小分子多肽和氨基酸。糜蛋白酶還有較強的凝乳作用。

(2)肽鏈外切酶。它們能水解肽鏈兩端的肽鍵,如羧肽酶(Carboxy-peptidase)等。進入十二指腸的羧肽酶原被胰蛋白酶啟動後,能水解多肽為分子更小的肽和游離氨基酸。

在正常情況下,胰液中的蛋白水解酶並不消化胰腺本身,除了是以酶原的形式分泌外,還因為胰腺泡細胞在分泌胰蛋白酶的同時,還分泌胰蛋白酶抑制物(Trypsin inhibitor),該抑制物在pH 3～7的環境內可以和胰蛋白酶以1:1的比例結合,使胰蛋白酶不具有活性,從而防止胰蛋白酶原在胰腺內被啟動而發生自身消化。

3. 胰澱粉酶

能將食物中的澱粉、糖原和大部分碳水化合物水解成二糖(麥芽糖)和少量三糖。胰澱粉酶作用的最適 pH 為 6.7～7.0,其作用效率高,速度快。

4. 胰脂肪酶

能將食物中的中性脂肪分解成脂肪酸、甘油一酯和甘油。胰脂肪酶作用的最適pH為7.5～8.5。此外,胰液中還含有膽固醇酯酶和磷脂酶 A_2,能分別水解膽固醇和卵磷脂。

(三)胰液分泌的神經體液調節

在非消化期，胰液很少分泌，進食開始後胰液分泌開始。食物刺激頭、胃、腸各部感受器時均可引起胰液分泌。其分泌受神經和體液的雙重調節，以體液調節為主。

1. 神經調節

與胃液分泌調節基本一樣，根據食物刺激部位的先後，也可分為頭期、胃期、腸期（圖6-10）。食物的形狀、氣味、顏色對頭部感受器，食物的理化性狀對口腔、食管、胃和小腸的機械及化學性刺激，通過條件反射和非條件反射，均可引起胰液分泌。反射的傳出神經主要是迷走神經，迷走神經可通過末梢釋放乙醯膽鹼，直接作用於胰腺細胞，也可通過引起胃泌素釋放，間接引起胰液的分泌。迷走神經興奮引起胰液分泌的特點是：酶的含量很高，水分和碳酸氫鹽含量很少。

2. 體液調節

調節胰液分泌的體液因素主要有三種：促胰液素、縮膽囊素和胃泌素（圖6-10）。

（1）促胰液素　其是由於酸性食糜進入十二指腸，刺激黏膜內的S細胞釋放的一種肽類激素。此激素主要作用於胰腺小導管的上皮細胞，使其分泌大量的水分和碳酸氫鹽，但對腺泡細胞分泌酶的促進作用很小。

（2）縮膽囊素　其是蛋白質分解產物、鹽酸、脂肪及其分解產物刺激十二指腸和空腸上段黏膜I細胞分泌的又一種肽類激素。其主要作用是促進膽囊收縮和胰液中各種酶的分泌，所以又稱它為促胰酶素。近年來研究發現，在某些動物中縮膽囊素也可刺激胰腺分泌電解質和水。

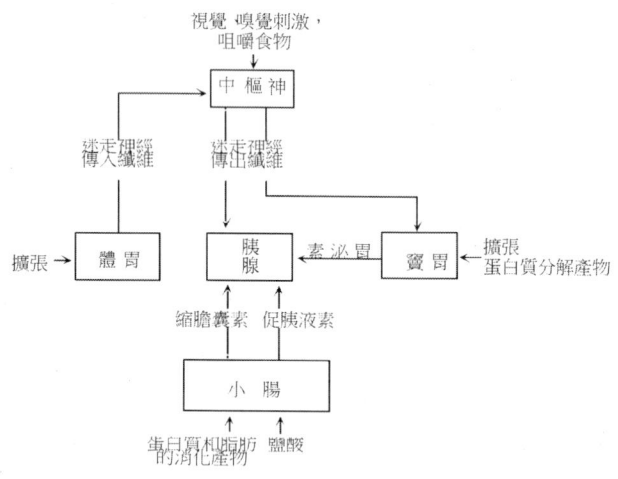

圖6-10　胰液的神經體液調節示意圖

（3）胃泌素　其是由幽門黏膜和十二指腸黏膜G細胞釋放的一種肽類激素，對胰液中水和碳酸氫鹽的促分泌作用較弱，而對酶的促分泌作用較強。

案例

　　金毛犬，雌性，3歲，19.8 kg，體型較胖。在就診的前一天出現精神沉鬱，食欲廢絕，嘔吐並伴有腹瀉。觸診病犬的腹壁可以感覺到腹壁緊張，病犬有抗拒觸診的表現。眼結膜檢查可見貧血、黃疸，病犬嚴重脫水。生化檢查：白血球總數增多，中性粒細胞比例增大，血清澱粉酶、脂肪酶指標均高於正常值2倍以上，穀丙轉氨酶、穀草轉氨酶也均高於正常值。診斷為犬急性胰腺炎。

問題與思考
　　1. 胰液含有的主要消化酶及作用特點是什麼？
　　2. 犬急性胰腺炎對機體產生的危害有哪些？
提示性分析
　　1. 胰液中的酶主要有胰澱粉酶、胰脂肪酶、胰蛋白分解酶、胰去氧核糖核酸酶等。其中，胰蛋白分解酶作用比較特殊，正常生理情況下，在進入十二指腸前均以無活性的酶原形式存在，在小腸內腸激酶的啟動下，先後被啟動後才發揮消化作用。
　　2. 在病理因素的刺激下，胰腺內大量胰液淤積，胰腺細胞內的胰蛋白酶可能在進入十二指腸前被啟動，隨後此酶會啟動其他的蛋白消化酶，這些蛋白酶對胰腺本身進行自身消化，短期內引起胰腺的炎症和壞死。同時消化酶會進入血液，進而導致全身性病變，比如出現全身性炎症反應、血壓降低、瀰漫性血管內凝血、中樞神經系統損傷、肺水腫、呼吸困難、腎臟以及其他器官的衰竭。

二、膽汁

(一)膽汁的性質和成分

膽汁是由肝細胞分泌的一種味苦、有色、黏稠的鹼性液體。由於動物解剖結構的差異，有膽囊的動物(牛、豬、狗等)，肝細胞分泌的肝膽汁在消化期直接經膽總管排入十二指腸。而在非消化期，膽汁經肝膽管流入膽囊暫時儲存，膽囊壁具有分泌黏蛋白、吸收水分和碳酸鹽的作用，所以膽囊膽汁比肝膽汁濃稠。馬、驢、鹿、駱駝等動物沒有膽囊，僅有粗大的膽管，肝臟分泌的肝膽汁幾乎連續排入十二指腸。

膽汁的顏色由所含膽色素的種類和濃度決定，由肝臟直接分泌的肝膽汁呈金黃色或橘棕色，而在膽囊貯存過的膽囊膽汁則因濃縮使顏色變深。膽汁中的膽色素是血紅蛋白的分解產物，包括膽綠素及其還原產物膽紅素、膽素原等。

膽汁除含水分外，還含有膽色素、膽鹽、膽固醇、卵磷脂、脂肪酸、無機鹽等成分，除膽汁酸、膽鹽和碳酸氫鈉與消化作用有關外，膽汁中的其他成分都可看作是排泄物。

(二)膽汁的生理作用

膽汁中不含消化酶。膽汁的作用主要通過膽鹽發揮。膽鹽的作用包括：①作為乳化劑，能降低脂肪的表面張力，使脂肪裂解為脂肪微滴，分散在腸腔內，從而大大增加了與胰脂肪酶的接觸面積，加速了脂肪的水解；②膽鹽可形成微膠粒。腸腔中的脂肪分解產物如脂肪酸、甘油一酯等均可摻入微膠粒中，形成水溶性複合物(混合微膠粒)，便於脂肪分解產物的吸收；③膽鹽作為胰脂肪酶的輔酶，能增強脂肪酶的活性；④膽鹽能促進脂溶性維生素(維生素 A、D、E、K)的吸收；⑤膽鹽可刺激小腸運動。

(三)膽汁分泌和排出的調節

膽汁的分泌和排出受神經和體液因素的調節,但以體液調節為主。採食動作或食糜刺激胃和小腸,能反射性地引起肝膽汁分泌增加,並使膽囊收縮加強,膽囊膽汁和肝膽汁流入十二指腸。該反射的傳出神經是迷走神經。迷走神經不僅可通過末梢釋放乙醯膽鹼直接作用於肝細胞和膽囊平滑肌細胞,使膽囊收縮,膽汁分泌增加,也可通過迷走神經-胃泌素間接發揮作用。

調節膽汁分泌的體液因素主要包括四個方面:①胰泌素作用於膽管系統,引起膽汁分泌量和碳酸氫鹽含量增加,而膽鹽不增加;②縮膽囊素能刺激膽囊平滑肌強烈收縮,使膽汁大量排入十二指腸;③胃泌素經血液迴圈作用於肝細胞和膽囊,使肝膽汁分泌增加,膽囊收縮,胃泌素還可刺激壁細胞分泌鹽酸,由鹽酸作用於十二指腸黏膜 S 細胞,使之分泌胰泌素,間接促進膽汁分泌;④膽汁中的膽鹽排入小腸後,絕大部分可由小腸黏膜吸收入血,通過門靜脈回到肝臟,刺激肝細胞分泌膽汁,這一過程稱為膽鹽的腸-肝循環(圖6-11)經膽鹽腸-肝迴圈進入肝臟的膽鹽是肝細胞分泌膽汁的主要刺激物。

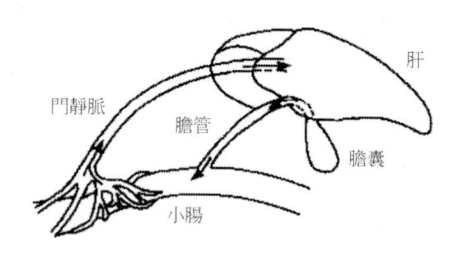

圖6-11 膽鹽的腸-肝迴圈

三、小腸液

小腸液是由十二指腸腺和小腸腺分泌的。十二指腸腺分布於十二指腸上段的黏膜下層,分泌富含黏液和水的黏稠度很高的鹼性液體。小腸腺分布於全部小腸的黏膜層內,分泌液構成了小腸液的主要部分。

(一)小腸液的性質、成分和作用

小腸液是一種弱鹼性、微混濁的液體,pH 為 7.6~8.7。小腸液中除含有大量水分外,無機物的含量和種類一般與體液相似,僅碳酸氫鈉含量高。小腸液中的有機物主要是黏液和多種消化酶。小腸液的分泌量變動很大,大量的小腸液可以稀釋消化產物,利於營養物質的吸收。小腸液分泌後,又很快被小腸絨毛重吸收,小腸液的這種迴圈交流,為小腸內營養物質的吸收提供了媒介。小腸液中還常混有大量脫落的腸上皮細胞、白血球以及由腸上皮細胞分泌的免疫球蛋白。

近年來認為,真正由小腸腺分泌的酶只有腸激酶一種,小腸液中的其他多種酶並非由小腸腺所分泌,而是來源於小腸黏膜上皮,包括:①腸肽酶,主要是氨基肽酶,可進一步水解多肽成三肽、二肽或氨基酸;②腸澱粉酶、腸脂肪酶,量少,補充胰澱粉酶、胰脂肪酶的不足;③雙糖酶,主要是蔗糖酶、麥芽糖酶、乳糖酶等,可分解雙糖為單糖。小腸液中的酶將營養物質進一步分解成為可被吸收的小分子,起到了非常重要的作用。

小腸液中的酶發揮消化作用有兩種方式:由腸腺分泌的腸激酶和澱粉酶在腸腔內發揮作用,如同唾液、胃液、胰液中的消化酶一樣,與食糜充分混合後在消化管內發揮作用,這種消化方式稱腔期消化。腔期消化的營養物質一般得不到完全水解,僅使食糜中的大分子物質形成短鏈聚合物。腸黏膜上皮分泌的腸肽酶、雙糖酶等,則以化學鍵與上皮細胞頂點膜相

連 成為腸黏膜表面的結構。當腔期消化產物接觸小腸黏膜時，小腸黏膜上的酶使其進一步水解為小分子物質而被吸收，這種在腸上皮細胞表面進行的消化過程稱為膜期消化，是腔期消化的繼續和補充，其生理作用遠大於腔期消化。

小腸液中除含有消化酶外，還含有大量的碳酸氫鹽，可保護腸黏膜免受機械性損傷和胃酸的侵蝕，也為小腸內各種酶發揮作用提供適宜的弱鹼性環境。

(二)小腸液分泌的調節

小腸液的分泌仍受神經體液因素調節，以局部神經反射最為重要。進入小腸的食糜對黏膜局部的機械性和化學性刺激通過腸壁內神經叢引起局部反射，導致小腸液的分泌增加。小腸黏膜對擴張刺激最為敏感。進入小腸內的食糜量和腸液分泌量呈正比。刺激迷走神經可引起十二指腸腺分泌增加，交感神經興奮則抑制十二指腸腺的分泌。胃腸激素中，胃泌素、胰泌素、縮膽囊素和血管活性腸肽都有刺激小腸分泌的作用。

四、小腸的運動

(一)小腸運動的形式及其作用

小腸的運動功能是由外層較薄的縱形肌和內層很厚的環形肌共同舒縮完成的。運動形式包括消化期的緊張性收縮、分節運動和蠕動以及消化間期的週期性的移行性運動複合波。

1. 緊張性收縮

緊張性收縮是其他運動形式有效進行的基礎，也是維持小腸基本形狀和一定腸內壓的基礎。小腸緊張性收縮減弱時，腸腔擴張，腸內容物的混合和推送減慢；相反，小腸緊張性收縮增強時，食糜在小腸內的混合和推移過程加快，有利於吸收的進行。

2. 分節運動

分節運動是一種以環形肌為主的節律性收縮和舒張的運動。主要發生在食糜所在的一段腸管上。當小腸被食糜充盈時，腸壁的牽張刺激使環形肌以一定的間隔在許多點同時收縮和舒張，把食糜和腸管分割成許多節段，數秒鐘後，收縮處與舒張處交替，原收縮處舒張，而原舒張處收縮，使原來的節段分為兩半，而相鄰的兩半又混合成一個新的節段；如此反復進行(圖6-12)。分節運動只發生

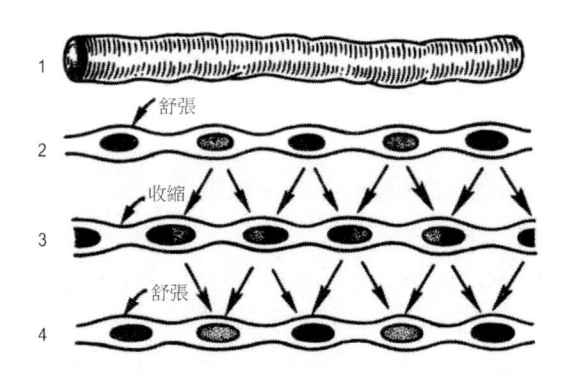

圖6-12　小腸分節運動示意圖

在消化期。小腸各段分節運動的頻率不同，小腸前段頻率較高，後段較低，呈現遞減梯度。這種遞減梯度現象與平滑肌的慢波電位從十二指腸到回腸末端逐漸降低有關。分節運動的作用主要在於使食糜與消化液充分混合，便於消化酶對食物進行化學性消化；同時使食糜與腸壁緊密接觸，為消化分解產物的吸收創造良好的條件；以及擠壓腸壁，有助於血液和淋巴的回流。

3. 蠕動

蠕動(Peristalsis)是一種環形肌和縱形肌相互協調的連續性緩慢推進性運動。蠕動通常

重疊在節律性分節運動之上，兩者經常並存。小腸各段都可產生蠕動，一般從十二指腸開始，先是縱形肌收縮，當縱形肌的收縮完成一半時，環形肌便開始收縮；而當環形肌收縮完成時，縱形肌的舒張完成一半。小腸的蠕動波很短，一般只能推進很短一段距離，然後消失。蠕動的意義在於使分節運動作用後的食糜向後推移，到達一個新腸段，再開始分節運動。小腸蠕動的速度很慢，約 0.5～2 cm/s，每個蠕動波只把食糜推進約數釐米後即停止。

此外，小腸還有一種傳播速度很快、傳播距離較遠的蠕動，稱為蠕動沖（Peristaltic rush），它可把食糜從小腸始端一直推送到小腸末端，有時還可至大腸，其速度為 2～25 cm/s。在十二指腸與回腸末端常常出現與蠕動方向相反的逆蠕動（Antiperistalsis），食糜可以在這兩段內來回移動，有利於食糜的充分消化和吸收。

4. 移行性運動複合波

移行性運動複合波（Migrating motor complex，MMC）是發生在消化間期或禁食期的一種強有力的蠕動性收縮，傳播很遠，有時能傳播至整個小腸。MMC 起始於胃或十二指腸，沿著腸管向肛門方向緩慢移行，隨著傳播距離的增加其移行速度逐漸減慢，有時 MMC 到達回腸前就消失了，有時能傳播至小腸末端。每 60～90 min 發生 1 次，當一個波群到達回盲腸時，另一個波群又在胃或十二指腸處發動。MMC 的生理意義尚不清楚，一般認為其在推送小腸內未消化的食物殘渣離開小腸和控制小腸前段腸管內細菌的數量方面起重要作用。

(二)回盲括約肌的機能

回腸末端與盲腸交界處的環形肌增厚，起著括約肌的作用，稱為回盲括約肌。回盲括約肌的主要機能是防止回腸內容物過快地進入大腸，因而有利於小腸內容物的充分消化和吸收。當食物進入胃時，可通過胃-回腸反射引起回腸蠕動，在蠕動波到達回腸末端時，括約肌便舒張，部分小腸內容物由回腸入結腸。此外，回盲括約肌還能有效地阻止大腸內容物向回腸倒流而污染小腸。

(三)小腸運動的調節

腸內的機械和化學刺激作用於腸壁感受器，通過壁內神經叢的局部反射途徑可引起小腸平滑肌的蠕動。在一般情況下，迷走神經的傳出衝動對整個小腸運動起興奮作用，交感神經對小腸運動則起抑制作用。但兩種神經的效應也依小腸當時的機能狀態而異，如果小腸平滑肌緊張性已經很高，則無論刺激迷走神經或交感神經，都將對小腸平滑肌運動產生抑制作用；反之，則都產生促進作用。體液因素中，胃泌素和膽囊收縮素可興奮小腸運動，而胰高血糖素、促胰液素和腎上腺素則抑制小腸運動。

案例

於明等（2013）報導，豬低磷日糧中添加 500 FTU/kg 植酸酶，可使小麥、高粱、稻穀中的總磷表觀消化率分別提高 27.6 %、47.8 %、41.8 %，飼料中鈣、蛋白質消化率均有所提高，試驗期豬日增重近 10 個百分點。研究表明，植酸酶可促進豬的生長性能，提高磷的消化吸收率，降低磷的排放。

問題與思考
1. 飼料中添加植酸酶的作用原理是什麼？
2. 降低養殖過程中磷的排放量，對環境保護有何意義？

提示性分析
1. 在養豬生產中，植物性飼料占飼料的 90 %。植物性飼料中磷的 60 %～80 % 以植酸磷的形式存在，而在豬的消化道中自身不分泌可消化利用植酸磷的酶，因而植酸磷難以被消化利用，且植酸磷還影響其他營養物質的利用率，例如，降低礦物質元素的吸收利用率，降低蛋白質的利用率。飼料中添加劑植酸酶既可以分解植酸磷，釋放出磷，還可以增加其他養分的利用率，從而促進豬的生長性能。

2. 如不設法提高植物性飼料中的植酸磷的利用率，任意排出體外，不但會造成磷的浪費，而且還會給環境造成嚴重污染。據推測一個萬頭豬場每年可向周圍環境排放的磷高達 31 t，含磷過多的污水流入江河、池塘和海洋，使藻類等浮游生物大肆繁殖，導致水中溶氧量降低並產生多種毒素，嚴重危害生態環境。

第五節　大腸內消化

一、大腸液的分泌

大腸液是由大腸黏膜表面的柱狀上皮細胞及杯狀細胞分泌的富含黏蛋白和碳酸氫鹽的液體，其 pH 為 8.3～8.4。碳酸氫鹽的作用在於中和大腸內微生物發酵產生的酸，這在草食和雜食家畜中尤為重要。黏蛋白的作用是潤滑糞便和保護大腸黏膜不被粗糙的消化殘渣損傷。大腸液的分泌主要由大腸內容物對腸黏膜的機械刺激引起。刺激副交感神經（盆神經）可引起遠端大腸分泌明顯增加，刺激結腸的交感神經能使大腸分泌減少。

二、大腸內的微生物消化

(一)肉食動物大腸內的消化

食糜中沒有被小腸消化吸收的蛋白質，可被大腸中的腐敗菌分解生成吲哚、糞臭素、酚等有毒物質。這些物質一部分被吸收入血在肝臟中解毒後隨尿排出體外，另一部分則隨糞便排出。在小腸中沒有被消化的脂肪和糖類，在大腸內也經細菌作用，分解為脂肪酸、甘油、草酸、甲酸、丁酸、甲烷及 CO_2 等。

(二)草食動物大腸內的消化

草食動物的大腸（主要是盲腸和結腸）內含有豐富的微生物，在很大程度上類似反芻動物的瘤胃，因此，大腸內的消化對草食動物，特別是馬屬動物和兔等單胃草食動物，具有十分重要的意義。

草食動物大腸的容積很大,與反芻動物的瘤胃相似,能維持適於微生物生存的條件,以保證最佳的發酵作用。可溶性糖(澱粉、雙糖等)和大多數不溶性糖(纖維素和半纖維素)以及蛋白質等,是大腸微生物發酵的主要底物。大腸微生物的主要作用是:①將纖維素、半纖維素等分解為揮發性脂肪酸(VFA),供大腸吸收;②利用大腸內容物中未消化的食物蛋白質、非蛋白含氮物合成微生物蛋白,但其生物利用率較低;③合成B族維生素和維生素K,可被大腸黏膜少量吸收利用。

實驗證明:馬大腸微生物消化,可消化食糜中40%～50%的纖維素、39%的蛋白質、24%的糖。其中對纖維素的有效消化率為反芻動物的60%～70%。反芻動物的盲腸和結腸也能消化食物中15%～20%的纖維素。可見,大腸內纖維素的微生物消化是草食動物消化的一個重要環節,馬屬動物所需要的能量至少有一半是由盲腸和結腸發酵與吸收的營養物質所提供的。

(三)雜食動物大腸內的消化

食物中纖維素和未被小腸消化的可溶性糖在發酵菌的作用下,產生有機酸(VFA)和氣體(CH_4、CO_2、H_2)等;蛋白質、氨基酸等則在腐敗菌的作用下,分解為吲哚、糞臭素、氨等。大腸內細菌也能合成B族維生素和維生素K。

三、大腸運動與排便

(一)大腸運動

大腸運動與小腸運動相似,其特點是運動微弱、緩慢,對刺激的反應也較遲鈍,運動強度也較弱。這些特點有利於大腸內微生物的活動和糞便的形成。

1. 盲腸運動

肉食動物盲腸不發達,而草食和雜食動物盲腸發達,盲腸能進行類似小腸分節運動的節律性收縮,但頻率和速度比小腸低。盲腸的生理功能是攪拌和揉捏內容物,沒有推進作用。進食過程常使這種運動加快和增強。盲腸中出現的第二種運動是強烈的推進運動。這種運動以不規則的間隔週期性出現,其作用是把盲腸內容物送入結腸。盲腸的第三種運動是蠕動,它使內容物在盲腸中緩慢地移動,最終送入結腸。貓、狗、牛、羊、馬等還可在盲腸出現逆蠕動,以延緩內容物在盲腸中停留的時間。豬一般不發生盲腸逆蠕動。

2. 結腸運動

結腸運動形式有三種:袋狀往返運動、分節或多袋推進運動、蠕動、逆蠕動和集團運動。

(1)袋狀往返運動。這是在空腹時最多見的一種運動形式,由環形肌無規律地收縮所引起,使結腸形成多個袋狀結構,並使結腸袋中的內容物向兩個方向做短距離位移,但不向前推進。在結腸後段,這種運動與形成卵圓形的糞塊有關。袋狀往返運動類似小腸的分節運動。

(2)分節或多袋推進運動。指一個結腸袋或一段結腸收縮,將其內容物推送到下一段的運動。進食後這種運動增多,其作用是將結腸內容物緩慢地向肛門方向推進。在這種運動之後,隨之出現排便。

(3)蠕動、逆蠕動和集團運動。結腸蠕動由穩定的收縮波所組成。蠕動能使內容物以每分鐘幾釐米的速度向肛門端推進。收縮波遠端的腸肌保持舒張狀態,收縮波近端的腸肌則保持收縮狀態，使該段腸段閉合並排空。結腸蠕動與小腸蠕動的不同之處是有強大的向後推進力量。

在大腸還有一種推進速度很快，且推進距離很遠的蠕動，稱為集團運動(Mass peristal-sis)。它可能是食糜進入十二指腸，由內在神經叢產生的十二指腸-結腸反射引起的。

(二)糞便形成及排便

1. 糞便形成

食物殘渣在大腸停留約10h，其中大部分水被大腸黏膜吸收，其餘的經過細菌的發酵和腐敗作用，形成糞便(Feces)。糞便的成分除包含食物殘渣外，還包括消化管的脫落上皮、大量細菌、消化液的殘餘物(黏液、膽汁等)以及經腸壁排泄的礦物質(如鈣、鐵、鎂、汞)等。

2. 排糞反射

排糞(Defecation)是一種複雜的反射性活動，其基本中樞在脊髓，但受到高位中樞，尤其是大腦皮層的控制。當大腸內糞便積聚到一定量時，刺激了腸壁內的感受器，衝動經盆神經和腹下神經傳至腰薦部脊髓排糞中樞，同時上傳到大腦皮層，產生排糞欲；中樞發出的興奮通過盆神經引起結腸和直腸收縮，肛門內括約肌舒張；與此同時，衝動也經相應的脊神經傳出，引起腹肌、膈肌收縮，而陰部神經的衝動減少，肛門外括約肌也舒張，結果腹內壓增加，肛門打開，將糞便排出體外。

排糞動作受大腦皮層的控制。家畜能隨意進行或抑制排糞，也能建立排糞的條件反射。除狗、貓外，家畜能在行進狀態下排糞。

第六節 吸 收

一 吸收的部位

消化道不同部位的吸收能力和吸收速度不同。在口腔和食管內，食物基本上是不被吸收的。在胃內，食物的吸收也很少。單胃動物可吸收酒精和少量的水分；而反芻動物的前胃能吸收相當數量的揮發性脂肪酸和氨。大腸具備一定的吸收功能，但肉食動物吸收能力有限，只有結腸段可吸收水分、電解質和在小腸來不及吸收的少量營養物質；而草食動物和雜食動物的大腸吸收能力則較強，特別是對VFA的吸收。

小腸吸收的物質種類多且量大，是吸收的主要場所，其原因有：①大部分營養物質，特別是三大營養物質在小腸內已分解為可吸收的小分子物質。②小腸的吸收面積大。小腸黏膜具有環形皺褶，皺褶上有大量微細的指狀突起，即小腸絨毛，每條絨毛表面被覆一層柱狀上皮細胞，每個柱狀上皮細胞腸腔面的細胞膜向外突出，形成許多微絨毛，使細胞表面呈毛刷狀。由於環形皺褶、絨毛和微絨毛的存在，最終使小腸的吸收面積比原有的面積增加了約600倍(圖6-13 A)。③小腸絨毛的結構特殊，有利於吸收。絨毛內有毛細血管、毛細淋巴管(乳糜管)、平滑肌纖維和神經纖維網等結構(圖6-13 B)，該毛細血管的內皮細胞上有小孔和隔膜，有利於被吸收的物質進入毛細血管；乳糜管有利於脂肪的吸收和轉運；平滑肌的收縮可加速血液、淋巴液的流動，有助於吸收。④食糜在小腸內停留的時間較長，有充分的吸收時間。

二、吸收的途徑和機制

(一)吸收途徑

營養物質和水可通過兩條途徑進入血液和淋巴：一是跨細胞吸收途徑(Transcellular absorption)，即通過絨毛柱狀上皮細胞的腔面膜進入細胞內，再通過細胞底側面的膜進入血液和淋巴；二是旁細胞吸收途徑(Paracellular absorption)，即營養物質或水通過細胞間的緊密連接，進入細胞間隙，然後再轉入血液和淋巴(圖6-14)。

(二)吸收機制

營養物質吸收的主要機制為主動吸收和被動吸收。營養物質通過膜的方式包括單純擴散、易化擴散、主動轉運和胞飲等(見第二章中細胞膜跨膜物質轉運)。

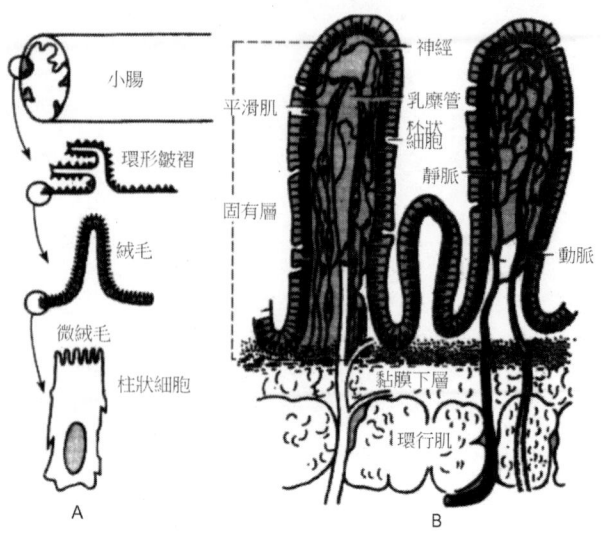

圖6-13 小腸的皺襞、絨毛和微絨毛模式圖
A.表面積逐級放大 B.小腸絨毛的結構

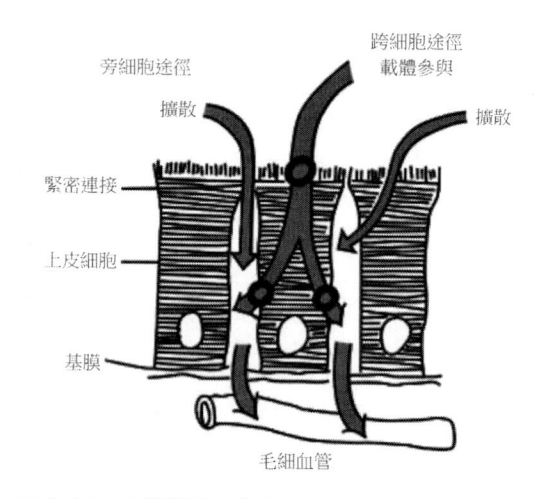

圖6-14 小腸黏膜吸收水和小腸的溶質的兩條途徑

三、主要營養物質的吸收

在小腸中被吸收的營養物質不僅包括來源於食物的各種營養成分，還包括由各種消化腺分泌入消化管內的大量水分、無機鹽和一些有機物。

(一)水的吸收

水分的吸收是被動的。各種溶質，特別是氯化鈉的主動吸收所產生的滲透壓梯度是水分吸收的主要動力。細胞膜和細胞間的緊密連接對水的通透性都很大，在十二指腸和空腸上部，水的吸收量很大，但該段消化液的分泌量也很大，因此，水的淨吸收量較小。在回腸，離開腸腔的液體比進入的多，從而使腸內容物的容積大大減少。到達結腸的內容物中水分已很少，因此，結腸吸收的水分並不多。

(二)糖的吸收

食物中的多糖類物質(如澱粉、糊精等)經過消化酶的水解，必須降解為單糖才能被小腸吸收。被吸收的單糖絕大部分是葡萄糖，另外還有少量的半乳糖、果糖、甘露糖等己糖以及木糖、核糖等戊糖。各種單糖的吸收速率有很大差別，已糖吸收很快，而戊糖則很慢。在己糖中，又以半乳糖和葡萄糖吸收最快，果糖次之，甘露糖最慢。單糖吸收後，絕大部分經門靜脈輸送至肝臟，也有一些單糖經淋巴輸送入血液迴圈中。

葡萄糖的吸收是一個耗能過程，能量來源於 Na^+ 泵對ATP的水解，屬於繼發性主動吸收。在腸黏膜上皮細胞的紋狀緣上存在著一種鈉依賴性葡萄糖轉運載體，它能選擇性地將葡萄糖(或半乳糖)從紋狀緣的腸腔面轉運到細胞內，然後再擴散入血液。

葡萄糖轉運載體上含有1個單糖結合位點和2個 Na^+ 結合位點，上述位點被結合後，形成 Na^+-載體-葡萄糖複合體，通過轉運載體蛋白的變構轉位，使複合體從腸腔面轉向細胞漿面，並向細胞內釋放出糖分子和 Na^+。進入細胞內的 Na^+ 被上皮細胞基底膜或側膜上的 Na^+ 泵泵至細胞間隙，以維持細胞內外的 Na^+ 梯度，保證轉運載體蛋白不斷轉運 Na^+ 進入細胞，同時帶動單糖的轉運。進入細胞內的葡萄糖隨著濃度的升高，在小腸上皮細胞基底膜上另一類葡萄糖轉運載體的幫助下，通過易化擴散方式進入細胞間液，再轉入血液中(圖6-15)。由於葡萄糖不能通過細胞緊密連接，因而阻止了葡萄糖通過擴散作用回到腸腔內。上述轉運過程反覆進行，不斷把腸腔中的葡萄糖轉運入血液，完成葡萄糖的吸收過程。由於該轉運過程需要 Na^+ 的參與，並且需要 Na^+ 泵的運轉來維持細胞內外的 Na^+ 梯度，所以將葡萄糖的這種轉運方式又稱為鈉偶聯轉運或葡萄糖的繼發性主動轉運。此機制除了直接吸收葡萄糖等特定物質外，還有一個重要的間接作用就是吸收水和 Na^+ 等電解質。

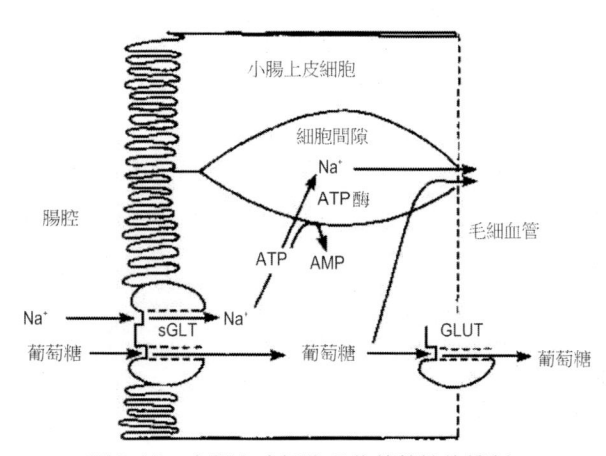

圖6-15 小腸上皮細胞吸收葡萄糖的機制

(三)蛋白質的吸收

蛋白質經消化分解成氨基酸後，幾乎全部被小腸吸收。氨基酸的吸收機制與葡萄糖相似，也是通過繼發性主動轉運而被吸收的。目前在小腸壁上已確定出4種特殊的鈉依賴性氨基酸轉運載體，分別轉運中性、酸性、鹼性氨基酸和中性氨基酸中的脯氨酸和羥脯氨酸。此外，還存在非鈉依賴性的氨基酸轉運機制。一些實驗證明，吡哆醛(維生素 B_6)參與氨基酸的主動轉運過程，維生素 B_6 缺乏時，氨基酸的吸收不良。

近年來研究表明，小腸的紋狀緣上還存在有二肽和三肽的轉運系統，許多二肽和三肽也可完整地被小腸上皮細胞吸收，而且這種轉運系統的吸收效率可能比氨基酸更高，蛋白質消化產物的吸收可能主要以二肽和三肽的形式進行，真正以游離氨基酸的形式吸收的量很少。進入細胞內的二肽和三肽，可被細胞內的二肽酶和三肽酶進一步分解為氨基酸，之後再經擴散進入血液。

(四)脂類的吸收

脂肪消化產物為甘油、脂肪酸、甘油一酯等，後兩者可摻入膽鹽微膠粒中，形成混合微膠粒，其通過膽鹽的作用到達微絨毛，釋放出其內的脂類消化產物，它們順濃度梯度擴散入細胞，膽鹽則留在腸腔內，形成新的混合微膠粒，反復轉運脂類消化產物，最後在回腸被吸收。進入腸上皮細胞後的脂肪酸、甘油一酯重新合成新甘油三酯，再與腸上皮細胞合成的脫輔基蛋白結合，形成乳糜微粒，通過出胞過程進入絨毛內乳糜管(圖6-16)。

此外，中、短鏈甘油三酯水解產生的脂肪酸和甘油一酯，由於脂溶性較高，在小腸上皮細胞中不再轉化成甘油三酯，可直接擴散進入絨毛內的毛細血管。

圖6-16　脂肪消化產物吸收示意圖

(五)揮發性脂肪酸的吸收

在大腸和反芻動物的瘤胃內，食物中的纖維素和其他糖類在微生物發酵下產生揮發性脂肪酸(VFA)，主要在瘤胃和大腸前段以擴散方式吸收。

瘤胃吸收VFA的機制尚不完全清楚。人們曾提出如下設想：VFA作為一種有機酸，在瘤胃正常的 pH(5.5～7.5)環境中，大部分以負電荷的離子狀態(AC⁻)存在。這種離子難以透過上皮細胞膜，但在瘤胃內發生的CO_2水化過程中釋放出的氫離子，可為離子態的VFA轉變為分子態的VFA(HAC)不斷提供H^+來源。

$$CO_2 + H_2O \rightarrow H^+ + HCO_3^-, \quad AC^- + H^+ \rightarrow$$

由於瘤胃內劇烈發酵過程中不斷產生 CO_2等氣體，所以上述反應保持向右進行。HAC 比 AC⁻的脂溶性大，易於跨膜轉運，因此，VFA可順著濃度差由瘤胃腔進入瘤胃上皮細胞。這樣，每吸收一分子VFA，瘤胃腔中就出現一個HCO_3^-，它既可以透過上皮細胞(與Cl⁻交換)，也可以與瘤胃液中的Na^+生成碳酸氫鹽，形成瘤胃內的緩衝體系，維持其pH穩定。被吸收入上皮細胞的VFA有3種去向：①通過基底膜進入血液；②在細胞內被代謝；③又解離為AC⁻後經基底膜擴散入血。網胃和瓣胃內吸收VFA的過程與瘤胃內相同，只是吸收量很少(圖6-17)。

各種VFA的吸收速度排序為：丁酸最快，丙酸次之，乙酸最慢。馬、豬、兔等家畜大腸內微生物發酵纖維素所產生的VFA，也經歷與瘤胃內相似的過程被吸收。

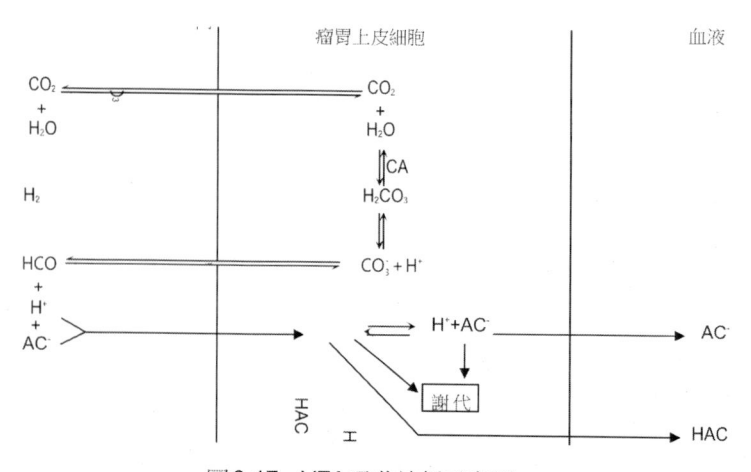

圖6-17　VFA吸收途徑示意圖

(六)維生素的吸收

大多數維生素在小腸上段被吸收。水溶性維生素以擴散方式進行，但維生素B_{12}必須與胃底腺壁細胞分泌的內因數結合成複合物，到達迴腸與迴腸黏膜上皮細胞，與內因數受體結合而被主動吸收。脂溶性維生素(包括維生素A、D、E、K)的吸收機制與脂類相似，也需要膽鹽的協助。

(七)無機鹽的吸收

一般地說，一價鹽類如鈉、鉀、銨鹽的吸收很快，多價鹽類則吸收很慢。凡能與鈣結合而形成沉澱的鹽，如硫酸鹽、磷酸鹽、草酸鹽等，則不能被吸收。

1. Na^+的吸收

Na^+吸收的主要部位在小腸，腸內容物中 95%～99%的鈉可吸收入血，單位面積吸收的Na^+以空腸最多，迴腸次之，結腸最少。

Na^+吸收有 3 種機制：①鈉偶聯轉運系統(如鈉依賴性葡萄糖轉運載體)；②鈉-氯同向轉運；③簡單擴散，即Na^+借腸腔和上皮細胞之間的電化學梯度，由腸腔擴散入血。

2. Ca^{2+}吸收

小腸各段都能吸收鈣，但主要發生在十二指腸和空腸前段。鈣吸收屬於主動轉運，Ca^{2+}通過小腸黏膜刷狀緣上的鈣通道進入上皮細胞，然後由細胞基底膜上的鈣泵泵至細胞外，並進入血液。

腸黏膜細胞微絨毛上有一種與鈣有高度親和性的鈣結合蛋白，參與鈣的轉運，並促進鈣的吸收。腸內容物的pH對鈣的吸收有重要影響，在pH約為3時，鈣呈離子狀態，吸收最好，因此，胃酸對鈣的吸收有促進作用。維生素 D 通過促進鈣結合蛋白的合成促進鈣的吸收。脂肪酸對鈣的吸收也有促進作用。

3. 磷的吸收

磷在小腸各段以主動和被動兩種機制被吸收，主動吸收主要受維生素 D 的調節。磷的吸收一方面受腸中pH影響，pH低時有利於吸收；另一方面則取決於飼料中磷的狀態，飼料中相當部分的磷以植酸磷形式存在，由於消化液中缺乏植酸酶系統而無法利用。如在日糧中添加外源植酸酶，可提高磷的吸收利用。

4. 鐵的吸收

鐵主要在十二指腸和空腸被吸收。小腸上皮細胞能夠合成一種轉鐵蛋白釋放入腸腔。轉鐵蛋白與腸腔內的鐵離子結合成複合物，然後以受體介導的入胞方式進入上皮細胞內。轉鐵蛋白在細胞內釋放出Fe^{2+}後，又重新釋放到管腔。進入胞內的鐵，一部分在細胞基底膜以主動轉運的形式泵至細胞外，並進入血液；其餘的則與胞內的鐵蛋白結合並儲存於細胞內，所以腸黏膜是鐵的貯庫。胃酸與維生素 C 因可使鐵以 Fe^{2+}形式存在而促進鐵的吸收。

案例

便秘是妊娠母豬常發病之一，一些地區的規模化豬場母豬便秘的發生率可高達30%以上，對生產危害極大。便秘常引起母豬產前頑固性不食，或引起難產或產死胎；便秘還會導致母豬產後乳房炎、子宮炎、低泌乳力或無乳綜合征等疾病。妊娠母豬便秘不僅影響母豬的健康和生產性能，對仔豬的成活率和生長發育也有著極其嚴重的影響。

問題與思考

1. 從生理角度分析妊娠母豬易發便秘的原因。
2. 飼養管理上如何預防本病的發生？

提示性分析

1. 一方面母豬懷孕後期胎兒生長發育加快，子宮容量、重量改變巨大，加大了對直腸壁的壓迫，導致直腸蠕動減少，糞便在直腸內停留時間延長，水分被過度吸收，造成母豬便秘；另一方面，由於胎兒的生長發育，對營養的需求增加，通過母體內分泌調節，母體本身的消化吸收功能增強，加快了大腸對水的吸收，也易引發便秘。

2. 飼養管理上，增加青綠飼料供給量，提供充足的飲水，控制圈舍溫度，特別是夏天防暑降溫，妊娠中後期適當增加母豬的運動量和光照時間，預防熱源性疾病的發生，如附紅血球體、弓形體病等，臨產前1~2週，適當使用人工鹽或1%~2%的糖蜜蜂水，以潤腸通便。

思考題

一、名詞概念

1. 微生物消化　　2. 反芻　　3. 胃緊張性舒張
4. 膽鹽腸-肝迴圈　5. 尿素再迴圈　6. 黏液-碳酸氫鹽屏障　7. 膜期消化

二、單項選擇題

1. 引起胰泌素釋放最強的物質是（　）

    A. 蛋白質　　B. 鹽酸　　C. 膽鹽　　D. 澱粉

2. 胰泌素能促進胰腺分泌（　）

    A. 大量的水分和碳酸氫鹽，而酶的分泌含量小
    B. 大量的水分，而碳酸氫鹽和酶的分泌含量很小
    C. 大量的水分和碳酸氫鹽，而酶的分泌含量很高
    D. 少量的碳酸氫鹽，水分和酶的分泌含量很高

3. 容受性舒張是通過下列哪一途徑實現的（　）

    A. 迷走神經末梢釋放的血管活性腸肽　　B. 交感神經興奮
    C. 迷走神經末梢釋放的ACh　　　　　　D. 抑胃肽的釋放

4. 下列因素中,哪一種可促進胃排空（ ）
   A.胃泌素　　　B.腸-胃反射　　　C.胰泌素　　　D.抑胃肽
5. 下列關於胃黏液-碳酸氫鹽屏障的敘述,不正確的是（ ）
   A.使胃黏膜表面處於中性或偏鹼性狀態
   B.防止胃酸及胃蛋白酶對胃黏膜的侵蝕
   C.由黏膜及胃黏膜分泌的 HCO_3^- 組成
   D.與胃黏膜屏障是同一個概念
6. 對脂肪和蛋白質的消化作用最強的消化液是（ ）
   A.唾液　　　B.胃液　　　C.胰液　　　D.小腸液
7. 使胃蛋白酶原轉變為胃蛋白酶的啟動物是（ ）
   A.Na^+　　　B.Cl^-　　　C.HCl　　　D.內因數
8. 引起胃液分泌的內源性物質是（ ）
   A.去甲腎上腺素　B.腎上腺素　　C.促胰液素　　D.ACh
9. 阻斷ACh作用的藥物能使（ ）
   A.唾液分泌增多　B.胃液分泌增多　C.胰液分泌增多　D.胃腸運動減弱
10. 下列哪項不屬於胃液的作用（ ）
    A.殺菌　　　　B.啟動胃蛋白酶原
    C.水解蛋白質　D.對澱粉進行初步消化
11. 縮膽囊素(CCK)對胰液分泌物的作用是（ ）
    A.促進酶分泌　B.促進無機鹽分泌
    C.抑制作用　　D.無影響
12. 草食動物大腸內微生物可將簡單物質合成（ ）
    A.維生素A　　B.維生素D　　C.維生素E　　D.維生素K和B

三、簡述題
1. 營養物質有哪些消化方式？
2. 胃液和胰液的主要成分及作用是什麼？
3. 四種主要胃腸激素的生理作用是什麼？
4. 胃和小腸運動的主要形式及作用是什麼？
5. 小腸為什麼是營養物質吸收的主要場所？

四、論述題
1. 豬進食後胃液分泌的特點及調節機制是什麼？
2. 綜述反芻動物瘤胃微生物的消化過程。

第 7 章 能量代謝與體溫調節

本章導讀

　　機體在物質代謝過程中伴隨著的能量釋放、轉移和利用，稱為能量代謝。生物體內物質代謝中釋放的能量除供給骨骼肌收縮、組織細胞的活動利用外，其他最終都將轉化為熱能，並用以維持恒溫動物的體溫。本章在能量代謝部分主要介紹機體能量的來源、去路、基礎代謝和靜止能量代謝、影響能量代謝的因素等。

　　高等動物機體都有一定溫度，但機體各部位溫度不同。體溫一般是就機體內部溫度而言的，它是機體在代謝過程中不斷產生熱能的結果。鳥類和哺乳類動物屬於恒溫動物，其體溫是相對恒定的，體溫相對恒定的維持有賴於機體產熱過程和散熱過程的平衡。本章在體溫調節部分主要介紹動物的產熱與散熱、體溫調節、恒溫動物對環境的適應等內容。

第一節　能量代謝

　　任何活的有機體在其生命活動過程中都要消耗能量。動物機體不能直接利用太陽能、電能和機械能，只能利用食物中蘊藏的化學能。機體在攝入三大營養成分——糖類、脂肪和蛋白質的同時，也就獲得了各類營養成分中所含的能量。當食物中的營養物質在體內分解時，這些能量就會釋放出來，滿足各種生命活動的需要。可見，物質在體內合成或分解時，同時伴有能量的轉移和釋放，能量形式的變換也必然伴有物質的變化，物質的轉化與能量轉化是緊密相連而不可分的。通常把機體在物質代謝過程中伴隨著的能量釋放、轉移和利用，稱為能量代謝 (Energy metabolism)。

　　各種物質在體內代謝過程中所發生的變化以及能量釋放、轉移問題，將在生物化學課程中講授。生理學在討論能量代謝時主要從整體出發，著重研究機體能量"收支"的平衡，包括能量代謝測定的原理與方法、基礎代謝等問題。

一、能量的來源與利用

(一)飼料中主要營養物質的能量轉化

動物的一切活動，如呼吸、心跳、血液迴圈、肌肉活動、神經活動、生長、繁殖、使役等均需能量。動物所需能量主要來自食物三大養分中的化學能。動物通過攝食活動從外界獲得食物，通過消化吸收過程將食物中的能量進行轉化，同時利用能源物質分子碳氫鍵中釋放出來的能量，去完成自身的各種生命活動。食物中的能量主要來源於糖、脂肪、蛋白質三大營養物質中所蘊藏的化學能。糖、脂肪、蛋白質在體內氧化供能的途徑不同，但有相同的規律。它們氧化釋放的能量有50%以上迅速轉化為熱量，其餘不足50%的轉移到體內儲存。

1. 糖

糖是機體主要的能量來源，且葡萄糖(Glucose)是機體糖代謝的中心。根據體內供氧情況不同，糖分解供能的途徑各異。在氧供應充分的情況下，葡萄糖經有氧氧化，被完全分解為二氧化碳和水，釋放大量的能量，1 mol葡萄糖完全氧化後的能量可合成38 mol的三磷酸腺苷(Adenosine triphosphate，ATP)，能量轉化效率為66%。在體內，絕大多數的組織細胞通過有氧氧化獲得能量。在氧供應不足時，葡萄糖只能通過無氧酵解分解為乳酸，釋放的能量較少。經無氧酵解，1 mol葡萄糖可產生能合成2 mol ATP的能量，能量轉化效率僅為3%。糖酵解過程釋放出的能量雖少，卻是機體唯一不需氧的能量供給途徑，有其自身重要的意義。此外，某些細胞(如成熟的紅血球)由於缺乏有氧氧化的酶系，也主要靠糖酵解來供能。腦組織所需能量主要來自糖的有氧氧化，腦組織耗氧量大，而且糖原的儲存量極少，因此腦組織對缺氧非常敏感且對血糖依賴性高，機體缺氧、低血糖均可引起腦功能活動障礙，出現昏迷甚至抽搐等低血糖休克現象。

食物中的糖由小腸吸收後主要以肝糖原和肌糖原的形式儲存，其中肌糖原主要用於滿足骨骼肌在緊急情況下的需要；肝糖原主要用於維持血糖水準相對穩定，但糖原儲存量較少。當機體處於饑餓狀態使儲存的糖原消耗殆盡時，脂肪則成為主要的供能物質。

2. 脂肪

脂肪(Fat)在體內的主要功能是儲存和供給能量。體內的脂肪儲存量比糖多。當氧化供能時，每摩爾脂肪所釋放的能量約為糖有氧氧化的2倍。當機體需要時，在酶的催化下，儲存的脂肪分解為脂肪酸和甘油。脂肪酸經過活化和β-氧化，逐步分解為乙醯輔酶A，然後進入糖的有氧氧化途徑，被徹底分解並釋放能量，但脂肪不能在機體缺氧的條件下供能。

3. 蛋白質

氨基酸是構成蛋白質(Protein)的基本單位。機體中由消化道吸收和自身組織蛋白分解產生的氨基酸，主要用於合成細胞成分、酶和激素等物質，其次才是提供能量。無論是由腸道吸收的氨基酸，還是由機體組織蛋白分解所產生的氨基酸，都主要用於組織細胞的自我更新、修復，或用於合成酶、激素等生物活性物質。只有在某些特殊情況下，如長期不能攝食或消耗極大而體內糖原、脂肪儲備又被耗竭時，機體才會依靠蛋白分解供能，以維持必要的生理功能。當細胞的蛋白質儲存超量時，體液中多餘的氨基酸則在肝臟中被降解，並轉化為糖、脂肪或供能。由於氨基酸在體內分解中氧化不完全，一部分氨基酸通過轉氨基作用，經鳥氨酸迴圈形成尿素，由腎臟濾過隨尿液排出，所以1 mol的蛋白質在體內經生物氧化所產生的能量大約與1 mol葡萄糖生成的能量相近。

(二)食物中能量在體內的劃分和利用

動物攝入的食物能量伴隨著養分的消化、代謝過程，發生一系列轉化，根據能量守恆和轉化定律可將食物能量相應地劃分為若干部分(圖7-1)。

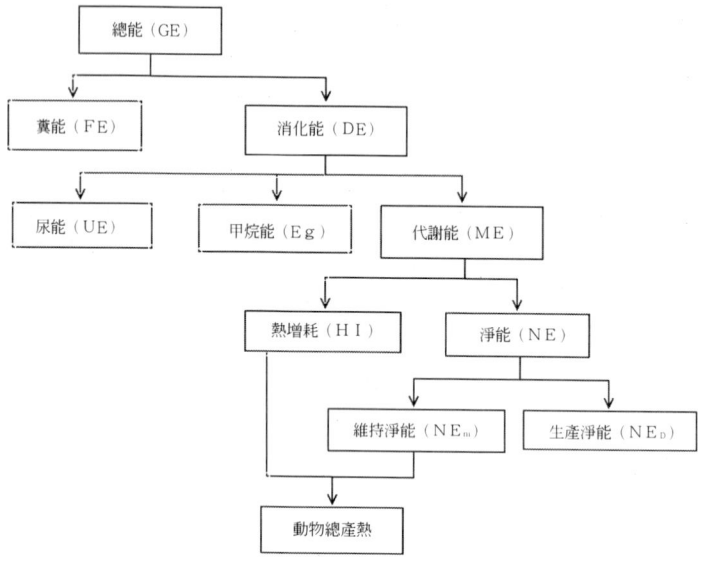

```
                    總能（GE）
                       │
           ┌───────────┴───────────┐
       糞能（FE）              消化能（DE）
                                   │
                   ┌───────────────┼───────────────┐
               尿能（UE）      甲烷能（Eg）      代謝能（ME）
                                                   │
                                       ┌───────────┴───────────┐
                                   熱增耗（HI）              淨能（NE）
                                                               │
                                                   ┌───────────┴───────────┐
                                              維持淨能（NEm）         生產淨能（NEp）
                                                   │
                                               動物總產熱
```

圖7-1　食物能量在動物體內的分配
(……不可用的能量 ──可用的能量)

1. 總能（Gross energy, GE）

總能是指飼料中有機物質完全氧化燃燒生成二氧化碳、水和其他氧化物時釋放的全部能量，主要為碳水化合物、粗蛋白質和粗脂肪能量的總和。對上述三大有機物而言，氧化釋放的能量主要取決於碳和氫與外來氧的結合，分子中碳、氫含量越高，氧含量越低，則能量越高，碳氫比越小，氧化釋放的能量越多。因此，三大有機物的能值以碳水化合物最低，蛋白質次之，脂肪最高。同時，動物攝入的食物不可能完全被動物機體消化、吸收和利用，細分起來，總能又由消化能和糞能組成。

2. 消化能（Digestible energy, DE）

消化能是指食物可消化養分所含的能量，即動物攝入食物的總能與糞能之差。糞能(Energy in feces)為糞中養分所含的能量。正常情況下糞便主要由未被消化吸收的食物養分、消化道微生物及其代謝產物、消化道分泌物和經過消化道排泄的產物以及消化道脫落細胞組成。在實際生產中，凡是能影響飼料消化的因素均能影響消化能值。

3. 代謝能（Metabolizable energy, ME）

代謝能是指食物的消化能扣除尿能以及消化道可燃氣體能量後剩餘的能量。其中尿能（Energy in urine, UE）是尿中有機物所含有的能量，主要來自蛋白質代謝產物，如尿素、尿酸、肌酐等。此外，食物在消化過程中，消化道微生物發酵產生的氣體也會造成部分能量損失，即為消化道可燃氣體能量（Energy in gaseous products of digestion, Eg）是不能被動物機體利用的部分，實際上在代謝能中能被機體利用的能量是扣除熱增耗以後的淨能。

4. 淨能(Net energy, NE)

淨能是指食物中用於動物維持生命和生產的能量,即食物的代謝能減去熱增耗(Heat increment, HI)。熱增耗又稱食物的特殊動力效應(Food specific dynamic effect, SDE),是指動物進食後,由食物引起機體產生「額外」熱量的現象,主要包括消化過程產熱、營養物質代謝做功產熱,以及飼料在胃腸道發酵產熱等。在實際生產中只有淨能才是被用於維持家畜本身基礎代謝活動、隨意運動、生長、泌乳、產毛等各種生產活動的能量。此外,在冷應激環境中,熱增耗對體溫的維持是有益的;相反,在炎熱環境中,熱增耗將成為動物機體的負擔,機體需要消耗能量將其散去以防止體溫過高。

二、能量代謝的測定原理和方法

熱力學第一定律指出,能量在由一種形式轉化為另一種形式的過程中既不增加,也不減少。這是所有形式的能量(動能、熱能、電能及化學能)相互轉化的一般規律,也就是能量守恒定律。機體的能量代謝也遵循這一規律,即在整個能量轉化過程中,機體所利用的蘊藏於食物中的化學能與最終轉化成的熱能和所做的外功,按能量來折算是完全相等的。因此,測定在一定時間內機體所消耗的食物,或者測定機體所產生的熱量與所做的外功,都可測算出整個機體的能量代謝率(單位時間內所消耗的能量)。

(一)與能量代謝測定有關的幾個概念

為了電腦體的能量代謝率,需瞭解幾個與能量代謝有關的概念,主要包括食物的熱價、氧熱價和呼吸商。

1. 食物的熱價

每克食物完全氧化時所釋放的熱量,稱為食物的熱價(Caloric value),分為生物熱價和物理熱價。前者指食物在體內經生物氧化所釋放的熱量,後者指食物在體外燃燒時所釋放的熱量。三大營養物質的熱價見表7-1。糖、脂肪的生物熱價和物理熱價相等,而蛋白質的生物熱價低於物理熱價,這是由於蛋白質在體內未能被完全氧化造成的,有一部分包含在尿素、肌酐等分子中的能量從尿中排出。

表7-1　三大營養物質氧化時的幾種資料

營養物質	熱價(kJ/g) 物理熱價	熱價(kJ/g) 生物熱價	耗O_2量 (L/g)	CO_2產量 (L/g)	氧熱價 (kJ/L)	呼吸商
糖	17.2	17.2	0.83	0.83	21.1	1.00
蛋白質	23.4	18.0	0.95	0.76	18.9	0.80
脂肪	39.8	39.8	2.03	1.43	19.6	0.71

2. 氧熱價

某種食物氧化時,消耗1 L氧所產生的熱量,叫作該物質的氧熱價(Thermal equivalent of oxygen)。氧熱價在能量代謝測算方面有重要意義,因為按照化學反應的定比關係,測知了氧熱價,就可以從量上表示某物質氧化時的耗氧量和產熱量之間的關係,即根據機體在一定時間內的耗氧量,就可以推算出能量消耗率。

3. 呼吸商

營養物質在體內氧化時將消耗 O_2 同時產生 CO_2。單位時間內機體的 CO_2 產生量與 O_2 的消耗量比值稱為呼吸商(Respiratory quotient, RQ)。即：

$$RQ = \frac{CO_2 產量(mol 數或 mL 數)}{O_2 耗量(mol 數或 mL 數)}$$

由於糖、脂肪和蛋白質三者含碳、氫、氧比例不同，它們氧化時所需氧量以及二氧化碳產生量並不相同，其呼吸商也就不同。糖的呼吸商為 1.0，脂肪的呼吸商約為 0.71，蛋白質為 0.80。動物食物不是單純的一種營養物質，而是包括糖類、脂肪、蛋白質三大類。在正常生理條件下，它們在體內以不同比例氧化分解，此時測定的呼吸商為混合呼吸商。如果測得呼吸商接近 1，則反映體內氧化利用的主要物質是糖；如呼吸商靠近 0.71，則氧化利用的主要物質是脂肪。因此，呼吸商的測定在估計機體能量來源方面有重要意義。蛋白質的呼吸商是間接計算得到的。由於蛋白質在體內未被徹底氧化，而且它氧化分解的途徑細節有些還不十分清楚，所以只能通過蛋白質分子的碳和氫被氧化時的需氧量和二氧化碳產生量間接算出呼吸商，其計算值為 0.80。

一般情況下，家畜體內能量主要來源於糖和脂肪的氧化，蛋白質的因素可忽略不計。為方便計算，常根據糖和脂肪按不同比例混合時所產生的 CO_2 量與耗 O_2 量計算出相應的呼吸商，稱為非蛋白呼吸商(Non-protein respiratory quotient, NPRQ)，見表7-2。

表7-2　不同比例糖、脂肪混合物的非蛋白呼吸商和氧熱價

非蛋白呼吸商	氧化的百分比% 糖	氧化的百分比% 脂肪	氧熱價(kJ/L)	非蛋白呼吸商	氧化的百分比% 糖	氧化的百分比% 脂肪	氧熱價(kJ/L)
0.70	—	100	19.62	0.86	54.1	45.9	20.41
0.71	1.10	98.9	19.64	0.87	57.5	42.5	20.46
0.72	4.75	95.2	19.69	0.88	60.8	39.2	20.51
0.73	8.40	91.6	19.74	0.89	64.2	35.8	20.56
0.74	12.0	88.0	19.79	0.90	67.5	32.5	20.61
0.75	15.6	84.4	19.84	0.91	70.8	29.2	20.67
0.76	19.2	80.8	19.89	0.92	74.1	25.9	20.71
0.77	22.8	77.2	19.95	0.93	77.4	22.6	20.77
0.78	26.3	73.7	19.99	0.94	80.7	19.3	20.82
0.79	29.0	70.1	20.05	0.95	84.0	16.0	20.87
0.80	33.4	66.6	20.10	0.96	87.2	12.8	20.93
0.81	36.9	63.1	20.15	0.97	90.4	9.58	20.98
0.82	40.3	59.7	20.20	0.98	93.6	6.37	21.03
0.83	43.8	56.2	20.26	0.99	96.8	3.18	21.08
0.84	47.2	52.8	20.31	1.00	100	—	21.13
0.85	50.7	49.3	20.36				

(二)能量代謝的測定原理和方法

1. 直接測熱法(Direct calorimetry)

因為機體消耗的能量以熱能的形式散發出體外，所以，將動物置於熱量計(如測熱室)中，直接測定單位時間內機體散發的總熱量，此熱量就是能量代謝率，這就是直接測熱法。由於直接測熱法用的測熱室裝置複雜、操作困難、難以推廣使用，所以一般都採用間接測熱法來研究能量代謝。

2. 間接測熱法（Indirect calorimetry）

間接測熱法比較簡單易行，並且準確，是研究動物營養、環境生理和內分泌實驗常用的方法。該方法是通過測定機體在單位時間內的耗氧量和二氧化碳排出量來電腦體的產熱量。其理論依據是化學中的定比定律，即在一般化學反應中，反應物的量與產物的量之間呈一定的比例關係。例如，葡萄糖氧化時，反應式為：

$$C_6H_{12}O_6 + 6O_2 \longrightarrow 6CO_2 + 6H_2O + 熱量$$

無論糖在體外燃燒或是在體內氧化，1 mol 葡萄糖都要消耗 6 mol 的氧，產生 6 mol 的水，產生的熱量也相等，這就是一種定比關係。測知了一個資料，就可計算相關的量。間接測熱法就是利用這種定比關係，查明機體在一定時間內氧化糖、脂肪和蛋白質的數量，而計算出該段時間內機體所釋放出來的熱量。

間接測熱法的具體計算步驟如下：

通過測定機體一段時間內的耗氧量和二氧化碳排出量來計算呼吸商。現今已有多種儀器設備，用以測定動物的耗氧量和二氧化碳排出量。為了便於比較，所測氣體量應換算成標准狀況下氣體容積，然後計算出呼吸商（混合呼吸商）。

測定一定時間內蛋白質、糖和脂肪的產熱量，應首先計算蛋白質的產熱量。由於尿中含氮物質主要是蛋白質的分解物，因此可以通過測定一定時間內尿氮量來計算體內被氧化的蛋白質量。蛋白質平均含氮量為 16 %，如有 1 g 尿氮產生，則應有 6.25 g 蛋白質被氧化分解。求出蛋白質的量乘上蛋白質的生物熱價，即得到蛋白質的產熱量，再計算糖和脂肪的產熱量。為此需計算非蛋白呼吸商，計算方法是從總耗氧量中減去蛋白質氧化時的耗氧量，從二氧化碳的排出量中減去蛋白質分解時二氧化碳產生量，然後計算的呼吸商即為非蛋白質呼吸商，具體計算過程如下：

蛋白質耗氧量=尿氮量×6.25×0.95（每克蛋白質氧化耗氧量）
蛋白質 CO_2 產生量=尿氮量×6.25×0.76（每克蛋白質氧化 CO_2 產生量）

非蛋白呼吸商=（總CO_2產生量－蛋白質CO_2產生量）/ 總耗氧量－蛋白質耗氧量）

科學工作者已研究出糖和脂肪以不同百分比氧化時的呼吸商及其相應的氧熱價，將其繪製成非蛋白呼吸商和氧熱價表（表 7-2）計算時使用已十分方便。計算出非蛋白呼吸商後，可查表將其中耗氧量乘上相應呼吸商的氧熱價，即可得到糖和脂肪的產熱量。將蛋白質產熱量和糖及脂肪產熱量相加，即可算出機體一定時間的總產熱量。在實際工作中，常採用簡化的計算方法，即測定一定時間內機體的耗氧量和二氧化碳排出量，並求出呼吸商（混合呼吸商），然後在非蛋白呼吸商表中查出該呼吸商的氧熱價，這裡用非蛋白呼吸商代替混合呼吸商，將耗氧量乘上氧熱價，得出機體在該時間內的產熱量。上述計算沒有把蛋白質計算在內，因為在一般情況下，蛋白質消耗較少，可以忽略，而且實驗證明簡化方法和上述的精確測定結果誤差僅為 1 %～2 %，所以簡化法是方便實用的測定方法。從以上討論可知，呼吸商的測定在計算能量代謝率和機體能量來源方面具有重要意義，但在應用呼吸商測算能量代謝時，還必須注意以下幾點。

體內糖、脂肪和蛋白質在代謝時的互相轉化可影響呼吸商數值。如糖在體內轉化為脂肪時，呼吸商變大，甚至超過 1.0，這時由於糖分子中含氧多，當一部分糖轉化為脂肪時，原來糖分子中的氧即有剩餘，這些氧可以參加機體代謝中的氧化反應，相應地減少了從外界攝取氧的數量，因而呼吸商變大。如在畜禽肥育時，體內積累脂肪，呼吸商常高於 1.0。反之，如果脂肪轉化為糖，呼吸商可能低於 0.7。在正常飼養過程中，動物日糧並不是單一的，它們包含有糖、脂肪和蛋白質，是混合日糧，三者在體內以不同比例被氧化，所以機體呼吸商常在 0.7～1.0 之間變動。

反芻動物呼吸商的測定值要校正。因為反芻動物瘤胃中食物發酵可以產生大量二氧化碳和甲烷，這些氣體主要通過噯氣出現在呼出氣體當中，與中間代謝產生的二氧化碳混在一起，從而使呼吸商變大，因此，需要校正。有兩種校正辦法：一是從總產熱量中減去發酵產生的熱量即為真正代謝產熱。估計瘤胃中每產生 1L 甲烷，就有 9.42kJ（2.25kcal）熱量釋放，故測定發酵過程中甲烷產生量即可算出發酵產熱量。二是從二氧化碳排出總量中減去發酵產生的二氧化碳量，即得代謝二氧化碳的量。根據體外發酵產生二氧化碳和甲烷的比為 2.6:1，測定甲烷產生量就可計算二氧化碳產生量。從瘤胃氣體分析結果看，剛剛飼餵後這兩種氣體之比為 2.6:1 或稍高一些，上述的比值可以用來估計瘤胃內二氧化碳的產生量。動物劇烈運動或重度使役時可影響呼吸商測定值。強烈的肌肉收縮活動時，氧一時供應不足，糖酵解增多，將有大量乳酸進入血液，乳酸可和碳酸氫鹽緩衝系統起反應，產生大量二氧化碳由肺排出，呼吸商將變大。

三、基礎代謝與靜止能量代謝

(一) 基礎代謝 (Basal metabolism)

基礎代謝是指人或動物在清醒而極端安靜狀態下，排除肌肉活動、食物特殊熱效應及環境溫度等影響下的能量代謝。基礎代謝率是指單位時間內的基礎代謝。影響代謝率的因素除上述四個主要因素外，年齡、性別、身高、身體品質、體表面積、妊娠、月經、哺乳、疾病、體溫、長期禁食、激素水準和睡眠等因素都會影響代謝率。在動物方面，確切的基礎狀態很難達到。因此，測定靜止的能量代謝更為常用。為了比較不同的人或動物的代謝率，需要確定一個標準狀態來測定代謝率，這種狀態應該盡可能地控制影響代謝率的因素。在臨床上和生理學實驗中，規定受試者至少有 12h 未進食，在室溫 20℃中靜臥休息 0.5h，保持清醒狀態、不進行腦力和體力活動等條件下測定的代謝率稱為基礎代謝率 (Basal metabolism rate，BMR)。在這種情況下既沒有能量的輸入，又沒有做功，人或動物所消耗的能量全部轉化為熱能散發出來，而能量的來源則是體內貯存的物質。基礎代謝率意味著在單位時間內維持清醒狀態的生命活動所需的最低能量消耗。這些能量絕大部分用於維持心臟、肝、腎等內臟器官的活動。

(二) 靜止能量代謝 (Resting energy metabolism)

基礎能量代謝的概念用於描述機體在基礎狀態下的能量代謝情況。對於畜體而言，讓動物保持與人體相似的狀態有很大困難，因此，衡量動物的基礎能量代謝只能採用靜止能量代謝的概念來描述。靜止能量代謝是指動物在一般的畜舍或實驗條件下，早晨飼餵前休息時的能量代謝水準。這時，許多家畜的消化道並不處於排空後的狀態，動物所處的環境溫度也不一定適中。靜止能量還包括一定量的特殊動力作用產生的能量，以及用於生產和體溫調節的能量。對不同的哺乳動物而言，其代謝率不符合體表面積的規律，因為個體大小懸殊，為減少誤差，則以代謝身體品質——身體品質的 0.75 次冪來計算能量代謝率，公式如下：

$$Q = KW^{0.75}$$

式中 Q 為靜止能量代謝率[kJ/(kg·d)]，W 為身體品質(kg)，指數取 0.75 是為方便計算，K 為常數，因動物而不同，奶牛為 117，綿羊為 72.4，豬為 68.1，兔為 64.7。

(三)影響畜體能量代謝的因素

1. 影響靜止能量代謝的因素

(1)個體大小。動物體格越小，它的代謝產熱越多。例如，兔每千克體重消耗的能量比馬多4倍左右，貓是狗的2倍。這是因為小動物的單位體重比大動物的佔有較大的體表面積，而體熱又是通過體表面積發散的，因而小動物的單位體重散失的熱量較多，為了維持體溫，就必須多產熱。但同樣大小的動物，靜止能量代謝率未必一樣，如食肉動物的靜止能量代謝率比同樣大小的非食肉動物高，這表明靜止能量代謝受很多因素影響，體表面積只是其中之一。

(2)性別。動物性成熟後在同樣條件下，公畜的靜止能量代謝率比母畜的代謝率高，如公豬比母豬高20％；公牛比母牛高10％～26％，公雞比母雞高20％～30％。母畜在不同生理情況下，靜止能量代謝也有所不同。發情期靜止能量代謝率上升；懷孕末期增強特別顯著；泌乳期比干乳期可高出30％～60％。

(3)年齡。幼年時靜止能量代謝率比成年高，成年後則維持在一定水準且相當平穩。之後，隨年齡的增加，靜止能量代謝率逐漸下降，如30月齡的母豬比2月齡的母豬低2.7倍，30月齡的母牛比2月齡的母牛低1.6倍。靜止能量代謝率最高時期與機體增重最快時期相符合。

(4)營養狀況。營養狀況優良的動物其靜止能量代謝率比不良者高，如營養狀況好的兔比不良的兔高31％，表明營養不良，代謝率下降。

2. 影響能量代謝的幾個因素

(1)食物的特殊動力效應。實驗證明，動物在採食後的一段時間內，雖然同樣處於安靜狀態，但其產熱量卻比採食前有明顯增加，這種由於攝食使機體產生「額外熱量」的現象叫作食物的特殊動力效應。它的機制現在還不是十分清楚。研究發現，若吃的全部是蛋白質食物，則額外產生的熱量可達30％，其效應在攝食1～2h後開始，持續時間可達8h；以糖和脂肪為主時，產熱量可增加4％～6％，一般混合食物為10％左右，其效應持續時間較短。食物的特殊動力效應的機制目前仍在研究之中。過去曾經認為可能是由於進食刺激，引起腸道和消化腺活動加強所致，但實驗結果發現消化系統的活動引起代謝率增加的產熱量是很少的。現在認為，肝臟對蛋白質進行代謝處理時，在脫氨基反應過程中，消耗了能量，這可能是額外熱量產生的主要原因。其主要論據是有人將氨基酸注入靜脈內，可出現和經口給予時相同的代謝率升高現象。

(2)肌肉活動的影響。肌肉是機體主要產熱器官，據估測，動物在安靜時，其產熱量占全身總產熱量的20％，運動或使役時，肌肉產熱量可高達總產熱量的90％。所以機體任何輕微的活動，均可提高能量代謝率。由於骨骼肌的活動對能量代謝的影響最為顯著，因此在冬季增強肌肉活動量對維持體溫相對穩定有重要作用。

(3)神經-內分泌的影響。機體在驚恐等神經緊張狀況下，能量代謝將顯著升高。這是由於在神經緊張的情況下，骨骼肌緊張性增強，產熱量增加的結果。另一方面，由於神經緊張，能引起刺激代謝的激素分泌釋放增多，激怒、寒冷時，腎上腺素分泌增加，它可增加組織耗氧量，使機體產熱量增加。在低溫條件下，機體迅速做出反應，產熱量增加，是交感神經和腎上腺髓質協同調節的結果。甲狀腺素能加速大部分組織細胞的氧化過程，使機體耗氧量和產熱量均明顯增加。如缺乏甲狀腺素，能量代謝率可降低40%，而甲狀腺素過多可使能量代謝率增加100%。

(4)環境溫度的影響。環境溫度與動物的能量代謝有著極為密切的關係。哺乳動物安靜時，其能量代謝在20～30℃的環境中最為穩定，此時機體肌肉鬆弛。當環境溫度低於20℃時，寒冷刺激可反射性引起戰慄和肌肉緊張增強，使代謝率增加，在10℃以下，代謝率增加更為顯著。當環境溫度為30～45℃時，代謝率逐漸增加與體內的化學反應過程加速、發汗、呼吸、迴圈功能增強有關。

案例

2012年3月，珠海一寵物醫院接診1隻11歲的雄性金毛犬，體重30.6 kg，主訴：該犬近期體溫正常，但平時在家愛睡覺，反應遲鈍，不如往常興奮好動，消瘦，食慾減少，挑食。臨床檢查：皮膚發黃，可視黏膜蒼白，口腔潰瘍。血液檢查：血清總膽固醇含量為362 mg/dL(正常值:84～287 mg/dL)，血清T_4濃度為11.6 nmol/L(正常值:41.5～143 nmol/L)，血清T_3濃度為0.9 nmol/L(正常值1.3～3.6 nmol/L)。根據該犬的年齡、臨床症狀、結合血液檢驗結果，確診該犬患甲狀腺機能減退症，俗稱甲減。

問題與思考

1.甲減時，犬為什麼出現嗜睡、反應遲鈍等臨床症狀？
2.甲減時，機體逐漸消瘦的原因？

提示性分析

甲狀腺機能減退系甲狀腺激素合成與分泌不足，導致以全身新陳代謝率降低為特徵的內分泌性疾病，老齡動物易發。因體內甲狀腺激素不足，導致動物大多數組織的耗氧率下降，基礎代謝降低，ATP生成減少，產熱減少，體溫有降低的趨勢，甲狀腺功能低下患畜的基礎代謝率比正常情況低20%以上；同時甲狀腺素是神經系統功能活動正常所必需的激素，甲狀腺功能低下，中樞神經系統的興奮性降低。

第二節 體溫及其調節

不同種類的動物體內都具有一定的溫度，這就是體溫(Body temperature)。體溫是進行新陳代謝和正常生命活動的重要條件。體溫既是新陳代謝的結果，又是保證機體進行新陳代謝和正常生命活動的重要條件。

一 動物的體溫

(一)變溫動物和恒溫動物

較低等的脊椎動物如爬行動物(蛇類)、兩棲動物(青蛙)和魚類，以及無脊椎動物，其體溫隨環境溫度改變而改變，不能保持相對恒定，這些動物叫作變溫動物或冷血動物。變溫動物對環境溫度變化的適應能力較差，到了寒季，其體溫降低，各種生理活動也都降至極低的水準。進化至較高等的脊椎動物如鳥綱和哺乳綱動物，逐漸發展了體溫調節功能，能夠在不同溫度的環境中保持體溫的相對恒定，這些動物叫作恒溫動物或溫血動物。還有一些哺乳動物如刺蝟等，則介於以上兩類動物之間，在暖季，體溫能保持相對恒定，到了寒季則體溫降低，蟄伏而冬眠。

(二)恒溫動物的體表溫度和體核溫度

恒溫動物並非是體溫恒定不變，而是在一個相對狹小的範圍內保持恒定，即便是同一種動物，同一時間不同部位的溫度也有可能並不相同。通常將動物的體溫分為體表溫度(Shell temperature)和體核溫度(Core temperature)兩種。動物的外周組織即表層，包括皮膚、皮下組織等的溫度稱為體表溫度，也稱表層溫度。動物體表由於和外界環境聯繫密切，故體表溫度受外界環境影響較大，不穩定，波動較大，各部分的溫差也較大。機體深部(心、肺、腦和腹腔內臟等處)的溫度稱為體核溫度，也稱深部溫度。體核溫度比體表溫度高，且比較穩定，各部位之間的差異也較小。

生理學上所說的體溫是指身體深部的平均溫度。但其測量比較困難，動物直腸溫度接近機體深部溫度，且比較穩定，可以代表機體體溫的平均值。在生理學和畜牧獸醫實踐中，多以直腸溫度代表體溫。健康畜禽的直腸溫度見表7-3。

表7-3 部分動物的正常體溫(直腸溫度)

動物	平均/℃	範圍/℃	動物	平均/℃	範圍/℃
駱駝	37.5	34.2~40.7	豬	39.2	38.0~40.0
馬	37.6	37.2~38.6	狗	38.9	37.0~39.0
騾	38.5	38.0~39.0	兔	39.5	38.5~39.5
驢	37.4	37.0~38.0	貓	38.6	38.0~39.5
黃牛	38.3	37.5~39.0	豚鼠	38.5	37.8~39.5
水牛	37.8	37.5~39.5	大白鼠	39.1	38.5~39.5
乳牛	38.6	38.0~39.3	小白鼠	38.2	37.0~39.0
肉牛	38.3	36.7~39.1	雞	41.7	40.6~43.0
犢牛	39.0	38.5~39.5	鴨	42.1	41.0~42.5
犛牛	38.3	37.0~39.7	鵝	41.0	40.0~41.3
綿羊	39.1	38.5~40.5	火雞	40.6	40.1~41.2
山羊	39.1	37.6~40.0	鴿	41.7	41.3~42.2

(三)恒溫動物體溫的波動範圍

恒溫動物的體溫相對穩定，但並非絕對恒定不變。在正常生理狀況下，體溫可隨晝夜、年齡、性別、運動狀態等在一定範圍內變動，稱為生理性波動，其變化幅度一般在1℃左右。

1. 隨晝夜波動

體溫常在一晝夜間有規律地週期性波動。白天活動的動物,體溫在清晨 2:00～6:00 最低,午後 13:00～18:00 最高,波動的幅值可達 1℃左右。牛的直腸溫度晝夜波動約為 0.5℃,放牧綿羊為1℃,驢可達2℃。夜間活動的正好相反。這種波動與動物的睡眠和覺醒有關,也是自然界光線、溫度等因素週期性變化對機體代謝影響的結果。

2. 隨年齡波動

通常幼年動物的代謝旺盛,體溫高於成年動物。新生或早產動物由於體溫調節機制發育還不完善,調節體溫的能力弱,老年動物因基礎代謝率低,迴圈功能弱,它們的體溫容易受到環境溫度的影響而變動,體溫較成年動物低。因此在動物的飼養管理中,應加強對新生和老年動物的保溫和護理。

3. 隨性別波動

性別差異在性成熟時開始出現。在相同條件下,雄性動物的靜止能量代謝率比雌性高,體溫比母畜的高。雌性動物由於具有性週期,隨著機體中激素的週期性變化,其體溫也發生週期性的波動。發情時體溫升高,排卵時體溫下降,排卵後體溫升高,生產中可據此來瞭解母畜是否排卵。雌性動物體溫的週期性波動與性激素的週期性分泌有關,尤其與孕激素及其代謝產物的變化相吻合。

4. 隨運動狀態波動

動物在運動和使役時,肌肉活動、代謝加強,產熱量也顯著增加,若散熱不及時,可導致體溫升高。在劇烈的運動或勞役時,體溫可升高 1～2℃,如馬在賓士時,其體溫可升高到 40～41℃,經休息後即可恢復正常。因此,在實踐中測定體溫之前,需要讓動物安靜一段時間。

5. 其他因素引起體溫的波動

環境喧鬧、情緒激動、精神緊張、外界溫度變化、進食以及地理氣候等因素對體溫均有影響。麻醉藥物可抑制體溫調節中樞或影響傳入神經路徑的活動,同時還能擴張皮膚血管,加強散熱、降低體溫、減弱機體對環境的適應能力。

二、機體的產熱與散熱

恒溫動物之所以能夠維持正常體溫的相對穩定,是在體溫調節機制的調控下,使產熱過程和散熱過程處於動態平衡的結果。如果機體的產熱量大於散熱量,體溫就會升高,散熱量大於產熱量則體溫就會下降。當機體的產熱與散熱達到動態平衡時,則可使體溫穩定在一定的水準上。

(一)產熱過程

1. 產熱器官

機體的一切組織細胞在進行活動時均可產生熱量,由於新陳代謝水準的不同,各組織器官產生的熱量有所差異。機體主要的產熱器官是內臟、骨骼肌和腦。動物處於安靜狀態時,主要產熱器官是內臟,其中以肝臟代謝最為旺盛,產熱最多,心、脾、腎、腸等次之。當動物運動或使役時骨骼肌為主要的產熱器官,其產熱量可達總產熱量的2/3以上。草食動物消化道中的食物,由於微生物的發酵分解也可以產生大量的熱能,這些熱能是此類動物體熱的重要來源。

2. 產熱形式

在正常情況下，動物通過新陳代謝過程產生的熱量來維持體溫。但在寒冷環境中，散熱量的增加會導致體溫下降，為了維持體溫的恒定，動物機體主要依靠戰慄性產熱（Shivering thermogenesis）和非戰慄性產熱（Non-shivering thermogenesis）來增加產熱量，以維持體溫。這是自主性體溫調節中機體的兩種主要產熱形式。

（1）戰慄性產熱，又稱寒戰性產熱。戰慄是指在寒冷環境中骨骼肌發生不隨意的節律性收縮，屈肌和伸肌同時收縮，基本上不做外功，收縮的能量全部轉化成熱能，此時機體代謝率可增加4～5倍，產熱量很高。

（2）非戰慄性產熱，又稱代謝產熱或非寒戰性產熱，該產熱方式與肌肉收縮無關。一方面，寒冷刺激使機體腎上腺素、去甲腎上腺素和甲狀腺激素等分泌增多，促進機體組織器官（特別是肝臟）產熱增加；另一方面，啟動了脂肪分解的酶系統，使脂肪分解、氧化而產生熱量。尤其以褐色脂肪組織產熱量增加最多，其產熱量約為非戰慄產熱的70%，是機體的有效熱源。由於新生動物不能發生戰慄，所以非戰慄產熱對於新生動物體溫的維持尤為重要。非戰慄產熱發生在細胞水準，涉及食物的氧化分解、ATP及磷酸肌酸的降解等能量代謝的許多環節，且需要大量的氧。

3. 溫度適中範圍

機體的代謝強度隨環境溫度的變化而改變。環境溫度低，代謝加強；環境溫度高，代謝適當降低。在適當的環境溫度範圍內，動物的代謝強度和產熱量在生理的最低水準而體溫仍能維持恒定，這種環境溫度的範圍稱為動物的溫度適中範圍（Thermal neutral zone），又稱等熱範圍或代謝穩定區。實踐中，在溫度適中範圍內飼養動物最為適宜和經濟。如果氣溫過低，機體需要通過提高代謝強度與增加產熱量來維持體溫，使食物營養的消耗增加；反之，氣溫過高時，機體需要耗能散熱，從而降低動物的生產性能。一些動物的溫度適中範圍如表7-4。

表7-4　部分動物的溫度適中範圍

動物種類	溫度適中範圍（℃）	動物種類	溫度適中範圍（℃）
牛	16~24	豚鼠	25
豬	20~23	大鼠	29~31
綿羊	10~20	兔	15~25
犬	15~25	雞	16~26

動物的溫度適中範圍隨種屬、品種、年齡及管理條件而有差異。溫度適中範圍的下限溫度稱為臨界溫度，耐寒、被毛密集或皮下脂肪厚實動物的臨界溫度較低，幼年動物的臨界溫度高於成年動物，這與其皮毛較薄、體表面積與體重比例大而易於散熱，以哺乳為主，產熱較少有關。高於溫度適中範圍上限的外界溫度，稱為過高溫度。此時機體代謝增強，通過增加皮膚血流量和發汗來加強散熱，甚至不能有效地調節而導致體溫升高（圖7-2）。

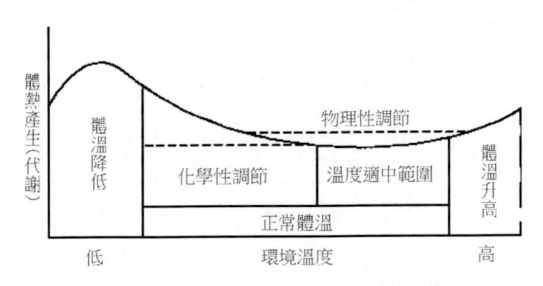

圖7-2　環境溫度與體熱產生的關係

(二)散熱過程

1. 散熱器官

動物的主要散熱器官是皮膚。經過皮膚散發的熱量占全部散熱量的75％～85％，此外動物還可通過呼吸器官、消化器官和泌尿器官等向外散熱。

2. 散熱方式

動物散熱的方式主要有傳導、輻射、對流和蒸發四種，前三種只在體表溫度高於外界環境溫度時才發揮作用，一旦環境溫度接近或高於體表溫度，蒸發散熱就成為唯一的散熱方式。

(1)傳導(Conduction)散熱。傳導散熱是指機體的熱量直接傳給同它接觸的較冷物體的一種散熱方式。機體深部的熱量主要由血液流動將其帶到機體表面的皮膚，再由後者直接傳給同它相接觸的物體，如地面、圈舍的牆壁等。由於動物平時躺臥在冷涼地面上的時間不多，傳導不是熱量丟失的主要形式。但在某些情況下，可因傳導而散失大量熱量，使體溫降低。如綁定在金屬手術臺上的麻醉動物，新生仔豬臥在水泥地面上等，均會導致散失大量熱量。

(2)輻射(Radiation)散熱。輻射散熱是指溫度較高的物體以紅外線(熱射線)的形式，將熱量傳給外界的一種散熱形式。機體在常溫安靜狀態下，約有60％的熱量是以輻射形式散發的。輻射散熱量的多少主要決定於皮膚同環境間的溫差以及機體的有效散熱面積。當皮膚溫度高於環境時，其差值愈大，散熱愈多；當環境溫度高於皮膚溫度時，機體反而要吸收環境的熱量。因此，若動物在炎熱季節受烈日照射，可使體溫升高，發生日射病，而在寒冷時節，照射陽光或靠近熱源，則有利於動物保暖。機體有效散熱面積越大，散熱量就越多。機體四肢表面積比較大，因此在輻射散熱中有重要作用。

(3)對流(Convection)散熱。對流散熱是機體通過與體表接觸的氣體或液體流動來交換和散發熱量的一種方式。動物機體周圍總是圍繞有一層同皮膚接觸的空氣，機體的熱量首先傳給這一層空氣，由於空氣不斷流動(對流)，帶走體熱，並發散到空間。對流是傳導散熱的一種特殊形式，對流散熱量的多少決定於體表和空氣之間的溫差和風速的大小。空氣越冷，風速越大，對流散熱量越多；相反，對流散熱量越少。覆蓋動物皮膚表層的被毛，其間空氣不易流動，且乾燥空氣是熱的不良導體，因而有利於體溫的保存。所以，冬季動物換上濃密厚實的毛羽，有利於防寒保暖和維持體溫。對於飼養的動物，冬天應該減少空氣對流，夏天應加強舍內的通風，有利於體溫的調節。

(4)蒸發(Evaporation)散熱。蒸發散熱是指體內的水分在皮膚和黏膜(主要是呼吸道黏膜)表面由液態轉化為氣態，同時帶走大量熱量的一種散熱方式。每蒸發 1 g 水可帶走 2.44 kJ 熱量，因此蒸發散熱是一種十分有效的散熱方式。當環境溫度高於皮膚溫度時，機體通過輻射、傳導和對流的方式不但不能散熱，相反從外界環境吸收熱量。此時，蒸發散熱就成了機體唯一的散熱方式。蒸發散熱可分為不顯汗和出汗兩種方式。

不顯汗蒸發是指有少量水分經常從皮膚表面、呼吸道和口腔黏膜等部擴散和蒸發。安靜狀態下的哺乳動物在中等溫度(<30 ℃)和濕度條件下，大約有25％的熱量是由這種方式散發的，其中通過皮膚蒸發的熱量約占2/3，通過呼吸道蒸發的約占1/3。幼年動物的不顯汗蒸發的速率比成年動物大，因此，在缺水時，幼年動物更容易發生脫水。不顯汗蒸發是一種很有效的散熱途徑。有些動物如犬、牛、豬，雖有汗腺結構，但在高溫環境下也不能分泌汗液，此時，它們必須通過熱喘呼吸和增加唾液分泌，經呼吸道和唾液的水分蒸發來增強散

出汗蒸發是指通過汗腺分泌汗液的活動，汗液在蒸發表面上形成明顯汗滴而蒸發。動物在安靜狀態下，當環境溫度達30℃以上時，或環境溫度雖低而肌肉活動加強，體內溫度明顯升高時，汗腺便分泌汗液以散熱。汗液中水分占99％以上，而固體成分則不到1％。固體成分中，大部分為 NaCl，也有少量 KCl、尿素等。剛從汗腺細胞分泌出來的汗液與血漿是等滲的，但在流經汗腺管腔時，由於 Na$^+$、Cl$^-$被重吸收，最後排出的汗液是低滲的(0.3 ％ NaCl)。汗腺管腔對 Na$^+$的重吸收也受醛固酮的調節。例如，當動物劇烈運動或環境溫度超過 30℃時，汗腺發達的動物大部分體熱隨汗液蒸發散發到環境。

蒸發散熱有明顯的種屬特異性。馬屬動物汗腺受交感腎上腺能纖維支配，能夠大量出汗；牛有中等的出汗能力；綿羊雖可發汗，但以熱喘呼吸散熱為主；鳥類沒有汗腺；狗的汗腺在高溫下不能分泌汗液，也主要通過熱喘呼吸來加強蒸發散熱。熱喘呼吸時動物的呼吸淺而快，頻率可達 200～400 次／min，潮氣量減少，氣體在無效腔中快速流動，唾液分泌量明顯增加，避免通氣過度導致的鹼中毒。齧齒動物既不進行熱喘呼吸，也不發汗，而是通過向被毛上塗抹唾液或水來蒸發散熱的。

三、體溫的調節

外界環境溫度或機體功能狀態時時刻刻都可能發生變化，這些變化都可以使體溫產生波動，但恒溫動物能夠在體內外環境溫度發生變化時始終保持自身的體溫相對恒定，這是由於此類動物體內有完善而精確的體溫調節機制，主要通過神經和體液調節機體的產熱和散熱過程，使得體溫處於恒定狀態。

(一)神經調節

圖7-3顯示了神經調節體溫的基本過程，下丘腦體溫調節中樞包括調定點(Set point)神經元在內，屬於控制系統。它的傳出資訊控制著產熱器官(如內臟、骨骼肌等)及散熱器官(如皮膚血管、汗腺等)受控系統的活動，使機體深部溫度維持在一個穩定水平。體溫總會受到內外因素如運動、代謝、氣溫等的影響，這些因素影響體溫後均會被機體溫度感受器所感受，然後傳遞到調定點，通過下丘腦體溫調節中樞整合調控後可建立當時條件下的體熱平衡，從而維持體溫恒定。

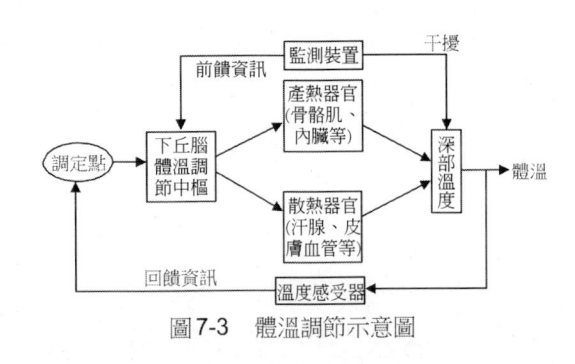

圖7-3 體溫調節示意圖

1. 溫度感受器

對溫度敏感的感受器稱為溫度感受器，溫度感受器分為外周溫度感受器(Peripheral thermoreceptor)和中樞溫度感受器(Central thermoreceptor)。

(1)外周溫度感受器。外周溫度感受器存在於機體皮膚、黏膜和腹腔內臟中，是游離的神經末梢。溫度感受器分為冷覺感受器和熱覺感受器，分別感受寒冷和溫熱的刺激。當局部溫度升高時，熱覺感受器興奮，反之冷覺感受器興奮。通過狗、貓、猴實驗發現，冷覺感受器在皮膚溫度低於30℃時開始發放衝動，27℃時發放的衝動頻率最高，熱覺感受器在皮膚溫度超過30℃時開始發放衝動，47℃時發放的衝動頻率最高。皮膚的冷覺感受器數量較多，是熱覺感受器的4～10倍，其主要作用可能是使機體對外界的冷刺激較敏感，防止體溫下降。

內臟器官也有溫度感受器。實驗中將電熱器埋藏在羊腹腔內並加熱至43～44℃，可觀察到羊呼吸頻率和蒸發散熱迅速增加，加熱3～5min後，動物開始喘息，使下丘腦溫度下降。說明內臟溫度升高可引起明顯的散熱反應。

(2)中樞溫度感受器。中樞溫度感受器是指存在於中樞神經系統內對溫度變化敏感的神經元，主要分佈於脊髓、延髓、腦幹網狀結構以及下丘腦內。在局部組織溫度升高時衝動發放頻率增加的神經元稱為熱敏神經元(Warm-sensitive neuron)，而當局部組織溫度降低時，衝動發放頻率增加的神經元稱為冷敏神經元(Cold-sensitive neuron)。實驗表明，在腦幹網狀結構和下丘腦弓狀核中以冷敏神經元居多，而在視前區-下丘腦前部(Preoptic-anterior hypothalamus，PO/AH)熱敏神經元的數目較多。局部腦組織溫度變動為0.1℃時，這兩種神經元的放電頻率就會發生改變，而且不出現適應現象。在脊髓、延髓、腦幹網狀結構以及皮膚、內臟中的溫度變化的傳入資訊主要向下丘腦PO/AH傳送，這表明下丘腦PO/AH是體溫調節的中心部位。

(3)體溫調節中樞。參與調節體溫的神經元分佈於從脊髓到大腦皮質的中樞神經系統中，但通過多種恒溫動物分段切除腦的實驗發現，只要保持下丘腦及其以下的神經結構完整，動物雖然在行為方面可能出現障礙，但仍具有維持恒定體溫的能力。如果破壞下丘腦，則動物不再具有維持體溫相對恒定的能力。這說明調節體溫的基本中樞在下丘腦。通過局部破壞或電刺激下丘腦等實驗觀察到，破壞PO/AH，散熱反應消失，體溫升高；刺激PO/AH，則引起散熱反應，而且戰慄受到抑制；破壞下丘腦後部，體溫下降，產熱反應受抑制；刺激下丘腦後部，則引起戰慄。由此推測，下丘腦前部主要是散熱中樞，而下丘腦後部主要是產熱中樞。

(4)體溫調定點學說。體溫之所以保持相對穩定，目前多用體溫調定點學說來解釋。體溫調定點學說認為，體溫的調節就像一個恒溫器的調節，PO/AH區的溫度敏感性神經元起著調定點的作用。其中熱敏神經元隨體溫升高活動增強，可引起散熱反應；冷敏神經元隨體溫降低活動增強，可引起產熱反應。熱敏神經元活動引起的散熱速率和冷敏神經元活動引起的產熱速率正好相等時的溫度閾值即為體溫調定點。體溫調定點學說的關鍵內容是"體溫調定點的高低決定體溫的高低"。如正常情況下，機體的體溫調定點在37℃左右，體溫就在37℃左右，如果體溫偏離此數值，機體通過改變熱敏神經元和冷敏神經元的活動調節產熱和散熱量，以維持體溫的相對恒定。

當某種原因引起調定點上移，則出現發熱。例如，臨床上致熱源所致發熱，致病菌或某些內源性致熱源作用於下丘腦PO/AH區的溫度敏感神經元，使熱敏神經元的溫度閾值升高，而冷敏神經元的溫度閾值下降，只有在更高的溫度下熱敏神經元與冷敏神經元引起的散熱和產熱活動才能保持平衡，也就是說調定點上移(如39℃)。此時機體通過戰慄、皮膚血管收縮等方式使產熱增加，散熱減少，直至體溫上升到39℃。如果致熱因素不消除，機體的產熱和散熱過程就在此溫度水準上保持相對的平衡。只有當致熱因素消除後，體溫調定點下移至正常水準(37℃)，機體通過發汗、皮膚血管舒張等方式使散熱大於產熱，直至體溫回落到37℃。應該明確的是，發熱時體溫調節功能並無障礙，而只是由於調定點上移，體溫才被調節到發熱水準。

(二)體液調節

甲狀腺素和腎上腺素是直接參與體溫調節的最重要激素。當動物暴露在寒冷的環境中時，其肌肉將隨意或不隨意地顫抖，以增加產熱量。此時腎上腺素分泌增加，糖的分解加強，產熱增加,同時採食量增加。若動物長期處於寒冷的環境中,則通過增加甲狀腺素的分泌來提高基礎代謝率使體溫升高;如果動物長期處於熱緊張狀態,則通過降低甲狀腺的功能,降低基礎代謝率,致攝食量下降,嗜睡以減少產熱。

(三)產熱與散熱的調節反應

機體體溫能維持相對恒定狀態,這是內環境保持穩定的一種表現。當體內外溫度發生變化時,有可能使體溫升高或降低,這時機體通過溫度調節系統,發出控制資訊調節產熱和散熱過程,以維持體溫的相對恒定。

1. 循環系統的調節反應

通過輻射、傳導和對流等物理散熱機制所散失熱量的多少取決於皮膚和環境之間的溫度差,而皮膚溫度則為皮膚血流量所控制,機體的體溫調節機構通過交感神經系統控制著皮膚血管的口徑,增減皮膚血流量以改變皮膚溫度。寒冷時,交感神經興奮使皮膚血管收縮,皮膚血流量減少,皮溫降低,皮膚和環境之間溫差減小,於是傳導、對流、輻射散熱均減少;與此同時,由於四肢深部的靜脈和動脈是相伴而行的,這樣的解剖關係相當於一個熱量逆流交換結構(圖7-4)。因動脈血溫度高,回流的靜脈血溫度較低,兩者之間由於存在溫度差而進行熱量交換。逆流交換的結果是,動脈血帶到末梢的熱量,有一部分又被帶回機體深部,由於皮膚血管收縮,血液轉向深部動脈周圍的靜脈回流,使這種逆流熱交換效率更高。如果機體處於炎熱環境中,從皮膚返回心臟的血液主要由皮膚表層靜脈來輸送,此時逆流交換機制將不再起作用(圖7-5)。

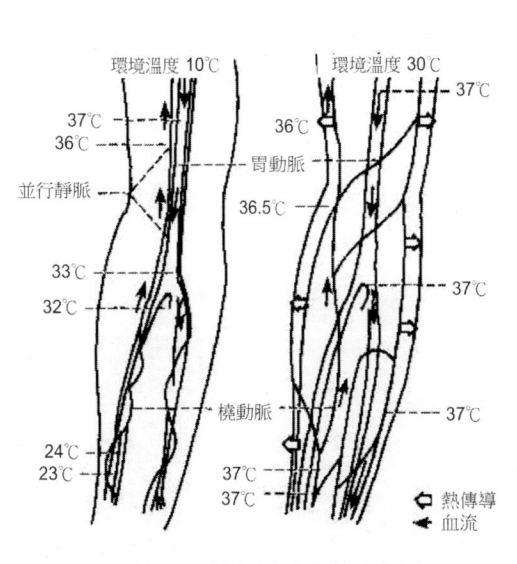

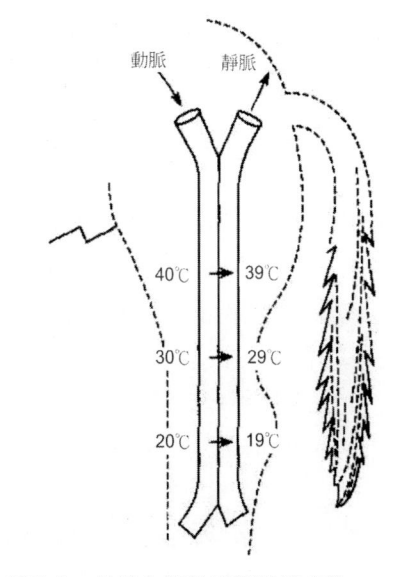

圖7-4 "逆流"熱交換示意圖　　圖7-5 後肢血管的逆流熱量交換

2. 汗腺分泌

當通過輻射、對流以及不顯汗的蒸發等都不能阻止體溫繼續上升時,如動物處於高溫環境中或劇烈活動時,主要依靠汗腺分泌的汗液蒸發帶走大量的熱量。出汗的調節有明顯的種屬差異。出汗是由於溫熱作用於皮膚溫度感受器引起汗腺的反射性活動。寒冷刺激作用於皮膚冷感受器可迅速抑制出汗。出汗的調節中樞在下丘腦,它既接受來自皮膚溫感受器的刺激,更重要的是直接接受流入中樞的血液溫度的資訊。當環境溫度增高時反射性引起支配汗腺的交感膽鹼能神經興奮，末梢釋放神經遞質乙醯膽鹼，機體開始出汗，當環境溫度接近體溫或高於體溫時出汗則成為唯一有效的散熱機制。

3. 行為性體溫調節

動物還存在行為性體溫調節（Behavioral thermoregulation）。如寒冷時採取蜷縮姿勢或集堆以減少散熱面積，仔豬和小雞主動趨向熱源。若長期處於寒冷環境中，則被毛生長加厚，皮下脂肪蓄積，從而增加體表的絕熱作用。許多動物夏季尋找陰涼場所，減少吸收太陽輻射熱，在炎熱和潮濕的環境中，動物常伸展肢體，伏臥不動，儘量減少肌肉運動，降低代謝率。

四 恒溫動物對環境的適應

動物的體溫調節機能雖然很完善，但這種能力畢竟有一定的限度，如果環境溫度變化超過了它們的調節能力，體溫就難以維持恒定，甚至被凍死或熱死。

(一)動物的耐熱與抗寒

家畜對高熱環境的適應能力是很有限的，不同畜種對炎熱的適應能力不同。

駱駝的耐熱能力最強，在供給充足的飲水情況下，可長期耐受炎熱而乾燥的環境，它對高溫的主要調節方式是加強體表的蒸發散熱。

綿羊有較好的耐熱能力。對高溫的體溫調節方式主要是喘息，出汗也有一定的作用。氣溫在32℃時，其直腸溫度開始升高，當達到41℃時，出現喘息。外界溫度高達43℃而相對濕度不超過 65%時，綿羊一般可耐受幾個小時。

豬對高溫的耐受能力較差。氣溫為30～32℃時，成年豬直腸溫度開始升高，在相對濕度超過65%的35℃環境中，豬就不能長時間耐受。當直腸溫度升高到41℃時是豬的致死臨界點，容易發生虛脫。由於豬耐熱能力弱，尤其仔豬耐熱能力更弱，夏季應注意採取降溫措施，人工協助豬體散熱。此外，還要避免長途驅趕。

馬汗腺發達，皮膚較薄，耐熱能力較強。氣溫在 30～32℃時，呼吸次數增加，但不出現喘息，調節方式主要是出汗。

家畜的耐寒能力比耐熱能力強得多。例如，氣溫接近體溫(35～40 ℃)時，大多數家畜都不能長時間耐受，但氣溫比體溫低20～30℃，甚至更低時，一般都能維持體溫於正常水準。牛、馬和綿羊在氣溫降到-18℃時，都能有效地調節體溫。豬的抗寒能力比其他家畜弱得多，成年豬在0℃環境中一般不能持久地維持體溫。1日齡豬在1℃環境中停留2h就將陷入昏睡狀態。

(二)動物對高溫與低溫的適應

當家畜較長時期地處於寒冷或炎熱環境中，或一年中季節性溫差變化時，或由寒帶(或熱帶)地區遷入熱帶(或寒帶)地區時，初期可通過各種體溫調節機制保持體溫恒定，隨後則發生不同程度的適應現象。適應可分為3類，即環境適應、風土馴化及氣溫適應。

1. 環境適應（Environmental adaptation）

指動物短期(通常數月)生活在超常環境溫度(寒冷或炎熱)中所發生的適應性反應。主要表現為酶活性和代謝率的變化，使產熱過程適應已變化的溫度環境。其他表現則出於環境溫度因素的重複刺激使生理反應逐漸減弱，從而使習慣的動物能在此溫度環境中保持正常體溫。

2. 風土馴化（Acclimatization）

指隨著季節性變化機體發生的對環境溫度的適應。表現為被毛厚度和血管收縮性發生變化等，以增強機體對外界溫度的適應能力。如在夏季到冬季的過程中，動物的新陳代謝並沒有增高，有的反而降低，但被毛增厚，皮膚血管的收縮性改善，增強了機體的保溫性能。所以，在冬季仍能保持體溫的恒定。

3. 氣溫適應（Climatic adaptation）

經過自然選擇和人工選擇，動物的遺傳性發生了變化，不僅本身對當地的溫度環境表現了良好的適應，而且能遺傳給後代，成為該品種的特點。如寒帶品種的動物有較厚的被毛和皮下脂肪層，保溫效率高，在較冷的條件下無須代謝增高，體溫也能保持正常水準並很好地生存。

案例

2008年8月的一天，新疆某兵團飼養的1頭荷斯坦奶牛突然發病。臨床症狀病牛全身發抖、站立不穩、張口喘氣、流涎。臨床檢查：眼結膜充血、口腔和舌面乾燥、呼吸促迫、聽診心搏節律失常、脈細弱，直腸體溫測定42℃。畜主告知當日氣溫高達41℃。臨床治療：用濃度為25%的鹽酸氯丙嗪肌肉注射15 mL，同時用複方氯化鈉溶液加維生素C靜脈輸液2000 mL/次，間歇3～4 h再輸液1次。第二天症狀緩解，精神逐漸恢復。根據臨床症狀、天氣情況及治療效果，該病被診斷為奶牛熱射病。

問題與思考

1. 奶牛體溫上升至42℃的原因是什麼？
2. 體溫過高時，對病畜可採用哪些物理方法降低體溫？
3. 為什麼要使用鹽酸氯丙嗪進行治療？

提示性分析

1. 熱射病是因奶牛生活在潮濕悶熱和通風不良的環境中，由於環境高熱的刺激，引起體溫調節中樞、呼吸中樞和水鹽代謝平衡紊亂，機體內產熱多、散熱少，體內積熱、體溫升高，導致心血管和中樞神經系統機能障礙的一類疾病。本病例中，由於環境溫度達41℃，輻射、對流、傳導散熱減少甚至停止，蒸發散熱不足以散發體內過多的熱量，致使體溫升高至42℃，並伴隨出現相應的一系列臨床症狀。

2. 對於高燒病畜，常可通過物理降溫方法説明機體散熱降低體溫，如給病畜全身和頭部潑大量的涼水或給病畜用涼水灌腸以增加傳導散熱、用電風扇給圈舍通風以增加對流散熱等。

3. 鹽酸氯丙嗪屬於中樞抑制藥，具有鎮靜、鎮吐、降低體溫及基礎代謝的藥理作用。

思考題

一、名詞概念
　　1.食物的熱價　2.氧熱價　3.呼吸商　4.基礎代謝率　5.體溫　6.溫度適中範圍

二、單項選擇題
　　1. 下列組織器官中糖原儲存量最多的是（　）
　　　　A.肌肉　　　　B.腺體　　　　C.腦組織　　　　D.肝臟
　　2. 下列各種物質中既是重要的儲能物質，又是直接的供能物質的是（　）
　　　　A.蛋白質　　　B.脂肪　　　　C.葡萄糖　　　　D.三磷酸腺苷
　　3. 下列選項中對能量代謝率影響最為顯著的是（　）
　　　　A.溫度　　　　B.濕度　　　　C.精神活動　　　D.肌肉運動
　　4. 體溫調節的基本中樞位於（　）
　　　　A.下丘腦　　　B.中腦　　　　C.腦橋　　　　　D.延髓
　　5. 動物機體內能促進產熱的最重要的激素是（　）
　　　　A.腎上腺素　　B.腎上腺皮質激素　C.甲狀腺激素　D.性激素
　　6. 給高熱動物用酒精擦浴是（　）
　　　　A.增加輻射散熱　B.增加傳導散熱　C.增加對流散熱　D.增加蒸發散熱
　　7. 動物在休息時或靜止狀態下體內溫度最高的器官是（　）
　　　　A.大腦　　　　B.肝臟　　　　C.腎臟　　　　　D.心臟

三、簡述題
　　1. 基礎代謝與靜止能量代謝有何不同？
　　2. 影響機體能量代謝的因素有哪些？
　　3. 簡述造成體溫生理性波動的因素。
　　4. 動物機體產熱和散熱有哪些主要方式？

四、論述題
　　動物機體是如何通過神經、體液調節來維持體溫相對恆定的？

第 8 章 泌 尿

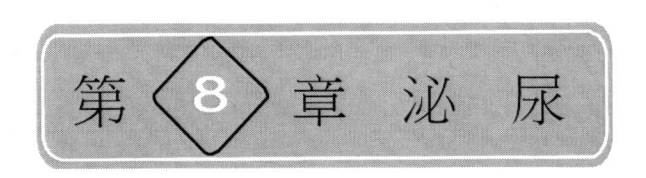

本章導讀

動物從外界攝入的各種物質經過新陳代謝過程，最終轉變為代謝終產物而排出體外以維持內環境穩態。腎臟是最重要的排泄器官，其基本的功能單位腎單位與集合管共同完成泌尿功能。腎單位包含腎小體和腎小管兩部分，血液經過腎小體的濾過作用生成原尿，再經腎小管的重吸收和分泌作用形成終尿。腎臟的泌尿功能受到腎臟自身、神經和體液的調節。形成的終尿進入膀胱貯存，達到一定量時通過排尿反射排出體外。

第一節 概 述

一、排泄和排泄途徑

動物將體內新陳代謝產生的代謝終產物、進入體內過多或不需要的物質（如異物、藥物及其代謝產物或毒物）等經血液迴圈運輸到排泄器官排出體外的過程稱為排泄（Excretion）。未經消化吸收的食物殘渣經由肛門排出體外的過程不屬於排泄。

就陸棲脊椎動物而言，具有排泄功能的器官有腎臟、肺、肝、腸道和皮膚，因此排泄的途徑有四條：①呼吸系統，以氣體的形式通過呼吸排出 CO_2、少量水分和一些揮發性物質；②皮膚，以汗液的形式排出部分水分、無機鹽和尿素等；③消化系統，以糞便的形式將肝臟排入腸道的膽色素以及腸黏膜分泌的一些無機鹽（鈣、鎂和鐵等）排出體外；④泌尿系統，以尿的形式排出大量代謝終產物和異物，如尿素、尿酸、肌酸、肌酐和藥物等，以及部分攝入過量的和代謝產生的水、電解質等。因為經由腎臟排泄的物質不僅數量大，而且種類多，所以腎臟是機體最重要的排泄器官。

二、腎臟的功能概述

在神經體液的調節下，腎臟在尿的生成過程中，通過控制尿液的質和量，參與機體穩態（包括水、電解質、滲透壓和酸鹼平衡等）的調節。此外，腎臟還具有內分泌功能，能分泌諸如腎素、促紅血球生成素等多種生物活性物質。

(一)泌尿功能

腎臟通過生成和排出尿液，清除體內代謝產生的大部分代謝終產物及進入體內的異物。腎臟血流量占全身血流量的 1/5～1/4，如豬腎小球濾液每分鐘約生成 120 mL，一晝夜總濾液量為 170～180 L。濾液經腎小管時 99% 被重吸收。葡萄糖、氨基酸、維生素、多肽類物質和少量蛋白質，在近曲小管幾乎被全部重吸收，而肌酐、尿素、尿酸及其他代謝產物，經過選擇，或部分重吸收，或完全排出。腎小管尚可分泌排出藥物及毒物，如酚紅、對氨馬尿酸、青黴素類、頭孢黴素類等，藥物若與蛋白質結合，則可通過腎小球濾過而排出。

(二)維持內環境相對恆定

1. 調節體內水和滲透壓平衡 調節機體水及滲透壓平衡的部位主要在腎小管。近曲小管為等滲性重吸收，是重吸收 Na^+ 及分泌 H^+ 的重要場所。在近曲小管中，葡萄糖及氨基酸被完全重吸收，HCO_3^- 重吸收 70%～80%，水及 Na^+ 的重吸收為 65%～70%。濾液進入髓袢後進一步被濃縮，約 25% NaCl 和 15% 水被重吸收，遠曲小管及集合管對水不通透，但能吸收部分 Na^+，因此小管液維持在低滲狀態。

2. 調節電解質濃度

腎小球濾液中含有多種電解質，當濾液進入腎小管後，Na^+、K^+、Ca^{2+}、Mg^{2+}、HCO_3^-、Cl^- 和 PO_4^{3-} 等大部分被重吸收，根據機體的需要，以起到維持動物體生命活動的作用。 3. 調節機體酸鹼度

動物機體血漿的酸鹼度取決於其 H^+ 濃度。大部分哺乳動物血液的 pH 一般穩定在 7.35～7.45 之間。生命活動中，隨著機體細胞的代謝不斷產生酸性或鹼性物質，但機體 pH 始終保持穩定，這主要依靠體內各種緩衝系統和肺、腎的調節來實現。腎臟對酸鹼平衡的調節主要是通過腎小管細胞的活動來實現的，腎小管細胞可分泌 H^+、K^+ 和 NH_3，通過排酸或保鹼的作用來維持 HCO_3^- 的濃度，調節血液 pH 使之相對恆定。

(三)內分泌功能

除泌尿功能之外，腎臟也是重要的內分泌器官，可分泌多種生物活性物質，對機體代謝過程產生調節作用。

1. 腎素 由近球小體近球細胞分泌，它能啟動血漿中的血管緊張素原轉化為有活性的血管緊張素。而血管緊張素能刺激血管收縮和腎上腺皮質分泌醛固酮，醛固酮能調節腎小管對 Na^+、K^+ 及水的重吸收，起調節體液及電解質平衡的作用。

2. 紅血球生成素 由腎臟系膜細胞分泌，能促進紅骨髓產生並釋放紅血球。

3. 羥化維生素 D_3

腎臟有一種特殊的酶，即 1 α-羥化酶，能將經肝羥化酶作用形成的 25-OH-D_3 羥化形成 1,25-$(OH)_2$-D_3，其具有高度活性，可促進小腸(或腎小管)對鈣、磷的吸收(重吸收)，動員骨鈣和磷釋放入血，參與機體鈣、磷代謝調節。

4. 前列腺素 腎乳頭間質細胞能分泌前列腺素(PGE_2、PGI_2)，參與局部或全身血管活動和機體多種功能的調節，主要使腎臟局部血管舒張，腎血流量增加等。

三、腎臟的功能結構特點

(一)腎單位和集合管

腎單位是腎的基本功能單位，它與集合管共同完成泌尿功能。腎單位由腎小體(Renal corpuscle)和腎小管(Renal tubule)組成(圖8-1)。腎小體包括腎小球(Glomerulus)和腎小囊(Bowman's capsule)兩部分。腎小球是一團毛細血管網，其峽谷端分別與入球小動脈和出球小動脈相連(圖8-2)。腎小球的包囊稱為腎小囊，由腎小管盲端膨大凹陷形成，有兩層上皮細胞，內層(髒層)緊貼在毛細血管壁上，外層(壁層)與腎小管壁相連，兩層上皮之間的腔隙稱為囊腔，與腎小管管腔相通。血漿中某些成分通過腎小球毛細血管網向囊腔濾出，濾出時必須通過腎小球毛細血管內皮細胞、基膜和腎小囊髒層上皮細胞，這三者構成腎小球濾過膜(圖8-3)。

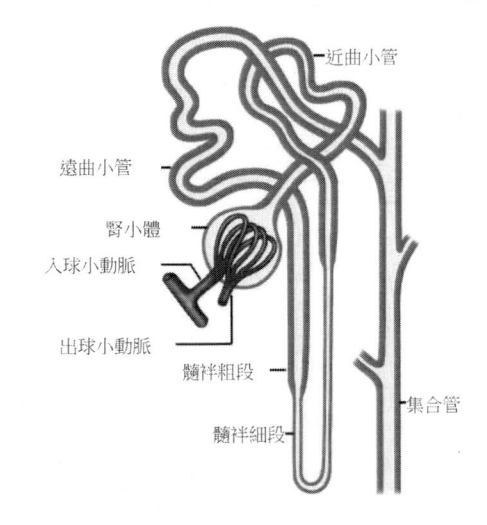

圖8-1　腎單位示意圖

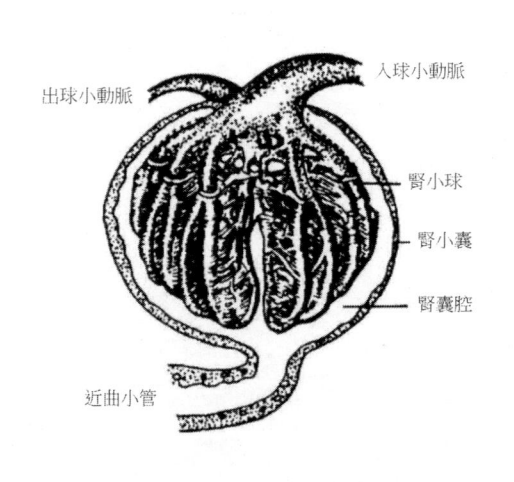

圖8-2　腎小體結構示意圖

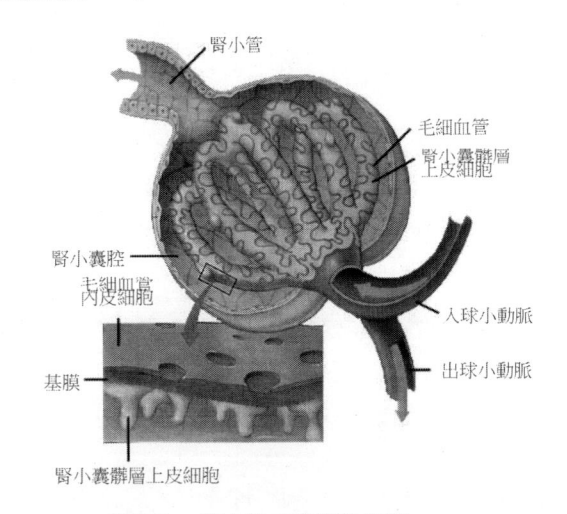

圖8-3　腎小球濾過膜示意圖

腎小管由近球小管、髓袢和遠球小管三部分組成(圖8-1)。近球小管包括近曲小管和髓袢降支粗段。髓袢由髓袢降支和髓袢升支組成，前者包括髓袢降支粗段(也是近球小管的組成部分)和降支細段，後者是指髓袢升支細段和升支粗段(也是遠球小管的一部分)。遠球小管包括髓袢升支粗段和遠曲小管。遠曲小管末端和集合管相連。

集合管不包括在腎單位內，但在功能上和遠球小管密切相關，它在尿生成過程中，特別是在尿的濃縮過程中起著重要作用，每一集合管接受多條遠曲小管來的液體。許多集合管又匯入乳頭管，最後形成的尿液經腎盞、腎盂和輸尿管進入膀胱。

腎單位按其所在部位不同，可分為皮質腎單位和近髓腎單位(髓旁腎單位)兩類(圖8-4)。

皮質腎單位主要分佈於外皮質層和中皮質層。這類腎單位的腎小球體積較小，入球小動脈的口徑比出球小動脈的粗，兩者口徑之比約為2:1；出球小動脈進一步再分為毛細血管後，幾乎全部分佈於皮質部分的腎小管周圍，髓袢較短，只達外髓質層，有的甚至不到髓質。

近髓腎單位分佈於靠近髓質的內皮質層。這類腎單位的腎小球體積較大，髓袢長，可深入到內髓質層，有的甚至到達乳頭部；出球小動脈不僅形成纏繞鄰近的近曲小管或遠曲小管的網狀毛細血管，而且還形成細而長的U形直小血管。直小血管可深入到髓質，並形成毛細血管網包繞髓袢升支和集合管。近髓腎單位和直小血管的這些解剖特點，決定了它們在尿的濃縮與稀釋過程中起著重要作用。

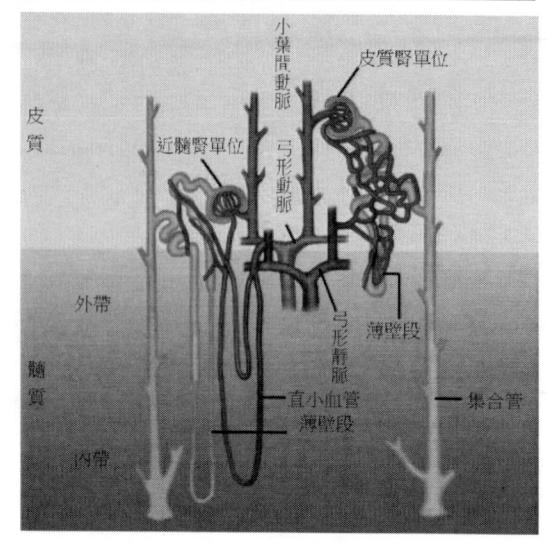

圖8-4　腎單位和腎血管的示意圖

不同動物腎臟中這兩類腎單位的數目和比例不同，與其水代謝強度有關。豬、河馬、象、馴鹿等動物的皮質腎單位多，水代謝率高，近髓腎單位不超過15%；馬、驢和牛等近髓腎單位為20%～40%，水代謝率較低；羊、駱駝等的近髓腎單位為40%～80%，水代謝率更低。

(二)近球小體

近球小體（Juxtaglomerular apparatus）由近球細胞、球外系膜（間質）細胞和緻密斑三者組成（圖8-5）。近球小體主要分佈在皮質腎單位。近球細胞是位於入球小動脈的中膜內的肌上皮樣細胞，內含分泌顆粒，分泌顆粒內含腎素。球外系膜細胞是指入球小動脈和出球小動脈之間的一群細胞，具有吞噬功能。緻密斑位於遠曲小管的起始部分，此處的上皮細胞變為柱狀細胞，局部呈現斑紋隆起，稱為緻密斑。緻密斑與入球小動脈和出球小動脈相接觸。緻密斑可感受小管液中NaCl含量的變化，並將資訊傳遞至近球細胞，調節腎素的釋放。

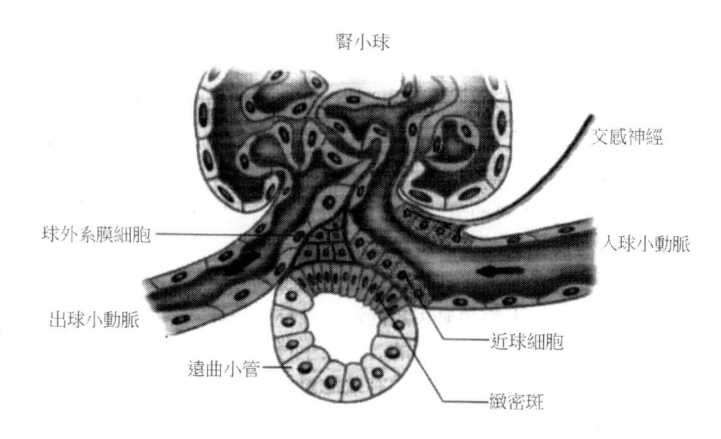

圖8-5　近球小體示意圖

(三)腎臟的血液迴圈特點

1. 腎臟的血管分布及其特點

腎動脈從腹主動脈直接分出，管徑粗且短，血流量大，占心輸出量的1/5～1/4，而兩個腎臟只占體重的0.3%～0.7%。所以腎臟是機體供血量最豐富的器官，這是尿液成為"有源之水"的結構基礎。腎臟內的血液分佈不均勻，其中約94%的血液分佈在腎皮質層，5%～6%分佈在外髓，其餘不到1%的血液供應內髓。

腎動脈進入腎門後逐級分支：葉間動脈—弓形動脈—小葉間動脈—入球小動脈—腎小球毛細血管—出球小動脈—再次分為毛細血管，其纏繞在腎小管和集合管周圍（近髓腎單位的出球小動脈還分出 U 形直小血管）—匯合成小葉間靜脈—弓形靜脈—葉間靜脈—腎靜脈，最後出腎門。

　　腎內有兩級毛細血管網，第一級是入球、出球小動脈之間的腎小球毛細血管網，此處毛細血管血壓較高（皮質腎單位更明顯），有利於血漿濾過生成原尿。出球小動脈再次分支纏繞在腎小管周圍形成第二級毛細血管網，此處毛細血管血壓較低，有利於腎小管內物質的重吸收。近髓腎單位的出球小動脈除形成第二級毛細血管外，還形成細長的U形直小血管，與髓袢和集合管伴行深入到髓質。直小血管的升支和降支在髓質不同水平均有吻合支，這有利於髓質滲透壓梯度的維持。

2. 腎血流量的調節

　　(1)腎血流的自身調節。當動脈血壓在一定範圍內(10.7～24 kPa)波動時，腎血流量仍保持相對穩定。肌源學說認為，腎小球入球小動脈平滑肌的緊張性能隨腎動脈血壓變化而發生相應舒縮反應。當血壓升高時，血管收縮，阻力增大，血流量不會顯著增加；相反，血壓降低時血管舒張，血流量不會明顯減少。當血壓變化很大，超出自身調節的範圍時，腎血流量就會隨全身血壓的變化而變化。

　　(2)神經體液調節。交感神經興奮引起腎血管收縮，血流量減少；去甲腎上腺素、血管緊張素和抗利尿激素均能引起腎血管收縮，血流量減少。而前列腺素可使腎血管舒張，使血流量增加。

(四)腎臟的神經支配

　　腎交感神經主要從脊髓發出，其纖維經腹腔神經叢支配腎動脈（尤其是入球小動脈和出球小動脈的平滑肌、腎小管和釋放腎素的顆粒細胞）。腎交感神經末梢釋放去甲腎上腺素，調節腎血流量、腎小球濾過率、腎小管的重吸收和腎素的釋放。一般認為，腎缺乏副交感神經支配。

第二節　尿的生成

　　尿液的生成包括三個環節（圖8-6）：①腎小球對血漿的濾過作用，形成原尿；②腎小管和集合管對小管液的選擇性重吸收；③腎小管和集合管的分泌與排泄作用。

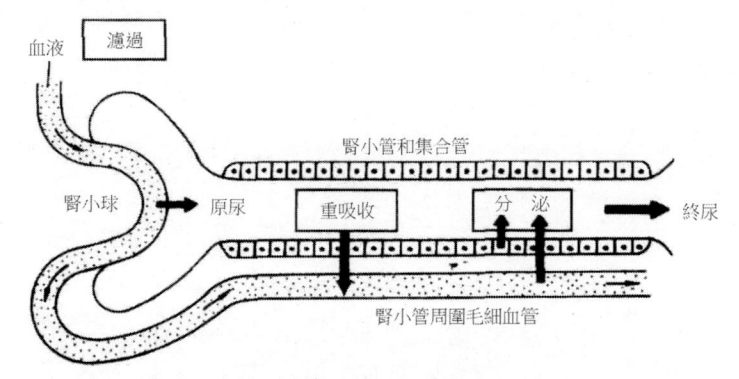

圖8-6　尿生成基本過程示意圖

一 腎小球的濾過功能

血液流經腎小球毛細血管時，血漿中的水和小分子溶質，包括少量分子量較小的血漿蛋白，濾入腎小囊腔形成原尿的過程，稱為腎小球的濾過作用。微穿刺實驗證明，原尿中除不含血細胞和血漿蛋白外，其他成分與血漿基本相同，所以原尿近似於血漿的超濾液。

單位時間內(每分鐘)兩側腎臟生成的原尿量稱為腎小球濾過率(Glomerular filtration rate, GFR)單位時間內(每分鐘)兩腎的血漿流量稱腎血漿流量(Renal plasma flow, RPF)。腎小球濾過率與腎血漿流量的比值，稱濾過分數(Filtration fraction)。據測定，50 kg的豬，腎小球濾過率為100 mL/min，腎血漿流量為420 mL/min，腎小球濾過分數約24 %。由此表明，流經腎的血漿約有1/4經濾過進入腎小囊腔中形成原尿。腎小球濾過作用的發生取決於兩個因素：一是腎小球濾過膜的通透性；二是腎小球的有效濾過壓。其中，前者是原尿產生的前提條件或結構基礎，後者是原尿濾過的必要動力。

(一)濾過膜及其通透性

腎小球濾過膜由三層結構構成，形成濾過原尿的主要機械屏障。①內層是毛細血管的內皮細胞。內皮細胞上有許多直徑50～100 nm的小孔，稱為窗孔(Fenestration)，它可防止血細胞通過，但對血漿蛋白的濾過可能不起阻留作用。②中間層是非細胞性的基膜，是濾過膜的主要濾過屏障。基膜是由水合凝膠(Hydrated gel)構成的微纖維網結構，水和部分溶質可以通過微纖維網的網孔。有人把分離的基膜經特殊染色證明有4～8 nm的多角形網孔。微纖維網孔的大小可能決定著分子大小不同的溶質何者可以濾過的問題。③外層是腎小囊的上皮細胞。上皮細胞具有足突，相互交錯的足突之間形成裂隙。裂隙上有一層濾過裂隙膜(Filtration slit membrane)，膜上有直徑4～14 nm的孔，它是濾過的最後一道屏障。通過內、中兩層的物質最後將經裂隙膜濾出，裂隙膜在超濾作用中也很重要。

濾過膜各層含有許多帶負電荷的物質，其主要為糖蛋白。如血管內皮細胞表面富含帶負電荷的糖蛋白(如唾液酸蛋白等)。這些帶負電荷的物質就構成了濾過膜的電學屏障，對帶負電荷的血漿蛋白等大分子產生靜電屏障作用，限制它們的濾過。但在病理情況下，濾過膜上帶負電荷的糖蛋白的減少或消失，就會導致帶負電荷的血漿蛋白濾過量比正常時明顯增加，從而出現蛋白尿。

一般而言，有效半徑小於2.0 nm的中性分子可自由濾過，如葡萄糖的有效半徑為0.36 nm，它可以被完全濾過；有效半徑大於4.2 nm的物質不能濾過。有效半徑在2.0～4.2 nm之間的物質隨著有效半徑的增加，濾過量逐漸減少。有效半徑約為3.6 nm的血漿白蛋白因帶負電荷而難以濾過。機械屏障與電學屏障作用使濾過膜對血漿物質的濾過具有高度選擇性，這對原尿的生成起著決定性的作用。

(二)有效濾過壓

腎小球濾過作用的發生，其動力是濾過膜兩側的壓力差。這種壓力差稱為腎小球的有效濾過壓。

有效濾過壓是由四種力量的數量和來決定的：腎小球毛細血管血壓，它是促使血漿透過濾過膜的力量，囊內液膠體滲透壓也是推動血漿濾過的動力，而血漿膠體滲透壓和腎小囊內壓是阻止血漿透過濾過膜的力量（圖 8-7）。腎小囊濾過液中蛋白濃度很低，其膠體滲透壓可忽略不計。因此，腎小球毛細血管血壓是濾出的唯一動力，而血漿膠體滲透壓和囊內壓則是濾出的阻力。所以，有效濾過壓＝腎小球毛細血管壓－（血漿膠體滲透壓＋囊內壓）。

在正常情況下，腎小球毛細血管的平均血壓約 6.0 kPa，血漿膠體滲透壓在入球小動脈端約為 2.7 kPa，腎小囊內壓約 1.3 kPa，因而在濾過膜處存在著約 2.0 kPa（約 15 mmHg）的有效濾過壓，結合腎小球濾過膜的通透性，濾過作用在腎小球入球小動脈端則可正常發生。腎小球毛細血管內的血漿膠體滲透壓不是固定不變的。在血液流經腎小球毛細血管時，由於不斷生成濾過液，血液中血漿蛋白濃度就會逐漸增加，血漿膠體滲透壓也隨之升高。因此，有效濾過壓也逐漸下降。當有效濾過壓下降到零時達到濾過平衡，濾過便停止了。由此可見，不是腎小球毛細血管全段都有濾過作用，只有從入球小動脈端達到濾過平衡這一段才有濾過作用。濾過平衡越靠近入球小動脈端，有效濾過的毛細血管長度就越短，有效濾過壓和面積就越小，腎小球濾過率就越低。相反，濾過平衡越靠近出球小動脈端，有效濾過的毛細血管長度就越長，有效濾過壓和濾過面積就越大，腎小球濾過率就越高。如果達不到濾過平衡，全段毛細血管就都有濾過作用。

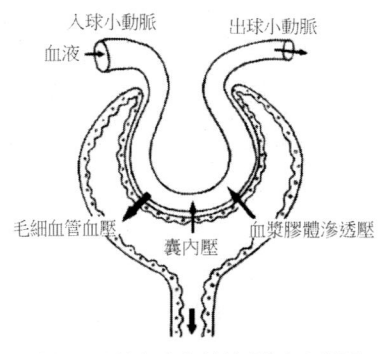

圖8-7　腎小球有效濾過壓示意圖

（三）影響腎小球濾過的因素

從腎小球濾過作用發生機制不難分析，影響腎小球濾過的因素主要有濾過膜的通透性、濾過面積、腎小球毛細血管血壓、血漿膠體滲透壓、囊內壓和腎血漿流量。

1. 濾過膜的通透性和濾過面積

在正常情況下，濾過膜的通透性和濾過面積相對穩定，對濾過影響不大。在病理情況下，如發生急性腎小球腎炎時，腎小球毛細血管管腔變窄或阻塞，濾過膜增厚，通透性降低，濾過面積減小，有濾過功能的腎小球減少，濾過率降低，出現少尿或無尿現象。慢性腎小球腎炎時，濾過膜基層損傷、破裂，上皮細胞的負電荷基團減少，足狀細胞的突起融合或消失，使濾過膜的機械屏障和電學屏障作用減弱，通透性增加，血漿蛋白甚至血細胞也會漏入腎小囊，出現蛋白尿或血尿。

2. 腎小球毛細血管血壓

腎小球毛細血管血壓受全身動脈血壓影響，並與入球小動脈和出球小動脈的舒縮狀態有關。當動脈血壓在正常範圍波動時，依靠腎小球毛細血管的自身調節作用，腎血流量維持相對穩定，腎小球毛細血管血壓亦維持相對穩定，腎小球濾過率基本不變。但在大失血等情況下，血壓明顯下降，超出了腎臟的自身調節範圍，腎小球毛細血管血壓隨之下降，有效濾過壓降低，濾過功能減弱，原尿生成量減少，終尿量相應減少。在高血壓晚期，入球小動脈硬化而縮小，腎小球毛細血管血壓可明顯降低，有效濾過壓減小，導致尿少。

3. 腎小球囊內壓

在正常情況下，腎小球囊內壓是比較穩定的。腎盂或輸尿管結石、腫瘤壓迫或其他原因引起的輸尿管阻塞，都可使腎盂內壓顯著升高。此時囊內壓也將升高，致使有效濾過壓降低，腎小球濾過率因此而減少。有些藥物在腎小管液中結晶析出，或某些疾病溶血過多導致血紅蛋白堵塞腎小管，也會造成囊內壓升高而影響腎小球濾過。

4. 血漿膠體滲透壓

在正常情況下，血漿膠體滲透壓通常變化不大。但若因靜脈大量輸入0.9%的NaCl溶液，或當肝功能受損及長期饑餓而引起血漿蛋白的濃度明顯降低時，血漿膠體滲透壓降低，有效濾過壓升高，腎小球濾過率升高，原尿生成增多。

5. 腎血漿流量

腎血漿流量對腎小球濾過率有很大影響，主要影響濾過平衡的位置。如果腎血漿量加大，腎小球毛細血管內血漿膠體滲透壓上升速度減慢，濾過平衡就靠近出球小動脈端，有效濾過壓和濾過面積就增加，腎小球濾過率將隨之增加。相反，當腎血漿流量減少時，血漿膠體滲透壓的上升速度加快，濾過平衡就靠近入球小動脈端，有效濾過壓和濾過面積就減少，腎小球濾過率將減少。在劇烈運動、嚴重缺氧和中毒性休克等病理情況下，由於交感神經興奮，入球小動脈收縮，腎血流量顯著減少，腎小球濾過率也顯著減少。

二、腎小管與集合管的重吸收功能

原尿進入腎小管後稱為小管液。小管液在流經腎小管和集合管時，其中大部分水和有用的物質被重吸收回血液的過程，稱為腎小管和集合管的重吸收(Reabsorption)作用。

(一)重吸收的特點

1. 選擇性重吸收

腎小管和集合管對原尿中物質的重吸收表現為選擇性重吸收。如原尿中的水99%以上被重吸收；葡萄糖、Na^+和HCO_3^-等，則可全部或大部分被重吸收；尿素和磷酸根被部分重吸收，肌酐等代謝產物則不被重吸收而全部排出體外。這種選擇性重吸收，既保留了對機體有用的物質，又清除了對機體有害的物質，實現了對機體內環境的淨化。

2. 有限性重吸收

腎小管的重吸收功能有一定限度。當血漿中某些物質濃度過高，使濾液中該物質含量過高而超過腎小管重吸收限度時，尿中則出現該物質。如當血糖濃度過高，濾液中葡萄糖含量超過腎小管重吸收限度時，終尿中即出現葡萄糖，稱為糖尿。

(二)重吸收的部位、途徑和方式

1. 部位

腎小管各段和集合管都具有重吸收功能，近端小管重吸收的物質種類多、數量大，是重吸收的主要部位。小管液中的葡萄糖、氨基酸等營養物質幾乎全部在近端小管被重吸收；80%～90%的HCO_3^-、65%～70%的水、Na^+、K^+和Cl^-等，也在此重吸收。餘下的水和鹽類絕大部分在髓袢細段、遠端小管和集合管處被重吸收(圖8-8)。雖然這些部位重吸收的量較近端小管少，但與機體內水、電解質平衡和酸鹼平衡的調節密切相關。

2. 途徑

重吸收的途徑有跨細胞途徑和細胞旁途徑兩種。以前者為主，指重吸收物質需經腎小管細胞膜轉運入細胞內,再轉入血液的途徑;經腎小管上皮細胞間的緊密連接處直接進入細胞間隙而被重吸收,此為細胞旁途徑。細胞旁途徑在水和溶質的轉運中,為跨細胞途徑的補充,如隨著電解質的重吸收造成細胞間質局部高滲,小管腔中的水在滲透壓的作用下,經細胞間的緊密連接直接進入細胞間隙而被重吸收,即為細胞旁重吸收。

3. 方式

重吸收的方式有主動重吸收和被動重吸收兩種。主動重吸收是指腎小管和集合管上皮細胞在耗能的情況下,

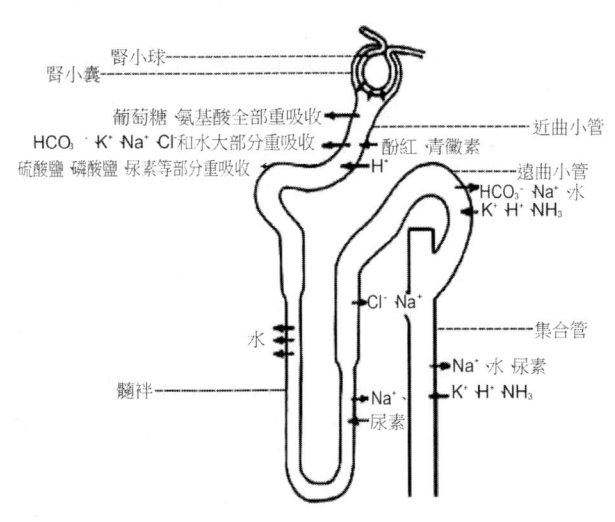

圖8-8 各種重吸收和分泌示意圖

將小管液中的溶質逆電-化學梯度轉運到管周組織液並進入血液的過程,如葡萄糖、氨基酸等重吸收。被動重吸收是指小管液中的物質順電-化學梯度和順滲透壓差,從管腔內轉運至管周組織液並進入血液的過程。如尿素順濃度差和Cl^-順電位差從小管液中擴散至管周組織液,水在滲透壓差的作用下被重吸收等。

主動重吸收和被動重吸收之間有著密切的聯繫,如Na^+的主動重吸收,使小管液內電位降低,形成小管內外的電位差,Cl^-即順電位差而被動重吸收;隨著NaCl向管外的不斷轉運,使管周組織液滲透壓升高而小管液中滲透壓降低,滲透壓差又促使水的被動重吸收。

(三)主要物質的重吸收

1. Na^+、Cl^-的重吸收

原尿中99%以上Na^+被重吸收入血,除髓袢降支粗段外,腎小管各段和集合管對Na^+均具有重吸收能力,其中,近球小管是Na^+、Cl^-重吸收的主要部位,重吸收量為65%～70%,髓袢重吸收量為20%～30%,遠曲小管和集合管重吸收量約為12%。腎小管各段重吸收Na^+機制各不相同,下面重點介紹近端(球)小管的重吸收過程。

65%～70%的Na^+由近端(球)小管主動重吸收,大部分Cl^-的重吸收是與Na^+相伴的。腎小管上皮細胞的管腔膜對Na^+的通透性大,小管液中的Na^+濃度比細胞內高,Na^+順濃度差擴散入細胞內,隨即被管周膜和基側膜上的Na^+泵泵入組織液。隨著細胞內的Na^+被泵出,小管液中的Na^+又不斷地進入細胞。伴隨Na^+的重吸收,細胞內呈

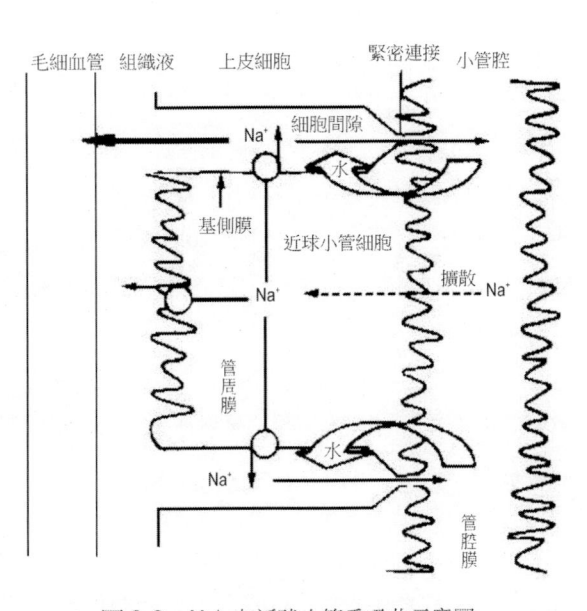

圖8-9 Na^+在近球小管重吸收示意圖

正電位，管腔內呈負電位，加之小管液中的Cl⁻濃度比小管細胞內高，Cl⁻順電位差和濃度差進入上皮細胞及管周組織液。Na⁺、Cl⁻進入管周組織液，使其滲透壓升高，促使小管液中的水進入上皮細胞及管周組織液，使細胞間隙的靜水壓升高，促使Na⁺和水通過基膜進入相鄰的毛細血管而被重吸收。部分Na⁺和水也可能通過緊密連接回漏到小管腔內（圖8-9）。故在近端小管，Na⁺的重吸收量等於主動重吸收量減去回漏量，Na⁺的這種重吸收方式又稱為"泵-漏"模式（Pump-leak model）。

2. K⁺的重吸收

原尿中的K⁺絕大部分（90％以上）被腎小管重吸收回血液，其中67％左右在近球小管被重吸收，而終尿中的K⁺主要是由遠曲小管和集合管分泌的。研究發現，小管液中K⁺濃度為4 mmol/L，大大低於細胞內K⁺濃度（150 mmol/L），因此在管腔膜處K⁺重吸收是逆濃度梯度進入細胞內的，屬於主動轉運過程，但其機理尚不完全清楚。

3. HCO_3^-的重吸收

HCO_3^-在血漿中以$NaHCO_3$形式存在，濾液中的$NaHCO_3$進入腎小管後解離成Na^+和HCO_3^-，小管液中的HCO_3^-是以CO_2的形式間接被重吸收的。HCO_3^-的重吸收量占濾過總量的99％以上，近端小管重吸收80％～90％，其餘的多數在遠曲小管和集合管被重吸收。

HCO_3^-不易透過管腔膜，其重吸收是與上皮細胞的H^+-Na^+交換偶聯進行的。通過Na^+-H^+交換，H^+由細胞內分泌到小管液中，其與HCO_3^-結合生成H_2CO_3，在碳酸酐酶（Carbonic anhydrase，CA）作用下H_2CO_3迅速分解為CO_2和H_2O。CO_2是高度脂溶性物質，能迅速通過管腔膜擴散入細胞內，在胞內碳酸酐酶作用下，CO_2與細胞內的H_2O結合生成H_2CO_3，H_2CO_3又解離成H^+和HCO_3^-。H^+通過Na^+-H^+交換從細胞分泌到小管液中，HCO_3^-則與Na^+一起轉運回血（圖8-10）。由此可以看出，腎小管重吸收HCO_3^-不是以HCO_3^-的形式直接進行，而是以CO_2的形式間接重吸收，腎小管上皮細胞每分泌1個H^+就可使1個HCO_3^-和1個Na^+重吸收，這對體內的酸鹼平衡調節有重要作用。

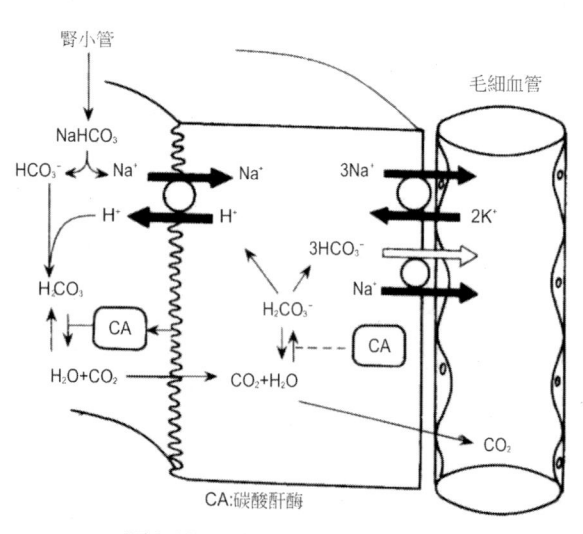

圖8-10 HCO_3^-的重吸收示意圖

4. Ca^{2+}的重吸收

Ca^{2+}經旁細胞和跨細胞兩條途徑被重吸收。經腎小球濾過的鈣約70％在近球小管被重吸收，20％在髓袢被重吸收，9％在遠球小管和集合管被重吸收，只有不到1％的Ca^{2+}隨尿液排出體外。

近球小管對Ca^{2+}的重吸收，約80％經旁細胞途徑進入細胞間隙，約20％經跨細胞途徑被重吸收。上皮細胞內的Ca^{2+}濃度遠低於小管液中的Ca^{2+}濃度，且細胞內電位相對小管液為負，這一電化學梯度可驅使Ca^{2+}從小管液擴散進入上皮細胞內。細胞內的Ca^{2+}經基底側膜上的

Ca²⁺-ATP 酶和 Na⁺-Ca²⁺交換機制逆電化學梯度轉運出細胞。髓袢降支細段和升支細段對 Ca²⁺ 不通透，僅髓袢升支粗段能重吸收 Ca²⁺。升支粗段小管液為正電位，該段基底側膜對 Ca²⁺也有通透性，故可能存在被動重吸收，也存在主動重吸收。在遠球小管和集合管處，小管液為負電位，Ca²⁺的重吸收是跨細胞途徑的主動轉運。

5. 葡萄糖和氨基酸的重吸收

小管液中葡萄糖、氨基酸在近球小管處全部被重吸收。腎小球濾過液中的葡萄糖濃度與血糖濃度相同，但在正常尿中幾乎不含葡萄糖，這說明葡萄糖全部被腎小管重吸收回到了血中。實驗表明，重吸收葡萄糖的部位僅限於近球小管，尤其在近球小管前半段。其他各段腎小管都沒有重吸收葡萄糖的能力。因此，如果在近球小管以後的小管液中仍含有葡萄糖，則尿中將出現葡萄糖。

葡萄糖、氨基酸的重吸收是一種需借助於 Na⁺-葡萄糖同向轉運機制的過程，小管液中 Na⁺和葡萄糖與同向轉運體蛋白結合後，被轉入細胞，屬於繼發性主動轉運。小管基底膜上的葡萄糖轉運體將葡萄糖轉運入細胞間隙（圖8-11）。

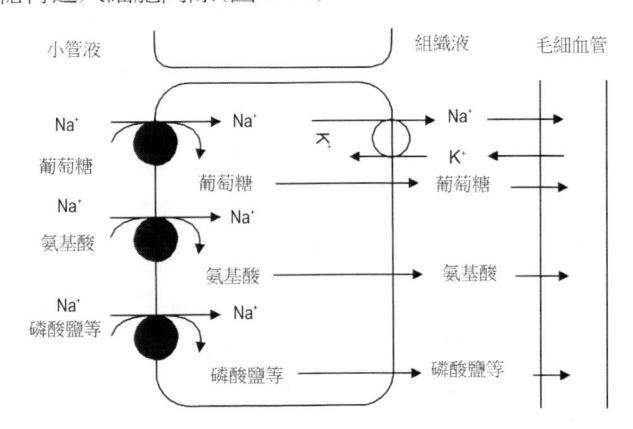

圖8-11 近端小管對葡萄糖、氨基酸和磷酸鹽的重吸收示意圖

近球小管對葡萄糖的重吸收有一定的限度，當小管液中的葡萄糖過多，超出近球小管的重吸收極限時，尿中就開始出現葡萄糖，此時的血漿葡萄糖濃度稱為腎糖閾（Renal glucose threshold）。血漿葡萄糖濃度超過腎糖閾後，尿中葡萄糖排出率則隨血漿葡萄糖濃度的升高，而相應增高。

小管液中氨基酸的重吸收與葡萄糖重吸收的機制相似。小管液中的少量小分子血漿蛋白，是通過腎小管上皮細胞的吞飲作用被重吸收的。

6. 水的重吸收

腎小球超濾液的水 99 %被重吸收，僅 1 %最後被排出體外。其中 65 %～70 %的水在近球小管被重吸收，髓袢降支細段和遠曲小管各段重吸收量約10 %，其餘在集合管被重吸收。水的重吸收是被動的，靠滲透作用進行。水重吸收的滲透梯度存在於小管液和細胞間隙之間。這是由於 Na⁺、Cl⁻、K⁺、葡萄糖和氨基酸被重吸收進入細胞間隙後，降低了小管液的滲透性，提高了細胞間隙的滲透性。在滲透作用下，水便從小管液通過緊密連接和跨細胞兩條途徑不斷進入細胞間隙，造成細胞間隙的靜水壓升高。由於管周毛細血管內的靜水壓較低，膠體滲透壓較高，水便通過腎小管周圍組織間隙進入毛細血管而被重吸收。

遠球小管和集合管對水的重吸收主要受抗利尿激素的調節。

三、腎小管與集合管的分泌與排泄功能

分泌是指小管上皮細胞將本身代謝產物分泌到小管腔的過程，排泄是指小管上皮細胞將源於血液的某些物質轉運至小管腔的過程，例如，不經過濾過作用的青黴素、利尿藥等。實際中二者並不做嚴格區分，因為都是小管上皮細胞將體內物質轉運到小管腔內。腎小管和集合管主要分泌H^+、NH_3和K^+，對維持體內酸鹼平衡和電解質平衡具有重要意義。

(一)H^+的分泌

健康動物血漿的pH保持在7.35～7.45範圍內，而尿液的pH介於5.0～7.0之間，最大的變動範圍為4.5～8.0，這表明腎臟有排酸或排鹼的作用。原尿的pH基本上與血漿的pH相等，流經腎小管和集合管後，其pH發生了顯著的變化，說明腎小管對尿液的酸鹼度變化起著重要的調節作用，這一作用是通過腎小管的泌H^+作用實現的。

各段腎小管和集合管都可分泌H^+，但約80％的H^+是在近曲小管分泌的。由細胞代謝產生的或由小管液進入細胞的CO_2，在碳酸酐酶的催化下，生成H_2CO_3，其解離為H^+和HCO_3^-。細胞管腔膜上的H^+泵主動將H^+分泌到小管液中，同時將小管液中的Na^+重吸收入細胞(圖8-12)。H^+的分泌與Na^+的重吸收呈逆向轉運，稱為H^+-Na^+交換(Hydrogen-sodium exchange)。細胞內生成的HCO_3^-擴散至管周組織液，與其中的Na^+生成$NaHCO_3$回到血中。分泌入小管液的H^+與其內的HCO_3^-生成H_2CO_3，其分解出CO_2又擴散入細胞，在細胞內再生成H_2CO_3，如此往復(圖8-10)，實現對$NaHCO_3$的重吸收。$NaHCO_3$是體內重要的鹼儲備，由此表明，泌H^+活動的進行，具有排酸保鹼的功能，對維持體內酸鹼平衡非常重要。

(二)NH_3的分泌

哺乳動物血漿NH_3濃度顯著低於尿NH_3濃度，這表明尿中的NH_3主要是腎小管和集合管產生和分泌的。在正常情況下，NH_3主要由遠曲小管和集合管分泌。在酸中毒時，近端小管也可分泌NH_3。細胞內的NH_3主要來源於穀氨醯胺的脫氨基反應。NH_3是脂溶性物質，其擴散的方向朝著pH較低的方向進行，故易於通過細胞膜擴散入小管液中(H^+濃度較高)。進入小管液的NH_3與其中的H^+結合成NH_4^+，NH_4^+的生成減少了小管液中的H^+，有助於H^+的繼續分泌。NH_4^+是水溶性的，不能通過細胞膜，與小管液中的Cl^-結合生成NH_4Cl隨尿排出(圖8-12)。由此可見，NH_3的分泌與H^+的分泌有相互促進作用，同時也可促進$NaHCO_3$的重吸收，從而促進了腎小管上皮細胞排酸保鹼的作用。

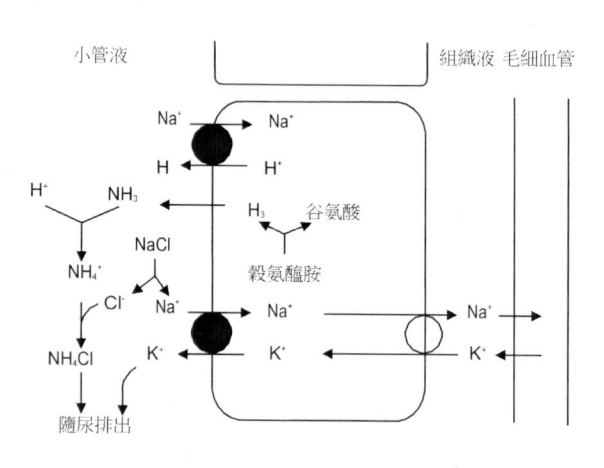

圖8-12　H^+、NH_3和K^+分泌關係示意圖

(三)K^+的分泌

小管液中的K^+絕大部分被腎小管各段和集合管重吸收入血，只有極少部分從尿排出。

尿液中的K⁺主要是由遠曲小管和集合管分泌的。K⁺分泌的動力主要包括兩方面，一是遠曲小管和集合管具有主動重吸收 Na⁺的作用，Na⁺的重吸收使管腔內成為負電位，電位梯度成為K⁺從細胞分泌至管腔的動力；二是基側膜的 Na⁺泵活動促使組織液中的 K⁺進入細胞，增加了細胞內和小管液之間的K⁺濃度差，有利於K⁺進入小管液(圖8-12)。Na⁺的重吸收與K⁺的分泌之間的相互關係，稱為K⁺-Na⁺交換。由於K⁺-Na⁺交換和H⁺-Na⁺交換都是Na⁺依賴性的，故二者呈競爭性抑制，即當H⁺-Na⁺交換增強時，K⁺-Na⁺交換則減弱；反之，H⁺-Na⁺交換減弱時，K⁺-Na⁺交換則增強。

若遠曲小管和集合管細胞K⁺-Na⁺交換活動增強，因H⁺-Na⁺交換受到抑制，H⁺分泌量減少，小管液中HCO₃⁻的重吸收減少，其與K結合形成KHCO₃隨尿排出，結果產生排鹼保酸的作用，使機體pH降低。在正常生理情況下，腎小管和集合管泌H⁺、泌NH₃和泌K⁺活動處於一定的生理平衡狀態，共同參與對機體pH的調節作用，使pH穩定在7.35～7.45的範圍內。

(四)其他物質的分泌

血漿中有些物質，既可從腎小球濾過，又可由腎小管分泌，如肌酐和對氨基馬尿酸；有的物質進入體內，如青黴素、酚紅等則主要由腎小管分泌入管腔。酚紅是一種對機體無害的酸鹼指示劑，進入體內的酚紅大部分由近球小管上皮細胞主動排入小管中。因此，臨床上可采用酚紅排泄試驗來檢查腎小管分泌功能是否正常。

案例

　　一金毛犬，4歲，體重36 kg，主訴病犬1 d前開始食欲減退，不願活動，全身衰弱無力，站立時背腰拱起，行走困難，只能小步前進，尿頻，尿有紅色，臨床症狀，體溫39.8℃，輕輕壓迫腎區時，犬表現不安，躲避或抗拒檢查，尿液化驗結果顯示尿液中蛋白質含量增高，尿沉渣中可見有透明的管型，有上皮管型及散在的紅血球、白細胞和病原菌。採取肌肉注射氨苄青黴素(或氯黴素)，10～20 mg/kg，每日2～3次。(亦可肌肉或靜脈注射環丙沙星、恩諾沙星和洛美沙星等)。2 d後病情好轉。初步診斷：系病毒、細菌及其毒素作用於腎臟所引起的腎小球腎炎。

問題與思考

　　犬患腎小球腎炎時，為什麼出現上皮管型及紅血球、白血球？

提示性分析

　　在腎炎的中後期，由於腎小球毛細血管的基底膜變性、壞死、結構疏鬆或出現裂隙，使血漿蛋白和紅血球漏出，形成蛋白尿和血尿，並使血液膠體滲透壓降低，血液液體成分滲出，水腫更為嚴重。由於腎小球缺血，引起腎小管也缺血，結果腎小管上皮細胞發生變性、壞死，甚至脫落。滲出、漏出物及脫落的上皮細胞在腎小管內凝集形成各種管型。腎小球濾過機能降低，水、鈉瀦留和血容量增加，嚴重時，由於腎臟的濾過機能障礙，使機體內代謝產物(非蛋白氮)不能及時從尿中排除而蓄積，可引起尿毒癥(氮質血症)。

第三節　尿的濃縮與稀釋

一　尿液濃縮和稀釋的概念

尿液的滲透壓可由於體內缺水或水過剩等不同情況而出現大幅度的變動：當體內缺水時，機體將排出滲透壓明顯高於血漿滲透壓的高滲尿，即尿被濃縮；當體內水過剩時，將排出滲透壓低於血漿滲透壓的低滲尿，即尿被稀釋。研究人員用冰點法測定了腎組織的滲透壓，結果表明，腎皮質組織液的滲透壓與血漿滲透壓相同，腎髓質組織液則為高滲，且從外髓區到乳頭區滲透壓不斷升高，呈現出明顯的滲透梯度。所以，根據尿液的滲透壓可以瞭解腎的滲透壓和稀釋能力。腎臟對尿液的濃縮和稀釋能力，在維持體液平衡和滲透壓穩定中有極為重要的作用。

二　尿液濃縮和稀釋的原理

(一)逆流交換與逆流倍增的概念

物理學中逆流是指兩個並列的管道，其中液體流動的方向相反，如圖8-13所示，甲管中液體向下流，乙管中液體向上流。如果甲乙兩管下端是連通的，而且兩管間的隔膜允許液體中的溶質或熱能在兩管間交換，便構成了逆流系統。在逆流系統中，由於管壁通透性和管道周圍環境的作用，就會產生逆流倍增現象。

甲管內液體向下流 乙管內液體向上流

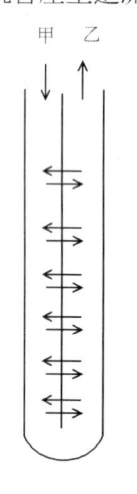

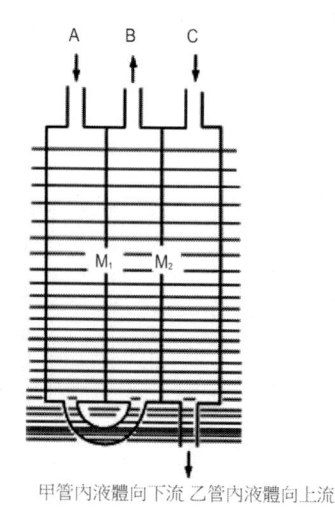

圖8-13　逆流系統示意圖　　　　圖8-14　逆流倍增模型示意圖

逆流倍增現象可根據圖8-14的模型來理解。模型中含有鈉鹽的液體從A管流進，通過管下端的彎曲部分又折返流入B管，然後從B管反向流出，構成逆流系統。溶液流動時，由於M_1膜能主動將Na^+由B管泵入A管，而M_1膜對水的通透性又很低，因此，A管中溶液向下流動過程中將不斷接受由B管泵入的Na^+，於是Na^+的濃度不斷增加(倍增)。結果A管中溶液自上而下的滲透濃度會越來越高，到A管下端的彎曲部分時Na^+濃度達到最大值。而液體折返從B管底部向上流動時，Na^+濃度則越來越低。這樣，不論是A管還是B管，從上而下溶液的滲透濃度均逐漸升高，即出現了逆流倍增現象，形成了滲透梯度。如果有滲透濃度較低的溶液從

C管向下流動，而且M₂膜對水通透性高，對溶質不通透，水將因滲透作用而進入B管。這樣一來，C管內溶液的濃度會逐漸增加，C管下端流出的液體就變成了高滲溶液。

(二)腎髓質高滲梯度的形成

腎皮質組織液的滲透壓與血漿滲透壓相同。腎髓質組織液則為高滲，並且由外髓向腎乳頭滲透壓逐漸升高，呈現出明顯的滲透梯度(圖8-15)。腎髓質高滲梯度的形成，目前主要用逆流交換與逆流倍增作用來解釋。目前主要用腎小管各段對水和溶質通透性不同(表8-1)和逆流倍增現象來解釋。

表8-1　兔腎小管不同部分的通透性

腎小管部分	水	Na⁺	尿素
髓袢升支粗段	不易通透	Na⁺主動重吸收	不易通透
髓袢升支細段	不易通透	易通透	中等通透
髓袢降支細段	易通透	不易通透	不易通透
遠曲小管	有ADH時水易通透	Na⁺主動重吸收	不易通透
集合管	有ADH時水易通透	Na⁺主動重吸收	皮質與外髓部不易通透，內髓部易通透

1. 外髓高滲梯度的形成

在外髓部，由於髓袢升支粗段能主動重吸收Na⁺和Cl⁻(圖8-16)，而對水不通透，故升支粗段內小管液向皮質方向流動時，管內NaCl濃度逐漸降低，小管液滲透濃度逐漸下降；而升支粗段週邊的組織液則變成高滲液。髓袢升支粗段位於外髓部，故外髓部的滲透梯度主要是由升支粗段Na⁺的重吸收所形成的。

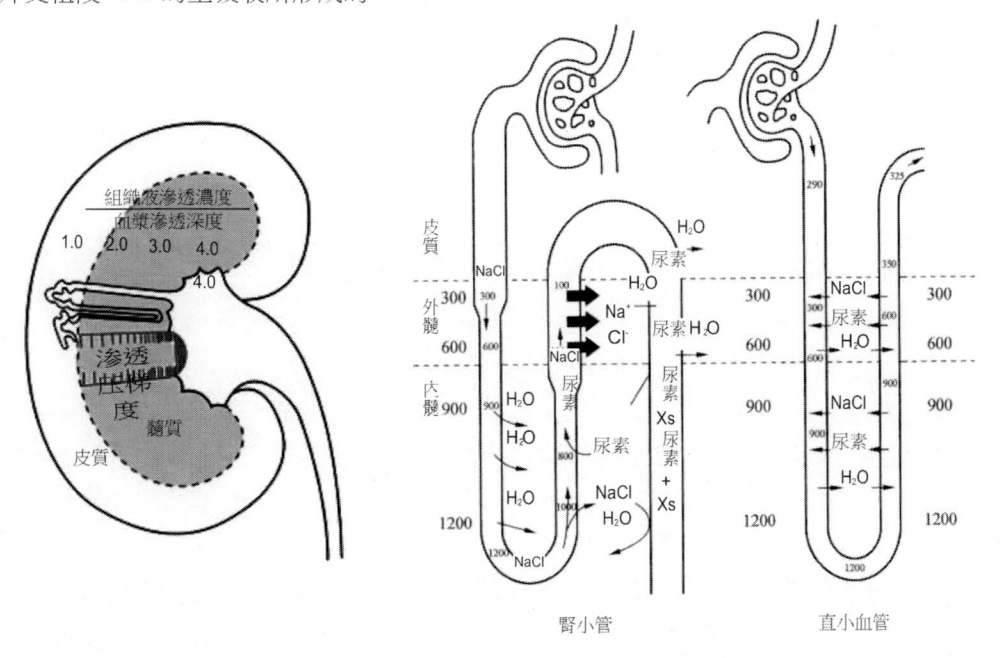

圖8-15　腎髓質滲透梯度示意圖　　圖8-16　尿濃縮機制示意圖

2. 內髓高滲梯度的形成

內髓高滲梯度的形成，主要決定於兩個因素：

(1)遠曲小管及皮質部和外髓部集合管的選擇性通透能力。遠曲小管及皮質部和外髓部的集合管對尿素不易通透，但在抗利尿激素作用下，其對水通透性增加，由於外髓部高滲，水被重吸收，使小管液中尿素的濃度逐漸升高。當小管液進入內髓部集合管時，由於管壁對尿素的通透性增大，小管液中尿素就順濃度梯度通過管壁向內髓部組織間液擴散，造成了內髓部組織間液中尿素濃度的增高，滲透濃度也因之而增高。

(2)髓袢降支細段的選擇性通透能力。髓袢降支細段對水通透，而對 Na⁺ 和尿素不通透，由於髓質間的高滲透壓，小管液中的水不斷進入組織間隙，小管液中 Na⁺ 濃度及滲透壓逐漸升高，到降支頂點轉折處達最高值。在髓袢升支細段，管壁對水不通透，而對 Na⁺ 和尿素通透，Na⁺ 順濃度梯度而被動擴散至內髓部組織間液，從而提高內髓部組織間液的滲透濃度。這樣，降支細段與升支細段就構成了一個逆流倍增系統，使內髓部組織間液形成了滲透梯度。

由此可見，內髓部高滲梯度是由內髓部集合管擴散出來的尿素以及髓袢升支細段擴散出來的 Na⁺ 共同建立起來的。

另外，尿素在髓袢和集合管之間的再迴圈，參與了內髓部高滲梯度的維持。因為升支細段對尿素具有中等的通透性，所以從內髓部集合管擴散到組織間液的尿素可以進入升支細段，而後流過升支粗段、遠曲小管、皮質部和外髓集合管，又回到內髓部集合管處再擴散到組織間液，因而有維持內髓部高滲梯度的作用(圖8-16)。

(三)腎髓質高滲梯度的維持──直小血管的作用

直小血管的功能可用逆流交換現象來理解。圖8-17是逆流交換的示意圖。在圖A中，U形管的升、降支之間不能進行熱量交換，所以降支中的冷水在流到熱源以前得不到加溫，升支中的水溫在離開熱源以後也不能降低。在圖B中，U形管的升、降支之間中間隔著一層管壁，水不能從管壁通過，但熱量可以自由通過。這樣，冷水流過U形管時，升、降支之間能夠交換熱量，所以降支中的冷水在進入熱源以前就被升支管壁透過來的熱量所加溫，而升支中的水則因熱量不斷透入降支而降溫。這樣，冷水流過U形管時，從熱源帶走的熱量就很有限，所在熱源損失掉的熱量也很少。

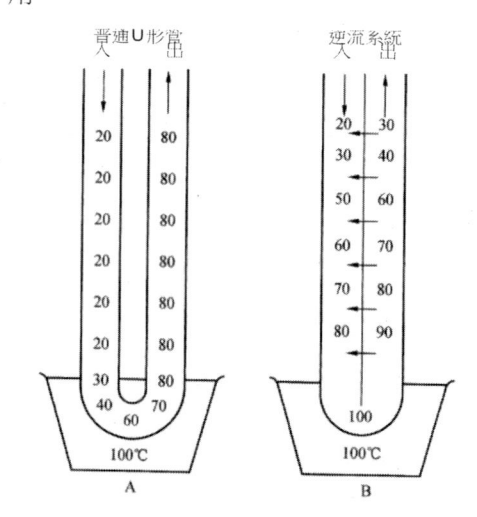

圖8-17 逆流交換作用的簡單物理模型示意圖

如上所述原理，通過腎小管的液體也具有上述的逆流作用，不斷有溶質(NaCl 和尿素)進入髓質組織間液形成滲透梯度，也不斷有水被腎小管和集合管重吸收至組織間液。因此，必須把組織間液中多餘的溶質和水除去才能保持髓質滲透梯度。通過直小血管的逆流交換作用就能保持髓質滲透梯度。直小血管的降支和升支是並行的細血管，這個結構構成逆流系統。在直小血管降支進入髓質的入口處，其血漿滲透濃度約為 300 mOsm/kg·H₂O。由於直小血管對溶質和水的通透性高，當它在向髓質深部下行過程中，周圍組織間液中的溶質就會順濃度梯度不斷擴散到直小血管降支中，而其中的水則滲出到組織間液，使血管中的血漿滲透濃度與組織間液達到平衡。因此，愈向內髓部深入，降支血管中的溶質濃度愈高。在折返處，其滲透濃度可高達 1 200 mOsm/kg·H₂O。如果直小血管降支此時離開髓質，就會把進入直小血管降支中的大量溶質流回循環系統，而從直小血管內出來的水保留在組織間液中。這樣，髓質滲透梯度就不能維持。由於直小血管是逆流系統。因此，當直小血管升支從髓質深部返回外髓部時，血管內的溶質濃度比同一水準組織間液的高，溶質又逐漸擴散回組織間液，並且可以再進入降支，這是一個逆流交換過程。因此當直小血管升支離開外髓部時，只把多餘的溶質帶回迴圈中。此外，通過滲透作用，組織間液中的水不斷進入直小血管升支，又把組織間液中多餘的水隨血流返回迴圈。這樣就維持了腎髓質的滲透梯度(圖8-15)。

三、尿的濃縮與稀釋過程

尿的濃縮與稀釋發生在遠曲小管和集合管。集合管與髓袢並行，穿過髓質至腎乳頭，髓質的高滲梯度為水的重吸收提供動力。但要實現尿的濃縮，另外還需具備集合管上皮細胞對水的通透性，而集合管對水的通透性受到抗利尿激素(ADH)的調控。

(一)尿液的濃縮

尿液的濃縮是由於小管液中的水被重吸收而溶質仍留在小管液中造成的。水重吸收的動力來自腎髓質滲透梯度(圖8-15)，在機體缺水而抗利尿激素分泌增加時，遠曲小管和集合管對水通透性增加，小管液從外髓集合管向內髓集合管流動時，由於髓質集合管周圍組織的滲透梯度所引起的滲透作用，水便不斷進入高滲的組織間液，使小管液不斷被濃縮而變成高滲液，形成濃縮尿。

(二)尿液的稀釋

尿液的稀釋是由於小管液的溶質被重吸收而水不易被重吸收造成的。這種情況主要發生在髓袢升支粗段。前已述及，髓袢升支粗段能主動重吸收Na$^+$和Cl$^-$而對水不通透，故水不被重吸收，造成髓袢升支粗段小管液為低滲。當體內水過剩而抗利尿激素釋放被抑制時，集合管對水的通透性非常低。因此，髓袢升支的小管液流經遠曲小管和集合管時，NaCl繼續被重吸收，使小管液滲透濃度進一步下降，形成低滲小管液，造成尿液的稀釋。

上述表明，髓質的滲透梯度是濃縮尿的動力，而抗利尿激素的存在與否是濃縮尿的條件。

四、影響尿濃縮和稀釋的因素

(一)髓質間隙高滲壓的影響

髓質間隙高滲壓對尿濃縮和稀釋有重大作用。如升支粗段主動重吸收Na$^+$是形成髓質滲透壓梯度的重要因素，影響升支粗段主動重吸收Na$^+$既能影響髓質間隙高滲壓的形成，還能進而影響尿的濃縮和稀釋。例如，臨床上應用的某些利尿劑，其作用主要是抑制髓袢升支粗段對Na$^+$的主動重吸收，使髓質間隙高滲程度下降，水的重吸收減少，產生利尿作用。

(二)集合管通透性的影響

集合管對水通透性的改變可影響尿的濃度，而對集合管通透性影響最大的是抗利尿激素。當抗利尿激素分泌不足或遠曲小管、集合管對抗利尿激素反應低下時均可導致其對水通透性降低、濃縮功能減弱和尿量異常增多，因而產生"尿崩症"。

(三)直小血管血流量的影響

在正常情況下,直小血管內的血流緩慢對保持腎髓質間隙的高滲壓有重要作用。如果腎血流加快或增多,將帶走腎髓質間隙中的溶質(主要是 NaCl),以致不能保持腎髓質的高滲狀態,尿的濃縮能力降低。

案例
　　一雪橇犬,7歲,多尿、多飲、多食且伴有腹瀉。B超檢查發現肝腫大,血液檢查發現血糖達8.4 mmol/L以上(正常3.9～6.2 mmol/L),尿糖呈強陽性。低精蛋白鋅胰島素皮下注射(最初劑量為0.5～1.0 U/kg體重),口服甲糖寧,每次0.2～1.0 g,每天3次(或用優福糖,0.2 mg/kg體重,每天1次)。1天后好轉,一周後恢復。初步診斷,該雪橇犬患糖尿病。

問題與思考
　　為何患糖尿病動物會出現多尿和多飲現象?

提示性分析
　　小管液中的溶質所引起的滲透壓,可抵抗腎小管重吸收水分的力量。如果小管液溶質濃度很高,滲透壓很大,就會妨礙腎小管特別是近球小管對水的重吸收,糖尿病犬的小管液中葡萄糖含量增多,腎小管不能將葡萄糖完全重吸收回血,小管液滲透壓因而增高,結果妨礙了水和Na^+的重吸收。水的重吸收減少,導致尿量增多。

第四節　腎臟泌尿功能的調節

機體對尿生成過程的調節包括對腎小球濾過功能和腎小管與集合管的重吸收及分泌作用的調節。關於腎小球濾過功能的調節主要體現在腎血流量的自身調節和神經體液調節,通過調節腎小球濾過率影響尿的生成。

一、腎內自身調節

腎內自身調節包括腎血流量和腎小球濾過的自身調節、小管液中溶質濃度的影響和球-管平衡等。

(一)腎血流量和腎小球濾過率的自身調節

在正常情況下,雖然動脈血壓可以發生顯著波動,但腎臟通過內在回饋調節機制仍然可以保持腎血流量和腎小球濾過率的穩定。腎臟在離體條件下,用血液灌注(灌注壓80～180 mmHg或者10.7～24 kPa)能仍然保持這種機制。這種在沒有外來神經和體液因素作用的情況下，腎血液量和腎小球濾過率維持相對穩定的現象，稱為腎的自身調節。其調節機制有兩種解釋。

一是肌源學說。該學說的觀點認為：腎小球入球小動脈平滑肌的緊張性，有隨血壓變化而變化的特性。當腎灌注壓在 80～180 mmHg 範圍內升高時，入球小動脈血管平滑肌受到的牽張刺激增強，平滑肌的緊張性升高，血管口徑相應地縮小，血流阻力相應地增大，對抗灌注壓的升高，使流入的血量不致增多，保持腎血流量的相對穩定。當灌注壓降低時則發生相反的過程，腎血流量也保持相對穩定。但當灌注壓超出 80～180 mmHg 範圍時，則超出了腎血流量的自身調節能力，腎血流量將隨血壓的變化而變化。在實驗中用平滑肌鬆弛藥罌粟城後，腎血流量的自身調節能力消失，這為肌源學說提供了有力證據。

二是管-球回饋(Tubuloglomerular feed back)，其全稱是腎小管-腎小球回饋，是指每一個腎單位對其腎小球濾過率進行自身調節的一種機制。管-球回饋的感受部位是近球小體的緻密斑部分。當一個腎單位的遠端小管中小管液的流量和成分（主要是NaCl含量）發生改變時，其資訊可被緻密斑捕捉，並將資訊傳遞給管-球回饋的效應部位腎小球，其效應是入球小動脈阻力的改變，進而導致腎小球濾過率的改變。這種小管液流量和小管液NaCl含量的變化影響腎血流量和濾過率的現象稱為管-球回饋。管-球回饋機制可能與腎臟局部的腎素-血管緊張素系統有關，當小管液流量增加時，緻密斑發出資訊刺激顆粒細胞釋放腎素，腎素-血管緊張素系統活動加強，生成的血管緊張素Ⅱ增多，使腎小球入球小動脈收縮，腎小球濾過率降低，濾過係數變小。反之，腎素-血管緊張素系統活動減弱，入球小動脈舒張，腎小球濾過率升高。

(二)小管液中溶質的濃度

小管液中溶質所呈現的滲透壓，是對抗腎小管重吸收水分的力量。如果小管液溶質濃度很高，滲透壓很大，就會妨礙腎小管特別是近球小管對水的重吸收，使尿量增加。這種由於小管液溶質含量增多，滲透壓增高，使腎小管對水的重吸收減少而尿液增多的現象，稱為滲透性利尿(Osmotic diuresis)。例如，糖尿病患者的多尿，就是由於小管液中葡萄糖含量增多，腎小管不能將葡萄糖完全重吸收回血，小管液滲透壓因而增高，妨礙了水的重吸收，使尿量增加。臨床上可使用腎小球能濾過而又不被腎小管重吸收的物質，如甘露醇，來提高小管液中溶質的濃度，藉以達到利尿，消腫的目的。

(三)球-管平衡

正常情況下，近端小管的重吸收率與腎小球濾過率之間有著密切的聯繫。實驗表明，無論腎小球濾過率增多或者減少，近端小管的重吸收率始終占濾過率的65％～70％，此現象稱為球-管平衡(Glomerulotubular balance)。球-管平衡的生理意義在於使尿中排出的溶質和水不致因腎小球濾過率的增減而出現大幅度的變動。

球-管平衡與近端小管對Na⁺的定比重吸收有關。近端小管對Na⁺的重吸收率是濾過率的65％～70％，從而決定了濾液的重吸收率總是占腎小球濾過率的65％～70％。定比重吸收機制與管周毛細血管的血壓和膠體滲透壓變化有關。在腎血流量不變的前提下，當腎小球濾過率增加時，進入近端小管周圍毛細血管的血量減少，毛細血管血壓降低而膠體滲透壓增高，組織液加速進入毛細血管，從而有利於腎小管對 Na⁺和水的重吸收，使重吸收率仍達腎小球濾過率的65%～70%；如果腎小球濾過率減少，則發生相反的變化，重吸收率也為腎小球濾過率的65%～70%。

球-管平衡在某些情況下可能被打亂。例如，當發生滲透性利尿時，近球小管重吸收率減少，而腎小球濾過率不受影響，這時重吸收率就會小於65%～70%，尿量和尿中的NaCl排出量明顯增多。

二、神經調節

一般認為，腎臟沒有或極少有副交感神經分布，而主要受交感神經支配。腎交感神經興奮時，通過影響腎小球血流量、腎素的分泌和腎近球小管的重吸收而調節尿的生成。腎交感神經興奮時：①入球小動脈和出球小動脈收縮，而前者血管收縮比後者更明顯，因此，腎小球毛細血管的血漿流量減少和腎小球毛細血管的血壓下降，腎小球的有效濾過壓下降，腎小球濾過率減少；②刺激近球小體中的顆粒細胞釋放腎素，導致迴圈中的血管緊張素Ⅱ和醛固酮含量增加，增加腎小管對Na⁺和水的重吸收；③增加近球小管和髓袢上皮細胞重吸收Na⁺、Cl⁻和水。微穿刺表明，低頻率低強度電刺激腎交感神經，在不改變腎小球濾過率的情況下，可增加近球小管和髓袢對Na⁺、Cl⁻和水的重吸收。這種作用可被 α₁腎上腺素受體拮抗劑所阻斷，表明腎交感神經興奮時其末梢釋放去甲腎上腺素，作用於近球小管和髓袢細胞膜上的 α₁。

三、體液調節

(一)抗利尿激素

1. 抗利尿激素的作用

抗利尿激素(Antidiuretic hormone，ADH)又稱血管升壓素(Vasopressin，VP)，是由9個氨基酸殘基組成的小肽，它是下丘腦的視上核和室旁核的神經元分泌的一種激素。它在細胞體中合成，經下丘腦-垂體束運輸到神經垂體釋放入血發揮作用。抗利尿激素的主要作用是提高遠曲小管和集合管上皮細胞對水的通透性，增加這兩個部位對水的重吸收，使尿液濃縮，尿量減少(抗利尿)。

2. 抗利尿激素的作用機制

抗利尿激素與遠曲小管和集合管上皮細胞管周膜上的血管加壓素Ⅱ型受體(V₂受體)結合後，啟動膜內的腺苷酸環化酶，使上皮細胞中 cAMP 的生成增加；cAMP 的生成增加，激活上皮細胞中的蛋白激酶，蛋白激酶的啟動，使位於管腔膜附近的含有水通道的小泡鑲嵌在管腔膜上，增加管腔膜上的水通道，從而增加水的通透性。當抗利尿激素缺乏時，管腔膜上的水通道可在細胞膜的凹陷處集中，後者形成吞飲小泡進入胞漿，稱為內移(Internaliza-

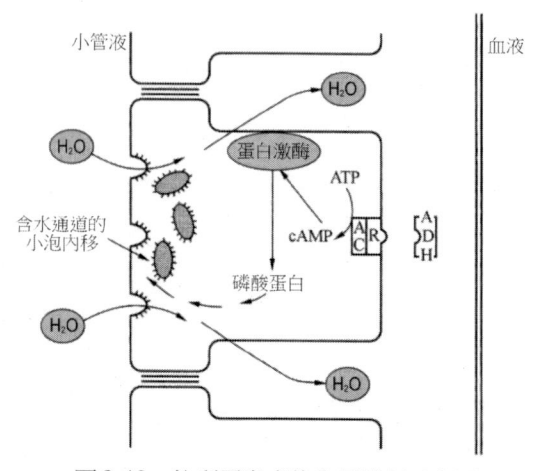

圖8-18 抗利尿激素的作用機制示意圖

tion)。因此，管腔膜上的水通道消失，對水就不通透。這些含水通道的小泡鑲嵌在管腔膜或從管腔膜進入細胞內，就可調節管腔內膜對水的通透性(圖8-18)。水可自由通過基側膜，因此，水通過管腔膜進入細胞後自由通過基側膜進入毛細血管而被重吸收。

3. 抗利尿激素分泌的調節

血漿晶體滲透壓升高、迴圈血量減少和血壓降低，均可刺激ADH的分泌和釋放增多；反之，則抑制其分泌和釋放。其中，血漿晶體滲透壓是影響ADH分泌和釋放的主要因素。

(1)血漿晶體滲透壓。下丘腦視上核和室旁核及其周圍區域存在滲透壓感受器，這些細胞對血漿晶體滲透壓，尤其是對 NaCl 濃度的改變非常敏感。

在動物大量出汗或病理情況下發生嚴重的嘔吐、腹瀉後，導致體內水分丟失，血漿晶體滲透壓升高，刺激下丘腦晶體滲透壓感受器，使視上核和室旁核細胞分泌、神經垂體釋放的ADH增加，促進遠曲小管和集合管對水的重吸收，尿液濃縮，水排出減少，有利於血漿晶體滲透壓恢復到正常範圍；相反，如動物短時間內大量飲用清水，血漿晶體滲透壓降低，抗利尿激素分泌減少，導致尿液被稀釋，尿量增加，從而使機體內多餘的水排出體外。動物大量飲用清水使ADH分泌減少引起尿量明顯增多的現象，稱為水利尿。水利尿是臨床上用來檢測腎稀釋能力的一種常用實驗。

(2)迴圈血量和動脈血壓。機體失血後，迴圈血量減少，對左心房和胸腔大靜脈壁上的容量感受器刺激減弱；同時心輸出量減少，血壓降低，對主動脈弓壓力感受器的刺激減弱，兩者經迷走神經傳入中樞的衝動減少，反射性地使ADH分泌和釋放增多，水重吸收增多，尿量減少，有利於血容量和血壓的恢復。大量靜脈輸液後，迴圈血量增多，對容量感受器的刺激增強；心輸出量增多，血壓升高，對壓力感受器的刺激增強，兩者均可使經迷走神經傳入的衝動增加，反射性地抑制ADH的分泌和釋放，使水的重吸收減少，尿量增多，以排出體內過剩的水分。

(二)醛固酮

1. 醛固酮的作用

醛固酮由腎上腺皮質球狀帶分泌。其作用主要是促進遠曲小管和集合管上皮細胞對Na^+的重吸收；同時促進Cl^-、水的重吸收以及K^+的分泌，因而具有保Na^+排K^+和增加細胞外液容量(血容量)的作用。

2. 醛固酮的作用機制

醛固酮進入遠曲小管和集合管的上皮細胞後，與胞漿受體結合，形成激素-受體複合物；後者通過核膜，與核中的DNA特異性結合位點相互作用，調節特異性 mRNA 轉錄，最後合成多種醛固酮誘導蛋白(Aldosterone-induced protein)。醛固酮誘導蛋白可能是：①管腔膜的Na^+通道蛋白，從而增加管腔的Na^+通道數量；②線粒體中合成ATP的酶，增加ATP的生成，為上皮細胞活動(Na^+泵)提供更多的能量；③基側膜的 Na^+泵，增加 Na^+泵的活性，促進細胞內的

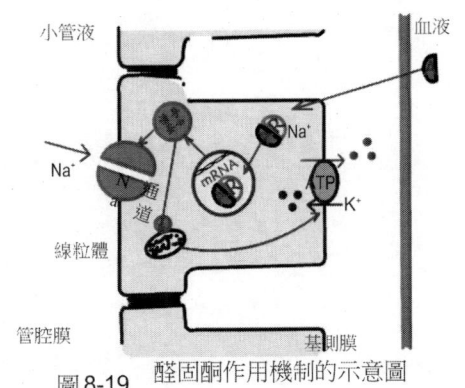

圖8-19　醛固酮作用機制的示意圖

Na⁺從細胞出來和K⁺進入細胞，提高細胞內的K⁺濃度，有利於K⁺分泌（圖8-19）；由於Na⁺重吸收增加，造成了小管腔內的負電位，有利於K⁺的分泌和Cl⁻的重吸收。結果，在醛固酮的作用下，遠曲小管和集合管對Na⁺的重吸收增強的同時，Cl⁻和水的重吸收增加，導致細胞外液量增多，K⁺的分泌量增加。

3. 醛固酮分泌的調節

醛固酮的分泌主要受腎素-血管緊張素-醛固酮系統和血K⁺、血Na⁺濃度的調節。

(1)腎素-血管緊張素-醛固酮系統。腎素主要是由近球小體中的顆粒細胞分泌的。它是一種蛋白水解酶，能催化血漿中的血管緊張素原轉化成血管緊張素I（10肽），其可被肺組織中的血管緊張素轉換酶水解生成血管緊張素II（8肽），血管緊張素II可受到血漿或組織中的氨基肽酶作用，形成血管緊張素III（7肽），血管緊張素II、III均可刺激腎上腺皮質球狀帶合成和分泌醛固酮。

腎素的分泌受多方面因素的調節。目前認為，腎內有兩種感受器與腎素分泌的調節有關。一個是入球小動脈處的牽張感受器，另一個是緻密斑感受器。當迴圈血量減少時，腎血流量減少，腎入球小動脈血壓降低，對入球小動脈壁的牽張刺激減弱，牽張感受器興奮，腎素釋放量增加；同時，由於入球小動脈的壓力降低和血流量減少，流經緻密斑的Na⁺含量減少，刺激緻密斑感受器興奮，腎素釋放量也可增加。此外，顆粒細胞受交感神經支配，腎交感神經興奮時也能引起腎素的釋放量增加，腎上腺素和去甲腎上腺素也可直接刺激顆粒細胞，促使腎素釋放增加。

由以上敘述可見，腎素分泌的量，決定了血漿中血管緊張素的濃度。血管緊張素的濃度又決定了血漿中醛固酮的水準，通常情況下，腎素、血管緊張素和醛固酮在血漿中的水準保持一致，構成一個相互關聯的功能系統，稱為腎素-血管緊張素-醛固酮系統（圖8-20）。

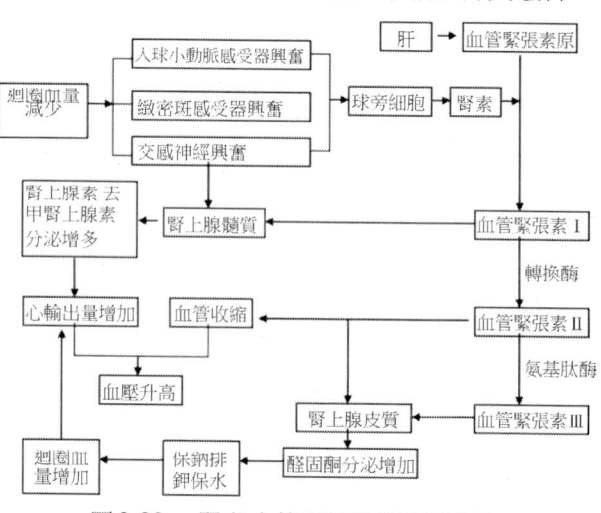

圖8-20 腎素-血管緊張素-醛固酮系統

(2)血K⁺和血Na⁺濃度。血K⁺濃度升高和血Na⁺濃度降低，可直接刺激腎上腺皮質球狀帶，增加醛固酮的分泌，導致保Na⁺排K⁺，從而維持了血K⁺和血Na⁺濃度的平衡；反之，血K⁺濃度降低，或血Na⁺濃度升高，則醛固酮分泌減少。醛固酮的分泌對血K⁺濃度升高十分敏感，血K⁺僅增加0.5～1.0mmol/L就能引起醛固酮分泌，而血Na⁺濃度必須降低很多才能引起同樣的反應。

(三)其他激素

1. 心房鈉尿肽

心房鈉尿肽（Atrial natriuretic peptide，ANP）是心房肌細胞合成的激素。迴圈中的心房鈉尿肽是由28個氨基酸殘基組成的。它有明顯的促進NaCl和水的排出作用。其作用機制可能包括：①抑制集合管對Na⁺的重吸收。心房鈉尿肽與集合管上皮細胞基側膜上的心房鈉尿肽受體結合,使管腔膜上的 Na⁺通道關閉,抑制 Na⁺重吸收,增加 Na⁺的排出;②使出球小動脈,尤其是入球小動脈舒張,增加腎血漿流量和腎小球濾過率;③抑制腎素的分泌;④抑制醛固酮的分泌;⑤抑制抗利尿激素的分泌。

2. 前列腺素(Prostaglandin,PG)

在動物實驗中,從腎動脈內灌注前列腺素 PGE_2 和 PGI_2 可導致腎小動脈舒張,增加腎血流量;在腎內,PGE_2 和 PGI_2 還可抑制近球小管和髓袢升支粗段對 Na⁺的重吸收,導致尿鈉排出增多;在集合管,PGE_2 和 PGI_2 還可對抗血管抗利尿激素的作用,導致尿量增加。

3. 甲狀旁腺素(Parathyroid hormone,PTH)

PTH 對腎有如下作用:抑制近曲小管對磷酸鹽的重吸收,促進其排泄;促進遠曲小管和集合管對 Ca^{2+} 的重吸收,降低尿鈣;增強腎小管細胞內羥化酶的活性,促進 25-(OH)-D_3 轉變為 1,25-$(OH)_2$-D_3,進而促使對 Ca^{2+} 的吸收。

4. 降鈣素(Calcitonin,CT)

CT可抑制腎小管對鈣、磷的重吸收,促進二者的排泄,還抑制腎羥化酶的活性,阻礙25-(OH)-D_3的活化,從而抑制鈣的吸收。綜上所述,腎通過生成尿液,在參與維持內環境理化

性質的相對穩定中發揮重要作用,

具體體現在以下幾方面。

1. 保留有用的物質,排泄代謝產物

通過腎小球濾過,腎小管和集合管的選擇性重吸收和分泌作用,對動物有用的物質幾乎全部或大部分得以重吸收;體內蛋白質和核酸等的代謝產物如肌酐、尿素、尿酸和其他含氮物質,代謝產生的非揮發性酸如硫酸、磷酸生成的鹽,進入體內的異物以及過剩的水和電解質等,則隨尿液排出體外,使血液和內環境得以"淨化"。

2. 保持體液滲透壓和容量的相對穩定

腎主要通過對尿液的濃縮和稀釋來控制水分的排出量,進而控制體液的滲透壓和容量。當動物缺水時,血漿晶體滲透壓升高,ADH 分泌和釋放增多,水重吸收增加,尿液被濃縮,以最大程度地保留水分,從而有助於體液高滲透壓狀態的糾正;但在水分過剩時,體液容量增多,滲透壓降低,ADH 分泌釋放減少或停止分泌,水重吸收減少,尿液極度稀釋,以排出過剩的水分,使體液的滲透壓和容量又逐漸恢復到正常。

3. 維持電解質和酸鹼平衡

體液中的 Na⁺、K⁺、Ca^{2+} 和 Mg^{2+} 等都具有特定的生理功能。電解質平衡的維持,主要是通過腎小管對這些離子的選擇性重吸收作用來完成的。腎還能通過腎小管和集合管的分泌活動,參與維持體液酸鹼平衡。如近端小管在分泌H⁺的同時,重吸收 HCO_3^- 以保持體內的鹼儲備;遠曲小管和集合管分泌H⁺和NH_3的作用,可促進體內非揮發性酸的排出。在動物攝入或代謝產生的酸、鹼性物質增多時,腎小管則通過加強其分泌作用,使過剩的酸或鹼及時排出,以保持體液的酸鹼平衡。

> **案例**
> 　　一小型犬，主訴該犬半個月前開始精神萎靡，飲水量和尿量顯著增大，尿檢未發現蛋白和葡萄糖，但發現尿比重為1.002，禁水1h後尿量和比重均無明顯變化；皮下注射抗利尿激素後好轉。初步診斷為尿崩症。
>
> **問題與思考**
> 　1. 抗利尿激素的來源及作用？
> 　2. 犬患尿崩症後為什麼會導致尿量激增？
>
> **提示性分析**
> 　1. ADH由下丘腦視上核和室旁核分泌，經神經垂體釋放入血，主要作用是增加遠曲小管和集合管對水的通透性，促進小管液中水的重吸收，使尿生成量減少。
> 　2. 多種原因（如腦損傷、感染等）可導致下丘腦抗利尿激素分泌減少或停止分泌，引起腎小管重吸收水的功能障礙，從而引起多尿、口渴、多飲及排出低比重尿液的症狀。本病多由於下丘腦-神經垂體部位的病變所致，但部分病例無明顯病因。

第五節　尿的排出

　　尿的生成是連續發生的過程。集合管流出的尿匯入乳頭管，再進入腎盂。由於壓力差和腎盂的收縮，尿被送入輸尿管，輸尿管的週期性蠕動將其運送至膀胱。膀胱內儲存的尿達到一定量時，引起排尿反射，尿液經尿道排出體外。因此，排尿是間歇性的。

一、膀胱與尿道的神經支配

　　膀胱逼尿肌和內括約肌受交感神經和副交感神經支配。由骶髓發出的盆神經中含副交感神經纖維，它的興奮可使逼尿肌收縮，膀胱內括約肌鬆弛，促進排尿。交感神經纖維由腰髓發出，經腹下神經到達膀胱。它的興奮則使逼尿肌鬆弛，內括約肌收縮，阻抑尿的排放。但在排尿活動中交感神經的作用比較次要。

　　膀胱外括約肌受陰部神經（由骶髓發出的軀體神經）支配，它的興奮可使外括約肌收縮。這一作用受意識控制。至於外括約肌的鬆弛，則是陰部神經活動的反射性抑制所造成的。

　　上述三種神經也含有傳入纖維。膀胱充脹感覺的傳入纖維在盆神經中；傳導膀胱痛覺的纖維在腹下神經中；而傳導尿道感覺的傳入纖維在陰部神經中（圖8-21）。

二、排尿反射

　　腎臟生成的尿液經輸尿管到達膀胱，暫時貯存起來。當膀胱內的尿液蓄積到一定量時，引起排尿反射（Micturition reflex）將尿液排出體外。

膀胱內無尿時，膀胱內壓為零。當膀胱尿量充盈到一定程度時，膀胱壁的牽張感受器受到刺激而興奮。衝動沿盆神經傳入到達骶髓的排尿反射初級中樞；同時，衝動也上行達大腦皮質的排尿反射高級中樞，產生尿意。如條件允許排尿，由排尿反射高級中樞發出的衝動加強初級中樞的興奮。經盆神經傳出衝動增多，引起逼尿肌收縮、內括約肌鬆弛，尿液進入後尿道。後尿道感受器受到尿液刺激，衝動沿陰部神經傳入脊髓初級排尿中樞後使其活動增強，再經傳出神經使逼尿肌加強收縮，外括約肌鬆弛。於是，尿液被強大的膀胱內壓驅出。尿液對尿道的刺激可進一步反射性地加強排尿中樞活動，這是一種典型的正回饋，它使排尿反射一再加強，直至尿液排完為止。此外，在排尿時，腹肌和膈肌的強大收縮也產生較高的腹內壓，協助排尿。

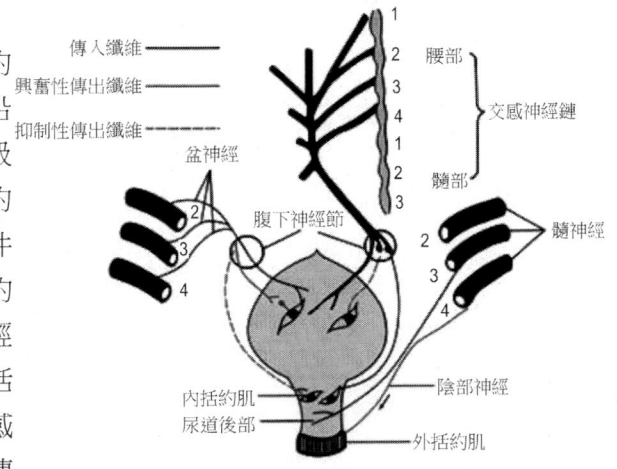

圖8-21　膀胱和尿道的神經支配

由於排尿反射直接受大腦皮質控制，容易形成各種排尿的條件反射。因此，在人工飼養條件下的動物管理中，可以通過訓練動物在一定的地點和在一定的時間排尿，以利廄舍的衛生。

排尿反射發生障礙時，可出現排尿異常，臨床上常見的有尿頻、尿瀦留和尿失禁。排尿次數過多者稱為尿頻，常常是由於膀胱炎症或機械性刺激（如膀胱結石）而引起的，膀胱中尿液充盈過多而不能排出者稱為尿瀦留，其多數情況是由於腰骶部脊髓損傷使排尿反射初級中樞的活動發生障礙所致；當脊髓受損，以致初級中樞與大腦皮質的高級排尿中樞失去聯繫時，排尿便失去了意識控制，可出現尿失禁。

案例

一犬，主訴厭食，不願活動，煩躁不安，呻吟，站立時背腰拱起，行走困難，常做排尿動作，檢查觸碰該犬腹部，犬敏感，腹壁緊張，扭頭顧腹，掙扎。腹部B超檢查，發現膀胱液性暗區有強光點存在，伴有明顯的聲影，且小的強回聲光點隨探頭抖擊膀胱而上下浮沉；初步診斷該犬患膀胱結石。麻醉患犬前15 min，以0.05 mg/kg劑量肌肉注射阿托品，麻醉後從尿道口插入導尿管，匯出膀胱內尿液，再注入含適量抗生素和普魯卡因的溫生理鹽水，使膀胱適當充盈，尿路浸潤麻醉。結石排出後，向膀胱內注入含80萬單位青黴素的溫生理鹽水20 mL，防止尿路感染。第二日起灌服速尿，並服腎石通，一周後恢復。

問題與思考

為何膀胱結石會導致排尿異常？

提示性分析

膀胱壁上分布有牽張感受器,容易受到結石反復刺激而興奮。衝動沿盆神經傳入,到達骶髓的排尿反射初級中樞;同時,衝動上傳至腦幹和大腦皮質的排尿反射高位中樞,並產生排尿欲。因此,膀胱結石可引起疼痛、尿頻等排尿異常現象。

思考題

一、名詞概念

1. 排泄
2. 有效濾過壓
3. 抗利尿激素
4. 腎糖閾
5. 滲透性利尿
6. 水利尿

二、單項選擇題

1. 下列哪種物質不能由腎小球濾過(　)
   A. 葡萄糖　　　B. NaCl　　　C. KCl　　　D. 血漿蛋白

2. 腎近曲小管對 Na^+ 的重吸收是(　)
   A. 與氫泵有關的主動重吸收　　B. 與鈉泵有關的主動重吸收
   C. 由電位差促使其被動重吸收　D. 由濃度差促使其被動重吸收

3. 腎臟在下列哪個部位對水進行調節性重吸收(　)
   A. 髓袢升支細段　B. 髓袢降支粗段　C. 集合管　D. 近曲小管

4. 抗利尿激素的作用部位是(　)
   A. 髓袢升支細段　B. 髓袢降支粗段　C. 集合管和遠曲小管　D. 近曲小管

5. 葡萄糖的重吸收常與哪種離子同向轉運(　)
   A. K^+　　　B. Na^+　　　C. H^+　　　D. Cl^-

6. 腎素-血管緊張素-醛固酮系統啟動後,下述敘述正確的是(　)
   A. 醛固酮分泌減少　　　B. 小動脈緊張性降低
   C. 腎對鈉鹽排出量減少　D. 腎對鉀鹽的排出量減少

7. 酸中毒時常伴有高血鉀,主要是由於(　)
   A. Na^+-H^+ 交換增加而 Na^+-K^+ 交換減少
   B. Na^+-H^+ 交換減少而 Na^+-K^+ 交換增加
   C. Na^+-H^+ 交換和 Na^+-K^+ 交換都增加
   D. Na^+-H^+ 交換和 Na^+-K^+ 交換都減少

8. 動物大量出汗引起尿量減少,主要是因為(　)
   A. 血漿晶體滲透壓升高使 ADH 釋放增加
   B. 血漿晶體滲透壓降低使 ADH 釋放減少
   C. 血漿膠體滲透壓升高使腎小球濾過率下降
   D. 交感神經興奮使 ADH 釋放增加

9. 在下列哪種情況下腎小球濾過率基本保持不變（　　）
　　A. 血漿膠體滲透壓降低　　B. 囊內壓升高
　　C. 濾過膜的通透性增大　　D. 動脈血壓在80 mmHg至180 mmHg範圍內波動
10. 引起ADH分泌最敏感的因素是（　　）
　　A. 迴圈血量減少　　　　　B. 血漿晶體滲透壓增高
　　C. 血漿膠體滲透壓升高　　D. 疼痛刺激

三、簡述題

1. 簡述腎臟的主要功能。

2. 腎小球的濾過作用受哪些因素的影響？

3. 抗利尿激素和醛固酮的主要生理作用是什麼？

四、論述題

　　動物一次性大量飲用清水或給動物大劑量靜脈輸入生理鹽水後，尿液有何變化，為什麼？

第 9 章　骨骼肌的收縮功能

本章導讀

　　肌細胞最基本的功能是將化學能轉變為機械能。骨骼肌細胞由肌原纖維構成，肌原纖維又由粗、細肌絲構成，它們形成規則的幾何排列，肌小節是肌肉收縮和舒張的基本單位。肌肉的收縮機制是肌絲滑行，興奮-收縮偶聯是關鍵環節，後者的偶聯因數是 Ca^{2+}，結構基礎是三聯體。肌肉的收縮效能受到肌肉的前負荷、後負荷和肌肉本身收縮能力的影響。

　　動物的各種運動，主要是靠肌細胞的收縮來完成的。體內具有收縮功能的肌細胞分為兩類：一類是附著在骨骼上的骨骼肌，占動物體重的 **40%**，受軀體運動神經直接控制，完成軀體隨意運動，又稱為隨意肌；另一類是心肌和平滑肌，分佈於心臟、胃腸、血管、子宮等內臟器官，受植物性神經支配，稱為非隨意肌。從顯微結構上來看，骨骼肌、心肌和平滑肌在結構、收縮特徵和神經控制方面各有其特點，但收縮機制卻基本一致。有關心肌和平滑肌的功能和特性，在各個相應的章節中已介紹，本章重點介紹骨骼肌的生理特徵及肌肉收縮的發生機制。

第一節　骨骼肌的功能結構

一、骨骼肌的解剖結構

　　家畜體內大約有 300 塊以上的骨骼肌。每一塊完整的骨骼肌都包括肌外膜（Epimysium）、肌束膜（Perimysium）、肌束、肌內膜（Endomysium）、肌細胞（肌纖維）五部分（圖 9-1）。肌細胞是骨骼肌的基本結構單位元和功能單位，每個肌束內一般含有 20～300 個肌纖維，每條肌纖維的數量和粗細與骨骼肌的部位和運動精度有關。

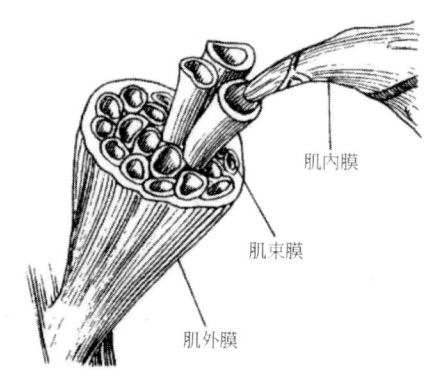

圖 9-1　骨骼肌的大體解剖

二、骨骼肌的顯微結構

　　骨骼肌由大量成束的肌纖維組成，每條肌纖維就是一個肌細胞。肌纖維是一種特殊分化的細胞，呈細長圓柱形，兩端逐漸變細，長度在 1~340 mm 之間。肌纖維的直徑與動物種類、肌肉類型、訓練狀況、營養狀況、成熟程度和纖維類型密切相關。肌纖維外有細胞膜，也稱肌膜，內有細胞質、細胞器以及肌原纖維，骨骼肌細胞為多核細胞，平均每個細胞含 100~200 個細胞核。肌細胞的細胞質在成分上和功能上與其他細胞類似，但肌紅蛋白卻為骨骼肌細胞所特有。快肌細胞在進行生理活動過程中，需要消耗大量氧來進行有氧代謝生成能量，這些氧需肌紅蛋白供給。肌肉中所含肌紅蛋白的量決定肌肉的顏色，與動物活動時對氧需求量有關。潛水哺乳動物如鯨、海豹的肌肉由於含有大量肌紅蛋白而呈棕紅色，肌紅蛋白儲存的氧可以使這些動物長時間潛在水下。骨骼肌細胞在結構上最突出的特點是含有大量高度有序排列的肌原纖維和肌管系統，是肌肉進行機械活動、耗能做功的結構基礎。

(一)肌原纖維和肌小節

每個肌細胞都含有上千條直徑為 1~2 μm，沿細胞長軸走行的肌原纖維(Myofibril)。肌原纖維在肌細胞內平行排列，在光學顯微鏡下呈現有規則的明暗相間的橫紋。暗帶(A帶)較寬，寬度較固定，不論肌肉處於靜止、受到被動牽拉還是進行收縮時，它都保持1.5 μm的寬度。明帶(I帶)的寬度可因肌原纖維所處狀態而變化，舒張時較寬，收縮時變窄。在I帶正中有一條暗紋，叫Z線(間膜)。A帶中間有一條亮紋，叫H帶。H帶正中可見一條深色線，叫 M 線(中膜)。肌原纖維上兩條相鄰 Z 線之間的區域稱為肌小節(Sarcomere)，其包含著中間的暗帶和兩側各1/2的明帶。肌小節是肌細胞收縮和舒張的基本單位，它的長度隨肌肉舒縮可在1.5~3.5 μm之間變動(圖9-2)。

電子顯微鏡下觀察發現，肌原纖維由兩種不同類型的肌絲組成，一種為粗肌絲(Thick myofilament)，一種為細肌絲(Thin myofilament)。肌小節的暗帶長度與粗肌絲相等，暗帶中央的M線是將粗肌絲固定的細胞骨架蛋白。明帶由細肌絲構成，細肌絲長約1 μm，一端固定於Z線，一端以游離狀態插入暗帶的粗肌絲之間，與粗肌絲重疊交錯。其中未與粗肌絲重疊的部分，對應形成明帶；與粗肌絲重疊的部分，對應形成暗帶的一部分。M線兩側沒有細肌絲插入的部分則形成H帶(圖9-3)。

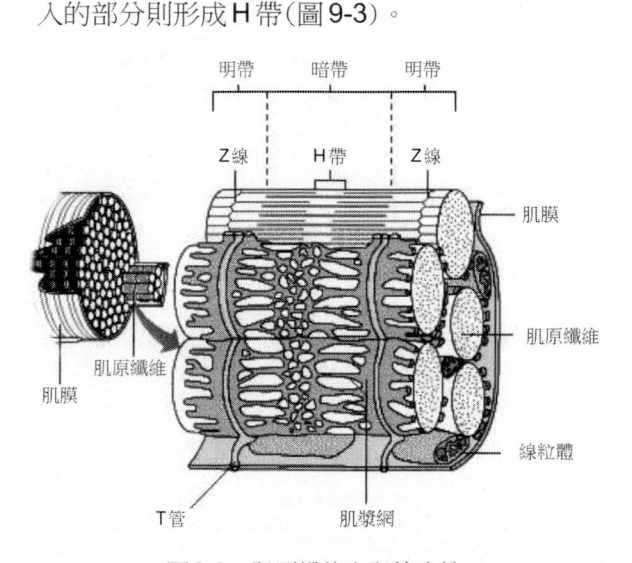

圖9-2　肌原纖維和肌管系統

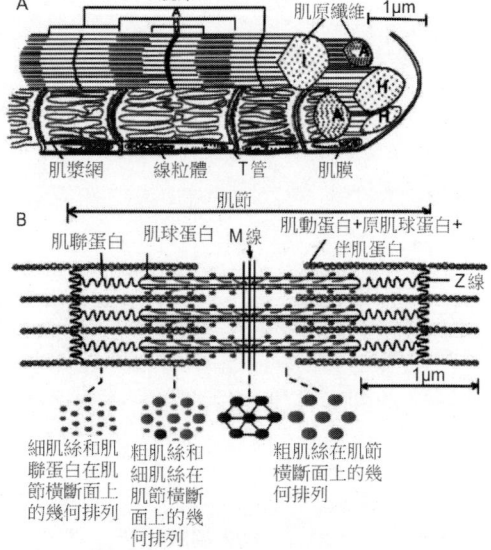

圖9-3　骨骼肌的超微結構示意圖

(二)肌管系統

在每一條肌原纖維周圍都包繞著膜性囊管狀結構並形成肌管系統。這些囊管狀結構包括兩種來源和功能都不相同的管道系統(圖9-2)：一組為橫管系統(T管)，它們的走行方向和肌原纖維相垂直，由肌細胞膜向內凹陷而成，是細胞膜的延續，它們形成一個閉合的管道而不與胞漿相通，穿行在肌原纖維之間，並在Z線的附近形成環繞肌原纖維的管道。橫管之間可相互溝通，且內腔通過肌膜凹陷處的小孔與細胞外液相通。另一組為縱管系統，也稱肌漿網(L管)，它們的走行方向和肌小節平行，且主要包繞每個肌小節的中間部分。它們也相互溝通，但不與細胞外液或胞漿溝通，在接近肌小節兩端的橫管時管腔膨大，稱為終末池，這種結構使縱管以較大的面積和橫管相靠近。每一橫管和來自兩側肌小節的縱管終末池，構成三聯管結構。橫管和縱管的膜在三聯管結構處並不接觸，中間被胞漿隔開，它們之間的功能聯系取決於一定的資訊轉導。

三聯管資訊轉導由橫管系統和縱管系統共同完成。橫管系統是將肌膜上動作電位的信息傳入細胞內部的仲介結構；縱管系統和終末池是通過 Ca^{2+} 的貯存、釋放和再積聚，觸發肌小節的收縮和舒張；而三聯管結構正是把肌細胞膜的電變化和細胞內的收縮過程銜接或偶聯起來的關鍵部位。因此，三聯管是興奮-收縮偶聯的結構基礎，而 Ca^{2+} 被認為是啟動興奮-收縮偶聯的因數。

三、肌絲的蛋白質分子結構

(一)粗肌絲

粗肌絲主要由肌凝蛋白(又名肌球蛋白，Myosin)分子構成，每一條粗肌絲含 200～300 個肌凝蛋白分子，每一個肌凝蛋白又分為頭部和杆狀部，形似豆芽(圖9-4A)。杆狀部朝向M線平行排列，形成粗肌絲的主幹，頭部則有規律地伸出粗肌絲主幹表面，形成橫橋(Cross-bridge)(圖9-4B)。橫橋的主要作用有：①具有ATP酶活性，可分解ATP釋放能量，作為橫橋擺動和做功的能量來源；②具有與細肌絲上的肌動蛋白可逆結合的能力。橫橋一旦與肌動蛋白結合即分解 ATP，使橫橋擺動，拖動細肌絲向M線滑行，引發肌肉收縮。由此可見，橫橋與肌動蛋白的相互作用，是引起肌絲滑行的必要條件。

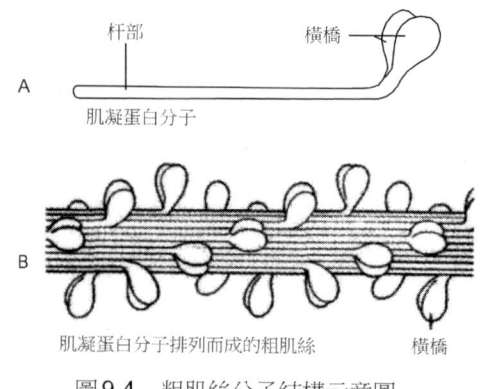

圖9-4 粗肌絲分子結構示意圖

(二)細肌絲

細肌絲至少由三種蛋白質組成，包括肌動蛋白、原肌球蛋白和肌鈣蛋白，其中60％是肌動蛋白(Actin，亦稱肌纖蛋白)(圖9-5)。肌動蛋白分子單體呈球狀，但它們在細肌絲中則聚合成雙螺旋狀，成為細肌絲的主幹。肌動蛋白、肌球蛋白直接參與肌絲滑行，合稱為收縮蛋白。原肌球蛋白和肌鈣蛋白並不直接參與肌絲間的相互作用，但可影響和控制收縮蛋白質之間的相互作用，故被稱為調節蛋白。其中原肌球蛋白(Tropomyosin)也呈雙螺旋結構，在細肌絲中和肌動蛋白雙螺旋並行。在肌肉安靜時原肌球蛋白的位置正好處在肌動蛋白和橫橋之間，阻礙了它們之間的相互作用；肌鈣蛋白(Troponin)並不直接和肌動蛋白分子相連接，而是以一定的間隔出現在原肌球蛋白的雙螺旋結構上。肌鈣蛋白分子呈球形，含有三個亞單位，即原肌球蛋白結合亞單位(TnT)、鈣結合蛋白亞單位(TnC)及抑制亞單位(TnI)。亞單位T的作用是使整個肌鈣蛋白分子與原肌球蛋白結合；亞單位I的作用是在亞單位C與Ca^{2+}結合時，將資訊傳遞給原肌球蛋白，引起後者的分子構型改變，解除對肌動蛋白與橫橋結合的阻礙作用。

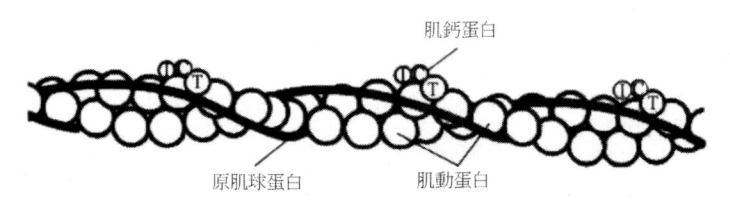

圖9-5　細肌絲分子結構示意圖

第二節　骨骼肌的生理特性

骨骼肌有興奮性、傳導性和收縮性等生理特性。興奮性是一切活組織都具有的共性，傳導性是肌肉組織和神經組織的共性，而收縮性則是肌肉組織獨有的特性。骨骼肌的興奮性顯著高於心肌和平滑肌，在正常情況下，它接受軀體運動神經傳來的神經衝動而興奮，發生興奮後出現較短的不應期。骨骼肌的傳導速度比心肌和平滑肌快，但肌纖維任何一點發生興奮只能局限在同一條肌纖維傳播，而不能傳播到其他肌纖維，這一特點是神經系統對骨骼肌進行精細調節的重要條件。骨骼肌興奮後，外形上表現縮短現象，稱收縮性，它的特點是強度大、速度快，但不能持久。

一、骨骼肌的收縮形式

(一)等張收縮和等長收縮

肌肉興奮後可發生長度和張力兩種機械性變化。肌肉收縮時長度發生變化而張力不變的，稱為等張收縮(Isotonic contraction)；張力發生變化而長度不變的，稱等長收縮(Isometric contraction)。機體內部肌肉收縮都包括兩種程度不同的混合收縮。肌肉長度變化可以完成各種運動，張力變化可以負荷一定的重量。

(二)單收縮和強直收縮

在實驗條件下，肌肉受到單個刺激產生一次收縮，稱單收縮(Monopinch)，它是一切複雜肌肉活動的基礎。一個單收縮過程包括潛伏期、縮短期和舒張期。潛伏期是從刺激到肌肉開始收縮的一段時間。這期間進行神經-肌肉間的興奮傳遞和肌肉興奮的最初階段，即發生興奮-收縮偶聯過程。從肌肉開始收縮到收縮至最大程度的時期稱為縮短期，此時肌纖維內發生肌絲滑行，產生張力和縮短的變化。隨後出現舒張期，是肌肉收縮的恢復期（圖9-6）。

機體內來自運動神經的沖動不是單一的，而是一連串的，如果成串衝動的間隔時間很短，那麼在前一次單收縮沒有完成之前就接受又一次衝動刺激而發生再一次收縮，兩次收縮就可能發生總和現象，如果總和發生在前一次單收縮的舒張期內，稱為不完全總和，如果總和發生在前一次單收縮的收縮期內，則稱為完全總和。當衝動或刺激的頻率增加到一定數值時，將使許多單收縮融合在一起，肌肉持續處於收縮狀態，稱為強直收縮（Tetanus）。強直收縮也分為不完全強直收縮和完全強直收縮兩種情況。正常機體內骨骼肌的收縮都是不同程度的強直收縮（圖9-7）。

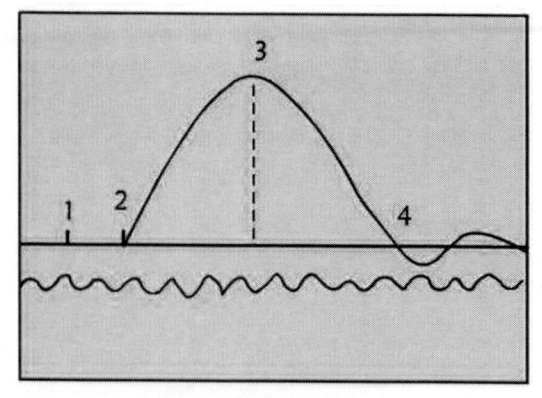

圖9-6　肌纖維的單收縮
1.給予刺激　1-2.潛伏期　2-3.收縮期　3-4.舒張期

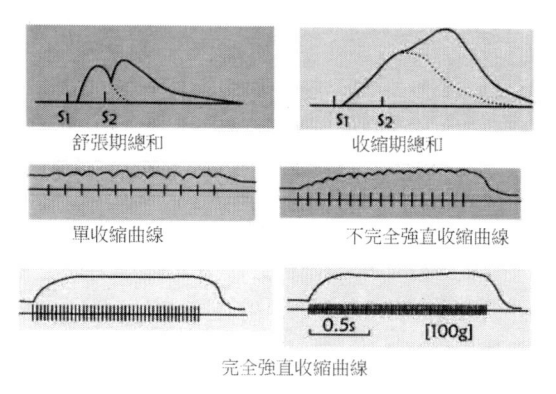

圖9-7　單根肌纖維收縮的總和

二、影響骨骼肌收縮的主要因素

影響骨骼肌收縮的主要因素有3個，即前負荷、後負荷和肌肉收縮能力。前負荷和後負荷是外部作用於骨骼肌的力，而肌肉收縮能力則是骨骼肌自身內在功能狀態。

（一）前負荷

肌肉在收縮前所承受的負荷，稱為前負荷（Preload）。在前負荷作用下，肌肉收縮前肌纖維即被拉長，此時的長度稱為初長度（Initial length）。前負荷的大小決定了肌肉的初長度。在一定範圍內，前負荷增加，初長度增加，肌張力也增加，二者呈正變關係，這是因為隨著初長度的增加，粗肌絲的橫橋與細肌絲結合的數量逐漸增多的緣故。當前負荷和初長度增加到一定程度時，產生的肌張力最大，稱為最大張力。使肌肉產生最大張力的前負荷，稱為最適前負荷，此時的肌肉長度稱為最適初長度。在最適初長度時，橫橋與細肌絲結合的數量最多，因而收縮力最強，做功效率最大。繼續增加前負荷，肌肉初長度進一步增加，但肌張力反而減小，呈反變關係。因為超過最適初長度時，細肌絲從粗肌絲之間滑出，與粗肌絲的重疊程度減少，導致橫橋與細肌絲結合數量減少，因而肌肉收縮力減弱，如細肌絲全部從粗肌絲中滑出，肌肉不再產生收縮。

（二）後負荷

肌肉收縮時所承受的負荷，稱為後負荷（Afterload），它是肌肉收縮的阻力或做功對象。在前負荷不變的情況下，後負荷增加，肌肉首先增加張力以克服後負荷，呈等長收縮。當肌張力增加到與後負荷相等時，才有肌肉長度的縮短和負荷的移動，此時肌張力不再增加，呈等張收縮。在肌肉處於最適初長度時,在一定範圍內,肌肉張力逐漸增大,同時也可有肌肉長度的縮短,均可做功,一般當後負荷相當於最大張力的30％左右時,肌肉的輸出功率最大。

(三)肌肉收縮能力

肌肉本身的功能狀態也影響肌肉收縮的效能,這種不依賴前、後負荷而影響肌肉收縮效能的肌肉內在特性稱為肌肉收縮能力(Contractility)。在其他條件不變時,肌肉收縮能力增強,既可增加肌肉收縮張力,又可增加收縮速度,從而提高肌肉做功效率。肌肉收縮能力主要決定於興奮-收縮偶聯過程中胞質內Ca^{2+}的水準、橫橋的ATP酶活性和肌細胞內各種功能蛋白的表達水準等。體內多種神經遞質、體液因素、疾病時的病理變化及一些藥物,主要通過調節肌肉收縮能力來影響肌肉收縮效能,如Ca^{2+}、腎上腺素可使肌肉收縮能力增強,而缺氧、酸中毒可使肌肉收縮能力降低。

案例

小型貴賓犬,頭胎,產仔4只。產後第四天,該犬四肢震顫抽搐,站立不穩,喜臥。臨床診斷:皮溫升高,體溫39.3℃。給予皮下注射維丁膠性鈣、氨基比林,口服液體鈣等治療,小狗恢復良好。診斷:產後缺鈣。

問題與思考

1. 根據臨床檢查分析病犬產後缺鈣的原因。
2. 為什麼產後缺鈣需要維丁膠性鈣治療?

提示性分析

小型犬產後缺鈣比較多見,特別是頭胎、胎兒數量多,妊娠後期胎兒的發育消耗大量的鈣,分娩後哺乳又大量消耗母體中的鈣,使血鈣濃度驟然下降,極易引發該病。由於骨骼肌的震顫抽搐,體內產熱增多,熱量在體內急劇積蓄,引起體溫升高、呼吸急促等症狀。對於產後缺鈣嚴重,快速補充鈣劑是最好的辦法,建議採取靜脈滴注葡萄糖酸鈣或皮下注射維丁膠性鈣。

第三節 骨骼肌的收縮過程和機制

在完整機體內,骨骼肌的收縮是在中樞神經系統控制下完成的。在正常生理情況下,當控制骨骼肌的運動神經興奮時,骨骼肌也立刻興奮,二者之間的資訊是如何傳遞的?骨骼肌興奮的標誌是產生動作電位,動作電位又是如何觸發骨骼肌纖維產生機械收縮的?下面分別介紹。

一 神經-肌肉間的興奮傳遞

(一)神經-肌肉接頭的結構

神經-肌肉接頭(Neuromuscular junction，也稱運動終板，Motor end plate)由運動神經末梢和與它相對應的骨骼肌細胞膜所構成，是運動神經元將興奮傳遞給骨骼肌細胞的關鍵部位。神經-肌肉接頭由接頭前膜、接頭間隙和接頭後膜三部分組成。前膜軸漿中有許多含有乙醯膽鹼(ACh)的囊泡，接頭間隙約50 nm，接頭後膜(終板膜)上存在 N_2 型ACh受體，能與ACh特異結合。終板膜上還存在有大量的膽鹼酯酶，可迅速水解ACh使其作用消除(圖9-8)。

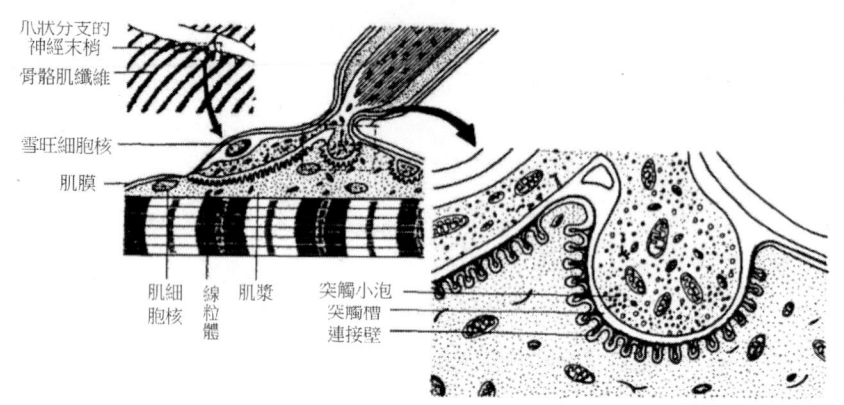

圖9-8　神經-肌肉接頭處的超微結構示意圖

(二)神經-肌肉接頭處的興奮傳遞過程

神經-肌肉的興奮傳遞在接頭處(也即運動終板)完成，主要步驟如圖9-9所示。

1. 當神經衝動傳到神經末梢時，立即引起接頭前膜去極化和膜上電壓門控式 Ca^{2+} 通道開放，改變接頭前膜對 Ca^{2+} 的通透性。膜外的 Ca^{2+} 進入膜內，使囊泡破裂釋放 ACh 到接頭間隙，這種形式稱為量子式釋放(Quantal release)。據估算，一次動作電位能使200～300個囊泡內的ACh全部釋放，約有 10^7 個ACh分子進入接頭間隙。

2. ACh擴散到終板膜與 N_2 型受體結合，使終板膜的離子通透性發生變化，引起 Na^+ 大量內流，同時有少量 K^+ 外流，導致終板膜去極化，形成終板電位(End-plate potential，EPP)。終板電位屬於局部電位，不具有"全或無"特性，其電位大小與接頭前膜釋放的 ACh 量呈正比。

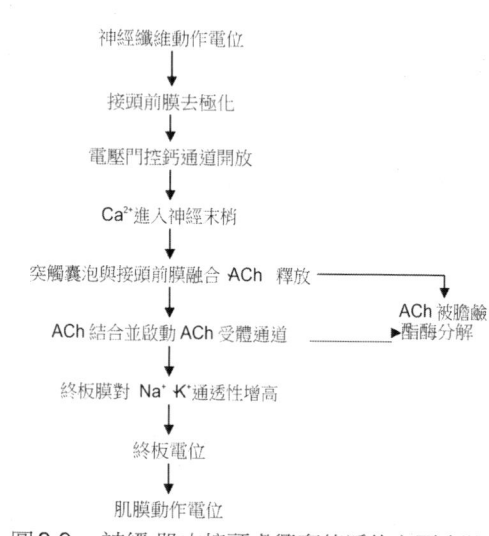

圖9-9　神經-肌肉接頭處興奮傳遞的主要步驟

3. 隨著 ACh 釋放量增加，終板電位隨之增大，並使鄰近肌膜去極化到閾電位水準，使肌膜爆發動作電位。動作電位通過局部電流迅速傳遍整個肌細胞，從而引起骨骼肌細胞的興奮。

4. 終板膜上的膽鹼酯酶可在1～2 ms內使ACh迅速水解成乙酸和膽鹼而失去活性。

(三)神經-肌肉接頭處興奮傳遞的特點

與神經纖維上興奮的傳導不同，神經-肌肉接頭處的興奮傳遞具有以下特點。

1. 一對一傳遞

在正常情況下，一次神經衝動到達後釋放的ACh數量較多，其產生的終板電位能超過肌細胞產生動作電位所需閾電位的3～4倍。因此，在正常情況下每一次神經衝動都能可靠地使肌細胞興奮和收縮一次，也就是說，神經-肌肉接頭處的興奮傳遞是一對一的。此外，每次神經衝動所釋放的ACh在引起一次肌肉興奮後，可迅速被存在於接頭後膜上的膽鹼酯酶所降解，避免了ACh持續作用於終板膜產生持續的去極化，這是保證神經-肌肉接頭一對一傳遞的另一條件。

2. 單向傳遞

即興奮只能由接頭前膜傳遞給接頭後膜，不能反傳。因為ACh存在於運動神經軸突末梢的囊泡內，它只能從接頭前膜釋放，再與接頭後膜的受體結合。

3. 時間延擱

神經-肌肉接頭的興奮傳遞過程複雜，歷經電-化學-電環節，因此耗時較長，一次興奮傳遞需0.5～1.0 ms。

4. 易受環境變化及藥物的影響

凡能影響接頭傳遞過程中不同環節的因素，均可影響興奮傳遞過程。例如，箭毒、銀環蛇毒可特異性地阻斷終板膜上的N_2受體與ACh結合，使神經-肌肉接頭的傳遞功能喪失，肌肉鬆弛；有機磷農藥中毒或新斯的明可抑制膽鹼酯酶活性，使ACh不能及時水解，在接頭處大量堆積，導致肌細胞持續興奮和收縮，從而出現肌肉震顫；而有機磷農藥中毒的特效解毒劑——解磷定，則是通過使失活的膽鹼酯酶復活而發揮作用的。

案例

蝴蝶犬，雄性，5歲，體重5kg。晚上在外面玩耍回到家突然四肢抽搐，大小便失禁，頻繁嘔吐，嘔吐物伴有很濃的韭菜味，經打聽該社區當日下午噴灑過農藥。入院時患犬精神萎靡，全身肌肉劇烈抽搐且大量流涎。臨床檢查：體溫41.2℃，糞尿失禁，皮膚彈性降低，心搏加速，瞳孔縮小，病情危急，結合患犬病史及發病症狀，給予吸氧、鎮靜、解毒（解磷定）、保肝、營養支持和利尿等治療，三天後患犬康復出院。診斷：有機磷農藥中毒。

問題與思考

1. 根據臨床檢查分析病犬中毒的原因。
2. 為什麼有機磷農藥中毒需要使用解磷定治療？

提示性分析

有機磷農藥能抑制膽鹼酯酶的活性，使膽鹼酯酶失去分解乙醯膽鹼的能力，造成乙醯膽鹼大量蓄積，其結果引起膽鹼能受體活性紊亂，而使有膽鹼能受體的器官功能發生障礙。解磷定等解毒藥在體內能與磷醯化膽鹼酯酶中的磷醯基結合，將其中膽鹼酯酶游離，恢復其水解乙醯膽鹼的活性，故又稱膽鹼酯酶復活劑。作用特點是消除肌肉震顫和痙攣的作用快，但對消除流涎、出汗現象的作用差。

二、興奮-收縮偶聯

(一)興奮-收縮偶聯的基本過程

肌細胞膜興奮觸發肌纖維收縮的生理過程稱為興奮-收縮偶聯。這一過程包括三個主要步驟：電興奮通過橫管系統傳向肌細胞深處；三聯管結構處資訊的傳遞；肌漿網（即縱管系統）對Ca^{2+}的釋放與再聚積（圖9-10）。

1. 當肌細胞膜興奮時，動作電位可沿著凹入細胞內的橫管膜傳導，引起橫管膜產生動作電位。

2. 當動作電位傳到終末池時，啟動T管和L型Ca^{2+}通道，L型Ca^{2+}通道發生構型改變，激活終末池膜上Ca^{2+}釋放通道開放。

3. 終末池內的Ca^{2+}大量進入肌漿，足夠與肌鈣蛋白亞單位C結合達到飽和，觸發肌絲的相對滑行，肌肉收縮。

4. 當肌漿中Ca^{2+}濃度升高時，肌漿網上的Ca^{2+}泵被啟動，使肌漿網釋放的Ca^{2+}在與肌鈣蛋白亞單位C短暫結合後，最終全部被Ca^{2+}泵逆濃度梯度轉運回肌漿網中（由分解ATP獲得能量），致使肌漿中Ca^{2+}濃度下降到靜息時的濃度。

5. 肌鈣蛋白與原肌球蛋白的構象也隨之恢復靜息時的狀態，重新阻礙橫橋與肌動蛋白的結合，細肌絲從粗肌絲中滑出，肌肉舒張。

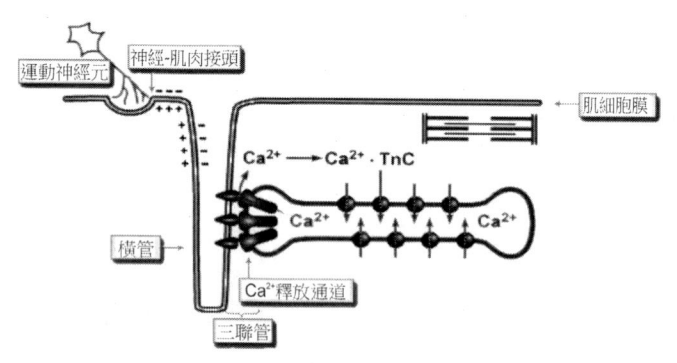

圖9-10　Ca^{2+}在興奮-收縮偶聯中的作用

(二)肌漿中Ca^{2+}濃度變化機制

當動作電位經過神經-肌肉接頭引起肌膜興奮後，所產生的動作電位可通過橫管系統一直進入細胞，引起肌漿網膜的去極化，啟動肌漿網膜上Ca^{2+}通道，細胞膜對Ca^{2+}通透性突然升高，使肌漿網內Ca^{2+}快速釋放，導致胞質中Ca^{2+}濃度升高，從而引發肌絲滑行的一系列過程。肌纖維的動作電位消失後，肌漿網膜恢復極化狀態。肌漿網膜在ATP供能情況下，經Ca^{2+}泵的主動轉運，將胞質中的Ca^{2+}回收到肌漿網內，使胞質內的Ca^{2+}濃度重新下降。這時，與肌鈣蛋白亞單位C結合的Ca^{2+}重新解離，細肌絲從粗肌絲中滑出，肌纖維轉入舒張狀態。

三、骨骼肌收縮機制-肌絲滑行學說

(一)肌絲滑行學說

1850年代初，Huxley等根據骨骼肌微細結構的形態學特點以及它們在肌肉收縮時長度的變化，提出肌肉的收縮機制-肌絲滑行學說（Myofilament sliding theory）作為肌肉收縮原理的解釋。根據這一學說，肌纖維收縮時，肌節的縮短並不是因為肌微絲本身的長度有所改變，而是由於兩種穿插排列的肌微絲之間發生滑行運動，即肌動蛋白細肌絲像「刀入鞘」一樣地向肌球蛋白粗肌絲之間滑進，結果使明帶縮短，暗帶不變，H帶變窄，Z線被牽引向A帶靠攏，於是肌纖維的長度縮短（圖9-11）。

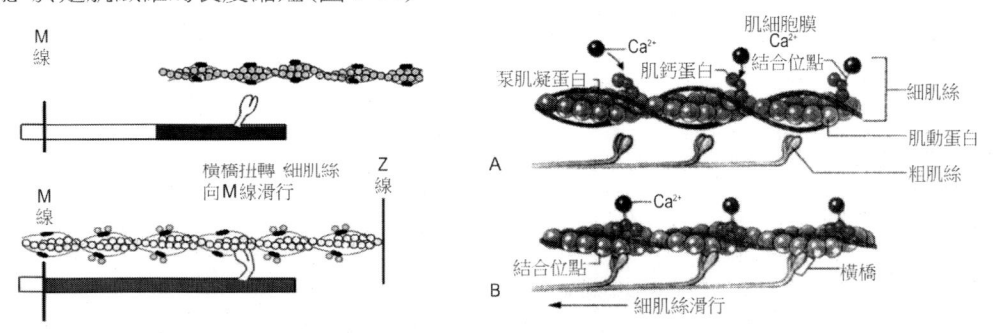

圖9-11　肌絲滑行示意圖
A 肌肉舒張 B 肌肉收縮

(二)肌肉收縮的基本過程

肌肉收縮的基本過程是在肌動蛋白與肌球蛋白的相互作用下，將分解ATP釋放的化學能轉變為機械能的過程，能量轉換發生在肌球蛋白頭部與肌動蛋白之間。其主要過程包括以下幾個步驟（圖9-12）：

1. 橫橋頭部具有ATP酶活性，在肌肉處於舒張狀態時，橫橋結合的ATP被分解，產生的ADP和無機磷酸仍留在頭部；此時，橫橋處於高勢能狀態，其方位與細肌絲垂直，並對細肌絲中的肌動蛋白有高度親和力，但並不能與肌動蛋白結合，因為細肌絲上肌鈣蛋白與原肌球蛋白的複合物掩蓋了肌動蛋白的活化位點。

2. 當肌漿內Ca^{2+}濃度升高時，肌鈣蛋白與Ca^{2+}結合並發生構象變化，這種變構導致肌鈣蛋白抑制亞單位(TnI)與肌動蛋白的結合減弱，使原肌球蛋白向肌動蛋白雙螺旋溝槽的深部移動，從而暴露肌動蛋白的活化位點，使橫橋頭部與肌動蛋白結合。

3. 肌動蛋白與橫橋頭部的結合造成橫橋頭部構象的改變，使頭部向橋臂方向擺動，並拖動細肌絲向M線方向滑動，從而將橫橋頭部儲存的能量（來自ATP的分解）轉變為克服負荷的張力並使肌小節縮短，在橫橋頭部發生變構和擺動的同時，ADP和無機磷酸便與之分離。

4. 在ADP解離的位點，橫橋頭部馬上結合一個ATP分子，橫橋頭部對肌動蛋白的親和力明顯降低，促使它與肌動蛋白解離。橫橋頭部與肌動蛋白解離後，便分解與之結合的ATP為ADP和無機磷酸，並恢復垂直於細肌絲的高勢能狀態。此時如果肌漿內Ca^{2+}濃度較高，便又可與下一個新的肌動蛋白活化位點結合，重複上述收縮過程。如果肌漿內Ca^{2+}濃度降低到靜息水準，則肌鈣蛋白C與Ca^{2+}解離，肌鈣蛋白與原肌球蛋白複合物恢復原來的構象，豎起的橫橋頭部便不能與肌動蛋白上新的位點結合，肌肉進入舒張狀態。

上述橫橋與肌動蛋白結合擺動、復位和再結合的過程，稱為橫橋週期(Cross-bridge cycling)。在橫橋週期中，細肌絲不斷向暗帶中央移動，如果肌肉負荷受阻，則會產生張力。與橫橋移動相伴隨的是ATP的分解和化學能向機械能的轉換，是肌肉收縮的能量來源。橫橋週期在一個肌小節以至整個肌肉中都是非同步進行的，這樣肌肉產生恆定的張力和持續的縮短。參與迴圈的橫橋數目和橫橋週期的長短對肌肉收縮的效能（如收縮張力的大小、收縮速度和縮短長度等)起決定性作用。

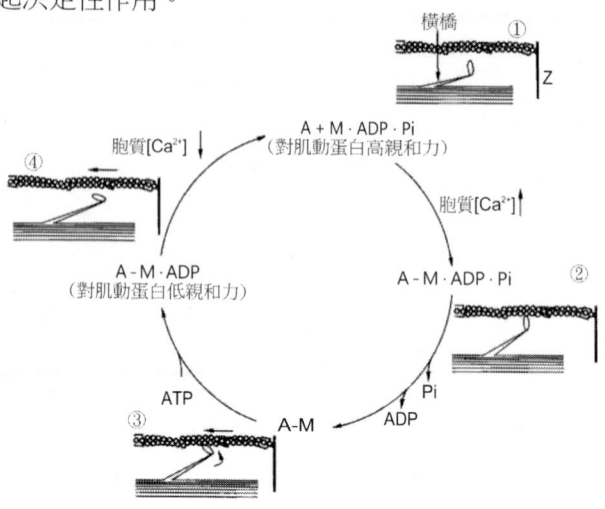

圖9-12 肌肉收縮過程及能量轉換圖解

圖9-12中①→②過程：ATP水解為ADP+Pi，肌球蛋白獲能，旋轉，垂直於肌動蛋白纖維；在依賴Ca^{2+}的條件下，肌鈣蛋白結合Ca^{2+}，肌動蛋白發生旋轉，暴露與肌球蛋白結合的位點。②→③過程：肌球蛋白頭部結合於相鄰的肌動蛋白纖維，肌動蛋白與橫橋頭部的結合造成橫橋頭部構象改變，使頭部向橋臂方向擺動，並拖動細肌絲向M線方向滑動，同時ADP和無機磷酸便與之分離。③→④過程：肌球蛋白頭部結合ATP，減弱肌動蛋白與肌球蛋白的結合。④→①過程：胞漿Ca^{2+}濃度降低，減少與肌鈣蛋白結合，肌動蛋白恢復靜息狀態時的構象，肌球蛋白與肌動蛋白分離。

案例

　　西施犬，雌性，3歲，未絕育，體重6.6kg。主人發現該犬精神不好，食欲突然下降，不願意活動，喜臥，行走步態不穩，行走幾步後突然趴在地上，無論主人怎麼呼喚都不能站起來，只是搖尾。臨床檢查：體溫37.7℃，呼吸60次/min較急促，心率60次/min。有站立意識，勉強行走2~3步後即坐下，幾秒鐘後突然臥倒；後肢肌肉鬆弛，四肢無力，本體反射尚可，扣腰反射增強。實驗室血液常規、血液生化檢查均未見異常。影像學檢查：腹部右側位X線平片檢查和腹部各器官B超檢查未見異常。使用新斯的明進行診斷性治療後肌力恢復。診斷：獲得性重症肌無力。

問題與思考

1. 根據臨床檢查分析病犬肌無力的原因。
2. 為什麼新斯的明能恢復肌力？

提示性分析

　　重症肌無力是一種自身免疫性疾病，病犬體內產生了抗ACh受體的抗體，使骨骼肌終板的ACh門控通道數量不足或功能障礙。雖然運動神經末梢釋放的ACh數量未減少，但ACh不能與受損的ACh門控通道結合，因而影響神經-肌肉接頭的資訊傳遞，導致嚴重的肌肉無力。新斯的明是一種抗膽鹼酯酶藥，可延長ACh作用時間。

思考題

一、名詞概念

1.肌肉收縮能力　　　2.興奮-收縮偶聯　　　3.強直收縮　　　4.終板電位

二、單項選擇題

1. 骨骼肌興奮-收縮偶聯中起關鍵作用的離子是(　)
　　A.Na^+　　　　B.K^+　　　　C.Ca^{2+}　　　　D.Cl^-

2. 關於骨骼肌收縮機制的敘述，下列錯誤的是(　)
　　A.引起興奮-收縮偶聯的是 Ca^{2+}　　　B.細肌絲向粗肌絲滑動
　　C.Ca^{2+} 與橫橋結合　　　　　　　　D.橫橋與肌動蛋白結合

3. 骨骼肌收縮和舒張的基本功能單位是(　)
　　A.肌原纖維　　B.細肌絲　　C.肌纖維　　D.肌小節

4. 骨骼肌細胞中橫管的功能是(　)
　　A.Ca^{2+} 的貯存庫　　　　B.Ca^{2+} 進出肌纖維的通道
　　C.使興奮傳向肌細胞的深部　D.使 Ca^{2+} 與肌鈣蛋白結合

5. 神經-肌肉接頭處的化學遞質是(　)
　　A.腎上腺素　　B.去甲腎上腺素　　C.γ-氨基丁酸　　D.乙醯膽鹼

6. 將細胞膜的電變化和肌細胞內的收縮過程偶聯起來的關鍵部位是(　)
　　A.橫管系統　　B.縱管系統　　C.縱管終末池　　D.三聯體

7. 在完整機體內，骨骼肌的收縮一般屬於(　)
　　A.等張收縮　　B.等長收縮　　C.等長收縮+等張收縮　　D.單收縮

8. 在神經-肌肉接頭部位釋放 ACh 產生終板電位的過程中，參與的通道是(　)
　　A.化學門控通道　B.電壓門控通道　C.機械門控通道　D.細胞間通道

9. 有機磷農藥中毒出現骨骼肌痙攣主要是由於(　)
　　A.ACh 釋放減少　　　　B.ACh 釋放增多
　　C.終板膜上的受體增多　D.膽鹼酯酶活性降低

10. 骨骼肌收縮的肌絲滑行原理的直接證據是(　)
　　A.暗帶長度不變，明帶和 H 帶縮短　　B.暗帶長度縮短，明帶和 H 帶不變
　　C.明帶和暗帶的長度均縮短　　　　　D.明帶和暗帶的長度均無明顯縮短

三、簡述題

1.簡述神經-肌肉接頭的興奮傳遞過程及特點。

2.簡述 Ca^{2+} 在骨骼肌收縮和舒張中的作用。

四、論述題

試用肌絲滑行學說解釋肌肉收縮的機制。

第 10 章 神經系統

本章導讀

　　機體的生命活動需要各器官、系統相互協調共同完成。神經系統是調控體內各生理活動按一定規律進行的重要網路體系，同時，還能對體內外各種環境變化做出迅速、精准和完善的調節，以維持體內外環境的穩態。神經系統包括中樞神經系統(腦、脊髓)和周圍神經系統，其基本結構、功能單位是神經元。神經系統的功能部位能夠感知和接受環境變化，並將變化轉變為神經電信號，經不同級別的神經傳導和處理，在中樞神經系統經分析加工，最後整合成完整的指令資訊，通過傳出神經將指令傳佈到相應的效應器官並得以執行。機體可以利用神經系統將後天所獲得的資訊通過條件反射，形成思維和行為「定勢」以適應生存環境。

　　本章選用與神經系統有關的具體案例，進行了分析說明，有利於瞭解神經系統的基本功能，進一步提高對神經系統的認識，提高人類科學利用動物特殊功能的水準，同時更好地保護和拯救瀕危動物，增強動物對環境的適應能力和生存能力。

　　神經系統是動物體內起主導作用的調節系統。體內各器官、系統的功能不同，但彼此間相互聯繫，在神經系統的直接或間接調控下，協調統一地完成整體功能活動，並對體內、外各種環境變化做出迅速而完善的適應性改變，共同維持正常生命活動。神經系統一般分為中樞神經系統和周圍神經系統兩大部分，前者指腦和脊髓部分，後者則為腦和脊髓以外的部分。

第一節　神經元與神經膠質細胞的一般功能

　　神經系統的功能繁多、複雜，但最基本的組成元件只有神經元和神經膠質細胞。神經元和神經膠質細胞以及其生存的內環境共同組成神經功能網路，是神經系統發揮調節整合作用的結構基礎。

一　神經元和神經纖維

(一)神經元的基本結構及功能

　　神經元(Neuron)即神經細胞，是神經系統最基本的結構和功能單位。神經元可分為胞體和突起兩部分（圖 10-1）。胞體位於腦、脊髓和神經節中，是整個神經元代謝活動的中心和接受、整合資訊的部位。突起分為樹突（Dendrite）和軸突（Axon），樹突是原漿性突起，一般短而粗，分支多，短的分支擴大了神經元接受信息的面積，並將信息傳給胞體。軸突由胞體的軸丘發出，細而長，僅有一條，長的軸突外包裹著髓鞘或神經膜，稱為神經纖維（Nerve fiber）。

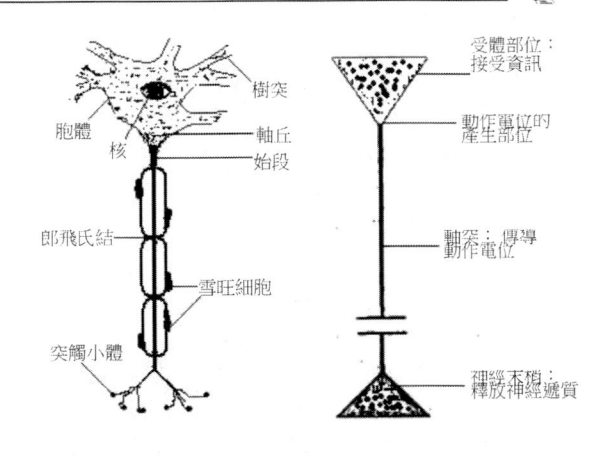

圖 10-1　神經元的結構及功能部位

1. 神經元的功能部位

從功能學的角度來看，一個神經元一般可分為四個功能部位（圖10-1）。

(1)胞體或樹突膜上的受體部位。神經元的胞體及樹突膜上的受體能夠特異性結合某些化學物質，引起膜的局部興奮或抑制。

(2)產生動作電位的起始部位。由於軸突的起始段或起始郎飛氏結膜的興奮閾值最低，因此當受體接受化學物質刺激後產生局部電位達到其興奮閾值時便產生可擴布的動作電位。

(3)傳導動作電位的部位。軸突能夠傳導神經衝動，通過軸突使神經衝動在胞體與神經末梢間進行傳導。

(4)釋放遞質的部位。當動作電位傳至神經末梢時，可促使儲存在神經末梢內的遞質向胞外釋放，作用於效應器或下一個神經元。

2. 神經元的基本功能

神經元的基本功能有：①感受機體內、外環境的各種刺激而引起興奮或抑制；②對不同來源的資訊進行分析、整合，然後通過傳出通路把信號傳到一定組織、器官，產生一定的生理效應；③有些神經元能夠分泌激素，將神經系統中傳來的神經資訊轉變為激素資訊，如下丘腦中的某些神經元可以分泌激素。

(二)神經纖維的分類及功能特徵

1. 神經纖維的分類

神經纖維的分類方法較多。根據神經纖維的分佈，可將其分為中樞神經纖維和外周神經纖維；根據結構，可將其分為有髓神經纖維和無髓神經纖維；根據傳導方向，可將其分為傳入神經纖維、聯絡神經纖維和傳出神經纖維。但生理學上通常按照以下兩種方法進行分類：

(1)根據電生理學特性分類。主要根據神經纖維動作電位傳導速度和鋒電位的時程等方面的差異，將哺乳類動物的周圍神經纖維分為 A、B、C 三類，其中 A 類纖維又可分為 α、β、γ、δ 四個亞類。

(2)根據神經纖維的直徑和來源分類。可將傳入神經纖維分為 Ⅰ、Ⅱ、Ⅲ、Ⅳ 四類。其中 Ⅰ 類纖維又可分為 I_a 和 I_b 兩種亞類。

上述兩種分類方法間存在著相互交叉和重疊，但不完全相同，一般情況下，第一分類法用於傳出纖維，第二分類法用於傳入纖維，二者的對應關係如表（表10-1）。

表 10-1　哺乳動物周圍神經纖維的分類

第一種纖維分類	來源	纖維直徑/μm	傳導速度/(m/s)	第二種纖維分類
A類(有髓纖維)				
A$_\alpha$	本體感覺、軀體運動	13～22	70～120	I$_a$、I$_b$
A$_\beta$	皮膚的觸壓覺傳入纖維	8～13	30～70	II
A$_\gamma$	梭內肌的傳出纖維 皮	4～8	15～30	
A$_\delta$	膚痛、溫、觸、壓覺 植物	1～4	12～30	III
B 類(有髓纖維)	神經節前纖維	1～3	3～15	
C 類(無髓纖維)				
sC	植物神經節後纖維	0.3～1.3	0.7～2.3	
drC	後根中痛、溫、觸、壓覺	0.4～1.2	0.6～2.0	IV

注：I$_a$ 類纖維較粗，為肌梭的傳入纖維；I$_b$ 纖維較細，為腱器官的傳入纖維。

2. 神經纖維的功能和特徵

神經纖維的主要功能是傳導興奮，在其上傳導的興奮稱為神經衝動。有髓神經纖維的直徑較粗，主要傳導軀體的感覺和運動方面的資訊，使機體對感受到的內、外環境因素的刺激迅速做出適應性反應。無髓神經纖維多見於支配內臟器官，由於沒有髓鞘，所以傳導資訊的速度較緩且持續時間較長，與內臟器官功能狀態的維持有關。

神經纖維傳導興奮的特徵：

①完整性。神經纖維傳導興奮的必要條件是結構和功能的完整。如果神經纖維受損傷或被切斷，局部使用麻醉藥、冷凍等破壞其完整性，均可使興奮傳導受阻。

②絕緣性。在一條神經幹內，包含許多條傳入和傳出神經纖維。但各條纖維傳導興奮時，表現為各條神經纖維上的神經衝動彼此隔絕、互不干擾的特性。這主要是因為組成髓鞘的神經膠質細胞具有絕緣作用，保證了神經調節作用的精確性。

③雙向傳導。在離體實驗條件下，刺激神經纖維上的任何一點，興奮就從刺激的部位開始沿著纖維向兩端傳導，可以在神經幹兩端記錄到動作電位，說明局部電流可在刺激處向兩端擴布。但在體內自然情況下，由於神經衝動是由胞體傳向末梢，因而表現為傳導的單向性，但這並不代表神經纖維只能做單向傳導，而是由突觸的極性決定了在體神經纖維傳導的單向性。

④相對不疲勞性。在實驗條件下，用 50～100 次/s 的電刺激連續刺激蛙的神經 9～12 h，神經纖維依然保持產生、傳導興奮的能力，即表現為相對不疲勞的特性。這是因為神經纖維傳導興奮時耗能較少，也不存在神經遞質耗竭。相比之下，突觸傳遞則容易發生疲勞，因為突觸傳遞涉及遞質耗竭的問題。

⑤不衰減性。神經纖維在傳導衝動時，不論傳導距離多長，其傳導衝動的大小、頻率和速度始終不變，這一特點稱為傳導的不衰減性。這也是動作電位「全或無」特徵的體現，保證了神經調節的及時、準確。

不同種類的神經纖維，其傳導速度不同(表 10-1)，主要與以下幾個因素有關。

①纖維的直徑。一般神經纖維的直徑越大，它的傳導速度越快。這是因為直徑較大時，神經纖維的內阻較小，局部電流的強度和空間跨度較大，還有，在較粗的神經纖維上 Na$^+$ 通道分佈密度較高，Na$^+$ 通道開放時進入膜內的 Na$^+$ 電流大，形成的動作電位傳導就快。

②髓鞘。有髓神經纖維傳導速度遠快於無髓神經纖維。因為無髓神經纖維的興奮是以局部電流的方式順序傳導，而在有髓神經纖維中，郎飛氏結的結間段軸突外面包裹著髓鞘，其下面的軸突膜幾乎不存在 Na^+ 通道，而郎飛氏結處髓鞘很薄，電阻小，且軸突膜存在有高密度的電壓門控 Na^+ 通道。興奮只能從一個郎飛氏結跳躍式地傳導到下一個郎飛氏結，加快了興奮的傳導速度，這種傳導方式稱為跳躍式傳導(Saltatory conduction)。有髓纖維跳躍式傳導參與的跨膜離子流動數量和耗能較少，是一種高效低耗的傳導方式。

③溫度。在一定的範圍內，神經纖維的傳導速度隨溫度降低而減慢，當溫度降至0℃時，即終止傳導，這是臨床上利用低溫進行局部麻醉的理論依據。恒溫動物有髓神經纖維的傳導速度比變溫動物同類纖維傳導速度快。

(三)神經纖維的軸漿運輸

神經元軸突內的胞漿稱為軸漿。軸漿在胞體與軸突末梢之間處於流動的狀態為軸漿流動。這種在軸突內借助軸漿流動而在胞體與軸突末梢之間運輸物質的現象稱為軸漿運輸(Axoplasmic transport)。

用同位素標記的氨基酸注射到蛛網膜下隙中，可觀察到注射物先被胞體攝取，並先出現在胞體，再依次出現在軸突近端和遠端的胞漿內。軸漿是流動的，並具有雙向性(圖10-2)。自胞體向軸突末梢的軸漿運輸稱為順向軸漿運輸；自軸突末梢向胞體的軸漿運輸稱為逆向軸漿運輸。結紮神經纖維，在近胞體端和遠胞體端都會出現物質堆積，且胞體端的堆積大於軸突末梢端。用顯微鏡觀察組織培養或在體的神經纖維，可見有顆粒在軸漿內雙向流動。切斷軸突，遠近側的軸突發生變性，同時胞體也變性，由此可見胞體對維持軸突結構和功能的完整性十分重要，而胞體的蛋白質合成也受逆向軸漿流動的回饋調節。

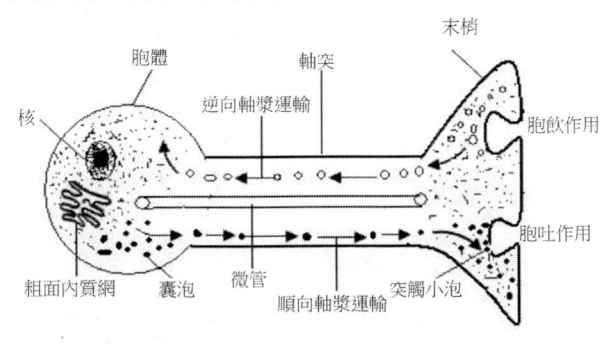

圖10-2　軸漿運輸模式圖

(四)神經的營養性作用及神經營養因數

1. 神經的營養性作用

神經對所支配的組織能發揮兩個方面的作用。一方面是傳導神經衝動，使興奮抵達末梢時，突觸前膜釋放神經遞質，遞質作用於突觸後膜並改變其所支配組織的功能活動，這種作用稱為神經的功能性作用。另一方面神經末梢還能經常性釋放某些物質，持續地調整被支配組織的內在代謝活動，產生其持久性的結構、生化和生理變化，稱為神經的營養性作用(Trophic action)。神經的營養性作用在正常生理狀況下不易被察覺，但在神經切斷後能夠明顯表現出來。

神經營養性作用的研究主要是在運動神經上進行的。實驗證明切斷運動神經後，肌肉內糖原合成減慢、蛋白質分解加速，肌肉因失去神經的營養性作用而出現萎縮；如將神經縫合再生，則肌肉內糖原合成加速、蛋白質分解減慢而合成加快，肌肉逐漸恢復，這是肌肉重新得到神經的營養性作用的結果。在脊髓灰質炎患者中，如受害的前角運動神經元喪失功能，則所支配的肌肉將發生明顯萎縮，就是這個道理。

神經的營養性作用與神經衝動無關。設法持續用局部麻醉藥阻斷神經衝動的傳導，並不能使其所支配的肌肉發生內在代謝變化。目前認為，營養性作用是由於末梢經常釋放某些營養性因數，作用於其所支配的組織而完成的。如神經切斷的部位靠近肌肉，則肌肉的內在代謝改變發生較早；如切斷的部位遠離肌肉，則其內在代謝改變發生較遲。因為前一種情況下營養性因數耗盡快，而後一種情況耗盡慢。營養性因數借助軸漿流動由神經元胞體流向軸突末梢，然後由軸突末梢釋放到所支配的靶器官。因此神經的營養性作用是通過神經末梢釋放的某些營養性因數實現的。

2. 支持神經的營養性因數(Neurotrophin, NT)

神經元能生成營養性因數維持所支配組織的正常代謝與功能，反過來，神經所支配的組織和星形膠質細胞也能產生支持神經元的神經營養性因數。這些因數都是蛋白質類物質，它們和神經末梢的特異性受體結合，然後被末梢攝入，經逆向軸漿運輸抵達胞體，促進胞體生成相關的蛋白質，從而維持神經元的生長、發育和功能的完整性。

目前已發現並分離到多種神經營養性因子，其中較重要的有神經生長因子(Nerve growth factor, NGF)、腦源性神經營養性因數(Brain-derived neurotrophic factor, BDNF)、神經營養性因數3(Neurotrophic factor 3, NT-3)和神經營養性因數4/5(NT-4/5)，還包括促進神經元生長的白血病抑制因數(Leukemia inhibitory factor, LIF)、胰島素樣生長因數 I(Insulin-like growth factor, IGF-I)、轉化生長因數(Transforming growth factor, TGF)、成纖維細胞生長因數(Fibroblast growth factor, FGF)等。

二 神經膠質細胞

神經膠質細胞廣泛存在於中樞和外周神經系統，數量龐大。中樞神經系統內的膠質細胞主要包括星形膠質細胞、少突膠質細胞、小膠質細胞、室管膜細胞等(圖10-3)。外周神經系統的膠質細胞主要有包繞軸索形成髓鞘的雪旺細胞和脊神經節的衛星細胞。

(一)神經膠質細胞的生理特性

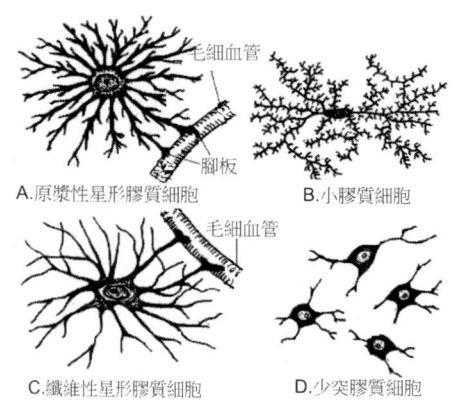

圖10-3 部分神經膠質細胞

神經膠質細胞與神經元的不同在於：神經膠質細胞也有細胞突起，但其胞質突起不分樹突和軸突；神經膠質細胞存在膜電位變化，但不能產生動作電位；神經膠質細胞終生具有分裂增殖的能力。神經膠質細胞的生理特性體現在以下幾方面。

1. 膜電位

神經膠質細胞的膜電位變化緩慢、惰性大，故稱惰性靜息電位，比相應的神經元膜電位大。神經膠質細胞膜電位幾乎完全取決於細胞外K⁺濃度，而Na⁺、Cl⁻濃度的改變不能使靜息電位發生明顯改變。因為神經膠質細胞的細胞膜僅對K^+有通透性，而對其他離子則完全不通透，故靜息電位完全依靠於K^+擴散平衡電位。

2. 去極化與複極化

神經膠質細胞接受電刺激或機械刺激後不會發生動作電位，雖有去極化(約40 mV)與複極化，但沒有主動的再生式電流產生。電流僅隨電壓按比例變化，而膜電阻不變。它不能像神經元的衝動那樣進行傳導，不是膜興奮性質的表現，其離子通透性並未變化。

3. 神經膠質細胞間的連接

所有神經膠質細胞間均有縫隙連接。蛙、水蛭、蠑螈和組織培養的哺乳類動物的縫隙連接都是電耦合的，電耦合有助於細胞內發生的離子不平衡的恢復，也有代謝上的相互作用。當一些神經膠質細胞由於K^+增加而發生去極化，而另一些神經膠質細胞則未發生這種變化時，兩者之間即有電位差，低電阻偶合對於神經膠質細胞間的電流傳導是必需的，這種電流可被細胞外電極在組織表面引導出來。

神經膠質細胞與神經元之間是否存在類似突觸樣的連接也引起了人們的重視。有學者用免疫電鏡觀察到大鼠的腦垂體中有γ-氨基丁酸(GABA)、腦啡肽和P物質免疫反應陽性神經元末梢與膠質細胞形成突觸樣結構。表明至少有部分膠質細胞的活動受神經支配，它們的細胞膜表面必然存在著與其神經遞質相對應的受體。

(二)神經膠質細胞的功能

1. 支持作用

星形膠質細胞以其長突起在腦和脊髓內交織成網或互相連接構成支架。神經膠質細胞還可填充在神經元間的空隙中，它們與神經元緊密相鄰，支援神經元的胞體和纖維。

2. 修復和再生作用

神經膠質細胞具有分裂增殖能力，尤其是神經元因缺氧、損傷而發生變性或死亡時，膠質細胞特別是星形膠質細胞能通過有絲分裂大量增生，填補神經元死亡造成的缺損，從而起到修復和再生作用。但過度增生則有可能引發腦瘤。

3. 物質代謝和營養性作用

神經元幾乎全被膠質細胞包圍，兩種細胞之間的間隙十分狹窄，其中充滿的細胞間液是神經元直接生存的微環境。星形膠質細胞的多數突起，末端膨大而形成血管周足，終止於毛細血管壁上，其餘的突起則穿行於神經元之間，貼附於神經元的胞體和樹突上，對神經元運輸營養物質和排出代謝產物有一定的影響。此外，星形膠質細胞還能產生神經營養性因數，來維持神經元的生長、發育和生存，並保持其功能的完整性。

4. 絕緣和屏障作用

少突膠質細胞和雪旺細胞分別形成中樞與外周神經纖維的髓鞘，均可防止神經衝動傳導時的電流擴散，使神經元活動互不干擾。另外，神經膠質細胞參與了血-腦屏障的形成。電鏡觀察發現，星形膠質細胞的部分突起末端膨大而形成血管周足，與毛細血管的內皮緊密相接，這些血管周足幾乎包被了腦毛細血管表面積的70%～80%，是構成血-腦屏障的重要組成部分(圖10-4)。

5. 穩定神經系統細胞外液中的K⁺濃度

神經元膜內、外側Na⁺與K⁺的跨膜運動，是形成跨膜電位的離子機制。神經元的電活動可引起K⁺外流增加，使細胞外液中K⁺濃度升高，而星形膠質細胞則通過加強自身膜上Na⁺-K⁺泵的活動，把細胞外液中積聚的K⁺泵入細胞內，再通過縫隙連接將其分散到其他神經膠質細胞內，從而緩衝了細胞外液中K⁺的過分增多，有助於神經元活動的正常進行。

6. 參與神經遞質及生物活性物質的代謝

腦內星形膠質細胞能攝取γ-氨基丁酸和谷氨酸，可消除兩種遞質對神經元的持續作用，同時可通過星形膠質細胞的代謝，將兩種遞質再轉變成神經元可重新利用的遞質前體物質。此外，星形膠質細胞還能合成並分泌生物活性物質，如血管緊張素原、前列腺素及多種神經營養因數等。神經膠質細胞通過對神經遞質的攝取或生物活性物質的合成與分泌，從而實現對神經元功能的調節。

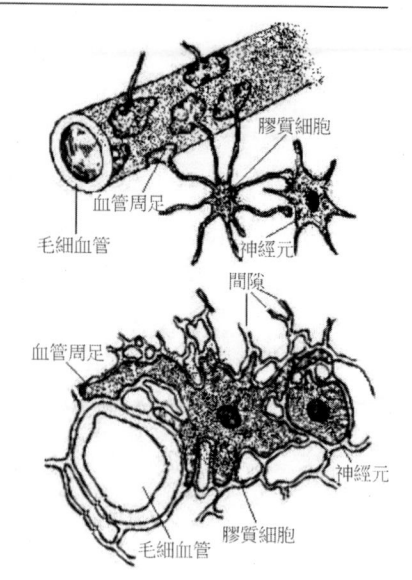

圖10-4　膠質細胞與神經元及毛細血管的關係

7. 參與神經免疫調節

神經膠質細胞在中樞神經系統內可以發揮免疫調節作用。當神經系統發生病變時，小膠質細胞轉變為吞噬細胞進入受損區，抵禦神經組織感染或損傷。星形膠質細胞作為中樞神經系統的抗原呈遞細胞，外來抗原可與星形膠質細胞膜上特異性的主要組織相容性複合體結合，將處理過的外來抗原呈遞給T淋巴細胞並使之啟動，產生免疫反應。

案例

60日齡的雞，站立不穩，被其他雞踐踏，影響飲水和進食，不久兩腿前後伸直，最終死亡。通過血清學檢查診斷為皰疹病毒感染，組織學檢查一側坐骨神經變粗。初步診斷：馬立克氏病。

問題與思考

病雞為什麼兩腿前後伸直？

提示性分析

病毒主要侵害外周神經，以坐骨神經和臂神經多見，以小淋巴細胞和漿細胞彌散浸潤為特徵，並常伴有水腫，或有髓鞘變性和雪旺細胞增生，所以剖檢可見神經腫脹變粗。當坐骨神經受損時，由於傳導肌肉收縮的神經纖維受到抑制，病雞一側腿發生不完全或完全麻痹，肌肉不能收縮，只能伸張，所以呈「批叉」姿勢，此為典型症狀。

第二節　神經元間的資訊傳遞

神經調節是通過神經反射來進行的，一個神經元可以和上萬個其他神經元構成聯繫，神經元之間及神經元與效應器之間相互接觸並傳遞資訊的部位，稱為突觸(Synapse)。興奮從一個神經元傳遞給另一個神經元依靠突觸傳遞而完成。突觸傳遞(Synapse transmission)是指突觸前神經元的資訊，通過突觸，傳遞給突觸後神經元的過程。

一、突觸的基本結構及分類

(一)突觸的基本結構

經典突觸的結構由突觸前膜、突觸間隙和突觸後膜三部分組成。前一個神經元的軸突末梢分成許多小支，每個小支的末梢膨大呈球狀而形成突觸小體，突觸小體內含有較多的線粒體和大量的突觸小泡，突觸小泡內含有興奮性遞質或抑制性遞質。線粒體內含有合成遞質的酶。突觸前膜是前一神經元軸突末梢的一部分軸突膜，而與此相對應的後一個神經元的樹突、胞體或軸突膜稱為突觸後膜，兩膜之間存在著 20～40 nm 的突觸間隙，突觸後膜上存在著與神經遞質相對應的特異性受體或化學門控通道(圖 10-5)。

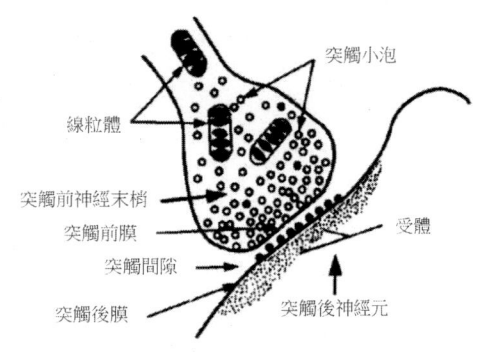

圖 10-5　突觸的微細結構

(二)突觸的分類

1. 按神經元間聯繫部位分類

常見的聯繫有：①軸-樹型突觸，一個神經元的軸突末梢和下一個神經元的樹突發生接觸；②軸-體型突觸，一個神經元的軸突末梢與下一個神經元的胞體發生接觸；③軸-軸型突觸，一個神經元的軸突末梢與下一個神經元的軸突末梢發生接觸(圖 10-6)。近幾年的研究還發現了其他類型的突觸，如樹突-樹突、樹突-胞體、樹突-軸突、胞體-樹突、胞體-軸突、胞體-胞體等。

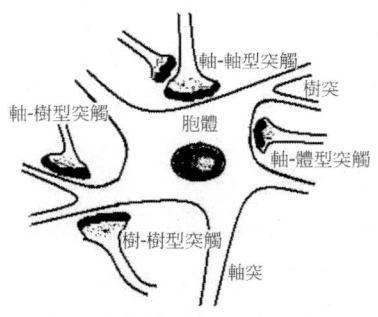

圖 10-6　突觸聯繫方式示意圖

2. 按突觸傳遞資訊的方式分類

可分為化學性突觸和電突觸。化學性突觸是通過突觸前神經元的末梢分泌化學物質，使突觸後膜的離子通透性發生變化，引起突觸後膜電位變化的一類突觸；電突觸的突觸前膜和突觸後膜緊緊貼在一起形成縫隙連接，兩層膜之間的間隙僅2～3 nm，電流經過此處很容易從一個細胞流到另一個細胞，其突觸前神經元的軸突末梢內無突觸小泡，也無神經遞質。

3. 按突觸的功能分類

可分為興奮性突觸和抑制性突觸。神經衝動經過興奮性突觸的傳遞，引起突觸後膜去極化，產生興奮性突觸後電位；經過抑制性突觸的傳遞，引起突觸後膜超極化，產生抑制性突觸後電位。

由於神經元數量多，接觸方式各異，在神經系統中，廣泛存在的是化學性突觸（Chemical synapse）。除此之外，在大腦皮質感覺區的星狀細胞、小腦的籃狀細胞和星狀細胞、視網膜的水準細胞和雙極細胞等處的神經元之間，還存在電突觸（Electrical synapse）、混合性突觸（Mixed synapse）和交互性突觸（Reciprocal synapse）等（圖10-7）。

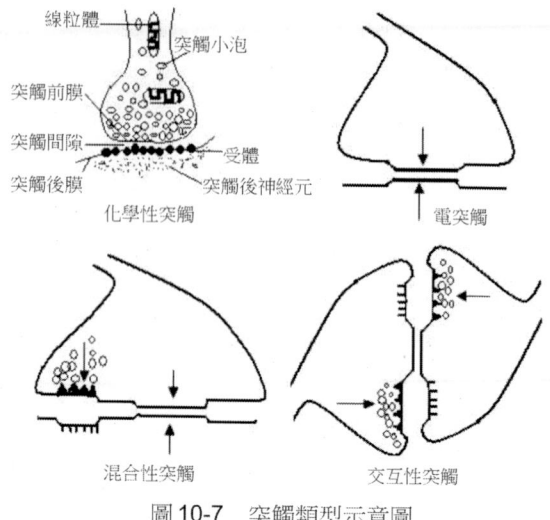

圖10-7 突觸類型示意圖

二、化學性突觸傳遞

(一)經典突觸的資訊傳遞

經典突觸傳遞的效應與突觸後電位的產生有密切關係。

1. 突觸傳遞的基本過程

(1)突觸前過程。主要包括：①突觸前神經元興奮，動作電位抵達神經末梢，引起突觸前膜去極化；②去極化使前膜結構中電壓門控 Ca^{2+} 通道開放，產生 Ca^{2+} 內流；③突觸小泡向前膜移動，與前膜接觸、融合；④小泡內神經遞質以胞吐方式釋放入突觸間隙。

(2)突觸後過程。主要步驟有：①從間隙擴散到達突觸後膜的遞質，作用於突觸後膜的特異性受體或化學門控通道；②突觸後膜離子通道開放或關閉，引起跨膜離子流動；③突觸後電位（Postsynaptic potential，PSP）產生，引起突觸後神經元興奮性的改變；④遞質與受體作用之後立即被分解或移除。

從以上全過程來看，化學性突觸傳遞是一個電-化學-電的過程；也就是說，突觸前神經元的生物電活動，通過誘發突觸前神經末梢化學遞質的釋放，最終導致突觸後神經元的電活動變化。興奮性突觸興奮導致突觸後膜局部去極化，而抑制性突觸興奮導致突觸後膜超極化。

2. 興奮性突觸後電位與抑制性突觸後電位

(1)興奮性突觸後電位。突觸前膜釋放興奮性遞質，經過突觸間隙的擴散與突觸後膜上受體結合，提高突觸後膜對 Na^+ 和 K^+（特別是 Na^+）的通透性，發生淨的內向電流（Na^+ 內流大於 K^+ 外流），使突觸後膜去極化，突觸後神經元的興奮性提高。這種去極化電位稱為興奮性突觸後電位（Excitatory postsynaptic potential, EPSP）（圖10-8）。

興奮性突觸後電位是局部興奮，它的大小取決於突觸前膜釋放的遞品質。當突觸前神經元傳來神經衝動數量增加（發生時間總和）或參與活動的突觸數目增多（發生空間總和）時，遞質釋放量增多。由遞質作用所形成的興奮性突觸後電位通過總和使電位幅度增大，若增大到閾電位水準時，便可在突觸後神經元軸突始段處誘發動作電位，引起突觸後神經元興奮。如果未能達到閾電位水準，雖不能產生動作電位，但由於該局部興奮電位能提高突觸後神經元的興奮性，使之容易發生興奮，這種現象稱為突觸後易化（Postsynaptic facilitation）。

谷氨酸是中樞神經系統比較重要的興奮性遞質，在突觸後膜上與有關的谷氨酸受體結合產生興奮性突觸後電位。

(2)抑制性突觸後電位。突觸前膜釋放抑制性遞質，與突觸後膜受體結合後，可提高突觸後膜對 Cl^- 和 K^+ 的通透性，尤其是 Cl^- 的內向電流，使突觸後膜發生超極化，突觸後神經元興奮性下降，這種超極化電位稱為抑制性突觸後電位(Inhibitory postsynaptic potential, IPSP)(圖10-8)。抑制性突觸後電位與興奮性突觸後電位在時程上相似，但使突觸後神經元膜電位距離閾電位更遠，因而更難產生動作電位。

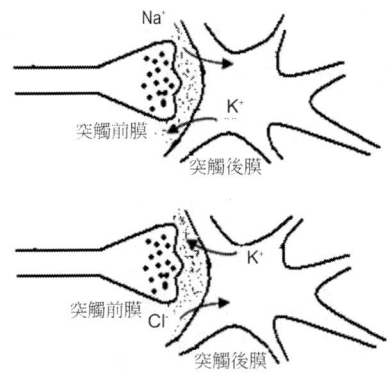

γ-氨基丁酸(GABA)和甘氨酸(Gly)二者是中樞神經系統重要的抑制性遞質。在各類中樞神經元上記錄到的抑制性突觸後電位均可被γ-氨基丁酸的拮抗劑和甘氨酸的拮抗劑所阻斷。

圖10-8　EPSP和IPSP產生機制示意圖

3. 突觸後電位的整合

在中樞神經系統內，一個神經元常與大量的其他神經元構成突觸聯繫。在無數突觸中，有的是興奮性的，有的是抑制性的，且其活動有強弱之分。中樞神經元可以不斷地接受來自突觸輸入的不同性質和強度的衝動，神經元將每一瞬間發生的所有抑制性突觸後電位與興奮性突觸後電位不斷進行空間和時間總和，並加以精確整合平衡。突觸後神經元的狀態實際上取決於同時產生的抑制性突觸後電位與興奮性突觸後電位的總和(代數和)。如果興奮性突觸後電位佔優勢並達閾電位水準時，突觸後神經元產生興奮；相反，若抑制性突觸後電位佔優勢，突觸後神經元則呈現抑制狀態。

(二)非突觸性化學傳遞

除上述神經元間的經典資訊傳遞外，在神經系統內還存在一些非突觸性化學傳遞(Non-synaptic chemical transmission)(圖10-9)。某些神經元間的資訊傳遞並無特定的突觸結構。當神經元受到刺激後，將所含的神經遞質釋放到周圍的細胞外液中，以擴散的方式到達鄰近的或較遠的靶細胞，與其相應受體結合而調節其功能。應用螢光組織化學方法進行觀察，發現腎上腺素能神經元的軸突末梢有許多分支，形成串珠狀的膨大結構，稱為曲張體(Varicosity)，它的內部有大量的含有遞質的小泡，當神經衝動到達曲張體時，遞質從其中釋放出來，以彌散方式到達鄰近或稍遠的靶細胞而發揮生理效應，由於這種化學傳遞不是通

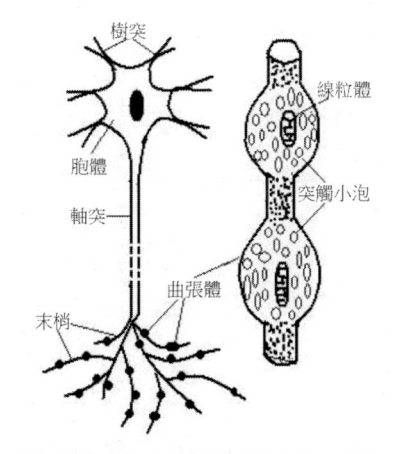

圖10-9　非突觸性化學傳遞示意圖

過典型的突觸結構進行資訊傳遞的，所以稱非突觸性傳遞。研究表明，在中樞神經系統中也存在這種傳遞方式，如在黑質中的多巴胺能纖維和中樞內的5-羥色胺能纖維有許多曲張體，以非突觸性化學傳遞方式傳遞資訊。

非突觸性化學傳遞與經典的突觸傳遞相比，有以下幾個特點：①不存在突觸前膜與突觸

後膜的特化結構；②一個曲張體釋放的遞質可作用於多個靶細胞，不存在化學性突觸那樣一對一的支配關係；③曲張體釋放的遞質經彌散方式到達靶細胞需要較長時間(大於1 s)；④曲張體與靶細胞之間的距離至少在200 nm以上，有的可達幾十微米；⑤遞質彌散到相應範圍內能否發生傳遞效應，取決於相應範圍的效應細胞膜上有無相應的受體。

(三) 化學性突觸傳遞的特徵

1. 單向傳遞

興奮在神經纖維上的傳導是雙向的，但突觸傳遞衝動只能從突觸前神經元沿軸突傳遞到下一個神經元的胞體或突起，表現為單向性。因為只有突觸前膜才能釋放神經遞質，反射發生時，興奮只能沿反射弧的傳入神經元經中間神經元，然後傳向傳出神經元。

2. 總和作用

突觸前膜傳來一次衝動及其引起遞質釋放的量，一般不足以使突觸後神經元產生動作電位。如果同一突觸前神經末梢連續傳來一系列衝動，或許多突觸前末梢同時傳來一排衝動，都可以促使釋放較多遞質，當達到興奮性突觸後電位的閾值時，就能激發突觸後神經元產生動作電位，這種現象稱為興奮總和作用。同樣，若傳來的是抑制性衝動，可以發生抑制總和作用。這種總和作用可從時間和空間上去理解：①隨著時間的延續，遞質不斷被釋放，一次一次作用達到突觸後電位的閾值，稱為時間性總和。②同一時間內從各個方向傳來的衝動達到閾電位，稱為空間性總和。抑制性突觸後電位與興奮性突觸後電位也可以相互抵消即發生代數和的總和。

3. 突觸延擱

突觸傳遞以遞質為仲介，需經歷遞質的釋放、擴散及對突觸後膜的作用等過程，需要消耗較長的時間，稱為突觸延擱(Synaptic delay)。據測定神經衝動通過一個突觸需 0.3～0.5 ms 比在神經纖維上神經衝動的傳導慢得多。

4. 興奮節律的改變

突觸前神經元發放衝動的頻率與突觸後神經元的興奮頻率，往往並不相同。一般情況是突觸前神經元興奮多次，突觸後神經元才興奮一次。

5. 對內環境變化的敏感性和易疲勞性

因突觸間隙與細胞外液相通，因此內環境變化可影響突觸傳遞，如缺氧、CO_2 增多、pH 改變、注射麻醉劑以及服用某些藥物等，均可改變突觸的傳遞能力。如茶鹼可以提高突觸後膜對興奮性遞質的敏感性，士的寧則起阻抑作用。此外，在反射活動中，突觸是反射弧中最易疲勞的部位，可能與資訊傳遞過程中遞質的耗竭有關。

(四) 神經遞質與受體

1. 神經遞質

化學性突觸傳遞是由神經遞質介導的資訊傳遞。神經遞質是由突觸前神經元合成並在末梢處釋放，特異性地作用於突觸後神經元或效應器細胞上的受體，使資訊從突觸前神經元傳遞到突觸後神經元的一些化學物質。只有符合以下條件的化學物質才是神經遞質：①突觸前神經元應具有合成遞質的前體物質和酶系統，能合成遞質並貯存在囊泡內；②當興奮抵達突觸前神經末梢時，囊泡內遞質能釋放入突觸間隙；③遞質經突觸間隙作用於突觸後膜上的特異受體，產生相應的生理效應；④在突觸部位存在著能使遞質失活的酶或其他使遞質移除的機制；⑤有特異的受體激動劑和拮抗劑能分別模擬或阻斷該遞質的突觸傳遞作用。

(1)主要的外周神經遞質

①乙醯膽鹼（Acetylcholine，ACh）。現已明確，植物性神經全部節前纖維、副交感神經節後纖維、部分交感神經節後纖維（支配汗腺和骨骼肌血管等交感神經節後纖維）和軀體運動神經纖維都是以釋放ACh作為遞質的。凡是釋放ACh作為遞質的神經纖維，均稱為膽鹼能纖維（Cholinergic fibers）。植物神經節前纖維和運動神經纖維所釋放的 ACh 的作用，與煙鹼的藥理作用相同，稱為煙鹼樣作用（N樣作用）副交感神經節後纖維所釋放的ACh的作用，與毒蕈城的藥理作用相同，稱為毒蕈城樣作用（M樣作用）。

②去甲腎上腺素（Noradrenalin,NA 或 Norepinephrine,NE）。在動物機體中絕大多數交感神經節後纖維是以釋放去甲腎上腺素作為遞質的。凡是釋放 NA 作為遞質的神經纖維，稱為腎上腺素能纖維（Adrenergic fibers）。在外周，除交感神經舒血管纖維和支配汗腺的交感神經，膽鹼能纖維外，其餘的交感神經節後纖維末梢釋放的遞質均為NA。NA與不同部位的受體結合後，可產生興奮性或抑制性的興奮。

③嘌呤類或肽類遞質。植物性神經的節後纖維除膽鹼能纖維和腎上腺素能纖維外，還有第三類纖維，其末梢釋放的遞質是嘌呤類或肽類化學物質。第三類纖維主要分布於胃腸，其神經元細胞體位於壁內神經叢中。目前認為，嘌呤能或肽能神經的主要作用是使腸肌細胞超極化和腸肌舒張。

(2)主要的中樞神經遞質

①乙醯膽鹼（ACh）。ACh 是中樞神經系統的重要遞質，主要分佈在脊髓、腦幹和大腦皮質內的運動神經元、腦幹網狀結構上行激動系統、丘腦皮質投射神經元、紋狀體和邊緣系統的梨狀區、杏仁核、海馬等部位，其作用多數為興奮，引起抑制效應的較少見。ACh參與對機體感覺和運動功能、心血管活動、呼吸運動、攝食與飲水、覺醒和睡眠、鎮痛、學習和記憶等功能活動的調節。

②單胺類。單胺類遞質是指多巴胺、去甲腎上腺素和 5-羥色胺。多巴胺主要是由黑質產生，沿黑質-紋狀體系統分佈，在紋狀體內儲存，是錐體外系統的重要遞質，它與軀體運動協調有關，一般起抑制性的作用。去甲腎上腺素主要由中腦網狀結構、腦橋的藍斑核和延髓網狀結構的腹外側的神經元產生。產生於藍斑核而前行投射到大腦皮質的去甲腎上腺素能纖維，與維持醒覺有關；產生於延髓網狀結構而投射到下丘腦和邊緣系統的去甲腎上腺素能纖維，與情緒反應和下丘腦內分泌調節功能有關；從腦幹後行到脊髓的去甲腎上腺素能纖維，與軀體運動和內臟活動調節有關。5-羥色胺主要由腦幹背側正中線附近的中縫核群產生。其纖維向前投射到紋狀體、丘腦、下丘腦、邊緣系統和大腦皮質，與睡眠、情緒反應及調節下丘腦的內分泌功能有關；後行纖維到達脊髓，與軀體運動和內臟活動的調節有關。

③氨基酸類。現已明確存在氨基酸類遞質。例如，谷氨酸、天門冬氨酸、甘氨酸和 γ-氨基丁酸。谷氨酸是興奮性遞質，廣泛分布於大腦皮質和脊髓內，與感覺衝動的傳遞及大腦皮質內的興奮有關。甘氨酸在脊髓腹角的閏紹細胞濃度最高，引起突觸後膜超極化，產生突觸後

抑制。γ-氨基丁酸在大腦皮質的淺層和小腦的浦肯野細胞中含量較高，引起突觸後膜超極化，產生突觸後抑制。γ-氨基丁酸還可在脊髓內能引起突觸前膜去極化，產生突觸前抑制。

④肽類。神經元能分泌肽類化學物質，例如，視上核和室旁核神經元分泌升壓素和催產素，下丘腦內其他肽能神經元能分泌多種調節腺垂體活動的多肽等。這些肽類物質都稱為神經激素。但現已知，這些肽類物質可能也是神經遞質。例如，室旁核有向腦幹和脊髓投射的纖維，具有調節交感和副交感神經活動的作用（其遞質為催產素），並能抑制痛覺（其遞質為升壓素）。

腦內具有嗎啡樣活性的多肽，稱為阿片樣肽。阿片樣肽主要包括β-內啡肽、腦啡肽和強啡肽三類。腦啡肽有甲硫氨酸腦啡肽和亮氨酸腦啡肽兩種。微量的腦啡肽可使大腦皮層、紋狀體和中腦周圍灰質神經元的放電受到抑制。腦啡肽在脊髓背角濃度很高，可能與調節痛覺纖維傳入活動有關。

腦內還有胃腸肽及其他肽類物質存在，如膽囊收縮素、促胰液素、胃泌素、胃動素、血管活性腸肽、P物質、神經降壓素、血管緊張素Ⅱ等。膽囊收縮素有抑制攝食行為的作用；P物質可能是第一級感覺神經元釋放的興奮性遞質，與痛覺的傳入活動有關；神經降壓素在邊緣系統中存在。

⑤氣體分子。氣體分子屬於非經典神經遞質。近年來研究發現，一氧化氮（NO）和一氧化碳（CO）均可作為神經遞質發揮資訊傳遞作用。某些神經元含有NO合成酶，該酶能使精氨酸生成NO，生成的NO從一個神經元彌散到另一神經元，然後作用於鳥苷酸環化酶並提高其活性，從而發揮生理效應。CO的作用與NO相似。

(3)神經調質

神經調質（Neuromodulator）是指神經元產生的另一類化學物質，它能調節資訊傳遞的效率，起到增強或削弱遞質的效應。調質發揮的作用稱為調製作用（Modulation），用以區別遞質的傳遞作用。在有些方面，神經遞質和神經調質的界限並不十分明確，很多活性物質既可以作為遞質傳遞資訊，又可以作為調質對資訊的傳遞過程起調製作用。

2. 主要的神經遞質受體系統

(1)膽鹼能受體。凡是能與乙醯膽鹼結合的受體稱為膽鹼能受體（Cholinoceptor），其廣泛分佈於中樞和外周神經系統。根據藥理特性，膽鹼能受體分為毒蕈鹼受體（Muscarinic receptor，M受體）和煙鹼受體（Nicotinic receptor，N受體）兩大類（圖10-10）。

①毒蕈鹼受體。可以和乙醯膽鹼結合，也可以和毒蕈鹼結合，產生相同的效應，這種作用稱為毒蕈鹼樣作用。大多數副交感神經節後纖維和少數交感神經節後纖維支配的效應細胞上

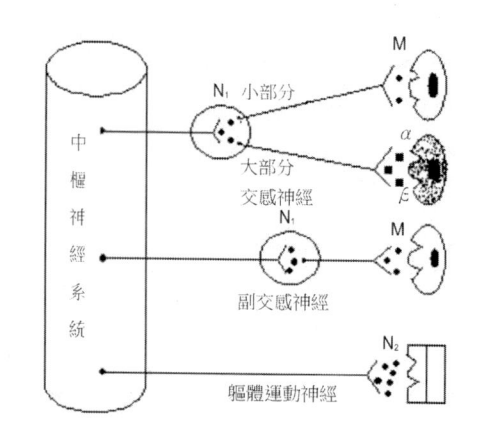

圖10-10 外周神經纖維末梢釋放的遞質及受體

有毒蕈鹼受體。乙醯膽鹼與毒蕈鹼受體結合後，可產生自主神經節後膽鹼能纖維興奮的效應；心臟活動受到抑制，支氣管、消化道平滑肌、膀胱逼尿肌和瞳孔括約肌收縮，消化腺和汗腺分泌增加，骨骼肌血管舒張等。阿托品是毒蕈鹼受體的阻斷劑。

②煙鹼受體。與乙醯膽鹼和煙鹼都可結合，產生相同的效應，這種作用稱為煙鹼樣作用。煙鹼受體是一種乙醯膽鹼門控通道，乙醯膽鹼與煙鹼受體結合時不僅引起節後神經元的興奮，還可引起骨骼肌細胞興奮。因為煙鹼受體分為N_1和N_2兩種亞型，N_1受體存在於自主神經節突觸後膜上，N_2受體存在於神經-骨骼肌接頭後膜上。筒箭毒鹼能阻斷N_1和N_2受體，六烴季銨主要阻斷N_1型受體，十烴季銨主要阻斷N_2型受體。

(2)腎上腺素能受體。凡是能與腎上腺素(E)和去甲腎上腺素(NE)結合的受體稱為腎上腺素能受體(Adrenoceptor)。多數的交感神經節後纖維末梢支配的效應器細胞膜上具有腎上腺素能受體。腎上腺素能受體可分為α和β兩種(圖10-10)，α受體可分為$α_1$和$α_2$兩種亞型，β受體分成$β_1$、$β_2$和$β_3$三個亞型。所有的腎上腺素能受體均為G-蛋白偶聯受體。

腎上腺素能受體廣泛分佈於中樞和周圍神經系統。中樞去甲腎上腺素能神經元的主要功能是參與心血管活動、情緒、體溫、攝食和覺醒等方面的調節；中樞腎上腺素能神經元的主要功能是參與心血管活動的調節。在外周，多數交感節後纖維末梢支配的效應器細胞膜上都有腎上腺素能受體，腎上腺素能受體興奮後的效應可為興奮性的或抑制性的，這取決於效應細胞上腎上腺素能受體的類型。NE對α受體的作用較強，對β受體的作用則較弱；E對α和β受體的作用都很強，而異丙腎上腺素主要對β受體有強烈的作用。

一般而言，NE或E與α受體(主要是$α_1$受體)結合產生的平滑肌效應主要是興奮性的，包括血管、子宮、虹膜輻射狀肌等的收縮；但也有抑制性的，如小腸舒張。

NE或E與β受體(主要是$β_2$受體)結合產生的平滑肌效應主要是抑制性的，包括血管、子宮、小腸和支氣管等的舒張；但與心肌$β_1$受體結合產生的效應卻是興奮性的。$β_3$受體主要分佈於脂肪組織，與脂肪的分解有關。

(3)突觸前受體。受體不僅存在於突觸後膜，還存在於突觸前膜。存在於突觸前膜的受體稱為突觸前受體。突觸前受體的作用主要是調節神經末梢的遞質釋放。例如，腎上腺素能纖維末梢的突觸前膜存在α受體，當末梢釋放的NE在突觸前膜超過一定量時與突觸前α受體結合，從而回饋抑制末梢合成和釋放 NE，調節末梢遞質的釋放量。

突觸前膜的α受體不同於突觸後膜的α受體，前者為$α_2$型，後者為$α_1$型。腎上腺素能纖維末梢的突觸前膜上，存在$α_2$受體和$β_2$受體。當$α_2$受體被啟動時，能回饋性抑制NE的釋放，為負反饋作用；當$β_2$受體啟動時，通過正回饋調節引起NE的釋放增多。

(4)中樞內其它遞質受體。中樞遞質種類複雜，相應的受體種類也較多，各種受體都有其相應的激動劑和拮抗劑。除膽鹼能受體、腎上腺素受體外，還有多巴胺受體、5-羥色胺受體、興奮性氨基酸受體、甘氨酸受體、阿片受體等。

案例

洛伊維是一位研究心臟藥理學的教授，據說洛伊維曾經反復做一個夢，後來按夢中提示開展了一個著名的生理學實驗，證明了乙醯膽鹼(ACh)是神經遞質這一偉大發現。這個試驗就是生理學經典的蛙心灌流試驗，把兩隻青蛙心臟離體，A蛙保留迷走神經，B蛙去迷走神經，用灌滿生理鹽水的玻璃管把兩離體心臟連接起來（A蛙灌流液可經玻管流經B蛙）。當刺激A青蛙的迷走神經時，A蛙心臟跳動受到抑制，從A蛙來的灌流液流經B蛙後，B蛙的心臟跳動也受到明顯抑制。洛伊維據此推斷，迷走神經興奮時釋放某種化學物質使兩心臟活動受到抑制，他稱這種物質為迷走素。後經英國生理學家戴爾證實，這種物質叫乙醯膽鹼，他證明了這種物質屬於內源性物質。1936 年，洛伊維與戴爾共同獲得諾貝爾生理學或醫學獎。

問題與思考

1. ACh受體的類型及作用有哪些？
2. 外周迷走神經ACh釋放增多時，對內臟器官有哪些調節作用？

提示性分析

1. ACh受體分為毒蕈鹼受體（M受體）和煙鹼受體（N受體）兩大類，煙鹼受體分為N_1和N_2兩種亞型。

2. 外周迷走神經ACh釋放增多時將導致心臟活動受到抑制，血管舒張，心輸出量降低，血壓降低；支氣管平滑肌收縮，肺通氣功能減弱；消化液分泌增多，胃腸運動增強；促進膀胱平滑肌收縮，促進排尿；刺激胰島素分泌，促進糖、脂肪及蛋白質的合成。

二、電突觸傳遞

電突觸的結構基礎是縫隙連接（Gap junction）。連接處相鄰兩細胞膜間隔只有 2～3 nm，此處膜不增厚，突觸膜兩側軸漿內無突觸小泡，兩側膜上有溝通兩細胞胞質的水相通道蛋白，允許帶電離子通過，這種水相通道電阻很低，局部電流可以直接從中傳導，故傳遞速度快，幾乎不存在潛伏期，並且資訊傳遞是雙向的。電突觸可存在於軸突與胞體、軸突與樹突、樹突與樹突、胞體與胞體之間。電突觸傳遞的意義在於促使許多細胞產生同步化活動。

第三節 反射活動的一般規律

一、反射與反射弧

神經系統中神經元的數量龐大，突觸聯繫形成複雜網路，遞質受體種類繁多，但神經活動是依賴具有規律性的反射活動而進行的。

(一)反射的概念

反射（Reflex）是神經系統功能活動的基本方式，是指在中樞神經系統參與下，機體對內外環境變化所做出的規律性應答。從感受器接受刺激到效應器發生反應所經歷的時間稱為反射時。一個最簡單的反射只通過一個突觸，稱為單突觸反射（Monosynaptic reflex）如腱反射。這種反射的反射時最短，參與的中樞範圍較窄；但大多數反射需要經過兩個以上的突觸，稱為多突觸反射(Multisynaptic reflex)，其反射時較長，反射較複雜，參與的中樞範圍極廣。

(二)反射弧的組成

反射活動的基本單位是反射弧(Reflex arc)。反射弧是由感受器、傳入神經、反射中樞、傳出神經和效應器五個部分組成(圖10-11)。感受器一般是神經末梢的特殊結構，可將適宜刺激通過換能，轉變為神經衝動進行傳導。機體內的感受器分布廣泛，種類繁多。傳入神經由傳入神經元突起所構成，突起包括位於周圍的突起和中樞的突起，這些神經元的胞體位於背根神經節和腦神經節內，它們的周圍突起與感受器相連，感受器接受刺激轉變為神經衝動，神經衝動沿周圍突起傳向胞體，再沿中樞突起傳向反射中樞。反射中樞通常是指中樞神經系統內調節某一特定生理功能的神經元群，反射活動越複雜，分佈的區域越廣；相反，較簡單的反射活動，參與的中樞分佈較狹窄。傳出神經是指中樞傳出神經元的軸突構成的神經纖維。效應器是指產生效應的器官，如肌肉和腺體等。

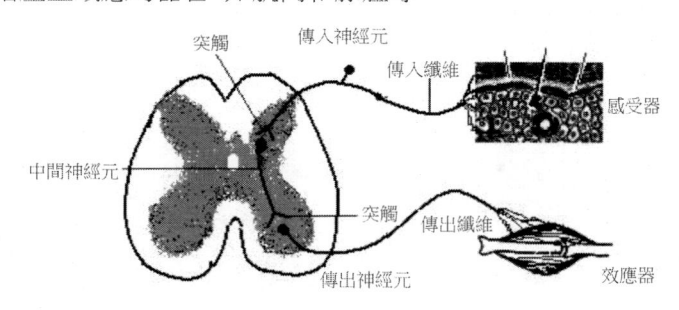

圖10-11 反射弧的組成

(三)反射的分類

反射分為條件反射和非條件反射兩類。非條件反射是動物在進化過程中形成並遺傳給後代的反射，如軀體反射中的角膜反射、屈肌反射、伸肌反射，內臟反射中吸吮反射、降壓反射、肺擴張反射等。條件反射是在非條件反射的基礎上，機體通過後天學習和訓練而建立起來的一種反射，是反射的高級形式。非條件反射和條件反射的主要區別在於：①非條件反射是先天性遺傳性反射，條件反射是後天獲得性反射；②刺激性質，非條件反射是非條件刺激，條件反射是條件刺激；③參與反射活動的中樞，非條件反射無須大腦皮質的參與即可完成，條件反射必須有大腦皮質參與；④非條件反射是簡單、固定的，條件反射是複雜、易變的；⑤非條件反射數量有限，條件反射數量無限；⑥非條件反射適應範圍窄，條件反射適應範圍廣。

二、中樞神經元的聯繫方式

根據神經元在反射弧中的不同作用，分為傳入神經元、中間神經元和傳出神經元三種，中間神經元的數量最多。中間神經元通過突觸聯系的方式主要有單線式、輻散式、聚合式、鏈鎖式和環狀式等幾種(圖10-12)。

1. 單線式聯繫

單線式聯繫是指一個突觸前神經元僅與一

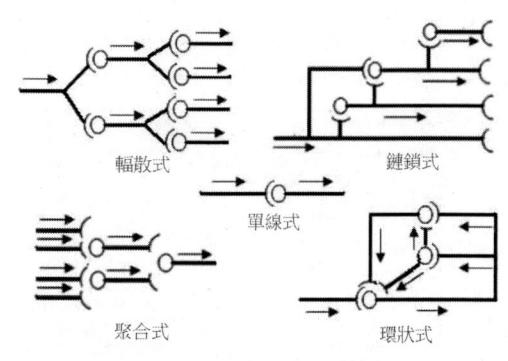

圖10-12 中間神經元的聯繫方式

個突觸後神經元發生突觸聯繫。這種聯繫方式使資訊傳遞路徑單一，資訊到達位置準確，可大大提高中樞對資訊的分辨能力。如視網膜中央凹處的一個視錐細胞常只與一個雙極細胞形成突觸聯繫，而該雙極細胞也只與一個神經節細胞形成突觸聯繫，此種聯繫方式使視錐細胞具有高效的分辨能力。一般情況下，單線式聯繫很少見。

2. 輻散式聯繫

一個神經元可通過其軸突末梢分支與其他許多神經元建立突觸聯繫，稱為輻散式聯系。輻散式聯繫可使傳入神經元的資訊擴布到許多神經元，導致許多神經元同時興奮或抑制，從而擴大中樞資訊的影響範圍。輻散式聯繫多存在於感覺傳導通路中。

3. 聚合式聯繫

許多神經元的軸突末梢共同與同一個神經元的胞體或突起建立突觸聯繫，稱為聚合式或稱會聚式聯繫。聚合式聯繫可使許多神經元的作用集中到同一神經元，從而發生整合或總和作用。聚合式聯繫多見於傳出通路。

4. 鏈鎖式與環狀式聯繫

中間神經元之間的聯繫多種多樣，有的呈鏈鎖式，有的呈環狀式。興奮通過鏈鎖式聯系，可擴大作用的空間範圍；興奮通過環式聯繫，可以形成反饋回路，若為正回饋可使興奮得到加強和時間上的延續，產生後發放現象；若為負反饋，則使興奮減弱，或及時終止。

三、中樞內興奮傳播的特徵

興奮在中樞內傳遞時，需要通過一次以上的突觸傳遞，由於突觸本身的結構特點和化學遞質等多種因素的影響，神經中樞內的興奮傳遞要比神經纖維上的興奮傳導複雜得多，其特徵如下。

1. 單向傳遞

興奮通過突觸傳遞只能是單向傳遞，即從突觸前神經元傳向突觸後神經元而不能逆向傳遞，這是因為神經遞質只能由突觸前膜釋放來影響突觸後膜。但應指出，突觸後神經元也能釋放一些化學物質（如 NO、前列腺素、多肽等）逆向作用於突觸前膜，改變突觸前神經元遞質釋放的過程。因此從突觸後的資訊溝通的角度看，影響是雙向的，但興奮的傳遞是單向的。

2. 中樞延擱

興奮在中樞部分傳遞時所需時間較長的現象，稱為中樞延擱。據測定，興奮通過一個突觸約為 0.3～0.5 ms，比興奮在神經纖維上傳導同樣的距離要慢得多，這是因為突觸傳遞的過程包括突觸前膜釋放遞質、遞質擴散和遞質作用於突觸後膜等多個環節。因此，中樞延擱的實質就是突觸延擱。反射活動中通過的突觸數目越多，延擱時間越長。

3. 總和

在突觸傳遞中，突觸前末梢的一次衝動引起釋放的遞質不多，只引起突觸後膜的局部去極化，產生興奮性突觸後電位。如果同一突觸前末梢連續傳來多個衝動（時間總和），或多個突觸前末梢同時傳來一排衝動（空間總和），突觸後神經元可將所產生的突觸後電位總和，達到閾電位水準，產生動作電位。如果總和未達到閾電位水準，此時膜電位與靜息狀態下相比，興奮性有所提高，表現為易化。因此，中樞內興奮的總和就是突觸的總和。

4. 興奮節律的改變

在興奮傳遞過程中，突觸前神經元發放衝動的頻率與突觸後神經元的興奮頻率，往往並不相同。這是由於突觸後神經元的興奮節律不僅受傳入衝動頻率的影響，也與其本身的功能狀態、中間神經元的功能以及聯繫方式對它的影響有關。因此，傳出神經元的興奮節律最終取決於各種因素的綜合效應。

5. 後發放

在某些反射活動中，刺激停止後，傳出神經仍繼續發放衝動，使效應器活動持續一段時間，這種現象稱為後發放(After discharge)。發生後發放的神經結構基礎是中間神經元的環狀式聯繫。

6. 對內環境變化的敏感和易疲勞性

突觸間隙與細胞外液是相通的，內環境理化因素的變化，如機體缺氧、二氧化碳增多、注射麻醉劑以及服用某些藥物後，突觸傳遞的某些環節易受這些變化的影響而改變突觸傳遞的能力。突觸部位是反射弧中最易發生疲勞的環節。實驗表明，用較高頻率電刺激連續刺激突觸前神經元時，幾秒鐘後突觸後神經元放電頻率即很快下降，而突觸前神經元在數小時內放電頻率不會減少，突觸傳遞易疲勞的原因可能與遞質耗竭和代謝產物的蓄積有關。疲勞的出現，是防止中樞過度興奮的一種保護性抑制。

四、中樞抑制

反射中樞內的興奮和抑制過程都是主動性的活動，二者的相輔相成是反射活動協調的基礎。中樞抑制(Central inhibition)產生的部位主要在突觸，因此中樞抑制實際上是突觸抑制，可分為突觸後抑制(Postsynaptic inhibition)與突觸前抑制(Presynaptic inhibition)。

(一)突觸後抑制

突觸後抑制是由抑制性中間神經元釋放抑制性遞質引起的。通常是抑制性中間神經元與後繼神經元構成抑制性突觸，突觸前膜釋放抑制性遞質，突觸後神經元產生抑制性突觸後電位，產生抑制效應。根據抑制性神經元被興奮的方式不同，可分為傳入側支性抑制與回返性抑制兩種形式。

(1)傳入側支性抑制。傳入纖維的衝動在興奮一個中樞神經元的同時，經側支興奮另一抑制性中間神經元，通過該抑制性神經元活動，轉而抑制另一中樞神經元。這種抑制稱為傳入側支性抑制(Afferent collateral inhibition)。例如，屈肌反射的傳入神經進入脊髓後，一方面可直接興奮屈肌運動神經元，同時通過側支興奮抑制性中間神經元，通過突觸後抑制作用抑制伸肌運動神經元，以使在屈肌收縮的同時，伸肌舒張(圖10-13)。傳入側支性抑制又稱交互抑制，存在於脊髓和腦，是中樞神經

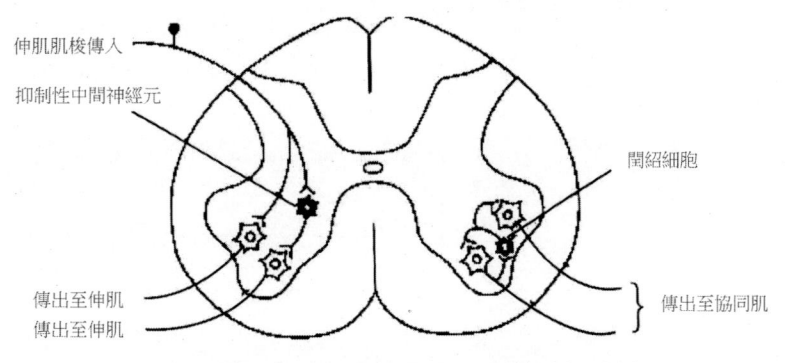

圖10-13　傳入側支性抑制和回返性抑制示意圖

系統最基本的活動方式之一，其意義在於使不同中樞之間的活動相互制約，保證了體內各種反射活動的協調。

(2)回返性抑制。是指某一中樞的神經元興奮時，其傳出衝動沿軸突外傳的同時，還經軸突側支興奮另一個抑制性中間神經元，後者釋放抑制性遞質，反過來抑制原先發生興奮的神經元及同一中樞的其他神經元，這種現象稱回返性抑制(Recurrent inhibition)。例如，脊髓前角運動神經元發出軸突支配骨骼肌時，也在脊髓內發出側支興奮閏紹細胞。閏紹細胞是抑制性中間神經元，興奮時釋放甘氨酸，回返性抑制原先發動興奮的神經元和其它同類神經元(圖10-13)。回返性抑制是一種負反饋，它能使神經元的活動及時終止，也促使同一中樞內許多神經元的活動同步化。

(二)突觸前抑制

由於興奮性神經元的軸突末梢在另一個神經元軸突末梢的影響下，釋放的興奮性遞質減少，使突觸後神經元產生的興奮性突觸後電位(EPSP)變小，由此所致的抑制過程為突觸前抑制。

突觸前抑制的結構基礎為3個神經元形成「軸-軸-體串聯型」突觸形式。如圖10-14所示，軸突末梢A與運動神經元構成軸-體突觸，軸突末梢B與末梢A構成軸-軸突觸，但與運動神經元不直接形成突觸。若只興奮末梢A，則引起運動神經元產生一定大小的EPSP；若只興奮末梢B，則運動神經元不發生反應。若末梢B先興奮，一定時間後末梢A再興奮，則運動神經元產生的EPSP將明顯減少。這種抑制是通過神經元B的活動，使突觸前膜(軸突末梢A)預先去極化，從而使其興奮性遞質釋放減少，突觸後運動神經元EPSP減少所產生的抑制效應，也稱之為去極化抑制。

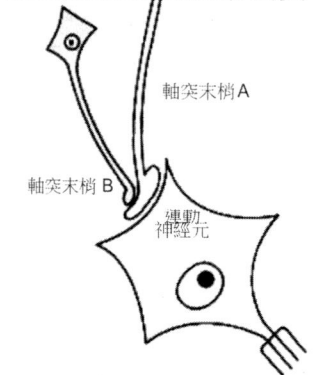

圖10-14 突觸前抑制神經元聯繫方式

突觸前抑制在中樞神經系統內廣泛存在，尤其多見於感覺傳入途徑。它的生理意義是控制從外周傳入中樞的感覺資訊，使感覺更加清晰和集中，因此，對調節感覺傳入活動有重要作用。

五、中樞易化

易化是指某些生理過程變得更容易發生的現象。在中樞內，如果一個神經元使另一個神經元的興奮性升高，但並不能引起這個神經元興奮，則稱第二個神經元被易化(Facilitated)。中樞易化(Central facilitation)是指中樞內某一個被易化的中樞的興奮變得更容易發生的現象。中樞易化可分為突觸前易化和突觸後易化。突觸後易化表現為突觸後膜EPSP的總和，這是由於前一個刺激引起突觸後膜去極化，使膜電位靠近閾電位水準，如果在此基礎上再出現一個刺激，就較容易達到閾電位水準而爆發動作電位。突觸前易化與突觸前抑制具有同樣的結構基礎。

第四節　神經系統的感覺功能

　　動物機體通過各種感受器接受內外環境的刺激,轉化為傳入神經上的電位變化(神經衝動),沿著感覺神經傳入中樞神經系統,經過多次神經元交換,最後在大腦皮質特定區域,通過各感覺中樞的分析整合產生特定感覺。所以機體的感覺是由感受器、傳入系統和大腦皮層感覺中樞三部分共同完成的,機體的感覺有視覺、聽覺、嗅覺、味覺、軀體感覺和內臟感覺等。

一、感受器

　　感受器(Receptor)指能感受內外環境的刺激,並將刺激的能量轉化為神經衝動的轉化裝置。感受器接受刺激發生興奮的客觀指標是發放神經衝動,在傳入神經上記錄到一系列「全或無」的動作電位。感受器的基本功能是轉換能量,能夠將各種形式刺激的能量轉換為有信息意義的神經衝動,所以也稱為生物換能器。

(一)感受器的分類
1. 根據感受器所在的部位分類
　　(1)外感受器。位於皮膚和頭部,能感受外界環境的變化,如光、聲、位置、味和觸、壓、溫、冷、痛等感受器。它們的活動常引起清晰的感覺,並能精確定位。
　　(2)內感受器。分布在心臟、血管、內臟、肌肉、關節、腦等各處,接受體內的各種刺激。它們的活動往往不產生意識感覺或僅產生不能精確定位的模糊感覺,如心房的容量感受器、動脈管壁的壓力感受器、頸動脈體化學感受器、細支氣管壁的肺牽張感受器和腦內滲透壓感受器等。
2. 根據感受器所能接受的刺激性質分類
　　感受器可根據它們所能接受的刺激性質分為機械感受器、溫度感受器、傷害性刺激感受器、光感受器和化學感受器等。

(二)感受器的一般生理特性
　　各種感受器雖然在結構和功能方面不盡相同,但具有某些共同的特性。
1. 感受器的適宜刺激
　　感受器對於刺激具有特殊的敏感性,每種感受器只對特定能量形式的刺激發生反應,這種形式的刺激為該感受器的適宜刺激。如視網膜只對一定波長和亮度的光波刺激敏感,味蕾只對水溶性的化學物質刺激敏感。所有刺激的強度若達不到一定的閾值,將不產生感覺。引起感覺所需要的最小刺激強度稱為感覺閾(Sensory threshold),感覺閾受刺激作用的時間和作用面積的影響。感覺閾並不是固定不變的,一定狀況下,感覺閾將發生一定程度的變化。如安靜和嘈雜的環境聽覺的感覺閾就不同,前者的聽覺閾低,後者的聽覺閾高。對同一種性質的兩個刺激,其刺激強度的差異必須達到一定程度時才能使機體有感覺上的差異,並將其辨別出來,這種剛能使感覺分辨清楚的兩個刺激強度的最小差異稱為感覺辨別閾(Sensory threshold of discrimination)。

2. 感受器的換能作用

感受器能將不同形式刺激的能量轉化為傳入神經上的動作電位，稱為感受器的換能作用。感受器在受到適宜刺激後，通過跨膜資訊傳遞，感受器細胞內產生的局部電位變化，稱為感受器電位，在相應的感覺神經末梢上產生的局部電位變化，稱為發生器電位。如果某種感受器僅由神經末梢構成，則發生器電位就是感受器電位，其換能的部位和產生神經衝動的部位相同。發生器電位或感受器電位是傳入神經的膜或感受器細胞的膜進行跨膜資訊傳遞的結果，和體內大多數細胞一樣，感受器細胞對外來不同刺激資訊的跨膜傳遞，也是通過膜通道蛋白或 G-蛋白偶聯受體把外界刺激轉變為跨膜電資訊的。

感受器電位和發生器電位都是一種局部性電位，不具有「全或無」特徵，不能遠距離地傳導，其產生的幅度與外界刺激強度呈正比，但可進行總和。當這些電位總和達到傳入神經膜電位去極化的閾電位水準時，就會在傳入纖維上產生可擴布的動作電位。一旦產生動作電位，就意味著完成了感受器的換能作用。

3. 感受器的編碼作用

感受器把外界環境刺激轉換成動作電位時，不僅是能量形式的轉換，更重要的是把包含環境變化的資訊也移到了新的電信號中，即動作電位的序列之中，這就是感受器的編碼作用。感受器的編碼作用表現在對外界刺激「質」和「量」的編碼兩個方面。

（1）「質」的編碼。主要取決於刺激的性質和被刺激的感受器，還取決於傳入衝動到達的高級中樞的部位，即由信號所傳導的通路來決定。由於感受器細胞在進化過程中的高度分化，使得某一感覺細胞變得對特定物質的刺激或該物質屬性特別敏感，由此產生的傳入信號又只能按特定的途徑到達特定的皮層結構，引起特定的感覺。感覺的種類取決於傳入衝動所到達高級中樞的部位，而高級中樞的興奮部位取決於被興奮的感受器及傳入通路的神經類型。感覺的產生不僅在感受器部位有編碼，在感覺的中樞神經網路傳輸與分析過程中也要不斷進行編碼。資訊每通過一次神經元間的交換，就要進行一次編碼，並有可能受來自其他資訊源的影響，使資訊不斷地得到處理。

（2）「量」的編碼。由於動作電位的「全或無」特徵，刺激強度不可能通過動作電位的幅度大小或波形的改變來表現。刺激強度主要靠單一神經纖維上神經衝動的頻率高低和參與信息傳輸的神經纖維數目來編碼。如給皮膚觸、壓刺激，隨著刺激強度的增大，傳入神經上動作電位的頻率隨之增高，發生動作電位的傳入神經纖維數目也會逐漸增多。

4. 感受器的適應現象

感受器受到刺激，感覺衝動發放的頻率不僅與刺激強度有關，同時還與刺激持續作用的時間有關。在一定強度的適宜刺激下，刺激較長時間後，感受器發放的衝動頻率會逐漸減少，甚至完全不發生興奮，這一現象稱為感受器的適應。適應是感受器的一個功能特點，「入幽蘭之室久而不聞其香」從感覺的角度講就是適應。適應的程度因感受器的類型不同而有很大差異。按出現適應現象的快慢可分為快適應感受器和慢適應感受器。

嗅覺和觸覺感受器在接受刺激時，僅在刺激開始後的短時間內有傳入衝動發放，以後刺激繼續作用，但傳入衝動的頻率很快下降，屬於快適應感受器。快適應感受器對刺激變化敏感，有利於感受器和中樞再接受新刺激，增強機體對環境的適應能力。

牽張感受器、痛覺感受器和頸動脈竇的壓力感受器都屬於慢適應感受器，它們的特點在於當刺激持續存在時，僅在刺激開始後不久出現感受器電位和傳入衝動頻率的輕微下降，以後在較長時間內維持在這一水準。慢適應有利於機體某些功能進行持久而恆定的調節，或者向中樞發放有害的刺激資訊，以達到保護機體的目的。

感受器適應的機制比較複雜，可發生在感覺資訊轉換的不同階段。感受器的換能過程、離子通道的功能狀態以及感受器細胞與感覺神經纖維之間的突觸傳遞特性等，均可影響感受器的適應。適應並非疲勞，對某一強度的刺激產生適應之後，如增加刺激強度，又可引起傳入衝動的增加。

二、脊髓的感覺傳導與分析功能

來自軀體的感覺資訊經初級傳入纖維通過脊神經背根進入脊髓後，可循不同的上行通路傳向腦的高位中樞。其感覺傳導路徑大致可分為兩大類：淺感覺傳導和深感覺傳導。

(一)感覺傳導通路

1. 淺感覺傳導通路

傳導淺感覺(痛覺、溫度覺和輕觸覺)的傳入纖維，由背根的外側進入脊髓，在後角更換神經元後，再發出纖維在中央管前交叉到對側，分別經脊髓-丘腦側束(傳導痛、溫度覺)和脊髓-丘腦前束(傳導輕觸覺)上行抵達丘腦(圖10-15)。淺感覺傳導路徑的特點是：先交叉，後上行。因此，在脊髓半離斷的情況下，離斷水準以下對側軀體的痛覺、溫度覺和粗略觸-壓覺發生感覺功能障礙。

頭面部的淺感覺經三叉神經傳入腦橋後，傳導輕觸覺的纖維止於三叉神經核，而傳導痛、溫度覺的纖維止於三叉神經脊束核。二者換元後，交叉到對側前行，經腦幹各部至丘腦更換第三級神經元投射到大腦皮質的軀體感覺區。

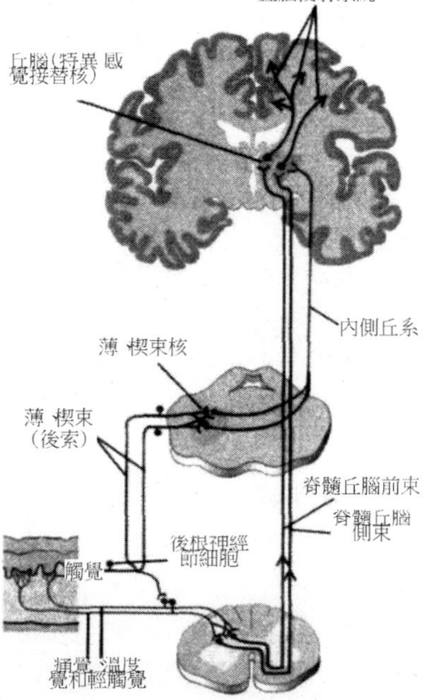

2. 深感覺傳導通路

傳導深感覺(肌肉本體感覺和深部壓覺)的傳入纖維，由背根內側進入脊髓，即在同側背索中上行，抵達延髓下部薄束核與楔束核，更換神經元後，再發出纖維交叉到對側，經內側丘系至丘腦(圖10-15)。深感覺傳導通路的特點是：先上行後交叉。在脊髓半離斷的情況下，深感覺的障礙發生在離斷的同側。

圖10-15 軀幹、四肢感覺傳導通路示意圖

三、丘腦及其感覺投射系統

(一)丘腦核團的分類

大腦皮層不發達的動物，丘腦是感覺的最高級中樞；大腦皮層發達的動物，丘腦成為重要的感覺傳導的換元接替站。丘腦的功能核團有三類。

1. 感覺接替核

感覺接替核是機體所有特定感覺(嗅覺除外)纖維投射到大腦皮層特定區域的中繼換元

部位,直接接受除嗅覺外各種感覺的上行傳入投射纖維,換元後投射到大腦皮層感覺區。各種感覺功能在丘腦內有嚴格的定位,例如,後腹核接受軀幹、肢體、頭面部來的纖維,換元後投射到大腦皮層的感覺運動區。內側膝狀體為聽覺傳導通路的換元站,外側膝狀體為視覺傳導通路的換元站。

2. 聯絡核

聯絡核不直接接受感覺的纖維投射,而接受感覺接替核和其他皮層下中樞來的纖維投射,換元後投射到大腦皮層的某一特定區域。其功能與各種感覺資訊在丘腦和大腦皮層之間的聯繫協調有關。主要包括丘腦枕核、外側腹核和丘腦前核等。

3. 非特異投射核

主要是髓板內核群,接受腦幹網狀結構的上行纖維投射,經多突觸接替後,瀰散地投射到整個大腦皮層,起著維持和改變大腦皮層興奮狀態的作用。主要包括中央中核、束旁核、中央外側核等。

(二)丘腦感覺投射系統

根據上述核群換元後的纖維投射到大腦皮質的特徵和引起的功能不同,把丘腦的感覺投射系統,分為特異性投射系統和非特異性投射系統(圖10-16)。

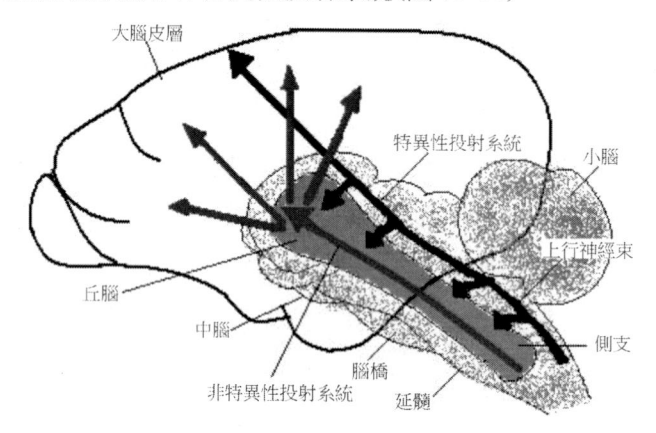

圖10-16 特異性及非特異性投射系統

1. 特異性投射系統及其作用

機體的各種感覺(嗅覺除外)傳入的衝動在丘腦的感覺接替核換元後,投射到大腦皮質的特定區域,產生特定感覺的功能系統,稱為特異性投射系統。經典的感覺傳導通路由三級神經元的接替完成。第一級神經元位於脊神經節或有關的腦神經感覺神經節內;第二級神經元位於脊髓背角或延髓的有關神經核內;第三級神經元在丘腦的感覺接替核內。特異性投射系統在丘腦接替核換元後點對點投射到大腦皮質的特定區域,其上行投射纖維主要在大腦皮質特定區的第四層,並與神經元形成突觸聯繫,通過中間神經元的接替,與大錐體細胞的胞體形成興奮性突觸聯繫。特異性投射系統的主要功能是引起特定的感覺,並激發大腦皮層產生傳出神經衝動。如損壞某一特異性傳導通路,僅引起某種特定感覺障礙,但動物仍保持清醒。

2. 非特異性投射系統及其作用

特異性投射系統的第二級神經發出側支與腦幹網狀結構的神經元發生突觸聯繫,在此多次換元後上行達丘腦的髓板內核群，最後彌散性投射到大腦皮質的廣泛區域，稱為非特異性投射系統。非特異性投射系統上行纖維進入皮層後反復分支，終止於各層，與各層神經元的樹突形成突觸聯繫，不存在專一的投射關係。

非特異性投射系統的功能是維持或改變大腦皮質的興奮狀態，以維持機體較長時間的覺醒而不昏睡，為產生特定的感覺提供條件。在腦幹網狀結構內，存在著具有上行喚醒作用的功能系統，在正常情況下，由於各種感受器在受到足夠強的刺激時，均可使之啟動，引起動物的喚醒和覺醒狀態的腦電圖改變，故稱之為腦幹網狀結構上行激動系統。該系統主要是通過非特異性投射系統發揮作用的。該系統對催眠和麻醉藥較敏感，受損後會出現昏睡不醒。所以，只有在非特異性投射系統維持大腦皮層清醒狀態的基礎上，特異性投射系統才能發揮作用，形成清晰的特定感覺。

(三)大腦皮質的感覺分析功能

大腦皮質是感覺分析的最後和最高級中樞部位。各種感覺傳入衝動最終都到達大腦皮質，在此進行資訊加工和整合，最後形成感覺和意識。不同的感覺纖維投射到大腦皮質後有一定的區域分佈，此區域稱為該感覺在大腦皮質的代表區或該感覺的皮質中樞。

1. 大腦皮質形成感覺的結構基礎

對中央後回皮質結構和功能的研究發現，大腦半球外側面等處的新皮質分為6層結構，即分子層、外顆粒層、外錐體細胞層、內顆粒層、內錐體細胞層和多形細胞層。細胞以縱向的柱狀排列構成感覺皮質的最基本功能單位，即感覺柱。每個感覺柱的直徑為 200～500 μm，大約含有10 000個神經元的腦體，一個柱狀結構是一個傳入-傳出資訊的整合處理單位。感覺傳入資訊主要在柱內被垂直方向連接的突觸進行加工處理。

2. 體表感覺區

全身體表感覺在大腦皮質的投射區主要位於中央後回，稱為第一體表感覺區，在該區主要調控全身痛、溫、觸壓以及位置覺和運動覺等體表感覺。體表感覺區的感覺定位明確，性質清晰。體表感覺區具有以下特徵。

(1)交叉分佈，即一側體表的感覺分佈在對側皮質的相應區域，但頭面部是雙側性的。

(2)定位準確，投射區的空間安排呈倒置分佈，前肢代表區在頂部，後肢代表區在中部，頭面部代表區在底部。但頭面部代表區的內部安排是正立的。

(3)皮質投射區域的大小與感覺的靈敏度相關，感覺越靈敏，分佈面積越大。如感覺靈敏度高的拇指、食指和唇的皮質代表區面積大，而感覺遲鈍的背部皮質代表區面積小。

在高等動物之中還存在第二體表感覺區，位於中央前回與島葉之間，面積遠比第一體表感覺區小。其分佈特點為正立、雙側、定位準確性差。此部位對感覺只能做比較粗糙的分析，可能與痛覺產生有較密切的關係。

3. 本體感覺區

中央前回既是運動區，又是本體感覺的代表區。在較低等的哺乳類動物(貓、兔等)，體表感覺區與運動區基本重合在一起，稱為感覺運動區。進化較高等的動物(猴、猩猩)，體表感覺區與運動區逐漸分離，前者位於中央後回，後者位於中央前回，但這種分化並不是絕對的。

4. 內臟感覺區

內臟感覺的投射區位於第一體表感覺區、第二體表感覺區、運動輔助區和邊緣系統等皮質部位，它與體表感覺區有較多的重疊，但投射區小，且不集中。內臟感覺通常有性質模糊、定位不準確的特點。

5. 特殊感覺區

特殊感覺區包括視覺區、聽覺區、嗅覺區和味覺區。視覺區位於皮質的枕葉，來自兩側視網膜的視神經纖維在視交叉處全部（低等動物）或部分交叉（高等動物）投射到對側的視覺區。聽覺區位於顳葉，聽覺投射是雙側性的，即一側皮質代表區與雙側耳蝸感受功能有關，故一側代表區受損不會引起全聾。嗅覺的皮質投射區位於邊緣葉的前底部，包括梨狀區皮質前部、杏仁核的一部分和海馬。味覺投射區位於中央後回頭面部感覺投射區的下方。

(四)痛覺

痛覺(Pain)是機體受到傷害性刺激時所產生的一種複雜感覺，常伴有不愉快的情緒活動和防禦反應。作為機體受損害時的報警系統，痛覺具有保護性作用，同時伴有自主神經的反應，如腎上腺素的分泌、血壓升高等。痛覺常是許多疾病的一種症狀，劇烈的疼痛還可引起休克，故認識疼痛的產生及其規律具有重要意義。

1. 痛覺產生的外周機制

(1)致痛物質。化學刺激、機械刺激、電刺激、創傷、炎症等，只要達到傷害性強度時，均能引起痛覺。這些不同的傷害性刺激，可通過共同機制（釋放或生成某些化學物質）而使痛覺產生。將參與疼痛發生和發展過程的化學物質稱為致痛物質。受傷害組織局部的細胞和痛覺感受器均可參與致痛物質的生成、釋放。致痛物質的作用主要是啟動致敏痛覺感受器，導致痛覺或痛覺過敏。已知的致痛物質有K^+、H^+、ATP、前列腺素、P物質、白三烯、5-羥色胺、組胺和白介素等。

(2)痛覺感受器。痛覺感受器是游離的神經末梢，從表面上看沒有固定的適宜刺激，任何過強的刺激，都會導致其興奮。痛覺感受器實質上是一種化學感受器，在受到致痛物質的刺激後，通過換能作用，最終轉變為傳入神經上的動作電位。痛覺感受器幾乎不存在適應現象，某些刺激還可能會使痛覺感受器敏感化，出現痛覺過敏現象。痛覺感受器接受傷害性刺激後，把刺激的資訊轉化為傳入神經上的動作電位，並將刺激的性質、強度和持續的時間等轉移到動作電位的不同組合中。在這個過程中，實現對資訊的初步處理，然後經痛覺傳導通路投射到相應的皮質區形成痛覺。

2. 痛覺產生的中樞機制

來自軀體痛覺的傳入纖維進入脊髓後，一部分在後角換元並發出纖維交叉至對側，經脊髓丘腦側束上行，抵達丘腦的感覺接替核。頭面部的痛覺衝動則由三叉神經傳導，沿三叉神經丘腦束上行至腦橋水準與脊髓丘腦側束會合，最後投射到大腦皮質的第一體感區，引起有定位特徵的痛覺並激發運動性反應。另一部分痛覺傳入纖維在脊髓內彌散上行，經脊髓網狀纖維、脊髓中腦纖維和脊髓丘腦內側部纖維，抵達腦幹網狀結構和丘腦髓板內核群，再投射到大腦皮質第二體表感覺區和邊緣系統，引起定位不明確的慢痛和痛的自主神經性反應及情緒反應。

內臟痛的傳入神經主要經背根進入脊髓,然後與軀體傳入神經以同一上行途徑,經丘腦投射到大腦皮質第二體表感覺區和邊緣系統。

3. 皮膚痛覺

傷害性刺激作用於皮膚時,可出現快痛和慢痛兩種性質的痛覺。快痛是一種急性痛,即尖銳的刺痛,它的特點是產生和消失迅速,感覺清楚,定位明確。慢痛是一種強烈而難以忍受的「燒灼痛」,一般在刺激作用 0.5～1.0 s 後才產生,特點是定位不太明確,持續時間較長,常伴有心血管系統和呼吸系統的反應。在動物有外傷時,這兩種痛覺相繼出現,不易明確區分;但有皮膚炎症時,常以慢痛為主。

4. 深部痛覺

深部的組織骨膜、肌肉、韌帶、肌腱等處的痛反應稱為深部痛覺。深部痛覺一般表現為慢痛,其特點是定位不明確,還伴有噁心、出汗和心血管自主神經反應等現象。深部痛覺最普遍的形式為肌肉痛,因為在肌腱、關節和骨等部位受到損傷性刺激時,可反射性引起鄰近骨骼肌收縮,肌肉的收縮使疼痛進一步加劇,缺血也是引起肌肉痛的主要原因。

5. 內臟痛與牽涉痛

內臟痛是傷害性刺激作用於內臟器官所引起的。內臟痛覺通過自主神經內的傳入神經傳入脊髓,沿著軀體感覺同一通路前行,經脊髓丘腦束和感覺投射系統到達大腦皮質。內臟痛是臨床上常見的病理性疼痛。其特徵為:疼痛的定位不明確,對刺激的分辨較差,發生緩慢,持續時間較長,伴有自主神經活動的變化;機械性牽拉、痙攣、缺血與化學性刺激是誘發內臟痛的主要原因。

牽涉痛是內臟疾病引起體表一定部位發生疼痛或痛覺過敏的現象。例如,發生膽囊炎、膽結石時,可出現右肩胛部疼痛;腎結石可引起腹股溝區的疼痛;在闌尾炎初期,動物常感上腹部或臍區疼痛。牽涉痛並非內臟痛所特有,深部軀體痛、牙痛也可以引起牽涉性疼痛。

產生牽涉痛的機制,目前有會聚學說和易化學說。會聚學說認為,患病內臟的傳入纖維與被牽涉部位的皮膚傳入纖維,由同一背根進入脊髓同一區域,聚合於同一脊髓神經元,並由同一纖維上傳入腦,在中樞內分享共同的傳導通路。由於大腦皮層習慣識別來自皮膚的刺激,因而誤將內臟痛當作皮膚痛,故產生了牽涉痛(圖10-17)。易化學說認為,內臟痛覺的傳入纖維的側支在脊髓與接受體表痛覺傳入的同一背角神經元構成突觸聯繫,從患病內臟傳來的衝動可提高該神經元的興奮性,從而對體表傳入衝動產生易化作用,使微弱的體表刺激成為致痛刺激產生牽涉痛(圖10-17)。

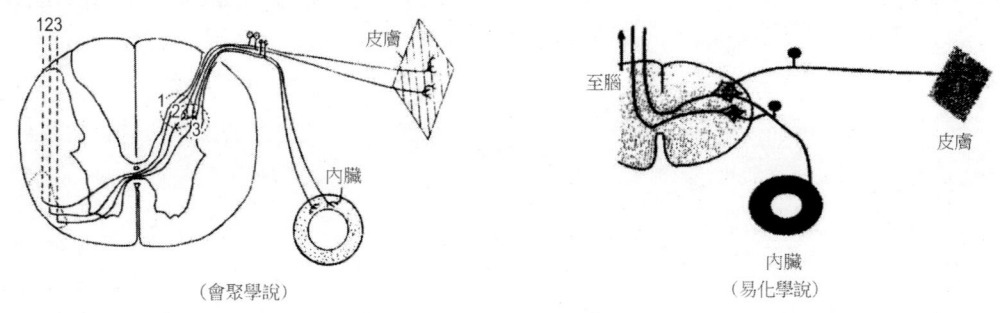

圖10-17 牽涉痛產生機制示意圖

(五)嗅覺和味覺

1. 嗅覺

嗅覺是空氣中的物質分子或溶於水及脂質的刺激物作用於鼻黏膜中的嗅細胞，經嗅細胞換能後傳導衝動至大腦眶額皮質嗅中樞引起的一種特殊感覺。大多數動物，在發現和獲取食物以及其他的生命活動過程中，嗅覺是極為重要的。嗅細胞是嗅覺感受器，它是唯一起源於中樞神經系統且能直接感受環境中化學物質的神經元。嗅細胞是雙極細胞，位於上鼻道及鼻中隔後上部的嗅上皮中。由於其部位較深，平靜呼吸時的氣流不易達到該處，故對一些不太濃的氣味，要用力吸氣，使氣流深入到嗅上皮才能進行分辨。嗅細胞頂部有5～6條短纖毛，底部有由無髓纖維組成的嗅絲，傳入篩板進入嗅球。

嗅覺的閾值低，適應很快，當某種氣味突然出現時，可引起明顯的嗅覺，若這種氣味物質持續存在，對該氣味的嗅覺很快減弱甚至消失。對這一氣味適應後，對其他氣味仍敏感。空氣中的氣味分子通過呼吸被鼻腔中的黏液吸收，擴散至嗅纖毛並與表面膜的受體結合，啟動G-蛋白，使細胞膜cAMP生成，引起膜上的Na^+通道開放，Na^+內流，產生去極化性的感受器電位，總和達到閾電位，產生的動作電位在軸突膜傳導，電資訊傳向嗅小球，繼而傳向大腦眶額皮質。眶額皮質的活動一般右側大於左側，所以，兩側的嗅皮質是不對稱的。眶額皮質嗅覺中樞興奮，引起嗅覺並進入記憶。由於來自不同類型氣味受體的資訊組合成與特定氣味相對應的模式，最終在大腦皮質整合，引起特有的主觀嗅覺感受。

在機體受到不同氣味的刺激時，嗅覺纖維上傳神經衝動除產生相應的嗅覺外，還可投射到邊緣系統，引起體內其他功能活動發生變化，如嗅到喜愛的食物氣味時可刺激食欲的產生。

2. 味覺

味覺是味覺感受器受到刺激時，傳入資訊經孤束核和丘腦傳遞，在大腦皮質的味中樞產生特定的感覺。分布於舌背和舌緣、口腔和咽部黏膜表面的味蕾是味覺的感受器。味蕾是由味覺細胞、支援細胞和基底細胞組成的，細胞頂部有纖毛，是感受味覺的關鍵部位。味覺細胞平均每10天更換一次。味覺系統能感受和區分多種味道。眾多的味道都是由酸、甜、苦和鹹四種基本味覺組合而成的。

味覺也有適應現象，一種味覺刺激適應後，對其他的味覺沒影響。不同味覺細胞受到刺激後，產生味覺電換能的機制不全相同。鹹和酸的刺激可通過化學門控式Na^+通道開放，Na^+內流引起味覺細胞產生感受器電位。糖與味覺細胞膜上的受體結合後，啟動G-蛋白，進而使腺苷酸環化酶啟動，使細胞內cAMP增多，對K^+的通透性降低而產生感受器電位。目前，許多味覺刺激的換能機制尚不清楚。味覺細胞產生的感受器電位通過突觸傳遞引起感覺神經末梢產生動作電位，經面神經、迷走神經和舌咽神經中的纖維傳入，在延髓孤束核換元後，經丘腦特異感覺接替核換元，再投射到中央後回底部味皮質，中樞通過來自四種基本味覺的神經傳入資訊的不同組合來辨別各種味覺。

當味覺感受器受到持續和強烈的刺激時，由VII、IX和X腦神經中的味覺纖維傳入衝動在延髓孤束核換元後，其中部分纖維經丘腦感覺接替核換元後投射到皮質頂葉和島葉，部分纖維則投射到下丘腦，在產生特定感覺和內臟反應的同時，中樞整合後的資訊經三叉神經的淚腺神經傳出,使淚腺分泌大量的淚液,該過程稱為味覺-淚反射。與此同時,口腔中的痛覺感受器亦可受到刺激,衝動傳入大腦皮質引起痛覺。經皮質整合後的資訊,一方面可協調味覺-淚反射活動,另一方面還可以反射性地引起頭頸部汗腺分泌大量汗液,即引起味覺性發汗。機體的味覺不僅能辨別不同的味道,同時個體喜好的味道可引起愉快的心理和精神反應,從而在進食過程中增加食欲,攝入的營養物質相應增多,故味覺同時也與攝取營養成分和調節內穩態有關。

第五節 神經系統對軀體運動的調節

軀體運動是行為的基礎。動物日常的行為活動,主要是以骨骼肌的活動為主,在運動過程中,骨骼肌的舒縮活動,不同肌群之間的相互配合,均有賴於神經系統的調節。一般來說,調節軀體運動的神經結構從低級到高級,可分為脊髓、腦幹下行系統和大腦皮質運動區三個水準。此外,小腦和基底神經節是兩個重要的皮層下運動調控機構(如圖10-18)。

一、脊髓對軀體運動的調節

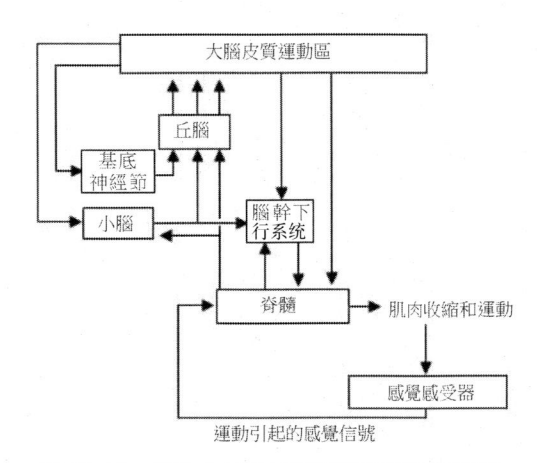

圖10-18 運動系統各結構間相互關係示意圖

脊髓是調節軀體運動的最基本中樞,可完成一些比較簡單的運動反射,如屈肌反射、牽張反射等,但這些反射是動物機體完成複雜軀體反射的基礎。

(一)脊髓的運動神經元和運動單位

在脊髓腹角有α和γ運動神經元,其末梢釋放的遞質都是乙醯膽鹼。脊髓α神經元不僅接受來自皮膚、肌肉和關節等處的外周傳入資訊,同時接受從大腦皮質到腦幹的下傳資訊,將這些資訊整合後產生一定的傳出衝動,直達所支配的骨骼肌,因此,將α運動神經元稱為脊髓反射的最後公路。γ運動神經元的胞體分散在α神經元之間,支配骨骼肌的梭內肌纖維,其常以較高的頻率持續放電,興奮性高,主要功能是調節肌梭對牽張刺激的敏感性。

α運動神經元大小不等,胞體直徑從幾十微米到150μm,小α神經元支配慢肌纖維,大α神經元支配快肌纖維,其軸突末梢在骨骼肌中分成許多小支,每一小支支配一根骨骼肌纖維。在正常情況下,當神經元興奮時,興奮可傳導到受它支配的所有肌纖維並引起收縮。由一個脊髓α運動神經元及其所支配的全部肌纖維所構成的功能單位,稱為運動單位。運動單位的大小差別很大,有的由幾根肌纖維組成,有的可達上千根,大運動單位有利於產生較大的肌張力,小運動單位參與肌肉的精細運動。一個運動單位的肌纖維可以和其他運動單位的肌纖維交叉分佈,使其所占空間範圍比該單位肌纖維橫截面積的總和大10~30倍。因此,即使只有少數運動神經元活動,在骨骼肌中產生的張力也是均勻的。

(二)牽張反射

骨骼肌受到外力牽拉而伸長時，可反射性引起被牽拉的肌肉收縮，稱為牽張反射(Stretch reflex)。牽張反射有兩種類型：腱反射(Stretch reflex)和肌緊張(Muscle tonus)(圖10-19)。

1. 腱反射

腱反射是指快速牽拉肌腱時發生的牽張反射，又稱為位相性牽張反射。它表現為被牽拉肌肉快速而明顯的縮短，如叩擊股四頭肌的肌腱，可使股四頭肌因牽拉而發生快速的反射性收縮，稱為膝跳反射。腱反射是單突觸反射，反射時很短，約0.7 ms，與肌肉的收縮幾乎是同步性的。臨床上通過檢測腱反射的機能，來瞭解神經系統的某些功能狀態。若腱反射減弱或消失，常提示反射弧的某一部分受損；若腱反射亢進，則提示控制脊髓的高級中樞可能發生病變。

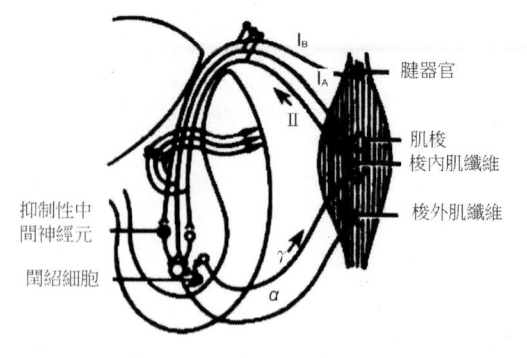

圖10-19 牽張反射示意圖

2. 肌緊張

肌緊張是緩慢而持續牽拉肌腱時所引起的牽張反射，又稱緊張性牽張反射。它表現為被牽拉的肌肉持續而輕度地收縮，以阻止被過度拉長。肌緊張的反射弧與腱反射相似，但為多突觸反射，不是同步性收縮，是肌肉中的肌纖維輪流收縮產生的，所以不易發生疲勞。肌緊張是維持軀體姿勢最基本的反射活動，是姿勢反射的基礎。肌緊張反射弧的任何部分如果損傷，可出現肌張力的減弱或消失，這時肌肉鬆弛，無法維持身體的正常姿勢。

3. 反射弧構成

牽張反射的反射弧顯著的特點是感受器和效應器都在同一肌肉中(圖10-19)。感受器是肌肉中的肌梭，肌梭呈梭形，外麵包有一層結締組織膜，膜內有2～12條特殊的肌纖維，稱梭內肌纖維，一般肌纖維為梭外肌纖維。梭內肌纖維的中間部分是感受裝置，兩端是收縮部分，肌梭與梭外肌纖維平行排列，呈並聯關係，它是長度感受器，能感受肌長度的變化。

肌梭傳入纖維有兩種，分別為Ⅰ類纖維和Ⅱ類纖維。牽張反射的中樞主要在脊髓內。當肌肉被拉長時，肌梭感受器興奮，產生的衝動經肌梭傳入纖維傳到脊髓，直接或間接地與脊髓腹角α和γ運動神經元構成興奮性突觸聯繫。α運動神經元興奮引起被牽拉的肌肉收縮，從而完成牽張反射。γ運動神經元興奮引起梭內肌收縮，可提高肌梭感受器的敏感性，從而加強牽張反射。

腱器官是肌肉內另一種感受裝置，它分佈於肌腱膠原纖維之間，與梭外肌纖維呈串聯關系。它能感受肌張力的變化，是一種張力感受器。一般當肌肉受到牽拉時，首先興奮肌梭而發動牽張反射，引起受牽拉的肌肉收縮，當牽張的力量進一步加大，可興奮腱器官，使牽張反射受到抑制，以避免被牽拉的肌肉損傷。

(三)屈肌反射和對側伸肌反射

1. 屈肌反射

在傷害性刺激作用於肢體皮膚的感受器時，受刺激一側的肢體出現回縮反應，表現為屈肌收縮而伸肌舒張,稱為屈肌反射(Flexor reflex)。由於該反射通常由傷害性刺激引起,故又稱痛反射。該反射可避免機體受到進一步的傷害性刺激,具有重要的保護作用。這是動物最原始的防禦反射。屈肌反射的強弱與刺激強度有關,屈肌反射是一種通過若干中間神經元的多突觸反射,其反射弧的傳出部分可通向許多肌群(圖10-20)。

2.對側伸肌反射

在引起屈肌反射的刺激強度達到一定強度時,同側肢體發生屈肌反射的同時,還出現對側肢體的伸肌興奮和屈肌抑制,關節伸直,稱為對側伸肌反射(Crossed reflex)。這是由於屈肌反射中樞的中間神經元興奮,在興奮同側屈肌運動神經元的同時,其側支橫過脊髓,興奮對側的伸肌運動神經元所致(圖10-20)。該反射的意義在於當一側軀體屈曲時,對側肢體伸直以支持體重,使身體維持直立姿勢而不至於跌倒。

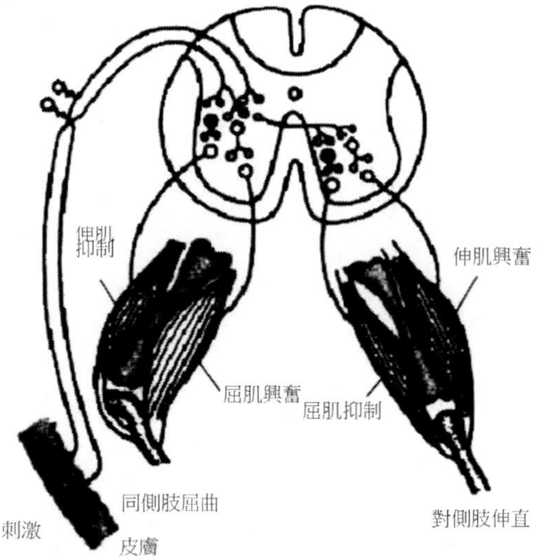

(四)脊休克

在脊髓水準可完成許多運動反射,平時由於脊髓受高位中樞控制,其本身具有的功能不易表現出來。脊休克(Spinal shock)指動物在脊髓與高位中樞之間離斷後,反射活動能力暫時喪失進入無反應狀態的現象。在脊髓第5頸段水準以下切斷脊髓,可保留高位中樞通過膈神經對呼吸運動的控制,這種脊髓與高位中樞離斷的動物稱為脊動物(Spinal animal)。

圖10-20 屈肌反射和對側伸肌反射示意圖
(實心點表示抑制性突觸,空心點表示興奮性突觸)

脊休克主要表現為橫斷面以下脊髓所支配的軀體和內臟反射活動減退甚至消失,如骨骼肌緊張性降低甚至消失,外周血管擴張,動脈血壓下降,糞、尿瀦留。脊休克發生一段時間後,以脊髓為中樞的一些反射活動逐漸恢復,恢復時間的長短與不同動物脊髓反射對高位中樞的依賴程度有關,如青蛙在脊髓離斷後數分鐘內反射即可恢復,犬在數天后恢復。在脊髓反射恢復過程中,較簡單、原始的反射首先恢復,如屈肌反射、腱反射等,較複雜的反射恢復較慢,如對側伸肌反射、搔扒反射等。血壓也逐漸回升到一定水準,並具有一定的排便和排尿能力。但恢復的反射活動不能很好地適應機體功能活動變化的需要,且離斷水準以下的知覺和隨意運動能力將永久喪失。

脊休克的產生並不是切斷損傷的刺激所致的,因為反射恢復後如果再一次切斷脊髓,脊休克現象不會重現。脊休克產生的原因可能是由於離斷的脊髓突然失去了高位中樞的緊張性調節作用,主要指大腦皮質、前庭核和腦幹網狀結構的下行纖維對脊髓的易化作用。脊休克的產生與恢復,說明脊髓可以完成某些簡單的反射活功,但在正常情況下,脊髓的活動受高位中樞的調節和控制。

(五)節間反射

脊動物在反射的後期可出現複雜的節間反射。節間反射(Intersegmental reflex)是指脊髓某些節段神經元發出的軸突與鄰近上下節段的神經元發生聯繫,通過上下節段之間神經元的協同活動所進行的一種反射活動。如傷害刺激動物腰背皮膚，可引起後肢發生一系列的有節奏性的搔扒動作，稱為搔扒反射(Scratching reflex)。

案例
　　一隻3歲薩摩耶成年犬，晚上外出運動時，被一小車撞擊，造成第5和第6頸椎粉碎性骨折，65％錯位，四肢及胸以下軀體失去知覺和運動功能。診斷為高位截癱。
問題與思考
　1. 試述脊髓的主要功能。
　2. 脊休克期間患者功能活動有何改變？脊休克後哪些功能可恢復或部分恢復？
提示性分析
　1. 腦通過脊髓各種上、下行傳導束神經纖維的衝動傳導實現與軀幹和四肢的功能聯繫。脊髓離斷後，損傷部位以下軀體將喪失感覺和運動的功能。
　2. 膈神經由頸3～5頸叢發出，在安靜狀態下，由膈肌收縮增加的胸廓容積為通氣量總量的80％，因此，犬第5、6頸椎受損後，呼吸活動仍能基本維持，但橫斷面以下脊髓支配的軀體和內臟反射活動減退或消失，出現脊休克的系列改變。脊休克發生一段時間後，以脊髓為基本中樞的反射活動可逐漸恢復，如屈肌反射、腱反射等，血壓也可回升到一定水準，排便和排尿能力有所恢復，但恢復的反射活動不能很好地適應機體功能活動變化的需要。

二、低位腦幹對軀體運動的調節

　　低位腦幹包括延髓、腦橋和中腦，通過上行、下行傳導束溝通大腦、小腦和脊髓間的聯系。起源於腦幹的各下行傳導束對脊髓的功能進行控制。腦幹除了對自身的資訊加工外，還是低位元中樞和高位中樞聯繫的橋樑。在腦幹的中央有許多縱橫交織的神經纖維和散在其中的大小不等的神經元胞體，稱為腦幹網狀結構。腦幹是調節肌緊張的重要中樞，還可完成某些姿勢和運動反射。

(一)腦幹網狀結構易化區和抑制區

　　高位中樞下傳衝動都要對腦幹網狀結構的活動產生控制作用，該結構是大腦皮質通過腦幹調節肌緊張和隨意運動的主要部位。實驗證實，刺激延髓網狀結構腹內側區域，對反射性運動和刺激皮質誘發的運動都有抑制作用，基於該區域有抑制肌緊張和肌肉運動的功能，稱為抑制區，該區域和發出的纖維組成的功能系統稱為腦幹網狀結構抑制系統。抑制作用是雙側性的，以同側為主。該區域缺乏緊張性活動，其活動有賴於大腦皮質運動區、紋狀體和小腦前葉蚓部傳入衝動的始動作用。這些區域不僅加強網狀結構抑制區的活動，而且對網狀結構易化區也有抑制作用，使肌緊張減弱(圖10-21)。

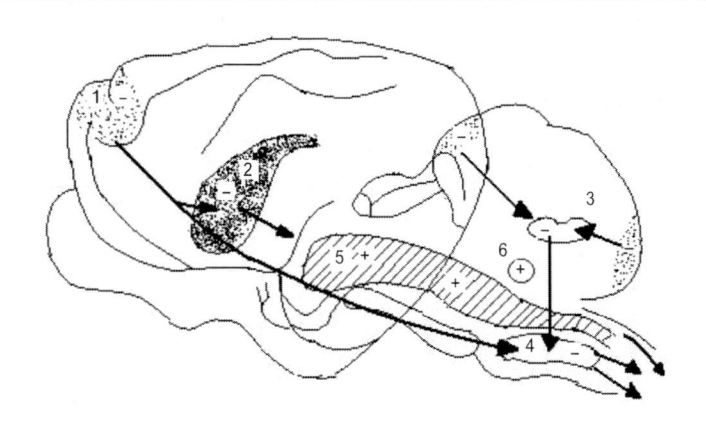

圖10-21　腦幹網狀結構下行易化(+)和抑制(-)系統示意圖

抑制作用的途徑：4為網狀結構抑制區，發放下行衝動抑制脊髓牽張反射，這一區域接受大腦皮質(1)、尾狀核(2)和小腦(3)傳來的衝動。

易化作用的途徑：5為網狀結構易化區，發放下行衝動加強脊髓牽張反射。6為延髓的前庭核，有加強脊髓牽張反射的作用。

　　刺激延髓網狀結構背外側、腦橋和中腦的中央灰質及被蓋等區域，對反射性運動和刺激皮質引起的運動有加強作用，有加強肌緊張和肌肉運動的功能，稱為易化區，該區域和發出的纖維組成的功能系統稱為腦幹網狀結構易化系統。易化作用也是雙側性的，易化區興奮可使牽張反射增強及時程延長。由於該區不斷接受各種上行感覺通路側支的衝動傳入，具有一定的緊張性活動。皮質運動區、前庭核和小腦前葉兩側部的活動可加強該區域的興奮作用。易化系統的主要作用是加強抗重力肌的肌緊張。

　　易化區和抑制區是調節肌緊張的中樞部位，兩者的活動互相頡頏而對立統一，以維持正常的肌緊張。在正常情況下，易化系統的活動強度略大於抑制系統，在肌緊張的平衡調節中，易化區略佔優勢。

(二)去大腦僵直

　　腦幹網狀結構易化系統和抑制系統的活動既對立又統一，在調節全身骨骼肌的緊張性和完成各種運動的過程中具有重要作用。在中腦上、下丘之間橫斷腦幹的去大腦動物，會出現四肢伸直、頭尾昂起和脊柱挺硬的角弓反張現象稱為去大腦僵直(Decerebrate rigidity)。去大腦僵直現象是由於切斷了大腦皮層和紋狀體等部位與腦幹網狀結構的功能聯繫，抑制區失去了高位中樞的始動作用，使抑制區的活動水準下降，而易化區雖然失去了和高位中樞的一些聯繫，但前庭核對易化區的作用依然存在，易化區本身存在自發活動，所以易化區的活動明顯佔優勢(圖10-22、10-23)。

　　去大腦僵直的產生機制有α僵直和γ僵直兩種。前者是由於高位中樞的下行性作用直接、或間接通過脊髓中間神經元提高α運動神經元的活動而出現的僵直，後者是高位中樞的下行性作用首先提高γ運動神經元的活動，使肌梭傳入衝動增多，轉而增強α運動神經元的活動而出現的僵直。

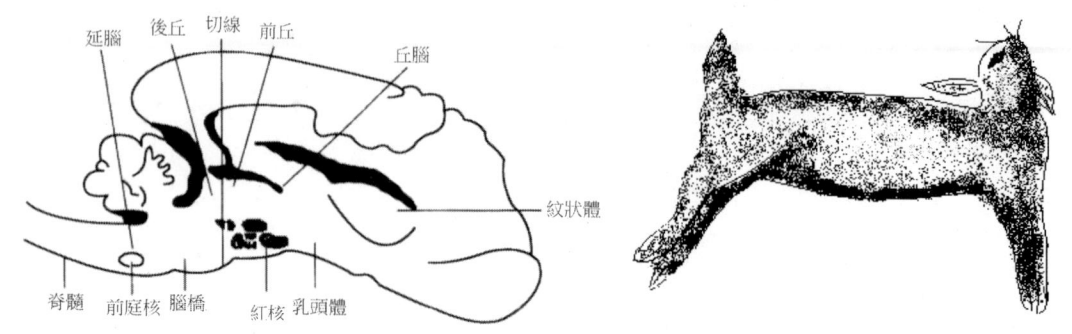

圖10-22 切斷兔腦幹引起去大腦僵直的平面圖

圖10-23 兔去大腦僵直

(三)腦幹對姿勢的調節

中樞神經系統調節骨骼肌的肌緊張或產生相應運動，以保持或改正動物軀體在空間的姿勢，稱為姿勢反射(Postural reflex)。不同的姿勢反射與不同的中樞水準相關聯。上述由脊髓整合的牽張反射和對側伸肌反射是最簡單的姿勢反射。由腦幹整合而完成的姿勢反射有狀態反射、翻正反射等。

1. 狀態反射

當機體頭部在空間的位置改變或頭部與軀幹相對位置發生變化時，反射性地引起軀體肌緊張發生變化的過程稱狀態反射(Attitudinal reflex)。前者稱頸緊張反射(Tonic neck reflex)後者稱為迷路緊張反射(Labyrinthine tonic reflexes)。

迷路緊張反射是內耳迷路的橢圓囊、球囊的傳入衝動對軀體伸肌緊張性的反射性調節，其反射中樞主要是前庭核。伴隨頭部的運動，頭部在空間的位置變化是耳石膜因受重力刺激的不同引起的，傳入衝動達前庭核，經前庭脊髓束傳出衝動，導致軀體肌緊張發生變化以維持平衡。

頸緊張反射是頭部和軀幹的相對位置改變引起的。刺激頸部的關節、韌帶和肌肉的本體感受器傳入衝動至頸部脊髓，傳出衝動對四肢肌肉的緊張性進行調節。其反射中樞在延髓。

2. 翻正反射

正常動物可保持站立姿勢，將其推到後又可迅速翻正過來，此現象為翻正反射。如使動物四足朝天從空中落下，動物在墜落過程中首先頭頸扭轉，使頭部位置翻正，然後前肢和軀幹跟隨著扭轉過來，接著後肢也扭轉過來，最後四肢安全著地。這一反射活動，最先是由於頭部在空間的位置不正常，刺激視覺和內耳迷路，從而引起頭部的位置翻正，然後頭部翻正後，頭與軀幹的位置相對不正常，刺激頸部關節韌帶及肌肉，從而使軀幹的位置也翻正。翻正反射的中樞在中腦，作用是使機體非隨意地保持正常的姿勢和平衡。

三、小腦對軀體運動的調節

根據小腦的傳入、傳出纖維的聯繫，可將小腦劃分成三個主要的功能部分，即前庭小腦、脊髓小腦和皮質小腦(皮層小腦)它們對軀體運動的調節有不同的作用(圖10-24)。

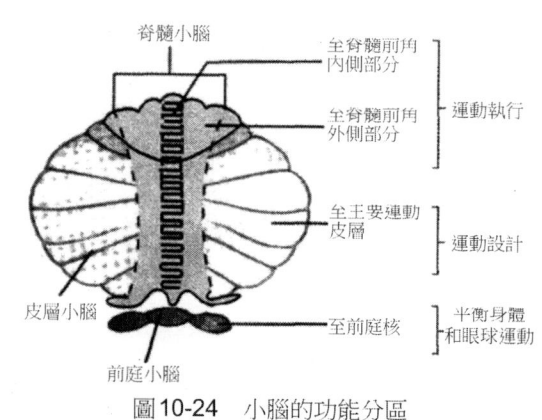

圖10-24 小腦的功能分區

1. 維持身體平衡

主要是前庭小腦的功能。前庭小腦主要由絨球小結葉構成，它與前庭器官及前庭核活動有密切聯繫。前庭小腦的主要功能是參與維持身體平衡。動物切除絨球小結葉後，平衡功能嚴重失調，身體傾斜，站立不穩，但其隨意運動仍能協調，能很好地完成進食動作。

2. 調節肌緊張

這主要是脊髓小腦的功能。脊髓小腦包括小腦前葉和後葉的中間帶區，小腦前葉對肌緊張起主要的調節作用，小腦後葉中間帶主要協調隨意運動，但對肌緊張也有調節作用。小腦前葉對肌緊張的調節有易化和抑制雙重作用，這可能是通過腦幹網狀結構易化區和抑制區而實現的。在進化過程中，小腦對肌緊張的抑制作用逐漸減弱，而易化區作用則逐漸增強。因此，小腦受到損傷後，表現為肌張力降低，肌無力等症狀。

3. 協調隨意運動

主要是脊髓小腦後葉中間帶和皮質小腦的功能。後葉中間帶接受腦橋纖維的投射，與大腦皮質運動區構成環路聯繫，因而與協調隨意運動有關。皮質小腦也與大腦的廣大區域形成回饋環路。小腦受損後，協調性動作發生障礙，隨意運動的力量、方向及準確度發生變化，不能完成精巧動作，行走不穩，動作笨拙等。

四、基底神經節對軀體運動的調節

1. 基底神經節的組成

基底神經節（Basal ganglia）是皮質下一些核團的總稱，包括尾狀核、殼核、蒼白球、丘腦底核、黑質和紅核。前三者稱為紋狀體，蒼白球是較古老的部分，稱為舊紋狀體，而尾狀核和殼核進化較新，稱為新紋狀體。黑質可分為緻密部和網狀部。蒼白球是基底神經節與其他部分廣泛纖維聯繫的中心（圖10-25）。

圖10-25 基底神經節及其纖維聯繫示意圖

2. 基底神經節的環路聯繫

基底神經節接受大腦皮質的纖維投射，其傳出纖維經丘腦腹前核和腹外側核接替後又回到大腦皮質，構成基底神經節與大腦皮質之間的回路，該回路可分為直接通路和間接通路兩條途徑。直接通路是指從大腦皮質的廣泛區域到紋狀體再由紋狀體纖維經蒼白球內側部接替後，到達丘腦腹前核和腹外側核，最後返回大腦皮質運動前區和前額葉的通路。大腦皮質對紋狀體是興奮性的作用，而從紋狀體到蒼白球內側部以及從蒼白球內側部再到丘腦的纖維都是抑制性的。直接通路一旦啟動，蒼白球內部的緊張性活動會受抑制，從而減弱了對丘腦腹前核和腹外側核的緊張性抑制作用，丘腦和大腦皮質的活動增加，這種現象稱為去抑制。

間接通路是指直接通路中的紋狀體與蒼白球內側部之間插入蒼白球外側部，蒼白球外側部到丘腦底核的投射纖維都是抑制性的。當間接通路被啟動時，丘腦底核的活動加強。丘腦底核到達蒼白球內側部的纖維為興奮性的，遞質是谷氨酸，結果使丘腦腹前核和腹外側核以及大腦皮質的活動減少。間接通路的作用可部分抵消直接通路對丘腦和大腦皮質的興奮作用。

3. 基底神經節的功能

目前，人們對基底神經節功能的認識仍不十分清楚，認為其可能參與運動的設計和程式編制，將一個抽象的設計轉換為一個隨意運動。基底神經節與隨意運動的產生和穩定、肌緊張的調節和本體感覺傳入資訊的處理等都有關。此外，基底神經節中某些核團還參與自主神經活動的調節、感覺傳入、心理行為和學習記憶等功能活動。

五、大腦皮質對軀體運動的調節

大腦皮質是調節軀體運動的最高級中樞，對運動的發動起重要作用，其資訊經下行通路最後抵達脊髓前角和腦幹的運動神經元來控制軀體運動。

大腦皮質中與軀體運動密切相關的區域稱為大腦皮質運動區。高等動物的大腦皮質運動區主要包括中央前回、運動前區、運動輔助區和後部頂葉皮質等區域。在大腦皮質運動區垂直切面上，可以看到該區細胞與皮質感覺區類似，呈縱向柱狀排列，組成大腦皮質的基本功能單位，稱為運動柱(Motor column)。一個運動柱可以控制同一關節的多塊肌肉，且一塊肌肉可接受幾個運動柱的控制。

(一)大腦皮質主要運動區

包括中央前回和運動前區，是控制軀體運動最重要的區域，來自本體感受器和前庭器官的神經衝動在此分析、整合，經皮質脊髓束和皮質核束下行以調節機體的姿勢和隨意運動。主要運動區有以下功能特徵：①對軀體運動的調節支配具有交叉的性質，即一側皮質主要支配對側的骨骼肌。但頭面部的肌肉支配是雙側性的，如咀嚼運動、臉上部位運動都是雙側性的。②具有精確的功能定位，即一定部位皮質的刺激引起一定部位骨骼肌的收縮。功能代表區的大小與運動的精細複雜程度有關，運動越精細而複雜的肌肉，其代表區也越大，動物的咀嚼和四肢所占的區域較大。③倒置支配，從運動區的定位可以看出，皮層的一定區域支配一定部位的肌肉，定位安排是倒置的。下肢代表區在頂部，上肢、軀幹部在中間，頭、面部肌肉代表區在底部，但頭部代表區內部的支配仍為正立。

(二)運動傳導通路

1. 皮層脊髓束

指由皮層發出，經內囊、腦幹到達脊髓前角的下行運動傳導束。

(1)皮層脊髓側束。皮層脊髓側束的纖維在延髓錐體下部交叉到對側，在脊髓外側索下行縱貫脊髓全長，與脊髓前角外側部分的神經元構成突觸聯繫。脊髓前角外側的運動神經元控制四肢遠端的肌肉，與精細和技巧性的運動有關。

(2)皮層脊髓前束。皮層脊髓前束的纖維在延髓錐體不交叉，在同側脊髓前索下行。前束只下降到胸部，然後逐節段交叉到對側。到達對側前角後，通過中間神經元的接替，再與前角內側的運動神經元形成突觸聯繫。通過前角內側的運動神經元控制軀幹和四肢近端的肌肉，尤其是屈肌，與姿勢的維持和肢體運動有關。

2. 皮層腦幹束

指由皮層發出，經內囊到達腦幹軀體運動神經核的傳導束。下行過程中，大部分纖維終止於雙側腦神經軀體運動核，少部分纖維完全交叉，至對側支配面神經核和舌下神經核。

3. 其他運動傳導通路

皮層脊髓束、皮層腦幹束 除直接控制脊髓和腦幹運動神經元外，還發出側支，並與一些直接起源於運動皮層的纖維一起 經腦幹的某些核團接替後，形成頂蓋脊髓束、網狀脊髓束、前庭脊髓束，其功能與皮層脊髓束相似，主要參與肢體近端肌肉運動的調節和姿勢調節。

(三)錐體系和錐體外系

大腦皮質對軀體運動的調節是通過錐體系(Pyramidal system)和錐體外系(Extrapyramidal system)協調完成的(圖10-26)。

1. 錐體系

錐體系是由皮層運動區發出 經延髓錐體下行到對側脊髓前角的傳導系，由皮層脊髓束(又稱錐體束)和皮層腦幹束組成。錐體束的下行纖維可與脊髓 α 運動神經元和 γ 運動神經元發生直接突觸聯繫，並有興奮性和抑制性兩種突觸。在隨意運動時，錐體束通過這種單突觸聯繫，可啟動 α 運動神經元，支配梭外肌，以發動肌肉運動。同時，又可引起γ運動神經元的興奮，通過γ環路調整肌梭的敏感性，以配合肌肉運動 通過兩者協同來控制肌肉的收縮。10％～20％的下行纖維與脊髓腹角和腦神經核運動神經元之間直接發生單突觸聯繫。80％～90％的運動神經元之間經過一個以上的中間神經元的接替。這種單突觸聯繫支配前肢的運動神經元比支配後肢的運動神經元多，支配肢體遠端肌肉的運動神經元多於支配近端肌肉的運動神經元。支配肌肉精細運動的運動神經元與錐體束下行纖維之間的單突觸聯繫最多。

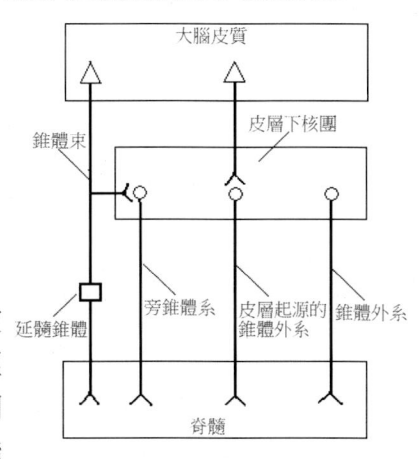

圖10-26 錐體系和錐體外系的示意圖

錐體系對軀體運動的管理作用主要是發動隨意運動，調節精細動作，保持運動的協調性。此外 還有加強肌緊張的作用。如將猴延髓錐體的左(右)半側纖維切斷 動物表現為右(左)側肌緊張減退，出現遲緩性麻痺，表明錐體束的正常功能是加強肌緊張。

2. 錐體外系

錐體外系是指錐體系以外的調節軀體運動的後行傳導系統。它可分為皮層起源的錐體外系和旁錐體外系。前者是指由大腦皮質下行，並通過皮層下核團接替 轉而控制脊髓運動神經元的傳導系統。後者是指由錐體束側支進入皮層下核團 轉而控制脊髓運動神經元的傳導系統。它與錐體系的主要區別在於：①其後行傳導途徑不通過延髓錐體。②其作用不能直接迅速抵達脊髓腹角運動神經元和腦神經核運動神經元。錐體外系為多級神經元鏈，涉及腦內許多結構 如大腦皮質、紋狀體、紅核、網狀結構以及小腦等。它們之間有複雜的纖維聯繫 形成許多環路，最後主要通過紅核脊髓束和網狀脊髓束等影響脊髓腹角運動神經元。錐體外系的主要功能是調節肌緊張 協調各部肌群的運動和維持身體的姿勢。

正常的隨意運動是在錐體系和錐體外系的協同配合下完成的。由於錐體系和錐體外系皮層起源互相重疊，而且錐體束下行經腦幹時發出許多側支進入皮層下核團調節錐體外系的活動。所以 從皮質到腦幹之間的通路損傷而引起的運動障礙，往往難以區分究竟是錐體系還是錐體外系的功能受損。臨床上的錐體束綜合征，實際上是這兩個系統合併損傷的結果。在家畜中 錐體系不發達 錐體外系較發達。

案例
　　一農戶養殖的羊，1.5 歲，一段時間以來，吃草緩慢，反應遲鈍，跟不上群，不斷地做轉圈運動，在大腦顳頂葉部位採用手術治療，病情好轉。初步診斷：羊腦包蟲病。

問題與思考
　　為什麼羊會出現轉圈運動？

提示性分析
　　腦包蟲病是由於多頭條蟲的幼蟲寄生於羊的腦、脊髓內引起腦炎、腦膜炎及一系列神經症狀疾病。寄生部位不同導致症狀各異，寄生蟲寄生於大腦顳頂葉時，由於壓迫大腦運動功能區域和視神經，導致病羊向病側做旋轉運動，對側視覺常發生障礙，寄生部位為大腦額葉的病羊低頭前奔，遇到障礙物頂住不動，蟲體寄生在小腦時，運動失調，不能保持平衡，寄生在脊髓，出現步態不穩，肢體麻痹。蟲體越大，症狀越明顯，甚至出現死亡。

第六節　神經系統對內臟活動的調節

　　調節內臟活動是通過植物神經系統實現的，由於它們的活動不受意識的控制，所以稱為自主神經系統(Autonomic nervous system)。植物性神經主要是指支配內臟器官的傳出神經，根據結構特點的不同，主要包括交感神經(Sympathetic nerve)和副交感神經(Parasympathetic nerve)(圖10-27)。

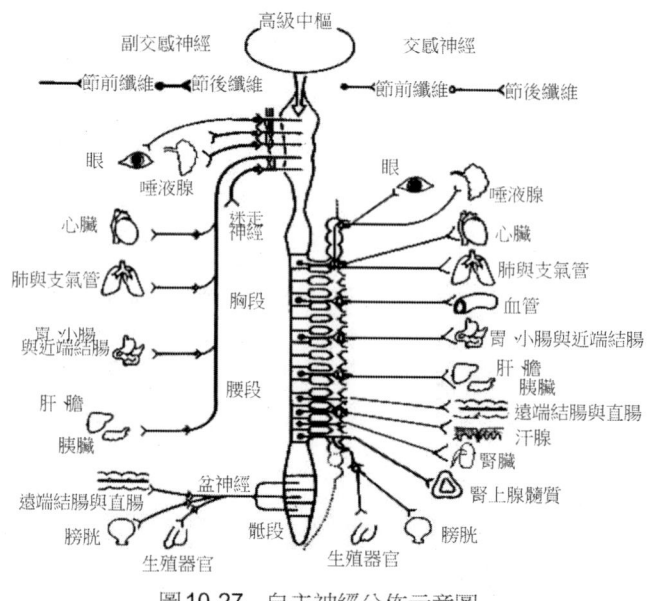

圖10-27　自主神經分佈示意圖

一、交感和副交感神經

(一)交感神經和副交感神經的結構特徵

1. 起源

交感神經起源於整個胸段和腰段1～3節段的脊髓灰質側角，節前神經元的軸突經前根發出，通過交通支進入交感神經節。副交感神經一部分起源於腦幹第Ⅲ、Ⅶ、Ⅸ、Ⅹ對腦神經核，另一部分起源於脊髓骶段側角2～4節的部位。

2. 節前纖維和節後纖維

從中樞神經系統發出的自主神經纖維，絕大多數在外周神經節內交換神經元後，再由節內神經元發出纖維支配到效應器官，因此有節前纖維和節後纖維之分。交感神經的節前纖維短，節後纖維長，而副交感神經的節前纖維長，節後纖維短。腎上腺髓質只有交感神經節前纖維支配（圖10-28）。

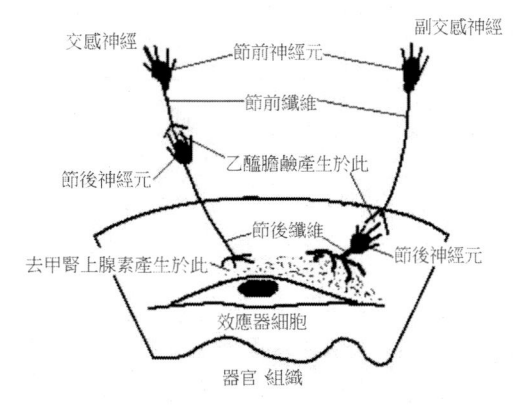

圖10-28　交感和副交感神經節前、節後纖維及有關遞質

3. 分布

交感神經分布極為廣泛，幾乎支配全身所有的內臟器官，而副交感神經分布較局限，皮膚和肌肉的血管、一般的汗腺、豎毛肌、腎臟和腎上腺髓質等不受副交感神經的支配。

4. 反應範圍

交感神經對刺激引起的反應較彌散，而副交感神經興奮影響的範圍較局限。因為交感神經一條節前纖維可以和交感神經節內的幾十個節後神經元發生突觸聯繫，而副交感神經一條節前纖維常與副交感神經節內1～2個神經元發生突觸聯繫。交感神經節後纖維不但可直接支配效應器細胞，還可支配效應器官壁內神經節細胞。如胃和小腸內多數交感神經節後神經元的纖維支配器官壁內的神經節細胞。由此看來，交感和副交感神經的相互作用，可以發生在器官壁內神經節細胞水準上，而不一定發生在效應器細胞水準上。

(二)交感神經和副交感神經的功能特點

自主神經系統的功能在於調節心肌、平滑肌和腺體的活動，其調節功能是通過不同的遞質和受體實現的。總體而言，交感和副交感神經的功能有以下特點：

1. 雙重支配

除少數器官外，一般組織器官都受交感和副交感神經的雙重支配。但交感和副交感神經的作用往往是相互頡頏的。如交感神經對心臟起興奮作用，而副交感神經（迷走神經）則發揮抑制作用；交感神經抑制胃腸平滑肌運動，副交感神經（迷走神經）則增強其運動。通過正反兩方面調節內臟活動以適應機體的需要。有時交感和副交感神經的作用是一致的，如交感和副交感神經對唾液腺的分泌都有促進作用，但二者的作用是有差別的，交感神經引起唾液腺分泌量少而黏稠的唾液，副交感神經引起唾液腺分泌量多而稀薄的唾液。

2. 緊張性作用

自主神經對器官的支配,一般具有持久的緊張性作用,即在靜息狀態下自主神經經常發放低頻的神經衝動支配效應器的活動。例如,切斷支配心臟的副交感神經(迷走神經)時,心率就加快。這表明副交感神經(迷走神經)經常有緊張性衝動傳出來,對心臟發生持續的抑制作用;又如切斷心交感神經時,則心率減慢,這表明心交感神經的活動也具有緊張性。一般認為自主神經的這種緊張性作用來源於中樞,而中樞的緊張性則來源於神經反射和體液因素等,經常發出緊張性的傳出衝動所致。如血壓壓力感受器的傳入衝動引起的降壓反射對維持自主神經的緊張性起著重要作用。

3. 自主神經的外周作用與效應器的功能狀態有關

刺激迷走神經,使原來處於收縮狀態的胃幽門部舒張,使原來處於舒張狀態的胃幽門部收縮。刺激交感神經,可使無孕子宮舒張,有孕子宮收縮。

4. 對整體生理功能調節的意義

交感神經系統的活動比較廣泛,常以一個完整的系統參加機體反應。交感神經的活動常伴有腎上腺髓質激素的分泌增加,這一功能系統稱為交感-腎上腺髓質系統。該系統在機體處於運動狀態時佔優勢,總的作用趨勢是減少機體的儲備力量。出現心率加快,皮膚和腹腔內臟器官血管收縮,外周阻力增大,迴圈血量增多;支氣管舒張,肺的通氣量增大;腎上腺髓質分泌的激素增多,糖原和脂肪的分解加快,能量供應增強。該系統動員機體許多器官的潛在功能,以適應機體內、外環境的急劇變化,維持機體內環境的相對穩定。

副交感神經的活動相對比較局限,常伴有胰島素的分泌增加,這一功能系統稱為迷走-胰島素系統。該系統在機體處於安靜狀態時佔優勢,總的作用趨勢是增加機體的儲備力量。出現胃腸道的運動和消化腺的分泌加強,蛋白質、脂肪和糖原的合成加快。迷走-胰島系統的作用在於促進消化、吸收與合成代謝,加強機體的排泄和生殖功能,積蓄能量,對機體起保護作用。

二、內臟活動的中樞調節

從低級中樞到高級中樞,即脊髓、腦幹、下丘腦和大腦邊緣葉都存在著調節內臟活動的中樞,但是,它們對內臟活動的調節能力卻有所不同。

(一)脊髓對內臟活動的調節

交感神經和部分副交感神經,起源於脊髓灰質的側角內,因此,脊髓是調節內臟活動的初級中樞,完成簡單的內臟反射活動。脊髓中樞可以完成最基本的反射調節如對排糞反射、排尿反射、血管的張力反射等功能的調節。在整體內,脊髓的自主神經活動受高位中樞的控制,如在脊休克過後,內臟反射活動可以逐漸恢復,但這些反射活動尚不能很好地適應正常生理功能的需要。

(二)腦幹對內臟活動的調節

部分副交感神經由延髓發出,延髓網狀結構中存在許多與呼吸運動、消化活動和心血管活動有關的神經細胞群，其是調節呼吸運動、血液迴圈和消化道功能活動的基本反射中樞，完成比較複雜的內臟反射活動。如果延髓受到損傷，可導致各種生理活動失調，嚴重時可引起呼吸、心跳等生命活動立即停止，引起死亡。因此延髓有「生命中樞」之稱。

(三)下丘腦對內臟活動的調節

下丘腦作為調節內臟活動的較高級中樞，含有參與調節內臟活動的神經核團，如視前核、視上核、視交叉上核、室旁核、弓狀核、結節核和乳頭體等。它能把內臟活動和其他生理活動相聯繫，進行細微和複雜的整合，以調節體溫、水平衡、攝食、內分泌、情緒反應和生物節律等重要生理過程。

1. 體溫調節

視前區有對體溫升高和降低敏感的神經元，因此體溫調節的整合中樞在下丘腦。在機體受到寒冷刺激體溫有所下降時，下丘腦的神經元興奮，經交感神經傳出的衝動增多，能夠使甲狀腺激素、腎上腺素等分泌增多，糖原和脂肪的分解加強，產生的熱量增多。同時交感神經興奮引起外周血管收縮，散熱減少，使體溫恢復正常，並保持相對穩定狀態。反之，體溫升高時刺激下丘腦，引起散熱增多而產熱減少。

2. 水平衡調節

機體由於飲水量不足或大量出汗會導致迴圈血量減少，使細胞外液量明顯減少，血漿滲透壓升高。血漿滲透壓升高刺激下丘腦外側的飲水中樞，也叫渴中樞，從而產生渴覺和飲水行為。通過控制抗利尿激素的合成和分泌以及促進遠曲小管和集合管對水分的重吸收，驅使動物大量飲水。通過這些途徑的共同協調，來實現機體的水平衡。

3. 攝食行為調節

攝食行為是動物維持機體生存的本能行為之一。通過實驗證明用電極刺激下丘腦的外側區，食欲增加，飲食量增多而逐漸肥胖，提示該區記憶體在一個攝食中樞。用電極刺激下丘腦的腹內側核，動物拒絕攝食，為飽中樞的部位。血糖水準的高低調節攝食中樞和飽中樞的活動，攝食中樞和飽中樞之間具有交互抑制的關係，這主要取決於攝食中樞和飽中樞神經元對葡萄糖的利用程度。如糖尿病患者，血糖水準很高，但由於胰島素分泌不足，使神經元對葡萄糖的利用率降低，食欲增加。

4. 情緒生理反應時內臟活動的調節

情緒是人或動物對客觀事物所表達的一種心理體驗和某種形式的軀體行為表現。情緒活動過程中伴隨發生一系列生理變化。心理反應的不同客觀上是由自主神經活動和內分泌功能的改變而引起的。

自主神經系統的情緒反應，一般表現為交感神經系統活動相對亢進。在動物發動防禦反應時，可出現骨骼肌血管舒張、胃腸運動抑制、皮膚和內臟血管收縮、血壓上升和心跳加快、呼吸加深加快等交感活動的改變。這些改變可使機體各器官的血流量重新分配，骨骼肌得到充足的血液供應。有些情緒生理反應，副交感神經系統活動表現為相對亢進，如食物的氣味可刺激嗅覺從而增強消化液分泌和加強胃腸道運動。

涉及內分泌系統情緒生理反應的激素種類很多。當機體處於應激狀態時，情緒生理反應表現為痛苦、恐懼、焦慮和疼痛等，刺激下丘腦釋放一些激素，使血液中糖皮質激素和促腎上腺皮質激素濃度升高，還可以引起腎上腺素、生長素、甲狀腺激素和催乳素等濃度改變。

但長期的情緒反應，會導致自主功能紊亂和內分泌失調。

5. 對腺垂體功能活動的調節

下丘腦有許多神經元具有分泌功能，可分泌多種激素，進入血液，並通過垂體門脈迴圈到腺垂體，促進或抑制腺垂體各種激素的合成和分泌，進而調節其他內分泌腺的活動。

6. 生物節律控制

生物節律是機體內的自主活動能按一定的時間順序發生有節奏和規律的週期性變化。下丘腦的視交叉上核及同其相聯繫的松果體和垂體是生物節律的控制中樞部位，它們組成下丘腦-松果體-垂體節律系統，來調控機體內功能活動的時序性和節律性。根據週期的長短可分為日週期、月週期、年週期等。日週期是最重要的生物節律，如血細胞數、體溫、睡眠與覺醒等都有日週期的變動。研究表明，視交叉上核是控制日週期的關鍵部位，若損毀動物視交叉上核，機體的晝夜節律即消失。

(四)大腦邊緣系統對內臟活動的調節

大腦皮質對內臟功能活動的調節，是通過大腦新皮層和邊緣系統的共同作用來實現的，二者是調節內臟活動的高級中樞。主要整合和精確調節來自大腦皮質以下的內臟中樞和各種內臟反射的資訊，使內臟活動與機體整體功能保持一致。

1. 新皮層

新皮層指大腦半球外側的結構。在動物實驗中電刺激新皮層，除能引起軀體運動外，也能引起內臟活動的改變。如用電刺激皮層的活動區及周圍區域，不僅產生不同部位的軀體運動，還可引起血管的舒縮活動、汗腺分泌、呼吸運動和消化道運動及唾液分泌的改變。

2. 邊緣系統

邊緣系統是與內臟活動最密切的皮層結構，邊緣系統由邊緣葉和皮層下結構組成。邊緣葉是指大腦半球內側面皮質與腦幹連接部和胼胝體旁的環周結構，主要包括海馬、穹窿、扣帶回、海馬回等。邊緣葉連同與其密切聯繫的島葉、顳極、眶回等皮層，以及杏仁核、隔區、下丘腦、丘腦前核等統稱為邊緣系統(圖10-29)。

大腦邊緣系統是內臟活動的重要調節中樞，而且還與情緒(Emotion)、記憶功能有關。用電刺激邊緣系統不同部位元，內臟活動變化是雙向的。如表現為血壓升高或降低；心率加快或減慢；呼吸加快或抑制。不像初級中樞的活動那樣局限和單一化，說明邊緣系統是初級中樞活動的高位控制中樞，通過促進或抑制各低級中樞的活動來調控內臟的複雜活動。

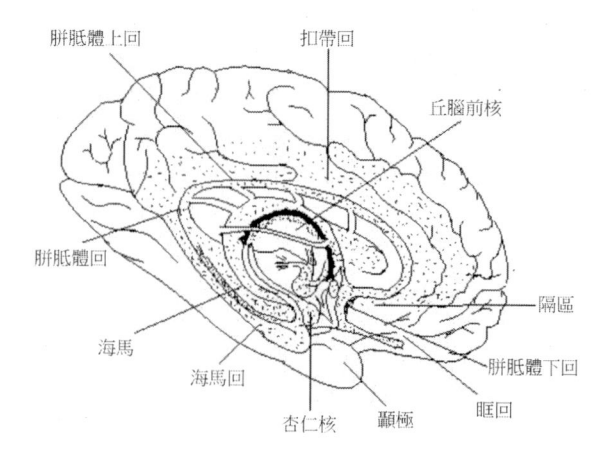

圖10-29 大腦邊緣系統示意圖

案例

重慶一肉牛場從內蒙古自治區新進架子牛 200 頭，入場後牛群大部分相繼發病，體溫升高、精神沉鬱、咳嗽、呼吸急促、不食，個別牛腹瀉便血。病危牛剖檢：肺膿腫、出血，腸道出血、腸黏膜脫落，肺組織中分離到支原體，腹腔液中分離出大腸桿菌，血檢附紅血球體陽性。診斷：牛長途運輸應激綜合征。

問題與思考

應激反應時動物植物性神經系統的功能狀況如何？與病牛各種病理症狀的關系是什麼？

提示性分析

動物應激時，一是交感神經系統過度興奮，而副交感神經活動相對減弱，交感-腎上腺髓質機能亢進，分泌大量腎上腺素和去甲腎上腺素入血；二是下丘腦-腺垂體-腎上腺皮質機能亢進，糖皮質素分泌亢進。交感神經系統過度興奮可引起心動過速，支氣管舒張、肺通氣功能增強，但消化機能受到全面抑制，所以病牛不食；糖皮質素分泌亢進時，引起免疫機能降低，胃液過度分泌，導致各種病原微生物在體內繁殖，發生傳染性疾病，同時引起胃腸道出血及黏膜脫落等相關症狀。

第七節　腦的高級功能

大腦皮質是各種生命活動的最高級中樞，不僅具有調節機體的感覺、軀體運動和內臟活動的功能，還具有複雜的整合功能，如覺醒和睡眠、學習和記憶、條件反射等。條件反射是大腦皮質活動的基本形式。大腦皮質的活動常伴有生物電的變化，用於研究覺醒和睡眠等皮質的功能活動。

一、條件反射

前面多次述及，反射活動是中樞神經系統的基本活動形式。巴甫洛夫把反射活動分為非條件反射（Unconditioned reflex）和條件反射（Conditioned reflex）。

(一) 非條件反射和條件反射

非條件反射是動物在種族進化過程中，適應內外環境變化，通過遺傳而獲得的先天性反射，是動物生下來就有的。這種反射有固定的反射弧，反射比較恆定，不易受外界環境影響而發生改變，只要有一定強度的相應刺激，就會出現規律性的特定反應，其反射中樞大多數在皮質下部位。例如，食物進入動物口腔，就會引起唾液分泌；機械刺激角膜就會引起眨眼等活動，都屬於非條件反射。非條件反射的數量有限，只能保證動物的各種基本生命活動的正常進行，很難適應複雜的環境變化。

條件反射是動物在出生後的生活過程中，適應於個體所處的生活環境而逐漸建立起來的反射，它沒有固定的反射弧，容易受環境影響而發生改變或消失。因此，在一定的條件下，條件反射可以建立，也可以消失。條件反射的建立，需要有大腦皮質的參與，是比較複雜的神經活動，其生理功能是使動物具有預見性，能更好地適應複雜的環境變化。

(二)條件反射的形成

條件反射是機體在後天的生活過程中，以非條件反射為基礎而逐漸建立起來的。以豬吃食為例，食物進入口腔引起唾液分泌，這是非條件反射。在這裡，食物是引起非條件反射的刺激物，叫作非條件刺激。如果食物入口之前或同時，都人為響以鈴聲，最初鈴聲和食物沒有聯繫，只是作為一個無關的刺激出現，鈴聲並不引起唾液分泌。但由於鈴聲和食物總是同時出現，經過反覆多次結合之後，只給鈴聲刺激也可以引起唾液分泌，形成了條件反射。這時的鈴聲就不再是吃食的無關刺激了，而成為食物到來的信號。因此，把已經形成條件反射的無關刺激(鈴聲)叫作信號。可見，形成條件反射的基本條件為：第一，無關刺激與非條件刺激在時間上的反覆多次結合。這個結合過程叫作強化(Reinforcement)；第二，無關刺激必須出現在非條件刺激之前或與其同時出現；第三，條件刺激的生理程度比非條件刺激要弱；第四，條件反射的形成與動物的生理狀況和環境因素有關。要建立鈴聲引起唾液分泌的良好條件反射，必須保證動物健康、清醒並保持良好食慾狀態，避免環境嘈雜。例如，動物饑餓時，由於飢餓加強了攝食中樞的興奮性，食物刺激的生理強度就大大提高，從而更容易形成條件反射。

(三)條件反射的消退、泛化與分化

條件反射建立後，若只反覆進行條件刺激，而不用非條件刺激加以強化，經過一段時間後，條件刺激逐漸減弱甚至消失，稱為條件反射的消退(Extinction of conditioned reflex)。如鈴聲形成食物性條件反射後，若只用鈴聲進行條件刺激，不用食物進行強化，重複多次後，豬聽到鈴聲就不會再引起唾液的分泌。條件反射的消退是大腦皮質及有關中樞內的興奮過程逐漸轉變為抑制過程的結果。非條件刺激是否與條件刺激反覆結合是條件反射建立和消退的關鍵因素。

在一種條件反射建立初期，一些與條件刺激相類似的信號也能同樣獲得條件反射的效果，稱為條件反射的泛化(The generalization of conditioned reflex)。條件反射泛化的機制是條件刺激引起的大腦皮質興奮過程向外擴散並波及一定範圍，在此範圍內，類似的條件刺激和非條件刺激的皮質及有關中樞的興奮點接通而建立暫時聯繫。如果條件反射多次重複，只強化條件刺激，而對類似條件刺激的其他刺激不予強化，類似的刺激就不再引起條件反射，這種現象稱為條件反射的分化(Differentiation of conditioned reflex)。分化的形成是由於類似刺激得不到強化，使大腦皮質產生抑制性反應，這種抑制過程稱為分化抑制(Differential inhibition)。分化抑制是大腦皮質對各種傳入衝動具有高度精確分辨能力的生理基礎。動物借助它把內外環境中相似的資訊區分開來，只對某些有信號意義的刺激發生興奮性反應，而對其他的類似刺激發生抑制性反應。

(四)條件反射的生物學意義

在生命活動中，單純的非條件反射是不存在的，且在生活過程中，非條件反射是無法適應多變的環境的。機體在複雜多變的環境中，只有不斷地在非條件反射的基礎上建立新的條件反射，使條件反射與非條件反射密切地聯繫在一起，才能對環境變化進行精確的適應。所以無限的條件反射的建立、消退、泛化和分化，大大增強了機體活動的預見性、靈活性和精確性，提高了機體適應和改造環境的能力，具有重要的生物學意義。

二、動力定型

動物機體在一系列有規律的條件刺激與非條件刺激結合作用下，經過反復、多次的強化，神經系統內各個條件刺激按嚴格的序列和時間呈現，表現出一整套有規律的條件反射活動，將這一整套反射活動稱為動力定型（Dynamic stereotype）。由於這一系列的條件刺激，使大腦皮質的活動定型化，故名動力定型。人們常說的「習慣成自然」和「熟能生巧」，實際上就是動力定型的表現。動力定型形成後，只要給予這一系列刺激中的第一個刺激，這一套條件反射就能自動相繼發生，所以動力定型又稱自動化的條件反射系統。動力定型可大大節省動物的腦力和體力消耗，減輕動物大腦皮質的負擔而提高功效。

在正常的飼養管理制度下，使動物經常接受一定規律的條件刺激和非條件刺激，反復強化，就可建立一整套適應於其生活環境的條件反射。如通過訓練，使寵物狗養成定時定點的排尿、排糞。使動物的飼養管理盡可能做到有規律，從而減輕皮層及皮層下高級中樞調節、整合活動的負擔，使其生理活動最大限度地適應環境。在大型奶牛場，在固定的時間，奶牛會在轉盤式擠奶器旁排隊等候擠奶，這些有規律的飼養管理，有利於提高畜牧業生產。

由於動力定型的形成，使大腦皮質細胞只需消耗較少的能量，就可完成複雜的工作。如果環境改變，就需改變舊的定型以建立新的定型，必須消耗更多的能量才能完成。例如，對家畜定質、定量和定時的飼餵，由於日久建立起了鞏固的動力定型，可使消化系統的活動更好地進行。如果驟然改變飼餵制度，使原來的動力定型破壞，就可能引起消化機能的障礙。因此，畜牧生產實踐中，一是要建立一定的飼養管理制度，以建立和鞏固動力定型，以提高畜禽生產性能；二是在不得不調整飼養管理制度，而改變已有的動力定型時，要有一個逐漸適應的過程，在儘量不影響畜禽生產性能的同時，又有利於新的動力定型建立。

三、神經活動類型

在畜牧獸醫業生產實踐中，動物在形成條件反射的速度、強度、精細程度和穩定性等方面，或對疾病的抵抗力及對藥物的敏感性和耐受性等方面，都存在著明顯的個體差異，這種差異常常是由神經系統，特別是大腦皮質的調節和整合活動的個體特點所決定的。神經系統調節活動的個體特點在生理學中叫神經活動類型，即神經型（Nervous type）。

動物神經型的個體差別，是依據神經元興奮和抑制活動的能力大小、均衡程度和相互轉化的難易程度等進行判斷的。據此可將家畜的神經型分為興奮型、活潑型、安靜型和抑制型4種基本類型。它們之間還有許多介於兩者之間的過渡類型。

1. 興奮型

神經元有較強的活動能力，且興奮活動的能力顯著強於抑制活動，行為上表現為急躁、暴烈、活潑、不易受約束和帶有攻擊性。能迅速地建立條件反射，而且比較鞏固，但條件反射的精細程度和對類似刺激的辨識能力差。

2. 活潑型

神經元的活動能力較強，興奮和抑制兩種神經活動發展得比較均衡，而且較容易和較迅速發生相互轉化。表現得活潑好動，對周圍微小的變化能迅速發生反應，善於適應環境的變化，這是生理上最好的神經型。

3. 安靜型

神經元的活動能力較強，興奮和抑制兩種神經過程發展得比較均衡，但互相轉化較為緩慢。表現得安靜、細緻、溫順而有節制，對周圍環境的變化反應冷淡，能很好地建立條件反射，但形成的速度較慢。

4. 抑制型

神經元的活動能力很差，抑制活動的能力顯著大於興奮活動。表現為膽怯、不好動，易於疲勞，常常畏縮不前和帶有防禦性。難以形成條件反射，形成也不易鞏固，不易適應變化的環境，難以勝任較強或較持久的活動，是生理上最差的類型。

神經型理論對畜牧獸醫業生產實踐有重要的指導意義。動物的神經型與生產性能密切相關，活潑型個體生產性能最高，安靜型次之，興奮型較差，抑制型最差。抑制型個體對致病因素的抵抗力差、發病率高、病程長和臨床症狀比較嚴重，對藥物的耐受劑量一般較低、治療效果差、痊癒和康復都很緩慢；活潑型和安靜型個體與抑制型恰好相反；興奮型的個體對疾病的抵抗力和恢復能力均比抑制型好，但不如活潑型和安靜型。

四、覺醒和睡眠

覺醒和睡眠是哺乳動物生命活動中能相互轉化的兩個必要過程。覺醒和睡眠隨晝夜周期而交替出現，這種現象是生物體週期性活動規律的典型範例。覺醒時，機體對內、外環境刺激的敏感度增高，能有意識地去認識和適應環境的變化。睡眠時，機體對內、外環境刺激的敏感度降低，對外界因素變化的反應能力減弱或暫時消失。一般在睡眠時，植物性神經系統的功能活動仍存在，而腦的一些高級功能，如學習、記憶等都停止，意識暫時喪失，一切感覺功能減退、肌緊張減弱。不過，這些功能隨著覺醒的出現會迅速恢復，睡眠具有可喚醒性，這就是睡眠與麻醉的不同之處。睡眠使體力和精力得到恢復。睡眠發生障礙會導致中樞神經系統的功能失常。

(一)覺醒

覺醒時，機體處於有意識的狀態，能感知自身的狀況和環境的改變，並以適當的行為與外界發生主動聯繫，來適應環境的變化。覺醒狀態的維持與腦幹網狀結構上行激動系統的作用有關。覺醒可分為腦電覺醒和行為覺醒兩種狀態，腦電覺醒狀態是指腦電圖波形由睡眠時的同步化慢波變為覺醒時的去同步化快波，而行為上不一定呈覺醒狀態；行為覺醒是指各種新異刺激引發的探究性行為能力。特異性投射系統、非特異性投射系統及某些中樞核團的活動與覺醒的產生有關。研究表明，神經遞質對覺醒的維持發揮重要作用，中腦黑質——紋狀體內的多巴胺、腦橋和藍斑內的去甲腎上腺素、腦幹網狀結構和大腦皮質內的乙醯膽鹼等，都與覺醒狀態的維持有關。乙醯膽鹼和去甲腎上腺素主要維持腦電覺醒，多巴胺維持行為覺醒（圖10-30）。

(二)睡眠的時相

睡眠時意識逐漸消失，呼吸減慢，心率減慢，血壓下降，機體失去對環境變化的精確感受能力。根據不同的腦電圖波形特點，睡眠分為慢波睡眠與快波睡眠。

1. 慢波睡眠

腦電圖呈現同步化的高振幅慢波時相，稱為慢波睡眠，也稱為同步睡眠。夜間的睡眠多數處於這種睡眠狀態，主要表現為：①腦的神經元放電活動減弱，大腦皮質神經元的活動高度同步。②機體的感覺功能減退，肌張力減弱。③副交感神經的功能活動占優勢，機體進入休整修復狀態。④生長素的分泌增多，促進機體內的合成代謝。因此慢波睡眠的主要作用是消除機體的疲勞，恢復體力，促進機體的生長發育。

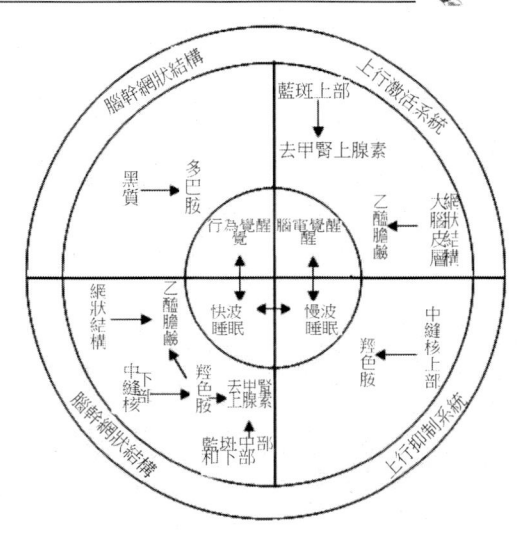

圖10-30 覺醒和睡眠的產生及轉換機制示意圖

2. 快波睡眠

腦電波呈現去同步化的低振幅快波時相，稱為快波睡眠，也稱為去同步睡眠。這種睡眠狀態主要表現為：①眼球快速轉動。②機體的感覺功能進一步減退，肌張力減弱至完全鬆弛。③自主神經系統活動不穩定，呈不規則的短時性變化，如呼吸快而不規則，瞳孔時大時小。④腦內蛋白質的合成加速。

整個睡眠過程中，慢波睡眠與快波睡眠可互相轉化。睡眠開始時，先進入慢波睡眠，持續一段時間後再進入快波睡眠。快波睡眠持續時間很短，之後又轉入慢波睡眠，兩個時相如此反復轉化4～5次。越接近睡眠後期，快波睡眠持續時間越長。在正常情況下，慢波睡眠與快波睡眠均可直接轉入覺醒狀態，但覺醒狀態只能進入慢波睡眠，不能直接進入快波睡眠。

(三)睡眠發生機制

睡眠不是覺醒的簡單終止，是中樞內特定的神經結構和神經遞質作用的結果。在下丘腦、延髓網狀結構和前腦的基底部，在這些睡眠區用一定頻率的電流刺激，可引起慢波睡眠，慢波睡眠與腦幹5-羥色胺遞質系統的活動有關。電刺激腦橋的網狀結構可誘導快波睡眠，快波睡眠主要與腦內的去甲腎上腺素、5-羥色胺及乙醯膽鹼有關。實驗表明，睡眠中樞存在於腦幹尾端，它們的上行衝動作用於大腦皮層，與腦幹網狀結構上行啟動系統相對抗，誘導睡眠，稱為腦幹網狀結構上行抑制系統。上行抑制和上行啟動兩個系統的功能處於動態平衡，調節睡眠與覺醒的週期性相互轉化。

案例
　　凡是經過人們有意識的培養訓練，用於在國境口岸檢查動植物及其產品和入境旅客攜帶的行李的工作犬，稱之為檢疫犬。常用的檢疫犬種有比格犬、史賓格犬、拉布拉多犬等。謝建勳報導(2007)，2006年福州機場檢疫犬全年共截獲貨物643批次，占旅檢總截獲量的21.17%。其中，檢出二類疫情2批次、一般性有害生物4批次；在不開包的情況下，對旅客行李搜檢率一般在70%以上，是傳統的人工抽查、X光機抽檢等方式所無法比擬的。

問題與思考
　　1. 訓練檢疫犬的生理學依據是什麼？
　　2. 給動物建立良好的條件反射應考慮哪些因素？

提示性分析
　　1. 訓練檢疫犬主要是根據犬的嗅覺特別敏銳的生理特點，人們通過有計劃的科學訓練，給參訓犬建立一系列精確的條件反射的過程。
　　2. 給動物建立良好的條件反射應考慮"強化設計、無關刺激出現的時間、條件刺激的生理強度、動物的生理狀況和環境狀況"等因素。

思考題
一、名詞概念
　1. 突觸　　　　2. 突觸傳遞　　　　3. 神經遞質　　　　4. 感受器
　5. 牽張反射　　6. 去大腦僵直　　　7. 脊休克　　　　　8. 動力定型

二、單項選擇題
　1. 植物神經節前纖維釋放的遞質是（　）
　　　A. 腎上腺素　　B. 乙醯膽鹼　　C. γ-氨基丁　　D. 多巴胺
　2. 可被阿托品阻斷的受體是（　）
　　　A. N_1受體　　B. N_2受體　　C. M受體　　D. N受體
　3. 骨骼肌受外力牽拉時，引起受牽拉肌肉收縮的反射活動稱（　）
　　　A. 牽張反射　　B. 屈肌反射　　C. 伸肌反射　　D. 狀態反射
　4. 興奮性突觸後電位屬於（　）
　　　A. 動作電位　　B. 閾電位　　　C. 靜息電位　　D. 局部電位
　5. 下列生理反應中屬於交感神經系統興奮後出現的是（　）
　　　A. 心率減慢　　　　　　　　　B. 瞳孔縮小
　　　C. 腎上腺髓質激素分泌增加　　D. 肺通氣量減小
　6. 調節攝食行為的基本中樞位於（　）
　　　A. 大腦皮質　　B. 下丘腦　　　C. 腦橋　　　　D. 延髓

7. 在中腦前後丘之間切斷腦幹的家兔會出現（ ）
   A.伸肌與屈肌緊張性均降低　　B.伸肌與屈肌緊張性均增強
   C.伸肌緊張性降低　　　　　　D.伸肌緊張性增強
8. 神經衝動引起軸突末梢釋放遞質所必需的內流離子是（ ）
   A.Ca^{2+}　　　　B.Na^+　　　　C.K^+　　　　D.Cl^-

三 簡述題
1. 簡述條件反射與非條件反射的區別。
2. 試述牽張反射的類型及原理。
3. 簡述小腦對軀體運動的調節。
4. 闡述去大腦僵直的表現和發生機制。

四 論述題
1. 概述突觸傳遞的過程與原理。
2. 概述交感神經和副交感神經的結構和功能特徵。

第 11 章 內分泌

本章導讀

　　內分泌系統是機體重要的調控系統之一，其生理功能的正常進行，是機體長期協調健康活動的根本保障。如內分泌功能異常，常引起動物機體發生代謝、發育及功能性等綜合症病變。有些人患「大脖子病」，有些小孩出生後發育不全、智力低下，即所謂的「呆小症」，你知道其病因嗎？中國專門立法，必須食用「加碘鹽」，你知道其立法依據是什麼嗎？你知道 1966 年，《人民日報》頭版頭條報導《我國在世界上第一次人工合成結晶胰島素》後，為什麼在全世界引起了巨大的轟動嗎？許多人認為，這是中國人與諾貝爾生理學獎距離最近的一次偉大科學貢獻。要瞭解這些內容，通過本章的學習，可以找到一些答案。

　　內分泌(Endocrine)是相對於外分泌而言的，是指內分泌細胞所分泌的特殊化學物質直接進入血液或其他體液，以血液或體液為媒介對靶細胞產生調節效應的過程。內分泌系統由經典的內分泌腺和散在分佈於全身的內分泌細胞或兼有內分泌功能的細胞組成。動物機體主要的內分泌腺有垂體、甲狀腺、甲狀旁腺、腎上腺、胰島、性腺和松果體等。散在的內分泌細胞分佈廣泛，胃腸道黏膜、下丘腦、心臟、血管、肺、腎臟、胎盤和皮膚等器官組織的某些細胞都有內分泌功能。

　　內分泌系統與神經、免疫系統構成體內重要的調節系統，它們各具獨特功能，又相互交聯，形成複雜的調節網路，從不同角度加工、處理、儲存和整合資訊，共同維持內環境的穩態。

第一節　概　述

一　激素及其作用方式

(一)激素的概念

　　激素一詞是由英國生理學家 Bayliss 和 Starling 在 1902 年發現促胰液素(Secretin)後於 1905 年創用的。激素(Hormone)是指由內分泌腺或散在分佈的內分泌細胞分泌的、經血液或體液傳遞資訊的高效能的生物活性物質。內分泌系統通過激素發揮調節作用。隨著科學的發展，激素的概念變得越來越廣，如有些腺體的分泌物直接釋放到體外，引起其他個體的行為或生理活動的改變，這類物質稱外激素(Exohormone)，如昆蟲的性外激素。

(二)激素作用的方式

激素作為細胞與細胞之間傳遞資訊的化學信號物質，可經組織液的局部擴散或血液循環發揮調節作用。接受激素資訊的細胞、組織和器官分別稱為靶細胞、靶組織和靶器官。根據激素到達靶細胞或靶組織的方式，激素的作用主要有以下四種方式(圖11-1)。

1. 遠距分泌

體內大多數激素通過血液的運輸到達遠距離的靶組織或靶細胞而發揮作用，稱為遠距分泌(Telecrine)或血運分泌。如垂體分泌的多種促激素、甲狀腺素、腎上腺皮質素等都是通過血液運輸而發揮作用的。

2. 旁分泌

某些激素不經血液運輸，而由組織液擴散作用於鄰近細胞而發揮作用，稱為旁分泌(Paracrine)。如幽門腺 G-細胞分泌的胃泌素可經過組織液擴散直接作用於鄰近的平滑肌細胞，促進其運動。

3. 自分泌

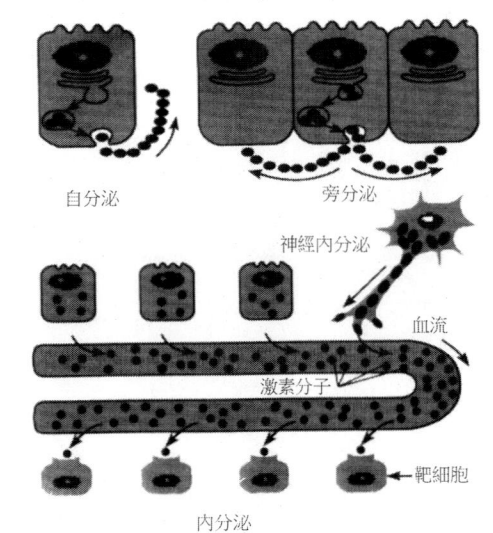

圖11-1　激素作用方式

內分泌細胞所分泌的激素在局部擴散，並作用於該內分泌細胞而發揮回饋作用，稱為自分泌(Autocrine)。如下丘腦分泌的多種促激素釋放激素可抑制其自身的分泌，產生負反饋調節作用。

4. 神經內分泌細胞

下丘腦有多種神經細胞既能產生和傳導神經衝動，又能合成和釋放激素，故稱神經內分泌細胞，所產生的激素稱神經激素，可沿軸突借軸漿流動運送至末梢而釋放入血液，稱為神經分泌(Neurosecretion)。

二、激素的分類

激素的種類很多，來源複雜，通常按其化學結構可分為三類。

(一)含氮類激素

此類激素分子結構中含有氮元素，包括蛋白質類(如胰島素、甲狀旁腺激素和腺垂體分泌的激素)、肽類(如神經垂體激素、降鈣素、胰高血糖素等)及胺類(如腎上腺素、去甲腎上腺素和甲狀腺激素)激素。機體內大多數激素屬於含氮激素。

(二)類固醇激素

此類激素常以膽固醇為原料合成，其基本結構為環戊烷多氫菲(甾體結構)，又名甾體激素(圖 11-2)。腎上腺皮質和性腺分泌的激素，如皮質醇、醛固酮、雌激素、孕激素以及雄激素等屬於此類。膽鈣化醇(維生素 D_3)是在體內由皮膚、肝臟和腎臟等器官聯合作用形成的膽固醇衍生物，稱為固醇類激素，其作用特徵和方式與類固醇激素相似。

(三)脂肪酸衍生物

總稱為前列腺素，結構上都是含20個碳原子的不飽和脂肪酸衍生物(圖11-3)。如前列腺素、血栓素和白血球三烯等。主要在局部組織中發揮其各自的生物效應。

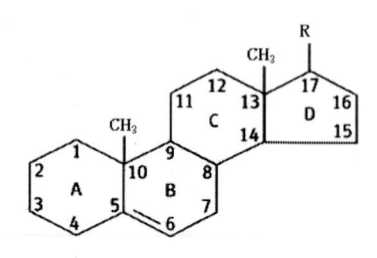

圖11-2 甾體的一般結構

圖11-3 各類前列腺素的基本化學結構

三、激素的一般作用特徵

機體內的激素種類繁多，作用複雜，作用範圍廣泛，能促進生長發育、調節新陳代謝、維持內環境穩定、調控生殖過程、參與應激和免疫反應等。但激素在對靶細胞發揮調節作用的過程中，具有以下共同特點。

(一)資訊傳遞作用

內分泌系統以激素在細胞之間進行資訊傳遞，不論是何種激素，只能對靶細胞的生理生化過程起加強或減弱的作用，如甲狀腺激素的產熱作用、生長激素促進生長發育等。在這些作用中，激素既不能添加成分，也不能提供能量，僅僅起將生物資訊傳遞給靶細胞的「信使」作用，從而調節靶細胞固有的生理生化反應。它在資訊傳遞完成以後，便被分解失活。

(二)相對特異性

激素具有選擇地作用於靶細胞的特性，稱為激素作用的特異性。激素特異性的本質是因為靶細胞表面或胞漿或胞核記憶體在著與該激素發生特異性結合的受體。激素作用的特異性是內分泌系統實現有針對性的調節功能的基礎。

體內激素作用的特異性強弱不同，因此，激素的作用範圍有很大的差別。有些激素只局部作用於某一靶腺或者靶細胞，如促甲狀腺激素只作用於甲狀腺的腺泡細胞；而有些激素的作用範圍大，靶器官和靶細胞數量多而廣泛，如性激素、生長激素、甲狀腺激素等。

(三)高效能生物放大作用

激素是高效能的生物活性物質。在生理狀態下，血液中激素的濃度很低，常以pg或ng/mL 計量。但微量的激素卻具有顯著作用。例如，1 mg 甲狀腺激素可使機體增加產熱約4184 kJ。因此，若某內分泌腺分泌的激素稍有過多或不足，便可引起該激素調節的功能明顯異常，臨床上分別稱為該內分泌腺的功能亢進或功能減退。

激素的高效能作用與激素的作用機制有關。激素與受體結合後，通過引發細胞內的信號轉導程式，經逐級放大，形成效能極高的生物放大系統。例如，1分子的胰高血糖素，能啟動1萬分子的磷酸化酶，其作用於肝糖原，可分解生成 $3×10^6$ 分子葡萄糖，其生物效應放大了 300 萬倍。

(四)激素間的相互作用

內分泌系統是一個有機的整合系統,激素與激素之間往往存在著相互影響,表現為競爭作用、協同作用、拮抗作用和允許作用,以維持機體功能活動的穩態。

1. 競爭作用

化學結構相似的激素可競爭同一受體結合位點,它取決於激素與受體的親和力和激素的濃度。如孕酮與醛固酮受體親和力很小,但當孕酮濃度升高時則可與醛固酮競爭同一受體而減弱醛固酮的生理作用。

2. 協同作用

協同作用表現為多種激素聯合作用時產生的效應大於各激素單獨作用時所產生效應的總和。如生長激素、糖皮質激素、腎上腺素與胰高血糖素等具有升高血糖的協同作用。

3. 拮抗作用

胰高血糖素和胰島素通過各自作用的酶系以相反方向影響糖代謝,前者促進糖原分解使血糖升高;後者促進糖原合成,使血糖降低,表現出不同程度的拮抗作用。

4. 允許作用

有的激素本身並不能直接對某些細胞、組織和器官產生生物效應,但在它存在的條件下,卻可使另一種激素的作用明顯增強,這種現象稱為激素的允許作用。如糖皮質激素本身對血管平滑肌無收縮作用,但在糖皮質激素存在時兒茶酚胺的縮血管作用大大加強。

四、激素的作用機制

激素將調節資訊傳遞給靶細胞的過程十分複雜。激素的化學性質不同,作用機制隨之改變。下面主要介紹含氮激素與類固醇激素的作用機制。

(一)含氮激素作用機制——第二信使學說

第二信使學說是 Sutherland 等於 1965 年提出來的。該學說認為,資訊跨膜傳遞的基本過程是:①激素將調節資訊由內分泌細胞帶到靶細胞膜是第一信使,與靶細胞膜上具有立體構型的專一性受體結合。②激素與受體結合後,激活膜內側的腺苷酸環化酶(Adenyl cyclase,AC)系統。③在 Mg^{2+} 的參與下,AC 催化 ATP 轉變為環磷酸腺苷(cAMP),cAMP 是第二信使,資訊由第一信使傳遞給第二信使。④cAMP 作為第二信使(Second messenger)啟動胞質中無活性的 cAMP 依賴性蛋白激酶,繼而激活細胞內各種底物蛋白的磷酸化反應,引起細胞特定的生理效應,

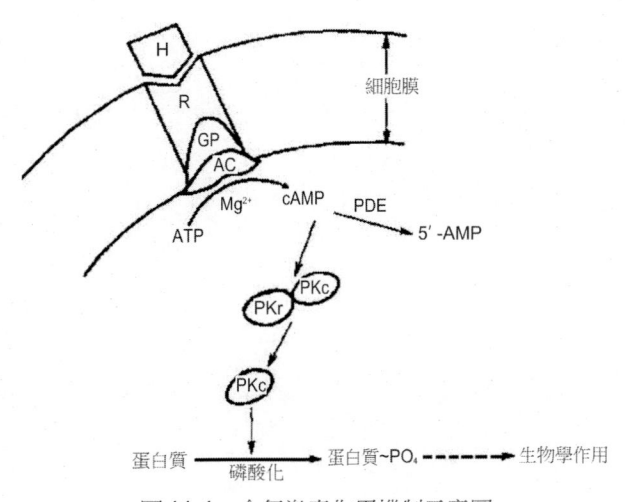

圖11-4　含氮激素作用機制示意圖

H.激素;R.受體;GP.G-蛋白;AC.腺苷酸環化酶;PDE.磷酸二酯酶
PKr.蛋白激酶調節亞單位;PKc.蛋白激酶催化亞單位

如腺細胞分泌、肌細胞收縮等（圖11-4）。cAMP在完成第二信使作用後，被細胞內的磷酸二酯酶降解成為5´-磷酸腺苷而失活。

膜受體是一類跨膜蛋白分子，主要有G-蛋白偶聯受體、酪氨酸激酶受體和鳥苷酸環化酶受體等。研究表明cAMP並不是唯一的第二信使，作為第二信使的化學物質還有cGMP、三磷酸肌醇(IP_3)、二醯甘油（DG）、Ca^{2+}等。

(二)類固醇激素作用機制──基因表達學說

類固醇激素分子小，為脂溶性，可通過細胞膜進入細胞內，與胞質受體結合，形成激素-胞質受體複合物，使受體變構，同時獲得穿過核膜的能力而進入核內與核受體結合形成激素-核受體複合物。此複合物結合在染色質的非組蛋白的特異位點上，從而啟動或抑制該部位的DNA轉錄，促進或抑制mRNA的形成，結果誘導或減少某種特定蛋白質（主要是酶）的合成，從而發揮激素相應的生理效應。也有的類固醇激素在進入細胞後，直接經胞質進入核內與核受體結合，調節基因表達。這一過程稱為類固醇激素作用的基因調節機制，也稱為基因表達學說（圖11-5）。

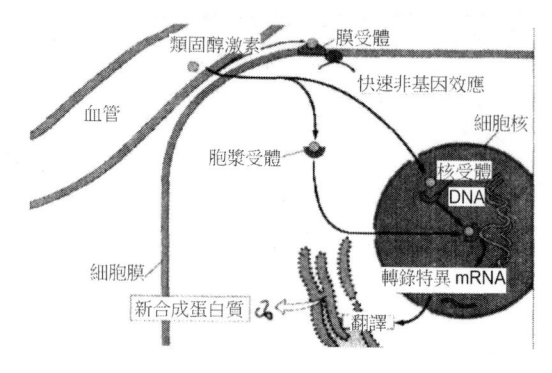

圖11-5　類固醇激素作用機制──基因表達學說

五 激素分泌的調節

激素是內分泌系統實現調節作用的基礎，其在機體內的分泌量主要受到體液和神經因素的嚴密調控，且以體液因素調控為主。

(一)體液調節

1. 激素的回饋調節

下丘腦-腺垂體-靶腺軸調節系統是控制激素分泌穩態的高級整合途徑，也是激素分泌相互影響的典型實例（圖11-6）。一般而言，高位激素對下位內分泌細胞活動具有促進性調節作用；而下位激素對高位內分泌細胞活動多表現抑制性調節作用。在調節軸系統中，分別形成長回饋、短回饋、超短回饋等閉合式自動控制環路。長回饋是指在調節環路中終末靶腺或組織所分泌的激素對上位腺體活動的回饋影響；短回饋是指腺垂體所分泌的激素對下丘腦分泌活動的回饋影響；超短回饋則是指下丘腦分泌的激素反過來作用於下丘腦，調控它本身的分泌活動。三種方式的激素回饋調節以負反饋調節為主。通過這種閉合式自動控制環路，能維持血液中各級別激素水準的相對穩定。調節環路中任一環節發生障礙，都將破壞這一軸系統激素分泌水準的穩態。

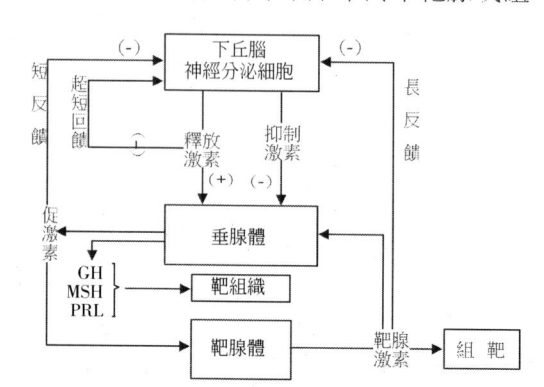

圖11-6　激素分泌回饋調節示意圖

2. 代謝產物濃度的回饋調節

很多激素都參與體內物質代謝過程的調節，而物質代謝引起血液中某些物質濃度的變化又反過來調節相應激素的分泌水準，形成直接的回饋調節，以維持該激素的正常分泌和血中代謝產物濃度的相對穩定。例如，胰島素能降低血糖濃度，而血糖濃度升高或降低可直接促進或抑制胰島素的分泌。

(二)神經調節

許多內分泌腺有直接的神經支配，如胰島和腎上腺髓質等，當支配內分泌腺的神經活動發生變化時，內分泌腺的活動也相應改變，形成神經反射性調節機制。下丘腦通過其廣泛的神經聯繫，以及它所含有的多種神經分泌細胞，成為神經系統與內分泌系統聯繫的樞紐，中樞神經資訊在此可轉變為激素資訊，起著換能神經元的作用，在對內分泌系統和機體許多功能活動的整合中起重要的調節作用。

第二節　下丘腦與垂體的分泌

一、下丘腦與垂體的功能聯繫

下丘腦和垂體位於大腦基底部，兩者在結構和功能上的聯繫非常密切，可將它們看作一個下丘腦-垂體功能單位，這個功能單位包括下丘腦-神經垂體系統和下丘腦-腺垂體系統(圖11-7)。

1. 與神經垂體的聯繫

下丘腦與神經垂體有直接的神經聯繫。下丘腦的視上核和室旁核的神經纖維下行到神經垂體，形成下丘腦-垂體束。神經垂體不含腺細胞，不能合成激素，它所釋放的激素由下丘腦視上核和室旁核內的神經內分泌大細胞合成，沿下丘腦-垂體束通過軸漿運輸到神經垂體儲存並釋放。由此，構成下丘腦-神經垂體系統。

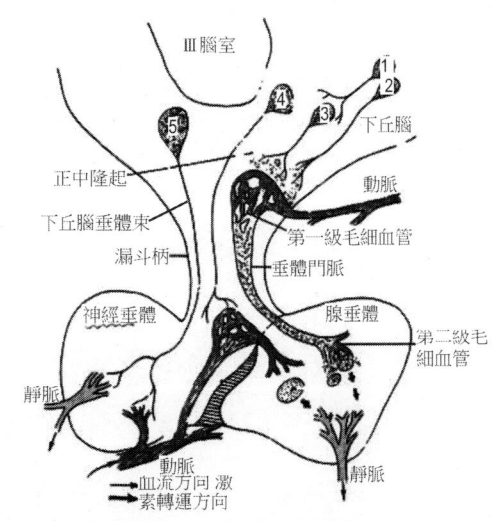

圖11-7　下丘腦-垂體功能單位
1 2 3 4 神經內分泌小細胞　5 神經內分泌大細胞

2. 與腺垂體的功能聯繫

下丘腦與腺垂體之間沒有直接的神經聯繫，主要通過垂體門脈系統發生功能聯繫。垂體動脈進入下丘腦的正中隆起形成第一級毛細血管網，然後匯合成數條門微靜脈進入腺垂體，又形成第二級毛細血管網，最後匯合成垂體靜脈離開腺垂體。這種下丘腦與腺垂體之間獨特的血管聯繫，稱為垂體門脈系統(Hypophysioportal system)。下丘腦基底部存在一個促垂體區，包括正中隆起、弓狀核、腹內側核、視交叉上核及室周核等多個神經核團，其內分佈著多種神經內分泌小細胞，其軸突投射到正中隆起，軸突末梢與垂體門脈系統的第一級毛細血管網接觸，可將促垂體區內神經元合成分泌的下丘腦調節肽釋放進入門脈系統，從而調節腺垂體的分泌活動，構成下丘腦-腺垂體系統，又稱下丘腦-腺垂體軸。

二、下丘腦促垂體區的內分泌功能

(一)下丘腦促垂體區分泌的激素及作用

下丘腦促垂體區內的神經分泌小細胞分泌的多種肽類激素，經垂體門脈系統到達腺垂體，調節腺垂體的內分泌活動。把下丘腦促垂體區分泌的肽類激素，稱為下丘腦調節肽(Hypothalamic regulatory peptide，HRP)。目前發現的下丘腦調節肽至少有9種，其化學結構和主要作用見表11-1。

表11-1 下丘腦調節肽的化學性質與主要作用

激素名稱	英文縮寫	作用腺細胞	化學性質	主要作用
促甲狀腺激素釋放激素	TRH	腺垂體	3肽	促進腺垂體分泌促甲狀腺激素
促性腺激素釋放激素	GnRH	腺垂體	10肽	促進腺垂體分泌黃體生成素、卵泡刺激素
生長激素釋放激素	GHRH	腺垂體	44肽	促進腺垂體分泌生長激素
生長激素釋放抑制激素(生長抑素)	GHIH(SS)	腺垂體	14肽	抑制腺垂體分泌生長激素
促腎上腺皮質激素釋放激素	CRH	腺垂體	41肽	促進腺垂體促腎上腺皮質激素的分泌
催乳素釋放因數	PRF	腺垂體	31肽	促進腺垂體催乳素的分泌
催乳素釋放抑制因數	PIF	腺垂體	多巴胺	抑制腺垂體催乳素的分泌
促黑激素釋放因數	MRF	腺垂體	5肽	促進腺垂體促黑激素的分泌
促黑激素釋放抑制因數	MIF	腺垂體	3肽	抑制腺垂體促黑激素的分泌

(二)下丘腦促垂體區分泌的調節

下丘腦促垂體區分泌受神經和激素的調節，以激素調節為主。

1. 神經調節

內外環境的各種刺激通過神經系統傳送到下丘腦，影響下丘腦激素的釋放。如在應激狀態下，各種應激刺激可促進 TRH 的釋放，吮吸乳頭可反射性引起下丘腦 PRF 增加和 PIF 降低。下丘腦肽能神經元與來自中樞神經系統其他部位的神經元，如中腦、邊緣系統和大腦皮層發出的神經纖維有廣泛的突觸聯繫，其神經遞質主要有肽類物質和單胺類物質兩大類。肽類物質包括腦啡肽、β-內啡肽、神經降壓素、P 物質、血管活性腸肽等。單胺類物質有多巴胺、去甲腎上腺素和 5-羥色胺(5-HT)等，它們較集中地分佈在下丘腦促垂體區正中隆起附近。它們對下丘腦調節肽的釋放有明顯的調節作用(表 11-2)如注射腦啡肽或 β-內啡肽可促進 TRH 和 GnRH 的釋放，而對 CRH 和 GHRH 的釋放有抑制作用。

表11-2 神經遞質對幾種下丘腦調節肽分泌的影響

遞質	TRH	GnRH	GHRH	CRH	PRF
去甲腎上腺素	↑	↑	↑	↓	↓
多巴胺	↓	↓(—)	↑	↓	↓
5-羥色胺	↓	↓	↑	↑	↑

注：↑表示增加分泌，↓表示減少分泌，(—)表示不

2. 激素調節

下丘腦調節肽對腺垂體細胞的分泌功能有重要的調節作用，腺垂體分泌的激素又調節各自靶組織的活動，在機體內構成了下丘腦-腺垂體與三個重要靶腺（甲狀腺、腎上腺皮質和性腺）組成的三個水準的功能軸（圖 11-8）：下丘腦-腺垂體-甲狀腺軸、下丘腦-腺垂體-腎上腺（皮質）軸和下丘腦-腺垂體-性腺軸。在功能軸的各環節中，既有下丘腦對腺垂體、腺垂體對靶腺下行調節的關係，又有長回饋、短回饋和超短回饋三個層次的上行回饋調節，且以負反饋為主，構成閉合自動控制環路，使功能軸的功能活動及相應激素水準維持穩態。

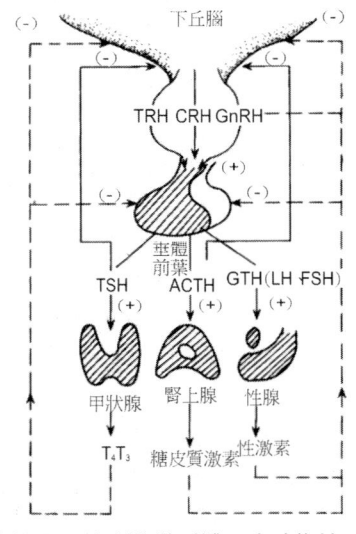

圖11-8 下丘腦-腺垂體三大功能軸示意圖

三、腺垂體的內分泌功能

目前發現腺垂體至少分泌 7 種激素，其中，促甲狀腺激素（Thyroid-stimulating hormone, TSH）、促腎上腺皮質激素（Adrenocorticotrophic hormone, ACTH）、卵泡刺激素（Follicle-stimulating hormone, FSH）與黃體生成素（Luteinizing hormone, LH）均有各自的靶腺，分別形成：下丘腦-腺垂體-甲狀腺軸、下丘腦-腺垂體-腎上腺皮質軸和下丘腦-腺垂體-性腺（睪丸或卵巢）軸。腺垂體的這些激素通過促進靶腺分泌激素而發揮作用，所以也把這些激素統稱為"促激素"。腺垂體還分泌生長激素（Growth hormone, GH）、催乳素（Prolactin, PRL）與促黑激素（Me-lanocyte-stimulating hormone, MSH），它們直接作用於靶細胞，從而調節物質代謝、個體生長、乳腺發育與泌乳以及黑色素代謝等生理活動。

(一)生長激素

生長激素是一種具有種屬特異性的單鏈蛋白質激素，有種間差異。人、鼠、牛、羊、豬、鯨、犬、兔和猴的GH分子品質在22 000～48 000之間，各種動物GH的氨基酸序列不同，其中人與猴、豬與鯨、牛與羊的分子結構較為相似。

1. 生長激素的作用

GH的主要生理作用是促進物質代謝和生長發育（圖 11-9）。GH對機體各組織器官均有影響，特別是對骨骼、肌肉及內臟器官的作用尤為顯著，因此也稱為軀體刺激素（Somatotropin）。GH還參與機體的應激反應。

(1)促生長作用。GH促進骨、軟骨、肌肉及其他組織細胞分裂增殖，促進蛋白質合成。幼年時若缺乏GH，則生長發育停滯，人或動物會患侏儒症；而GH過多則會患巨人症。成年期若GH分泌過多，由於長骨的骨骼已鈣化不能再生長，只有軟骨成分較多的部位，如面部骨骼、手足肢端骨骼恢復生長，以致出現手足粗大、下頜突出，同時內臟器官，如肝和腎等也增大，稱肢端肥大症。

GH 並不直接刺激細胞生長，而是作用於肝臟、腎臟、肌肉等器官和組織使其產生一種稱為生長介素（Somatomedin, SM）的多肽物質，SM 再直接作用於細胞。SM 的化學結構與胰島素相似並具有活性，故又稱為胰島素樣生長因數(Insulin-like growth factor, IGF)，目前已分離出兩種SM，即IGF-Ⅰ和IGF-Ⅱ。IGF-Ⅰ是含有70個氨基酸的多肽，而IGF-Ⅱ是含有67個氨基酸的多肽。通過IGF-I介導實現GH的促生長作用，而IGF-Ⅱ則主要在胚胎期生成，對胎兒的生長發育起重要作用。肝臟作為GH重要的靶組織，是產生IGF-Ⅰ最主要的部位，因此認為下丘腦-垂體-肝臟軸作為生長軸的主軸，是調控動物生長發育的關鍵。

(2)調節代謝。GH能促進蛋白質合成，促進脂肪分解和升高血糖。同時，使機體的能量來源由糖代謝向脂肪代謝轉移，促進生長發育和組織修復。GH可促進氨基酸進入細胞，加強DNA、RNA的合成，促進機體呈氮的正平衡；GH可啟動對激素敏感的脂肪酶，促進脂肪分解，增強脂肪酸的氧化，提供能量，並使組織特別是肢體的脂肪量減少，還能抑制外周組織攝取和利用葡萄糖，減少葡萄糖的消耗，升高血糖水準。GH分泌過多時，可因血糖升高而引起糖尿，稱為垂體性糖尿。

2. 生長激素分泌的調節

(1)下丘腦對GH分泌的調節。GH的分泌受下丘腦GHRH和GHIH的雙重調控(圖11-9)。GHRH經常性地促進GH的分泌，而GHIH則抑制其分泌。GH呈脈衝式分泌，這是GHRH和GHIH共同協調作用的結果。在整體條件下GHRH對GH分泌的促進作用占主要地位。

(2)回饋調節。GH對下丘腦GHRH和腺垂體GH的分泌有負反饋調節作用，GHRH對其自身釋放也有負回饋調節作用。IGF-I能刺激下丘腦釋放GHIH，從而抑制GH的分泌。IGF-I還能直接抑制垂體細胞GH的基礎分泌和GHRH刺激的GH分泌，說明IGF-I可通過下丘腦和腺垂體兩個水準對GH分泌進行負反饋調節。

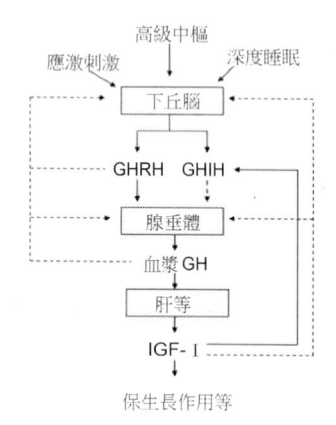

圖11-9 生長激素分泌調節示意圖
實線表示促進作用，虛線表示抑制作用

因素可以影響GH的分泌。如低血糖、血中氨基酸和脂肪酸增多、運動、飢餓及應激刺激，均可引起GH分泌增多。某些激素如甲狀腺激素、雄激素、雌激素等可促進GH分泌，而皮質醇則抑制GH分泌。晝夜節率和年齡變化也可影響GH的分泌。白天覺醒時，血中GH的水準較低，夜間深睡時，血中GH水準可升高若干倍。GH分泌還有明顯的年齡性變化，胎兒的血漿GH水準比母體高，新生幼畜血中GH水準比胎兒更高，以後逐漸降低，到初情期後降到接近成年水準。

(二)催乳素

催乳素在結構上與GH相似，也是一種單鏈肽類激素。各種動物PRL的分子結構和分子品質均不完全相同，有種間差異。

1. 催乳素的生理作用

PRL的作用極為廣泛。在哺乳動物中，PRL的主要作用是促進乳腺的發育和乳汁的生成，還可促進生長、調節水鹽代謝和性腺功能。PRL能促進雄性哺乳動物前列腺及精囊的生長，增強LH對間質細胞的作用，使睾酮的合成增加。血中高濃度PRL抑制性腺的發育和功能活動。應激狀態下，血液中PRL與ACTH、GH濃度同時增加，共同參與應激反應。在禽類中，

PRL可促進嗉囊的發育和分泌，對具有抱窩遺傳性的禽類來說能誘發抱窩，抑制卵泡發育。

2. 催乳素分泌的調節

PRL的分泌主要受下丘腦PRF和PIF的雙重調節。PRF促進PRL的分泌，PIF抑制PRL的分泌，平時以PIF的抑制作用為主。TRH對PRL分泌也有促進作用。血中高水準的PRL可回饋性地促進下丘腦正中隆起分泌多巴胺，抑制PRF和PRL的分泌。PIF雖然還未分離成功，但已證明多巴胺可能是一種PIF。哺乳期每次哺乳或擠乳時，由於吮吸或按摩乳頭，能反射性地刺激PRL分泌。此外，腦內的5-羥色胺、阿片肽、血管活性肽、血管緊張素Ⅱ等均可刺激PRL的分泌。

(三)促激素

促激素包括促甲狀腺素(TSH)、促腎上腺皮質素(ACTH)、卵泡刺激素(FSH)、促黃體生成素(LH)、促黑激素(MSH)。TSH的生理作用是促進甲狀腺腺細胞的生長，促進甲狀腺合成並釋放甲狀腺激素。ACTH是一個含39個氨基酸的多肽，由阿黑皮素原經酶分解而來，生理作用主要是促進腎上腺皮質腺細胞增生和腎上腺皮質激素的合成與釋放。FSH和LH統稱促性腺激素(Gonadotropin)，在LH和性激素的協同作用下，FSH可促進雌性動物卵泡細胞生長發育並分泌卵泡液；作用於雄性動物睪丸，促進生精上皮的發育、精子的生成和成熟，對雄性動物而言，FSH又名配子生成素(Gametogenetin)。在畜牧實踐中，FSH常用於誘導母畜發情排卵和超數排卵，治療卵巢機能疾病等。LH在FSH的協同作用下，可促進卵巢合成雌激素，促進卵泡發育成熟並排卵，促進排卵後的卵泡轉變成黃體並分泌孕激素。LH能促進睪丸間質細胞增殖並合成雄激素，因而在雄性動物又稱為間質細胞刺激素(Interstitial cell-stimulating hormone，ICSH)。上述促激素的分泌調節將在其他相關章節中敘述。

MSH主要生理作用是促使黑素細胞生成黑色素。體內黑素細胞分佈於皮膚、毛髮、眼球虹膜及視網膜色素層內。位於表皮與真皮之間的黑素細胞的胞漿中有特殊的黑色素小體，內含酪氨酸酶，可催化酪氨酸轉變成黑色素。MSH促進哺乳動物和人黑色素的合成，使皮膚與毛髮的顏色加深。

MSH的分泌主要受下丘腦促黑素釋放因數(MRF)和促黑素釋放抑制因數(MIF)的調控。MRF促進MSH的分泌，MIF則有抑制作用，平時以MIF的抑制作用佔優勢。MSH也可通過回饋調節腺垂體MSH的分泌。

四、下丘腦神經垂體的內分泌功能

神經垂體不含腺細胞，不能合成激素，它所釋放的激素由下丘腦視上核和室旁核神經內分泌細胞合成，以軸漿運輸方式經下丘腦-垂體束運送至神經垂體儲存。神經垂體激素有兩種：抗利尿激素(Antidiuretic hormone，ADH)和催產素(Oxytocin，OXT)。在適宜刺激下，神經末梢將囊泡內的神經垂體激素以胞吐的方式釋放入血。

(一)抗利尿激素

抗利尿激素主要由下丘腦的視上核合成，又稱血管加壓素，與催產素的結構相似，都是含8個氨基酸的短肽激素。其作用是：①抗利尿作用(見第八章)；②升血壓作用(見第三章)。

ADH的分泌調節主要受血漿晶體滲透壓、迴圈血量、血壓的改變所引起的反射性調節控制(見第八章)。

(二)催產素

催產素主要由下丘腦室旁核合成,又名縮宮素。OXT與ADH的分子結構類似,有相互交叉的生理作用,但較弱。

1. 生理作用

(1)刺激子宮肌收縮。促進子宮在交配和分娩時收縮,前者促使精子通過雌性生殖道到達受精部位,有利於受精卵的形成;後者促使胎兒及胎衣的排出,對分娩後母體子宮出血及子宮復位有重要作用。

(2)促進乳腺排乳。在哺乳期OXT能使乳腺腺泡周圍的肌上皮細胞收縮,將乳汁排出。吸吮乳頭或擠乳時可誘導 OXT 釋放,從而加速乳汁從腺泡中排出。

在臨床上,OXT在分娩困難時可用來助產,也用於阻止產後子宮出血。

2. 分泌調節

OXT分泌主要受神經反射性調節。交配或分娩時對陰道、子宮頸的刺激,可反射性地引起OXT釋放;產後仔畜吮吸乳頭的刺激通過乳頭和皮膚感受器將資訊經傳入神經傳至下丘腦室旁核,使OXT合成增多,並促進神經垂體釋放OXT入血。在畜牧生產中,良好的環境和操作能使母牛形成良性排乳條件反射,引起 OXT 釋放,提高產奶量。

案例

任改仙等(2007)報導,1只17 kg、9月齡沙皮犬1個多月來每天喝水很多、排尿多、尿液稀薄。體溫39.2~39.5℃,特殊化檢查各項指標基本正常,僅尿比重為1.004~1.005(參考值 1.001~1.065)。根據犬臨床表現及持續排出低比重尿現象,初步診斷為犬尿崩症。採用肌注垂體後葉素3~4 mg/次進行診斷性治療,結果排尿量及排尿次數迅速減少,飲水量也減少。通過口服人醫用醋酸去氨加壓素片和肌注噻嗪類利尿劑治療兩周,結果該犬排尿及飲水情況恢復正常。該犬被確診為中樞性尿崩症。

提問與思考

中樞性尿崩症發病原因是什麼?

提示性分析

下丘腦神經垂體能分泌和釋放抗利尿激素,其可作用於腎單位中的遠曲小管和集合管,增加對水的通透性,促進原尿中水的重吸收,起到抗利尿作用,是尿液濃縮的調節性因素。可能因為老齡功能退行病變、或機械損傷、或顱內腫瘤等原因引起下丘腦神經垂體分泌和釋放抗利尿激素減少甚至停止分泌而引發本病。

第三節　甲狀腺的分泌

哺乳動物甲狀腺位於喉後方,氣管的兩側和腹面,分左右兩葉,中間由峽部相連。甲狀腺的主要結構是由單層立方上皮圍成的大小不等的圓形或橢圓形腺泡(或濾泡)和濾泡間細胞團。腺泡上皮細胞是甲狀腺激素合成與釋放的部位。腺泡腔是激素的儲存庫,使甲狀腺素成為機體唯一的一種儲存於細胞外的激素。在甲狀腺組織中,還有濾泡旁細胞(又名C細胞),可分泌降鈣素(圖11-10)。

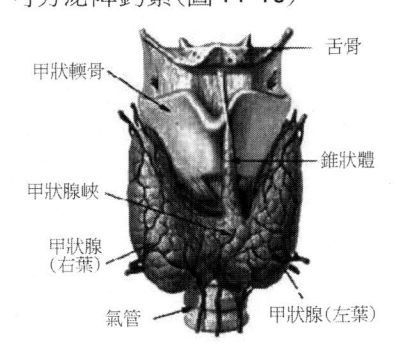

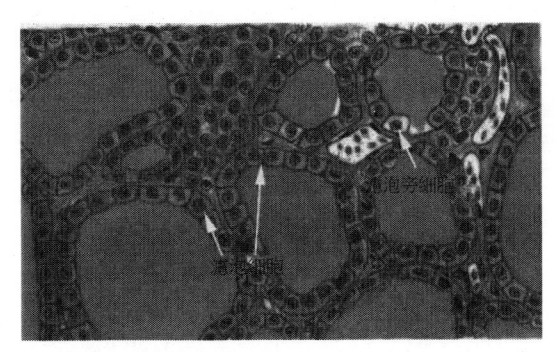

圖11-10　甲狀腺結構圖

一、甲狀腺激素的合成與代謝

甲狀腺的主要功能是合成和釋放甲狀腺激素(Thyroxine)。甲狀腺激素為碘化酪氨酸的衍生物,具有生物活性的有甲狀腺素,又稱四碘甲腺原氨酸(T_4)和三碘甲腺原氨酸(T_3),在腺體或血液中T_4含量較T_3多,約占總量的90%,但T_3的生物學活性較T_4強約5倍,是甲狀腺激素發揮生理作用的主要形式。另外,甲狀腺也可合成極少量生物活性極低的逆-三碘甲腺原氨酸(逆-T_3)或反-T_3(r-T_3)(圖11-11)。

(一)甲狀腺激素的合成

甲狀腺激素合成的主要原料是碘和酪氨酸。碘主要來源於食物,酪氨酸來源於腺泡上皮細胞分泌的甲狀腺球蛋白。甲狀腺激素的合成過程包括四個步驟(圖11-12):

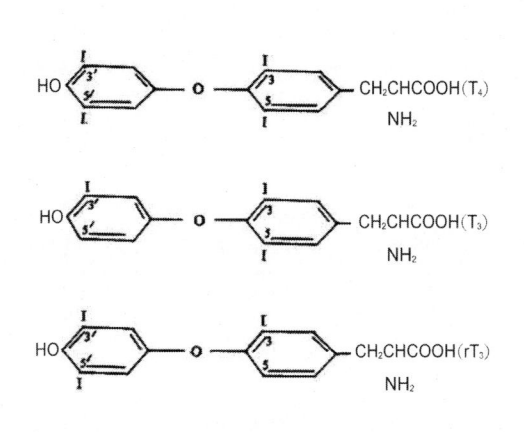

圖11-11　甲狀腺激素的化學結構 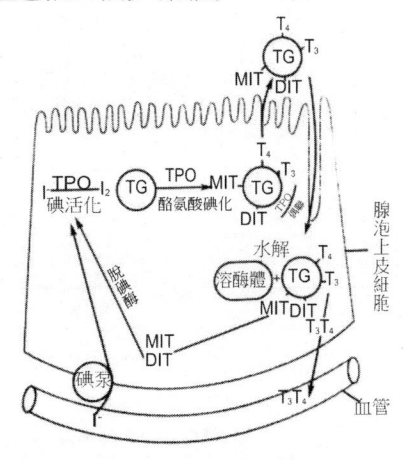　　　　圖11-12　甲狀腺激素的合成

1. 腺泡的聚碘

由腸吸收的碘，以I⁻的形式存在於血液中，甲狀腺內I⁻濃度比血液中高20～25倍。I⁻的轉運是繼發性主動轉運過程，在甲狀腺腺泡上皮細胞基膜上可能存在一種I⁻轉運蛋白。TSH能促進甲狀腺的聚碘過程。

2. I⁻的活化

進入腺泡上皮細胞的I⁻，在腺泡上皮細胞內過氧化酶的催化下被活化，I⁻變成I和I2，或與過氧化酶形成某種複合物。I⁻活化後才能取代酪氨酸殘基上的氫原子。

3. 酪氨酸的碘化

腺泡上皮細胞可生成一種大分子糖蛋白——甲狀腺球蛋白（Thyroglobulin，TG）酪氨酸碘化發生在TG分子上。在甲狀腺腺泡細胞內過氧化酶的催化下，甲狀腺球蛋白酪氨酸殘基上的氫原子被碘原子或碘分子取代，生成一碘酪氨酸（Monoiodotyrosine,MIT）殘基和二碘酪氨酸（Diiodotyrosine,DIT）殘基。這一過程稱為酪氨酸碘化。

4. 碘化酪氨酸的偶聯

碘化後生成的MIT和DIT，同樣在過氧化酶的催化下，兩分子DIT偶聯生成四碘甲腺原氨酸，即甲狀腺素（T4），1分子MIT與1分子DIT偶聯則生成三碘甲腺原氨酸（T3）。T3、T4統稱為甲狀腺激素。在一個甲狀腺球蛋白分子上，T4與T3之比為20:1。這種比值常受碘含量的影響。當甲狀腺內碘化活動增強時，DIT含量增加，T4含量也相應增加；缺碘時MIT增多，則T3含量明顯增加。

(二)甲狀腺激素的儲存、釋放、運輸和代謝

1. 儲存

合成的T_4和T_3以甲狀腺球蛋白的形式儲存於腺泡腔的膠質中，其儲存量很大。

2. 釋放

在適宜刺激下，甲狀腺上皮細胞通過胞飲作用將腺泡腔中的甲狀腺球蛋白吞入細胞內，在溶酶體蛋白水解酶的作用下，將MIT、DIT、T_3、T_4從甲狀腺球蛋白分子中水解出來。MIT、DIT在脫碘酶的作用下迅速脫碘，可再迴圈利用。對脫碘酶不敏感的T_3和T_4則由濾泡細胞底部分泌到血液中。甲狀腺分泌的甲狀腺激素中90%以上是以T_4形式存在的。

3. 運輸

T_3、T_4釋放入血後，主要以蛋白質結合的形式存在，呈游離形式存在的T_4和T_3僅分別占0.03%和0.3%。但只有游離型的甲狀腺激素才能進入組織，發揮其生理效應。

4. 代謝

血漿中T_4的半衰期約為6～7d，T_3約為1.5d。肝、腎、垂體、骨骼肌是甲狀腺激素降解的主要部位。脫碘是T_3和T_4降解的主要方式。80%的T_4在外周組織脫碘酶的作用下生成T_3，成為血液中T_3的主要來源。

二、甲狀腺激素的生理作用

甲狀腺激素作用廣泛，幾乎對各組織細胞均有影響，其主要作用是促進物質和能量代謝，促進生長發育。

(一)對代謝的影響

1. 產熱效應

甲狀腺激素可促進糖和脂類的分解代謝,提高基礎代謝率,使大多數器官和組織如肝、腎、心臟和骨骼的耗氧量和產熱量增加,但對成年動物和人的腦和性腺等組織無此影響。甲狀腺激素調節機體的代謝水準以維持哺乳動物和鳥類體溫的恒定,因此很多在冷環境中生活的哺乳動物攝食量較大,大部分食物被用於產熱。T_3、T_4 的產熱效應有一定的差別,T_3 的產熱作用比 T_4 強 3～5 倍,但作用持續時間較短。甲狀腺激素的產熱效應與靶組織細胞 Na^+-K^+-ATP 酶活性升高密切相關。

甲狀腺激素分泌過多時,機體的代謝率升高,出現煩躁不安、心率加快、對熱環境難以忍耐、體重降低等反應。與此相反,甲狀腺激素分泌不足時,機體的代謝率降低,出現智力遲鈍、心率降低、肌肉無力、對冷環境異常敏感、體重增加等變化。

2. 對蛋白質、糖和脂肪代謝的影響

(1)蛋白質代謝。甲狀腺激素對蛋白質的作用依劑量而變,生理劑量的甲狀腺激素促進蛋白質的合成,尿氮減少,而高劑量的甲狀腺激素促進蛋白質的分解,特別是加速骨骼肌蛋白的分解,並可促進骨的蛋白質分解,導致血鈣升高和骨質疏鬆,氮的排泄量增加。

(2)糖代謝。甲狀腺激素促進小腸黏膜對糖的吸收,增強肝糖原分解,抑制糖原合成,並可加強腎上腺素、胰高血糖素、皮質醇和 GH 的升糖作用。由於甲狀腺激素也可加強外周組織對糖的利用,因此也有降血糖作用。但升糖效應總體大於降糖效應,因此,甲狀腺功能亢進時,血糖常常升高,有時出現糖尿。

(3)脂肪代謝。甲狀腺激素促進脂肪酸氧化,增強兒茶酚胺和胰高血糖素對脂肪的分解作用,對膽固醇的作用有雙重性,一般分解作用要強於合成作用。

甲狀腺功能亢進時,由於對糖、蛋白質和脂肪的分解代謝增強,所以患者常感飢餓,食欲旺盛,且明顯消瘦。

2. 對水和電解質的影響

甲狀腺激素對毛細血管正常通透性的維持和細胞內液的更新有調節作用。甲狀腺功能低下時,毛細血管的通透性增大,水和鈉滯留在組織間液增多,細胞間黏蛋白增多,引起組織黏液性水腫,補充甲狀腺激素後水腫可消除。

(二)對生長發育的影響

甲狀腺激素是機體生長、發育和成熟的重要激素,特別是對腦和骨的發育尤為重要。人的克汀病即"呆小症"是由於幼年期甲狀腺激素缺乏所出現的智力低下和體格矮小症狀,這有別於 GH 缺乏所引起的侏儒症,後者的智力發育是正常的。切除甲狀腺的蝌蚪,生長與發育停滯,不能變態成蛙,若及時給予甲狀腺激素,又可恢復生長發育。若甲狀腺機能亢進,血液中甲狀腺激素水準增高,所有的脊椎動物都會出現早熟性發育。甲狀腺激素對生長和發育的影響與動物的年齡有關,年齡越小,影響越顯著。

此外,甲狀腺激素還能促進生殖系統的發育,促進生殖和泌乳。如甲狀腺激素分泌不足可使動物的生殖功能受損,如受精率降低、發情紊亂、流產和死胎等。

(三)對神經系統的影響

甲狀腺激素對已分化成熟的神經系統也有作用。甲狀腺功能亢進時，中樞神經系統的興奮性增高，表現為不安、過敏、易激動、失眠多夢及肌肉顫動等症狀。甲狀腺功能低下時，中樞神經系統興奮性降低，出現感覺遲鈍、反應緩慢、記憶力減退、嗜睡等症狀。

(四)對心血管系統的影響

甲狀腺激素可使心率增快、心肌收縮力增強、心輸出量增大，同時小血管擴張(組織耗氧量增多)，外周阻力降低，結果收縮壓增高，舒張壓降低，脈壓增大。研究表明，甲狀腺激素增強心臟活動是由於它們直接作用於心肌，促使心肌細胞的肌質網釋放 Ca^{2+} 及增加心肌細胞膜上 β-腎上腺素能受體的數量和親和力的緣故。

三、甲狀腺激素分泌的調節

甲狀腺激素的合成和釋放主要受「下丘腦-腺垂體-甲狀腺軸」的調節。此外，甲狀腺的分泌還存在一定的神經調節和自身調節(圖11-13)。

1. 下丘腦-腺垂體-甲狀腺軸對甲狀腺的調節

一方面，下丘腦TRH神經元接受神經系統其他部位傳來的資訊，把環境因素與TRH神經元活動聯繫起來，然後TRH神經元通過釋放TRH經垂體門脈系統作用於腺垂體，促進TSH的合成和釋放，經血液迴圈TSH到達甲狀腺刺激甲狀腺腺泡細胞增生，並促進甲狀腺激素的合成與釋放，使血中 T_3、T_4 濃度增高。

另一方面，血液中游離的 T_3、T_4 濃度變化，對下丘腦TRH的分泌、腺垂體TSH的分泌起著經常性負反饋調節作用。當 T_3、T_4 濃度增高，可抑制下丘腦TRH的分泌，刺激腺垂體促甲狀腺激素細胞產生一種抑制性蛋白，使TSH的合成與分泌減少，並降低腺垂體對TRH的反應，血中 T_3 和 T_4 的濃度隨之降低；反之亦然。

由此形成 TRH、TSH、T_3、T_4 分泌的回饋自動控制環路(圖 11-13)，使下丘腦-腺垂體-甲狀腺軸活動及各效應激素處於穩態。

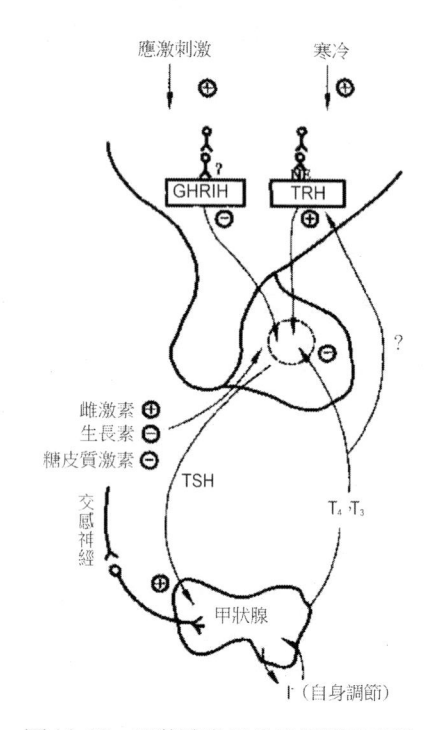

圖11-13 甲狀腺激素分泌調節示意圖

2. 植物性神經對甲狀腺激素分泌的作用

研究發現，甲狀腺內分佈有交感神經和副交感神經纖維，甲狀腺腺泡細胞膜上存在 α、β-腎上腺素能受體和 M-膽鹼能受體。刺激交感神經可使甲狀腺激素合成、分泌增加，刺激副交感神經膽鹼能纖維可使甲狀腺激素合成、分泌減少。目前認為，植物性神經的調節作用主要是在內、外環境變化引起機體應急反應時，對甲狀腺的功能起調節作用。

3. 自身調節

甲狀腺能根據碘供應的情況，調整自身對碘的攝取和利用以及甲狀腺激素的合成與釋放，這種調節完全不受TSH影響，故稱自身調節。其是一個有限度的、緩慢的調節方式。如食物中長期缺碘則可引起甲狀腺激素分泌不足，對 TSH 的負反饋調節減弱甚至喪失，血中

TSH水準過高，甲狀腺過度增生而形成單純性甲狀腺腫（又稱大脖子病），通過在食鹽中加碘則可預防此病。

甲狀腺分泌的自身調節，其作用在於使甲狀腺的功能適應食物中碘供應量的變化，以保證腺體內合成激素量的相對穩定。

案例

吳迪等（1991）報導，在南京地區黑白花奶牛日糧中添加碘化鉀 20 mg/（頭·d）飼餵 70 d 後，發現奶牛平均日產奶量 20.1 kg 比不添加碘化鉀奶牛日產奶量高 7.7%，且添加碘化鉀奶牛血清中 T_3、T_4 含量顯著高於不添加奶牛的含量。結果提示，南京地區春冬季節日糧中添加適量碘化鉀[20 mg/（頭·d）]，可顯著提高奶牛的產奶性能。

問題與思考

1. 奶牛日糧中添加碘化鉀後，血清 T_3、T_4 含量升高的原因是什麼？
2. 奶牛日糧中添加適量碘化鉀後，奶牛產奶量升高的原因是什麼？

提示性分析

1. 甲狀腺的基本功能是利用碘和酪氨酸合成甲狀腺激素（T_3、T_4），日糧中添加碘化鉀，有利於提高血清中碘含量，為甲狀腺合成 T_3、T_4 提供了充足的原料。

2. 乳腺泌乳是一個複雜的生理過程，受 GH、PRL、T_4、糖皮質激素等多種激素的調節，其中血液中甲狀腺激素（T_4）水準適度升高，能促進體內蛋白的合成，促進脂肪的氧化分解，促進糖的吸收及組織利用，提高機體新陳代謝，對乳的生成有顯著的促進作用。

第四節　腎上腺的分泌

腎上腺位於腎臟的前緣，由位於外側的皮質和內側的髓質構成，皮質由外向內分別由球狀帶、束狀帶和網狀帶組成。皮質和髓質無論在胚胎發生、形態結構還是在生理功能各方面都是兩個不同的內分泌腺。

一　腎上腺皮質激素

腎上腺皮質分泌的激素統稱為類固醇（甾體）激素，包括鹽皮質激素（Mineralocorticoid）、糖皮質激素（Glucocorticoids）和性激素（Sex hormone）3類，分別由腎上腺皮質不同層上皮細胞所分泌。球狀帶分泌鹽皮質激素，主要是醛固酮（Aldosterone）；束狀帶分泌糖皮質激素，主要是皮質醇（Cortisol）和皮質酮（Corticosterone）；網狀帶分泌性激素，主要是雄性激素，也有少量雌激素。

關於醛固酮的生理作用和分泌調節在第八章中已經介紹，有關性激素的知識將在第十二章中討論。本節著重討論束狀帶所分泌的糖皮質激素。

(一)糖皮質激素的生理作用

糖皮質激素的作用廣泛而複雜，對多種器官、組織都有影響。

1. 對物質代謝的影響

糖皮質激素對糖、蛋白質、脂肪和水鹽代謝均有作用。

(1)糖代謝。糖皮質激素是調節體內糖代謝的重要激素之一，有顯著的升血糖作用。這是因為皮質醇可促進蛋白質分解，抑制外周組織對氨基酸的利用，加速糖異生，使糖原儲存增加。同時通過抗胰島素作用，降低肌肉和脂肪等組織對胰島素的反應性，使外周組織對葡萄糖的利用減少，導致血糖升高。

(2)蛋白質代謝。糖皮質激素能促進肝外組織，特別是肌肉組織蛋白質的分解，加速氨基酸轉移至肝，成為糖異生的原料。糖皮質激素分泌過多會引起生長停滯、肌肉消瘦、骨質疏鬆、皮膚變薄、淋巴組織萎縮等症狀。

(3)脂肪代謝。糖皮質激素促進脂肪分解和脂肪酸在肝內氧化，抑制外周組織對葡萄糖的利用，利於糖原異生。但全身不同部位的脂肪組織對糖皮質激素的敏感性不同，四肢敏感性較高，面部、肩、頸、軀幹部位敏感性較低卻對胰島素(它能促進脂肪合成)的敏感性較高。因此，腎上腺皮質功能亢進或過多使用糖皮質激素時，可使脂肪在體內重新分佈，在人類表現出面部、肩頸、軀幹部脂肪增多，呈現所謂的「滿月臉」、「水牛背」，而四肢脂肪相對減少消瘦，形成特殊的向心性肥胖。

(4)水鹽代謝。皮質醇有較弱的儲鈉排鉀作用，即對腎遠球小管和集合管重吸收 Na^+ 和排出 K^+ 有輕微的促進作用。糖皮質激素還可增加腎小球血流量，使腎小球濾過率增加，促進水的排出。糖皮質激素分泌不足時，機體排水功能低下，嚴重時可導致「水中毒」，補充糖皮質激素後可使症狀緩解。

2. 對其他組織器官的作用

(1)血細胞。糖皮質激素可使血液中紅血球、血小板和中性粒細胞的數量增加，而淋巴細胞和嗜酸性粒細胞減少。

(2)血管系統。糖皮質激素通過增強血管平滑肌對兒茶酚胺的敏感性(即允許作用)，有利於提高血管的張力和維持血壓。糖皮質激素還可降低毛細血管壁的通透性，減少血漿的濾出，有利於血容量的維持。

(3)神經系統。糖皮質激素可提高中樞神經系統的興奮性。腎上腺皮質功能低下，糖皮質激素分泌不足時，動物表現出精神萎靡的症狀。

(4)消化系統。糖皮質激素促進多種消化液和消化酶的分泌。胃消化活動中，糖皮質激素能增加胃酸及胃蛋白酶原的分泌，還能提高胃腺細胞對迷走神經和胃泌素的反應性。

此外，糖皮質激素還有增強骨骼肌收縮、抑制骨的形成、促進胎兒肺表面活性物質的合成等作用。大劑量的糖皮質激素還具有抗炎、抗過敏、抗中毒、抗休克和退熱的作用，是臨床應用糖皮質激素治療多種疾病的依據。

3. 在應激反應中的作用

當動物受到各種有害刺激(或應激刺激)，如缺氧、創傷、手術、饑餓、疼痛、寒冷以及精神緊張等,血液中促腎上腺皮質激素(ACTH)和糖皮質激素含量立即升高,從多方面調整機體對有害刺激的適應性和抵禦能力,這一現象稱為應激反應(Stress)。應激反應發生的機制十分複雜,目前仍不十分清楚。在應激反應中,除腺垂體-腎上腺皮質系統參加外,交感-腎上腺髓質系統也參加,血中兒茶酚胺含量也顯著增加;同時,血液中 GH、PRL、胰高血糖素、β-內啡肽、抗利尿激素及醛固酮等激素的含量也升高,說明應激反應是以 ACTH 和糖皮質激素分泌增加為主的,多種激素參與的使機體抵抗力增強的非特異性反應。

(二)糖皮質激素分泌調節

糖皮質激素的分泌分為基礎分泌和應激分泌兩種形式。前者是指在生理狀態下的分泌,後者是指當應激刺激時機體發生適應性反應時的分泌。但無論是基礎分泌還是應激分泌,均由下丘腦-腺垂體-腎上腺皮質軸進行調節。

下丘腦促垂體區神經細胞合成釋放的促腎上腺皮質激素釋放激素(CRH)能促使腺垂體合成、分泌 ACTH,ACTH 可促進腎上腺皮質增生,並促進糖皮質激素的分泌;ACTH 同時也刺激束狀帶和網狀帶生長發育。

在下丘腦-腺垂體-腎上腺皮質軸中,還存在著回饋調節。當垂體分泌的 ACTH 在血中濃度達到一定水準時通過短回饋作用於下丘腦 CRH 神經元,抑制 CRH 的釋放;當血液中糖皮質激素濃度升高時也可通過長回饋作用於下丘腦和腺垂體,抑制 CRH 和 ACTH 的分泌 (圖 11-14);目前尚未確定是否存在 CRH 對 CRH 神經元的超短回饋調節。但在應激狀態下,可能是因為下丘腦和腺垂體對回饋抑制的敏感性降低,使這些負反饋作用暫時失效,結果使 ACTH 和糖皮質激素的分泌大大增加。

值得注意的是,由於糖皮質激素對下丘腦-腺垂體存在負反饋作用,在臨床中如長期大量使用糖皮質激素治療疾病時,可抑制腺垂體分泌 ACTH 使動物腎

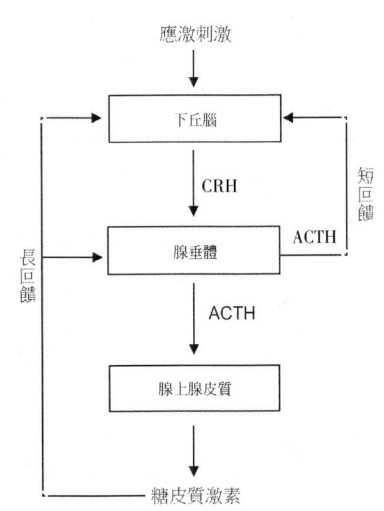

圖 11-14 糖皮質激素分泌的調節示意圖
實線表示促進作用,虛線表示抑制作用

上腺皮質發生萎縮,分泌功能停止。如果突然停用糖皮質激素,則可因患畜 ACTH 水準很低和腎上腺皮質萎縮,血中內源性糖皮質激素水準低下,而出現腎上腺皮質危象,甚至危及生命。因此,在治療中最好是糖皮質激素與 ACTH 交替使用,在停藥時,要逐漸減量,緩慢停藥。

二、腎上腺髓質激素

腎上腺髓質與交感神經節的胚胎發生同源,因此,腎上腺髓質實際是交感神經系統的延伸部分,在功能上相當於無軸突的交感神經節後神經元,組成交感-腎上腺髓質系統。腎上腺髓質嗜鉻細胞主要分泌腎上腺素(Epinephrine、E)和去甲腎上腺素(Noradrenaline、NE)兩種激素,它們都是以酪氨酸為原料,在一系列酶的作用下合成的。腎上腺髓質嗜鉻細胞內的苯乙醇胺氮位甲基移位酶(PNMT)可使去甲腎上腺素甲基化成腎上腺素。正常情況下,腎上腺髓質釋放入血液的腎上腺素與去甲腎上腺素的比例大約為 4:1。

(一)腎上腺髓質激素的生理作用

腎上腺素和去甲腎上腺素的生理作用廣泛而多樣，其主要生理作用已在有關章節中分別介紹。現簡要列表總結如下(表11-2)。

表11-2　腎上腺素與去甲腎上腺素的生理作用

器官系統	腎上腺素	去甲腎上腺素
心肌	心率增快，心收縮力增強，心輸出量增加(常作臨床強心藥)	離體心率增快，在體心率減慢(降壓反射的作用)
血管	皮膚、胃腸、腎臟等血管收縮；冠狀血管、骨骼肌血管舒張。總外週祖力稍減。血壓升高(主要因心輸出量增加)	全身血管擴泛收縮；總外周阻力顯著增加。血壓顯著升高(主要因外周阻力增大)
支氣管平滑肌	舒張	舒張，作用較弱
胃腸活動	抑制	抑制，作用較弱
代謝	血糖增高，血游離脂肪酸增多，產熱作用增加興奮	同腎上腺素，但作用較弱
中樞神經系統	興奮	同腎上腺素，但作用較弱

當機體遭遇特殊緊急情況時(如畏懼、逃跑、爭鬥、劇痛、缺氧、失血和脫水等)，交感-腎上腺髓質系統機能亢進，腎上腺髓質分泌大量的腎上腺素和去甲腎上腺素，以增強機體對特殊緊急情況的適應能力，稱為應急反應(Emergency reaction)。應急反應的發生機制目前仍不十分清楚，但比較肯定的是應急反應是由於交感神經系統興奮和腎上腺髓質機能被啟動而引發的，由此導致肺通氣功能增加、迴圈功能增強、血流發生重新分配、骨骼肌、心肌血流量增多、肝糖原和脂肪分解加強以提供能量等，這些反應都有利於機體應對緊急情況。

需要指出的是，應急與應激是兩個不同但有關聯的概念。引起應急反應的刺激，同樣也引起應激反應，應激反應偏重於加強機體對傷害性刺激的基礎耐受力，應急反應則偏重於提高機體對緊急情況的警覺性和應變能力，兩者既有區別又相輔相成，往往同時發生，共同使機體的適應能力更加完善。

(二)髓質激素分泌的調節

支配腎上腺髓質的神經屬交感神經節前纖維，其末梢釋放乙醯膽鹼，通過N型膽鹼受體引起腎上腺髓質釋放腎上腺素和去甲腎上腺素。ACTH與糖皮質激素也可增強腎上腺髓質細胞某些合成酶的活性，促進腎上腺素和去甲腎上腺素的合成與分泌。

腎上腺髓質激素的分泌也存在負反饋調節。當血中腎上腺素和去甲腎上腺素的濃度增加到一定程度時，又可回饋性抑制腎上腺髓質細胞內的某些合成酶的活性，使腎上腺素和去甲腎上腺素合成和釋放減少，使血中其濃度下降；反之亦然。

案例

2013年6月重慶潼南縣某豬場200多頭30日齡仔豬，發生高燒(體溫41℃以上)、咳嗽、喘氣等臨床症狀，1週內已死亡12頭。當地獸醫懷疑為豬藍耳病，用土黴素、$V_{B_{12}}$、V_C、地塞米松拌水口服，用藥3d後，臨床症狀沒有緩解，反而出現更多死亡數量,3d內又死亡21頭。剖檢病死豬發現:胃、小腸黏膜出現大面積潰瘍灶,並有嚴重的胃穿孔現象。立即停用地塞米松,僅用土黴素、$V_{B_{12}}$、V_C兌水口服,結果用藥3d後,症狀好轉,並且逐漸停止死亡。本案例判斷為大量使用地塞米松引起的不良作用所致。

問題與思考

1. 病豬大量使用地塞米松後,為什麼易發生胃潰瘍、胃穿孔病變?
2. 傳染性疾病為什麼不宜使用地塞米松?

提示性分析

1. 地塞米松為人工合成的糖皮質激素,具有很強的生物學活性,能強烈促進胃酸及胃蛋白酶原的分泌,由於胃酸及胃蛋白酶的過度形成,導致自身消化增強,引發胃潰瘍、胃穿孔等嚴重病變。

2. 由於糖皮質激素能使淋巴細胞數量減少,產生抗免疫效應。傳染病,特別是免疫抑制性傳染病要禁用此類藥物。

第五節　胰島的內分泌

胰島是散在於胰腺外分泌細胞之間的許多內分泌細胞群的總稱,像海洋中的一個個小島一樣,故稱胰島。胰島細胞可分為5種類型:A細胞約占胰島細胞的20%,分泌胰高血糖素(Glucagon);B細胞約占75%,分泌胰島素(Insulin);D細胞約占5%,分泌生長抑素;PP細胞數量很少,分泌胰多肽;D_1細胞極少,可能分泌血管活性腸肽。本節主要介紹胰島素和胰高血糖素。

一　胰島素

胰島素為含51個氨基酸殘基的小分子蛋白質,相對分子量為5 808。中國科學工作者於1965年在世界上首先用化學方法人工合成了具有高度生物活性的胰島素,為人類醫學的進步做出了巨大貢獻。血液中胰島素部分以游離形式存在,部分與血漿蛋白結合。半衰期為5~6 min,主要在肝臟滅活。

(一)胰島素的生理作用

胰島素是促進合成代謝、維持血糖相對穩定的重要激素。

1. 對糖代謝的作用

胰島素促進組織細胞對葡萄糖的攝取和利用,加速葡萄糖合成為糖原並儲存在肝和肌肉中,抑制糖異生,促進葡萄糖轉變為脂肪酸,儲存於脂肪組織中,結果使血糖水準下降。胰島素缺乏時血糖濃度升高,如超過腎糖閾,引起糖尿病,糖從尿中排出。

2. 對脂肪代謝的作用

胰島素促進肝臟合成脂肪酸,然後轉運到脂肪細胞儲存,還能促進葡萄糖進入脂肪細胞轉變為脂肪(以面部、肩、頸、軀幹部位脂肪細胞對胰島素最為敏感)。同時胰島素抑制脂肪組織中脂肪酶活性,抑制脂肪分解。如胰島素缺乏時,糖利用受阻而由脂肪分解供能,生成大量酮體,引起酮血症與酸中毒;脂肪代謝紊亂使血脂增加,引起動脈硬化,導致心、腦血管系統疾病。

3. 對蛋白質代謝的作用

胰島素既促進蛋白質合成,又抑制蛋白質分解。它促進細胞對氨基酸的攝取,增加 DNA 和 RNA 的生成及蛋白質的合成,抑制蛋白質分解和糖原異生,有利於細胞的生長。胰島素對機體生長的促進作用是與 GH 的作用相輔相成的。

(二)胰島素分泌的調節

1. 血糖水準

胰島素的分泌主要取決於血糖水準。進食之後血糖升高,血糖可直接作用於胰島 B 細胞,刺激胰島素的分泌,使血糖進入細胞內合成糖原;還可作用於下丘腦,通過迷走神經興奮引起胰島素分泌增加,使血糖水準不會過高。當血糖水準下降時,胰島素的分泌減少,使血糖水平不會過低。

此外,血中游離脂肪酸、酮體和多種氨基酸(主要為精氨酸和賴氨酸)含量增多時,也可促進胰島素的分泌。

2. 激素的作用

實驗發現,口服葡萄糖引起的胰島素分泌反應大於靜脈注射葡萄糖引起的反應,提示其與胃腸激素的作用有關。在胃腸激素中,胃泌素、促胰液素、縮膽囊素、抑胃肽等均可促進胰島素的分泌,其中以抑胃肽的作用最強。胃腸激素與胰島素分泌之間的關係形成「腸-胰島軸(Entero-insular axis)」其重要生理意義在於「前饋」性調節胰島素的分泌。當食物還在腸道內消化時,已通過刺激胃腸激素的分泌使胰島素分泌增加,使機體預先做好準備,能及時處理即將被吸收的各種營養成分。

GH、甲狀腺激素、糖皮質激素等可通過升高血糖濃度間接引起胰島素的分泌。胰島 A 細胞分泌的胰高血糖素和 D 細胞分泌的生長抑素均可通過旁分泌途徑作用於 B 細胞,前者促進胰島素分泌,後者則起抑制作用。腎上腺素和去甲腎上腺素也有抑制其分泌的作用。

3. 神經調節

胰島受迷走神經與交感神經支配。迷走神經興奮時,通過乙醯膽鹼作用於 B 細胞 M-受體,直接促進胰島素的分泌;迷走神經還可通過刺激胃腸激素間接促進胰島素的分泌。交感神經興奮時,則通過去甲腎上腺素作用於 B 細胞 α-受體,抑制胰島素的分泌。

二、胰高血糖素

胰高血糖素是由胰島 A 細胞分泌的含 29 個氨基酸的直鏈多肽。在血漿中半衰期為 5~10 min,主要在肝內滅活,在腎中也可降解。

(一)胰高血糖素的生理作用

胰高血糖素的作用與胰島素相反，可促進肝糖原分解和糖異生，使血糖水準升高。它還可促進脂肪和蛋白質分解，增強心肌收縮力，抑制胃腸道平滑肌的運動。另外，胰高血糖素可促進胰島素和胰島生長抑素的分泌。

(二)胰高血糖素分泌的調節

1. 血中代謝物質的作用

影響胰高血糖素分泌的主要因素是血糖，低血糖可促進其分泌，血中氨基酸增加也可促進其分泌。

2. 激素的作用

胰島素可通過降低血糖濃度間接引起胰高血糖素的分泌，但胰島素和D細胞分泌的生長抑素也可通過旁分泌直接作用於鄰近的A細胞，抑制胰高血糖素的分泌。在胃腸道激素中，縮膽囊素和胃泌素可促進胰高血糖素分泌，胰泌素則有抑制作用。

3. 神經調節

在迷走神經興奮時，通過乙醯膽鹼作用於A細胞M-受體，抑制胰高血糖素的分泌；在交感神經興奮時，則通過去甲腎上腺素作用於A細胞β-受體，促進胰高血糖素的分泌。

案例

一雌性7歲鹿犬，主述兩個月前該犬有3.5 kg，現在僅重2.5 kg，近一週來夜間要上廁所2～3次，每次從廁所出來都要喝水，白天不願運動，感覺渾身無力。臨床檢查：體溫38.6℃，呼吸、心率正常，空腹採血做生化檢測，血糖19.1 mmol/L，其他指標正常。診斷：犬老年性糖尿病。

問題與思考

1. 糖尿病時，動物為什麼採食、飲水量增加，而體重減輕？
2. 機體有哪些激素參與維持血糖的穩定？

提示性分析

1. 胰島素缺乏是引起動物糖尿病發生的主要原因。胰島素的主要生理作用是促進蛋白質、脂肪及糖原合成，具有強烈的降血糖效應，體內缺乏時，血糖濃度顯著升高，血漿晶體滲透壓升高，引起高滲性利尿作用和強烈的口渴感，因而出現多尿、多飲現象，因蛋白質合成減少，而分解加快，故體重減輕。

2. 胰島素是體內唯一降血糖的激素，胰高血糖素、生長激素、甲狀腺激素、糖皮質激素及腎上腺素具有升血糖效應，糖皮質激素升血糖作用最強。

第六節　調節鈣磷代謝的激素

　　鈣和磷是對機體正常功能活動至關重要的元素，血漿鈣離子水準與機體的多種重要生理功能密切相關，如興奮組織正常興奮性的維持及骨代謝平衡的維持等。體內直接參與鈣、磷代謝調節的激素主要有3種：甲狀旁腺激素、維生素D_3和降鈣素。它們通過對骨、腎臟和腸3種靶組織和器官的作用，維持血中鈣、磷水準的相對穩定。

一、甲狀旁腺激素

　　甲狀旁腺激素(Parathyroid hormone，PTH)是由甲狀旁腺主細胞合成分泌的激素。PTH是由84個氨基酸組成的直鏈多肽。

(一)甲狀旁腺激素的生理作用

　　PTH是調節血鈣和血磷水準最重要的激素，可使血鈣水準升高，血磷水準降低。

1. 對骨的作用

　　PTH可動員骨鈣入血，使血鈣濃度升高。其作用包括快速效應與延遲效應兩個時相。快速效應在PTH作用後數分鐘即可出現，其作用機制是使骨細胞膜對Ca^{2+}的通透性迅速增高，骨液中的Ca^{2+}進入細胞，然後鈣泵活功增強，將Ca^{2+}轉運至細胞外液中，使血鈣水準升高。延遲效應在PTH作用後12～14h出現，經數天甚至幾周後才達高峰，其效應是通過啟動破骨細胞的活動、抑制成骨細胞的活動而實現的，加速骨組織的溶解，使鈣、磷進入血液。兩個時相相互補充，不僅能保證機體對血鈣的急需，而且能使血鈣較長時間維持在一定的水準。

2. 對腎的作用

　　PTH能抑制近球小管對磷酸鹽的重吸收，增加尿磷排出，使血磷水準下降。同時，PTH促進遠球小管對鈣的重吸收，減少尿鈣排出，使血鈣水準升高。

3. 對小腸的作用

　　PTH可促進腸道對鈣的吸收，使血鈣水準升高。其機制主要是通過啟動腎1-α羥化酶，促使25-OH-D_3轉變為有活性的1,25-$(OH)_2$-D_3，進而促進小腸對鈣、磷的吸收，使血鈣水準升高。

(二)甲狀旁腺激素分泌的調節

　　PTH的分泌主要受血鈣濃度變化的調節。甲狀旁腺主細胞對低血鈣濃度極為敏感，只要有輕微下降，在1min內就可迅速增加甲狀旁腺分泌PTH，促進骨鈣釋放，腎小管重吸收鈣活動增強，使血鈣濃度迅速回升。相反，血漿鈣濃度升高時，PTH分泌減少。長時間的高血鈣濃度，可使甲狀旁腺發生萎縮，而長時間的低血鈣濃度，則可使甲狀旁腺增生。

　　此外，血磷水準升高也可引起PTH的分泌，這是由於血磷水準升高可使血鈣水準降低，間接地引起PTH的釋放。兒茶酚胺、降鈣素等也能促進PTH的分泌。

二、降鈣素

　　降鈣素(Calcitonin，CT)由哺乳動物甲狀腺內部的濾泡旁細胞(又叫C細胞)分泌，是由

32個氨基酸組成的多肽，CT的血漿半衰期小於1h，主要在腎降解後排出。

(一)降鈣素的生理作用

CT的主要作用是降低血鈣和血磷水準，其作用與PTH相反。主要靶器官是骨，對腎也有一定的作用。

1. 對骨的作用

CT抑制破骨細胞的活動，增強成骨過程，導致骨組織鈣、磷沉積增加，血鈣、血磷水準降低。

2. 對腎的作用

CT抑制腎小管對鈣、磷、鈉等離子的重吸收，增加其排出量。

3. 對小腸的作用

CT對消化道吸收鈣沒有直接作用，但能通過抑制腎內25-OH-D$_3$轉變為1,25-(OH)$_2$-D$_3$，間接抑制小腸對鈣的吸收，使血鈣水準降低。

(二)降鈣素分泌的調節

CT的分泌主要受血鈣濃度的調節。血鈣濃度升高時，CT的分泌增加；血鈣濃度降低時，CT分泌減少。CT與PTH對血鈣的作用相反，共同調節血鈣濃度的相對穩定。CT只對血鈣水準產生短期調節作用，而PTH則對血鈣濃度調節作用時間較長。

胃泌素、胰泌素等胃腸道激素和胰高血糖素都可促進CT的分泌，其中胃泌素的作用最強。

三、1,25-二羥基維生素D$_3$

維生素D族中，以維生素D$_3$（V$_{D_3}$）最重要，動物可從食物中攝取，以肝、乳、魚肝油等食含量豐富。而體內的V$_{D_3}$主要由皮膚合成，即在紫外線照射下，皮膚7-脫氫膽固醇轉化為無生物活性的V$_{D_3}$，在肝臟中羥化為25-OH-D$_3$，然後進一步在腎臟羥化為1,25-(OH)$_2$-D$_3$，是V$_{D_3}$發揮作用的主要形式。

(一)1,25-(OH)$_2$-D$_3$的生理作用

1. 對小腸的作用

1,25-(OH)$_2$-D$_3$促進小腸黏膜上皮細胞對鈣、磷的吸收，使血鈣、血磷濃度升高。其機制是V$_D$能進入小腸黏膜上皮細胞內，促進鈣結合蛋白合成，加快小腸黏膜上皮細胞吸收鈣的轉運過程。同時促進其他蛋白質如鈣依賴的ATP酶、鹼性磷酸酶的生成，並能增加膜的通透性，這些均有利於鈣的吸收。

2. 對骨的作用

對骨鈣動員和骨鹽沉積均有作用。一方面，V$_{D_3}$促進鈣、磷的吸收，增加血漿鈣、磷含量，增強成骨細胞的活動，促進骨鹽沉積和骨的形成；另一方面，當血鈣下降時，V$_{D_3}$能提高破骨細胞的活性，動員骨鈣入血，升高血鈣。但總的效應是血鈣濃度升高。

3. 對腎的作用

促進腎小管對鈣、磷的重吸收，減少尿中鈣、磷的排出量，使血鈣、血磷濃度升高。

(二) 1,25-(OH)₂-D₃ 分泌的調節

低血鈣、低血磷和PTH均能增強腎1-α 羥化酶的活性，促使 25-OH-D₃ 轉化成 1,25-(OH)₂-D₃。1,25-(OH)₂-D₃ 增多時，可負反饋抑制 1-α 羥化酶的活性，又使自身的生成減少。此外，催乳素(PRL)與生長激素(GH)能促進 1,25-(OH)₂-D₃ 的生成，而糖皮質激素對其有抑制作用。鈣、磷代謝在畜禽生命活動中有重要的意義。血液中鈣、磷水準在 PTH、CT、1,25-(OH)₂-D₃ 的共同作用下，始終保持著一種動態平衡(圖11-15)。

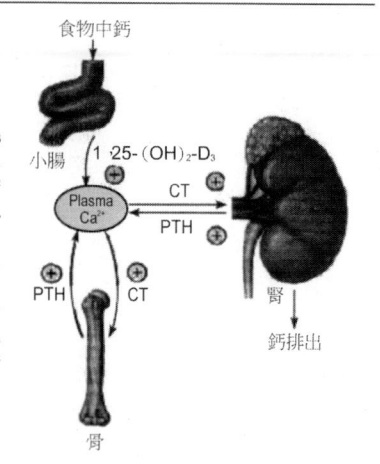

圖11-15 血鈣穩態的激素調節機制

案例

一京巴母犬，5歲，體重7kg，半月前產仔3隻，產後母犬奶水充足，仔犬發育良好，母犬突然表現出不安、興奮、渾身戰慄、四肢肌肉抽搐、行走不穩等症狀。臨床檢查：全身皮膚泛紅、眼結膜充血、體溫40.5℃、心率120次/min，生化檢查血鈣4.5 mg/100mL(正常7～8mg/100mL)。診斷：犬產後低血鈣症。

問題與思考

1. 本病發生的原因是什麼？如何預防本病？
2. 調節鈣代謝的激素有哪些？

提示性分析

1. 犬產後低血鈣症可能是因為產後哺乳仔犬，鈣丟失過多而又沒能及時補充所致。低血鈣時，可引起病犬中樞神經及肌肉興奮性升高，出現抽搐等臨床症狀。母犬產前產後口服含糖鈣片、魚肝油丸或維生素D₃等，可有效預防本病的發生。

2. 調節鈣代謝的激素主要有甲狀旁腺激素、維生素D₃和降鈣素，前兩者升高血鈣水準，後者降低血鈣水準，三者協調控制血鈣穩定。

第七節 其他內分泌腺和激素

一、松果體

松果體是位於腦的背面、大腦半球與間腦交界處的松球狀小腺體，可將神經衝動的電信號轉變為激素的化學信號。松果體生理活動的主要特點是有明顯的晝夜節律性，白天光照期間分泌量減少，夜間黑暗時分泌量增加。

目前發現松果體能分泌褪黑素(Melatonin,MLT)和肽類激素。

MLT對神經系統影響廣泛,主要有鎮靜、催眠、鎮痛、抗驚厥、抗抑鬱等作用。MLT能抑制下丘腦-腺垂體-性腺軸與下丘腦-腺垂體-甲狀腺軸的活動,特別是對性腺軸的作用更明顯,因而MLT作用與性激素呈負相關,在性腺發育、性腺激素分泌和生殖週期活動調節中可能起抗衡作用。

松果體能分泌的肽類激素主要有GnRH、TRH和8-精加壓催產素(AVT)等。在牛、羊、豬、鼠等哺乳動物中,松果體內的GnRH含量比下丘腦高4～10倍,因此有人認為,松果體是下丘腦以外的GnRH和TRH補充來源。AVT對生殖系統的發育和功能有抑制作用,還兼有升壓素和催產素的生物效應。

二、功能器官的內分泌活動

(一)胸腺

胸腺在動物出生後繼續發育至性成熟,隨後逐漸萎縮。作為免疫器官,胸腺能產生淋巴細胞,但它又能分泌多種肽類激素。胸腺激素多為肽或蛋白質,研究較多的有胸腺素(Thymosin)、胸腺刺激素(Tthymulin)和胸腺生成素(Thymopoietin)等,主要功能是保證免疫系統的發育、控制T淋巴細胞的分化和成熟、促進T淋巴細胞的活動、參與機體的免疫機能調節。鳥類中與胸腺類似的組織稱為腔上囊(法氏囊),其主要機能是參與機體的體液免疫反應。

(二)性腺

哺乳動物的性腺包括雄性動物的睾丸和雌性動物的卵巢,其主要功能是分別形成生殖細胞、精子和卵子,同時又能分泌多種性激素,如睾酮、雌二醇、孕酮等,調節生殖過程(詳細介紹見第十二章)。

(三)腎的內分泌

腎臟的主要功能是形成尿液、排出代謝終產物。同時缺氧時腎能分泌促紅血球生成素(EPO),血容量減少時可分泌腎素,腎內的1-α羥化酶可使25-OH-D$_3$羥化成1,25-(OH)$_2$-D$_3$,參與相應生理功能的調節。

(四)心臟、血管、胃腸道系統的內分泌

心臟是迴圈的動力器官,但心房肌細胞能分泌心房鈉尿肽(ANP),參與機體水鹽調節;血管內皮細胞能分泌內皮素、前列腺素參與迴圈功能的調節;消化管是體內最大的內分泌器官,可分泌胃泌素、胰泌素、縮膽囊素等數十種胃腸激素,主要參與消化、吸收功能的調節作用。

(五)組織激素

組織激素是體內許多組織生成和釋放的激素,主要有前列腺素(Prostaglandin,PG)和瘦素(Leptin)。

1. 前列腺素

PG因最先在動物精液中發現,並認為來自前列腺而得名,現已知它廣泛存在於各種組織

中。前列腺素由花生四烯酸轉化而成。由於各組織內合成 PG 的酶系不同，生成的 PG 在結構上有所差異。根據其分子結構不同，可把 PG 分為 A B D E F G H 等型。大部分 PG 在體內代謝極快，不進入血液迴圈，因此在血液中濃度很低，它在局部產生和釋放，並在局部發揮作用。

PG 的生物學作用極為廣泛而複雜，幾乎對機體各個系統的功能活動均有影響。但各種 PG 對不同組織和細胞的作用各異。在畜牧獸醫業生產實踐中，尤其是在生殖技術應用中 PG 有著重要作用。如可利用 $PGF_{2\alpha}$ 和 PGE_2 溶解黃體來控制雌性動物發情或引起同期發情，也可用於刺激子宮肌的收縮、催產和子宮復原。前列腺素可用於治療卵巢囊腫、子宮內膜炎、子宮積水和積膿等病症。

2.瘦素

瘦素是白色脂肪組織分泌的多肽類激素，是由肥胖基因編碼的蛋白質。目前研究證實，其他組織，如褐色脂肪組織、骨骼肌、腺垂體、胎盤、肌肉和胃黏膜也可合成少量瘦素。瘦素的分泌具有晝夜節律，夜間分泌水準高。

瘦素的主要功能是調節體內脂肪儲存量和維持能量平衡。瘦素可直接作用於脂肪細胞，抑制脂肪的合成，降低體內脂肪儲存量，並動員脂肪，使脂肪儲存的能量轉化和釋放。血液迴圈中的瘦素可作用於下丘腦的弓狀核，抑制食欲，使攝食量減少。

瘦素的生物學效應較為廣泛，可以通過下丘腦-腺垂體-性腺軸、下丘腦-腺垂體-腎上腺皮質軸、下丘腦-腺垂體-甲狀腺軸、下丘腦-腺垂體-肝生長軸影響多個內分泌系統的活動，共同參與機體新陳代謝及多方面功能活動的調節。有證據表明，瘦素與生殖內分泌的活動密切相關，參與調節 GnRH、FSH 和 LH 的釋放。

三、外激素

外激素是動物分泌到體外調節其他個體行為和生理功能特異性反應的一類物質，又稱信息素(Pheromone)。外激素一般都是揮發性化學物質，能在空氣或水中迅速擴散，可以用非常小的劑量在驚人的距離之外發揮生物效應。外激素大致分為兩類：一類作用於神經系統，使接受者迅速產生行為上的變化，如昆蟲性外激素對異性產生引誘作用；另一類是引起生理上的變化，如雄鼠對雌鼠的動情影響，使雌鼠的生殖週期發生變化。

(一)哺乳類外激素

嗅覺靈敏的哺乳動物通過外激素的作用進行聯繫。例如，可以利用香腺、尿或糞便來標記佔領地和足跡。雄性個體可能通過嗅覺辨別發情和不發情個體，雌性個體也可以把正常的雄性動物和閹割的雄性動物區別開。關於哺乳動物性外激素的性質和作用機制還不清楚，所知的是性外激素對發情週期的影響。如小白鼠有抑制與促進發情的性外激素，當把雌鼠和雄鼠分開養時，雌鼠的發情週期比較長；當把雄鼠放到原來隔離養的雌鼠群中時，會使雌鼠性成熟加快，甚至把雄鼠放在鐵籠內不讓雌鼠的身體和雄鼠接觸，也能有這種刺激作用。此外，使幼小雌鼠嗅到雄鼠的氣味時，也能使陰道開放和第一次發情提早。這種影響是性外激素通過嗅覺而起作用的，雄鼠的這種特異「氣味」的性質還不清楚，但可能是存在於尿中的一種類固醇物質。

(二)昆蟲類外激素

昆蟲外激素是由昆蟲個體的分泌腺分泌到體外後，被同種的其他個體的觸角和口器等處的化學感受器所接收，從而產生特異的反應。這類物質一般易揮發，能迅速擴散到空氣中，有效作用濃度非常低。昆蟲分泌的外激素主要包括：①性抑制外激素，如蜜蜂蜂王大顎腺分泌的 9-氧王烯雙酸，可吸引雌蜂並抑制其卵巢發育，使其成為不育的工蜂。②性外激素，如家蠶雌蛾腹腺分泌的蠶醇可引誘雄蛾前來交配。③蹤跡外激素，如社會性昆蟲蜂和蚊分泌的用於後面昆蟲跟蹤覓食的物質。④警報外激素，當蜂窩受到攻擊時，蜜蜂釋放外激素以動員本巢昆蟲參加救援或逃跑。⑤聚合外激素，如蜂王分泌外激素使許多個體聚集在一起。

思考題

一、名詞解釋

1. 激素　2. 允許作用　3. 應激反應　4. 第二信使　5. 垂體門脈系統

二、單項選擇題

1. 下丘腦 GnRH 的釋放屬於細胞間資訊傳遞的哪種方式（　）

　　A.遠距離分泌　　B.旁分泌　　C.神經內分泌　　D.神經分泌

2. 調控血糖使其水準降低的激素是（　）

　　A.胰島素　　B.腎上腺素　　C.皮質醇　　D.生長素

3. 能強烈促進機體產熱的激素是（　）

　　A.腎上腺素　　B.腎上腺皮質激素　　C.甲狀腺激素　　D.生長素

4. 下丘腦與腺垂體的功能聯繫是（　）

　　A.視上核-垂體束　B.室旁核-垂體束　C.垂體門脈系統　D.交感神經

5. 臨床上長期服用糖皮質類激素，對腺垂體的影響是（　）

　　A.促進生長激素分泌　　B.抑制生長激素分泌

　　C.促進 ACTH 分泌　　D.抑制 ACTH 分泌

6. 胰島素對糖代謝的作用是（　）

　　A.無明顯作用　　B.加速糖原的分解

　　C.促進糖的異生　　D.促進全身組織對葡萄糖的攝取和利用

7. 增強機體對應激刺激耐受力的是（　）

　　A.甲狀腺激素　　B.糖皮質激素　　C.胰島素　　D.雄激素

8. 不能促進蛋白質合成的激素是（　）

　　A.生長激素　　B.甲狀腺激素　　C.糖皮質激素　　D.胰島素

三、簡答題

1. 血液中 Ca^{2+} 濃度是如何維持相對穩態的？

2. 糖皮質激素的生理作用是什麼？其分泌是如何調節的？

3. 下丘腦促垂體區及腺垂體分泌的主要激素及作用是什麼？

四、論述題

　　甲狀腺激素的生理作用是什麼？甲狀腺功能活動是如何維持穩定的？

第 12 章 生殖

本章導讀

被譽為「試管嬰兒之父」的羅伯特·愛德華茲因創立了體外受精技術獲得2010年諾貝爾生理學或醫學獎，這項技術的成功被稱為醫學史上的一大奇蹟，開創了生殖醫學領域的新紀元，使試管嬰兒成為了可能。路易斯·布朗是1978年7月25日在英國誕生的世界上首個試管嬰兒，如今已是一個男孩的母親，從此以後，每年通過試管嬰兒技術生育的嬰兒人數迅速增加，歐洲人類生殖與胚胎學學會第28屆年會上宣稱，現在每年有35萬試管嬰兒誕生，試管嬰兒技術已經給人類增添了500萬人口。體外受精技術的成功是對與生殖相關基本理論的掌握和應用的最好體現。本章主要介紹卵巢和睾丸的功能，生殖細胞發育及成熟過程，哺乳動物受精、妊娠、分娩、泌乳等。

生殖（Reproduction）是指生物體生長發育到一定年齡階段後，能夠產生與自己相似的子代個體和繁衍種族的過程，是生物界普遍存在的一種生命現象。生殖是生命的基本特徵之一。高等哺乳動物的生殖過程必須由雌、雄兩性個體共同完成，其生殖過程包括兩性生殖細胞的形成、交配、受精、妊娠、分娩及泌乳等重要環節。

第一節 概 述

一、生殖系統的胚胎發育

所有脊椎動物的生殖細胞及與性特徵相關聯的體細胞，在個體發生的最初階段都具有兩性性潛能，也就是具有向雌雄兩個方向進行分化的性質。從這種性的未分化狀態開始，隨著個體發生的進行，生殖腺變化成具有睾丸或卵巢特徵的腺體，接著形成雄性或雌性特徵的生殖管道系統、附屬腺體及外生殖器，其後就是與性行為表現直接或間接相關聯的中樞神經系統的機能，也表現出雌性或雄性的特徵，把上述這一連串的變化稱為性分化（Sex differentiation）。

動物的性別由受精時性染色體的遺傳性決定。哺乳動物的雌性個體屬於同型配子型性別，其常染色體及性染色體都有成對的兩條X染色體（XX），所以它的卵子具有X染色體。雄性屬於異型配子型性別，因為它具有一條X染色體和一條Y染色體（XY），所以它的精子由具有X染色體的精子和Y染色體的精子構成。與哺乳動物相反，鳥類的雌性屬於異型配子型性別，它可產生兩種卵，即Z染色體卵和W染色體卵，雄性屬於同型配子型性別，它的精子只具有Z染色體。受精後如發生ZW組合即為雌性，發生ZZ組合即為雄性。哺乳動物性別的決定在於細胞的染色體構成，如有Y染色體存在，則向雄性分化，否則分化為雌性，其根據是Y染色體存在時，在它的睪丸決定基因的作用下，未分化的生殖腺向形成睪丸的方向發展，否則向形成卵巢的方向發展。

　　胚胎期性分化之前，雄性、雌性生殖器官有大體相似的形態結構。它們由兩枚半分化的性腺，兩對導管（繆勒氏管和沃爾夫氏管）和一個尿生殖竇組成。性腺由腹腔背側壁兩側的生殖脊產生，發育過程中雌性分化為卵巢，雄性分化為睪丸。繆勒氏管生長發育為雌性生殖道系統，包括輸卵管、子宮和陰道前部；尿生殖竇發育成陰道前庭，竇兩旁的褶形成陰唇，而沃爾夫氏管則退化。雄性動物正好相反，沃爾夫氏管發育成與曲細精管直接連接的附睪、輸精管、輸精管壺腹及精囊腺等副性腺，尿生殖竇發育形成尿道，繆勒氏管則退化。

　　生殖系統的發育受性腺控制。兩性差別主要取決於睪丸的存在。研究證明，雄激素中睪酮是引起生殖道變化的重要調節因數。如果個體為雄性，則睪丸網產生繆勒氏抑制因數，使繆勒氏管退化，引起沃爾夫氏管發育，形成附睪、輸精管和精囊腺。雄激素對於外生殖器的形成也有重要作用，但作用機理並不相同，因為兩種雄激素的受體不相同。沃爾夫氏管的發育是睪酮的直接作用，而生殖道的分化則依賴於 5α-雙氫睪酮。

　　個體性別的分化最終引起下丘腦的性別分化。雄激素決定下丘腦性分化的方向。在胎兒發育過程中，雄性個體在雄激素的作用下，下丘腦發生雄性化，其特點是促性腺激素釋放激素（Gonadotropin-releasing hormone，GnRH）持續分泌，進而引起雄性激素持續分泌，所以能連續產生精子。雌性個體由於雄激素的作用不存在，則下丘腦發生雌性化，其特點是 GnRH 呈週期性分泌，因此出現週期性排卵、發情等生理現象。

二、性成熟和體成熟

(一)性成熟

　　動物處於幼齡時期不具備生殖能力，待生長發育到一定時期，生殖器官基本發育完全，才開始具有生殖能力，雌性伴隨發情開始排卵，雄性伴隨交配行為開始射精。這種動物生長發育到一定年齡階段，生殖器官和副性徵的發育基本完成，開始具有繁殖能力的時期，稱為性成熟(Sexual maturity)。

　　動物性成熟是一個漸進的過程，一般經歷三個階段：初情期(Puberty)是性成熟的最初階段，雌性動物達到初情期的標誌是初次發情、排卵，但發情症狀不完全，排卵無規律；雄性動物的初情期難以判斷，通常表現出聞嗅雌性動物外陰部、爬跨雌性動物、陰莖勃起、時有交配動作等性行為，但一般不射精，或射出的精液中沒有或很少有成熟的精子。性成熟期是性的基本成熟階段，動物具備繁殖能力。性的最後成熟期是性成熟過程的結束，動物具有正常的生殖能力。儘管家畜或其他人工飼養的動物達到性成熟期，具備繁殖能力，但還不是動物適合繁殖的最佳年齡，一般不宜進行配種和繁殖。不同動物性成熟年齡見表12-1。

　　影響動物性成熟的因素較多，除遺傳因素這一決定性因素外（隨品種不同而不同），還與動物營養狀況、氣溫、日照時間、飼養方式、應激因素等有關。

(二)體成熟

所謂體成熟(Body maturity)是指動物的骨骼、肌肉和內臟器官已基本發育成熟，而且具備成年動物所固有的形態和結構的時期。不同動物體成熟年齡見表12-1。家畜性成熟時，正常的生長發育仍在繼續進行，即體成熟要比性成熟晚得多。家畜達到性成熟時，雖然已經具備生育能力，但一般不宜立即配種和繁殖，而應在體成熟後才允許配種和繁殖。如果過早配種，不僅妨礙配種動物本身的健康發育，還可能產生孱弱的後代，影響子代的體質和生產性能。但是，初配年齡如果過分推遲，對公畜和母畜也可產生不良影響，如引起母畜不孕等，而且也不利於畜牧生產。

近年來，由於大規模進行人工授精和推廣「受精卵或胚胎移植技術」，初次採精和人工授精年齡已大大提早。研究發現，對達到性成熟的青年公畜進行有節制的採精，不會引起長期性的生理損害；供卵母畜因沒有妊娠、哺乳等負擔，即使沒有達到體成熟，也不至於影響胎兒發育和母畜本身的生長發育。

表12-1 不同動物性成熟與體成熟年齡

動物種類	性成熟年齡/月 雄	性成熟年齡/月 雌	體成熟年齡/月 雄	體成熟年齡/月 雌
牛	6～10	6～10	12	14～22
馬	12	12～18	18～24	24～48
豬	5～8	5～8	12	8～10
綿羊	7～8	4～15	9～12	9～18
山羊	8	4～15	9～12	12～18
犬	6～8	6～9	12	12～18
貓	6～15	6～15	12	12～18
兔	3～4	3～4	6～8	6～8

案例

　　某農戶飼養榮昌種公豬一頭，5月齡，體重65kg，與周圍其他農戶散養母豬自然交配產生了一定的經濟效益。近兩天連續與5頭母豬進行了自然交配，結果導致其精神不振、採食減少、行走緩慢，見到母豬後不願爬跨，交配後陰莖頭部流出物中帶有少量血絲。診斷：公豬過度交配所致血精症。

問題與思考

1. 種公豬性成熟和體成熟的區別是什麼？
2. 種公豬過早、過度交配對其種用價值將會帶來哪些危害？

提示性分析

　　1. 動物生長發育到一定年齡階段，生殖器官和副性徵的發育基本完成，一生中開始具有繁殖能力的時期，稱為性成熟；體成熟是指動物的骨骼、肌肉和內臟器官已基本發育成熟，而且具備成年動物所固有的形態和結構的時期。生產中性成熟的動物還不能進行配種繁殖，體成熟後才是最佳的繁殖年齡。

2. 種公豬過早、過度交配會導致其自身生長發育受到影響，精子的數量較少及品質降低，影響受精率，還會誘發如血精、外生殖器官炎症等疾病，縮短采精時間，降低種用價值。生產中對於種豬一般在6月齡以上、體重在60 kg以上才開始采精或進行自然交配，對於兩年齡以上的成年公豬，一天采精次數不超過2次，且間隔時間不低於6h。

第二節　雄性生殖生理

雄性動物的生殖系統由主性器官睾丸及附屬性器官(附睾、輸精管、精囊腺、尿道球腺、前列腺、陰莖等)構成。睾丸主要由曲細精管與間質細胞(Leydig cell)組成。曲細精管的主要作用是生成精子，完成睾丸的生精過程；間質細胞的作用是分泌雄激素，實現睾丸的內分泌功能。雄性附屬性器官的作用是使精子成熟、運送精子，並把精子射入雌性動物的生殖道內，使之達到受精的目的。

一、睾丸的功能

(一)生精功能

睾丸位於陰囊中。陰囊內的溫度較腹腔溫度低2～3℃，這種溫度適合精子的生成。陰囊內溫度的維持可以通過兩個途徑來調節：一是陰囊中的蔓狀血管叢，有利於進出陰囊的動、靜脈血發生逆流熱量交換；二是提睾肌對陰囊中溫度的變化，可做出迅速反應，使睾丸接近或遠離身體。由於疾病原因機體發熱、體溫平衡失調，或睾丸長期處於較高的溫度中，都可使精子的發育出現障礙而導致不育。睾丸及附睾的結構見圖12-1。

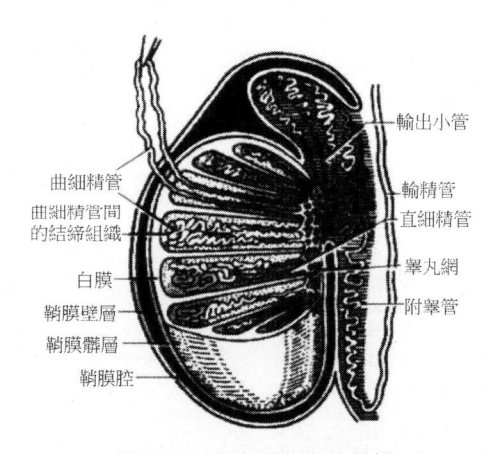

圖12-1　睾丸及附睾的結構

曲細精管上皮由生精細胞和支援細胞構成。每根曲細精管被基膜和周圍的平滑肌所包繞，形狀不規則的支援細胞(Sertoli's cells)排列在管腔周圍。在支持細胞間包繞著處於不同分裂和分化階段的生殖細胞(圖12-2)。精原細胞經若干次有絲分裂後，成為初級精母細胞。1個初級精母細胞經第一次減數分裂成為2個次級精母細胞，染色體減半，每一個次級精母細胞經過第二次減數分裂形成2個精子細胞，此時細胞核中的DNA減半，成為單倍體，最後精子細胞分化為精子。精子形成後，與支持細胞脫離進入曲細精管管腔中。精子的發生過程見圖12-3，動物睾丸生精能力見表12-2。

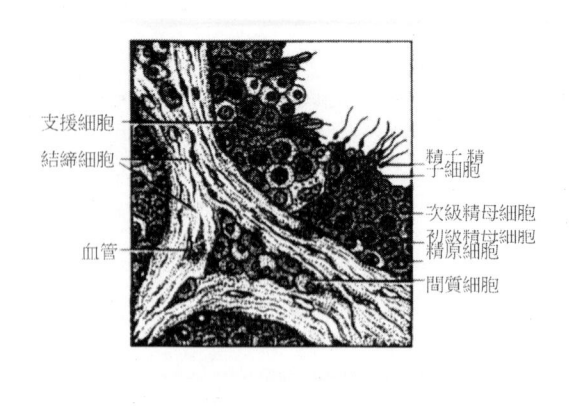

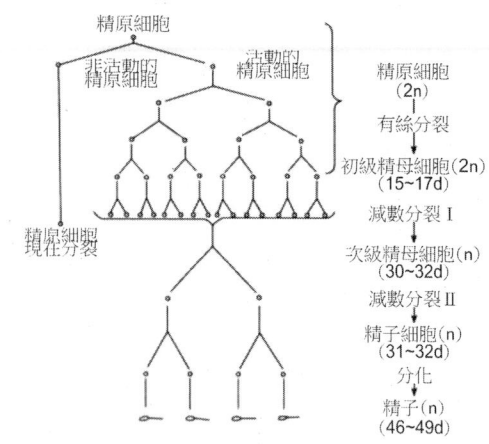

圖12-2　曲細精管各級生精細胞及間質細胞　　　　圖12-3　精子的發生過程

表12-2　動物睪丸生精能力

精子產量	牛	豬	羊	馬
×10^{6}個/克睪丸/天	16	27	25	20
睪丸重 (克) 精子總	350	360	275	200
產量(×10^{9}個) 精子	11	19	14	8
生成週期(天)	61	34	49	49

2. 支持細胞的作用

(1)形成血-睪屏障。支持細胞間形成緊密連接，這種緊密連接能夠限制體液和細胞間質中的大分子進入曲細精管的管腔中，構成血-曲細精管屏障又稱血-睪屏障(Blood-testis barrier)。血-睪屏障將曲細精管生精上皮分為基底小室和管腔小室兩部分，基底小室和管腔小室處於不同的微環境。睪丸間質內的毛細血管內皮無孔，滲透性小，毛細血管與曲細精管基膜之間分佈著內皮有孔的淋巴毛細管，血漿中的物質可以通過彌散作用透過管壁和曲細精管界膜進入基底小室，與小室內的生精細胞接觸。血-睪屏障將管腔小室和睪丸淋巴液、組織液隔開，保證精子細胞的成熟分裂和分化過程在管腔小室內正常進行。在基底小室生殖細胞按有絲分裂的方式產生二倍體細胞，在管腔小室則按減數分裂的方式產生單倍體細胞，血-睪屏障把兩種不同方式的生殖細胞分隔於不同環境之中，具有保證它們按規定方式進行分裂和協調同步發育的作用。

一種細胞變成單倍體後，會被體內免疫系統視為外來細胞，因而動物機體對自身的精子細胞有可能產生免疫作用。但血-睪屏障是一道有效的免疫屏障，它使具有自身抗原的精母細胞、精子細胞和精子不與自身免疫系統接觸，因此不會發生免疫反應。一旦血-睪屏障受到破壞，可導致自身免疫性睪丸炎。此外，相對穩定的微環境，可以使生殖細胞免受外來有害物質的損害。

(2)產生睪丸液。支持細胞分泌含有多種成分的液體，使精子從曲細精管經睪丸網轉入附睪，並排入曲細精管的管腔中成為睪丸液的組成部分。

(3)產生雄激素結合蛋白。支持細胞分泌一種蛋白質，對雄激素具有特殊的親和力，稱為雄激素結合蛋白(Androgen binding protein，ABP)。ABP通過和雄激素結合，能使曲細精管中雄激素濃度提高，並被生精上皮攝取和利用。睪丸液流向附睪時，也提高了附睪中雄激素的濃度，這對睪丸中精子的發生和精子在附睪中的成熟具有重要作用。

(4)分泌抑制素。支持細胞分泌一種能選擇性地抑制腺垂體分泌卵泡刺激素(又稱配子生成素)的多肽激素,即抑制素。

(5)支援生精細胞及精子釋放。生精細胞鑲嵌在支持細胞之間,支持細胞構成一個支架,對生精細胞起支持作用。支持細胞形態和位置的改變,會影響生精細胞的有規律排列。生精過程形成的精子細胞從支持細胞釋放進入曲細精管的管腔內。

(6)吞噬作用。支援細胞在吞噬變性退化的生精細胞及精子分化中脫下的殘餘體過程中起著重要作用。吞噬的殘餘體富含脂肪,還可作為合成甾體激素的原料。

(7)營養作用。生精細胞在基底小室內可以從曲細精管外獲得營養物質。管腔小室內的營養則必須通過支持細胞轉運而獲得。

(二)睾丸的內分泌功能

1. 雄激素

睾丸間質細胞分泌的雄激素主要是睾酮(Testosterone,T)。其主要的生理作用是:①促進性器官發育。刺激生殖器官的生長發育,促進雄性副性徵出現並維持其正常狀態;②維持正常生精。睾酮與生精細胞上雄激素受體結合,促進精子的生成;③促進蛋白合成。促進肌肉蛋白質合成和紅血球的生成;④維持雄性動物正常的性欲。

2. 抑制素

抑制素(Inhibin)由睾丸支援細胞所分泌,選擇性抑制腺垂體分泌卵泡刺激素,進而抑制睾丸的生長發育及功能。

(三)睾丸功能的調節

下丘腦-腺垂體-睾丸軸(圖 12-4)是調節睾丸生精和內分泌的重要途徑。

1. 下丘腦-腺垂體對睾丸功能的調節

下丘腦分泌的促性腺激素釋放激素(GnRH)經垂體門脈系統到達腺垂體,促進腺垂體合成和分泌促性腺激素:卵泡刺激素(FSH)和黃體生成素(LH)。FSH 主要作用於曲細精管的各級生精細胞和支持細胞,LH主要作用於間質細胞。睾丸的生精功能既受FSH的調節,又受LH的調節,兩者對生精功能都有促進作用,只是 LH 的作用是通過睾酮實現的。實驗表明,FSH 在生精過程中發揮始動作用,睾酮具有維持生精的作用。睾丸的內分泌功能直接受LH的調節,LH與間質細胞膜上受體結合,促進間質細胞合成、分泌睾酮。此外,在 FSH 的作用下,睾丸支持細胞還可產生抑制素。

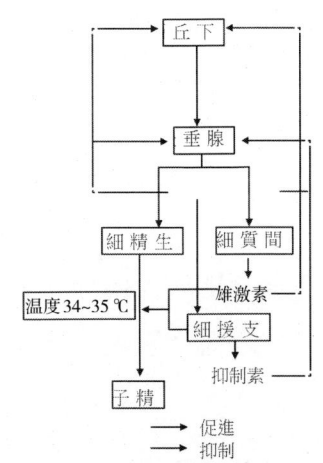

圖12-4 下丘腦-腺垂體-睾丸軸對睾丸功能調節示意圖

2. 睾丸激素對下丘腦-腺垂體的負反饋調節

血液中的睾酮水準對下丘腦和腺垂體具有負反饋調節作用。當血中睾酮達到一定濃度時,將分別抑制 GnRH 和 LH/FSH 的分泌。支持細胞產生的抑制素能選擇性地對腺垂體 FSH 的分泌產生抑制作用。

3. 睪丸內局部調節

在睪丸內部，尤其在支援細胞與生精細胞、間質細胞與支援細胞、支援細胞與管周細胞之間存在著極其密切的局部回饋調節關係。在間質細胞上，還發現多種生長因數、細胞因數以及多種生物活性物質，可能以旁分泌或自分泌的方式參與睪丸功能的局部調節。另外，睪丸的溫度也可影響生精功能。

綜上所述，下丘腦、腺垂體和睪丸在功能上聯繫密切，構成下丘腦-腺垂體-睪丸軸系統，一方面下丘腦-腺垂體調節睪丸的功能，另一方面睪丸分泌的激素又能負反饋調節下丘腦和腺垂體的分泌活動，加之睪丸存在的局部調節功能，共同維持著睪丸功能活動的相對穩定。

二、雄性副性器官的功能

1. 精子的轉運

精子靠睪丸液的流動和輸出管纖毛的擺動進入附睪。附睪管壁的蠕動使精子由附睪頭部運至尾部。精子經過整個附睪的時間因動物種類不同而有差異，牛、綿羊、豬和馬分別為 10 d、13～15 d、9～12 d、8～11 d。

2. 精子的成熟

未成熟的精子在附睪中發生一系列形態、超微結構、膜通透性和代謝的改變，逐漸達到生理上的成熟。實驗證明，從附睪頭部取出的精子沒有受精能力，體部精子的受精率只有51%，而尾部精子受精率可達94.6%。有關精子在附睪內成熟的機理尚待進一步研究。有資料表明，在附睪上皮細胞的分泌液與精子所特有酶系的共同作用下，未成熟的精子發生代謝轉變而達到生理上的成熟。

3. 吸收與分泌功能

睪丸產生的睪丸液有99%在附睪頭部被重新吸收。這種重吸收能使附睪液維持正常的滲透壓，保持附睪液內環境的穩定，有利於精子的存活。附睪分泌細胞主要分泌甘油磷酸膽鹼、肉毒鹼、唾液酸等，這些物質與附睪內精子的成熟和生殖活動密切相關。

4. 精子的儲存

精子在附睪體部成熟，輸送至尾部儲存。附睪後部的溫度較低(比頭部低約4℃)，CO_2分壓高，pH低，使精子處於休眠狀態，有利於精子的長期存活。

5. 使精子獲得運動能力

附睪對正常精子運動能力的形成有重要作用，精子通過附睪時，轉圈運動精子的數量逐漸減少，而前進運動精子的數量增加。附睪是影響精子使卵子受精的關鍵環節，是精子受精能力的形成與調控的主要部位。

6. 免疫屏障及收縮功能

附睪上皮分泌糖蛋白附著在精子表面，掩蓋精子的抗原性，防止發生精子自身免疫反應。附睪管有節律地收縮，可以輸送精子到輸精管。

三、輸精管及副性腺的功能

1. 輸精管功能

輸精管是附睪管的延續，主要是將精子從附睪中輸出。另外，輸精管腺體段的分泌物有利於精子的運動和生存。

2. 副性腺功能

大多數動物的副性腺包括精囊腺、前列腺和尿道球腺等。

（1）精囊腺

成對的精囊腺屬於複合管狀腺或管泡腺，其分泌物為白色或黃白色膠狀液體，占射精量的 25%~30%，富含果糖，具有為精子提供能量和稀釋精子的功能。肉食動物無精囊腺。

（2）前列腺

前列腺位於盆腔部的尿道上皮，屬於單管腺泡。前列腺分泌液渾濁，呈乳白色，帶腥臭味，精液特有的氣味主要由此產生，pH 為 7.5~8.2。前列腺分泌物可以吸收精子產生的 CO_2，使精子活躍。分泌物內的鋅有抗微生物的作用，檸檬酸鹽可能參與精液的凝固與液化過程，並能使精液保持滲透平衡，維持適宜的pH。犬類前列腺極發達。

（3）尿道球腺

尿道球腺的分泌物清亮而黏稠，pH 為 7.5~8.2。尿道球腺分泌物是精液的組成部分。射精時，最初排出的精液主要是尿道球腺的分泌物，可以沖洗、潤滑尿道，中和陰道內的酸性物，為精子通過創造條件。尿道球腺也是依賴於雄激素發育並維持功能的腺體。犬類無尿道球腺。

上述三種副性腺分泌物及附睾液混合成為精清，精清與精子組成精液。各種動物精液的理化性質和成分各不相同，精液中各種成分的比例有明顯的個體差異，即使同一個體，每次射出精液的組成及其比例也有變動。

案例

一10歲白色京巴公犬來院就診。臨床表現：該犬腹部隆起，明顯膨大，拒絕按壓，排尿困難；食欲逐漸減少，有時食後嘔吐，偶有腹痛，腹中、後部觸摸有硬實物，一側隱睾，對側睾丸腫大；背腹位X線檢查發現腹腔後部左右各有一橢圓形大小不等緻密陰影。B超檢查發現在腹腔後部出現明顯的兩個實質性暗區。初步診斷為犬隱睾睾丸腫瘤。

問題與思考

1. 隱睾發生的基本原因是什麼？
2. 隱睾動物對雄性生殖機能的影響是什麼？

提示性分析

1. 犬隱睾症是指睾丸未能按正常發育過程，通過腹股溝管下降至陰囊，而停留在腹股溝管或腹腔內的一種常見的先天畸形病。犬隱睾症發病率較高，單側性的隱睾比雙側性的多見，且右側比左側容易發病。犬隱睾有兩種：一種是腹股溝隱睾，另一種是腹腔內隱睾。

2. 犬患隱睾症，因睾丸沒有在正常的陰囊內，睾丸內的溫度與體溫相近，精子無法正常生成（睾丸內精子的正常發育溫度要比體溫低2~3℃），可導致公犬不育。隱睾犬睾丸內分泌功能易紊亂，雄激素分泌減少，導致附屬生殖器官發育受阻，甚至出現脫毛或貧血等症；睾丸內的溫度長期偏高，可誘發睾丸癌變，研究表明，隱睾的癌變概率比正常睾丸高 30~50 倍。

第三節　雌性生殖生理

雌性生殖器官包括雙側卵巢、輸卵管、子宮、陰道、前庭、陰門和相關腺體，完成卵子的發生、成熟、運輸、受精、妊娠及分娩等功能。

一 卵巢的功能

雌性動物性成熟後，卵巢的主要功能是產生卵子和分泌雌性激素，分別稱為卵巢的生卵功能和內分泌功能。卵巢結構見圖 12-5。

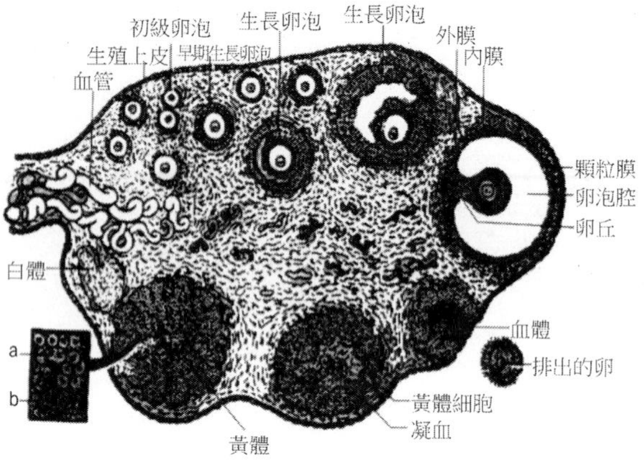

(一)卵巢的生卵功能

卵巢的生卵功能是指卵巢中的卵原細胞發育成能受精的卵子的過程。包括卵子的發生、卵泡的發育、排卵、黃體的形成和退化四個方面。

a 顆粒黃體細胞　b 膜黃體細胞
圖 12-5　卵巢結構模式圖

1. 卵子的發生

卵子發生是指卵子的形成、發育和成熟。一般包括以下三個階段。

(1)卵原細胞的增殖。動物在胚胎期性別分化以後，雌性胎兒卵巢中的原始生殖細胞分化為卵原細胞，通過有絲分裂進行增殖，最後發育成初級卵母細胞。

(2)卵母細胞的生長。初級卵母細胞進入成熟分裂前期後，被卵泡細胞包圍形成原始卵泡。在這個時期內，卵黃顆粒增多，卵母細胞體積增大，透明帶出現，卵泡細胞通過有絲分裂增殖，由單層變為複層。

(3)卵母細胞的成熟。卵母細胞經過兩次成熟分裂(減數分裂)而成熟。第一次成熟分裂後初級卵母細胞分裂為次級卵母細胞和第一極體，其特點是核內 DNA 加倍，胞質及內容物增加。大多數動物在胎兒期或出生後不久，初級卵母細胞處在第一次成熟分裂的前期，並進入持續很久的靜止期，使第一次成熟分裂中斷。直到性成熟排卵後，第一次成熟分裂繼續進行，從而完成第一次成熟分裂。

次級卵母細胞經第二次成熟分裂，分裂為成熟的卵細胞和第二極體。第二次成熟分裂在受精中完成，如未受精則第二次成熟分裂終止。成熟卵細胞的染色體數目減半。大多數哺乳動物在排卵時卵母細胞已經完成第一次成熟分裂。排卵後，次級卵母細胞開始第二次成熟分裂，到受精時產生第二極體，完成第二次成熟分裂。但馬、狗、狐的卵母細胞要在排卵後才完成第一次成熟分裂。

2. 卵泡的發育

卵泡是在胚胎期由卵巢表面的生殖上皮演化形成的，由一定發育階段的卵細胞和它周圍的卵泡細胞構成。根據卵泡的形態、體積、功能等，將發育的卵泡分為原始卵泡、初級卵泡、次級卵泡、三級卵泡、成熟卵泡五個階段，各種卵泡的關係見圖 12-6。

(1)原始卵泡。胚胎時期，雌性動物卵巢內逐漸出現原始卵泡，由一個初級卵母細胞和其周圍少量的扁平卵泡細胞包圍構成。原始卵泡無卵泡膜和卵泡腔。

(2)初級卵泡。原始卵泡中的初級卵母細胞生長增大，周圍的卵泡細胞分裂增殖形成單層柱狀卵泡上皮細胞，胞漿內出現多層顆粒細胞，發育成初級卵泡。胚胎期和出生後，卵巢中大多數是初級卵泡。

(3)次級卵泡。初級卵泡繼續發育，卵黃顆粒逐漸增多，卵泡細胞增殖，在初級卵母細胞與顆粒細胞之間，由顆粒細胞分泌的糖蛋白構成透明帶，透明帶周圍的顆粒細胞呈放射狀排列，稱放射冠(**Corona radiata**)。次級卵泡中卵泡細胞逐漸分離，形成腔隙，其中充滿由卵泡細胞分泌的卵泡液。

(4)三級卵泡。隨著卵泡腔擴大和卵泡液增多，卵母細胞被擠向一邊，並被包裹在卵泡細胞團中形成卵丘(**Cumulus oophorus**)，顆粒層細胞貼在卵泡腔周圍形成顆粒層，此時卵泡已發育成三級卵泡。

(5)成熟卵泡。由三級卵泡繼續生長，卵泡液增多，卵泡腔增大，整個卵泡體積增大，甚至突出卵巢表面。在臨床和畜牧生產中可以通過直腸觸摸牛、馬等大家畜

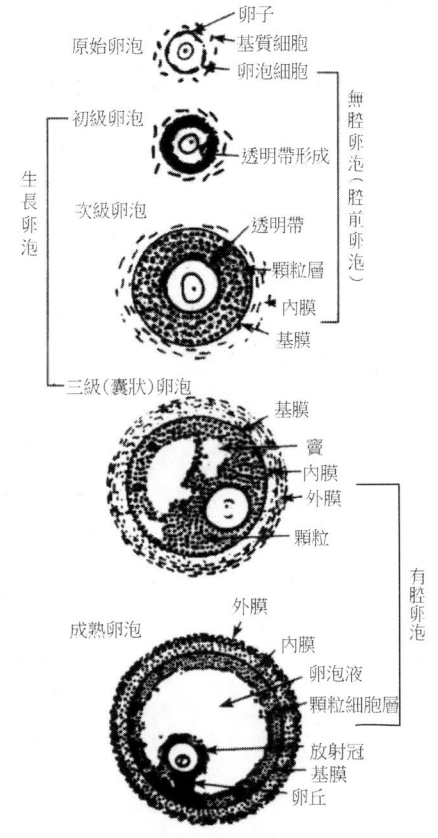

圖12-6 各種類型卵泡的相互關係

卵巢，以瞭解其功能狀態。發育成熟的卵泡是由卵泡外膜、卵泡內膜、顆粒細胞層、卵丘、透明帶、卵細胞組成。此時，卵泡內中斷的初級卵母細胞第一次成熟分裂開始恢復。

值得注意的是，卵子的發育和成熟與卵泡的發育並不同步，卵泡發育成熟排卵時，卵子大體上仍處於次級卵母細胞階段。

卵泡發育過程中常發生卵泡閉鎖。所謂卵泡閉鎖(**Atretic follicle**)是指卵泡及其中的卵母細胞不經排卵而退化消失的過程。在發育過程中，只有極少數卵泡能最終排出成熟卵子。卵泡閉鎖的原因主要與甾體類激素有關，雌激素促進有絲分裂、卵泡發育，並抑制卵泡閉鎖，雄激素的作用剛好相反。

3.排卵

卵子從卵巢成熟卵泡中排出的過程稱為排卵(**Ovulation**)。卵子排出後，經輸卵管傘端的揀拾、輸卵管壁蠕動及輸卵管纖毛活動協同作用，進入輸卵管，向子宮運行。哺乳動物性成熟後，只有少數原始卵泡生長發育成熟並排卵，絕大多數卵泡閉鎖、退化。排卵受多種因素的影響，其中生殖激素和酶發揮重要作用。

(1)排卵的類型。根據動物卵巢排卵的特點，可將排卵分為兩種類型：①自發排卵。指卵泡發育成熟後，卵泡膜可自行破裂而排卵。根據排卵後形成的黃體是否具有功能，又可分為以下兩種情況：一是自發性排卵後形成功能性黃體。這類動物包括豬、馬、牛、羊等，它們的發情週期較長。二是自發性排卵後，通過交配才能形成功能性黃體。鼠類屬於這一類

型。②誘發排卵。某些動物卵泡發育成熟後必須通過交配後才能排卵。如貓、水貂、雪貂、兔、駱駝等屬於此類型。

(2)排卵時間。儘管各種動物排卵時間不一致，但排卵均在發情期的後期或發情結束後發生。各種動物的排卵時間見表12-3。

表12-3　各種動物的發情週期、發情期及排卵時間

動物種類	發情週期	發情持續時間	排卵時間
馬	19~23 d	4~7 d	發情前1 d到開始發情後1 d
牛	21 d	13~17 h	發情結束後10~15 h
豬	21 d	2~3 d	發情開始後30~40 h，有些品種發情開始後18 h
綿羊	16~17 d	30~36 h	發情開始後18~26 h
山羊	19 d	32~40 h	發情開始後9~19 h
豚鼠	16 d	6~11 h	發情開始後10 h發
小鼠	4 d	10 h	情開始後2~3 h發
大鼠	4~5 d	13~15 h	情開始後8~10 h
狗	春、秋各發情1次	7~9 d	發情開始後12~24 h，各卵泡陸續排卵，持續2~3 d
狐	12月到次年3月無週期	2~4 d	發情開始後1~2 d
兔	週期不明顯	界限不明顯	交配後10.5h(誘導排卵)
水貂	8~9 d 週期	2 d	交配後40~50 h(誘導排卵)
貓	不明顯週期	4 d	交配後24~30 h(誘導排卵)
雪貂	不明顯	界限不明顯	交配後30 h(誘導排卵)

(3)排卵的機理。排卵的產生是由下丘腦-垂體-卵巢軸以及卵巢內局部調控因素共同作用完成。在排卵前，雌激素分泌達高峰形成的雌激素峰，通過正回饋效應使 GnRH 分泌增加，刺激LH釋放，並於排卵前10~12 h形成LH峰。LH峰是引發排卵的關鍵因素。

　　LH可促進卵母細胞成熟分裂，刺激黃體發育並分泌孕酮。LH在孕酮的協同作用下，卵泡壁溶解酶(膠原酶、澱粉酶、纖溶酶)活性增強，導致卵泡壁溶化和鬆解。LH可使卵泡分泌前列腺素(PG)，其可使成熟卵泡周圍血管平滑肌收縮，卵泡缺血，促進卵泡壁肌樣細胞收縮，有助於卵泡破裂；促使顆粒細胞內生成纖維蛋白溶解酶原啟動物，啟動纖維蛋白溶解酶，與其他酶協同作用於卵泡壁，使之溶解破潰，最終引起排卵。

4. 黃體的形成和退化

(1)黃體的形成。成熟卵泡排卵後，從破裂的卵泡壁血管流出的血液聚集在卵泡腔內形成凝血塊，成為血體。之後，殘留的顆粒層細胞和膜細胞迅速增生變大，吸收大量呈黃色的類脂質而變成黃體細胞。黃體細胞群外觀呈黃色，故名黃體(Corpus luteum)。早期黃體的生長發育很快。牛、綿羊、豬、馬的黃體分別在排卵後的7~9d、10d、6~8d、14d達到成熟，此時體積最大，並能維持數天。黃體是重要的內分泌器官，其主要功能是分泌孕酮和少量雌激素。孕酮是維持動物妊娠的主要激素。

(2)黃體的退化。動物未妊娠時的黃體稱週期黃體或假黃體，如妊娠則稱妊娠黃體或真黃體。牛、羊、豬等動物的妊娠黃體一直維持到妊娠結束時才退化。黃體的維持主要取決於LH的分泌。黃體退化時，顆粒層黃體細胞退化很快，表現為細胞質空泡化和胞核萎縮，黃體體積逐漸縮小。黃體細胞逐漸被成纖維細胞所代替，最後整個黃體被結締組織所代替，成為白體。黃體退化的機理隨動物種別而有一定差異。靈長類動物黃體退化主要受雌激素週期性變化的調控，而豬、馬、牛、羊等許多動物的子宮內膜所分泌的前列腺素$F_{2\alpha}$ Prostaglandin

F2α,PGF2α)是影響黃體退化的重要因素。PGF2α 導致黃體的退化,可能是由於 PGF2α 能引起黃體內血管平滑肌的痙攣性收縮而使黃體的血液供應減少所致。

(二)卵巢的內分泌功能

雌激素(Estrogen)和孕激素(Progestin)是卵巢分泌的主要激素。

1. 雌激素及其生理作用

雌激素主要由成熟卵泡的顆粒細胞、內膜細胞分泌,發育過程中的卵泡細胞及黃體也可分泌少量的雌激素,雌激素種類較多,卵巢分泌的雌激素以雌二醇(Estradiol,E_2)為主。

雌激素的生理作用:①刺激雌性性器官的生長發育和副性徵的出現,以及發情時的性行為。②協同FSH促進卵泡發育,誘導排卵前LH峰的出現,促進排卵。③促進輸卵管纖毛上皮增生和纖毛運動,加強輸卵管平滑肌的蠕動,有利於卵子、精子運行,利於受精卵形成。④促進乳腺導管系統的發育。⑤刺激子宮頸分泌大量清亮和稀薄的黏液,有利於精子的穿透;促進子宮內膜及平滑肌增長,提高子宮平滑肌對催產素的敏感性,參與分娩。⑥促進陰道上皮增生、角化、糖原合成,並促進糖原分解為乳酸,酸化陰道,抑制致病菌的生長。⑦對機體代謝的影響。雌激素能促進蛋白質合成,加速骨的生長,促進骨骺癒合;高濃度雌激素可促使醛固酮分泌,增加體內水、鈉、鈣、氯、磷的潴留。

2. 孕激素及其生理作用

孕激素主要由黃體和胎盤所分泌,孕激素是一個統稱,以孕酮(Progesterone,P)的活性最強。

孕激素的生理作用:①使子宮內膜增厚,呈現分泌期變化,有利於受精卵著床;使孕期子宮興奮性降低,收縮活動減少,有利於妊娠;可抑制母體的免疫排斥反應,因而不致將孕體排出子宮。②在雌激素的協同作用下,促進乳腺小葉及腺泡的發育,使乳腺發育完全。③減少子宮頸黏液的分泌,使黏液黏稠,阻止以後的精子進入。④大量的孕激素能回饋性抑制LH的分泌,從而抑制卵泡的發育和排卵。

孕激素在維持妊娠中是必不可少的。有些動物(如豬、山羊、兔等)在妊娠的任何階段切除卵巢均將導致流產。另一些動物(如馬)在妊娠後期切除卵巢不引起流產,此時妊娠維持是靠胎盤所分泌的孕激素實現的,故臨床上常用孕激素保胎。

二、母畜的性週期

雌性哺乳動物從初情期到性功能衰退的生育階段內,卵巢出現週期性的卵泡發育、成熟和排卵,並伴有生殖器官的形態、功能、性行為以及整個機體發生的一系列週期性變化,這種生理現象稱為性週期(Sexual cycle)。在性週期中因出現發情表現,所以性週期又稱發情週期(Estrus cycle)或動情週期。另外,在性週期中發生排卵,所以又稱為排卵週期(Ovulatory cycle)。由前一次發情(排卵)開始到下一次發情(排卵)開始的整個時期稱為一個發情週期。各種動物發情週期和發情持續時間見表12-3。

(一)性週期的類型

根據性週期的發生頻率,可分為四種類型:

1. 終年多次發情。在一年中除妊娠期外,都可迴圈多次出現週期性發情,如牛、豬等。
2. 季節性多次發情。動物只有在繁殖季節表現週期性發情,如馬、驢、綿羊及駱駝等。

3. 季節性單次發情。動物只在一定季節出現一個發情週期，如狗、狼、狐、熊等，春、秋兩季發情，而每個發情季節只有一個發情週期。

4. 全年單週期發情。每年僅在固定的時間發情一次，如水貂、紫貂。後三種類型的動物，在非繁殖季節，生殖道和卵巢處於相對靜止狀態，無發情表現，稱為乏情期(Anestrus)。

(二)性週期的分期

性週期是一系列逐漸變化的複雜生理過程，通常將其分為發情前期、發情期、發情後期和間情期(休情期)四個時期。

1. 發情前期

發情前期(Proestrus)是性週期的起始階段。這時動物一般處於安靜狀態，沒有性行為的表現，一般不接受公畜交配；這一時期主要是卵巢內有新的卵泡迅速生長，並未達到成熟；此時雌激素分泌增加，生殖道腺體活動開始加強，分泌增多，生殖道輕微充血、腫脹，輸卵管內壁的細胞生長，纖毛增多，子宮角蠕動加強，子宮內膜血管大量增生。母豬的性週期平均21d，發情前期一般持續4～5d。

2. 發情期

發情期(Estrus period)是性週期的高潮期。這時動物出現一系列發情症狀，表現為強烈的性欲和性興奮，精神不安，時常鳴叫，接受公畜交配；卵巢中卵泡迅速發育成熟並排卵；此時雌激素分泌達到峰值，子宮黏膜血管大量增生，生殖道腺體分泌增多，子宮頸口張開，輸卵管出現蠕動，陰唇黏膜腫脹，外陰部充血、腫脹；多數動物從陰道流出黏液狀分泌物。豬的發情期一般持續2～3d。

2. 發情後期

發情後期(Metestrus)是指發情結束後的一段時期。這個時期動物恢復安靜，無外觀發情表現；生殖系統的亢進逐漸消退；卵巢中形成黃體，並分泌孕酮；在孕酮的作用下，子宮發生一系列妊娠性增生變化以利於胚泡附植。如排出的卵子受精，則性週期中止，並開始進入妊娠階段，直到分娩後一段時間才重新出現新的性週期；如排出的卵子未受精，則進入間情期。豬的發情後期一般持續3～4d。

3. 間情期

間情期(Diestrus)也稱休情期，是生殖器官的活動相對穩定的一段時期。此期前期卵巢內黃體發育成熟，並分泌大量孕激素作用於子宮，使子宮腺體高度發育、增生，分泌作用增強。此期後期黃體開始退化，但卵泡還未開始發育，生殖道逐漸恢復到發情前期以前的狀態，當黃體完全退化後，新的卵泡開始發育，進入下一個性週期。豬的間情期一般持續 9～13 d。

(三)性週期的調節

為什麼雌性哺乳動物性成熟後要表現出週期性的發情？這主要決定於下丘腦-腺垂體-卵巢軸(圖12-7)的活動對性週期的調節作用。

雌性動物性成熟後，在內外環境因素的影響下，下丘腦神經內分泌細胞開始分泌促性腺激素釋放激素(GnRH)經垂體門脈系統作用於腺垂體，促進腺垂體合成和分泌促性腺激素卵泡刺激素（FSH）和黃體生成素（LH）。FSH作用於卵巢使卵泡逐漸生長發育,發育過程中的卵泡（最終成熟之前）在卵泡刺激素和少量黃體生成素協同作用下,開始分泌雌激素（相當於發情前期）。

隨著卵泡的進一步發育和雌激素分泌增加,雌激素可通過負反饋抑制FSH的分泌,正回饋促進LH的分泌,使LH達到一個性週期的分泌高峰,高水平LH使接近成熟的卵泡最終發育成熟並排卵,此時,成熟卵泡的顆粒細胞、內膜細胞分泌大量雌二醇,使動物表現出特殊的發情特徵（相當於發情期）。

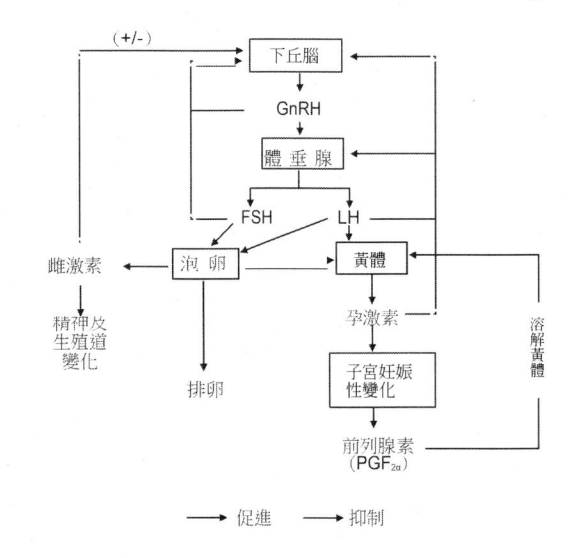

圖12-7 下丘腦-腺垂體-卵巢軸對卵巢功能調節示意圖

排卵後的卵泡細胞在黃體生成素的作用下,逐漸發育成黃體,並開始分泌孕激素和少量雌激素,隨著黃體的逐漸發育成熟,孕激素分泌逐漸增加,使子宮出現分泌期變化；同時,大量的孕激素和雌激素通過負反饋抑制下丘腦、腺垂體的活動,使 GnRH、FSH、LH 分泌降低,卵巢上沒有新的卵泡生長發育（相當於發情後期）。

如果無受精,間情期增生性子宮內膜開始分泌前列腺素（$PGF_{2α}$）,其可溶解黃體,使黃體開始退化,孕激素、雌激素的分泌量逐漸減少。在黃體期的後半期,血中雌激素、孕激素達最低水準,子宮內膜失去雌激素與孕激素的支持而出現退行變化（靈長類動物子宮內膜脫落、毛細血管破裂出血形成月經）。由於雌激素、孕激素減少,對下丘腦及腺垂體的負反饋作用減弱,GnRH、FSH、LH 分泌又開始增加,卵巢上新的卵泡又開始生長發育而進入下一個性周期（相當於間情期）。

三、輸卵管及子宮的功能

(一)輸卵管的功能

輸卵管的生理功能主要包括:①接納卵巢排出的卵子。卵巢排出的卵子,一般被納入輸卵管傘端。②完成卵子和精子的轉運。輸卵管上皮纖毛和管壁平滑肌有規律地蠕動可使精子和卵子向著輸卵管上端1/3的壺腹部轉運。③是精子獲能、受精及受精卵卵裂和早期胚胎發育的場所。輸卵管分泌細胞分泌的液體可提供受精卵卵裂、早期胚胎發育的營養,有利於受精卵向子宮方向轉運。

(二)子宮的功能

子宮是胚胎發育的場所,其主要生理作用包括:①子宮肌的運動對生殖機能的影響。發情期在卵巢激素和交配等因素的作用下,子宮肌發生節律性的收縮,可使精子向輸卵管方向移動,有利於受精。妊娠期在孕酮的作用下,子宮肌的運動處於相對靜止狀態,有利於胎兒的生長發育。分娩時,在神經體液因素的作用下,子宮肌發生強烈收縮,促進胎兒娩出。②提供利於胎兒生長發育的環境。胎兒在生長發育過程中所需的所有營養物質及其代謝產物的排出，都是通過胎盤實現的，胎盤是母體子宮組織和胚胎組織共同構成的臨時性器官。③分泌前列腺素引起黃體溶解。④分泌黏液。發情期子宮頸分泌的稀薄黏液有利於精子通過，妊娠期分泌的黏稠液可閉塞子宮頸，防止感染物進入子宮。

案例

　　一奶牛場8頭4～5歲奶牛產後3個月以上不發情。直腸檢查子宮正常，外生殖道無分泌物流出；雙側卵巢無卵泡發育，但單側或雙側有稍硬、光滑、體積增大的持久黃體，呈圓錐狀或蘑菇狀。診斷為奶牛持久黃體不孕症。肌注氯前列醇鈉注射液4 mL（0.644 mg/mL），發情時行人工授精，同時肌注排卵素200 mg，絨毛膜促性激素5000 IU。結果在1～3個發情期內，發情率達98 %，受胎率為78.26 %。

問題與思考

　　1. 肌注氯前列醇鈉的作用是什麼？
　　2. 卵泡發育、排卵、黃體形成受哪些激素的調節？

提示性分析

　　1. 氯前列醇鈉為人工合成的前列腺素類藥物，其可溶解黃體，導致孕激素分泌減少或停止分泌，孕激素對下丘腦及腺垂體分泌GnRH、FSH、LH的抑制作用解除，FSH、LH分泌增加，卵巢上新的卵泡開始發育，生殖週期重新啟動。

　　2. 卵泡發育、排卵、黃體形成主要受FSH、LH的調節，在發情期人工授精時，人工注射這兩種激素，可加快卵泡發育及排卵，有利於受精卵的形成，從而提高發情期受胎率。

第四節　哺乳動物的生殖過程

一、交配與受精

(一)交配

　　交配是性成熟的雄性和雌性動物共同完成的一種性行為。交配過程包括求偶、勃起、爬跨、交配和射精等幾個環節。各種動物交配所需的時間不同，如馬1.5～2 min，豬5～8 min，犬45 min，而牛、羊只有幾秒。交配的最終目的是實現授精（Insemination），所謂授精是將雄性動物的精液輸入雌性動物生殖道內的過程，包括自然授精和人工授精兩種。自然授精是通過雌雄動物交配而實現的，人工授精則是通過人工將精液輸入雌性生殖道而實現的。根據精液輸入雌性生殖道的部位不同將自然授精分為陰道授精型和子宮授精型兩種：交配雄性動物將精液直接輸入陰道內，稱為陰道授精型，如牛、羊、兔等；雄性動物將精液直接射入雌性動物的子宮內，稱為子宮授精型，如馬、豬、駱駝等。生產中施行人工授精時，一般是將精液直接輸入雌性動物的子宮內，可提高受精率。

(二)受精

精子和卵子結合形成新的細胞-合子的生理過程稱為受精(Fertilization)。在合子形成過程中，雌雄兩性個體的遺傳物質融合，是新個體發育的起點。整個受精過程包括：精卵運行、精子獲能、精卵相遇、頂體反應、精卵融合、透明帶反應、卵黃膜反應及合子形成等複雜生理過程。

1. 精子的運行和啟動

(1)精子在雌性生殖道中運行。精子的運行是指精子由射精部位到達受精部位的過程。哺乳動物的受精通常發生在輸卵管壺腹部。精子被射入陰道或子宮後，要運行到受精部位，除了依靠精子自身的運動外，還要靠子宮頸、子宮及輸卵管有節律的舒縮來實現。雖然雄性動物每次射入精子數以億計，但最後能到達受精部位的精子不超過1000個。

(2)精子的獲能作用。雄性動物射出的精子在雌性動物的子宮和輸卵管內經歷某種生理、生化和形態上的變化，獲得受精能力的過程，稱為精子獲能(Capacitation of sperm)。精子獲能機理較為複雜，與多種因素有關。目前認為從附睾開始整個雄性生殖道內都可以產生一種糖蛋白物質，覆蓋於精子表面，稱為去能因數。獲能過程的本質就在於解除去能因數對精子的束縛，進而發生受精作用。獲能過程先在子宮進行，最後在輸卵管完成，由存在於子宮液和輸卵管液中的獲能因數去除精子表面的去能因數實現精子獲能。獲能因數較多，有子宮液中的肽酶(大鼠)和β-澱粉酶(大鼠、兔)、輸卵管液中的β-澱粉酶、碳酸氫根離子(兔)和氨基多糖(牛、山羊)等。精子獲能無嚴格的種間特異性，獲能反應可在同種動物的雌性生殖道內完成，也可在異種動物的雌性生殖道內完成。不同動物精子獲能時間不同，如牛20 h，兔5～6 h，豬3～6 h，綿羊1.5 h。

2. 卵子在受精前的準備

大多數哺乳動物的卵子排出後需要運行至輸卵管壺腹部受精，可能在運行過程中與精子一樣需要經歷一系列變化，達到生理上的進一步成熟才能受精。各種動物卵子成熟過程不同。如牛、綿羊、豬排出的卵子雖然已經過第一次減數分裂，但還需要進一步發育才能達到受精所需的要求，馬、犬排出的卵子僅處於初級卵母細胞階段，在輸卵管中需要進行再一次成熟分裂。

在卵子受精前的準備過程中，卵子透明帶和卵質膜表面上也可能發生變化。如透明帶表面露出許多終端糖殘基，具有識別同源精子並與其發生特異性結合的作用。

3. 受精過程

獲能精子與卵子在受精部位相遇後，並不能立即與卵子結合，需要先後穿過卵子週邊的放射冠和透明帶，而後再與卵子融合，完成受精過程，其包括三個階段。

(1)精子與卵子相遇。獲能精子與卵子在受精部位相遇後，精子仍不能立即與卵子結合。這是因為卵子週邊還有卵丘、放射冠和透明帶三道屏障。當精卵相遇時，精子頂體膜破裂，形成許多囊泡，各種水解酶釋放出來，以溶解卵丘、放射冠及透明帶，使精子能夠穿過這些保護層與卵子結合。頂體結構的囊泡形成和頂體內酶的啟動與釋放，稱為頂體反應(Acrosomal reaction)。通過頂體反應，使精子能夠通過卵外的各層膜並進入卵內。

頂體膜破裂釋放出的水解酶有多種，如放射冠穿透酶、透明質酸酶、頂體素、蛋白酶、脂解酶、神經醯胺酶和磷酸酶等，其中以放射冠穿透酶、透明質酸酶及頂體素與受精關係最為密切。

(2)精子進入卵子。卵巢排出的卵子並非裸露，外面包裹著透明帶、放射冠及卵丘細胞等。精子要進入卵子必須穿過卵子外面的各層屏障。頂體反應中釋放出來的酶系，可協助精子穿過各層屏障而進入卵細胞。放射冠穿透酶使精子衝破借酯鏈結合的放射冠細胞，使其分解脫落；透明質酸酶使精子穿過殘存的放射冠基質而抵達透明帶，繼而頂體素又使精子突破透明帶而達卵黃膜；卵黃膜是精子進入卵子的最後一關，不過目前尚不清楚是哪種酶的作用，使精子突破了這一道屏障，同時卵子分泌啟動精子的活精肽(SAP)協助精子進入卵子。此時卵子被精子啟動，其膜上離子通道發生變化，Ca^{2+}進入卵子，啟動代謝過程而使卵子變得非常活躍。一個精子進入卵子後，卵子即產生一種抑制頂體素的物質，封閉透明帶，使其他精子難以再進入卵子，這一反應稱為透明帶反應(Zona reaction)。而當精子進入卵黃後，產生某種反應，使其它精子再與卵黃表面接觸時不發生反應，不再接納精子，這種反應稱為卵黃封閉作用(Vitelline block)。進入卵內的精子，其膜與卵黃膜融合，精子頭部完全進入卵細胞內。通過透明帶反應和卵黃封閉作用以保證卵子單精子受精。

(3)精子與卵子融合成為合子。精子進入卵黃後，精子和卵子發生相應的變化，精子尾部迅速退化，細胞核膨大，出現核仁、核膜，形成雄性原核；精子啟動卵細胞質，使其完成第二次減數分裂，排出的第二極體，也出現核仁和核膜，形成雌性原核；卵細胞質中的微管、微絲等重新排列，促使雄、雌原核向卵細胞中央移動，使之彼此靠近，然後雄、雌原核核膜破裂，以至於消失，核仁消失，染色體相互混合，形成二倍體的受精卵，即合子。至此受精過程(圖12-8)完成。

受精過程所需時間，即從精子進入卵子至合子第一次卵裂的時間為，牛20～24 h，豬12～24 h，羊16～21 h，兔12 h，馬的合子第一次卵裂發生在排卵後的24 h。

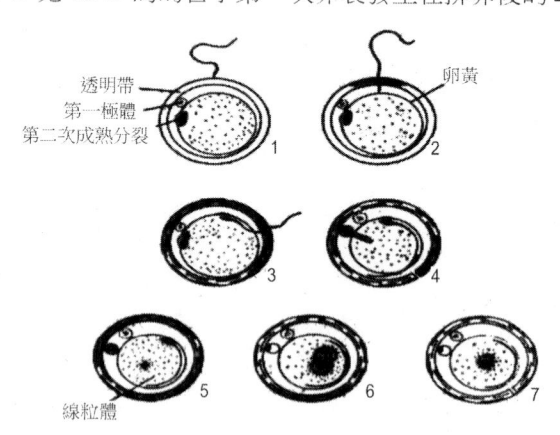

圖12-8 受精過程模式圖

1. 精子與透明帶接觸，第一極體被擠出，卵子的細胞核正在進行第二次成熟分裂
2. 精子已穿過透明帶，與卵黃接觸，引起透明帶反應，陰影表示透明帶的擴展
3. 精子頭部進入卵黃，平躺在卵黃的表面之內，該處表面凸出，透明帶圍繞卵黃轉動
4. 精子幾乎完全進入卵黃之內，頭部膨大，卵黃體積縮小，第二極體被擠出
5. 雄原核和雌原核發育，線粒體聚集在原核周圍
6. 原核充分發育，含有許多核仁，雄原核比雌原核大
7. 受精完成，原核消失，以染色體團代替，染色體團並成一組染色體，處於第一次卵裂的前期

三 妊 娠

從受精卵在子宮內附植開始進行生長發育到胎兒胎膜從子宮內排出,這個過程稱之為妊娠(Gestation)。妊娠主要由孕激素和雌激素來維持,兩種激素的水準和比例通過不斷的變化,來調節和維持胎兒的正常生長發育。此外,其他激素有規律的變化也起到了協調作用,共同維持妊娠。

(一)妊娠的建立

妊娠的建立需要經歷妊娠識別和附植兩個生理過程。

1. 妊娠識別

受精卵形成後,在運往子宮的途中進行卵裂形成胚泡,並產生某些化學因數作為妊娠的信號傳遞給母體,使母體識別胚胎的存在,這一生理過程稱妊娠識別(Maternal pregnancy recognition,MPR)。

母體在妊娠識別後會做出相應的反應:母體子宮不排斥附植的胚胎,子宮上皮與胚胎共同形成胎盤以利於胎兒發育;卵巢內的黃體不再退化,而是轉為妊娠黃體,繼續合成並分泌孕激素。孕激素能抑制子宮釋放前列腺素 $PGF_{2\alpha}$,使卵巢黃體不致退化;回饋調節下丘腦和腺垂體,抑制新卵泡的發育和排卵。子宮內膜的形態和功能也發生相應的變化,包括子宮上皮的增厚,分泌增加,為胚泡附植做準備。

2.附植

在子宮內,胚泡在發育初期處於游離狀態,隨著胚泡腔液增多,胚泡變大,在子宮腔內的活動逐漸受到限制。隨後,胚泡滋養層與子宮內膜逐漸發生組織學和生理學的聯繫,使胚泡固著於子宮內膜,這一生理過程稱為附植或著床(Implantation)。胚泡附植時,子宮內膜發生一系列變化,表現為:子宮肌肉活動和緊張度減弱,利於胚泡附植;子宮內膜充血、變厚、上皮增生、皺裂增多,分泌活動增強。子宮變化是雌激素與孕激素共同作用的結果,孕激素使內膜分泌活動加強;雌激素導致子宮內膜增生,使子宮內膜產生接受性,可以允許胚泡附植。各種動物完成附植的時間不同,見表12-4。

表12-4　各種動物妊娠識別及胚泡附植時間

動物種類	妊娠識別 (排卵後的天數)	附植時間(排卵後的天數)	
		開始(疏鬆附植)	完成(緊密附植)
綿羊	12～13	14～16	28～35
牛	16～17	28～32	40～45
豬	10～12	12～13	25～26
馬	14～16	35～40	95～105

(二)妊娠的維持

妊娠的維持主要靠胎盤來完成。附植後的胚泡由胎盤提供營養,胚泡在子宮內繼續生長、發育直至分娩的生理過程,稱為妊娠的維持。胎盤(Placenta)是由胎膜的尿膜絨毛膜(豬還有羊膜絨毛膜)和妊娠子宮黏膜共同構成,前者稱為胎兒胎盤,後者稱為母體胎盤,兩者都有血管分佈,並相互進行物質交換。

孕酮是妊娠維持的主要調節因數。妊娠前半期孕酮主要來源於妊娠黃體,妊娠後半期,有些動物仍然依靠妊娠黃體,另一些動物則依靠胎盤。胎盤在妊娠維持中的主要作用表現在以下幾方面:

1. 物質交換功能

胎盤是胎兒與母體進行物質交換的器官。胎兒和母體血液迴圈在胎盤中並不直接相通，胎盤靠胎兒絨毛囊和子宮黏膜密切接觸，胎兒可以通過胎盤從母體血液中獲得氧和營養物質。但胎盤對各種物質的通過具有嚴格的選擇性，這就是胎盤的屏障作用。

2. 免疫功能

胎盤由胎兒胎盤和母體胎盤組成，因而它並不完全是母體的組織，對母體來說有異體蛋白成分，但胎盤並不受母體的免疫排斥。其原因可能與胎盤滋養層細胞膜上的一種特殊唾液蛋白有關，其能排斥母體的淋巴細胞，使滋養層細胞得到保護。

3. 內分泌功能

胎盤是一種暫時性的內分泌器官，可分泌雌激素、孕酮、鬆弛素和胎盤催乳素，它們的結構和功能都與卵巢和垂體分泌的同種激素相同。此外，胎盤還能分泌兩種促性腺激素：孕馬血清促性腺激素(Pregnant mare serum gonadotropin, PMSG)（馬屬動物）和人絨毛膜促性腺激素(Human chorionic gonadotropin, hCG)（人及靈長類動物）。胎盤分泌的激素對於妊娠維持起著很重要的作用，特別是孕酮。

案例

吳舊生等(2003)報導，選擇產後恢復期 60～100 d 未發情，直腸檢查確定為空懷的健康奶牛進行同期發情試驗，給 3 群奶牛每頭分別注射氯前列烯醇 0.2 mg、0.3 mg、0.4 mg，結果表明，同期發情率分別為 80 %、93 %、73 %，以 0.3 mg/頭用藥量效果最佳。

問題與思考

何為同期發情？使用氯前列烯醇誘導同期發情的理論依據是什麼？

提示性思考

同期發情就是利用某些激素製劑人為地控制並調整一群母畜發情週期，使之在預定時間內集中發情的技術。同期發情可將牛群的發情、配種、妊娠、分娩調整到一定時間內同時進行，對於做好犢牛、育成牛、母牛的科學飼養管理及生產計畫的實施等具有重要意義。氯前列烯醇為人工合成的前列腺素類藥物，其可迅速溶解黃體，雖然牛群中的每頭母牛都處在發情週期的不同階段，但因同時使用該藥物，幾乎同時對不同時期的黃體起作用，黃體快速溶解後，幾乎同時解除了孕激素對發情週期的抑制作用，使群體內不同個體的生殖週期儘量處於同一水準，結果使動物在預定時間內集中發情。

四、分　娩

分娩(Parturition)是胎生動物借助子宮和腹肌的收縮將發育成熟的胎兒及其附屬膜(胎衣)排出的自發性生理過程。胎兒和母體均參與正常的分娩過程，反芻動物胎兒的內分泌系統對於分娩發動起決定性的作用，而在其他動物則是次要的。分娩能否順利完成，取決於產力、產道、胎兒這三個基本要素。

(一)分娩的過程

分娩全過程是從規律宮縮開始至胎兒胎盤娩出為止，臨床上一般分為三個時期。

1. 開口期或子宮頸擴張期

指從子宮間歇性收縮開始，到子宮頸口完全張開為止。子宮在開口期內發生陣縮，開始陣縮持續約 20 s，間歇 15 min 左右。以後陣縮的頻率、強度和持續時間逐漸加大、延長。

2. 產出期或胎兒娩出期

指從子宮頸完全張開至胎兒排出為止。這一時期內除子宮陣縮外，還發生努責，努責是排出胎兒的主要動力，它比陣縮出現晚、停止早。羊膜和胎兒前部進入骨盆時，反射性地引起膈肌和腹肌收縮。

動物在產出期表現煩躁不安，時常起臥、前肢刨地、回顧腹部，呼吸和脈搏加快，最後側臥、四肢伸直、強烈努責。

3. 胎衣排出期或胎盤娩出期

指從胎兒排出後到胎衣完全排出為止。胎兒排出後，經一段時間子宮肌重新收縮使胎衣排出。貓、狗等動物胎衣常隨胎兒同時排出。各種動物分娩各階段所需時間見表 12-5。

表 12-5　各種動物分娩各階段所需時間

動物種類	開口期	胎兒娩出期	胎衣排出期
牛	6(1~12) h	0.5~4 h	12~18 h
水牛	1(0.5~2) h	20 h 10	12~18 h
馬	12(1~24) h	~30 min	2 h
豬	3~4(2~6) h	10 min	10~60 min
羊	4~5(3~7) h	0.5~4 h	0.5~4 h
駱駝	11(7~16) h	25~30 h	10 h 50
鹿		1(0.5~2) h	~60 h
犬	3~6 h		
兔	20~30 min		
貓		2~6 h	

(二)分娩的機制

分娩是一個多因數相互作用的複雜生理過程，分娩發生的機制仍未完全明瞭。目前認為，分娩是在胎兒成熟信號的啟動下由糖皮質激素、催產素、雌激素、孕激素、鬆弛素和前列腺素等一系列激素參與完成的。

研究表明，某些動物，如牛、羊胎兒的下丘腦-垂體-腎上腺軸是調節分娩的關鍵，胎兒糖皮質激素的釋放在分娩的啟動中起重要作用。當胎兒發育成熟時，由胎兒的下丘腦釋放 CRH 刺激腺垂體分泌 ACTH，進而促使胎兒腎上腺分泌糖皮質激素，胎盤在糖皮質激素控制下，分泌大量前列腺素和雌激素，前列腺素能使妊娠黃體溶解，使孕激素分泌量迅速降低，並刺激胎盤、卵巢、子宮釋放鬆弛素，其可使骨盆韌帶鬆弛，子宮頸鬆軟；同時孕激素降低解除了對子宮的抑制，提高了子宮對催產素的敏感性，在雌激素和催產素的共同作用下，子宮收縮，使胎兒順利產出。

五 泌 乳

雌性哺乳動物在分娩後乳腺開始分泌並排出乳汁的生理過程，稱為泌乳(Lactation)。泌乳包括乳的分泌(Milk secretion)和乳的排出(Milk ejection)兩個獨立而相互制約的過程，前者是指乳腺分泌細胞從血液中攝取營養物質，生成乳汁後分泌入腺泡腔內的過程，後者是指當哺乳或擠乳時，貯積在腺泡和導管系統內的乳汁迅速流向乳池的過程。

(一)乳腺的發育及其調節

1. 乳腺的發育

(1)初情期前。幼年動物的乳腺尚未發育，雌雄兩性乳腺也沒有明顯的差別。初情期前，乳腺的生長速度與身體的生長速度大致相等。此時乳房增大主要是由於纖維結締組織和脂肪增生，腺組織只有導管稍有生長。

(2)性成熟後。雌性動物性成熟後，乳腺在發情週期中經歷生長發育的週期性變化。在每次發情週期的卵泡期，乳腺導管系統迅速生長，並在黃體期開始形成少量發育不全的腺泡，乳房體積明顯增大。

(3)妊娠期。動物妊娠後，乳腺導管的數量迅速增加，每個導管末端開始形成腺泡；妊娠中期，腺泡逐漸出現分泌腔，腺泡和導管的體積不斷增大；妊娠後期，腺泡的分泌上皮開始具有分泌機能，乳房的結構也達到了泌乳乳腺的標準形態。

(4)泌乳期及乳腺的退化。動物分娩後，乳腺成為分化和發育完全的器官並正常泌乳。經過一定時期的泌乳後，腺泡的體積逐漸縮小，分泌腔逐漸消失，乳導管萎縮，乳房體積逐漸縮小，這一生理變化過程稱為乳腺的回縮。乳腺回縮通常是在泌乳後期出現的漸進性過程，最終致使乳腺活動停止，進入幹乳期。在幹乳期內，奶牛的乳腺組織能最大限度地重新形成，體內的脂肪儲備較好地得到補充。奶牛一般在第6～8個泌乳期中，乳腺的發育達到最大程度，泌乳量也達到最高峰。以後隨年齡增大，每次妊娠後乳腺的發育程度逐漸減退，泌乳量也逐年降低。

雌性動物不同階段乳腺生長發育見圖12-9。

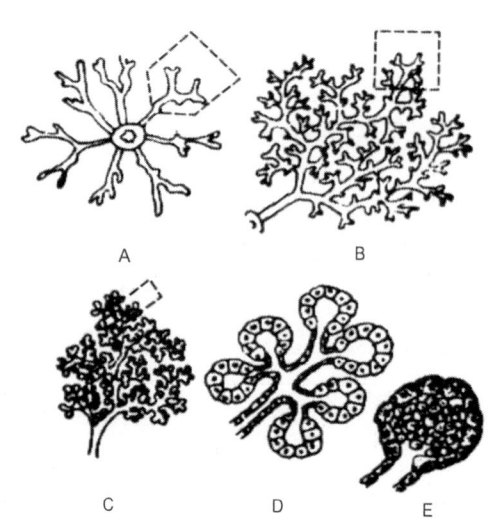

圖12-9 雌性動物不同階段乳腺生長發育示意圖
A.未成年動物的乳腺，只有簡單導管由乳頭向四周輻射 B.成年未孕動物的乳腺，導管系統逐漸增生和擴大 C.妊娠後的乳腺，末端形成腺泡 D.腺泡放大 E.分娩後腺泡開始分泌乳汁

2. 乳腺發育的調節

乳腺的發育包括導管系統的發育和腺泡的發育兩個方面，多種激素的協同控制是乳腺發育調節的主要原因，同時也與中樞神經系統的調節密切相關。

(1)激素調節。雌性動物從出生到初情期，在甲狀腺激素、生長激素、皮質激素等參與下調節機體的生長發育，乳腺也逐漸發育，體積增大，但形態不變。初情期後，隨著每一次發情週期的發生，卵巢分泌大量雌激素，促進乳腺導管系統的發育增生(至妊娠前乳腺導管系統基本發育完成)；成熟卵泡排卵後形成的黃體分泌孕激素促進腺泡的發育增生，但發育程度較低，一般沒有正常功能。妊娠後，妊娠的前期乳腺導管系統仍大量增生，妊娠的其餘時間乳腺小葉-腺泡系統受孕酮調節而快速發育。妊娠後乳腺的發育除主要受源於卵巢和胎盤的雌激素和孕激素調節外，腺垂體分泌的催乳素、生長激素、促腎上腺皮質素以及甲狀腺素、胰島素、腎上腺皮質素、胎盤催乳素等對乳腺系統的發育也起著十分重要的調節作用。

(2)神經調節。乳腺發育除了受激素的調節外，還受神經系統的調節。刺激乳腺感受器，發出神經衝動傳到中樞神經系統，通過下丘腦-垂體系統或直接支配乳腺的傳出神經，調節乳腺發育。生產實踐中，按摩育成母牛或妊娠母豬的乳房都能增強乳腺發育和產後的泌乳量。此外，神經系統對乳腺的營養作用也很重要。在性成熟前切斷山羊的乳腺神經可中止乳腺發育；在妊娠期切斷神經，則乳腺腺泡發育不良，不形成腺泡腔與乳腺小葉；在泌乳期切斷乳腺神經，大部分腺泡處於不活動狀態。

(二)乳的分泌

1. 乳的生成　乳的生成過程是在乳腺腺泡和細小乳導管的分泌上皮細胞內進行的。生成乳汁的各種

原料都來自血液，其中球蛋白、酶、激素、維生素和無機鹽等均由血液進入乳中，是乳腺分泌上皮對血漿選擇性吸收和濃縮的結果；而乳中的乳蛋白、乳脂和乳糖等則是上皮細胞利用血液中的原料，經過複雜的生物合成而來的(圖12-10)。

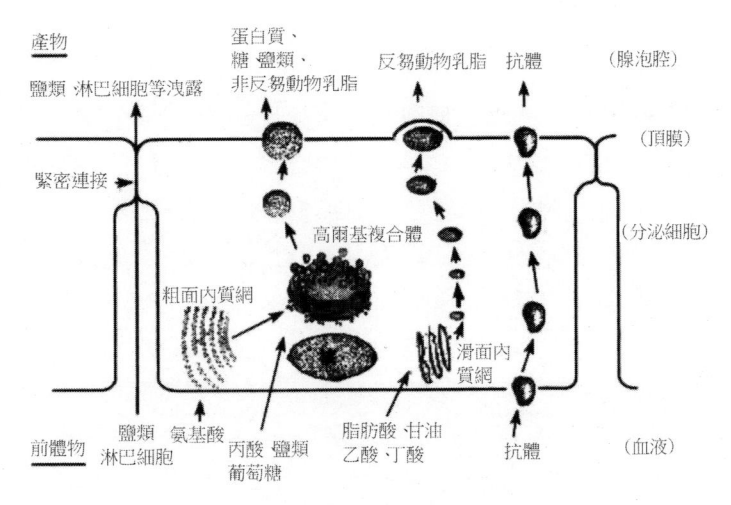

圖12-10　乳的分泌過程

2. 泌乳的啟動和維持

(1)泌乳啟動。泌乳啟動是指伴隨分娩而發生的乳腺開始分泌大量乳汁的活動。在妊娠

期間，由於胎盤和卵巢分泌大量的雌激素和孕激素，抑制腺垂體釋放催乳素(Prolactin，PRL)。分娩前，黃體溶解，胎盤膜破裂，孕激素和雌激素水準明顯下降並維持在較低的水準，解除了對下丘腦和腺垂體的抑制作用，引起PRL迅速釋放並強烈促進乳汁的生成，起啟動泌乳的主要作用。研究表明，PRL對泌乳的啟動效應必須有腎上腺皮質激素的協同作用才能實現。

(2)泌乳維持及其調控。泌乳啟動後，乳腺能在相當長的一段時間內持續進行泌乳活動，這就是泌乳維持。泌乳維持必須依靠下丘腦的調控及多種激素的協同作用。一定水準的催乳素、腎上腺皮質激素、生長激素、甲狀腺激素等是維持泌乳所必需的。此外，生成的乳汁有規律地從乳腺中排空，降低乳腺導管系統的內壓，也是泌乳維持的重要影響因素。

3. 初乳和常乳

(1)初乳。母畜在分娩期或分娩後最初3～5 d 內乳腺分泌的乳叫初乳(Colostrum)。初乳色黃而濃稠，稍有鹹味和腥味，煮沸時凝固。

初乳中各種成分的含量和常乳顯著不同，其中幹物質含量較高，可超出常乳數倍之多。讓初生動物獲得足夠的初乳，對保證初生仔畜的健康成長具有重要意義。初乳內含有豐富的球蛋白和白蛋白，初生的動物吸吮初乳後，蛋白質能透過腸壁而被吸收，有利於增加初生動物血漿蛋白質的濃度；初乳中含有大量的免疫抗體、酶、維生素及溶菌素等，新生幼畜主要依賴初乳中的抗體或免疫球蛋白建立被動免疫，以增加仔畜抗病力；初乳中的維生素A和維生素C的含量比常乳約多10倍，維生素D比常乳多3倍；初乳中含有較多的無機鹽，其中磷、鈣、鈉、鉀含量是常乳的2倍，鐵含量是常乳的10～17倍；初乳中富含的鎂鹽有輕瀉作用，促進腸道排出胎糞。所以，初乳幾乎是初生動物不可替代的食物。

(2)常乳。初乳期過後，乳腺所分泌的乳稱為常乳(Ordinary milk)。各種動物的常乳均含水、蛋白質、脂肪、糖、無機鹽、酶和維生素等。蛋白質主要是酪蛋白，其次是白蛋白和球蛋白，乳中的糖僅有乳糖，甘油三酯是乳脂的主要成分；常乳中的鐵含量很少，所以哺乳的新生仔畜應補充適量含鐵物質，否則易發生貧血。乳中的酪蛋白及乳糖是體內其他部位所沒有的。

(三)乳汁的排出

1. 乳的蓄積

在初生動物吮乳或擠乳之前，雌性動物乳腺腺泡上皮細胞生成的乳汁，連續地分泌到腺泡腔內。當腺泡腔和細小乳導管充滿乳汁時，腺泡周圍的肌上皮細胞和導管系統的平滑肌反射性收縮，將乳汁轉移入乳導管和乳池內。乳腺的全部腺泡腔、導管、乳池構成了蓄積乳的容納系統。隨著乳的分泌，容納系統內蓄積的乳汁不斷增多，當其被充盈到一定程度時，內壓增大，壓迫乳腺毛細血管和淋巴管，以致乳腺血液迴圈受阻，使乳的生成速度減慢，甚至泌乳停止。當排出蓄積乳汁後，乳房內壓降低，泌乳重新開始，特別是奶牛排乳後的最初3～4 h內，乳生成最旺盛，以後就逐漸減弱。因此及時排乳是保證高效泌乳的必要條件。一般認為泌乳量與排乳次數有關，高產奶牛應增加人工排乳次數。

2. 排乳過程

排乳是一種複雜的反射過程。當哺乳或擠乳時，引起乳房容納系統緊張度改變，使蓄積在腺泡和乳導管系統內的乳汁迅速流向乳池，這一過程叫作排乳(Milk ejection)。哺乳或擠乳時，刺激乳頭感受器，反射性地引起腺泡和細小乳導管周圍的肌上皮細胞收縮，腺泡乳就流入導管系統,接著大導管和乳池平滑肌強烈收縮,乳池內壓迅速升高,乳頭括約肌開放,於是乳汁排出體外。

最先排出的乳是乳池內的乳,當乳頭括約肌開放時,乳池乳借助本身重力作用即可排出。腺泡和乳導管的乳必須依靠乳腺內肌細胞的反射性收縮才能排出,這些乳叫反射乳(Reflex milk)。奶牛的乳池乳一般約占泌乳量的30%,反射乳約占泌乳量的70%。我國黃牛和水牛的乳池乳很少,甚至完全沒有乳池乳。豬的乳池不發達,馬的乳池也很小。擠乳或哺乳後,乳房內總有一部分殘留乳。

擠乳或哺乳刺激乳房不到1 min,就可以引起奶牛的排乳反射。但豬排乳反射需要較長時間,仔豬用鼻吻突撞母豬乳房2～3 min後,才開始排乳,可持續約1～3 min,使仔豬獲得乳汁。然後排乳突然停止。母豬排乳的突然開始和突然停止,主要因為沒有發達的乳池,乳汁幾乎都積聚在腺泡腔中。

(四)排乳的神經內分泌調節

排乳是高級神經中樞、下丘腦和垂體參加的複雜反射活動。

1. 排乳反射的傳入途徑

擠壓或吮吸乳頭時對乳房內外感受器的刺激,是引起排乳反射的主要非條件刺激,外界環境的各種刺激經常通過視覺、聽覺、嗅覺、觸覺等形成大量促進或抑制排乳的條件反射。

排乳反射是非條件反射,反射弧從乳房感受器開始,傳入衝動經精索外神經傳進脊髓後,主要通過脊髓-丘腦束傳到丘腦,最後到達下丘腦的室旁核和視上核,由此發出下丘腦垂體束,進入神經垂體。室旁核和視上核是排乳反射的基本中樞,在大腦皮層中有相應的代表區。丘腦還可發

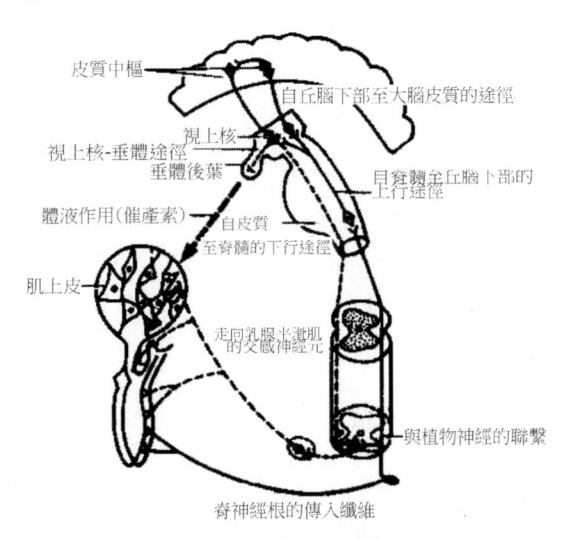

圖13-11 排乳反射的神經控制示意圖

出傳入纖維,把衝動傳到大腦皮質的相應代表區,再由此發出衝動控制下丘腦的活動。乳房的傳入衝動傳進脊髓後,還有一部分神經纖維能與胸腰段脊髓內的植物性神經元聯繫,並通過交感神經,支配乳腺平滑肌的活動(圖13-11)。

2. 排乳反射的傳出途徑

排乳反射的傳出途徑有兩條:一條是單純的神經途徑;另一條是體液途徑。神經途徑主要是支配乳腺的交感神經通過精索外神經進入乳腺,直接支配乳腺導管周圍的平滑肌活動。體液途徑主要是通過神經垂體釋放催產素,它在血液中以游離形式運輸,到達乳腺後迅速從毛細血管中擴散,作用於腺泡和終末乳導管周圍的肌上皮細胞引起收縮,實現排乳。

排乳包括兩個先後出現的反射。擠乳或吸吮乳頭時,大約經過5 s的潛伏期後,就出現第一個反射,表現為乳池和大導管周圍的平滑肌強烈收縮,使乳池和大導管的乳汁開始排出,這是單純的神經性反射,衝動經交感神經傳出,效應器是乳腺的平滑肌。經過20～25 s後,出

現第二個反射，這時腺泡和細小乳導管周圍的肌上皮收縮，排出腺泡乳。第二個反射是以催產素為媒介的神經-體液性調節。由於大多數動物的乳汁主要積聚在腺泡腔中，所以神經-體液途徑所引起的第二個反射有更重要的作用。

3. 排乳抑制

動物疼痛、不安、恐懼、饑餓或環境吵鬧、不規範操作等因素常抑制動物排乳。排乳抑制包括中樞抑制和外周抑制兩種情況。中樞抑制常起源於腦的高級部位，結果導致神經垂體釋放催產素減少。外周抑制常由於交感神經系統興奮和腎上腺髓質釋放腎上腺素，導致乳房內小動脈收縮，乳房迴圈血量下降，不能輸送足夠的催產素到達肌上皮細胞，導致排乳抑制。一般以中樞抑制較為重要。

案例

奶牛場使用手工擠乳時，擠乳前要求工人用50℃左右的溫水浸濕毛巾後，徹底洗擦整個乳房，洗擦後，要求工人用雙手對乳房各區進行適度按摩，等乳房膨脹、皮膚表面血管弩張，皮溫升高，觸之較硬時，才立即進行擠乳。通過這兩項操作可提高手工擠乳量，還可降低乳房炎的發生率。

問題與思考

1. 排乳反射的基本生理過程是什麼？
2. 結合排乳反射的原理，分析擠乳前要求用溫水洗擦乳房及按摩乳房的作用？

提示性分析

1. 排乳是高級神經中樞、下丘腦和垂體參加的複雜神經反射活動。通過吮乳或擠乳刺激乳頭或乳房的感受器，經相應的傳入神經將感受器信號傳入排乳中樞，最終到達下丘腦的室旁核和視上核，興奮後使其合成大量的催產素（OXT）並運輸到神經垂體釋放入血，導致腺泡和細小乳導管周圍的肌上皮收縮，使其內壓升高，推動乳汁排出。

2. 擠乳前用溫水洗擦乳房及按摩乳房主要是加強對乳頭或乳房感受器的刺激，使排乳反射發生更強，提高OXT分泌量，從而加快排乳速度，提高排乳量，也可使每一階段內乳腺分泌的乳汁儘量徹底排空，以減少殘存乳汁在乳頭或乳導管的蓄積，降低乳房炎的發生率。

思考題

一、名詞概念

1. 性成熟　　2. 性週期　　3. 精子獲能　　4. 附植
5. 受精　　二、6. 妊娠識別　　7. 排乳反射

單項選擇題

1. 附睪的功能是（　）

　　A. 生成精子　B. 精子貯存和成熟的場所　C. 精子獲能場所　D. 產生雄激素

2. 下列有關睾丸支持細胞的功能的敘述 錯誤的是(　　)
　　A.構成血睾屏障　　　　　　B.為精細胞供給營養
　　C.分泌雄激素結合蛋白　　　D.分泌雄激素
3. 下列關於睾丸功能調節的敘述 哪項是錯的(　　)
　　A.FSH 對生精過程有促進作用
　　B.LH 刺激間質細胞分泌睾酮　C.睾丸分泌的睾酮對 FSH 分泌有負反饋作用　D.睾丸產生的抑制素對 LH 分泌有負反饋作用
4. 可分泌雄激素的細胞是(　　)
　　A.睾丸間質細胞　B.精原細胞　　C.前列腺細胞　　D.支援細胞
5. 排卵後形成的黃體可分泌(　　)
　　A.LH　　　　　　　　B.estrogen and progestin
　　C.growth hormone　　D.estrogen
6. 精子的獲能發生在(　　)
　　A.曲細精管　　B.輸精管　　　C.附睾　　　D.雌性動物生殖道
7. 排卵前血中 LH 出現高峰的原因是(　　)
　　A.血中孕激素對腺垂體的正回饋作用
　　B.血中雌激素對腺垂體的正回饋作用
　　C.血中孕激素和雌激素共同的作用
　　D.FSH 的促進作用
8. 直接使子宮內膜產生分泌期變化的主要激素是(　　)
　　A.促性腺激素　　　　　B.促性腺激素釋放激素
　　C.孕激素　　　　　　　D.孕激素和雌激素
9. 初乳中含量較多 有利於胎糞排出的無機離子是(　　)
　　A.K$^+$　　　　B.Na$^+$　　　　C.Ca^{2+}　　　　D.Mg^{2+}

三 簡述題
　1. 睾酮 雌激素的主要生理作用是什麼？
　2. 睾丸 卵巢的主要生理功能是什麼？
　3. 乳腺發育 泌乳 排乳主要受哪些激素調節？
　4. 初乳對仔畜的重要意義有哪些？

四 論述題
　　雌性動物發情週期的調節機制是什麼？

第 13 章　禽類主要器官系統生理特點

本章導讀

　　家禽屬於脊椎動物的鳥綱，因適應飛翔，在漫長的進化過程中，形成了其身體構造的獨特特徵和生理特點。與哺乳類相比，禽類呼吸系統有何特殊之處？禽類消化器官的特點與哺乳類有差異嗎？禽類的生殖特點是什麼？本章將系統地說明這些問題。

　　禽類的呼吸系統有氣囊，可以進行雙重呼吸；消化系統具有發達的肌胃，食物消化能力強，直腸短，糞便隨時排出體外；雌性生殖器官僅包括左側的卵巢和輸卵管，右側的卵巢和輸卵管已經退化。由此可見，禽類與哺乳類相比，在機體結構和器官機能方面存在許多特殊之處，故熟悉並掌握禽類的特殊生命活動現象及其活動規律，對促進養禽業的發展和禽類的疫病防治具有重要意義。

第一節　禽類呼吸生理特點

　　禽類的呼吸包括三個連續的過程：呼吸器官的通氣活動、氣體在肺和組織中的交換以及氣體在血液中的運輸。

一、禽類呼吸器官的功能結構

　　禽類的呼吸系統包括呼吸道和肺兩部分。呼吸道是氣體進出肺的通路，包括鼻、咽、喉頭、氣管、鳴管、支氣管及其分支、氣囊及某些骨骼中的氣腔（圖 13-1）。

1. 鼻腔

　　禽類的鼻腔較狹窄，裡面有發達的鼻甲，鼻腔壁上有黏膜，黏膜內有黏液腺和豐富的血管，可使吸入的氣體增加溫度和濕度，並黏著吸

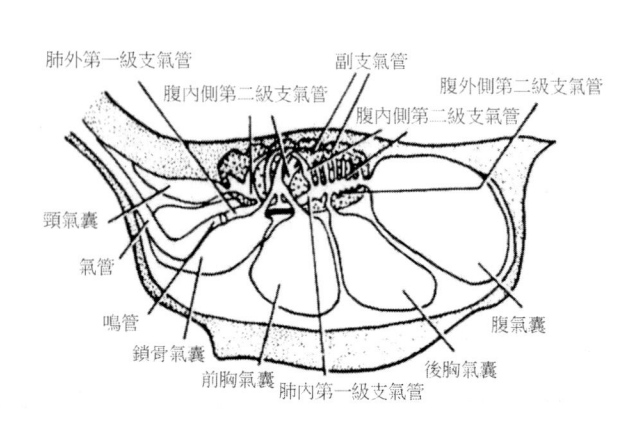

圖 13-1 禽類肺和氣囊的一般排列

入氣體中的塵埃和雜物。禽類鼻黏膜上雖有嗅神經分佈，但嗅覺並不發達。眼眶頂壁處以及鼻腔側壁記憶體在鼻腺。雞的鼻腺不發達，狹長形，鴨、鵝的較發達，半月形。鼻腺有分泌氯化鈉的作用，常又稱鹽腺(Salt gland)對生活於海洋上的禽類很重要。

2. 喉喉

位於咽底壁，在舌根後方。禽類的喉部沒有會厭軟骨和甲狀軛骨，僅有的環狀軟骨和杓軟骨也會隨年齡的增長而固化，環狀軟骨與杓狀軟骨間連接有喉固有肌，淺層肌的作用為擴張喉口，深層肌負責關閉喉口。禽類的喉內不形成聲帶。

3. 氣管

禽類的氣管較長較粗，在皮膚下伴隨食管向下行，入胸腔後轉至食管胸段腹側，至心基。上方分為兩條支氣管，分叉處形成發聲器官——鳴管(Syrinx)。氣管的支架是一串「O」字形的氣管環，骨化較早；相鄰氣管環互相套疊，因而氣管的伸縮性較大。左右支氣管分別進入肺後分支成1～4級支氣管。禽肺的支氣管分支不形成支氣管樹，各級支氣管間形成互相連通的管道。氣體通過各級支氣管進入氣囊。禽類吸氣和呼氣時均有氣體進入氣囊並通過肺部交換區，所以，無論是吸氣過程還是呼氣過程都可在肺部進行氣體交換，因而提高了呼吸效率。禽類的氣管還可以通過蒸發散熱來調節體溫。

4. 肺

禽肺不大，鮮紅色，略呈扁平橢圓形或卵圓形，一般不分葉。約1/3的肺嵌於肋間隙內，因此，擴張性不大。肺各部均與易於擴張的氣囊直接通連。所以，肺部一旦發生炎症，容易蔓延，症狀比哺乳動物嚴重。禽肺雖然不大，但氣體交換面積較大，血液供應也很充足。

5. 氣囊

氣囊是禽類特有的器官，是支氣管的分支出肺後形成的黏膜囊，外面僅被覆漿膜，因此壁很薄。多數禽類有9個氣囊，包括一個不成對的鎖骨氣囊、一對頸氣囊、一對前胸氣囊、一對後胸氣囊和一對腹氣囊。這些氣囊充滿於腹腔內臟和體壁之間。氣囊和支氣管及肺相通。氣囊壁血液供應較少，因此不進行氣體交換。

氣囊的容積很大，較肺容積大5～7倍，占全部呼吸器官總容積的85％～90％。禽類的氣囊除了作為空氣貯存庫參與肺的呼吸作用之外，還具有許多重要功能：①氣囊內空氣在吸氣和呼氣時均通過肺，從而增加了肺通氣量，以適應禽體旺盛的新陳代謝需要；②儲存空氣，便於潛水時在不呼吸情況下，仍能利用氣囊內的氣體在肺內進行氣體交換；③氣囊的位置都偏向身體背側，飛行時有利於調節身體重心，對水禽來說，有利於在水上漂浮；④依靠氣囊的強烈通氣作用和廣大的蒸發表面積，能有效地發散體熱，協助調節體溫。

二、禽類呼吸的特點

1. 呼吸運動

禽類沒有像哺乳動物那樣的膈肌，胸腔和腹腔僅由一層薄膜隔開，胸腔內的壓力幾乎與腹腔內完全相同，沒有經常性的負壓存在。禽肺的彈性較差，被相對地固定在肋骨間。打開胸腔後肺並不萎縮。

家禽呼吸主要通過強大的呼氣肌和吸氣肌主動收縮帶動肋骨運動來完成。肋骨的椎肋與胸肋相連，胸肋與胸骨連接。吸氣肌(主要為肋間外肌)收縮時，使椎肋前移，增大了椎肋與胸肋間的角度，胸骨移向前下方，胸廓擴大，體腔內壓降低，於是外界氣體隨之進入肺和氣囊，產生吸氣。呼氣肌(主要為肋間內肌)收縮時，使椎肋後移，減小了胸肋與椎肋間的角度，胸骨上移，胸廓縮小，體腔內壓升高，氣體由氣囊經肺排出，產生呼氣。在每一個呼吸週期中，吸氣時氣囊和肺內壓低於大氣壓，呼氣時氣囊和肺內壓高於大氣壓。大氣壓與肺及氣囊間出現壓力差，使氣體隨呼吸週期進出肺和氣囊。

每次吸入或呼出的氣量，稱為潮氣量。雞的潮氣量約為 15～30 mL，鴨的潮氣量約為 38 mL。來航雞的每分鐘肺通氣量為 550～650 mL，蘆花雞約 337 mL。由於禽類氣囊的存在，呼吸器官的容積明顯增加。據測定雞達 300～500 mL，鴨約為 530 mL。因此，每次呼吸的潮氣量僅占全部氣囊容量的 8%～15%。

禽類的呼吸頻率變化比較大，它取決於體格大小、種類、性別、年齡、興奮狀態及其他因素。通常體格越小，呼吸頻率越高。幾種家禽的呼吸頻率見表13-1。

表13-1　幾種家禽的呼吸頻率(次/min)

性別	雞	鴨	鵝	火雞	鴿
雄	12～20	42	20	28	25～30
雌	20～36	110	40	49	25～30

2. 氣體交換與運輸

支氣管進入肺門，向後縱貫全肺並逐漸變細，形成初級支氣管，然後逐級分支形成次級和三級支氣管，三級支氣管又叫旁支氣管。各級支氣管互相連通。從旁支氣管上呈輻射狀分出許多肺房，肺房底部又分出若干漏斗，再分出許多肺毛細管，又稱毛細氣管，相當於家畜的肺泡。同時，由三級支氣管動脈分支形成毛細血管並與毛細氣管緊密接觸，形成很大的氣體交換面積，按肺每單位體積的交換面積計算，比家畜至少大10倍，按每克體重計算，母雞交換面積達 17.9 cm^2，鴿高達 40.3 cm^2。三級支氣管以上的呼吸通道和氣囊都不能進行氣體交換，為氣體交換的無效區。

氣體交換的動力是動靜脈血液中 P_{O_2} 和 P_{CO_2} 的分壓差。由三級支氣管進入毛細氣管的氣體中 P_{O_2} 高於血液，而 P_{CO_2} 低於血液，於是 O_2 向血液彌散，血液中的 CO_2 則向毛細氣管彌散。通常二氧化碳的彌散能力比氧氣高3倍，使二氧化碳更易向毛細氣管彌散。雞的靜脈血 P_{O_2} 約為6.7 kPa(50 mmHg)，肺和氣囊中為12.5 kPa(94 mmHg)。

禽類氣體在血液中的運輸方式大體上與哺乳動物的相同，比較特殊的是家禽的血紅蛋白與氧氣結合的親和力較低，氧離曲線偏右，表明在相同氧分壓條件下，血氧飽和度比哺乳動物的小，故易使氧合血紅蛋白解離釋放氧氣，以供組織利用。就各種家禽對氧氣的利用率而言，雞為54％，鴨和鴿為60％，鵝僅為26％。

3. 呼吸運動的調節

由二級支氣管上發出的三級支氣管連接成一系列近乎平行的管子叫原肺(Paleopulmo)，附加的旁支氣管網稱為新肺(Neopulmo)。原肺和新肺氣體交換有效區存在二氧化碳感受器，能"監測"肺部靜脈血液中的二氧化碳含量。當血液二氧化碳濃度升高時，可降低二氧化碳感受器抑制性信號的傳入，最後使呼吸增強；當血液二氧化碳濃度降低時，可增強二氧化碳感受器抑制性信號的傳入，最後使呼吸減弱。此外，位於頸總動脈分支處的頸動脈體，也能"監測"動脈血液中的氣體含量變化。有實驗證明，禽肺和氣囊壁上存在有牽張感受器，感受肺擴張的刺激,經迷走神經傳入中樞,使呼吸變慢。所以,禽類肺牽張反射也可以調整呼吸深度,維持適當的呼吸頻率。

家禽前腦的視前區有促進呼吸的作用,兩側丘腦區(圓核以前)有抑制呼吸的作用,中腦前背區有調節呼吸的中樞,延髓前部和腦橋區有調節正常呼吸節律的中樞,與哺乳動物相似,延髓是呼吸的基本中樞。

血液中的二氧化碳和氧含量對呼吸運動也有顯著的影響。血液中 P_{CO_2} 上升時,二氧化碳感受器興奮,所產生的衝動沿迷走神經傳入延髓,可興奮呼吸。缺氧使呼吸中樞抑制,但可通過外周化學感受器興奮呼吸。切斷雞兩側迷走神經可以消除或顯著降低缺氧引起的呼吸頻率增加。雞在熱環境中發生熱喘呼吸,常使旁支氣管區的通氣面積顯著加大,並導致嚴重的低 P_{CO_2},甚至造成呼吸性鹼中毒。

案例

某蛋雞場飼養青年雞、產蛋雞各4000隻左右。為半開放式飼養,21日齡時免疫接種傳染性鼻炎疫苗1次。青年雞舍剛開始只有少量雞呼吸時有呼嚕聲,甩鼻,咳嗽,繼而大批雞出現精神萎靡,食慾減退,鼻腔流出漿液性或黏液性分泌物,3d後整個雞舍雞群發病,並蔓延到產蛋雞的雞舍。剖檢病重青年雞,趾爪乾癟脫水,兩側眼瞼腫脹明顯,眼結膜充血,鼻腔及周圍粘著大量的黏液性分泌物,鼻黏膜水腫充血,氣管黏膜均有不同程度的充血和出血。青年雞選用頭孢拉定飲水和強力黴素拌料喂服,連用4d。對病情嚴重的隔離青年雞群,用頭孢菌素肌肉注射,每天1次,連用4d。同時在飲水中添加紅黴素混水飲服,連用5d。對開產後雞群採用中藥製劑"鼻炎康"和"板藍根"拌料混勻後喂服,連用5d。6d後病情得到控制,呼吸道症狀基本正常。初步診斷:雞傳染性鼻炎。

問題與思考

雞傳染性鼻炎有何特徵?誘發該病的因素主要有哪些?

提示性分析

雞傳染性鼻炎是以雞呼吸道急性感染為特徵,由副雞嗜血桿菌引起,具有傳染性強、發病率高、危害大等特點的一種疫病。該病的傳播途徑以呼吸道為主。該病的發生與雞舍內的溫度、通風能力、環境衛生、飼養密度、飼料、疫苗接種等因素關係密切。該病在深秋、冬季和初春季節多發。

第二節 禽類消化生理特點

禽類的消化器官包括喙、口、唾液腺、舌、咽、食管、嗉囊、腺胃、肌胃、小腸、大腸、盲腸、直腸和泄殖腔,以及肝臟和胰腺。禽類消化系統的特點是沒有牙齒而有嗉囊和肌胃,沒有結腸而有兩條發達的盲腸(圖13-2)。

一、禽類消化器官的功能結構

(一)口和咽

禽沒有唇和明顯的頰，也沒有齒。上、下頜形成的喙是採食器官。喙的形態因食料和採食習性、禽的種類不同而有很大的差異，雞和鴿為尖錐形，被覆有堅硬的角質；鴨和鵝的長而扁，除上喙尖部邊緣外，大部分被覆角質層較柔的蠟膜，邊緣形成橫褶，以便在水中採食時將水濾出。禽類未形成軟齶，口和咽之間沒有明顯的界線，因此常稱為口咽。禽類具有唾液腺，通常呈管狀。唾液腺雖不大但分佈很廣，在口腔和咽的黏膜下幾乎連成一片，根據位置有上頜腺、齶腺、蝶翼腺、咽鼓管腺、下頜腺、口角腺、舌腺等，導管直接開口於黏膜表面，主要分泌黏液。一般來說攝取滑溜的水生食物的禽類唾液腺不發達，而吃乾燥食物的禽類則有發育良好的唾液腺，有些禽類(如麻雀)大量的唾液澱粉酶，而有些禽類(如雞和火雞)的唾液腺則不能分泌唾液澱粉酶。

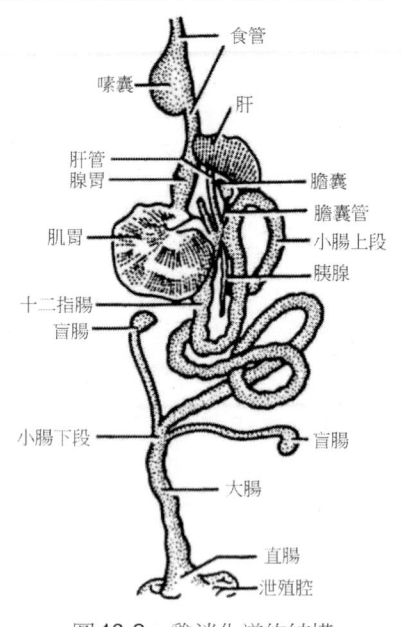

圖13-2　雞消化道的結構

(二)食管和嗉囊

1. 食管(Esophagus)

大多數禽類的食管較長(成年雞 15～20 cm)，易擴張，可分頸段和胸段。食管頸段與氣管一同偏於頸的右側，直接在皮下。雞、鴿的食管在胸廓前口的前方形成嗉囊，鴨、鵝食管頸段可擴大呈長紡錘形，以貯存飼料，後端有括約肌與胸段為界。食管胸段短，末端略變狹而與腺胃相接。食管有外層的縱肌和內層的環肌，其中有豐富的黏液腺。

2. 嗉囊(Ingluvies)

為食管的膨大部分，位於叉骨之前，直接在皮下，雞的嗉囊略呈球形，鴿的分為對稱的兩葉。雞的嗉囊發達，鴨和鵝沒有真正的嗉囊，食蟲禽類嗉囊不發達或沒有。嗉囊壁的結構與食管相似，黏膜也由外縱肌層和內環肌層組成，進行收縮和運動。嗉囊的前、後開口相距較近，有時飼料可經此直接進入胃內。嗉囊主要有貯存和軟化食料的作用。家鴿和野鴿嗉囊的上皮細胞在育雛期增殖而發生脂肪變性，脫落後與分泌的黏液形成嗉囊乳(鴿乳)，這些禽類通過逆嘔嗉囊乳來哺育幼禽。

(三)胃

家禽胃分腺胃和肌胃兩部分(圖13-3)。

1. 腺胃(Glandular stomach)

又稱腺部或前胃，呈短紡錘形。前以賁門與食管直接

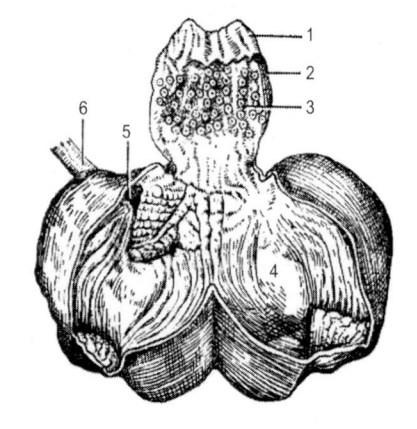

圖13-3　雞的胃(縱剖開)
1.食管 2.腺胃 3.胃腺開口及乳頭
4.肌胃 5.幽門 6.十二指腸

相通，僅黏膜具有較明顯的分界；向後以胃峽與肌胃相接，其黏膜形成胃中間區。腺胃壁較厚，內腔不大，食料在其中停留的時間較短。腺胃內有黏膜，黏膜內有腺體，前胃淺腺主要分泌黏液，前胃深腺的分泌液中含有鹽酸和胃蛋白酶原。

2. 肌胃(Muscular stomach)

又稱肌部，相當於哺乳動物單胃的幽門部，呈雙面凸的圓盤形，壁很厚而較堅實。肌胃可分為厚的背側部和腹側部，及薄的前囊和後囊。其壁主要由平滑肌構成，因富含肌紅蛋白而呈暗紅色。肌胃的入口和出口(幽門)都在前囊處。肌胃黏膜以薄的黏膜下層與肌層緊密相連，黏膜表面被覆一層厚而堅韌的類角質膜，稱胃角質層，俗稱肫皮或雞內金(中藥名)，由黏膜內的肌胃腺分泌物與脫落的上皮細胞在酸性環境中硬化而成，有保護黏膜的作用；其表面不斷被磨損，由深部持續分泌的分泌物硬化而增補。肌胃內經常含有吞食的沙礫，因此又有砂囊之稱。肌胃以發達的肌層、沙礫和堅韌的角質層，對食料起機械研磨作用。食肉和以漿果為食的鳥，肌胃很不發達；長期以粉料飼養的家禽，肌胃也較薄弱。

(四)腸和泄殖腔

禽類的腸也分為小腸和大腸，但一般較短，且受食物習性影響而有較大差異，食草和食穀禽類較長，食肉禽類較短，如鴿的腸道長度為體長的5～8倍，雞為體長的7～9倍，鴨為體長的8.5～11倍，鵝為體長的10～12倍。其泄殖腔是消化、泌尿和生殖系統後端的共同通道，向後以泄殖腔開口於外，通常也將其稱為肛門。

1. 小腸

小腸分為十二指腸、空腸和回腸。十二指腸位於腹腔右側，形成"U"字形腸袢，分為降支和升支，兩支的轉折處(即骨盆曲)達盆腔。升支在幽門附近移行為空回腸。空回腸以腸系膜懸掛於腹腔右側，雞形成6～12圈腸袢，鴨和鵝形成長而較恒定的6～8圈腸袢。空回腸中部有小突起，叫卵黃囊憩室，是胚胎期卵黃囊柄的遺跡，常以此作為空腸與回腸的分界，壁內含有淋巴組織。回腸的末段較直，以系膜與兩條盲腸相連。小腸黏膜表面形成絨毛，食肉禽類有發育良好的指狀絨毛，食草禽類絨毛扁平並呈葉狀。黏膜內有小腸腺，但無十二指腸腺。

2. 大腸

大腸分為盲腸和直腸。盲腸有兩條，可分為盲腸基、體和尖。盲腸基較狹，以盲腸口通直腸，體較粗，尖為細的盲端。盲腸基的壁內分佈有豐富的淋巴組織，常稱盲腸扁桃體，以雞最明顯。鴿的盲腸不發達，呈芽狀。禽無明顯的結腸，而僅有一短的直腸，以系膜懸掛於盆腔背側。大腸腸壁具有較短的絨毛和較少的腸腺。

3.泄殖腔

泄殖腔是消化、泌尿和生殖的共同通道，位於盆腔後端，略呈球形，以黏膜褶分為三部分。前部為較膨大的糞道，與直腸相連，以環形襞與中部的泄殖道為界；中部泄殖道最短，背側面有1對輸尿管口，在輸尿管口的外側略後方，公禽有1對輸精管乳頭，母禽僅左側有一輸卵管口，泄殖道以半月形或環形的黏膜襞與肛道為界；後部為肛道，肛道的背側壁內有肛道背側腺，側壁內有分散的肛道側腺。肛道向後以泄殖孔開口於體外，通常也稱肛門，由背側唇和腹側唇圍成，具有發達的括約肌。

(五)消化腺

1. 肝

雞的肝臟較大,位於腹腔前下部,分為左、右兩葉,以峽相連,右葉略大。兩葉之間在前部夾有心及心包;在背側和後部夾有腺胃和肌胃。成年禽的肝一般為暗褐色,肥育的禽因肝內含有脂肪而為黃褐色或土黃色;剛孵出的雛禽因吸收卵黃色素而為鮮黃色,約兩周後色澤轉深。兩葉的臟面各有橫溝,相當於肝門,肝動脈、門靜脈和肝管由此進出。後腔靜脈則由右葉穿過。家禽除鴿外,右葉具有膽囊;右葉肝管注入膽囊,由膽囊發出膽囊管。左葉的肝管不經膽囊,與膽囊管共同開口於十二指腸終部,但鴿左葉的肝管較粗,開口於十二指腸的降支。

2. 胰

位於十二指腸襻內,淡黃或淡紅色,長條形;可分為背葉、腹葉和很小的脾葉。胰管在雞體內一般有3條,兩條來自腹葉,一條來自背葉;鴨、鵝有2條。胰管與膽管一起開口於十二指腸終部。

二、禽類消化的特點

(一)口腔內的消化

1. 採食

禽類的主要採食器官是角質化的喙。家禽口腔內無牙齒,採食不經過咀嚼,食物進入口腔後依靠舌的運動迅速咽下。

2. 唾液的成分和性質

禽類口腔壁和咽壁分佈有豐富的唾液腺,其導管開口於口腔黏膜,主要分泌黏液。在吞咽時有潤滑食物的作用,便於咽下。唾液中含有微量的澱粉酶。成年雞一晝夜唾液分泌量的變化範圍在7～25mL,平均為12mL。唾液呈弱酸性,平均pH為6.75。進食時唾液分泌量增加。主食穀物的禽類,唾液中含有澱粉酶,可初步分解澱粉。唾液分泌是受神經調節的。

3. 吞咽

吞咽是一個複雜的反射動作。首先,飼料借助舌強有力的運動而被運至口腔的後部和咽,刺激口咽部的感受器,反射性地引起鼻後孔和喉門的關閉,同時發生伸頸、頭高舉及有力的振動應用,使飼料到達食管的上端,隨後,再借助於飼料的重力和食管內的負壓作用,迫使飼料進入食道,依靠食管的蠕動將食物推送下移,進入嗉囊。但有時也可以直接進入腺胃和肌胃,這主要取決於胃內食物填充的程度,在肌胃空時,食物和飲水全部或大部沿食管下行,通過腺胃而直接進入肌胃;在肌胃充滿食物時,嗉囊口開放,食物和飲水則進入嗉囊暫時儲存。這一過程受嗉囊-腺胃-肌胃區反射性機能的控制和調節。

(二)嗉囊內的消化

禽類攝食後,咽下的飼料有一部分經過嗉囊時並不停留而直接進入腺胃,另一部分則儲存在嗉囊內,並借嗉囊腺分泌的黏液、嗉囊運動和嗉囊內棲居微生物的作用,對飼料進行發酵和預加工。

嗉囊內容物常呈酸性，平均pH在5.0左右。嗉囊內的環境適於微生物生長繁殖，其中乳酸菌佔優勢，其次是腸球菌和產氣大腸桿菌，還有少量小球菌、鏈球菌和酵母菌等，但一般不含嚴格的腸型厭氧菌。微生物主要對飼料中的糖類進行發酵分解，產生有機酸，這些有機酸只有小部分可在嗉囊內被吸收，大部分隨食物送至後段消化道再被吸收。另外，禽類的唾液澱粉酶、飼料中的酶都可能在嗉囊內對澱粉進行消化。

食物在嗉囊停留的時間決定於食物的性質、數量和饑餓程度，一般停留的時間約2 h，最長可達16 h左右。嗉囊內的食物依靠嗉囊肌的蠕動而進入腺胃，胃空時發出的神經衝動引起嗉囊收縮和排空；而胃充盈時則產生抑制作用。嗉囊受迷走神經和交感神經支配，切斷兩側迷走神經，則嗉囊肌肉麻痹、運動減弱或者消失，刺激迷走神經，則嗉囊強烈收縮，食物排放加快。刺激交感神經，對嗉囊和食管的影響不明顯。極度的興奮、驚恐或者掙扎可抑制雞和鴿的嗉囊收縮。

切除嗉囊對家禽的消化機能有不良影響，切除嗉囊的雞採食量明顯減少，消化率降低，一些食物未經消化就隨糞便排出。

(三) 胃內的消化

1. 腺胃內的消化

禽類的腺胃黏膜內有兩種分泌胃液的細胞，一種是分泌黏液的黏液細胞；另一種是分泌鹽酸和胃蛋白酶原的主細胞。胃液呈酸性，其 pH 波動範圍在 3.0～4.5。胃液呈連續性分泌，雞的分泌量大約每千克體重是8.8mL/h，每毫升胃液中含胃蛋白酶約為247IU。猛禽胃內的胃蛋白酶濃度高於食穀禽類，鴿子的高於雞的。

腺胃分泌胃液受神經和體液因素的調節。刺激迷走神經或注射乙醯膽鹼、毛果芸香城等引起胃液分泌量和胃蛋白酶含量增加，而刺激交感神經則引起少量分泌。

許多體液因素影響禽類的胃液分泌。由胃內食物的化學刺激和機械刺激，作用於幽門部和十二指腸黏膜的G細胞，產生胃泌素，經血液迴圈到達胃腺，刺激胃液分泌；促胰酶素具有較強的刺激禽類胃酸分泌的作用，蛙皮素、胰多肽和組胺對胃液分泌都有一定的刺激作用。

另外，消化道中的食物、飲水量和某些藥物等因素均可影響胃液分泌。禁食 12～24 h 雞和鴨的胃液分泌量減少。

腺胃雖然分泌胃液，但因其體積較小，且食物通過腺胃的蠕動，迅速進入肌胃，所以其消化力並不強。腺胃分泌的胃液隨食物進入肌胃，在肌胃和十二指腸內發揮作用。

2. 肌胃內的消化

肌胃靠胃壁肌肉強有力的收縮作用對來自嗉囊的粗糙食物進行磨碎，主要起機械消化作用；同時，來自腺胃胃液中的鹽酸和胃蛋白酶，也在肌胃內對飼料起化學性消化作用。 肌胃的收縮具有自動節律性，平均每 20～30 s 收縮一次。收縮頻率與年齡、生理狀態及飼料性質等有關。隨年齡增長，雞肌胃收縮頻率逐漸減少而採食及飼餵後30 min內頻率加快。肌胃內的砂礫在禽類消化中有重要的作用。實驗證明，胃內有砂礫的雞對燕麥的消化力可提高3倍，對一般穀物和種子的消化力可提高10倍。如果肌胃中保持有沙礫的禽類一旦失去砂石，就會消瘦，甚至死亡。肌胃收縮時在胃腔內形成很高的壓力，據測定，雞為

18.6 kPa(140 mmHg)，鴨為23.9 kPa(180 mmHg)，鵝為35.2 kPa(265 mmHg)。這樣高的壓力不但能有效地磨碎堅硬飼料，而且使貝類等外殼被壓碎，甚至金屬小管也可能被彎轉扭曲。肌胃主要受迷走神經的支配。刺激迷走神經，肌胃收縮增強，刺激交感神經，則抑制肌胃運動。

肌胃內的消化液是和食物一起由腺胃進入肌胃的，借助肌胃運動，消化液與食物充分混合，並進行化學性消化。消化液中的胃酸不僅可以使飼料變性，還能啟動胃液中的胃蛋白酶原以及保持胃內酸性環境(pH 2～3.5)，有利於蛋白質的消化。胃蛋白酶能將蛋白質初步消化為蛋白腖和蛋白際，也可產生少量氨基酸。

隨著肌胃的收縮，胃內壓力增大，經過肌胃消化的食糜被逐漸排入十二指腸。

(四)小腸內的消化

小腸是禽類進行化學性消化的主要場所，也是營養物質吸收的主要部位。禽類在小腸內的消化過程與哺乳動物基本相似。

1. 胰液

禽類胰腺分泌的胰液經胰導管輸入十二指腸參與消化過程。禽類胰液為透明、味鹹的液體，pH 為 7.5～8.4。除水以外，胰液含有無機物和有機物。無機物主要是高濃度的碳酸氫鹽和氯化物，有機物主要為各種消化酶。胰液的消化酶種類多，含量豐富，包括胰蛋白酶、糜蛋白酶、羧基肽酶、胰澱粉酶、胰脂肪酶以及胰核酸分解酶等。日糧的改變會影響胰液中酶的活性。增加碳水化合物和脂肪性日糧的採食量能提高胰液中澱粉酶和脂肪酶的活性；當日糧中有未經熱處理的或生的大豆粉時，會降低胰液中澱粉酶、脂肪酶和糜蛋白酶的活性，但並不影響胰蛋白酶的活性。

雞的胰液分泌是連續的。平時分泌水準相當低，僅為 0.4～0.8 mL/h。飼餵後第 1 h 內的分泌水準可增至 3 mL/h，持續9～10 h 後，逐漸恢復到原來的水準。

胰液分泌的調節與哺乳動物基本相同，包括神經和激素的作用。迷走神經與胰液分泌的關係尚無直接證明，禁食的雞採食後胰液立即開始分泌，如果切斷支配胰腺的迷走神經，儘管胰液分泌量最終也升高，但並不立即分泌。這種現象說明迷走神經影響胰液的分泌。在禽類，促胰液素是主要的體液刺激因素。

2. 膽汁

禽類的肝臟連續不斷地分泌膽汁。在非消化期，肝左葉分泌的膽汁量少，直接經肝管輸入小腸，肝右葉分泌的膽汁量大，經肝膽囊管輸入膽囊，在膽囊中儲存和濃縮。進食和進食後膽囊膽汁排入小腸，持續時間達3～4h。膽汁的分泌量，4～6月齡的雞約1mL/h，一晝夜每千克體重可達 9.5 mL。禽類的膽汁呈酸性，pH 為 5.0～6.8。雞膽汁的平均 pH 為 5.88，鴨為6.14。膽汁的顏色隨其中所含膽色素的種類和含量而不同，由金黃色至暗綠色。膽汁的強烈苦味，主要取決於所含的膽汁酸鹽。禽類膽汁中的膽汁酸主要是鵝(去氧)膽酸、膽酸和異膽酸，而缺乏哺乳動物膽汁中普遍存在的去氧膽酸。鵝膽酸和膽酸分別與牛磺酸結合形成結合膽酸。研究證明，禽類的膽汁可以通過乳化作用和對胰脂肪酶的啟動促進脂肪吸收。

家禽的膽汁分泌與排出受迷走神經的反射性調節。雞的小腸提取物能產生像哺乳動物的縮膽囊素的作用。在禽類的十二指腸和空腸中已發現有產生縮膽囊素的細胞，這種激素的作用主要是在採食後引起膽汁從膽囊中排出。也有人認為禽血管活性腸肽也刺激膽汁分泌，蛙皮素可刺激膽囊收縮。

3. 小腸液

小腸液是禽類小腸黏膜中腸腺分泌的弱鹼性消化液（pH 為 7.39～7.53），其中含有黏液、腸肽酶、腸脂肪酶、腸澱粉酶、多種雙糖酶和腸激酶等。腸激酶能啟動胰蛋白酶原。腸肽酶能把多肽分解成氨基酸。脂肪酶分解脂肪為甘油和脂肪酸。澱粉酶能把澱粉或糖原分解成麥芽糖。雙糖酶包括麥芽糖酶、蔗糖酶、乳糖酶等，能把相應的雙糖分解為單糖，供禽體吸收利用。禽類腸液呈連續分泌。據測定，體重2.5～3.5kg的成年雞腸液的基本分泌率平均為1.1mL/h。機械刺激和給予促胰液素可引起分泌率顯著增加，刺激迷走神經和注射毛果芸香城引起濃稠腸液的分泌，但對分泌率的影響卻很小。

4. 小腸運動

禽類的小腸有蠕動和分節運動兩種基本運動形式。蠕動是由腸壁縱肌與環肌交替發生收縮與舒張引起的，呈波狀由前向後緩慢推進，其作用主要是推送食糜向後段腸管移動。禽類常見有較明顯的逆蠕動，因此食糜可在小腸內前後移動，甚至可使食糜由小腸返回肌胃，延長了食糜在胃腸道內的停留時間，有利於進行充分的消化和吸收。

小腸運動受神經、體液、機械刺激和胃運動的影響。

(五)大腸內的消化

食糜經小腸消化後，一部分可進入盲腸，其他進入直腸，開始大腸消化。經小腸消化後的食糜先進入直腸，然後依靠直腸逆蠕動將其推入盲腸，再由盲腸的蠕動將內容物由盲腸送到盲腸頂部。盲腸內容物可在盲腸內停留6～8 h。禽類發達的盲腸能容納大量的粗纖維，盲腸內pH為6.5～7.5，嚴格厭氧，很適合厭氧微生物（如：革蘭氏陰性桿菌）的繁殖。據測定，1 g盲腸內容物約含細菌10億個。盲腸內的消化主要是盲腸微生物將粗纖維消化分解成揮發性脂肪酸，其中以乙酸的比例最高，其次是丙酸和丁酸，還有少量的高級脂肪酸。這些有機酸可在盲腸內被吸收，在肝臟內進行代謝。另外，盲腸內還產生CO_2和CH_4等氣體。雞對盲腸內粗纖維的利用率最高可達43.5％，且食草家禽(鵝)利用率更高。此外，盲腸內的細菌依靠其菌體酶的作用，還能分解飼料中的蛋白質和氨基酸產生氨，並能利用非蛋白氮合成菌體蛋白質，有些細菌還能合成B族維生素和維生素K等。盲腸內容物是均質和腐敗狀的，一般呈黑褐色，這是與直腸糞便的不同處。

家禽的直腸較短，主要功能是吸收食糜中的水分和鹽類，最後形成糞便進入泄殖腔，與尿混合後排出體外。

(六)吸收

家禽的嗉囊和盲腸能吸收少量水、無機鹽和有機酸，其中嗉囊的吸收能力較弱；直腸和泄殖腔也只能吸收較少的水和無機鹽；腺胃和肌胃的吸收能力也較弱。所以大量營養物質的吸收是在小腸內進行的。家禽對營養物質的吸收與哺乳動物基本相似，主要通過小腸絨毛進行。禽類的小腸黏膜形成"乙"字形橫皺襞，擴大了食糜與腸壁的接觸面積，延長了食糜通過的時間，使營養物質被充分吸收。

1. 水和無機鹽的吸收

禽類主要在小腸和大腸吸收水分和鹽類，嗉囊、腺胃、肌胃和泄殖腔也有少許吸收作用。各種鹽類的吸收除受日糧中其含量的影響外，還受其他因素的影響。鈣的吸收受 $1,25-(OH)_2-D_3$、鈣結合蛋白（Calcium-binding protein, CaBP）的影響。用維生素 D 處理維生素 D 缺乏的雞可增加磷的吸收。產蛋雞對鐵的吸收高於非產蛋雞，非產蛋雞與成年公雞對鐵的吸收無差異。

2. 碳水化合物的吸收

碳水化合物主要在小腸上段被吸收，特別是當食物中的碳水化合物是六碳糖時更如此。由澱粉分解產生的葡萄糖的吸收慢於直接來自飼料中的葡萄糖的吸收，因為當食糜進入空腸下段時，僅有 60 %的澱粉被消化。D-葡萄糖、D-半乳糖、D-木糖、3-甲基葡萄糖、D-甲基葡萄糖和 D-果糖都是以主動轉運方式被吸收的。糖主動吸收的機理與哺乳動物相似，也是通過同向協同轉運系統起作用。值得一提的是，食物的抑制因數、禽類的年齡以及小腸的 pH 均影響糖類的吸收。

3. 蛋白質分解產物的吸收

蛋白質的分解產物大部分以小分子肽的形式進入小腸上皮刷狀緣，然後再分解成氨基酸被吸收。外源性蛋白質水解成的氨基酸大部分在回腸前段被吸收，而內源性蛋白質的分解產物則大部分在回腸後段被吸收。家禽小腸上皮中已發現有分別吸收中性、鹼性和酸性氨基酸的載體系統。中性氨基酸的載體系統轉運的氨基酸彼此之間有競爭性抑制現象。氨基酸的吸收速度並不決定於其分子量的大小，而是由極性或非極性側鏈所決定的，具有非極性側鏈的氨基酸被吸收的速度比有極性側鏈的氨基酸快。大多數氨基酸是以主動方式被吸收的。

4. 脂肪的吸收

甘油三酯一般需要被分解為脂肪酸、甘油或甘油一酯、甘油二酯後被吸收。脂類的消化終產物大部分在回腸上段被吸收。由於禽類腸道的淋巴系統不發達，絨毛中沒有中央乳糜管，因此脂肪的吸收不像哺乳動物那樣通過淋巴途徑，而是直接進入血液。

案例

某養雞場對飼養的 18 000 只 16 日齡肉雞，用自製的"生理鹽水"稀釋法氏囊疫苗，按每只 2 mL 的劑量，進行口服免疫，接種後不到 1h，有的雞就開始出現精神沉鬱、口渴、雞冠和肉髯發紫、流涎、拉稀、呼吸困難、頭頸向一側扭轉的症狀，隨後發生死亡。通過測定病死雞肝臟及胃中的 NaCl 含量發現，肝臟中 NaCl 含量為 0.82%（正常值為 0.45%左右），胃內容物中 NaCl 含量為 0.46%（雞飼料中允許的 NaCl 含量為 0.37 %），立即停喂含鹽量高的原有飼料和水，換為無鹽或低鹽易消化飼料，少量多次給予新鮮飲水，第二天后病情得到控制，再未見雞死亡，3 d 後雞趨於正常。初步診斷，該雞群因攝入高濃度自製鹽水導致食鹽中毒。

問題與思考

雞攝入過量食鹽，為什麼出現口渴、雞冠和肉髯發紫、拉稀等現象？

提示性分析

　　大量高濃度的食鹽進入消化道後，刺激胃腸道黏膜而發生炎症反應，同時因滲透壓的梯度關係吸收腸壁血液迴圈中的水分，引起嚴重的腹瀉、脫水，進一步導致全身血液濃縮、機體血液迴圈障礙、組織缺氧、機體的正常代謝功能紊亂；腦組織中 Na^+ 濃度升高後導致腦水腫、顱內壓升高，出現神經衰弱症狀。

第三節　禽類生殖生理特點

　　禽類生殖的最大特點是卵生。禽類屬於雌性異型配子(染色體ZW)和雄性同型配子(染色體ZZ)動物，雌性的性別取決於染色體W。大部分禽類為一雄多雌的繁殖類型。雌禽一般，只有左側卵巢和輸卵管發育，雄禽沒有精囊腺、前列腺和尿道球腺等附性腺。

一、雄禽生殖生理的特點

　　雄禽生殖系統包括1對睪丸、附睪、輸精管和交配器。睪丸位於腹腔內，與胸、腹氣囊相接觸。睪丸外麵包有漿膜和白膜，睪丸內間質不發達，不形成睪丸小隔和縱隔；禽類附睪小，位於睪丸的背內側緣，由睪丸輸出管和短的附睪管構成。附睪管出附睪後延續為彎曲的輸精管。輸精管是禽類精子成熟和主要的貯存處，有人認為相當於哺乳動物的附睪管，輸精管在生殖季節加長增粗，彎曲密度也變大，此時常因貯有精液而呈現乳白色。公雞的交配器是3個並列的小突起，稱陰莖體，位於肛門腹側唇的內側，剛孵出的雛雞可用作鑒別雌雄的標誌。交配時，1對外側陰莖體因充滿淋巴而增大，中間形成陰莖溝，插入母雞陰道內。火雞的生殖器官與雞的相似，公鴨和公鵝有較發達的陰莖。

(一)精子

1. 精子的發生

　　剛孵出的雄性雛雞，精細管中就已經有精原細胞。到5周齡時，精細管中出現精母細胞。到10周齡時，初級精母細胞經減數分裂，出現次級精母細胞。在12周齡時，次級精母細胞發生第二次減數分裂，形成未成熟的精細胞。一般在20周齡左右時，所有精細管內都可看到精子。

2. 精子的成熟

　　精子在精細管形成後，必須進入附睪管和輸精管進行發育成熟，才能獲得受精能力。所以輸精管不僅是精子貯存的部位，也是精子成熟的部位。禽類精子成熟所需時間比哺乳動物短，正常精子只需24 h就能從睪丸通過附睪和輸精管，到達泄殖腔。

3. 精子活力

　　精子自輸精管射出後，80 %以上的精子都有活動能力。正常精子的運動形式呈直線前進運動，轉圈運動和原地擺動均屬不正常狀態。精子的活力受溫度、滲透壓、pH、光線、空氣和其稀釋程度等影響而發生變化。

(二)精液

禽類的精液同樣由精子和精清組成。精子由精細管生成後，在通過精細管網、輸出管、附睪和輸精管時，分別加入了液體部分(精清)，於是形成精液並儲存於輸精管中。在交配時，混合性精液(輸精管精液和淋巴褶產生的透明液)由交配器通過泄殖腔向外排出。

禽類精液的理化性質與哺乳動物不同，因禽類無附性腺，其精液的氯化物含量低，而鉀和谷氨酸含量高，大量的谷氨酸可能來源於精細管。家禽精清幾乎不含果糖、檸檬酸、肌醇、磷醯膽鹼和甘油磷醯膽鹼。公雞的精液一般呈白色並混濁的狀態，但也可能透明且像水一樣稀薄，尤其是在精子密度低時，無味或略帶腥味。新鮮的家禽精液呈弱鹼性，其pH，雞為7.0～7.6，鵝稍偏低為6.9～7.4。公雞每次排出的精液量為0.11(由母雞的泄殖腔采得)～1.00 mL(直接由公雞采得)。每立方毫米精液中的精子數平均為350萬個左右。因此，在一次射精中(0.5～1.00 mL)，精子數的變動範圍在17億～35億。另外，精子數的多少常隨雞生長速率的不同而有變化。每立方毫米精液中，慢生長品系雞的精子約為490萬個，快生長品系雞的精子約為230萬個。火雞的精液量比雞的少，但精子密度比雞大得多，每立方毫米精液中精子數的變動範圍在620萬～700萬。

(三)排精反射

家禽的排精(或稱射精)受盆神經和交感神經支配。公雞自然交配時，由於盆神經的興奮使交配器官勃起，並通過交感神經節後纖維促進輸精管收縮而發生排精。當人工採精時，常用腹部按摩法，通過外感受性排精反射採到精液。

二 雌禽生殖生理的特點

(一)雌禽生殖器官功能結構

雌禽的生殖器官包括卵巢和輸卵管，但僅左側發育正常；右側在個體發育的早期就停止發育，到孵出時已退化，僅留殘跡；但也有個別禽體，存在雙側卵巢和輸卵管。

卵巢位於腹腔中線稍偏左側，由皮質和髓質構成。皮質內有許多小卵泡，髓質部富含神經和血管。家禽成熟的卵巢呈葡萄狀，上面有許多不同發育階段的白卵泡和黃卵泡，每個卵泡含有一個卵細胞。在雞的未成熟卵巢中，用肉眼可見的卵細胞有2 000個左右，在顯微鏡下觀察則更多，可達10 000個以上。這些卵細胞中達到成熟卵細胞階段的則只有200～3 000個。卵泡以其外膜、內膜和顆粒膜包圍著卵細胞。成熟的卵泡表面有一個血管分佈較少的縫痕，是排卵的部位。

輸卵管在幼禽期是一條細而直的小管，到產蛋期發育為管壁增厚、長而彎曲的管道，長度可達軀幹長的2倍以上，至停產期則逐漸回縮。根據構造和功能，輸卵管由前向後可順次分為五部分：漏斗部、膨大部(蛋白分泌部)、峽部、殼腺部(子宮)和陰道部(圖13-4)。

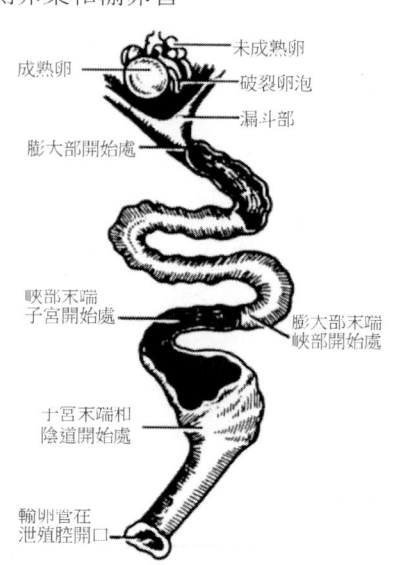

圖13-4 產蛋母雞的生殖道

卵巢由發自左腎動脈的卵巢動脈供血，輸卵管前部由發自左腎動脈的輸卵管前動脈供血；後部由發自髂外動脈的腹下動脈，以及髂內動脈的分支供血。輸卵管的充足供血，對維持輸卵管腺體分泌、蛋白和蛋殼的形成具有重要作用。

卵泡上分佈有腎上腺素能和膽鹼能兩種纖維，它們共同調節卵泡血管的活動。盆神經纖維沿髂內動脈分支到達輸卵管；交感神經纖維則沿腹下動脈分支到達輸卵管。這些神經纖維共同調節輸卵管血管的舒縮，並可將輸卵管的活動情況通過感覺纖維傳向中樞，反射性地調節產蛋活動。

(二)產蛋和產蛋習性

1. 產蛋

禽類卵母細胞從卵巢排出的過程稱為排卵。卵排出後，在輸卵管中停留24 h，最終形成蛋產出。產蛋時，子宮部有力收縮的同時，子宮陰道"括約肌"鬆弛，蛋被推進陰道。陰道壁全面擴張，引起產蛋動作發生，從而把蛋驅出。

2. 產蛋習性(以雞為例)

家禽產蛋有一定的習性。①喜暗性。雞喜歡在光線較暗的地方產蛋；②色敏性。禽類的視覺對顏色的區別能力較差，只對紅黃綠光敏感，據研究母雞喜歡在深黃或綠色的產蛋箱內產蛋；③定巢性。雞的第一個蛋產在什麼地方，以後仍到此產蛋，如果這個地方被別的雞佔用，寧可在巢門口等候也不願進入旁邊的空巢；④隱蔽性。有些雞喜歡到安靜、隱蔽的地方產蛋，這樣有安全感，產蛋也較順利；⑤探究性。母雞在產第一個蛋之前，往往表現出不安，尋找合適的產蛋地點。在臨產前愛在蛋箱前來回走動，伸頸凝視箱內，認好窩後，輕踏腳步試探入箱，臥下左右鋪開墊料成窩形，離窩回顧，產蛋後發出特有的鳴叫聲；⑥從眾性。當雞看到別的雞已造好窩或產蛋箱內有蛋時，會產生認同感，認為此窩適宜產蛋，也容易把它當作自己的窩而在其中產蛋；⑦可調教性。雞雖然不如水禽反應敏捷，但也能接受調教。試驗表明，調教能大大減少母雞產窩外蛋，如對19周齡以上的母雞，在移入平養雞舍的頭3 d，每天在產蛋箱中關閉4 h，在其後的6周內，窩外蛋可降到1%。

3. 產蛋規律

以母雞為例，母雞的生殖活動與家畜不同，沒有性週期，可以每天連續產蛋，也沒有妊娠期。所以始產期、產蛋週期是禽類生殖活動的重要組成。

(1)始產期。從開始產第一枚蛋到正常產蛋的這一時期，通常要經歷1～2周的時間。在始產期促卵泡素、促黃體素的分泌不正常，因此產蛋間隔沒有一定的規律性，或者會產雙黃蛋、軟殼蛋等。母雞品種、體型大小對開產日齡有明顯影響。如來航雞體型小、開產早，一般在第150 d左右開產；蛋肉兼用品種體型較大，開產較晚。另外，光照和營養狀況也影響開產日齡，如增加光照時間可減少開產日，食物中蛋白質充足，體重增長速度快開產日齡也減少。雖然雞可以每天連續產蛋，但它也有產蛋週期。

(2)產蛋週期。指母雞連續產蛋一定天數後，止產1 d或1 d以上，又繼續產蛋一定天數後緊接著又停產幾天再產蛋，這樣周而復始地產蛋，直到一個產蛋年結束或休產為止。這種連續產蛋通常稱窩蛋，俗稱一窩產多少蛋。產蛋的窩數多少，常受季節的影響，在盛產季節，窩數要多些。母雞連產一個蛋需要間隔24～27 h，所以一般每產一蛋，時間都要往後推1～

3 h。正常情況下，母雞絕大部分都在早晨產蛋，15:00以後停止產蛋。另外，放養的母雞一旦在某一特殊區域產出4～8枚蛋，日後它將尋求在這一區域或類似區域進行產蛋。通常，母雞大概在產第一枚蛋的7 d前開始認定產蛋窩的位置。

(三)蛋的形成(以雞為例)

雌禽接近性成熟時，少數卵原細胞開始生長，並形成卵黃物質在卵細胞內積存，使細胞體積迅速增大，成為初級卵母細胞。卵黃形成後，大約在排卵前 2.0～2.5 h 時，初級卵母細胞開始第一次成熟分裂，放出第一極體，形成次級卵母細胞；次級卵母細胞從卵泡釋放出來後，卵細胞依靠輸卵管平滑肌的蠕動，逐漸向後方移動，卵子在移動過程中形成蛋。蛋由蛋黃、蛋白、蛋殼膜和蛋殼組成；其中除蛋黃隨卵進入輸卵管外，其他均在輸卵管外形成。蛋在形成過程中，通過輸卵管的5個部分(漏斗部、膨大部、峽部、殼腺部和陰道部)的時間及各部分的功能如表13-2所示。

表13-2 母雞輸卵管各部的長度、功能和卵母細胞通過的時間

部位	平均長度(cm)	功能種類	分泌量(g)	固形成分(%)	卵細胞通過的時間(h)
漏斗部	11.0	形成卵系帶			1/4～1/2
膨大部	33.6	分泌卵清蛋白	32.9	12.2	2～3
峽部	10.6	分泌角蛋白形	0.30	80.0	5/4
殼腺部	10.1	成石灰質卵殼	6.10	98.4	18～22
陰道部	6.90	分泌黏蛋白	0.10		1/60

漏斗部是運送卵細胞和提供受精的部位，是輸卵管的傘狀部，能將卵捲入輸卵管，一般認為不參與蛋的形成。

膨大部的功能是分泌和貯存蛋白，當卵細胞通過這一部位時，管壁上分佈的管狀腺和杯狀細胞，分泌黏稠的膠狀蛋白將卵細胞包裹起來。膠狀蛋白中卵白蛋白約占54%，卵鐵傳遞蛋白約占13%，卵類黏蛋白約占11%，卵球蛋白約占3%，溶菌酶約占3.5%，還有其他物質。溶菌酶主要是對細菌細胞壁有溶解作用。卵類黏蛋白可抑制胰蛋白酶。蛋白容積占蛋產出時的一半左右。

借助於膨大部的蠕動，卵由膨大部進入峽部，此部位的腺體分泌角蛋白，包圍在蛋白質外層，形成殼膜。首先形成內殼膜，然後在外面形成外殼膜。在蛋的鈍端，內外殼膜有部分分開，形成氣室(Air chamber)，並有少量空氣存在，供胚胎早期發育的需要。峽部還能分泌少量水分，通過殼膜進入蛋白質。殼膜形成後，蛋的外形基本定型。

蛋進入殼腺(Shell gland)的最初 5 h，殼腺分泌的水分，透過殼膜進入蛋白質，結果使蛋白層體積增加1倍。由於在峽部和殼腺部水分進入蛋白，與濃蛋白混合形成稀蛋白，並出現分層排列結構。隨後蛋在殼腺內的5 h中，殼腺主要分泌碳酸鈣(98%)和糖蛋白基質(2%)而形成蛋殼。蛋殼外面覆蓋蛋白性的角質層，可防止細菌的侵入。蛋殼的顏色主要有3種：綠、褐、白，由殼腺分泌的沉積於蛋殼表面的色素所決定。

陰道起於子宮末端，止於泄殖腔。在子宮和陰道交界處，有括約肌和管狀腺。陰道不僅能存留進入其中的精子，而且，蛋形成後，陰道壁擴張，有助於產蛋動作的發生和完成。

蛋殼形成過程中需要大量的鈣。鈣主要來自食物和骨鈣。在蛋殼形成的 15 h 內有 2 g 鈣沉積，這個數量相當於每15 min 分泌出血鈣的總量。在接近性成熟時，在雌激素的作用下，鈣的代謝發生明顯變化，血鈣水準由 2.5 mmol/L 升高到 6.2 mmol/L。管狀骨的髓腔中貯存鈣量達4～5g，隨著生殖活動的開始，小腸吸收鈣的能力增強，在蛋殼形成的過程中，殼腺分泌的鈣來自血漿，血鈣來自食物和骨骼。產蛋雞骨髓處於動態狀態，即不斷沉積又不斷溶解鈣。Ca^{2+}通過上皮細胞分泌到殼腺腔，殼腺細胞內含有碳酸酐酶，可使 CO_2 與 H_2O 形成 HCO_3^-，HCO_3^-通過殼腺上皮下管狀腺分泌出來，Ca^{2+}與 CO_3^{2-}反應生成 $CaCO_3$。

(四)產蛋的調控

儘管學者們在產蛋方面做了大量的研究，但關於產蛋機理及其調節機制還瞭解得很少，現有研究證明，垂體後葉分泌的 8-精催產素和加壓素能夠引起子宮收縮而導致產蛋，組胺、乙醯膽鹼和麥角黴素可使子宮收縮，引起提前產蛋，腎上腺素能使子宮舒張，可使正常母雞推遲4～24 h產蛋。

儘管交感神經和副交感神經也支配輸卵管和殼腺，但關於它們對產蛋過程的調節作用還有待深入瞭解。

(五)抱窩(就巢性)

抱窩(Broodiness)亦稱就巢性，或賴抱性，是家禽生殖週期中的一個環節，是繁衍後代的重要習性，特別是鳥類和土種家禽顯得尤為突出。雌禽的抱窩行為是指雌禽在產了一定數量的蛋後進巢孵化的行為。雌禽抱窩時表現為戀巢、羽毛蓬鬆、食欲下降、引水量減少、體重減輕。這種行為在現代養禽業中是不希望出現的。隨著人工選育的結果，一些產蛋雞這種行為實際上已消失，如白來航雞和以此為基礎育成的蛋雞品系幾乎無抱窩行為。

1. 抱窩行為發生機理

(1)遺傳基礎

①催乳素基因：在禽類，催乳素(Prolactin，PRL)是抱窩發生和維持的關鍵激素，因此，PRL 基因在研究家禽抱窩行為中有重要意義。PRL 基因序列存在多態性並與抱窩行為有很大的相關性，但對禽類PRL基因的結構與表達與抱窩行為的內在聯繫以及影響繁殖性能的機制研究還不多。

②促性腺激素釋放激素(GnRH)基因：在禽類，下丘腦 GnRH-1 的 mRNA 水準下降，血液中PRL濃度則上升，當其達到最大值時，導致抱窩行為發生和維持。用外源性GnRH或類似物作用於母雞可提高家禽的產蛋率，縮短家禽的休產期，抑制家禽抱窩。GnRH 的不同變異導致母禽具有不同的抱窩行為。

(2)內分泌。垂體分泌的 PRL 對於雌禽抱窩行為的維持起著十分關鍵的作用。PRL 是引起家禽抱窩最直接的激素。當家禽體內PRL含量升高後，家禽就開始出現抱窩現象。同樣的當家禽出現抱窩時其血液中PRL的濃度升高，而伴隨的是卵泡發育的停止和萎縮。外源性PRL能使接近成熟的卵泡萎縮。解除家禽抱窩行為的根本方法就是減少其體內PRL的合成或降低 PRL 在血液中的含量。

(3)環境條件。環境條件會通過神經刺激誘使家禽內分泌發生變化。尤其是在鋪有乾燥松軟墊草的巢窩內有蛋的積累時,很容易誘導有抱窩遺傳本質的家禽發生抱窩行為。抱窩的家禽只有當雛禽出殼後體內PRL的分泌才會自然減少。如將抱窩雞的蛋取出並放入乒乓球,其抱窩行為仍能持續 40~50 d,把抱窩火雞的巢箱移走,則火雞體內的 PRL 含量就明顯下降。

2. 抱窩行為調控

(1)遺傳育種調控。其是通過遺傳育種的方法獲得低抱窩行為的雌禽品種或品系。

(2)環境調控。其主要是消除能促使禽產生抱窩行為的環境因素以及給雌禽以強烈的環境應激。對雞而言,可盡可能地多次撿蛋,改變光照時間、強度、顏色、溫度以及迴圈改變雞熟悉的環境等可有效消除抱窩行為;對鵝而言,只改變產蛋箱位置以及將鵝置於陌生環境中可減少其抱窩行為;另外,對許多雌禽,由平養改為籠養,可有效消除其抱窩行為。

(3)免疫調控。PRL 是發動和維持抱窩行為的關鍵激素,抱窩時高水準的 PRL 直接抑制下丘腦 GnRH 的分泌和卵泡的發育。因此,可通過免疫抑制 PRL 的活性,進而抑制母禽的抱窩。

三、禽類受精

家禽的受精部位在漏斗部。成熟的卵子從卵巢上排出,落入輸卵管的漏斗部,此時,若遇到精子便可受精。因為禽類的卵無放射冠、透明帶等結構,在受精的過程中缺乏"透明帶反應"和有效的"卵黃膜封閉作用",所以在交配或輸精後,多精子入卵的現象比較常見,在卵母細胞質中有時可見到約有十至十幾個精子,能溶解卵黃膜並進入卵子內部,但最後只有一個精子的雄原核與卵子的雌原核融合發生受精作用,其餘精子在形成蛋的不同階段被破壞並溶解。

家禽受精作用的時間比較短暫。如雞的卵子在輸卵管漏斗部停留的時間約15 min,所以受精過程也只能在這一短暫的時間內完成。若卵子未能受精,便隨輸卵管的蠕動下行到蛋白分泌部,被蛋白所包圍,卵子便失去生命活動而死亡。

家禽在交尾時,雄禽泄殖腔緊貼雌禽泄殖腔,將精子射入雌禽的泄殖腔內。精子進入雌禽泄殖腔後,大部分貯存在子宮陰道聯合處,那裡有許多皺褶,稱為「精子窩」或「貯精腺」。另外還有少部分精子暫存於漏斗部的皺褶中,精子很可能在排卵時由皺褶中釋出,轉移到受精部位。

家禽的精子能在輸卵管內存儲較長時間,仍具有受精能力。輸卵管的這種機能,使雌禽在輸精或交配後的一個時期內,有連續生產受精蛋的可能。受精率(Fertilization rate)是指交配過的雌禽所產的蛋與孵化後出現胚胎的蛋的比例。雞交配後 12 d 受精率仍可達 60 %,30 d 左右仍可保持受精能力;火雞精子在母體內存活時間更長,可達 72 d 之久;太湖鵝輸精後 9 d 受精率開始下降,到 16 d 仍有33 %的受精率。

家禽的受精高峰一般出現在輸精或交配後1周左右,以後受精率則逐漸下降。所以,在1週以後不輸入新精液或不讓公禽與之交配,受精率將不能保持同樣高的水準。

案例

　　某養雞場飼養蛋雞 5 000 隻，近期發現部分雞精神沉鬱，採食量下降，畸形蛋和軟殼蛋明顯增多，且產蛋率下降。病雞腹部膨大，觸摸腹部有液體波動，肛門周圍有惡臭的糞便，雞冠發白。隨病情發展，逐漸消瘦而死。通過解剖發現：病雞肝臟腫大，呈土黃色；心表面有白色纖維素性滲出物，腹腔內有大量破碎的卵黃和脂肪堆積，氣味腥臭；卵泡變形，輸卵管膨大，管壁變薄，腸系膜發生炎症致使腸與腸以及其他臟器相互粘連。初步診斷：蛋雞卵黃性腹膜炎。

問題與思考

　　蛋雞卵黃性腹膜炎是如何發生的？如何預防該病的發生？

提示性分析

　　蛋雞卵黃性腹膜炎是由於蛋雞的輸卵管因感染細菌等而產生了炎症，炎症導致輸卵管傘部粘連，漏斗部的喇叭口在排卵時無法打開，使產蛋雞卵泡落入腹腔腐敗而引起卵黃性腹膜炎病。

　　蛋雞卵黃性腹膜炎的病因極其複雜，該病不僅可使雞產蛋率下降，而且還會導致母雞死亡，危害性極大。一旦發病，治療作用不大。因此，在養殖生產中，該病重在預防，加強蛋雞的飼養管理，細心觀察，及時清掃舍內外糞便，嚴格執行消毒制度，減少各種應激的發生，嚴格按照蛋雞的營養需要配製飼料，營養要均衡，原料要優質，做好各種疾病的預防工作，為雞群創造一個良好的產蛋環境。

思考題

一、名詞概念

1. 排卵　　　2. 抱窩　　　3. 排精反射

二、單項選擇題

1. 下列關於禽類氣囊重要生理功能的敘述錯誤的是（　　）

　　A. 作為空氣貯存庫參與肺的呼吸作用

　　B. 氣囊內空氣在吸氣和呼氣時均通過肺，從而減少了肺通氣量

　　C. 有利於調節飛禽飛行時身體的重心

　　D. 可以幫助有機體有效地發散體熱，協助調節體溫

2. 禽類的消化系統中主要起貯存、濕潤和軟化食物作用的器官是（　　）

　　A. 食管　　　B. 嗉囊　　　C. 胃　　　D. 口腔

3. 中藥稱的「雞內金」存在於下列雞消化器官的哪個器官（　　）

　　A. 食管　　　B. 嗉囊　　　C. 腺胃　　　D. 肌胃

4. 禽的睪丸位於（　　）

　　A. 陰囊內　　　B. 胸腔內　　　C. 腹腔內　　　D. 腎後下方

5.下列選項中不屬於家禽輸卵管組成部分的是（　　　）

  A.直腸　　　　B.漏斗部　　　　C.膨大部和峽部　　D.子宮和陰道

三　簡述題

 1.禽類呼吸有何特點？

 2.禽類消化器官有哪些特點？

 3.禽類產蛋有何習性？

四　論述題

 蛋是如何形成的？

主要參考文獻

1. 歐陽五慶.動物生理學.北京:科學出版社,2008.
2. 馮志強.生理學.北京:科學出版社,2007.
3. 李國彰.生理學.第 2 版.北京:科學出版社,2013.
4. 陳傑.家畜生理學.第 4 版.北京:中國農業出版社,2003.
5. 周定剛.動物生理學.北京:中國林業出版社,2011.
6. 張鏡如.生理學.第 4 版.北京:人民衛生出版社,1998.
7. 楊秀平,尚向紅.動物生理學實驗.第 2 版.北京:高等教育出版社,2009.
9. 姚泰.生理學.北京:人民衛生出版社,2010
10. 柳巨雄,金天明,尹秀玲.動物生理學.長春:吉林人民出版社,2000.
11. 朱大年.生理學.第 7 版.北京:人民衛生出版社,2008.
12. 朱文玉.醫學生理學.北京:北京大學醫學出版社,2003.
13. 解景田,趙靜.生理學實驗.第 2 版.北京:高等教育出版社,2002.
14. 壽天德.神經生物學.北京:高等教育出版社,2002.
15. 姚泰.生理學.第 5 版.北京:人民衛生出版社,2002.
16. 王玢,左明雪.人體及動物生理學.第 2 版.北京:高等教育出版社,2001.
17. 許玉德.動物生理學引論.廈門:廈門大學出版社,2000.
18. 張玉生,柳巨雄,劉娜.動物生理學.長春:吉林人民出版社,2000.
19. 柳巨雄,範振勤,楊煥民.動物生理學習題與解答.長春:吉林人民出版社,2000.
20. 左明雪.細胞和分子神經生物學.北京:高等教育出版社,2000.
21. 鄧樹勳,洪泰田,曹志發.運動生理學.北京:高等教育出版社,1999.
22. 韓濟生.生理學多選題和題解.上海:上海醫科大學出版社,1999.
23. 朱文玉.人體生理學學習指導.北京:北京醫科大學,中國協和醫科大學聯合出版社,1998.
24. 陳守良.動物生理學.第 2 版.北京:北京大學出版社,1996.
25. 斯文森·安東尼.動物生理學導論.青島:青島海洋大學出版社,1990.
26. 丁報春.生理學對比名詞辭典.長沙:湖南科學技術出版社,1989.
27. 何菊人,陳子彬.生理學.上海:上海醫科大學出版社,1988.
28. 李永材,黃溢明.比較生理學.北京:高等教育出版社,1984.
29. 李佩國,李培慶,李士澤.動物生理學.北京:中國農業出版社,2000.
30. 傅偉龍,江青豔,高萍,等.動物生理學.北京:中國農業科技出版社,2001.
31. 尚向紅.動物生理學.哈爾濱:東北林業大學出版社,2000.
32. 李鑒軒.家畜生理學.西寧:青海人民出版社,1992.
33. 夏國良.動物生理學.北京:高等教育出版社,2013.
34. 張峻,邊竹平.生理學(案例版).北京:科學出版社,2010.

35. 姚泰.生理學.北京:人民衛生出版社,2001.
36. 楊增明,孫青原,夏國良.生殖生物學.北京:科學出版社,2005.
37. 朱士恩.動物生殖生理學.北京:中國農業出版社,2006.
38. 楊秀平,尚向紅.動物生理學.第 2 版.北京:高等教育出版社,2009.
40. 柳巨雄,楊煥民.動物生理學.北京:高等教育出版社,2011.
41. P.D.斯托凱.禽類生理學.北京:科學出版社,1982.
42. 張玉生,柳巨雄,劉娜.動物生理學.長春:吉林人民出版社,2000.
43. 中國農業大學主編.家畜繁殖學.第 3 版.北京:中國農業出版社,2000.
44. 馬仲華.家畜解剖學與組織胚胎學.北京:中國農業出版社,2000.
45. Berne RM, Levy MN, Stanton BA. Physioloy. 5th Edition. St Louis: Mosby 2004.
46. Matthews GG. Cellular Physiology of Nerve and Muscle. 4th Edition. Blackwell Publishing, 2003.
47. Ganong WF. Review of Medical Physiology. 21st Edition Stamford: McGraw-Hill, 2003.
48. Ganong,WF, Review of Medical Physiology. 第20版.北京:人民衛生出版社,2001.
49. Arthur C,Guyton,John E.Hall.Textbook of Medical Physiology.第10版.北京:北京大學醫學出版社,2002.
50. James G.Cunningham, DVM. Textbook of Veterinary Physiology. London: W.B.Saunders Company, 2002.
51. Sylvia S.Mader.人體解剖生理學.北京 :高等教育出版社,2002.

國家圖書館出版品預行編目（CIP）資料

動物生理學 / 黃慶洲, 黎德斌, 伍莉 主編. -- 第一版.
-- 臺北市：崧博出版：崧燁文化發行, 2019.05
　　面； 公分
POD版

ISBN 978-957-735-880-6(平裝)

1.動物生理學

383　　　　　　　　　　　　　　　108007770

書　　名：動物生理學
作　　者：黃慶洲、黎德斌、伍莉 主編
發 行 人：黃振庭
出 版 者：崧博出版事業有限公司
發 行 者：崧燁文化事業有限公司
E - m a i l：sonbookservice@gmail.com
粉 絲 頁：　　　　　　網　址：
地　　址：台北市中正區重慶南路一段六十一號八樓 815 室
8F.-815, No.61, Sec. 1, Chongqing S. Rd., Zhongzheng Dist., Taipei City 100, Taiwan (R.O.C.)
電　　話：(02)2370-3310 傳　真：(02) 2370-3210
總 經 銷：紅螞蟻圖書有限公司
地　　址：台北市內湖區舊宗路二段 121 巷 19 號
電　　話：02-2795-3656 傳真：02-2795-4100　　網址：
印　　刷：京峯彩色印刷有限公司（京峰數位）

本書版權為西南師範大學出版社所有授權崧博出版事業股份有限公司獨家發行電子書及繁體書繁體字版。若有其他相關權利及授權需求請與本公司聯繫。

定　　價：650 元
發行日期：2019 年 05 月第一版

◎ 本書以 POD 印製發行